U0379966

国际电气工程先进技术译丛

超级电容器：材料、系统及应用

（法国）François Béguin
（波兰）Elżbieta Frąckowiak
等著

张治安　等译

机械工业出版社

超级电容器是介于电解电容器和电池之间的一种新型储能器件，具有循环寿命长、可大电流充放电等特点，其应用市场广阔，是新能源领域的研究热点。本书共14章，第1~3章分别介绍电化学的基础知识、超级电容器概述以及电化学表征技术；第4~6章分别介绍了双电层电容器及其电极材料、双电层的电化学理论以及赝电容及其电极材料；第7、8章介绍了水系介质和有机介质中的混合电容器及非对称电容器；第9章介绍了离子液体型超级电容器；第10~13章分别介绍了超级电容器的产业化制造、模型、测试以及可靠性分析；第14章介绍了超级电容器的应用。各章节之间力求既相对独立，又相互联系，在内容上是一个整体。

本书可供超级电容器研究人员和技术人员，以及高等院校新能源材料与器件、化学电源等相关专业教师和本科生及研究生学习参考。

图书在版编目（CIP）数据

超级电容器：材料、系统及应用/（法）弗朗索瓦等著；张治安译. —北京：机械工业出版社，2014.7（2024.5 重印）
（国际电气工程先进技术译丛）
书名原文：Supercapacitors：materials，systems，and applications
ISBN 978-7-111-47360-2

Ⅰ.①超…　Ⅱ.①弗…②张…　Ⅲ.①电容器-研究　Ⅳ.①TM53

中国版本图书馆 CIP 数据核字（2014）第 155283 号

机械工业出版社（北京市百万庄大街22号　邮政编码100037）
策划编辑：刘星宁　责任编辑：郑　彤
版式设计：赵颖喆　责任校对：张晓蓉　肖　琳
封面设计：马精明　责任印制：邰　敏
北京富资园科技发展有限公司印刷
2024 年 5 月第 1 版第 6 次印刷
169mm×239mm·28.25 印张·595 千字
标准书号：ISBN 978-7-111-47360-2
定价：118.00 元

凡购本书，如有缺页、倒页、脱页，由本社发行部调换
电话服务　　　　　　　　　　网络服务
社服务中心：(010)88361066　　教材网:http://www.cmpedu.com
销售一部：(010)68326294　　机工官网:http://www.cmpbook.com
销售二部：(010)88379649　　机工官博:http://weibo.com/cmp1952
读者购书热线：(010)88379203　　封面无防伪标均为盗版

译 者 序

石油资源日渐紧张，环境污染日趋严重，迫使各国努力寻找可持续发展的新能源以及先进的储能技术。其中，新能源、新材料和新能源汽车被列为我国七大战略性新兴产业。超级电容器是介于电解电容器和电池之间的一种新型储能器件。与传统电容器相比，超级电容器具有更大的比容量和更高的能量密度；与充电电池相比，超级电容器具有更高的功率密度和更长的循环寿命，可大电流快速充放电，在国防军工、航空航天、交通运输、电子信息和仪器仪表等领域具有广阔的应用前景，是新能源领域的研究热点。

我们在科研过程中，得知《超级电容器：材料、系统及应用》一书是 Max Lu 教授组织出版的可持续能源发展中的新材料系列图书中的一卷，是由国际顶级研究人员通力合作完成的一本全面介绍超级电容器基础知识、最新研究成果和发展趋势的著作，具有较高的学术水平和较强的应用价值。翻译本书有助于我们进一步加深对超级电容器的理解，中译本的出版可为从事超级电容器研究的技术人员提供指导，同时本书对高等院校相关专业的师生是一本有价值的教学参考书。

本书主要由中南大学张治安翻译完成。另外，包维斋、王习文、章智勇、李强、屈耀辉、蒋绍峰、周成坤、陈巍也参与了部分内容的翻译工作。

在此，特别感谢对本书翻译出版给予帮助的众多朋友。感谢机械工业出版社的刘星宁先生为本书的出版做了大量工作，使得本书得以顺利出版。我们也感谢机械工业出版社的相关编辑对本书的关心和在本书编辑出版过程中付出的辛勤劳动！

诚然，由于译者水平有限，书中难免有不足之处，希望广大专家和读者批评指正。

张治安

丛书编者序

Wiley 可持续能源发展中的新材料系列图书

可持续能源发展正不断地吸引着科研机构和产业界的眼球，它们就像参加一场国际赛跑，竞相开发出各种技术，以用于清洁化石能源、氢能源、可再生能源，以及水资源的再利用和循环使用。据 REN21 报道（全球可再生资源状况报告 2012，第 17 页），2011 年全球在可再生能源领域的投资达到了 2570 亿美元，而 2010 年则为 2110 亿美元。2011 年在该领域投资排在前几位的国家分别是中国、德国、美国、意大利和巴西。为应对当前能源安全、油价上涨以及气候变化等挑战，新材料的开发是关键。

在这样的背景下，就需要这样一个权威机构，以一种系统的方式来梳理有关能源和环境相关的材料科学和工程的最新科学知识进展和技术突破。"Wiley 可持续能源发展中的新材料系列图书"的目标正是如此。要出版一系列应用于能源领域的材料科学的书籍，的确是一项巨大的工程。本系列图书中的每一卷，都包含来自国际顶级研究人员的高水平著作，即使在未来很多年，这些著作也有望成为该领域权威的参考书籍。

本系列图书涵盖的内容为以下各领域的材料科学及其创新性的研究进展：可再生能源、化石能源的清洁利用、温室气体的减排以及相关的环境技术。该系列图书中本卷的书籍如下：

《Supercapacitors：Materials，Systems，and Applications》（超级电容器：材料、系统及应用）；《Functional Nanostructured Materials and Membranes for Water Treatment》（水处理的功能纳米材料与膜）；《Materials for High - Temperature Fuel Cells》（高温燃料电池材料）；《Materials for Low - Temperature Fuel Cells》（低温燃料电池材料）；《Advanced Thermoelectric Materials：Fundamentals and Applications》（先进的热电材料：原理及应用）；《Advanced Lithium - Ion Batteries：Recent Trends and Perspectives》（先进锂离子电池：趋势与展望）；《Photocatalysis and Water Purification：From Fundamentals to Recent Applications》（光催化与水净化：从基本原理到最新应用）。

介绍这本有关超级电容器的重要书籍时，要特别感谢本书的作者和编辑，他们为此书的出版倾注了大量的努力和辛苦，以便使它能及时与读者见面。正是由于他们的付出，才使得本书有了这样高的质量和水平，毫无疑问，本书也将得到读者的肯定和重视。

最后，要感谢编辑部的成员。感谢他们在内容选择以及评估书籍的意见方面给予很好的建议和帮助。

还要特别感谢来自 Wiley – VCH 出版社的编辑们。我们从 2008 年开始一直共事到现在，他们分别是 Esther Levy 博士、Gudrum Walter 博士和 Bente Flier 博士，非常感谢他们在整个项目过程中给予的专业援助和强有力的支持。

同时，我也希望，在你们将本书作为工作的参考材料时，能发现它所富有的趣味性、信息性和价值性。未来，我们也将竭力出版更多该系列的书籍，不断更新你们在这个领域内的书籍需求计划，以更好地为大家服务。

澳大利亚 布里斯班　　G. Q. Max Lu

前　　言

当前，我们地球面临巨大的能源挑战。如何减少二氧化碳的排放并降低化石燃料的消耗？如何将可持续能源接入到混合能源体系中？当然，这些并不是什么新的问题，但直到 20 世纪末为止，还没有人担心矿物燃料的缺乏问题，即使连续的石油危机已经给我们发出了好几次警告。

要解决以上这些问题，关键在于能量储存与能源管理。确切地说，就是电化学电容器即超级电容器所发挥的作用，其原因在于，超级电容器所储存的能量远远超过了传统的电解电容器。超级电容器所具有的这些特性，源于其基于极化电极材料以及其表面吸附的离子层构筑的纳米级电容器。电极 - 电解液界面的厚度，直接受离子的尺寸大小控制。超级电容器能够在极短的时间内（小于 1min）进行能量收集，然后再在需要的时候释放能量。目前，超级电容器在市场上已经应用，主要是用于汽车和一些静态的系统中，能节省 10% ~40% 的能量。在将间歇可再生能源接入到混合能源系统领域中时，它们在稳定电流方面也发挥了重要作用。

当前，尽管超级电容器已经投入商业化使用，但是，它们还需要不断改进，特别是在提高其能量密度方面上。这就需要对超级电容器的性能及其确切的工作原理有基本的了解，此外，还要知道如何改进其电极材料、电解液以及整个系统的集成。所有这些问题，在这 10 年中，成为学术界和产业界继续深入研究该领域的强大动力。

当 Max Lu 邀请我们推荐一本可持续能源发展中的新材料系列图书时，我们立即想到了超级电容器。的确，自从 1999 年 B. E. Conway 出版的《Electrochemical supercapacitors: Scientific Fundamentals and Technological Applications》（电化学超级电容器：科学原理及技术应用）这本具有开拓性的图书以来，还没有一本其他图书可以广泛地涉及超级电容器。而且，直到现在，在几乎所有涉及超级电容器的科学出版物中，这本图书都可以作为参考书。在过去的 10 年里，出现了一些新的思想，比如电容器中什么是真正的双电层以及混合型电容器和非对称电容器等，这需要全面地评述该领域以更好地描述这些新的概念。

本书取名为《超级电容器：材料、系统及应用》，其目的并不是要取代 Conway那本书，而是作为该书的补充，这充分考虑了过去 10 年来超级电容器的发展状况。本书可供那些从事超级电容器科学研究，以及其开发与应用的研究人员和工程技术人员使用，也适合想要特别了解储能系统的研究生和本科生使用。

出于此目的，本书的编写是与来自世界各地从事超级电容器科研和产业界的知名科学家们共同完成的。本书一共包括 14 章，其中 3 章介绍电化学电容器的基本原理、电化学表征技术以及超级电容器概述，因而，读者不需要任何预备性知识就可以读懂该书；3 章介绍双电层电容器和赝电容器的基本原理、一般特性和模型；3 章介绍非对称电容器和混合电容器以及离子液体电解液的新的发展趋势；2 章介绍超级电容器的制造和建模；3 章介绍超级电容器的测试、可靠性以及应用。每一章都采用惯用的术语，对相关的问题给出了最详细的信息。

在这本书的编写过程中，我们非常高兴，也很自豪，能够聚集这么一批从事超级电容器科学和技术研究的大师们。他们或者是我们在参加国际会议时遇见的，抑或是我们能有此荣幸与之合作的同行和朋友。他们都很友善地接受我们的邀请，献出了自己宝贵的时间，用于编写相应的章节，对他们的帮助，我们致以诚挚而热切的感谢。我们也要特别感谢我们的朋友 Max Lu，感谢他给了我们这次宝贵的机会，也要感谢 Wiley 工作人员给予我们的耐心。最后，本书还要归功于我们深爱的父母，如果他们看到我们能为解决人类的问题而做出了自己的一点贡献，他们一定会为之自豪的！

Poznan（波兹南）François Béguin 和 Elżbieta Frąckowiak

丛书主编简介

Max Lu（逯高清）教授
"可持续能源发展中的新材料系列图书"主编

Lu 教授的研究领域为材料化学和纳米技术。他因从事清洁能源和环境技术领域的纳米颗粒及纳米多孔材料的相关研究工作，而广为人知。他发表了超过 500 篇高影响力的论文，这其中，包括在《自然》（Nature）、《美国化学学会期刊》（Journal of the American Chemical Society）、Angewandte Chemie 和《先进材料》（Advanced Materials）等高水平期刊上发表的文章，还获得了 20 项国际专利。Lu 教授是一位在科学信息研究所（Institute for Scientific Information，ISI）材料科学方面被引用次数很高的一位作者，其引用次数超过 17500 次（h 因子为 63）。他获得过大量国际国内的著名奖项，包括中国科学院国际合作奖（2011 年），Orica 奖，RK Murphy Medal 奖，Le Fevre Prize 奖，Exxon Mobil 奖，Chemeca 奖章，最有影响的 100 位澳大利亚杰出工程师之一（2004 年、2010 年和 2012 年），世界上最有影响力的 50 强华人榜（2006 年）。他曾两次荣获得澳大利亚研究理事会资助（2003 年和 2008 年）。他也被选为澳大利亚技术科学与工程院（Australian Academy of Technological Sciences and Engineering，ATSE）院士和化学工程师协会（Institution of Chemical Engineers IChemE）会士成员。同时，他还是 12 个主要国际期刊的主编和编委，其中，包括《Journal of Colloid and Interface Science and Carbon》。

自 2009 年起，Lu 教授便担任昆士兰大学副校长和副主席（分管科研）职务。他还担任过常务副校长职务（2012 年），从 2008 年 8 月到 2009 年 6 月，他先后担任过代理副校长（分管科研）和副校长（分管科研联络）职务。在 2003～2009 年期间，他还担任澳大利亚研究理事会（ARC）中心功能纳米材料杰出人才基金会的主任。

Lu 教授曾在很多政府委员会和咨询机构供职，包括澳大利亚总理科学工程创新理事会（2004 年、2005 年和 2009 年），ARC 专家学会（2002～2004 年）等。他也曾是 IChemE 澳大利亚委员会的主席，以及 ATSE 的前任主任。之前的其他工作单位还包括 Uniseed Pty 有限公司、ARC 纳米技术网络、昆士兰中国理事会。目前，他还是澳大利亚同步加速器中心、澳大利亚国家电子研究合作工具和资源、研究数据存储设施等机构的理事会成员。作为国家新技术论坛的成员，他还可以约见澳大利亚部长一级的人物。

原书编者简介

François Béguin 教授
波兹南工业大学化学工程系
Piotrowo 3，60 – 965 Poznan，Poland
francois. beguin@ put. poznan. pl
电话：＋＋48 61 665 3632
传真：＋＋48 61 665 2571

François Béguin 是波兹南工业大学（Poznan University of Techndogy）（波兰）的一名教授。就在最近，他还获得了波兰科学基金会授予的 WELCOME 奖金。他的研究主要在碳材料的化学和电化学应用方面，特别是用于能量转换/储存和环境保护的纳米碳的开发，该纳米碳具有孔度可控和表面功能化的特点。主要的研究课题包括锂电池、超级电容器、电化学储氢，以及水污染物的可逆电吸附。他在国际高水平期刊上所发表的文章超过 250 多篇，其文章被 8300 篇的文章所引用，Hirsch 因子为 46。他参与了多本涉及碳材料和能量储存书籍的编写。同时，他还是国际碳会议咨询理事会的成员，曾发起了用于能量储存与环境保护的碳国际会议（CESEP）。他也是《Carbon》期刊的编委，曾经是 Orléans 大学（法国）材料科学的教授，一直工作到 2012 年。他还担任过法国研究所（ANR）国家能量储存(Stock – E)、氢和燃料电池（H – PAC）和电管理（PROGELEC）项目的主任。

Elżbieta Frąckowiak 教授

波兹南工业大学 化学和工业电化学研究所

Piotrowo 3，60－965 Poznan，Poland

Elzbieta. Frackowiak@ put. poznan. pl

电话：＋＋48 61 665 3632

传真：＋＋48 61 665 2571

Elżbieta Frąckowiak 是波兹兰工业大学化学和工业电化学研究所的全职教授。她研究的课题涉及储能领域，包括电化学电容器、锂离子电池和氢电吸附，尤其是超级电容器用的电极材料（纳米孔碳、模板碳、碳纳米管和石墨烯等）、导电聚合物复合电极、掺杂碳和过渡金属氧化物等材料的开发，以及基于碳/氧化还原耦合界面一些新概念。

她是国际电化学学会（2009～2014 年）电化学能源转换与储存分部的主席。她从 2011 年来是 Electrochimica Acta 国际咨询委员会的成员，从 2008 年来是 Energy & Environmental Science 国际咨询委员会的成员。她也是多个国际会议的主席或者联合主席 [12th International Symposium on Intercalation Compounds（ISIC12）Poznań，Poland，2003 年 6 月 1 日～5 日；2nd International Symposium on Enhanced Electrochemical Capacitors（ISEECap' 11），Poznań，Poland，2011 年 6 月 12 日～16 日；the World CARBON conference in Krakow，2012 年 6 月 17 日～22 日]。她是波兰科技奖基金的获得者，也即波兰的诺贝尔奖（2011 年 12 月），她也获得了 Order of Polonia Restituta（2011 年 12 月）和 Order Sapienti Sat（2012 年 10 月）。

她发表了 150 篇论文，撰写了多本书的部分章节，申请了数十项专利。引用他的论文次数达 6000 次，Hirsch 因子为 36。

贡献者列表

Catia Arbizzani

Alma Mater Studiorum

Università di Bologna

Dipartimento di Scienza

dei Metalli

Elettrochimica e Tecniche

Chimiche

Via San Donato 15

40127 Bologna

意大利

Philippe Azaïs

Batscap 超级电容器公司

事业部

Odet，Ergue – Gaberic

29556 Quimper Cedex 9

法国

和

Commissariatà l' Energie

Atomique（CEA）

LITEN（Laboratoire d' Innovation

pour les Technologies des

Energies Nouvelles）

17 rue des Martyrs

38054 Grenoble Cedex 9

法国

Scott W. Donne

纽卡斯尔大学

环境与生命科学学院

Office C325，Chemistry

Callaghan

New South Wales 2308

澳大利亚

Daniel Bélanger

Université du Québecà Montréal

Département de Chimie

case postale 8888

succursale centre – ville

Montréal

Québec H3C 3P8

加拿大

François Béguin

波兹南工业大学

化学工程系

ul. Piotrowo 3

60 – 965 Poznan

波兰

Thierry Brousse

Université de Nantes

Institut des Matériaux Jean

Rouxel（IMN）

CNRS/Université de Nantes

Polytech Nantes

BP50609

44306 Nantes Cedex 3

法国

Andrew Burke

加州大学戴维斯分校

交通运输研究所

Studies

One Shields Avenue

Davis，CA 95616

美国

Guang Feng
克莱姆森大学
机械工程系
Clemson, SC 29634 - 0921
美国

Elżbieta Frąckowiak
波兹南工业大学
化学工程系
化学和工业电化学研究所
ul. Piotrowo 3
60 - 965 Poznan
波兰

Roland Gallay
Garmanage
Clos - Besson 6
CH - 1726
Farvagny - le - Petit
瑞士

Hamid Gualous
Université de Caen Basse
Normandie
Esplanade de la Paix
BP 5186
14032, Caen Cedex 5
法国

Vincent Meunier
纳米材料中心
科学、计算机和数学分部
橡树岭国家实验室
Bethel Valley Road
Oak Ridge, TN 37831 - 6367
美国

Daniel Guay
INRS - Énergie
Matériaux et
Télécommunications
1650 Boulevard Lionel Boulet
case postale 1020
Varennes
Québec J3X 1 S2
加拿大

Jingsong Huang
纳米材料中心
科学、计算机和数学分部
橡树岭国家实验室
Bethel Valley Road
Oak Ridge, TN 37831 - 6367
美国

Mariachiara Lazzari
Alma Mater Studiorum
Università di Bologna
Dipartimento di Scienza dei Metalli
Elettrochimica e Tecniche Chimiche
Via San Donato 15
40127 Bologna
意大利

Marina Mastragostino
Alma Mater Studiorum
Università di Bologna
Dipartimento di Scienza dei
Metalli
Elettrochimica e Tecniche
Chimiche
Via San Donato 15
40127 Bologna
意大利

John R. Miller
JME 公司
23500 Mercantile Road，Suite L
Beachwood，OH 44122
美国
和
凯斯西储大学
大湖能源研究所
电气工程与计算机科学
10900 Euclid Avenue
Cleveland，OH 44106
美国

Yuki Nagano
东京农工大学
工程学院，应用化学分部
2 – 24 – 16 Naka – cho
Koganei
Tokyo 184 – 8558
日本

Vanessa Ruiz
CSIRO 能源技术公司
Normanby Rd
Clayton South
Victoria 3169
澳大利亚

Katsuhiko Naoi
东京农工大学
工程学院，应用化学分部
2 – 24 – 16 Naka – cho
Koganei
Tokyo 184 – 8558
日本

Jawahr Nerkar
CSIRO 能源技术公司
Normanby Rd
Clayton South
Victoria 3169
澳大利亚

Tony Pandolfo
CSIRO 能源技术公司
Normanby Rd
Clayton South
Victoria 3169
美国

Rui Qiao
克莱姆森大学
机械工程系
Clemson，SC 29634 – 0921
美国

Seepalakottai Sivakkumar
CSIRO 能源技术公司
Normanby Rd
Clayton South
Victoria 3169
澳大利亚

Patrice Simon
Unviversitè Toulouse III
Institut Carnot CIRIMAT – UMR
CNRS 5085
118 route de Narbonne
31062 Toulouse
法国

Francesca Soavi
Alma Mater Studiorum
Università di Bologna
Dipartimento di Scienza dei
Metalli
Elettrochimica e Tecniche
Chimiche
Via San Donato 15
40127 Bologna
意大利

Bobby G. Sumpter
纳米材料中心
科学、计算机和数学分部
橡树岭国家实验室
Bethel Valley Road
Oak Ridge，TN 37831 – 6367
美国

Pierre – Louis Taberna
Unviversitè Toulouse III
Institut Carnot CIRIMAT – UMR
CNRS 5085
118 route de Narbonne
31062 Toulouse
法国

目　　录

第1章　电化学基本原理

Scott W. Donne

1.1　平衡态电化学

1.1.1　自发化学反应

化学反应向动力学平衡态移动，在平衡态中，反应物和产物都存在，且没有进一步产生净变化的趋势。在某些情况下，平衡态的混合物中产物的浓度要远大于不再变化的反应物的浓度，以致于在实际应用中我们认为反应已经结束。然而，在许多重要的情况下，在平衡态的混合物中，反应物和产物都有着相当大的浓度。

1.1.2　吉布斯自由能最小化

一个反应中平衡态混合物的物质组成可通过吉布斯自由能计算得到。为了进一步详细叙述，我们假设一个简单的化学平衡：

$$A \leftrightarrow B \tag{1.1}$$

假设现在有着无限小量（$d\xi$）的 A 转化为 B，那么，A 的变化量为 $dn_A = -d\xi$，B 的变化量为 $dn_B = +d\xi$。而其中量 ξ 被称做反应程度（extent of reaction）。

反应吉布斯自由能（ΔG_r）可以定义为

$$\Delta G_r = \left(\frac{\partial G}{\partial \xi}\right)_{P,T} = \mu_B - \mu_A \tag{1.2}$$

式中，μ 为每种物质的化学势或者分子吉布斯自由能。

因化学势随着组成变化，吉布斯自由能也将随着反应的进行而变化。此外，反应是朝着 G 减小的方向进行，这意味着当 $\mu_A > \mu_B$ 时，反应 A→B 是自发的；而当 $\mu_B > \mu_A$ 时，逆反应是自发的。当式（1.2）中的导数为零，反应朝任何方向都将不再是自发的，所以

$$\Delta G_r = 0 \tag{1.3}$$

而当 $\mu_A = \mu_B$，会发生上述情况。由此可见，如果能从反应混合物的组成推出 $\mu_A = \mu_B$，那么我们也可以认为反应混合物的组成处于平衡态。

为了归纳这些概念，考虑更通用的化学反应：

$$aA + bB \leftrightarrow cC + dD \tag{1.4}$$

当反应进行了 $d\xi$ 时，反应物和产物变化的量为

$$dn_A = -a d\xi \quad dn_B = -b d\xi \quad dn_C = +c d\xi \quad dn_D = +d d\xi \tag{1.5}$$

总的来说，$dn_J = v_J d\xi$，而 v_J 是 J 在化学平衡时的化学计量数。因此在恒温恒压下，相应产生的无限小的吉布斯自由能的变化量为

$$dG = \mu_C dn_C + \mu_D dn_D + \mu_A dn_A + \mu_B dn_B = (c\mu_C + d\mu_D - a\mu_A - b\mu_B)d\xi \quad (1.6)$$

这个表达式的一般形式为

$$dG = \left(\sum_J v_J \mu_J \right) d\xi \quad (1.7)$$

由此可见：$\Delta G_r = \left(\dfrac{\partial G}{\partial \xi} \right)_{P,T} = c\mu_C + d\mu_D - a\mu_A - b\mu_B \quad (1.8)$

为了进一步说明，请注意，一个物质 J 的化学势与它的活度（a_J）有关：

$$\mu_J = \mu_J^0 + RT\ln(a_J) \quad (1.9)$$

将式（1.9）用一个方程式替代，代入到式（1.8）的各个物质中，从而得到

$$\Delta G_r = c\mu_C^0 + d\mu_D^0 - a\mu_A^0 - b\mu_B^0 + RT\ln\left(\frac{a_C^c a_D^d}{a_A^a a_B^b} \right) = \Delta G_r^0 + RT\ln(Q) \quad (1.10)$$

式中，Q 是反应系数。现在，在平衡态，当 $\Delta G_r = 0$ 时，活度将其平衡值，所以

$$K = \left(\frac{a_C^c a_D^d}{a_A^a a_B^b} \right) \quad (1.11)$$

式中，K 是热力学平衡常数，因此，由式（1.10）可得

$$\Delta G_r^0 = -RT\ln(K) \quad (1.12)$$

这是非常重要的热力学关系式，它能让我们从热力学数据表中推测出任何反应的平衡常数，进一步推测出反应混合物的平衡组成。

1.1.3 化学平衡和电化学电位间的桥接

当反应驱动电子通过外电路时，一个总的电化学反应没达到化学平衡的电池能做电功。这个通过一定的电子传递所能完成的功取决于两个电极之间的电势差。这个电势差被称为电池电位（V）。当电池电位大时，一定量的电子通过电极间能做大量的电功；当电位小时，同样量的电子只能做很少量的功。一个电池的总反应处于平衡态时不能做功，然后电池电位为零。

一个电化学电池单元能做的最大量的电功（$w_{e,max}$）取决于 ΔG 的值。特别是在一个恒温恒压的自发过程中（其中 ΔG 和 w 的值都为负）。

$$\Delta G = w_{e,max} \quad (1.13)$$

因此，通过测试电池能做的功对电池进行热力学测试，我们首先必须确定它是可逆进行的。只有电池做成最大功，式（1.13）才能适用。而且，我们前面看到反应吉布斯自由能实际上是一个反应混合物在特定组成下确定的导数。因此，要确定 ΔG_r，我们首先确定电池在一种特定、恒定组成下能可逆工作。而这些条件可通过确定电池电位得到，当电池电位被一个精确的反电势所平衡，使电池反应可逆发生时，组成是恒定的：实际上，电池反应是静止待变的，不是在变化的。相应的电势差被称为零电流电位（zero - current cell potential）或电池的电动势（electromotive force）。

1.1.4 E 与 ΔG_r 间的关系

为了建立这个关系，我们考虑某些组成下的电池反应进行无限小的量 $d\xi$ 时 G 的变化。在恒温恒压下，G 的变化量为

$$dG = \sum_J \mu_J dn_J = \sum_J v_J \mu_J d\xi \tag{1.14}$$

在特定组成下的反应吉布斯自由能为

$$\Delta G_r = \left(\frac{\partial G}{\partial \xi}\right)_{P,T} = \sum_J v_J \mu_J \tag{1.15}$$

我们可以写成：$dG = \Delta G_r d\xi$　(1.16)

因此，在恒温恒压下一个反应进行了 $d\xi$ 所能做的最大非膨胀功为

$$dw_e = \Delta G_r d\xi \tag{1.17}$$

这个功无限小，且做功的时候系统的组成是恒定的。假设反应进行了 $d\xi$，那么从阳极到阴极必须转移 $vd\xi$ 的电子。当这个变化产生时，在电极间传输的总的电荷为 $-veN_A d\xi$（因为 $vd\xi$ 是电子的量，$-eN_A$ 是每摩尔电子的电荷）。因为 $eN_A = F$，所以总的传输电荷为 $-vFd\xi$。其中 F 为法拉第常数。

当无限小的变化 $-vFd\xi$ 从阳极达到阴极时，其所能做的功等于其中产生的电荷与电位差 E 的乘积：

$$dw_e = -vFEd\xi \tag{1.18}$$

当式（1.17）与式（1.18）相等时，消去 $d\xi$，可得

$$\Delta G_r = -vFE \tag{1.19}$$

这个公式是电学测试与热力学性质之间的重要联系。由此可知，在知道某个特定组成下的反应吉布斯自由能的情况时，我们可以推出在这种组成下的零电流电池电位。另一种方法，对式（1.19）的解释可以为电池的驱动力与关于反应进度的吉布斯自由能的斜率成比例。当反应远未达到平衡时（斜率较大），则会有一种趋势，驱动电子通过外电路。当斜率趋于零时（当电池反应趋于平衡），电池电位很小。

1.1.5　能斯特方程

从式（1.10）可知，反应混合物的组成与反应吉布斯自由能是如何关联的。将方程的两边同时除以 $-vF$，得到

$$E = -\frac{\Delta G_r^0}{vF} - \frac{RT}{vF}\ln(Q) \tag{1.20}$$

公式右边的第一项可以重写为

$$E^0 = -\frac{\Delta G_r^0}{vF} \tag{1.21}$$

这项称为标准电池电位（standard cell potential）。标准电极电位（E^0）是标准吉布斯自由能以电位的形式来表示的，由此可知

$$E = E^0 - \frac{RT}{vF}\ln(Q) \tag{1.22}$$

这是能斯特方程。我们从方程中可知，标准电池电位可以解释为零电流电位，当所有的反应物和产物处于标准态时，则所有的活度都一致，所以 $Q = 1$，$\ln(Q) = 0$。

1.1.6　平衡态的电池

假设反应到达平衡态，那么 $Q = K$，K 是电池反应的平衡常数。然而，处于平衡态

的化学反应不能做功，因此，它将在原电池的电极间产生零电位差。所以，在能斯特方程中，取 $E = 0V$ 和 $Q = K$ 得

$$\ln(K) = \frac{nFE^0}{RT} \tag{1.23}$$

这个很重要的公式能让我们在确定标准电池电位的情况下推测平衡常数。

1.1.7 标准电位

原电池是由两个电极组成，其中每一个电极都被认为能对整个电池电位做出特定的贡献。虽然不可能测试单个电极做出的贡献，但我们能将一个电极的电位定义为零电位，然后在这个基础上确定其他电极的值。这个特殊的电极定义为标准氢电极（SHE）。

$$Pt \mid H_2(g) \mid H^+(aq) \tag{1.24}$$

在任何温度下，$E^0 = 0V$。其他电极的标准电位（E^0）可以通过以该电极为右边电极，SHE 为左边电极组装电池进行确定。

标准电池电位的一个重要特征为，如果电池单元反应的半反应化学方程式通过一个数值因子扩大数倍，标准电池电位也不会变。这个数值因子不仅增加了反应的标准吉布斯自由能，而且同时以同样的数值因子增加了传输的电子数。根据式（1.21），E^0 的值不变。

1.1.8 使用能斯特方程——Eh – pH 图

能斯特方程最重要的一个应用是在 Eh – pH 图中，用于确定物质稳定性的范围。作为这种应用的一个例子，考虑锰和水体系，其合适的标准吉布斯自由能数据见表 1.1。锰和水体系中产生的电化学半反应以及相应的 ΔG_r 和 E^0 值见表 1.2。这些数据能绘制成 Eh – pH 图，见图 1.1。例如，在一定的 pH 下，当电压变化时，这个图能表示物质热力学稳定存在的范围。例如，在碱性的环境下，如图 1.1 中 $Mn \rightarrow MnO \rightarrow Mn_3O_4 \rightarrow Mn_2O_3 \rightarrow MnO_2 \rightarrow MnO_4^-$。类似地，在一个稳定的电压下，增加 pH 也将改变优先相；例如 $Mn^{2+} \rightarrow Mn_2O_3$。有趣的是，对于锰和水体系，$MnO_2$ 在整个 pH 范围内都是稳定的。这是少有的一个关于一种氧化物能覆盖整个 pH 范围的例子。最后一点很重要，需牢记，这个图能表示在一定的 Eh – pH 的组合下热力学稳定的物质。但是它决不能说明亚稳态物质的存在，因为其有非常缓慢的分解动力学特征。

表 1.1 锰和水体系的标准吉布斯自由能

化合物	$\Delta G_f/(kJ \cdot mol^{-1})$	化合物	$\Delta G_f/(kJ \cdot mol^{-1})$
Mn	0	MnO_2	-465
$Mn^{2+}(aq)$	-228	MnO_4	-447
MnO	-363	H_2O	-237
Mn_3O_4	-1283	$O_2(g)$	0
Mn_2O_3	-881	$H_2(g)$	0
		$H^+(aq)$	0

表 1.2 锰和水体系的半反应及其相应的 ΔG_r 和 E^0 值

半反应	$\Delta G_r/$ ($kJ \cdot mol^{-1}$)	E^0/V
$Mn^{2+} + 2e^- \leftrightarrow Mn$	228	-1.181
$MnO + 2H^+ + 2e^- \leftrightarrow Mn + H_2O$	126	-0.653
$Mn_3O_4 + 2H^+ + 2e^- \leftrightarrow 3MnO + H_2O$	-43	0.223
$3Mn_2O_3 + 2H^+ + 2e^- \leftrightarrow 2Mn_3O_4 + H_2O$	-160	0.829
$2MnO_2 + 2H^+ + 2e^- \leftrightarrow Mn_2O_3 + H_2O$	-188	0.974
$MnO_4^- + 4H^+ + 3e^- \leftrightarrow MnO_2 + 2H_2O$	-492	1.700
$Mn_3O_4 + 8H^+ + 2e^- \leftrightarrow 3Mn^{2+} + 4H_2O$	-349	1.809
$Mn_2O_3 + 6H^+ + 2e^- \leftrightarrow 2Mn^{2+} + 3H_2O$	-286	1.482
$MnO_2 + 4H^+ + 2e^- \leftrightarrow Mn^{2+} + 2H_2O$	-237	1.228
$O_2 + 4H^+ + 4e^- \leftrightarrow 2H_2O$	-474	1.228
$2H^+ + 2e^- \leftrightarrow H_2$	0	0.000

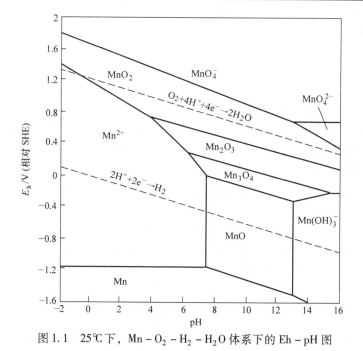

图 1.1 25℃下，$Mn - O_2 - H_2 - H_2O$ 体系下的 $Eh - pH$ 图

1.2 离子

1.2.1 溶液中的离子

溶液中离子的行为在决定一个特殊的电极——电解液组合的性质中起到至关重要的作用。通过考虑一些简单的模型，我们就能解释电解液溶液的性质，特别是它们热力学

活度的根源。另一部分是溶液的动力学特征，比如扩散和迁移。

1.2.1.1 离子－溶剂相互作用

一个 KCl 晶体能轻易地溶解于水中。在晶体中，K^+ 离子和 Cl^- 离子通过库伦力聚集在一起。晶体的溶解意味着这些力被离子与溶剂间的力所克服。因此，在离子和溶剂之间必然存在有大的相互作用的能量。

1.2.1.2 热力学

为了计算离子－溶剂相互作用的能量，考虑到一种没有离子－溶剂相互作用的状态和一种有这种相互作用的状况。

现在，$-\Delta G$ 是我们能从一个恒温恒压的体系中得到的最大的（即可逆的）有用功。"有用"意味着除去了对抗大气所做的功，$-P\Delta V$，而源自体系任何的膨胀和收缩。因此，我们的计算忽略体系任何的体积变化，且在常温常压下有

$$\Delta G_{i-s} = \Delta PE$$

① 最终状态：离子溶解在溶剂中。

② 初始状态：没有离子－溶剂相互作用，所以让离子和溶剂相互分离并且让离子处于真空中很低的气压之下，让其没有离子－离子的相互作用。

我们能从真空到溶剂里转移 1mol 离子的可逆功来计算 ΔG_{i-s}。

1.2.2 玻尔或简单连续介质模型

玻尔（born）模型是进行这种计算最简单的模型。它假设离子是带电的球体，而溶剂是连续的介质流体，也就是说，其为始终均一的（不是由分子和空洞组成的）且仅有的物理性质是介电常数。因此，其相互作用是静电作用。

因为 G 是状态函数，所以我们计算 ΔG_{i-s}（J mol^{-1}）：

$$\Delta G_{i-s} = N_A(W_1 + W_2 + W_3) \tag{1.25}$$

式中，W_1 是一个离子在真空中（$\varepsilon = 1$）放电的可逆功；W_2 是将一个已放电的离子放入溶剂中的可逆功，因为相互作用是静电作用，所以 $W_2 = 0$；W_3 是一个放电完的离子在介电常数介质（ε）中充电的可逆功。

从 0 电荷充电到 ze 的可逆功（z 为形式电荷，$e = 1.60 \times 10^{-19}$C）为

$$W_3 = \frac{(ze)^2}{8\pi\varepsilon\varepsilon_0 r}$$

在真空中将一个离子从 ze 放电到 0 的可逆功是这个 $\varepsilon = 1$ 的负值，因此

$$W_1 = -\frac{(ze)^2}{8\pi EV_0 r}$$

将其代入到式（1.25）中，得到玻尔方程，即

$$\Delta G_{i-s} = -\frac{N_A(ze)^2}{8\pi e_0 r}\left(1 - \frac{1}{\varepsilon}\right) \tag{1.26}$$

然后，由于 $\Delta G = \Delta H - T\Delta S$（常温）

$$\Delta S_{i-s} = -\frac{\partial \Delta G_{i-s}}{\partial T} = -\frac{N_A (ze)^2}{8\pi\varepsilon_0 r}\left(\frac{1}{\varepsilon^2}\frac{d\varepsilon}{dT}\right)$$

$$\Delta H_{i-s} = \Delta G_{i-s} + T\Delta S_{i-s}$$

$$\Delta H_{i-s} = -\frac{N_A (ze)^2}{8\pi\varepsilon_0 r}\left(1 - \frac{1}{\varepsilon} - \frac{T}{\varepsilon^2}\frac{d\varepsilon}{dT}\right) \tag{1.27}$$

注意，这些公式指的是单离子物质，例如，K^+。

1.2.2.1　玻尔方程的证明

一个盐溶液（在常压下热释放或吸收）的焓为

$$\Delta H_{solution} = \Delta H_{lattice} + \Delta H_{s-s}$$

式中，$\Delta H_{lattice}$ 是打破晶格成独立离子的焓；ΔH_{s-s} 是正离子和负离子溶剂化的焓。那也有

$$\Delta H_{s-s} = \Delta H_{+s} + \Delta H_{-s}$$

现在，已知质子水合的绝对焓 ΔH_{p-s} 为 -1.09MJ mol^{-1}（见下）。因此，通过测量一种酸的 ΔH_{a-s} 和测量相应的盐的 ΔH_{s-s} 可以算得这个阳离子的 ΔH_{+s}。

$$\Delta H_{p-s} - \Delta H_{+s} = \Delta H_{a-s} - \Delta H_{s-s}$$

$$\Delta H_{-s} = \Delta H_{s-s} - \Delta H_{+s}$$

不同离子的水合焓的值见表 1.3。玻尔模型的值并不是最好的，但也绝不是最差的。玻尔模型明显地过度简化是其没有考虑到溶剂的分子特性。

表 1.3　25℃下离子—水相互作用的理论与实验的对比

离子	$\Delta H_{i-H_2O}/$ (kJ mol^{-1})	
	理论	实验
Li^+	−66.4	−35.0
Na^+	−41.9	−28.4
K^+	−29.9	−23.6
Rb^+	−27.0	−22.4
Cs^+	−23.6	−21.0
F^-	−29.3	−23.6
Cl^-	−22.0	−15.5
Br^-	−20.4	−14.0
I^-	−18.5	−11.6

1.2.3　水的结构

水由两个 $O-H\sigma$ 键组成，而 $O-H\sigma$ 键是由氧原子的 sp^3 杂化轨道与氢原子的 s 轨道重叠而成。氧有两对孤对电子，由于孤对电子间的相互排斥，$O-H$ 键间的角并不是正四面体角。

水有个偶极距，$\mu_W = 6.23 \times 10^{-30}$ C·m。因为氧有两对孤对电子，所以每个氧能形成两个氢键，即

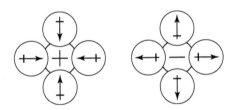

在冰中，每个水分子进行四面体络合以形成曲折的六边环状的三维网状结构。

液态水的结构可以通过许多技术来研究 [X – 射线和中子衍射（D_2O），拉曼，红外以及核磁共振光谱]。由此可见，液态水是冰在一定程度上分解和轻微膨胀的形式。它有相当大的短程（4 或 5 个分子直径）有序性。这个有序性的性质与冰类似。确实，在相同的温度下，水与冰的蒸发热几乎相同。

1.2.3.1　离子附近水的结构

离子和偶极距间的库伦作用总是存在吸引的，一定量的水分子被捕获和被定向在这个离子域中。离子有着络合水分子而组成的外壳。

在远离离子的位置，大量水的结构是未受扰动的。在溶剂化的离子与大量水之间，有个狭窄的区域，水的结构或多或少被破坏。因为两个区域中水的结构朝向不同，所以介于中间区域的水至少部分被扰乱，这被称为结构破碎区域（structure – broken region）。结构破碎区域是电解液溶液的黏度低于纯水造成的。

1.2.3.2　离子 – 偶极子模型

这个模型考虑到了水分子的偶极性和液态水具有一个松散的冰结构。离子 – 溶剂引力由以下组成：

① 离子与 n 个络合水分子组成的水合外壳间的相互作用；

② 一个水合离子在一个介质中的能量；

③ 用于在结构破碎区域破坏结构的能量。

为了简化，我们只计算 ΔH_{i-s}，即当离子从真空传输到溶液中的焓变。ΔH_{i-s} 的组成如下：

ΔH_{cf} 来自于水结构中的一个空穴，且足够大来容纳有 n 个络合水分子的离子。为了实现这个，需移走一个由 $n+1$ 个水分子组成的集群。

ΔH_{cb} 在气相中，将集群打破成 $n+1$ 个分散的水分子。

ΔH_{id} 来自离子与 n 个水分子的离子 – 偶极子键。

ΔH_{Bc} 将溶剂化的离子传输到空穴。这是溶剂化离子的玻尔熵。

ΔH_{cp} 在空穴中，将溶剂化的离子定位在最稳定的朝向，即最小能量朝向。（$\Delta H_{cf} -\Delta H_{cp}$ 是由于结构破碎引起的溶剂能量增加）。

ΔH_c 将剩余的水分子从气相转回到溶剂中。

1.2.3.3　空穴形成

考虑到 $n=4$ 的情况。移走一个由 5 个水分子组成的集群。

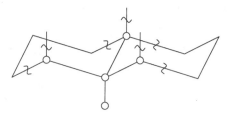

这需要打断 12 个氢键。对于水来说，一个氢键有 ΔH_f^0，因此

$$\Delta H_{cf} = 250 \mathrm{kJ\ mol^{-1}} \quad （即每摩尔的离子）$$

1.2.3.4　集群的破坏

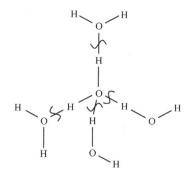

这需要打断 4 个氢键。

$$\Delta H_{cb} = 84 \mathrm{kJ\ mol^{-1}}$$

1.2.3.5　离子 – 偶极子作用

因为水偶极子在离子的域中定向排布，离子总是在偶极子的轴向上，所以两者之间的力是相互吸引的（负的）。

$$F = -\bar{\varepsilon} |ze|$$

在分离点 x 的势能是将电荷从 ∞ 带到 x 的可逆功。因此

$$PE = -\int_{\infty}^{x} 2\mu_W |ze| / 4\pi\varepsilon\varepsilon_0 x^3 dx = -2\mu_W |ze| / 4\pi\varepsilon\varepsilon_0 x^2$$

因为离子都接触 n 个水偶极子，每一个都在分离点 $x = r_i + r_W$ 上，所以有

$$\Delta G_{id} = -\frac{n N_A \mu_W |ze|}{4\pi\varepsilon_0 (r_i + r_W)^2} J \ mol^{-1}$$

注意到因为离子和偶极子间没有介质，所以 $\varepsilon = 1$。因为温度对于 μ_W、r_W 和 r_i 的影响可以忽略不计，所以有

$$\Delta S_{id} = -\frac{d\Delta G_3}{dT} \approx 0 \ 和 \ \Delta H_{id} = -\frac{n N_A \mu_W |ze|}{4\pi\varepsilon_0 (r_i + r_W)^2} J \ mol^{-1}$$

1.2.3.6　玻尔能量

这来自于将半径为 $r_i + 2r_W$ 的溶剂化离子转移到空穴中，代入到式（1.27）中有

$$\Delta H_{Bc} = -\frac{N_A (ze)^2}{8\pi\varepsilon_0 (r_i + 2r_W)} \left(1 - \frac{1}{\varepsilon_W} - \frac{T}{\varepsilon_W^2} \frac{d\varepsilon_W}{dT}\right) J \ mol^{-1}$$

1.2.3.7　确定空穴中溶剂化离子的位置

当键形成时，会释放能量。因此，当正在溶剂化的水和空穴中的水结构间形成尽可能多的氢键时，将产生最小能量的（最稳定的）朝向。然而，溶剂化离子的偶极子定位是必要的，以便于不同的极点保持接触。

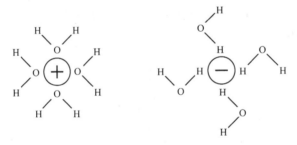

模型显示，对于阳离子，可能形成 10 个氢键；对于阴离子，只有 8 个。

$$\Delta H_{cp} = -10 \times 21 = -210 kJ \ mol^{-1} (阳离子)$$

$$\Delta H_{cp} = -8 \times 21 = -168 kJ \ mol^{-1} (阴离子)$$

1.2.3.8　剩余的水分子

将这些返回到水的主体，释放水的冷凝热。

$$\Delta H_c = -42 kJ \ mol^{-1}$$

1.2.3.9　与实验对比

$$\Delta H_{i-s} = \sum_{1}^{6} \Delta H's$$

对于阳离子，$\Delta H_{i-s} = 84 \times 10^3 + \Delta H_{id} + \Delta H_{Bc} J \ mol^{-1}$

对于阴离子，$\Delta H_{i-s} = 126 \times 10^3 + \Delta H_{id} + \Delta H_{Bc} J \ mol^{-1}$

　　计算得到的数值与实验所得的值在合理范围内相一致，总的来说，在简单连续介质模型的基础上体现了一个明显的改进。离子 – 偶极子作用能对最终结果做出最大的贡献。这表示离子 – 偶极子作用是尝试改进计算最合理的方向。

1.2.3.10　离子 – 四极模型

　　这个模型考虑到了水的四极特性和水分子在离子作用下的极化。

　　水在每个氢原子上有部分正电荷，在每个氧的长键上有部分负电荷。因此，水分子是四极的且只能大概地将其看作为一个偶极子。要考虑加入四极子的修正项到偶极子引力项中：

$$\Delta H_{id} \pm \Delta H_Q = \frac{nN_A\,|ze|}{4\pi\varepsilon_0}\left(-\frac{\mu_W}{(r_i+r_W)^2} \pm \frac{P_W}{2\,(r_i+r_W)^3}\right)$$

式中，取正值对应于阳离子，取负值对应于阴离子；P_W 是水的四极距，为 1.3×10^{-39} C m^2。

1.2.3.11　诱导偶极子作用

　　离子与偶极子间引起的力为

$$F = -\frac{2\alpha'(ze)^2}{4\pi\varepsilon\varepsilon_0 x^5}$$

通过将这个力从 ∞ 带到 $x = r_i + r_W$ 的负值积分可以得到该种引力的势能：

$$PE = -\frac{\alpha'(ze)^2}{8\pi\varepsilon_0\,(r_i+r_W)^4}$$

因此，$\Delta H_{ind} = -\dfrac{nN_A\alpha'(ze)^2}{8\pi\varepsilon_0\,(r_i+r_W)^4}$

1.2.3.12　结果

　　阳离子的 ΔH_{i-s} 的表达式为

$$\Delta H_{i-s} = 84000 + \Delta H_{id} + \Delta H_{Bc} + \Delta H_{ind} + \Delta H_Q\ \text{J mol}^{-1}$$

　　阴离子的表达式为

$$\Delta H_{i-s} = 126000 + \Delta H_{id} + \Delta H_{Bc} + \Delta H_{ind} - \Delta H_Q\ \text{J mol}^{-1}$$

　　表 1.4 为对于 $n=4$ 时理论值和实验值表现出良好的一致性。最差的结果是 Li$^+$，因为其尺寸较小。

表 1.4　25℃下，不同的单个离子完全水合热的理论值与实验值的对比

离子	$\Delta H_{i-H_2O}/$ (kJ mol^{-1})	
	理论	实验
Li$^+$	−36.6	−31.0
Na$^+$	−26.1	−24.5
K$^+$	−19.7	−19.9

（续）

离子	$\Delta H_{i-H_2O}/$ （kJ mol^{-1}）	
	理论	实验
Rb$^+$	−17.5	−18.5
Cs$^+$	−15.2	−17.1
F$^-$	−29.0	−27.6
Cl$^-$	−19.8	−19.5
Br$^-$	−17.7	−17.9
I$^-$	−15.1	−15.6

1.2.3.13 质子的水合焓

考虑到一种盐 MX，两种离子有着相同的半径大小。将阳离子的水合焓减去阴离子的水合焓：

$$\Delta H_{+s} - \Delta H_{-s} = -42000 + 2\Delta H_Q$$

$$\Delta H_{+s} - \Delta H_{-s} - 2\Delta H_{p-s} = -2\Delta H_{p-E} - 42000 + 2\Delta H_Q$$

$$\Delta H_{+s} + \Delta H_{-s} - 2\Delta H_{-s} - 2\Delta H_{p-E} = -2\Delta H_{p-s} - 42000 + 2\Delta H_Q$$

$$\Delta H_{MX-s} - 2\Delta H_{HX-s} = -2\Delta H_{p-s} - 42000 + \frac{nN_A\,|ze|P_W}{4\pi\varepsilon_0\,(r_i + r_W)^3}$$

Halliwell 与 Nyburg 认为一系列盐中阴离子和阳离子的半径几乎相同，如 KF、NH$_4$OH、RbOH、CsCl 和 N（CH$_3$）$_4$I$_3$。通过 LHS 对$(r_i + r_W)^{-3}$作图，得到一条直线，通过截距可得 ΔH_{p-s}的值为 −1.09MJ mol^{-1}。

1.2.4 溶剂化数

不幸的是，经常使用的两个术语——溶剂化数（solvation number）和水合数（hydration number）的含义上并没有一致的观点。我们将使用其他两个似乎有公认含义的术语。

1.2.4.1 络合数

这是与离子保持接触的溶剂分子的数量。这是一个几何现象。当考虑到离子溶液的非动力学特性时很重要。

1.2.4.2 主要的溶剂化数

这是溶剂分子的平均数，这些分子强烈吸附在离子上，当离子移动（跳跃）时，它们也将移动。主要的溶剂化数由动力学测试决定，并且其在碰撞过程中很重要。对于高电荷密度的离子，它很大且只是个平均数，而且也常常是分数，例如，对于 Na$^+$，主要溶剂化数是 3，对于 Cl$^-$，它为 0.5。

1.2.5 活度及活度系数

1.2.5.1 逸度（f'）

对于理想的压力或者蒸汽压，如下式所定义：

$$\mu = \overline{G} = RT\ln\left(f'\right) + B(T) \tag{1.28}$$

式中，$B(T)$ 是一个未知量。通过这种方式定义 f'，是因为我们不能测出 μ 的绝对值，以致于要得到 f' 的绝对值，方程中必须有一个未知数。

注意到，当气体在理想状态下运动时，$f' = P$。为了说明这个概念，考虑 n mol 的气体从状态 i 变化到状态 f，于是能从式（1.28）中得到

对于任何气体，$\Delta G = n(\overline{G}_f - \overline{G}_i) = nRT\ln\left(\dfrac{f'_f}{f'_i}\right)$

与我们所熟知的方程相比

理想气体，$\Delta G = nRT\ln\left(\dfrac{P_f}{P_i}\right)$

1.2.5.2　非电解质稀溶液

亨利定律（一个经验定律）表明对于十分稀的非电解质溶液

$$f'_2 = k_N N_2 \text{（摩尔分数）}$$

式中，f'_2 是溶质的逸度；N_2 是溶质的摩尔分数；k_N 是亨利定律常数（经验性的）。注意到 1 指溶剂，2 指溶质。则也有

$$f'_2 = k_m m_2 \text{（质量摩尔浓度）}$$
$$f'_2 = k_M M_2 \text{（物质的量浓度）}$$

1.2.5.3　活度（α）

活度定义为

$$a = \frac{f'}{f'^0} \tag{1.29}$$

式中，f'^0 是在某些选定的标准态的逸度，因此

$$\mu - \mu_0 = RT\ln\left(\frac{f'}{f'^0}\right) = RT\ln\left(a\right) \tag{1.30}$$

注意到对于一个给定的物质，x 在溶液 1 和 2 中，则有

$$\frac{a_x(1)}{a_x(2)} = \frac{f'_x(1)}{f'_x(2)}$$

这并不受所选的标准态的影响。

1.2.5.4　标准态

事实上，我们可以根据我们的喜好选择任意的一个标准态，但是最有用的是：

① 气体：$f' = 1\text{atm}$ 的气体。

② 固体和液体：在 1atm 的外压下的纯物质。

③ 溶液中的溶剂：在与溶液相同的温度和压强下的纯溶剂。

④ 溶液中的溶质：遵循亨利定律的单位浓度的假想溶液。因为有 3 个浓度单位，所以有 3 个标准态，同一种溶液可得到三个不同的 a 值。

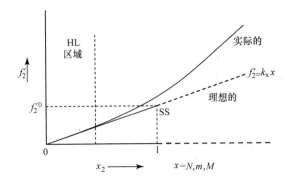

这个标准溶液是假想的，因为实际上，它们并不与真实溶液相对应。

1.2.5.5 无限稀释

这些标准溶液是首选的，因为在无限稀的溶液中，所有的活度都变为已知的。如果溶液变得更稀一点，这个溶剂将接近于纯溶剂（标准态）；因此，$f' \rightarrow f'^0$ 和 $a \rightarrow 1$。同时，该溶液也遵循亨利定律，有

$$f'_2 = k_x x \text{ 和 } f'^0_2 = k_x$$

$$a = \frac{f'_2}{f'^0_2} = x(x = N, m, M)$$

活度变得和浓度相等，且活度系数变得均一。

1.2.5.6 溶剂活度的测量

除了高压下，$f' = P$，因此在溶液表面测量蒸汽压和相同温度下在纯的溶剂表面测量常常是充分的。

$$a = \frac{P_{solution}}{P_{solvent}}$$

1.2.5.7 溶质活度的测量

虽然有很多的方法，但是目前只有一种公认的方法。它基于吉布斯 – 杜亥姆方程（对于 μ）和测得的 a_1 值。

$$n_1 d\mu_1 = -n_2 d\mu_2 \text{ （吉布斯 – 杜亥姆方程）}$$

式中，n 代表着摩尔数，现在由式（1.30）得

$$\mu_1 - \mu_1^0 = RT\ln(a_1)$$

因此，$d\mu_1 = RT d\ln(a_1)$

类似地，$d\mu_2 = RT d\ln(a_2)$

所以，$d\ln(a_2) = -\dfrac{n_1}{n_2} d\ln(a_1)$；$\ln(a_2) = -\displaystyle\int_0^{\ln(a_1)} \frac{n_1}{n_2} d\ln(a_1)$

1.2.5.8 电解液活度

电解液的活度作为一个整体，仍能定义为

$$a_2 = \frac{f'_2}{f'^0_2}$$

这能用于测量非电解质。对于每个离子，我们定义

$$a_+ a_- = a_2$$
$$a_+ = f_+ N_+ \quad a_- = f_- N_-$$
$$a_+ = Y_+ M_+ \quad a_- = Y_- M_-$$
$$a_+ = \gamma_+ m_+ \quad a_- = \gamma_- m_-$$
$$f_+ f_- = f_2 \quad \gamma_+ \gamma_- = \gamma_2 \quad Y_+ Y_- = Y_2$$

式中，f、Y 和 γ 分别是摩尔分数、质量摩尔浓度和物质的量浓度的活度系数。

1.2.5.9 平均离子数

不能测得单个离子的活度或者活度系数。当需要它们时，我们将通过如下定义近似地得出它们的平均离子数。

$$a_\pm = (a_+ a_-)^{1/2} = a_2^{1/2} \quad 1:1 \quad \text{电解液}$$
$$f_\pm = (f_+ f_-)^{1/2} = f_2^{1/2} \quad 1:1 \quad \text{电解液}$$

注意到 $a_2 = a_\pm^2 = (m\gamma_\pm)^2 = m^2 \gamma_2 \quad 1:1 \quad$ 电解液

对于普通电解液 $A_{v+} B_{v-}$，$v = v_+ + v_-$，有

$$a_2 = a_A^{v+} a_B^{v-}$$
$$a_\pm = a_2^{1/v} = (a_A^{v+} a_B^{v-})^{1/v}$$
$$f_\pm = f_2^{1/v} = (f_A^{v+} f_B^{v-})^{1/v} \tag{1.31}$$

1.2.5.10 f、γ 和 Y 之间的关系

活度系数常被记作 γ，但是是常常需要将其转化为 f 或 Y。假定 1L 的 $A_{v+} B_{v-}$ 溶液，其摩尔浓度为 M_2，摩尔质量浓度为 m_2。

$$\text{正离子的摩尔数} = M_2 v_+$$
$$\text{离子的摩尔数} = M_2 v$$
$$\text{溶剂的摩尔数} = \frac{1000\rho - M_2 W_2}{W_1}$$

式中，ρ 是溶液的密度（$g\ cm^{-1}$）；W_1 和 W_2 分别为摩尔质量。因此

正离子的摩尔分数为 $\qquad N_+ = \dfrac{W_1 M_2 v_+}{1000\rho - M_2 W_2 + M_2 W_1 v}$

因为 $M_2 \to 0$，$\rho \to \rho_0$（纯的溶剂的密度），所以有

$$1000\rho_0 \gg M_2 W_2 + M_2 W_1 v$$

$$N_{+0} = \frac{W_1 M_2 v_+}{1000\rho_0}$$

因为活度之比不受所选标准态的影响，而且所有的活度系数在无限稀的溶液中接近一致，所以有

$$\frac{a_+}{a_{+0}} = \frac{f_+ N_+}{N_{+0}} = \frac{Y_+ M_+}{M_{+0}} = \frac{\gamma_+ m_+}{m_{+0}}$$

现在能够得出任意两个活度系数之间的关系，假定 f 和 Y：

$$\frac{f_+N_+}{N_{+0}} = \frac{Y_+M_+}{M_{+0}}$$

将 N_+ 和 N_{+0} 代入，移项后可得

$$f_+ = Y_+\left(\frac{1000\rho - M_2W_2 + M_2W_1v}{1000\rho_0}\right)$$

相应地，$f_- = Y_-\left(\dfrac{1000\rho - M_2W_2 + M_2W_1v}{1000\rho_0}\right)$ 和 $f_\pm = Y_\pm\left(\dfrac{1000\rho - M_2W_2 + M_2W_1v}{1000\rho_0}\right)$

进一步有，$\gamma_\pm = Y_\pm\left(\dfrac{1000\rho - M_2W_2 + M_2W_1v}{1000\rho_0 + m_2W_1v}\right)$ 和 $f_\pm = \gamma_\pm (1 + 0.001m_2W_1v)$

1.2.6　离子-离子作用

1.2.6.1　引言

我们已经看到离子与溶剂偶极子之间有着强的作用。因为偶极子只有一部分离子电荷，所以我们能够预料，离子与离子之间有着更强的引力。

假设我们能对离子进行任意的放电和再充电。注意到处于一个放电态的离子并不是一个原子，因为其半径保持不变。我们必须选择一个离子，叫参比原子，然后计算可逆功：

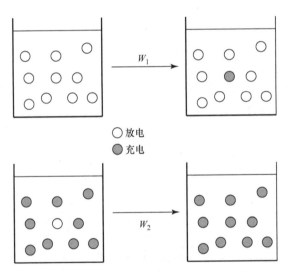

○放电
●充电

$W_2 - W_1$ 是由于离子-离子作用，所产生参比离子的电势变化。如果在功计算时，没有包括 $P\Delta V$ 功，那么

$$N_A(W_2 - W_1) = \text{每摩尔参比离子的溶液自由能的变化} = \Delta\overline{G}_{\text{reference ion}} = \Delta\mu_{i-1} \qquad (1.32)$$

现在，$W_1 = \displaystyle\int_0^{ze}\psi_1\mathrm{d}q$ 和 $W_2 = \displaystyle\int_0^{ze}\psi_2\mathrm{d}q$

式中，ψ_1 是当其他离子放电完后，这个离子表面的电势；ψ_2 是那些电子充电完的电势。式（1.26）告诉我们 $W_1 = (ze)^2/8\pi\varepsilon\varepsilon_0r_i$。而计算 ψ_2 是一个难题。

1.2.6.2　计算 ψ_2 的德拜-休克尔模型

德拜和休克尔认为在参比离子周围有着许许多多的离子。因此，将这些离子认为是

离子云或者电荷云是很好的近似方法。因为溶液必须总体上是中性的，所以离子云必须要有电荷相中和，且与参比离子相反。

总电荷=-1

因此，我们假设离子云中的离子是点电荷，能很快地到达参比离子的表面。

1.2.6.3 泊松-玻耳兹曼方程

以参比离子的中心为原点，在球形坐标中，泊松方程为

$$\frac{1}{r^2}\frac{\mathrm{d}}{\mathrm{d}r}\left(r^2\frac{\mathrm{d}\psi_\mathrm{r}}{\mathrm{d}r}\right) = -\frac{\rho_\mathrm{r}}{\varepsilon\varepsilon_0}$$

更简便的形式，
$$\frac{\mathrm{d}^2(r\psi_\mathrm{r})}{\mathrm{d}r^2} = -\frac{r\rho_\mathrm{r}}{\varepsilon\varepsilon_0} \tag{1.33}$$

式中，r 为从原点的半径大小；ρ_r 为电流密度（cm^{-3}）；ψ_r 为在 r 处的电势。

1.2.6.4 电荷密度

考虑 r 处的体积元素 δV：

$$\rho_\mathrm{r} = n_1 z_1 e + n_2 z_2 e + n_3 z_3 e + \ldots + n_i z_i e = \sum n_i z_i e$$

式中，n_1 是离子云中单位体积内，带电荷 $z_i e$ 的离子数目。我们不知道这些 n 值，但是我们知道 $n_1^0 \cdots n_i^0$，这是在主体中单位体积的数目。它们是不同的，因为在离子云中有个电势来自于参比离子，而在主体中不存在电势。因此，离子云中的离子有着比在主体中大的能量 $z_i e\psi_\mathrm{r}$，所以得出玻耳兹曼方程

$$n_i = n_i^0 \exp\left(-\frac{z_i e\psi_\mathrm{r}}{kT}\right)$$

因此，$\rho_\mathrm{r} = \sum n_i z_i e = \sum n_i^0 \exp\left(-\frac{z_i e\psi_\mathrm{r}}{kT}\right)$

这个方程通过回归处理能将其线性化：

当 $\dfrac{z_i e\psi_\mathrm{r}}{kT} \ll 1$ 时，$\exp\left(-\dfrac{z_i e\psi_\mathrm{r}}{kT}\right) = 1 - \dfrac{z_i e\psi_\mathrm{r}}{kT}$

因此，$\rho_\mathrm{r} = \sum n_i^0 z_i e - \sum n_i^0 \dfrac{z_i^2 e^2 \psi_\mathrm{r}}{kT}$

然而，因为主体是电中性的，$\sum n_i^0 z_i e = 0$，所以，$\rho_\mathrm{r} = -\sum n_i^0 \dfrac{z_i^2 e^2 \psi_\mathrm{r}}{kT}$

这个表达式在数学上是无效的，因为 $z_i e\psi_\mathrm{r}/kT$ 并不总是小于 1。然而，我们必须处

理这个问题，并在 ρ_r 和 ψ_r 间建立线性关系，因为这是电势叠加法所要求的。这个有些哲理性的问题是德拜－休克尔理论未解决的难题。

1.2.6.5 泊松－玻耳兹曼方程的求解

将泊松方程代入到式（1.33）中，则有

$$\frac{d^2(r\psi_r)}{dr^2} = -\frac{r\rho_r}{\varepsilon\varepsilon_0} = \left(\frac{1}{\varepsilon\varepsilon_0 kT}\sum n_i^0 z_i^2 e^2\right)(r\psi_r) = K^2(r\psi_r) \quad \text{（泊松－玻耳兹曼方程）}$$

式中，K 或 L_D^{-1} 是德拜长度的倒数。泊松－玻耳兹曼方程就是这样一个形式：

$$\frac{d^2 Y}{dx^2} = K^2 Y$$

而对于一般溶液：$\psi_r = \frac{A'}{r}\exp(-Kr) + \frac{B'}{r}\exp(Kr)$

式中，A' 和 B' 是整合的常数，需要赋值。

在溶液主体中，$r\to\infty$ 和 $\psi_r\to 0$。因此，$B' = 0$。更进一步说，公式必须在十分稀的溶液才能成立，也就是说，当 $n_i^0\to 0$，那么 $K\to 0$。

$$\psi_r = \frac{A'}{r} \quad \text{（无限稀释）}$$

但是在一个无限稀的溶液内，其中并没有离子－离子引力，以及在 r 的电位仅仅取决于参比离子。也就是说：

$$\psi_r = \frac{q}{4\pi\varepsilon\varepsilon_0 r} \quad \text{（无限稀释）}$$

式中，我们用 q 作为参比离子上的电荷，当从 0 到 ze 充电时，它是变化的，因此

$$A' = \frac{q}{4\pi\varepsilon\varepsilon_0} \text{和} \psi_2 = \frac{q}{4\pi\varepsilon\varepsilon_0 r}\exp(-Kr) \quad (1.34)$$

现在，因为 r_i 很小，所以 $Kr_i \ll 1$，那么，参比离子表面的电位为

$$\psi_2 = \frac{q}{4\pi\varepsilon\varepsilon_0 r_i}(1 - Kr_i)$$

1.2.6.6 计算 $\Delta\mu_{i-1}$

从前面可得：$W_2 = \int_0^{ze}\psi_2 dq = \int_0^{ze}\frac{q}{4\pi\varepsilon\varepsilon_0 r_i}(1 - Kr_i)dq = \frac{(ze)^2}{8\pi\varepsilon\varepsilon_0 r_i}(1 - Kr_i)$

现在 $W_1 = \frac{(ze)^2}{8\pi\varepsilon\varepsilon_0 r_i}$，由式（1.32）可知

$$\Delta\mu_{i-1} = N_A(W_2 - W_1) = -\frac{N_A(ze)^2 K}{8\pi\varepsilon\varepsilon_0} \quad (1.35)$$

1.2.6.7 德拜长度 K^{-1} 或 L_D

$$L_D = \left(\frac{1}{\varepsilon\varepsilon_0 kT}\sum n_i^0 z_i^2 e^2\right)^{-1/2} \quad (1.36)$$

式中，L_D 是一个溶液的长度特性，这个值随着溶液变稀释而增加。式（6.3）表示在远大于 L_D 的距离 d，参比离子的影响将剧烈下降。德拜长度被称作离子云的厚度。

1.2.6.8　活度系数

对于已知的溶液中的一个离子，摩尔分数范围为

$$\mu_i = \mu_i^0 + RT\ln(N_i) + RT\ln(f_i)（真实溶液）$$

$$\mu_i = \mu_i^0 + RT\ln(N_i)（理想溶液）$$

德拜和休克尔假设真实和理想溶液间的区别源于离子 – 离子引力。因此

$$\Delta\mu_{i-1} = \mu_i（真实） - \mu_i（理想） = RT\ln(f_i)$$

由式（1.35）得 $RT\ln(f_i) = -\dfrac{N_A(ze)^2 K}{8\pi\varepsilon\varepsilon_0}$

我们将这个公式转化为关于 $f_\pm$ 的公式，由式（1.31）有

$$\ln(f_\pm) = \frac{1}{v}(v_+ \ln(f_+) + v_- \ln(f_-)) = -\frac{N_A e^2 K}{8\pi\varepsilon\varepsilon_0 RT}\left(\frac{v_+ z_+^2 + v_- z_-^2}{v}\right)$$

因为电解液是电中性的，$v_+ z_+ = -v_- z_-$，在括号内的因子可以减少到 $-z_+ z_-$，所以

$$\ln(f_\pm) = -\frac{N_A(-z_+ z_-)e^2 K}{8\pi\varepsilon\varepsilon_0 RT} \tag{1.37}$$

现在，式（1.36）为 $K = \left(\dfrac{1}{\varepsilon\varepsilon_0 kT}\sum n_i^0 z_i^2 e^2\right)^{1/2}$，$n_i^0 = 1000 C_i N_A$

式中，C_i 是物质的量浓度 $mol\ L^{-1}$，那么

$$\sum n_i^0 z_i^2 e^2 = 1000 N_A e^2 \sum C_i z_i^2 = 2000 N_A e^2 I$$

而离子强度 I 在物质的量的单位定义为

$$I = \frac{1}{2}\sum C_i z_i^2$$

那么，$K = \left(\dfrac{2000 N_A e^2}{\varepsilon\varepsilon_0 kT}\right)^{1/2} I^{1/2} = 100 B I^{1/2}$

代入式（1.37），则有：$\ln(f_\pm) = -\dfrac{-100 B N_A e^2}{8\pi\varepsilon\varepsilon_0 RT}(-z_+ z_-)I^{1/2}$

那么，德拜 – 休克尔极限法则可以写为：$\ln(f_\pm) = -A(-z_+ z_-)I^{1/2}$

式中，$A = \dfrac{100 B N_A e^2}{2.303 \times 8\pi\varepsilon\varepsilon_0 RT}$

1.2.6.9　与实验对比

当浓度低于 $2mM$ 或 $3mM$ 时，德拜 – 休克尔极限法非常适合。然而，当浓度超过 $5mM$ 后，会出现重大偏差。

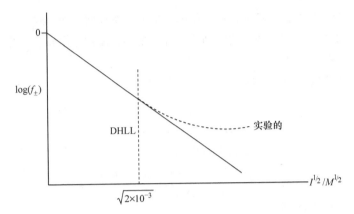

需要注意的是，对于单位 M 的浓度来说德拜－休克尔极限法则给出了摩尔分数活度系数。然而，在德拜－休克尔极限法则的范围内，在 f、γ 和 Y 之间或者在 m 和 M 之间，没有明显的区别。

1.2.6.10　德拜－休克尔极限法则的近似

德拜和休克尔推断极限法则在 $I \sim 5\text{mM}$ 失效，因为其近似考虑离子云中的离子为点电荷。当离子云明显大于离子时，离子的半径通常为 0.3nm 且它是有效的，考虑离子云中的离子为点电荷。在低浓度时，这个近似是很好的，见表 1.5。

表 1.5　NaCl 在不同浓度下的离子云的半径

C_{NaCl}/M	L_{D}/nm
10^{-4}	30.0
10^{-3}	9.6
10^{-2}	3.0
10^{-1}	0.96

德拜和休克尔总结对于离子接近其中心的限制大小能得到距离为 a，并被称为临界点距离。重新处理公式就产生

$$\ln\left(f_{\pm}\right) = -\frac{A\left(-z_{+}z_{-}\right)I^{1/2}}{1 + 100aBI^{1/2}}（德拜－休克尔法则） \tag{1.38}$$

式中，a 的单位是 m。只有浓度大于 2mM 时，分母会变得远大于 1。因此德拜－休克尔法则将变成在低的浓度情况下的极限法则。通过 a 的正确数值，德拜－休克尔法则能够精确推断到 0.1M 的 $f_{\pm}$。

1.2.6.11　最接近距离

这个也被称为离子大小参数。当它们相碰撞时，离子是最接近的，那么 a 就是它们碰撞时中心的距离。

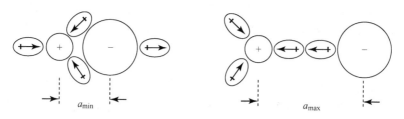

a_{min}　　　a_{max}

阳离子小于阴离子，且具有更高的电荷密度，相比于阴离子，阳离子能在电荷密度中和主要的水合外壳中吸收更多的水分子。a 则取决于碰撞中的朝向。

现在，我们不能计算 a 的值。在斯托克和罗宾逊的书中，有 a 值的表，这些值使得实验的 $f_\pm$ 与德拜 – 休克尔法则得到了相当好的契合。a 的正确数值是经验性的。然而，如图所示，落在两个极限之间的这些数值是令人信服的。

1.2.6.12　活度系数的物理解释

德拜 – 休克尔法则的成果显示了一个关于溶液浓度小于 0.1M 的活度系数明确的解释。德拜 – 休克尔法则忽略了除了离子间的库仑力以外的其他所有因素，而与理想行为的偏差也肯定仅仅是由于离子间的库仑力作用引起的。

1.2.7　浓电解质溶液

1.2.7.1　斯托克 – 罗宾逊处理

斯托克和罗宾逊假定有两个近似，由德拜 – 休克尔法则作出，而这个法则在浓溶液中（>0.1M）则变得不成立。

① 因为德拜 – 休克尔法则使用 a，水合离子的最接近距离只能用于计算水合离子的 $f_\pm$，而不是实际的离子。例如，它计算对于 Na^+、$Cl^- + 3.5H_2O$ 的 $f_\pm$，而不仅仅如要求地计算 Na^+ 和 Cl^- 的 $f_\pm$。因此，它错误地包括离子水合自由能，这需要减去。

② 在浓溶液中，大多数的水被限制在离子的水合外壳中，而不是自由地充当溶剂。例如，在 1L 5M 的 LiCl（主要的水合数为 6），55.5mol 水中，只有 25.5mol 是自由溶剂分子。因此，需考虑浓度效应。

斯托克和罗宾逊阐述出了对于德拜 – 休克尔法则的修正，因为我们不能加或减活度系数，这个修正必须以自由能的形式来阐述。对于 n_2 mol 的电解液，由于非理想状态引起的自由能的贡献为

$$n_2 \Delta \mu_{2-1} = n_2 RT \ln (f_2)$$

由式（1.31）可知，$\ln (f_2) = \dfrac{v \log (f_\pm)}{2.303}$

由式（1.38）可知，$\log (f_2) = -\dfrac{A(-z_+ z_-) I^{1/2}}{1 + 100 a B I^{1/2}}$

可知，
$$n_2 \Delta \mu_{2-1} = n_2 RT \ln (f_2) = -2.303 n_2 v RT \frac{A(-z_+ z_-) I^{1/2}}{1 + 100 a B I^{1/2}} \qquad (1.39)$$

1.2.7.2　离子 – 水合修正

溶液中的离子是相互间封闭的。因为离子和水分子间的主要作用是静电引力，所以

去除这个引力，这个引力所引起水的活度将恢复到一个接近于纯水的值，也就是说等于1。如果 a_W 是真实溶液中水的活度，那么由于离子水合，溶液自由能中的变化为

对于水合的水，$RT\ln\left(\dfrac{a_W}{1}\right)$ J mol^{-1}

1.2.7.3 浓度修正

德拜－休克尔法则基于溶液的表观浓度来计算 $\Delta\mu_{2-l}$，而这要基于真实溶液来完成。因此，我们要加入一个项 $^r\Delta^a G$ 到溶液的自由能中，来说明真实和表观浓度的区别。对于 $A_{v_+}B_{v_-}$，我们写成：$^r\Delta^a G = RT\ln\left(\dfrac{a^r}{a^a}\right) = RT\ln\left(\dfrac{N^r}{N^a}\right)$ J mol^{-1}

式中，N 是摩尔分数，且活度系数能被忽略，因为不需考虑离子－离子作用。我们通过忽略溶剂化能得到阳离子的表观摩尔分数，那么有

$$N^a_+ = \frac{n_2 v_+}{n_W + n_2 v}$$

式中，n_W 是溶液中水的摩尔数。然而，真实的摩尔分数是

$$N^r_+ = \frac{n_2 v_+}{n_W + n_2 v - n_2 n_h}$$

对于 $n_2 v_+$ mol 的阳离子：$^r\Delta^a G_+ = m_2 v_+ RT\ln\left(\dfrac{n_W + n_2 v}{n_W + n_2 v - n_2 n_h}\right)$

类似地，对于阴离子：$^r\Delta^a G_- = n_2 v_- RT\ln\left(\dfrac{n_W + n_2 v}{n_W + n_2 v - n_2 n_h}\right)$

对于将电解液作为总体：$^r\Delta^a G_2 = n_2 v RT\ln\left(\dfrac{n_W + n_2 v}{n_W + n_2 v - n_2 n_h}\right)$

1.2.7.4 斯托克－罗宾逊方程

我们已经阐述了对于 n_2 mol 的电解液的溶液自由能，且能直接用式（1.39）来总结

$$n_2\Delta\mu_{2-l} = n_2 RT\ln(f_2) = -2.303 n_2 v RT\frac{A(-z_+ z_-)I^{1/2}}{1+100abI^{1/2}} - n_2 n_h RT\ln(a_W)$$

$$+ n_2 v RT\ln\left(\frac{n_W + n_2 v}{n_W + n_2 v - n_2 n_h}\right)$$

两边都除以 $2.303 n_2 v RT$ 且移项得到斯托克－罗宾逊方程

$$\log(f_\pm) = -\frac{A(-z_+ z_-)I^{1/2}}{1+100abI^{1/2}} - \frac{n_h}{v}\ln(a_W) + \log\left(\frac{n_W + n_2 v}{n_W + n_2 v - n_2 n_h}\right)$$

1.2.7.5 斯托克－罗宾逊方程的评估

对于几个摩尔的浓度，对比实验的结果表明，这个方程是十分有用的。然而，a、a_W 和 n_h 都是经验性的（a_W 取决于电解质及其浓度），所以我们用它更好来寻找 $f_\pm$ 的值而非计算它们。然而，斯托克－罗宾逊方程对我们理解离子水合对浓电解质溶液的非理想行为的影响有很大的贡献。

1.2.8　离子对的形成

1.2.8.1　离子对

有时，相反电荷的离子会困在其他的库仑场中，且在那时它们形成了一个离子对。离子对存在于一个动态平衡中，被缔合常数 K 定量：

$$A^+ + B^- \leftrightarrow A^+B^-$$

$$K = \frac{[A^+B^-]}{[A^+][B^-]}$$

$$[A^+B^-] = K[A^+][B^-] = KM^2 \tag{1.40}$$

离子对的增加与浓度的二次方成正比，在高浓度下更明显。

1.2.8.2　福斯处理

福斯（Fuoss）处理将取代先前的本杰姆（Bjerrum）处理。当两个相反带电的离子在彼此间的距离为 a 之内时，福斯表示一个离子对将存在。

一个溶液包含 z 个正离子和 z 个负离子，以及 Z_{ip} 个离子对。自由正离子和负离子的数目为

$$Z_f = Z - Z_{ip}$$

如果正离子和负离子的数目增加了 δZ，大多数保持自由，且只有很少的部分形成了离子对。因此

$$\delta Z_f = \delta Z - \delta Z_{ip} = \delta Z \tag{1.41}$$

如果一个有着相反电荷的离子找到了进入每个自由离子周围的 $(4/3)\pi a^3$ 的体积内的方法，一个离子对就形成了。如果在那一刻我们忽略离子间的力，一个单一离子引入溶液将形成一个离子对的可能性为

$$P_{ip} = \frac{4\pi a^3 Z_f}{3V}（没有离子 - 离子力）$$

式中，V 是溶液体积。一个离子对中的离子有着一个能量 U（负的），不同于主体中。玻耳兹曼因子 $\exp(-U/kT)$ 给出了这种可能性，即一个物种将存在于一个能量 U 中，这个能量也要大于一些参比态。因此：

$$P_{ip} = \frac{4\pi a^3 Z_f}{3V}\exp\left(-\frac{U}{kT}\right)（离子 - 离子力）$$

通过加入 δZ 的正离子和负离子，离子对形成的数目为

$$\delta Z_{ip} = 2\frac{4\pi a^3 Z_f}{3V}\exp\left(-\frac{U}{kT}\right)\delta Z$$

用 δZ_f 替代 δZ［式（8.2）］，且在 $Z_f = 0$ 和 Z_f 间积分将得到离子对的数目。

$$Z_{ip} = \frac{4\pi a^3 Z_f^2}{3V}\exp\left(-\frac{U}{kT}\right) \tag{1.42}$$

为了评估 U，回溯到式（1.34），在参比离子的一个距离 a 的电势为

$$\psi_r = \frac{ze}{4\pi\varepsilon\varepsilon_0 a}\exp(-Ka)$$

在浓的溶液中，相比于整体来说，Ka 并不是很小，因此这样的近似将会稍好些：

$$\exp(-Ka) = \frac{1}{1+Ka}$$

$$\left(\begin{array}{l} \exp(-x) = 1 - x + \dfrac{x^2}{2!} - \dfrac{x^3}{3!} + \cdots \\[2mm] \dfrac{1}{1+x} = 1 - x + x^2 - x^3 + \cdots \end{array} \right)$$

那么有 $\psi_r = \dfrac{ze}{4\pi\varepsilon\varepsilon_0 a}\left(\dfrac{1}{1+Ka}\right)$ 和 $U = \dfrac{z_+ z_- e^2}{4\pi\varepsilon\varepsilon_0 a}\left(\dfrac{1}{1+Ka}\right)$

写成 $\dfrac{U}{kT} = \dfrac{b}{1+Ka}$，其中 $b = \dfrac{z_+ z_- e^2}{4\pi\varepsilon\varepsilon_0 akT}$

我们将这些公式代入到式（1.42）中可得

$$Z_{ip} = \frac{Z_f^2}{V} \frac{4\pi a^3}{3} \exp\left(-\frac{b}{1+Ka}\right)$$

$$\frac{Z_{ip}}{N_A V} = \left(\frac{Z_f}{N_A V}\right)^2 \frac{4\pi a^3 N_A}{3} \exp\left(-\frac{b}{1+Ka}\right)$$

$$[A^+ B^-] = [A^+][B^-] \frac{4\pi a^3 N_A}{3} \exp\left(-\frac{b}{1+Ka}\right)$$

与式（1.40）相比，显示：$K = \dfrac{4\pi a^3 N_A}{3} \exp\left(-\dfrac{b}{1+Ka}\right)$

因为 a 的单位是 m，所以 K 的单位为 $m^3 \, mol^{-1}$。对于更常用的单位 $L \, mol^{-1}$，K 为

$$K = \frac{4000\pi a^3 N_A}{3} \exp\left(-\frac{b}{1+Ka}\right)$$

1.2.9　离子动力学

这里，我们认为溶液是非常稀的，离子 – 离子作用力不重要。

1.2.9.1　离子淌度与迁移数

当一个半径为 r 的球体以一个 s 的速度通过一个黏度为 η 的介质时，斯托克法则给出了摩擦阻力 F（如，风的阻力）。

$$F = 6\pi\eta rs \quad \text{（适合各个方向的）} \tag{1.43}$$

令人惊奇的是，它可以同时应用于微观和宏观的物体。

一个在电场 $\bar{\varepsilon}$ 中的离子当其加速力和阻力相等时，将得到了一个稳定的迁移速率。

$$ze\bar{\varepsilon} = 6\pi\eta rs \quad \text{（N）}$$

$$s = \frac{ze}{6\pi\eta r}\bar{\varepsilon} = u\bar{\varepsilon} \tag{1.44}$$

式中，u 为离子淌度，是离子在单位场强下的迁移速率。因此，在电场 $\bar{\varepsilon}$ 中电荷的移动速率为

$$zes = zeu\bar{\varepsilon} \quad \text{（Am）}$$

或

$$zFs = zFu\bar{\varepsilon} \quad \text{（Am mol}^{-1}\text{）}$$

那么，两边同时除以 $\bar{\varepsilon}$，将产生一个只取决于离子的量值，为离子的摩尔电导率 λ

（$Sm^2\ mol^{-1}$）：

$$\frac{zFs}{\varepsilon} = zFu = \lambda$$

对于一个作为整体的 $z:z$ 电解液，摩尔电导率 Λ（$Sm^2\ mol^{-1}$）为

$$\Lambda = \lambda_+ + \lambda_- = z(u_+ + u_-)F$$

注意：电导率（比电导率）K（$S\ m^{-1}$）为

$$K = \Lambda C$$

而这与测量的电导率 $1/R$ 和电池常数 C_C（m^{-1}）有关：

$$K = C_C \frac{1}{R}$$

一个离子的迁移数 t，对于一个 $z:z$ 电解液中，是这个离子所运载的电流的分数：

$$t_+ = \frac{u_+}{u_+ + u_-} \quad t_- = \frac{u_-}{u_+ + u_-}$$

1.2.9.2　扩散

扩散是一个趋向于使溶液的组成变得均匀的过程，由于物质无休止的无规则运动，物质从高离子浓度的地区向低离子浓度的地区扩散。因此，扩散的驱动力 F_D（$N\ mol^{-1}$）与 u 或活度的减小有关。回想到如果一个力在一个物体上做功可以增加它的势能，那么 $dPE = Fdx$，则

$$F_D = -\frac{du}{dx}$$

现在，$\mu = \mu^0 + RT\ln(a) \approx \mu^0 + RT\ln(C)$

因此，

$$F_D = -RT\frac{d\ln(C)}{dx} = -\frac{RT}{C}\frac{dC}{dx}$$

$$= -\frac{kT}{C}\frac{dC}{dx}$$

当加速力和阻力相等［见式（9.1）］时，离子或分子得到了一个稳定的迁移速率，即

$$-\frac{kT}{C}\frac{dC}{dx} = 6\pi\eta rs$$

$$s = -\frac{kT}{6\pi\eta rC}\frac{dC}{dx}$$

因此，物质通量 J（1s 内通过单位垂直截面积的摩尔数）为

$$J = sC = -\frac{kT}{6\pi\eta r}\frac{dC}{dx} = -D\frac{dC}{dx} \quad （菲克第一定律） \tag{1.45}$$

式中，扩散系数 D（$m^2\ s^{-1}$）为

$$D = \frac{kT}{6\pi\eta r} \quad （斯托克 – 爱因斯坦方程）$$

而根据 u 在式（1.44）中的定义，有

$$D = \frac{ukT}{ze} = \frac{uRT}{zF} \quad （爱因斯坦方程）$$

1.2.9.3　菲克第二定律

菲克第一定律应用于稳态扩散（不随时间变化）。我们现在考虑随时间变化的扩散。

假设一个溶液的平面，截面积为 A，厚度为 l，这个厚度很薄，以致穿过其中的浓度梯度能看做是线性的。离子从左以 AJ（$mol\ s^{-1}$）的速率扩散进入到这个平面中，引起一个浓度的变化（$mol\ m^{-3}\ s^{-1}$）为

$$\frac{dC}{dt} = \frac{AJ}{Al} = \frac{J}{l}$$

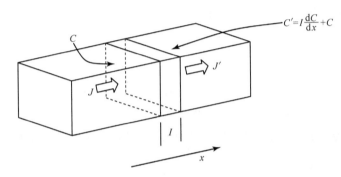

离子以 AJ' 的速率从这个平面中扩散到右边，浓度的变化（$mol\ m^{-3}\ s^{-1}$）为

$$\frac{dC}{dt} = -\frac{J'}{l}$$

浓度变化的净速率为

$$\frac{dC}{dt} = \frac{J - J'}{l} \tag{1.46}$$

由菲克第一定律［式（1.45）］知

$$J = -D\frac{dC}{dx}$$

$$J' = -D\frac{dC'}{dx} = -D\left(\frac{dC}{dx} - l\frac{d^2C}{dx^2}\right)$$

代入到式（1.46）中，可得

$$\frac{dC}{dt} = -D\frac{d^2C}{dx^2} \quad （菲克第二定律）$$

例如，加入 $n_0\,mol$ 的离子（例如 Cu^{2+}）到一个管内的某一种溶液中，通过施加一个短的阳极脉冲电流（比如，$10A$ 对于 $1ms$）到密封在管中一端的电极。［Cu^{2+}］在离电极距离为 x，脉冲之后的时间 t 为

$$C(x, t) = \frac{n_0}{A\,(\pi Dt)^{1/2}}\exp\left(-\frac{x^2}{4Dt}\right)$$

这容易证明这是对于菲克第二定律的一种溶液。在厚度为 l 的很薄的溶液平面中：

$$n(x, t) = AlC(x, t)$$

在这个平面中，离子的分数 $\theta(x, t)$ 为

$$\theta(x, t) = \left(\frac{l^2}{\pi Dt}\right)^{1/2} \exp\left(-\frac{x^2}{4Dt}\right) \tag{1.47}$$

1.2.9.4　扩散统计学

来自溶剂分子的离子或其他溶质质点的反复敲打碰撞引起了离子的一系列的跳跃。λ 为一个跳跃的平均长度，τ 为跳跃间的平均时间。

当然，离子的跳跃是发生在三维空间的，但为了简便，我们认为跳跃只发生在一维方向上（最终结果显示是一致的）。因此，我们认为离子被限制在一条直线上，向左或向右跳跃，且跳跃的方向是随机选取的。

在时间 t 内，离子共发生了 N 次跳跃，其中 N_L 次为向左，N_R 次为向右。

$$L \xleftarrow{\quad\quad\quad} \underset{\underset{x}{0}}{|} \xrightarrow{\quad\quad\quad} R$$

$$N = \frac{t}{\tau} = N_L + N_R \tag{1.48}$$

$$N_R = N - N_L \quad N_L = N - N_R \tag{1.49}$$

离子从原点到终点的净距离为 x：

$$x = (N_R - N_L)\lambda$$

将 N_R 代入到式（1.49）中，可得

$$\frac{x}{\lambda} = N - 2N_L \quad 和 \quad N_L = \frac{N}{2} - \frac{x}{2\lambda} \tag{1.50}$$

类似地，

$$N_R = \frac{N}{2} + \frac{x}{2\lambda} \tag{1.51}$$

现在，这个运动的次数 W，在一个含有 n 个物体的组合中选择 m 个物体为

$$W = n(n-1)(n-2)\cdots(n-m+1)$$

$$= \frac{n(n-1)(n-2)\cdots(n-m+1)(n-m)(n-m-1)\cdots1}{(n-m)(n-m-1)\cdots1} = \frac{n!}{(n-m)!}$$

然而，被选择的 m 个物体是相同的：

$$W = \frac{n!}{m!\,(n-m)!}$$

因此，我们能从所有的步数 N 中取出向右的步数 N_R，这个次数为

$$W = \frac{N!}{N_R!\,(N-N_R)!} = \frac{N!}{N_R!\,N_L!}$$

代入式（1.50）和式（1.51）可得

$$W = \frac{N!}{(N/2 + x/2\lambda)!\,(N/2 - x/2\lambda)!}$$

现在，总的 N 次步数中不同的运动过程的总的数目为 2^N 个，且在 N 次步数后在 x

的可能性为 $W/2^N$ 或者

$$P_x = \frac{N!}{(N/2 + x/2\lambda)!\ (N/2 - x/2\lambda)!}2^{-N}$$

$$\ln(P_x) = \ln(N!) - \ln[(N/2 + x/2\lambda)!] - \ln[(N/2 - x/2\lambda)!] - N\ln(2)$$

这个等式能用斯特林近似简化为

$$\ln(M!) = (M + 1/2)\ln(M) - M + \frac{1}{2}\ln(2\pi)$$

$$\ln(P_x) = \frac{1}{2}\ln\left(\frac{2}{\pi N}\right) - \frac{(N+1+x/\lambda)}{2}\ln\left(1 + \frac{x}{\lambda N}\right) - \frac{(N+1-x/\lambda)}{2}\ln\left(1 - \frac{x}{\lambda N}\right)$$

因为 $x/\lambda N \ll 1$，所以 $\ln(1 + x/\lambda N) = x/N\lambda$，并且有

$$\ln(P_x) = \frac{1}{2}\ln\left(\frac{2}{\pi N}\right) - \frac{(N+1+x/\lambda)}{2}\frac{x}{\lambda N} + \frac{(N+1-x/\lambda)}{2}\frac{x}{\lambda N}$$

$$= \frac{1}{2}\ln\left(\frac{2}{\pi N}\right) - \frac{x^2}{2\lambda^2 N}$$

代入 $N = t/\tau$［式(1.48)］时间 t 时为

$$P(x, t) = \left(\frac{2\tau}{\pi t}\right)^{1/2}\exp\left(-\frac{x^2\tau}{2t\lambda^2}\right) \tag{1.52}$$

对比式（1.52）和式（1.47），可以看见我们将薄平面的厚度 l 作为 λ（有着统计学处理意义的最小值），那么这两个公式是一致的，如果：

$$D = \frac{\lambda^2}{2\tau}\ (\text{爱因斯坦－斯莫鲁霍夫斯基方程})$$

这个方程与扩散的宏观性质有关，D 也与其宏观性质 λ 和 τ 有关。

1.3　电化学动力学

1.3.1　原理综述

1.3.1.1　电势

某点的电势（ϕ）是单位正电荷在某点的电势能。电势尺度的零点为电荷静止在无穷远的位置，这被称为真空度。因此，定义为

$$\text{电势能} = q\phi(J)$$

式中，q 是电荷量（C）。

1.3.1.2　良导体中的电势

良导体中的电势在任意一点都是一样的。否则，电荷会流动直到 ϕ 平衡。

1.3.1.3　良导体中的电荷

如果一个良导体是带电的（过多或缺少电子），其所有的电荷都会存在表面。如果不是，电荷将存在于内部且形成电势差，那就与上面的观点相反。

1.3.1.4　电荷间的作用力

对于点电荷，这能通过库仑定律得到，即

ε 为介电常数（没有单位），且为能减小电荷间作用力的介质的因子。ε_0 是真空的介电常数（$8.854 \times 10^{-12} C^2 N^{-1} m^{-2}$或 $C^2 J^{-1} m^{-1}$）。

如果 r 为到球体中心的距离，库仑定律也可用于带电的球体。因此，一个带电的球体表现得如同所有的电荷都居于它的中心。

1.3.1.5　电荷聚集产生的电势

这个由泊松方程给出，对于一维（x），为

$$\frac{d^2\phi}{dx^2} = -\frac{1}{\varepsilon\varepsilon_0}\rho$$

式中，ρ 是电荷密度（单位体积内的电荷，$C\ m^{-3}$），这是 x 的函数。电场场强（$\overline{\varepsilon}$）被定义为

$$\overline{\varepsilon} = -\frac{d\phi}{dx} = \frac{1}{\varepsilon\varepsilon_0}\int\rho dx$$

因此，$\phi = -\int\overline{\varepsilon}dx$

假设一个平行平板电容器：

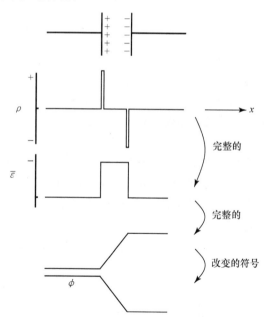

1.3.1.6　两接触相间的电势差（$\Delta\phi$）

这能被分为两个部分，即

$$\Delta\phi = \Delta\psi + \Delta\chi$$

式中，$\Delta\phi$ 是伽瓦尼或内部电势差，这是两相间总的电势差；$\Delta\psi$ 是伏特或外部电势差，

是 $\Delta\phi$ 的一部分，仅仅取决于界面上的电荷；$\Delta\chi$ 是表面电势差，是源于除了相间的电荷的其他一切因素。$\Delta\chi$ 主要取决于以下因素：

① 金属表面上水的吸附偶极子。因为氧是电负性的，且从 H–O σ 键吸引电子密度，水是一个偶极子。

② 通常，更多的偶极子被固定在一个方向而不是其他方向，引起一个表面电势差（$\Delta\chi$）。

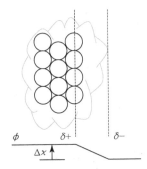

③ 对于一个金属，一个好的模型是这样的，一个离子组成的矩阵被一个电子气所包围。这个电子气能在表面的一些路线溢出，引起电势差。

④ 几乎总是 $\Delta\chi \ll \Delta\psi$，那么 $\Delta\phi \approx \Delta\psi$。

⑤ 按照惯例，Δ = 金属 – 溶液，那么，$\Delta\phi = \phi_M - \phi_{Solution}$。

1.3.1.7 电化学电势（$\bar{\mu}$）

这是一个在相中的带电的化学物质总的势能，即

$$\bar{\mu} = 化学势能 + 静电势能 = \mu + zF\phi$$

式中，μ 是物质的化学势能；z 为形式电荷；F 为法拉第常数。

1.3.2 静电荷界面或双电层

1.3.2.1 界面

假设两相接触，即

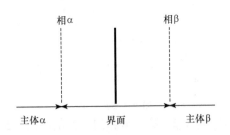

界面是这样一个区域，该区域内每个相的性质受其他相存在的影响。

1.3.2.2　理想极化电极

假设

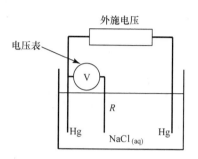

没有大的电流流动直到外施电压大于 1.2V；那么

阳极：$Hg + Cl^- \rightarrow 1/2Hg_2Cl_{2(s)} + e^-$　（约 +0.2V）

阴极：$H^+ + e^- \rightarrow 1/2H_2$　（约 -1.0V）

当电极上没有电荷传递反应发生时，这个电极被称为理想极化电极。例如，对于 Hg 在 NaCl 溶液中，电压范围为 -1.0 ~ 0.2V。这样的电极在界面研究中是首选的，因为其不存在电荷传递这样的复杂情况。

电压表测量一个 Hg 电极和参比电极（R）间的电势差。如果我们将参比电极来回移动，我们发现电压表的读数没有变化。这就意味着所有的外加电压都落在电极/溶液界面上。

如果电流流动，情况将不会是这样。根据欧姆定律，电流通过溶液阻抗将产生一个额外的电势差，即

$$\Delta\phi = iR_{\text{Solution}}$$

1.3.2.3　亥姆霍兹模型

亥姆霍兹指出如果每个电极／溶液界面可表现为一个电容器，那么将会产生上面提到的关于 ϕ 的形式，即

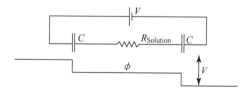

他提出界面行为表现为一个平板电容器。如果 $\Delta\phi = \phi_M - \phi_{\text{Solution}}$ 为正，那么金属表面有正电荷，且亥姆霍兹认为阴离子将会从溶液中吸引到界面上，在界面上它们将形成一层负的反电荷以平衡电极表面的电荷。

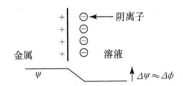

需要注意的是：

① 相反的情况发生在另一个电极上。

② ψ 是 ϕ 的一部分，仅由电荷决定。

"双电层"这个名字来自亥姆霍兹模型，这个模型描述了一个由两层电荷组成的界面。我们能通过对比实验的和预测的电容来测试这个模型。对于一个平行平板电容器：

$$C = \frac{\varepsilon \varepsilon_0}{\delta_C}$$

式中，δ_C 为两个平板间的距离。现在我们已知 $\varepsilon = 10$ 和 $\delta_C = 0.5\text{nm}$。因此，$C = 0.2\text{Fm}^{-2}$。然而，实验结果为

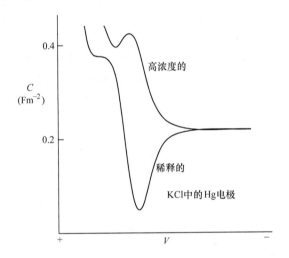

总的来说：

① 亥姆霍兹模型不能预测电容随电压产生的变化，如实验所示。

② 然而，它预测这一值为实验值范围内的典型值。

③ 它在理论上还不健全，因为没有好的理论说明为什么溶液中的反离子没有被吸引到电极表面上。

1.3.2.4　古伊－查普曼模型或扩散模型

古伊认为有两个效应：

① 电极表面的电荷通过和离子一样的相互排斥和不同于离子的相互吸引改变了离子的分布。这将减小内能（U）和相应的焓，使得 $\Delta H < 0$。

② 当离子尽可能地随机分散时，熵（S）为最大值。像离子一样的互相排斥和不同

于离子的互相吸引将减少 S，即 $\Delta S < 0$。

最终结果是一个特殊的离子分散状态，而这将最小化

$$\Delta G = \Delta H - T\Delta S$$

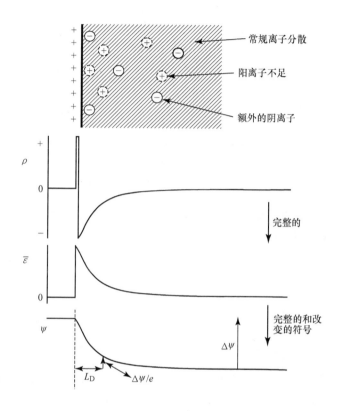

查普曼提出对于一个 $z:z$ 电解液，德拜长度（L_D）能被给出：

$$L_D = \left(\frac{\varepsilon\varepsilon_0 kT}{2nz^2 e^2}\right)^{1/2}$$

式中，n 是每 m^3 中阳离子或者阴离子的数目。

L_D 被认为是一种测量扩散层厚度的方法。注意到当 n 和相应的浓度增加时，L_D 会减小。在约 1M 的浓度，反电荷已被压缩成一层，厚度大约为一个离子的直径；即它不再扩散，已变成一层电荷。

$$C = \left(\frac{2\varepsilon\varepsilon_0 nz^2 e^2}{kT}\right)^{1/2} \cosh\left(\frac{ze\Delta\psi}{2kT}\right)(\text{F m}^{-2})$$

注意到 C 随着 n 和浓度增加而增加，那么进一步有

$$\cosh(x) = \frac{e^x + e^{-x}}{2}$$

这个值永远是正的，且在 $x = 0$ 处有最小值 1。因此，电容是近似抛物线的，在电势

$\Delta\psi = 0$ 附近。这将发生于扩散层和金属没有充电的情况。

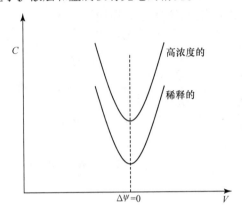

总的来说：预测的电容还是很令人失望的。

1.3.2.5　斯特恩模型

这是亥姆霍兹模型和古伊－查普曼模型的结合。相对于古伊－查普曼模型，其有一个扩散层，但是相对于亥姆霍兹模型，反电荷不能接近电极表面。

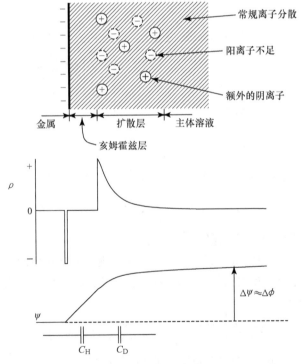

界面的电容为亥姆霍兹层电容与扩散层电容的串联，即

$$\frac{1}{C} = \frac{1}{C_H} + \frac{1}{C_D}$$

电容是受控于 C_H 与 C_D 中较小的那个。

稀溶液的最小电容是在 C_D 最小的情况下产生的，这与未带电的扩散层相对应。在斯特恩模型（古伊 - 查普曼模型）中，将发生金属未带电，且电极的测量电位被称作金属的零电荷电位（PZC）。根据斯特恩模型，PZC 则对应于稀释溶液的最小电容电位（V_{CM}）。PZC 取决于电极和溶液，例如：

电极	溶液	PZC（V vs SHE）
Hg	0.1m NaF	−0.200
Hg	0.1m NaI	−0.470
Au	0.1m KCl	+0.050
Pt	0.1m KCl	+0.020

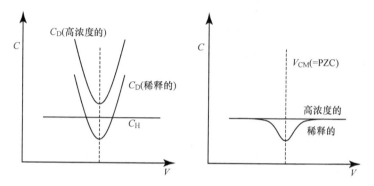

对于固态金属，PZC 也取决于金属的历史。

测量 Hg 的 PZC 装置：

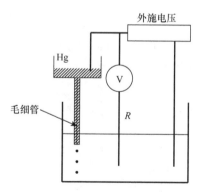

当重力大于表面张力时，液滴将滴下。表面张力是一种使得液体表面积最小化的力（当在零重力场中，液滴是球形）。如同一个液态金属表面的电荷互相排斥，因此液滴表面倾向于扩张和表面张力倾向于减小。在 PZC，液滴大小和表面张力是最大的。一定量的液滴将在不同 V 值下收集，然后用于找出 PZC。

对于 F⁻，我们可以发现 PZC 与 V_{CM} 是一致的，但是对于 Cl⁻、Br⁻ 和 I⁻，PZC 的值

总要小于 V_{CM}。对于阳离子，两者没区别。

总的来说：

① 斯特恩模型对于电极电容的预测得到了极大的改进。

② 关于 PZC 与 V_{CM} 是一致的预测是错误的，除了 F^- 溶液。

③ 它也遭受到了与亥姆霍兹模型同样的理论性问题。为什么反电荷不移动到电极表面上。

1.3.2.6 博克里斯、德瓦纳罕和穆勒模型

这是斯特恩模型的一种发展。

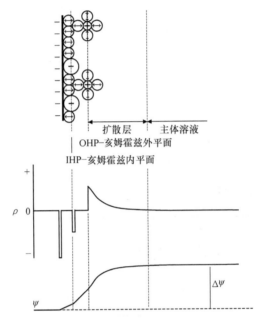

① 电极上吸收水偶极子。它们只能有两个朝向。无论是正极子还是负极子都紧靠着金属，而其他的朝向不稳定（不定向的水）。

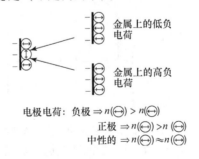

电极电荷：负极 $\Rightarrow n(\ominus) > n(\oplus)$
正极 $\Rightarrow n(\oplus) > n(\ominus)$
中性的 $\Rightarrow n(\ominus) \approx n(\oplus)$

② 离子。总体来说，阳离子更小，且电荷密度较高。平均 4 个或 6 个水偶极子被定向且被吸引于阳离子的电场中。阴离子（除了 F^-）要大得多且电荷密度较低。它们只能被微弱地吸引且平均吸附到一个水偶极子上。

阳离子和 F^- 周围的水合外壳阻止它们靠近电极。靠得最近的位置是外亥姆霍兹面。阴离子能靠得更近，足够地接近，以至于像力（image force）足够强到将它们中的一些推离到表面。

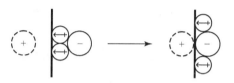

像力是电荷及诱导电荷间的力。它总是引力，即

$$IF = -\frac{(ze)^2}{4\pi\varepsilon\varepsilon_0 (2x)^2}$$

像力随着 $(2x)^2$ 而下降，且在很近的距离很强。像力是如此之强以至于阴离子（除了 F^-）通过吸收（特征吸收）接触到电极，甚至当电极是带负电的。当然，如果电势足够负的话，这些接触吸收的阴离子被排出电极表面。特征吸收的阴离子的数目将随着电势变得更正。下图表示这个模型预测 Cl^-、Br^- 和 I^- 溶液的 PZC，通过实验发现，PZC 要低于相应的 V_{CM} 值。

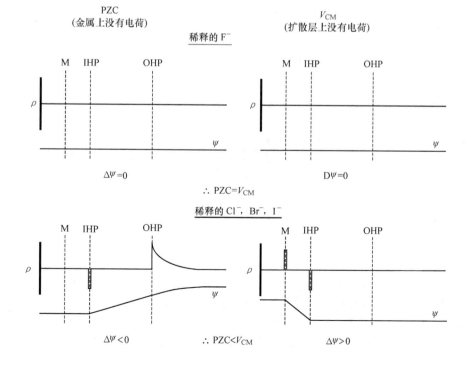

③ 电极电容。对于 F^- 溶液，电容与斯特恩模型给出的一样。

$$\frac{1}{C} = \frac{1}{C_H} + \frac{1}{C_D}$$

而且除了接近于 V_{CM} 的稀溶液，$C = C_H$。对于特征吸收阴离子的溶液，这个模型也能预测电容在高的正电位的峰，而这也是实验观测到的。这是由于当接触吸收增加时，接触吸收的离子间相互作用的排斥力增加造成的。

总的来说：

① 对于大的阴离子，这个模型使得电容对电压曲线的预测得以改进。

② 对于大的阴离子，这个模型解释了 PZC 与 V_{CM} 的不一致。

③ 这个模型在理论上貌似是合理的，且为现在普遍接受的模型。

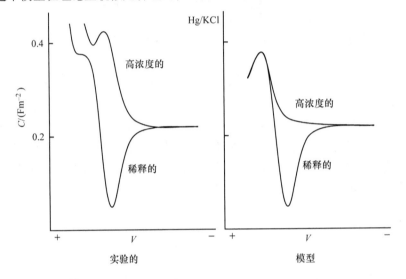

1.3.2.7 电容的计算

前面已叙述对于 $\varepsilon = 10$ 和 $\delta_C = 0.5nm$，$C = 0.2F\ m^{-2}$。δ_C 是通过几何学确定的。

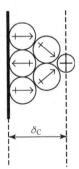

$r(H_2O) = 0.138nm$，$r(cation) < 0.1nm$；因此，$\delta_C \approx 0.5nm$。

为了确定 ε，将纯净的水置于平行平板电容器的平板之间，且电容已确定。在交变电场中，每个水偶极子都会在电场的作用下改变朝向，因此：

在一个正常的频率下测量，$\varepsilon = 78.3$。如果电场的频率增加，最终它会变得如此之高以致于水偶极子不能足够快地旋转来保持一致。那将发生这些情况：每个水分子的核和电子云在电场下移动一点点作为响应，即

在很高的频率下测量，$\varepsilon = 6$。因此，对于水分子来说，它们已不能自由旋转，在电极和外亥姆霍兹层之间，只有很小的一部分的水偶极子能自由旋转（不定向水和阳离子水合外壳中的水被牢牢吸住），且 ε 被确定有一个平均值，约为10。

1.3.3　界面上的电荷传输

1.3.3.1　过渡态理论

假设一个普通的化学反应，即

$$A + B \rightarrow C$$

它的二维反应图为

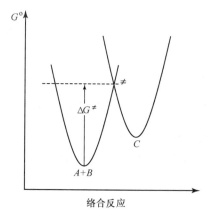

图中，$\neq$ 为过渡态。反应的过程能被一系列的反应络合物所描述。可得反应速率（v）为

$$v = \lambda C_A C_B \exp\left(- \frac{\Delta G_C^{\neq}}{RT} \right)$$

式中　$\lambda = \dfrac{k_B T}{h}$

1.3.3.2　氧化还原电荷转移反应

假设，$O + ne^- \leftrightarrow R$

反应发生在 PZC，那么在 $\Delta \chi = 0$ 的假设下 $\Delta \phi = 0$。带电物质只有在电场下才与普通的化学物质表现不同。因此，在 $\Delta \phi = 0$ 时，这个电荷转移反应表现得就如同一个普通的化学反应，即

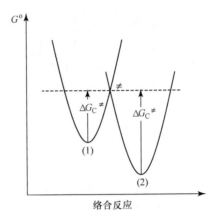

图中，（1）是 O 的势能，当 O 在其水合外壳中的平衡位置振动时，外加了金属中的 n 个电子的势能；且（2）是 R 在其水合外壳中振动的势能。

阴极方向的速率为

$$v_C = \lambda C_0 C_{e^-(M)}^n \exp\left(-\frac{\Delta G_C^{\neq}}{RT}\right)$$

因为 $C_{e^-(M)}^n$ 为给定金属的常数，有

$$v_C = \lambda' C_0 \exp\left(-\frac{\Delta G_C^{\neq}}{RT}\right) = k'_C C_0$$

式中，k'_C 是一个速率常数（$m\ s^{-1}$）。

类似地，阳极方向的速率为

$$v_A = \lambda C_R \exp\left(-\frac{\Delta G_A^{\neq}}{RT}\right) = k'_A C_R$$

现在，让我们改变电极电势，那么 $\Delta\phi \neq 0$。因为主体溶液是对于 ϕ 的参比态，所以 ϕ 金属发生改变，而 ϕ 溶液依旧没有改变。因此，只有 n 个电子的势能已经变化，且量为 $-nF\Delta\phi J\ mol^{-1}$。

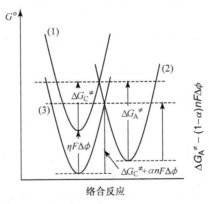

现在，（3）是将（1）的曲线垂直下移 $nF\Delta\phi$。因为（2）以一个与垂线相交的角度切割（1）和（3），所以只有阴极活化自由能增加了。

$$\Delta G_C^{\neq} + \alpha nF\Delta\phi \quad \text{其中}\, 0 < \alpha < 1$$

因此，$v_C = \lambda' C_0 \exp\left(-\dfrac{\Delta G_C^{\neq} + \alpha nF\Delta\phi}{RT}\right) = k_C' C_0 \exp\left(-\dfrac{\alpha nF\Delta\phi}{RT}\right)$

类似地，阳极活化自由能减小到

$$\Delta G_C^{\neq} - (1-\alpha)nF\Delta\phi$$

因此，$v_A = k_A' C_R \exp\left(\dfrac{(1-\alpha)nF\Delta\phi}{RT}\right)$

注意：

① 分数 α 称为转移系数。

② 改变 $\Delta\phi$，就能改变正反向的活化自由能，从而引起两个反应速率的变化。

我们现在需要将测量的电极电位与这些速率相关联，假设：

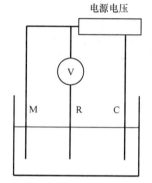

电源电压通过在金属和对电极（C）间通过电流改变了金属（M）的电势。在电压表（V）上的读数测量出了金属对参比电极（R）的电势。

$$V = \phi_M - \phi_R = \phi_M - \phi_{\text{Solution}} - (\phi_R - \phi_{\text{Solution}}) = \Delta\phi - \Delta\phi_R$$

在 PZC，$V = V_{\text{PZC}}$ 且 $\Delta\phi = 0$（假设 $\Delta\chi = 0$）。因此

$$V_{\text{PZC}} = -\Delta\phi_R$$

因此，$\qquad\qquad \Delta\phi = V - V_{\text{PZC}}$

因为 V_{PZC} 对于一个给定的电极/溶液组合来说是一个常数，所以

$$v_C = k_C C_0 \exp\left(-\frac{\alpha nFV}{RT}\right) \tag{1.53}$$

$$v_A = k_A C_R \exp\left(\frac{(1-\alpha)nFV}{RT}\right) \tag{1.54}$$

注意到，对于电极，负方向上的电压变化将使其更容易排斥电子和更难接受电子。因此，v_C 增加，v_A 减小。

现在，过电位（η）是极化的量化测定，且可定义为

$$\eta = V - E$$

而可逆电位（E）由能斯特方程给出，即

$$E = E^0 + \frac{RT}{nF}\ln\left(\frac{a_0}{a_R}\right)$$

如果溶液组成保持恒定，那么 E 是一个常数且式（1.53）和式（1.54）变成

$$v_C = k_C^* C_O \exp\left(-\frac{\alpha nF\eta}{RT} \right)$$

$$v_A = k_A^* C_R \exp\left(\frac{(1-\alpha)nF\eta}{RT} \right)$$

这些速率的单位为 mol m^{-2} s^{-1}，且能变为对于电流密度的速率（A m^{-2}）乘以 nF（C mol^{-1}），即

$$I_C = nFv_C$$

$$I_A = nFv_A$$

式中，I_C 和 I_A 分别为偏阳极电流密度和偏阴极电流密度（A m^{-2}）。我们认为净电流密度（通过电流表测量）为

$$I = I_A - I_C$$

> 0（阳极过程）或 < 0（阴极过程）

因此，
$$I = nF\left[k_A^* C_R \exp\left(\frac{(1-\alpha)nF\eta}{RT} \right) - k_C^* C_O \exp\left(-\frac{\alpha nF\eta}{RT} \right) \right] \tag{1.55}$$

在可逆电位（$\eta = 0$），没有净的氧化或还原，那么

$$I_A = I_C = I_0$$

式中 $I_0 = nFk_A^* C_R = nFk_C^* C_O$

I_0 为交换电流密度。可以写成

$$I = I_0\left[\exp\left(\frac{(1-\alpha)nF\eta}{RT} \right) - \exp\left(-\frac{\alpha nF\eta}{RT} \right) \right] \tag{1.56}$$

式中，I_0 为在可逆电位下的前后反应速率（Am^{-2}），并且它们是相等的。如果 I_0 大，电荷转移反应很容易完成，在小的 $|\eta|$ 下，$|I|$ 变大。

1.3.3.3 电荷转移的行为

电子必须在过渡态下从金属转移到 O，因为只有在这点（$O - ne^-$）的能量与 R 的相等。如果它们的能量不相等，电子转移将伴随着辐射的放出或吸收。这将不会发生。

1. 经典的

如果我们将一个电子推出金属，必须做功来抵抗像力，且造成电子的势能增加。当一个离子或分子被捕获时，电子的势能将减小。

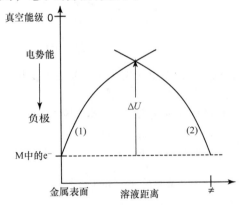

在（1），电子正在从金属上移除，而在（2），电子正在被 O 捕获。在金属和过渡态之间有一个高度为 ΔU 的能垒，且电子翻越能垒的可能性可通过玻耳兹曼方程计算出来。它在室温下基本上为零。

2. 量子力学的

由于其波状特性，量子点能够隧穿。假设一个能量为 ε' 的电子射入一个高度为 ΔU 的能垒，以至于 $\varepsilon' < \Delta U$。

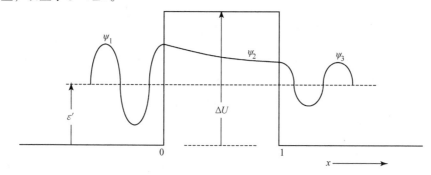

在能垒的前面，波函数能表示为

$$\psi_1 = A_1 \exp(ikx) + B_1 \exp(-ikx)$$

式中 $k = \left(\dfrac{8\pi m\varepsilon'}{h^2}\right)^{1/2}$

m 为一个电子的质量且系数为复数。现在

$$\exp(ikx) = \cos(kx) + i\sin(kx)$$

它有波的特性，且 $A_1 \exp(ikx)$ 是一个向前传送的波，而 $B_1 \exp(-ikx)$ 在相反方向传送。因此，对于 $A_1 > B_1$，ψ_1 表示一个电子波入射到能垒，仅有部分被反射。

能垒中的波函数为

$$\psi_2 = A_2 \exp\left(-\left(\frac{8\pi^2 M(\Delta U - \varepsilon')}{h^2}\right)^{1/2} x\right)$$

ψ_2 是在 x 以指数方式减小，通过取决于 $(\Delta U - \varepsilon')$ 的速度，且离开能垒（A_3）的波函数的振幅小。在能垒的另一边，波函数为

$$\psi_3 = A_3 \exp(ikx)$$

这是一个继续向前传送的波，但振幅小于 ψ_1。

因此，一个电子能穿过一个能垒，被称为隧穿，假如 l 小（$l < 1\text{nm}$）且 ΔU 不是无限大的。隧穿的意思是指电子在过渡态 O 转化为 R，且被认为不再来自于金属而来自于外亥姆霍兹层，即约 0.5nm。

这里提及的波函数是单电子的，一次只有一个电子能隧穿。因此，这些公式[式（1.53）~式（1.56）]只对于 $n = 1$ 有效。当这些公式是首次提出且这些公式的无效形式（$n \neq 1$）依旧存在时并不为人熟知。对于 $n \neq 1$，如果数据遵从这些公式，这仅仅是一个经验性的方法来以 V 或 η 的形式表示电流密度。这是十分有用的。

1.3.3.4 巴特勒 – 沃尔摩方程

为了使这些方程严格有效，指数幂用 1 取代 n，那么式（1.56）变为

$$I = I_0 \left[\exp\left(\frac{(1-\alpha)F\eta}{RT} \right) - \exp\left(-\frac{\alpha F\eta}{RT} \right) \right] \tag{1.57}$$

为了避免先前的无效公式的混淆，有时我们用 β 写出，有时叫做对称因子，以取代 α，即

$$I = I_0 \left[\exp\left(\frac{(1-\beta)F\eta}{RT} \right) - \exp\left(-\frac{\beta F\eta}{RT} \right) \right] \tag{1.58}$$

以上两个方程中的一个是巴特勒 – 沃尔摩方程。α 或 β 总有一个值约为 0.5。巴特勒 – 沃尔摩方程应用于涉及单电子转移的反应，例如

$$Ag^+ + e^- \leftrightarrow Ag$$

$$Fe^{3+} + e^- \leftrightarrow Fe^{2+}$$

1.3.3.5 以标准速率常数（k^0）的形式表示 I

假设一个反应包括一个单个电子转移步骤，即

$$O + e^- \leftrightarrow R$$

$$v_C = k_C C_0 \exp\left(-\frac{\alpha FV}{RT} \right)$$

让测得的电位（V）与标准电位（E^0）相等，则有

$$v_C^0 = k_C C_0 \exp\left(-\frac{\alpha FE^0}{RT} \right) = k_C^0 C_0$$

式中 $k_C^0 = k_C \exp\left(-\frac{\alpha FE^0}{RT} \right)$

代入到式（1.53）中可得：

$$v_C = k_C^0 C_0 \exp\left(-\frac{\alpha F(V-E^0)}{RT} \right)$$

类似地，在相反的方向，式（1.54）变为

$$v_A = k_A^0 C_R \exp\left(-\frac{(1-\alpha)F(V-E^0)}{RT} \right)$$

如果 O 和 R 处于其标准态，它们的浓度是 1（忽略活度系数），$E = E^0$。如果我们使得 $V = E$，然后 $v_A = v_C$，因为它处在可逆电位上，且从最后的两个公式可得

$$k_A^0 = k_C^0 = k^0$$

因此，$I = nFk^0 \left[C_R \exp\left(\frac{(1-\alpha)(V-E^0)F}{RT} \right) - C_0 \exp\left(-\frac{\alpha(V-E^0)F}{RT} \right) \right]$ （1.59）

1.3.3.6 k^0 和 I_0 间的关系

考虑 I_a，由式（1.59）和式（1.57）有

$$I_a = nFk^0 C_R \exp\left(\frac{(1-\alpha)(V-E^0)F}{RT}\right) \tag{1.60}$$

和

$$I_a = I_0 \exp\left(\frac{(1-\alpha)\eta F}{RT}\right)$$

移项，$\eta = V - E^0 - \dfrac{RT}{F}\ln\left(\dfrac{C_O}{C_R}\right)$

可得，

$$\begin{aligned}
I_a &= I_0 \exp\left(\frac{(1-\alpha)(V-E^0)F}{RT}\right)\exp\left(-(1-\alpha)\ln\left[\frac{C_O}{C_R}\right]\right) \\
&= I_0 \left(\frac{C_O}{C_R}\right)^{\alpha-1} \exp\left(\frac{(1-\alpha)(V-E^0)F}{RT}\right)
\end{aligned} \tag{1.61}$$

由式（1.60）和式（1.61）得，$nFk^0 C_R = I_0 \left(\dfrac{C_O}{C_R}\right)^{\alpha-1}$

取 $\alpha = \dfrac{1}{2}$ 可得

$$I_0 = nFk^0 \left(\frac{C_O}{C_R}\right)^{1/2} \tag{1.62}$$

在考虑 I_c 的情况，相同的公式能得到。注意到 k^0 是个常数，对于一个单电子转移步骤来说，式（1.62）给出了 I_0 随浓度的变化。

1.3.4　多步反应

1.3.4.1　多步巴特勒 - 沃尔摩方程

许多电化学反应是在一个包含多个步骤的机理下发生的，包括化学和电荷传输。这样的一个反应遵循多步巴特勒 - 沃尔摩方程。

$$I = I_0 \left[\exp\left(\frac{\alpha_a \eta F}{RT}\right) - \exp\left(\frac{-\alpha_c \eta F}{RT}\right)\right] \tag{1.63}$$

式中，α_a 与 α_c 被称为阳极转移系数和阴极转移系数，而如我们所见，取决于机理，且不一定分别等于 $1-\alpha$ 和 α。

在式（1.63）与前面其他的公式中，如果 $\eta > 100\text{mV}$，那么 $I_a \gg I_c$，且 I_c 能被忽略，即

$$I = I_a = I_0 \left[\exp\left(\frac{\alpha_a \eta F}{RT}\right)\right] \tag{1.64}$$

类似地，如果 $\eta < -100\text{mV}$，那么 I_a 能被忽略，即

$$I = -I_c = -I_0 \left[\exp\left(\frac{-\alpha_c \eta F}{RT}\right)\right] \tag{1.65}$$

式（1.64）和式（1.65）被称为强场近似。I_0、α_a 和 α_c 被一条 η 对 $\log|I|$ 的曲线所决定的，即

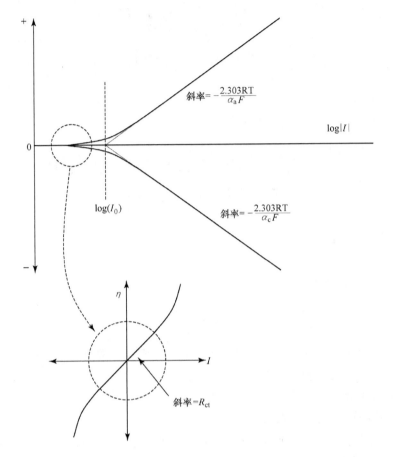

对式（1.64）取对数和移项可

$$\eta = \frac{RT}{\alpha_a F}\ln\ (I_a) - \frac{RT}{\alpha_a F}\ln\ (I_0)$$

$$\eta = b_a \ln\ (I_a) - a_a \qquad\qquad (1.66)$$

式（1.66）是旧的经验性的塔菲尔公式。对于阴极电流密度来说，类似的公式能写成

$$\eta = b_c \ln\ (I_c) - a_c \qquad\qquad (1.67)$$

1.3.4.2 机理法则

我们采取准平衡的方法，该方法基于以下原则：

① 只有一步，速率控制步骤来控制反应的速率。

② 速率控制步骤前的所有步骤都是准平衡的。

③ 没有哪个步骤有超过两个反应物的。

④ 在某一个电荷转移步骤中，只有一个电子被转移。

对于某一个机理中一个普通的化学步骤来说：

$$A + B \underset{k_{-1}}{\overset{k_1}{\rightleftharpoons}} C$$

物质运动法则是

$$v_1 = k_1 C_A C_B \quad v_{-1} = k_{-1} C_C$$

对于某一个机理中一个电荷传递步骤来说：

$$A + B + e^- \underset{k_a}{\overset{k_c}{\rightleftharpoons}} C$$

式（1.53）和式（1.54）给出

$$v_c = k_c C_A C_B \exp\left(-\frac{\alpha VF}{RT}\right)$$

$$v_a = k_a C_C \exp\left(-\frac{(1-\alpha)VF}{RT}\right)$$

因此，一个电荷转移步骤的速率与一个化学步骤相同，但是要附加上合适的指数值。

1.3.4.3　I_0 对浓度的依存关系

式（1.62）给出了这样一个简单的电荷转移反应的依存关系，但是对于一种机理，那就更复杂。假设

$$A + B + ne^- \leftrightarrow D$$

且让它是 a 倍在 A 中和 b 倍在 B 中。假设在阴极方向上：

$$I_c = nFk_c C_A^a C_B^b \exp\left(-\frac{\alpha_c VF}{RT}\right)$$

因此，$I_0 = nFk_c C_A^a C_B^b \exp\left(-\dfrac{\alpha_c VF}{RT}\right)$

代入，$E = E^0 + \dfrac{RT}{nF}\ln\left(\dfrac{C_A C_B}{C_D}\right)$

可得 $I_0 = nFk_c^* C_A^{(a-\alpha_c/n)} C_B^{(b-\alpha_c/n)} C_D^{(\alpha_c/n)}$

因此，如果 I_0 能被一系列已知的浓度（C_A，C_B 和 C_D）所得，然后可以在已知任何其他的情况下换算得到。

1.3.4.4　电荷转移电阻（R_{ct}）

追溯到

$$e^x = 1 + x + \frac{x^2}{2!} + \frac{x^3}{3!} + \cdots$$

$$= 1 + x\,(\text{对于 } x \to 0)$$

多步巴特勒－沃尔摩方程［式（1.63）］能当 $\eta \to 0$ 时简化为

$$I = I_0 \left[\exp \left(\frac{\alpha_a \eta F}{RT} \right) - \exp \left(\frac{-\alpha_c \eta F}{RT} \right) \right] \qquad (1.63)$$

$$I = I_0 \left(\frac{\alpha_a \eta F}{RT} + \frac{\alpha_c \eta F}{RT} \right)_{\eta \to 0}$$

$$\left(\frac{d\eta}{dI} \right)_{\eta \to 0} = \frac{RT}{(\alpha_a + \alpha_c) \, I_0 F} = R_{ct} \qquad (1.68)$$

因此，对于小值的 η（$|\eta| < 10\text{mV}$），界面表现出一个纯电荷转移阻抗，且如果 I_0 已知，R_{ct} 可得到（$\alpha_a + \alpha_c$）单位为 Ωm^2。

如果我们假设只有单电子转移步骤反应（$\alpha_a = 1 - \alpha$；$\alpha_c = \alpha$），那么式（1.68）简化为

$$\left(\frac{d\eta}{dI} \right)_{\eta \to 0} = \frac{RT}{I_0 F} = R_{ct} \quad （单电子转移）$$

1.3.4.5 整个电池的电压

假设下面的图中，两个电极的面积是相等的，且假设在溶液或熔融玻璃体中没有 iR 降。

a 线：$2H_2O \rightarrow 4H^+ + O_2 + 4e^-$

b 线：$4H^+ + O_2 + 4e^- \rightarrow 2H_2O$

c 线：$H_2 \rightarrow 2H^+ + 2e^-$

d 线：$2H^+ + 2e^- \rightarrow H_2$

V_1 和 V_2 是在 I_1 和 I_2 下电解溶液所必需的施加电压。$V_1 - 1.23$ 和 $V_2 - 1.23$ 是所需的总的电池单元过电位。

V_3 和 V_4 是在 I_3 和 I_4 下开发一个全电池的电池电压。$1.23 - V_3$ 和 $1.23 - V_4$ 是电池的总的过电位损失。

好的设计能将过电位最小化，进一步将能量损失最小化；例如，当大部分的过电压在这个电极时，增加 O_2 电极的面积。注意到如果这个金属置于一个饱和 H_2 和 O_2 的溶液中，它达到一个混合电势（V_M），此时从（b）和（c）来的净电流等于零。任何金属接触到溶液都将产生一个混合电势，这个电势下所有的净阳极和阴极电流等于零。

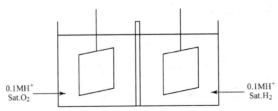

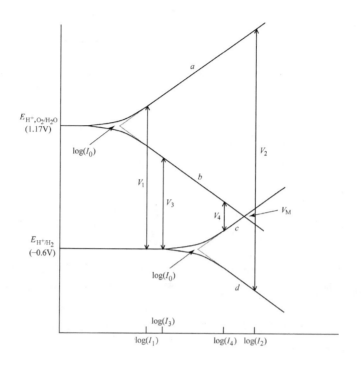

1.3.5 质量传输控制

1.3.5.1 扩散和迁移

如果一个溶液有着不均匀的组成（例如，没有适当混合），这个组成由于分子的随机运动渐渐变得均匀，这就是扩散，且分子从高浓度（活度）地区向低浓度地区扩散。假设

$$A \rightarrow B + ne^-$$

当 A 在电极上消耗时，A 从溶液的主体扩散到电极。如果 A 是一个离子，则它能迁移（迁移是一个离子的运动，作为电势差的响应）。电流通过溶液的回路将产生一个欧姆电势差，即

$$\Delta \varphi_{soln} = iR_{soln}$$

如果 η 增加，通过扩散和迁移的 A 到电极上的物质传输渐渐跟不上 A 的消耗，电极表面的 C_A 大大下降，使得其低于主体溶液的 C_A。这时电流将取决于 A 到电极上的质量转移。

注意到电流到达一个最大值（I_L），限制电流密度。那么从活化控制到质量转移控制，这个过程已经完全变化。

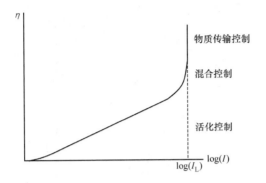

1.3.5.2　限制电流密度（I_L）

稳态（不受时间限制）扩散由菲克第一定律所阐述，即

$$J_D = -D \frac{dC}{dx} \tag{1.69}$$

式中，J_D 是 A 的扩散通量（mol m^{-2}s^{-1}），即每秒每单位面积到达电极 A 的摩尔数；dC/dx 是浓度梯度（mol m^{-4}）；D 是扩散系数（m^{2}s^{-1}）。对于 H^+，D 的值约为 10^{-8}，对于 OH^-，则为 5×10^{-9}；对于其他任何离子，介于 $10^{-10} \sim 10^{-9}$ m^{2}s^{-1} 之间。

式（1.69）中出现负号是因为扩散发生在浓度增加的反方向。实际上，电极上的 dC/dx 是近似线性的，即

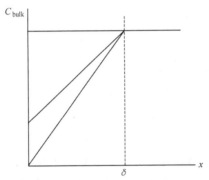

图中，δ 是扩散层厚度，且对于静态溶液（只有自然对流），其数值约为 0.5nm，对于搅动的溶液，约为 0.1nm。因此，对于一个好的近似：

$$\frac{dC}{dx} = \frac{C_{el} - C_{bulk}}{\delta}$$

$$J_D = -D \frac{C_{el} - C_{bulk}}{\delta}$$

现在，迁移的通量 J_M（mol m^{-2}s^{-1}）为

$$J_M = \pm \frac{tI}{|z|F}$$

式中，t 是特殊溶液中的离子迁移数，或者换句话说，在那个溶液中，这个离子所携带的电流分数。当这个离子迁移到电极时，则取正号（例如，Fe^{2+} 在阴极上被还原）；当这个离子迁移离开电极时，则取负号（例如，Fe^{2+} 在阳极上被氧化）。

总的通量 J_T 为

$$J_T = J_D + J_M = -D \frac{C_{el} - C_{bulk}}{\delta} \pm \frac{tI}{|z|F}$$

代入 $I = nFJ_T$

得到，$I = -\dfrac{nDF(C_{el} - C_{bulk})}{\delta\left[1 - \left(\pm \dfrac{nt}{|z|}\right)\right]}$

现在，对于中性分子，$t = 0$。如果有很大浓度的惰性电解质（不参与反应的电解质），$t \to 0$，因为几乎所有的电流都被惰性电解质携带。那么，这个过程是扩散控制的，有着一个好的近似：

$$I = -\frac{nDF(C_{el} - C_{bulk})}{\delta} \tag{1.70}$$

最大或限制电流密度能在 $C_{el} = 0$ 时得出。

$$I = \frac{nDF}{\delta} C_{bulk} \tag{1.71}$$

一些电化学实验要求电流处于扩散控制；例如，极谱法和循环伏安法。为了达到目的，使得电化学活性物质的浓度小（<5mM），且惰性电解质的浓度要高很多（约100倍）。

极谱法和循环伏安法特别适合于研究可逆过程，即反应对于 I_0 是如此之大以致于 I 接近于 I_L，而 η 依然是小得可以忽略。在极谱法中：

$$Cd^{2+} + Hg + 2e^- \leftrightarrow Cd(Hg) \quad （汞电极）$$

在 $\eta = 0$ 时发生，V 可以通过能斯特方程得到。

$$V = E_{Cd^{2+}/Cd} = E^0_{Cd^{2+}/Cd} + \frac{RT}{2F}\ln\left(\frac{a_{Cd^{2+}}}{a_{Cd(Hg)}}\right)_{el}$$

注意到式（1.70）给出了只有在一个平板电极和球状滴汞电极上的电流

$$I \propto -D^{1/2}(C_{el} - C_{bulk})$$

1.3.5.3　旋转圆盘电极

这个电极能够精确控制扩散层厚度 δ。对于流过圆盘电极的溶液，由溶液流体动力学方程可得

$$\delta = \frac{1.61 v^{1/6} D^{1/3}}{\omega^{1/2}} \quad (10 < \omega < 1000 s^{-1})$$

式中，v 为运动粘度因子（粘度/密度，ms^{-1}）。因此，对于一个在特殊 V 值的电荷转移反应，如果它是活化控制的，则与 ω 无关；如果它是扩散控制的，则取决于 $\omega^{1/2}$。

进一步的阅读材料

Andersen, T.N. (1964) *Electrochim. Acta*, 9, 347.

Argade, S.A. and Gileadi, E. (1967) The potential of zero charge, in *Electrosorption* (ed E. Gileadi), Plenum Press, New York.

Arrhenius, S. (1887) *Z. Phys. Chem.*, 1, 631.

Arvia, A.J., Marchiano, S.L., and Podesta, J.J. (1967) *Electrochim. Acta*, 12, 259.

Atkins, P.W. (1998) *Physical Chemistry*, 6th edn, Oxford University Press, Oxford.

Bernal, J.D. and Fowler, R.H. (1933) *J. Chem. Phys.*, 1, 515.

Bjerrum, N. (1906) *Kgl. Danske Videnskab. Selskab.*, 4, 26.

Bjerrum, N. (1920) *Z. Anorg. Allg. Chem.*, 109, 175.

Bjerrum, N. (1926) *Kgl. Danske Videnskab. Selskab.*, **7**, 9.

Bockris, J.O'M. (1949) *Quart. Rev., (London)*, **3**, 173.

Bockris, J.O'M. (1954) Electrode kinetics, in *Modern Aspects of Electrochemistry*, Vol. I (ed J.O'M. Bockris), Butterworth's Publications, Ltd., London.

Bockris, J. O'M., Devanathan, M. A. V., and K. Muller, *Proc. R. Soc. London, Ser. A*, **274**, 55 (1963).

Bockris J. O'M. and S. Srinivasan, Electrode kinetics, *Fuel Cells: Their Electrochemistry*, Chapter 2, McGraw-Hill Book Company, New York, 1969.

Born, M. (1920) *Z. Phys.*, **1**, 45.

Brieter, M., Knorr, C.A., and Völkl, W. (1955) *Z. Elektrochem.*, **59**, 681.

Butler, J.A.V. (1924) *Trans. Faraday Soc.*, **19**, 729.

Butler, J.A.V. (1936) *Proc. R. Soc. London, Ser. A*, **157**, 423.

Carslaw, H.S. and Jaeger, J.C. (1959) *Conduction of Heat in Solids*, Clarendon Press, Oxford.

Chandrasekhar, S. (1943) *Rev. Mod. Phys.*, **15**, 1.

Chapman, D.L. (1913) *Philos. Mag.*, **25**(6), 475.

Choppin G. R. and Buijs K., *J. Chem. Phys.*, **39**, 2035 and 2042 (1963).

ConwayB. E., Proton solvation and proton transfer processes in solution, in (ed. J. O'M. Bockris), *Modern Aspects of Electrochemistry*, Vol. 3, Butterworth's Publications, Inc., London, 1964.

Conway, B.E. (1965) Electrochemical kinetic principles, in *Theory and Principles of Electrode Processes (Modern Concepts in Chemistry)* Chapter 6, The Ronald Press Co., New York.

Conway B. E. and BockrisJ. O'M., Ionic solvation in J. O'M. Bockris, (Ed.), *Modern Aspects of Electrochemistry*, Vol. 1, Butterworth's Publications, Inc., London, 1954.

Conway, B.E. and Salomon, M. (1966) in *Chemical Physics of Ionic Solution* (eds B.E. Conway and R.G. Barradas), John Wiley & Sons, Inc., New York.

Covington, A.K. and Jones, P. (1968) *Hydrogen Bonded Solvent Systems*, Taylor & Francis Ltd., London.

Damjanovic, A. (1966) *Electrochim. Acta*, **11**, 376.

(a)Damjanovic, A. and Genshaw, M.A. (1967) *J. Electrochem. Soc.*, **114**, 466.

(b)Damjanovic, A., Genshaw, M.A., and Bockris, J.O'M. (1967) *J. Electroanal. Chem.*, **15**, 173.

Davies, C. W., *Ion Association*, Butterworth's Publications, Ltd., London, 1962.

Debye, P. and Hückel, E. (1923) *Z. Physik*, **24**, 185.

Delahay, P. (1954) *New Instrumental Methods in Electrochemistry*, Interscience Publishers, Inc., New York.

Delahay, P. (1956) Polarography and voltammetry, in *Instrumental Analysis* Chapter 4, The MacMillan Company, New York.

Delahay, P. (1965) *Double Layer and Electrode Kinetics*, Interscience Publishers, Inc., New York.

Delahay, P. (1961) in *Advances in Electrochemistry and Electrochemical Engineering*, Vol. 1 Chapter 5 (eds P. Delahay and C.W. Tobias), Interscience Publishers, Inc., New York.

Denison, J.T. and Ramsey, J.B. (1955) *J. Am. Chem. Soc.*, **77**, 2615.

Despic, A. (1961) *Electrochim. Acta*, **4**, 325.

Dolin, P. and Erschler, B. (1940) *Acta Physicochim. USSR*, **13**, 747.

Einstein, A. (1926) *Investigations on the Theory of Brownian Movement*, Methuen and Co., Ltd., London.

Eley, D.D. and Evans, M.G. (1938) *Trans. Faraday Soc.*, **34**, 1093.

Erdey-Gruz, T. and Volmer, M. (1930) *Z. Physik. Chem. (Leipzig)*, **150**, 203.

Eyring, H., Glasstone, S., and Laidler, K.J. (1939) *J. Chem. Phys.*, **7**, 1053.

Feynman, R.P. (1964) *Lectures on Physics*, Vol. 1, Addison-Wesley Publishing Company, Inc., Reading, MA.

Feynman, R.P., Leighton, R.B., and Sands, M. (1964) *The Feynman Lectures on Physics*, Addison-Wesley Publishing Company, Inc., Reading, MA.

Frank, H.S. (1958) *Proc. R. Soc. London, Ser. A*, **247**, 481.

Frank, H.S. (1966) in *Solvent Models and Interpretation of Ionization and Solvation Phenomena* (eds B.E. Conway and R.G. Barradas), John Wiley & Sons, Inc., New York.

Frank, H.S. and Evans, M. (1945) *J. Chem. Phys.*, **13**, 507.

Frank, H.S. and Quist, A.S. (1961) *J. Chem. Phys.*, **34**, 604.

(a)Frank, H.S. and Wen, W.Y. (1957) *Discuss. Faraday Soc.*, **24**, 133. (b)Buckingham, A.D. (1957) *Discuss. Faraday Soc.*, **34**, 151.

Friedman, J.L. (1962) *Ionic Solution Theory*, Interscience Publishers, Inc., New York.

Frumkin, A.N. (1925) *Z. Physik. Chem. (Leipzig)*, **116**, 466.

Frumkin, A.N. (1933) *Z. Physik. Chem.*, **A164**, 121.

Frumkin, N. (1963) Hydrogen overvoltage and adsorption phenomena, in *Advances in Electrochemistry and Electrochemical Engineering*, Vol. III Chapter 5 (eds P. Delahay and C.W. Tobias), Interscience Publishers, Inc., New York.

Frumkin, A.N. and Nekrasov, L.N. (1959) *Dokl. Akad. Nauk SSSR*, **126**, 115.

Frumkin, N. and Shlygin, A.I. (1935) *Acta Physicochim. URSS*, **3**, 791.

Fuoss, R.M. (1934a) *Z. Physik*, **35**, 559.

Fuoss, R.M. (1934b) *Trans. Faraday Soc.*, **30**, 967.

Fuoss, R.M. (1935) *Chem. Rev.*, **17**, 27.

Fuoss, R.M. (1958) *J. Am. Chem. Soc.*, **80**, 5059.

Fuoss, R.M. (1967) *Proc. Natl. Acad. Sci. U.S.A.*, **57**, 1550.

Fuoss, R. M. and Accascina, F., *Electrolytic Conductance*, Interscience Publishers, Inc., New York, 1959.

Fuoss, R. M. and Kraus, C. A., *J. Am. Chem. Soc.*, **55**, 476 and 1019 (1933).

Fuoss, R. M. and L. Onsager, *Proc. Natl. Acad. Sci. U.S.A.*, **41**, 274 and 1010 (1955).

Fuoss, R.M. and Onsager, L. (1957) *J. Phys. Chem.*, **61**, 668.

Gerischer, H. (1962) in *Recent Advances in Electrochemistry*, Vol. I Chapter 2 (ed P. Delahay), Interscience Publishers, Inc, New York.

Gibbs, W. (1924) Collected works, in *Longmans*, 2nd edn, Vol. I, Green and Co., Inc., New York.

Gileadi, E. (1967) Adsorption in electrochemistry, in *Electrosorption* (ed E. Gileadi), Plenum Press, New York.

Gilkerson, W.R. (1956) *J. Chem. Phys.*, **25**, 1199.

Gilman, S. (1964) *J. Electroanal. Chem.*, **7**, 382.

Giordano, M.C., Bazan, J.C., and Arvia, A.J. (1967) *Clectrochim. Acta*, **12**, 723.

Glasstone, S., Laidler, K.J., and Eyring, H. (1941) *The Theory of Rate Processes*, McGraw-Hill Book Company, New York.

Glueckauf, E. (1955) *Trans. Faraday Soc.*, **51**, 1235.

Glueckauf, E. (1964) *Trans. Faraday Soc.*, **60**, 572.

Golden, S. and Guttmann, C. (1965) *J. Chem. Phys.*, **43**, 1894.

Gouy, G. (1910) *J. Phys.*, **9**, 457.

Grahame, D.C. (1947) *Chem. Rev.*, **41**, 441.

Green, M. (1959) Electrochemistry of the semiconductor-electrolyte interface, in *Modern Aspects of Electrochemistry*, Vol. II Chapter 5 (ed J.O'M. Bockris), Butterworth's Publications, Ltd., London.

Guggenheim, E.A. and Adam, N.K. (1933) *Proc. R. Soc. London, Ser. A*, **139**, 218.

Guoy, G. (1903) *J. Chim. Phys. (Paris)*, **29**(7), 145.

Gurney, R.W. (1932) *Proc. R. Soc. London, Ser. A*, **134**, 137.

Halliwell, H.F. and Nyburg, S.C. (1963) *Trans. Faraday Soc.*, **58**, 1126.

Harned, H.S. and Owen, B.B. (1957) *The Physical Chemistry of Electrolytic Solution*, 3rd edn, Reinhold Publishing Corporation, New York.

Harned, H.S. and Owen, B.B. (1958) *The Physical Chemistry of Electrolytic Solution*, 3rd edn, Reinhold Publishing Corporation, New York.

von Helmholtz, H.L. (1879) *Wied. Ann.*, **7**, 337.

Hinton, J.F. and Amis, E.S. (1967) *Chem. Rev.*, **67**, 367.

Holmes, O.G. and McLure, D.S. (1957) *J. Chem. Phys.*, **26**, 1686.

Horiuti, J. and Ikusima, M. (1939) *Proc. Imp. Acad. (Tokyo)*, **15**, 39.

Horiuti, J. and Polanyi, M. (1935) *Acta Physicochim. USSR*, **2**, 205.

Hunt, J.P. (1963) *Metal Ions in Aqueous Solution*, W. A. Benjamin, Inc., New York.

Hurwitz, H.D. (1967) in *Electrosorption* (ed E. Gileadi), Plenum Press.

Ilkovic, D. (1938) *J. Chim. Phys.*, **35**, 129.

Ivanov, Y.B. and Levich, V.G. (1959) *Dokl. Akad. Nauk SSSR*, **126**, 1029.

Ives, D.J.G. (1963) *Some Reflections on Water*, J. W. Ruddock & Sons Ltd, London.

Jost, W. (1960) *Diffusion in Solids, Liquids, Gases*, Academic Press, Inc., New York.

Kirkwood, J.G. (1950) *J. Chem. Phys.*, **18**, 380.

Kolthoff, I.M. and Lingane, J.J. (1952) *Polarography*, Vol. I, Interscience Publishers, Inc., New York.

Kortüm, G. (1965) *Treatise on Electrochemistry*, Elsevier, Amsterdam.

Laidler, K.J. and Pegis, C. (1957) *Proc. R. Soc. London, Ser. A*, **241**, 80.

Lange, E. and Mishchenko, K.P. (1930) *Z. Phys. Chem.*, **A149**, 1.

Latimer, W.M., Pitzer, K.S., and Slansky, C.M. (1939) *J. Chem. Phys.*, **7**, 108.

Lee Kavanau, J. (1964) *Water and Solute-Water Interactions*, Holden-Day Inc., San Francisco, CA.

(a)Levich, V.G. (1942) *Acta Physicochim. URSS*, **17**, 257. (b)Levich, V.G. (1944) *Zh. Fiz. Khim.*, **18**, 335.

Levich, V.G. (1962) Passage of current through electrolytic solutions, in *Physicochemical Hydrodynamics* Chapter 6, Prentice Hall, Inc., Englewood Cliffs, NJ.

Levich, V.G. (1965) *Russ. Chem. Rev. (English Transl.)*, **34**, 792.

Levich, Y. (1965) in *Recent Advances in Electrochemistry* (ed P. Delahay) Chapter 4, Interscience Publishers, Inc., New York.

Levine, S. and Rozenthal, D.K. (1966) The interaction energy of an Ion pair in an aqueous medium, in *Chemical Physics of Ionic Solutions* (eds B.E. Conway and R.G. Barradas), John Wiley & Sons, Inc., New York.

Lietzke, M.H., Stroughton, R.W., and Fuoss, R.M. (1968) *Proc. Natl. Acad. Sci. U.S.A.*, **59**, 39.

Lippmann, G. (1875) *Ann. Chim. Phys. (Paris)*, **5**, 494.

Losev, V.V., Molodov, A.I., and Gorodetzki, V.V. (1967) *Electrochim. Acta*, **12**, 475.

Marchi, R.P. and Eyring, H. (1964) *J. Phys. Chem.*, **68**, 221.

Marcus, R.A. (1965) *J. Chem. Phys.*, **43**, 679.

Matthews, D.B. (1966) *Proc. R. Soc. London, Ser. A*, **292**, 479.

D. B. Mattthews and J. O'M. Bockris, Quantum mechanics of charge transfer at interfaces, in J. O'M. Bockris and B. E. Conway, (Eds.), *Modern Aspects of Electrochemistry*, Vol. VI, Chapter 1, Plenum Press, New York, 1969.

Mehl, W. (1959) *Can. J. Chem.*, **37**, 190.

Millen, W.A. and Watts, D.W. (1967) *J. Am. Chem. Soc.*, **89**, 6051.

Milner, S.R. (1912) *Philos. Mag.*, **6**(23), 551.

Mohilner, D. (1967) The electrical double layer, in *Electroanalytical Chemistry*, Vol. I Chapter 4 (ed A.J. Bard), Marcel Dekker, Inc.

Monk, C.B. (1961) *Electrolytic Dissociation*, Academic Press, London.

Nancollas, G.H. (1966) Thermodynamic and kinetic aspects of Ion association in solutions of electrolytes, in *Chemical Physics of Ionic Solutions* (eds B.E. Conway and R.G. Barradas), John Wiley & Sons, Inc., New York.

G. Némethy and H. A. Scheraga, *J. Chem. Phys.*, **36**, 3882 and 3401 (1962).

Nernst, W. (1904) *Z. Physik. Chem.*, **47**, 52.

Orgel, L.E. (1952) *J. Chem. Soc.*, **1952**, 4756.

Padova, J. (1964) *J. Chem. Phys.*, **40**, 391.

Parsons, R. (1951) *Trans. Faraday Soc.*, **147**, 1332.

Parsons, R., Equilibrium properties of electrified interphases, in J. O'M. Bockris and B. E. Conway, (Eds.), *Modern Aspects of Electrochemistry*, Vol. I, Butterworth's Publications, Ltd., London, 1954.

Parsons, R. (1961) The structure of the electric double layer and its influence on the rates of electrode reaction, in *Advances in Electrochemistry and Electrochemical Engineering*, Vol. I (ed P. Delahay), Interscience Publications, Inc., New York.

Passynsky, A. (1938) *Acta Physicochim. URSS*, **8**, 385.

Pauling, L. (1960) *The Nature of the Chemical Bond*, 3rd edn, Cornell University Press, Ithaca, NY.

Paunovic, M. (1967) *J. Electroanal. Chem.*, **14**, 447.

Pearson, J.D. and Butler, J.A.V. (1938) *Trans. Faraday Soc.*, **34**, 1163.

Perkins, R. S. and Andersen, T. N., Potential of zero charge of electrodes, in J. O'M. Bockris and B. E. Conway, (Eds.), *Modern Aspects of Electrochemistry*, Vol. V, Plenum Press, New York, 1969.

Potter, E.C. (1952) *J. Chem. Phys.*, **20**, 614.

Prue, J.E. (1966) Ion association and solvation, in *Chemical Physics of Ionic Solutions* (eds B.E. Conway and R.G. Barradas), John Wiley & Sons, Inc., New York.

Pourbaix, M., Atlas of Electrochemical Equilibria in Aqueous Solutions, National Association of Corrosion Engineers, 1974.

Riddiford, A.C. (1966) Rotating disk systems, in *Advances in Electrochemistry and Electrochemical Engineering*, Vol. IV Chapter 2 (eds P. Delahay and C.W. Tobias), Interscience Publishers, Inc., New York.

Robinson, R.A. and Stokes, R.H. (1959) *Electrolyte Solutions*, 2nd edn, Butterworth's Publications, Ltd., London.

Rosensteig, D.R. (1965) *Chem. Rev.*, **65**, 467.

Ross, K. (1968) *Aust. J. Phys.*, **21**, 597.

Samoilov, O.Y. (1965) *Structure of Aqueous Electrolyte Solutions and the Hydration of Ions*, Consultants Bureau, New York.

Sand, H.J.S. (1900) *Philos. Mag.*, **1**, 45.

Simonova, M.V. and Rotinyan, A.L. (1965) *Russ. Chem. Rev. (English Transl.)*, **34**, 318.

Smoluchowski, M. (1908) *Ann. Phys. (Paris)*, **25**, 205.

Stern, O. (1924) *Z. Elektrochem.*, **30**, 508.

Stokes, R. H., *J. Am. Chem. Soc.*, **86**, 979, 982 and 2337 (1964).

Stokes, R.H. and Robinson, R.A. (1948) *J. Am. Chem. Soc.*, **70**, 1870.

Stokes, R.H. and Robinson, R.A. (1957) *Trans. Faraday Soc.*, **53**, 301.

Swinkels, D.A.J. (1964) *J. Electrochem. Soc.*, **111**, 736.

Tafel, J. (1905) *Z. Physik. Chem. (Leipzig)*, **50**, 641.

Tikhomirova, V. I., Luk'yanycheva, V. I., and Bagotsky, V. S., *Sov. Electrochem.*, **3**, 673 (1967).

Ulich, H. (1930) *Z. Elektrochem.*, **36**, 497.

Ulich, H. (1934) *Z. Physik. Chem. (Leizig)*, **168**, 141.

Verwey, E. J. W., *Rec. Trav. Chim.*, **60**, 887 (1961); **61**, 127 (1942).

(a)Vetter, K.J. (1950) *Z. Physik. Chem. (Leipzig)*, **194**, 284. (b)Vetter, K.J. (1951) *Z. Elektrochem.*, **55**, 121.

Vetter, K.J. (1967a) *Electrochemical Kinetics 2, Theory of Overvoltage*, Academic Press, Inc., New York.

Vetter, K.J. (1967b) Determination of the electrochemical reaction orders, in *Electrochemical Kinetics* Chapter 3c, Academic Press, Inc., New York.

Will, F. G. and Knorr, C. A., *Z. Elektrochem.*, **64**, 258 and 270 (1960).

Wroblowa, H. and Kovac, Z. (1965) *Trans. Faraday Soc.*, **61**, 1523.

Yang, L. and Simnad, M. T., Measurement of diffusivity in liquid systems, in *Physicochemical Measurements at High Temperatures*, J. O'M. Bockris, J. L. White and J. W. Tomlinson, (Eds.), Butterworth's Publications, Ltd., London, 1959.

Zana, R. and Yeager, E., *J. Phys. Chem.*, **71**, 521 and 4241 (1967).

第 2 章　电化学电容器的概述

Tony Pandolfo，Vanessa Ruiz，Seepalakottai Sivakkumar 和 Jawahr Nerkar

2.1　引言

电容器应用到电能储存领域实际上比电池发明还要早。亚历山德罗·伏特（Alessandro Volta）于 1800 年发明了电池，他首次将电池描述为用两片不同材料（如铜和锌）的板子夹在一起，以盐水或醋浸湿的纸片隔开，组装叠成的电堆[1]。因此，这种器件被称为伏打电堆（Volta's Pile），并为后续电的化学来源的革命性研究和发现奠定了基础。但是，在伏打电堆出现之前，18 世纪的研究工作者使用莱顿瓶作为电能的来源。莱顿瓶发明于 18 世纪中叶的荷兰莱顿大学，它是由一个瓶内外都贴有银箔的玻璃瓶组成的早期电容器[2,3]。当瓶外的银箔接地，而瓶内的银用静电发生器或静电源进行充电后，就能够从这个小而相对简单的器件中产生强放电。

目前有很多不同种类的电容器可供使用，电容器主要通过其使用的特定介质或者按其物理状态进行分类（见图 2.1）。每一种类型的电容器都有自己的一套特征和应用领域，用于电子领域的小型微调电容器，用于高压功率参数修正的大功率电容器以及比特定大小的常规电容器储存更多能量的高能电化学电容器等。20 世纪 90 年代早期以来，高比能量（对电容器设备而言）、高可靠性、长寿命、高功率（包括充电和放电）和高能量效率这些独特性能组合由于对电容器有着越来越多的应用需要，针对电化学电容器的研究明显大幅度增加。

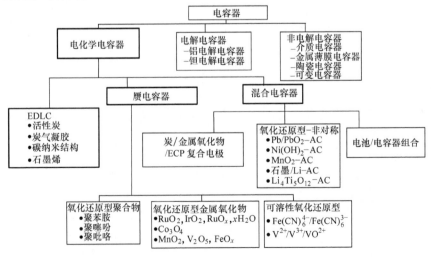

图 2.1　常见类型电容器的分类

2.2　电容器的原理

电容器是一个能够在一个静电场储能而非化学形式储能的无源元件。它由电介质分开的两个平行电极组成。电容器是在两极之间施加一个电势差来进行充电，这个电势差能够使正负电荷向相反极性的电极表面进行迁移。当充电时，连接在一个电路的电容器可以在短时间内看成一个电压源。电容器的电容 C［单位用法拉第（F）表示］，是每个电极上带的电荷 Q 与两极之间的电势差 V 之比，即

$$C = \frac{Q}{V} \tag{2.1}$$

对于典型的平板电容器，C 正比于每个电极的面积 A 和电介质的介电常数 ε，与两个电极之间的距离 D 呈反比，即

$$C = \frac{\varepsilon_0 \varepsilon_r A}{D} \tag{2.2}$$

式中，ε_0 是真空的介电常数；ε_r 是两块极板之间材料的介电常数（相对值）。因此，决定电容器电容的三个因素为

① 极板面积（两极共有的面积）；

② 两电极之间的距离；

③ 所用电介质（电感器）的性质。

电容器的两个主要属性是能量密度和功率密度，用单位质量或者单位体积的能量（比能量）和功率来表示。储存在电容器中的能量 $E(\mathrm{J})$ 与每个界面电荷 $Q(\mathrm{C})$ 以及电势差 $V(\mathrm{V})$ 有关，因此，其能量直接与电容器的电容成比例，即

$$E = 1/2 \times CV^2 \tag{2.3}$$

当电压达到最大值时，能量也达到最大，这个通常受电介质的击穿强度所限。

通常地，功率 P 是单位时间内能量传输的速率。确定一个特定电容器的功率大小时，需要考虑电容器的内部组件（例如，集流体、电极材料、电介质/电解质和隔膜）的电阻。这些组件的电阻值通常合并起来测试，它们统称为等效串联电阻（ESR）（Ω）。这会产生一个电压降，ESR 决定了电容器在放电过程中的最大电压，进而限制了电容器的最大能量和功率。电容器的功率测试一般是在匹配阻抗下进行测试（比如，负载的电阻值假定等于电容器的 ESR），其相应的最大功率 $P_{\max}$ 表示如下：

$$P_{\max} = \frac{V^2}{4\mathrm{ESR}} \tag{2.4}$$

虽然好的电容器的阻抗通常比其所连接的负载的阻抗要低得多，然而实际释放的峰值功率尽管很大，但通常仍然比最大功率 $P_{\max}$ 要小。

2.3　电化学电容器

电化学电容器（EC）是基于诸如多孔碳和一些金属氧化物这样的高比表面材料的

电极－电解液界面上进行充放电的一类特殊的电容器[3]。它们遵循着与传统的电容器一样的基本原理，而且非常适合快速储存与释放能量。然而由于电极包含了更大的有效比表面积（*SA*）和更薄的电介质（取决于双电层的厚度），所以导致了其电容和能量的增加；比常规电容器的电容和能量要高 10000 多倍。因此，当传统电容器电容常常只能限定在微法拉和毫法拉的范围时，单个电化学电容器却能够有高达数十、数百甚至上千法拉的额定容量。而且电化学电容器能够像常规电容器一样，可以以一个高度可逆的方式进行电荷存储，同时由于其具有低的 ESR，使其能够在高的比功率（kW kg^{-1}）下工作，该值大大高于大多数的电池。

而电化学电容器也被认为像可充电池一样可储存和释放电荷，其电荷储存机制却不同于一般的电池（即静电的/非法拉第的 vs 化学的/法拉第的）。因此，就其比功率和比能量而言，电化学电容器不应当认为是电池的替代物，而是一个占据合适的位置，可以与电池形成互补的储能元件。通过适当的单元设计，电容器的比能量和比功率的范围能够涵盖数个数量级，这使得它们具有非常多的功能，既可成为特定用途的独立供能元件，又可与电池结合作为一个混合系统。高功率性能协同高比能量的特定组合，使得电化学电容器在电池和传统电容器之间占据了一席之地（见图 2.2 和表 2.1）。相对于电池而言，电化学电容器在同样的体积下具有非常快的充放电速率，但是其比能量比电池要低。电化学电容器之所以能够高度可逆地、快速地接收/释放电荷，是因为在电化学电容器中在充放电中没有慢的化学过程和相变发生，而大多数电池型储能器件则存在这种情况。电化学电容器除了高比功率以外，相对于电化学电池而言，还具有充电时间更短、循环寿命更长（百万次 vs 几千次/电池）、长搁置寿命、高效率（进电荷 ≈ 出电荷）以及能够全充和全放，而不影响性能和寿命等一系列优势[3,4]。电容器和电池之间

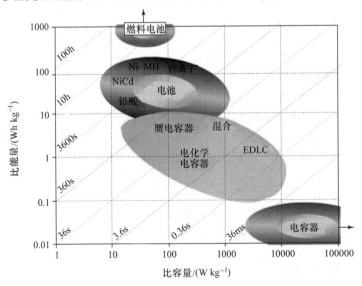

图 2.2　电化学储能/转换器件的比能量与比功率能力

一个重要的不同在于电容器电极上存储电荷（Q/A）的增加（或减少），导致在充电过程中总是存在电压上升（放电过程中电压下降）。相反，一般电池在充电或放电过程中，除了接近100%充电状态（充电顶峰，TOC）和接近0%的状态（放电截止，EOD）以外，都具有一个恒定的电压（见图2.3）。因此，对于需要以恒定电压输出的应用而言，电容器就需要一个直流 – 直流（DC – DC）变换器来调节和稳定它的输出电压。如果需要交流电，电池和电容器都需要一个逆变器。

表 2.1　典型电容器和电池的性能对比

特征	电容器	碳 EDLC	电池
例子	铝、氧化钽电容器	活性炭在硫酸或 $TEABF_4/ACN$	铅酸，镍镉、镍氢
作用机理	静电	静电	化学
$E/(Wh\ kg^{-1})$	<0.1	1 ~ 10	~ 20 ~ 150
$P/(W\ kg^{-1})$	>> 10000	500 ~ 10000	< 1000
放电时间 t_d	$10^{-6} \sim 10^{-3} s$	数秒到数分钟	0.3 ~ 3h
充电时间 t_c	$10^{-6} \sim 10^{-3} s$	数秒到数分钟	1 ~ 5h
效率 t_d/t_c	~ 1.0	0.85 ~ 0.99	0.7 ~ 0.85
循环寿命/Cycles	>> 10^6 ≥10 年	> 10^6 （ > 10 年）	~ 1500 （3 年，对于高度消耗的应用更少）
受限于	设计	杂质	化学可逆性
最大电压取决于	材料 高 电介质厚度	副反应 <3V 电极稳定性	机械稳定性 低 相反应的热动力学
电荷储存取决于	充电极板间的力 电极的几何面积电介质	电极稳定性 电极/电解液界面 电极微结构 活性表面积 电解液	整个电极 活性质量 热动力学
放电曲线	线性趋势	v/t：线性趋势	放电平台
自放电	低	中等（μAmA）	低

注：E 为比能量；P 为比容量；V_{max} 为最大电池电压。

一些综述性的文章讨论了电化学电容器的不同结构和电极材料，以及其科学及工艺技术问题[3,5 - 12]。基于电化学电容器储能模型和构造，当前对电化学电容器的研究可以划分为三种：①双电层电容器（EDLC）；②氧化还原型电化学电容器（也称赝电容器）；③双电层电容器和赝电容器的混合体系（见图2.1）。尽管有许多潜在的材料和器件构造，双电层电容器是目前电化学电容器中发展最快的，并且已经占领了市场。不同形式的碳材料是目前商业化的双电层电容器中研究和应用最广泛的电极材料。

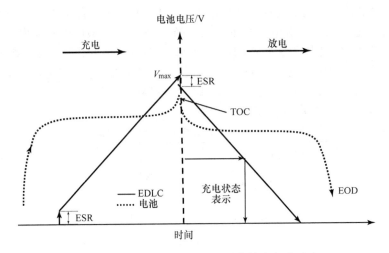

图 2.3 理想的电容器和电池的充放电行为对比

电化学电容器有多个名称，包括双电层电容器（double‐layer capacitors）、超级电容器（supercapacitors）、超大容量电容器（ultracapacitors）、电力电容器（power capacitors）、金电容器（gold capacitors）、赝电容器（pseudocapacitors）和功率缓存器（power cache）等，每种不同称号的应用，预示着不同类型的电容器，展示出不同的容量[13]。然而，这些名称经常与品牌或者公司商标有关，因此这些名称并不总是能提供有用的指示来判断它是哪一种电容器或说明其储能机制。由于电化学电容器比传统电容器的比能量要高许多个数量级，因此超级电容器或者超大容量电容器这类的术语就特别常见并且有时甚至轻率地用来代替更广泛的、更准确的电化学电容器类型。即使那样，对于超级电容器或者超大容量电容器的称呼方法也存在地域偏好。日本电气公司（NEC）在 20世纪 70 年代首次制造出商业化的双电层电容器，其命名为超级电容器。然而在美国，Pinnacle 研究所（Pinnacle Research Institue，PRI）在 20 世纪 80 年代发明一种大功率电化学电容器，其命名为 PRI 超大容量电容器[13‐15]。后者并不是某种双电层电容器，而是钉/钽氧化物器件，即一种氧化还原型赝电容器，可是在当今的美国，超级电容器这种称号也经常用于描述双电层电容器。随着电化学电容器市场的不断壮大和应用的扩张，统一分类和分类系统的需求将变得必不可少。

2.3.1 双电层电容器

自 19 世纪 Von Helmholtz 在其研究胶体悬浮液的工作中首次提出了双电层概念并对其建模，双电层的概念被化学家所广泛研究[16]。但是，直到 1957 年，双电层电容器才被通用电气公司的 H. I. Becker 获得专利证实，并在实际应用上可储存电荷[17]。这个早期的专利是在水系电解液中用多孔碳作为双电层电容器的电极；然而直到 1966 年，授予俄亥俄州标准石油公司（SOHIO）的 R. A. Rightmire[18] 的专利和随后其同事D. L. Boos[19] 的专利，才确认这些器件实际上能在双电层中（非法拉级），也就是在电极和电解液的界面之间储存能量。首个商业化双电层超级电容器由 SOHIO 生产，其由浸润在电解液中的多孔碳组成的碳糊电极和电极 - 电解液之间的离子交换膜构成[19]。SO-HIO 在早期的器件中也用到了非水电解质，但是销量不佳使得他们在 1971 年向 NEC 转让了电容器的许可证，NEC 后来发展并成功商业化了双电层电容器，主要用于内存储备的应用[15]。目前，由于应用范围的扩大，许多基于多孔碳的高性能双电层电容器可以从世界各地的制造商和经销商那里购买到[10,14]。

2.3.1.1 双电层与多孔材料模型

Helmholtz 双电层模型阐述了在电极 - 电解液界面会形成相互间距为一个原子尺寸的两种带相反电性的电荷层。这个模型在 19 世纪末 20 世纪初又扩展到金属电极的表面[21-25]。Stern[23] 将早期的 Helmholtz 模型和更加精确的 Gouy - Chapman 模型结合，发现在电极 - 电解液界面存在两个离子分布区域：一个内部区域的紧密层（Stern 层）和一个扩散层[9,23]。在紧密层中，离子（溶剂化质子）强烈吸附在电极上；在扩散层中，电解质离子（阳离子和阴离子）由于热运动在溶液中形成连续分布。因此，电极 - 电解质界面双电层的电容（C_{dl}）可以认为由两部分组成：紧密层电容（C_H）和扩散层电容（C_{diff}）。C_H 和 C_{diff} 作为整个双电层电容 C_{dl} 的共轭元件（在单个电极上），其关系为

$$\frac{1}{C_{dl}} = \frac{1}{C_H} + \frac{1}{C_{diff}} \tag{2.5}$$

从根本上决定双电层电容的因素包括电极材料（导体或者半导体）、电极面积、电极表面的可接触性、跨越电极的电场和电解液/溶剂的特性（即它们的界面、大小、电子对亲核性和偶极矩）。

在双电层电容器中，电极材料通常具有高孔隙度，因此在多孔表面的双电层行为就更加复杂了。在很细小的孔中，双电层的尺寸与有效孔的宽度有可比性，因此在最细的孔隙中，孔隙中扩散层的扩展能够导致与相反表面的扩散层重叠，进而导致扩散层中离子的重新排列[3]。当离子含量低时，这种在表面上离子浓度再分布能力会加强，而且观察到含有极细的（<1nm）多孔碳时，这可以提高双电层电容[8]。

近来，Huang 等人[26,27] 对多孔材料表面的双电层建模提出了另外一种方法。他们探索模型是基于密度泛函理论计算、实验数据的分析以及通过引入适当的曲率条件到式（2.2），以考虑孔壁的曲率来计算电容。他们发现，对于明显的大孔（例如，大孔，>50nm），电容完全可以利用传统的双电层电容器理论来进行描述，这个方法是基于平板的，因为这些孔的曲率并不明显，可以近似为平面。然而，他们发现将较小孔的曲率（即中孔为 2~50nm；微孔小于 2nm）考虑进这个模型，比容的计算与电极表面特性（孔径、表面面积）和电解质特性（浓度、离子大小和介电常数等）显示出一种修正的关系。作者通过假设这些中孔为圆柱形的，提出了一个模型，通过溶剂化的反离子进入孔中到达圆柱孔壁，使得吸附的离子在圆柱内表面排列以形成一个带电双层柱电容器（EDCC）。然而对于微孔而言，小孔不会形成双层柱，因为孔的宽度不能轻易地容纳超过一个溶剂化的反离子。因此，在柱状微孔内部，溶剂化离子（去溶剂化离子）排列形成单列的反离子，就被说成电线芯圆柱电容器（EWCC）。当这个模型延伸到传统的双电层模型时，对各种各样的碳和电解液显示了普遍适用性，同时也说明了很多报道中

孔小于 1nm 的碳电极电容器容量反常增加的原因[28-30]，以及离子在其进入细微的孔隙之前，部分或者全部去溶剂化的原因（更多详细内容，见第 7 章）。

除了双电层特性变化以外，多孔材料也因其复杂的网络结构限制了离子的传输。我们意识到，实现了电化学电容器的高比容量是基于细孔碳的高孔隙度，这也可能限制电解液扩散速率，反过来就会导致响应时间变缓（相对于传统电容器而言）。电解质离子在 EDLC 的多孔网络中的迁移经历着不同程度的质量传输限制，而这与有限的孔洞、通过碳材料的曲折传输路径、孔的长度和在孔开口处的离子筛选/排斥效应有关，尤其是孔径接近的，或比溶剂化电解液分子粒径还要小的开孔[30,31]。因此，多孔电极整个表面并不是在同一个时间段都有电解质所浸渍，因此，在放电过程中，电容器释放的速率也将发生变化。

De Levie[32] 开发了一个用于描述电容在多孔电极中分布的模型，如图 2.4 所示。图 2.4 显示的是单个小孔的一小部分，小孔假定为圆柱体，而且电容分布表示成一个简化的等效电路，其由并联 RC 电路组成（单个电阻器和电容器组合），有时也被称为传输线模型[3,10,32]。R_s 表示的是溶液的体（电解液）阻抗；双电层电容 C_{dl} 分布在孔壁表面。将沿着孔壁分布每个区域的界面电容（C_{dl}）串联是额外的电解液电阻 R_x，其与离子在孔中的运动有关。随着电解液向孔的更深处移动（尤其是对狭窄的孔而言），R_x 受到孔壁和孔的几何形状相互作用的影响而增强，这样反过来将影响材料的电容响应。因此，在靠近孔开口处储存电容是可以通过一条比在孔内部更深处的电容更加短而更少的电阻路径而得到，这带入了额外的电解液阻抗（$R_{1+2+3+\cdots}$）。电荷如此分布造就更加复杂且不具有简单的特定响应时间的电响应（尤其在高频率时），尽管典型的电化学电容器的响应速率一般还是在百万秒~秒的范围之内，这取决于电化学电容器的设计[10]。

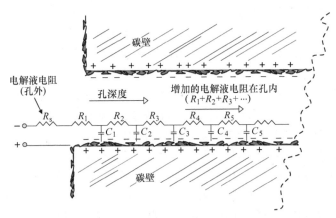

图 2.4　圆柱体孔和单个孔中的分布式电容的理想化模型（RC 回路）。等效电路模型（传输线网络）突出了随着孔深度的增加，电容网络阻抗的增加情况

2.3.1.2　双电层电容器的构造

如前所述，双电层电容器储能方式与传统电容器大致相同，即通过电荷分离的方

式。与传统的电容器中通常用的二维平板相比，双电层电容器通过利用高表面积的多孔材料（通常是活性炭），而得到了更高的电容值。双电层电容器比传统的电容器储存更多的能量（几个数量级），这是因为：

1）更多数量的电荷能够储存于高度扩展的电极表面上（因高表面积电极材料中具有大量的孔结构所引起）；

2）所谓的电极和电解液界面之间的双电层的厚度较薄。

双电层电容器的构造与电池类似，两个电极浸入电解液中，中间用离子渗透膜隔开以阻止电接触（见图 2.5a）。充电状态下，电解液中阴离子和阳离子分别移向正极和负极，进而在电极－电解液的界面形成两个双电层，离子的分离也导致整个单元组件中存在一个电位差（见图 2.5b）。因为每个电极－电解液界面代表一个电容器，所以整个组件可以认为是两个电容器的串联。对于一个对称型电容器（相同的两电极）而言，整

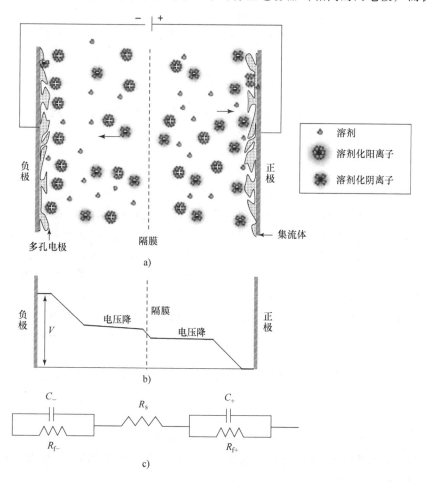

图 2.5　a）双电层电容器的示意图（充电状态），b）电化学电容器充电状态下的典型电压分布图，c）电化学电容器的等效电路模型

个电容器的电容将为

$$\frac{1}{C_{cell}} = \frac{1}{C_+} + \frac{1}{C_-} \tag{2.6}$$

式中，C_+ 和 C_- 分别是电容器正极和负极电容[3,33]。假设在对称的器件中，正极的电容（C_+）等于负极的电容（C_-），因此整个单元组件的电容为单个电极电容的一半，即

$$C_{cell} = \frac{C_e}{2} \tag{2.7}$$

式中　$C_e = C_+ = C_-$

因此，当报道或者比较不同来源的电容值时，详细说明它们是整个单元组件的电容还是电极的电容是非常重要的。文献中经常引用的比容量的值是单个碳电极的电容，这些值来源于电极与参比电极以及对电极所组成的三电极测试系统[34]。三电极的值比实际的电容值要高，实际的电容值用双电极测试方法获得。此外，很有必要比较相对比容量的值，不管是质量比容量还是体积比容量。电极的比容量（质量比容量）C_e（Fg^{-1}）计算如下：

$$C_e = \frac{2 \times C_{cell}}{m_e} \tag{2.8}$$

式中，m_e 是单个电极活性物质的质量（g）。相反地，将 C_e 除以4，就能够得到整个单元组件（基于一个活性物质）的质量比容量。比容量也以标准比容量（单位面积的比容量）的形式报道，其定义为

$$C(\mu Fcm^{-2}) = \frac{C_e(Fg^{-1})}{SA(m^2g^{-1})}10^2 \tag{2.9}$$

式中，SA 为活性电极材料的表面积。通常地，炭的比容量值在 $10 \sim 30\mu F\ cm^{-2}$ 内[3]。

许多电容器的应用受限于体积而非重量，有时在描述数据时使用体积比容量（$F\ cm^{-3}$）显得更加合适。质量比容量除以活性物质的密度就可以得到体积比容量。虽然电极材料的体积和质量比容量对活性物质的质量评估是一个有用手段，但是在推断完全包装好的组件时必须注意，因为单元的其他组成部分（粘结剂、添加剂、集流体、电解液、隔膜、气密封装和连接器）的重量也应当被考虑进去。根据电容器的设计、大小和预期用途而言，活性物质的量只占到最终封装好的器件的 $20\% \sim 30\%$ 的情况并不常见。

类似于 De Levie[32] 将多孔材料中的电容分布描述成并联电阻 - 电容（RC）电路的方法那样，一个简化的 RC 等效电路经常用来描述一个双电层电容器的基本操作。图 2.5c 所示是图 2.5a、b 描述过的双电层电容器的一个 RC 电路。其中 $C_+/-$ 和 $R_f/-$ 分别为正极和负极的电容和法拉第阻抗。R_f 认为是整个元件放电产生的阻抗。R_s 是整个元件的 ESR。时间常数 τ，通常用来作为器件响应时间的一个指示信号，它为电阻（R）乘以容量（C）的结果[10]。

双电层电容器的整个性能主要受两个因素的影响：一个是活性电极材料的选择，这将决定器件的电容大小；另一个就是电解液的选用，其将决定工作电压。而影响器件的

内部电阻 ESR 的那些因素以及其他几个的额外因素来源包括如下[33,35]：

1）电极材料本身的电子电阻；

2）活性电极材料和集流体间的界面电阻；

3）离子进入小孔的离子（扩散）阻抗；

4）离子通过隔膜的离子迁移电阻；

5）离子在电解液中的迁移阻抗；

6）高的内阻将限制电容器的功率容量的大小，并影响其最终的应用。

和电池类似，电容器也经常串联或者并联以获得高的电压和高的容量值[36]。电容器元件个数的选择取决于整个系统的参数（反过来由其用途决定），比如，可获得的电压变换、电流（或功率）以及持续时间。由于持续的过电压会引起电容器失效，因此当电容器元件串联时，通过每个电容器元件的电压不要超过其额定电压，这非常重要。如果串联中的单个元件的等效串联电阻不一样（质量控制问题）或者如果一个或多个元件开始老化、恶化甚至失效，整个元件的失效就很容易发生。包含多个元件的电化学模块也引入了一个单元元件平衡系统，它用的是无源的旁路组件或用一个有源的旁路电路来控制通过单个电容器元件的电流和电压[36]。

1. 电解液

用于双电层电容器的电解液可以分为三大类：①水系；②盐溶于有机溶液体系；③离子液体（IL）。表 2.2 归纳了不同电解液体系的优点和缺点。虽然早期的双电层电容器是基于水溶液体系的，但为了获得更高的工作电压和进一步获得更大的比能量，有机电解液体系成为一种发展趋势。因此，获得较高的电容器电压的另一个优势可以减少为了获得高电压模块（电容器串联）而所需的电容器数量。这将会抵消有机电解液电容器的高成本、减少电压平衡电路的负担以及改善可靠性。

表 2.2　典型电解液的性质对比

电解液	EW	K	η	花费	组装气体	毒性	离子半径	赝电容
水系	≤1	H	L	L	空气	L	HSO_4^-（水系）= 0.37nmK^+（水系）= 0.26nm	是
有机	2.5～2.7	L	M/H	M/H	惰性气体	M/H	$Et_4N^+ \cdot 7ACN = 1.30nm$（溶剂化）（0.67nm 裸阳离子）$BF_4 \cdot 9ACN = 1.16nm$（溶剂化）（0.48nm 裸阳离子）	否
离子液体	3～6	VL	H	VH	惰性气体	L	$EMI^+ = 0.76 \times 0.43nm$ $TFSI = 0.8 \times 0.3nm$	否

注：EW 为（电化学窗口，V）；K 为（20℃时实验离子电导率，mS cm^{-1}）；η 为（20℃时黏度，cP）；L 为（低）；M 为（中等）；H 为（高）；VH 为（非常高）；VL 为（非常低）；乙基甲基咪唑为（EMI^+）；双三氟甲磺酰亚胺为（$TFSI^-$）；赝电容为（pseudoC）。

电容器的电压是电化学电容器的比能量和比功率大小的一个重要决定因素，而它们最终的工作电压取决于电解液的稳定性。水系电解液，例如，酸（如 H_2SO_4）和碱（如 NaOH）具有较高的离子电导率（高达 1S cm^{-1}）、廉价和广泛应用范围的优势；然而，它们由于具有相对较低的（约 1.23V）分解电压（取决于水的电化学分解），使其电压适用范围有局限性[37]。为避免集流体（封装）在碱性或酸性电解液中被腐蚀，集流体也需要认真选择。然而，水系电解液一个主要的优势是水系电解液中碳的比容量（F g^{-1}）要比其非水电解液中的比容量高很多，而这是由于水系电解液具有较高的介电常数[38]，以及水合离子较小，有更高的接触面积[9]。当把高功率或廉价的器件作为目标的时候，水系电解液确实提供了可供选择的好处，然而水系下低的工作电压严重限制了其获得高能量。硫酸（30%，w/w）和氢氧化钾溶液分别具有 730S cm^{-1} 和 540S cm^{-1} 的离子电导率，明显比当前有机电解液或者离子液体的电导率要高很多。水系电解液更高的电导率将会降低器件的内阻以及实现比功率最大化。同样，除了水系电解液的廉价以外，再也没有必要将溶剂彻底干燥或者需要在惰性气氛下组装（对于有机电解液和离子液体是通常需要这么做）这样的困难，因此它们的制造成本也能大大减少。

不同类型的非水电解液能使得电容器元件的工作电压提升到 2.7V[37,39]。由于超级电容器的比能量与工作电压的平方成比例，因此高电压非水电解液的器件在高能量应用方面是很具吸引力的，而含有不同溶剂，溶解的烷基季铵盐的电解液混合物通常在商业化超级电容器中应用。然而，由于非水电解液的电阻至少比水系电解液高一个数量级，导致相应的电容器通常具有较高的 ESR。双电层电容器最常见的非水电解液是烷基铵盐溶解在适当的质子化溶剂中所形成。1M 四氟硼酸四乙胺（TEABF$_4$）溶解在乙腈（CAN）的溶液具有 60mS cm^{-1} 的离子电导率，当采用更不易挥发的碳酸丙烯酯作为溶剂时，其离子电导率大约为 11mS cm^{-1}。

然而，双电层电容器的水系和非水系电解液都找到了应用市场，但是，目前商业化的使用离子液体的双电层电容器报道很少[41,42]。离子液体是一类在相对较低的温度（<100℃）下呈液态的有机盐，其中的一些可以用作无溶剂的双电层电容器的电解液，从而避免了基于有机溶剂电解液出现的易燃性和挥发性的缺点。然而，目前室温离子液体（RTIL）的离子电导率比常规的商用双电层电容器的有机电解液低得多，前景较好且粘度低的离子液体的常温电导率的范围一般在 0.1 ~ 15mS cm^{-1} 之间[42]。含有咪唑类或吡咯类阳离子和类似氟硼酸根（BF$_4^-$）、二氰胺（N（CN）$_2^-$）、（氟钾磺酰）亚胺（TSI$^-$）、二（三氟甲磺酰氯）亚胺（TFSI$^-$）等小的阴离子的室温离子液体作为双电层电容器电解液已经被广泛研究，这是因为它们将电化学稳定性、导电性和粘度的优势结合到了一起[43]。虽然室温离子液体（RTIL）在常温或者高温下的性能具有发展前景[44,45]，但是当温度低于常温，它们的粘度会快速增大，其离子迁移率和离子电导率急剧下降（电导率反比于粘度[46,47]）。低温下，离子迁移率的降低导致器件的 ESR 迅速增加，进而降低了电容。另外一个降低离子液体粘度的可行方案是添加溶剂［例如，碳酸丁烯酯、碳酸二乙酯、乙腈（ACN）、丁内酯（GLB）[48] 等］，或者添加盐（LiBF$_4$[49]、LiTf[50] 等）；虽然，粘度可以显著减小，但是会伴随着整个混合体系的电化

学稳定窗口的降低[43]。

多孔材料选择电解液的时候，需要重点考虑电解质离子的大小，因为它们需要润湿电极的孔洞。对于既定的一个多孔材料，离子半径越小，离子可润湿的表面积也就越高。因此，水系电解液中离子半径比非水电解液要更小，通常地，提供了更高的比能量值（见表 2.2 和表 2.3）。针对于水系电解液，一些研究者提出并确认了直径 0.4 ~ 0.5nm 的细孔的电解液可以进入[51,52]。因为离子在电解液因溶剂化外壳的作用而变得稳定，许多早期研究主张微孔是难以进入的，而中孔（2 ~ 50nm）在双电层电容器中更有用。目前，就包括微孔的小孔（低到约 0.7nm）能够被大多数的有机电解液中进入似乎达成一致，且证明了微孔碳的电容器能够获得高的电容[9]。有趣的是，由于溶剂化电解质离子常常大于 0.7nm（见表 2.2），因此有些研究推断这可能是去溶剂化或者部分去溶剂化的作用[28,29]。而对于进入活性材料的细孔，中孔作为传输或输送的通道还是很有用的，高表面积/孔容的微孔，使得组成高比表面积材料的过程中显得尤为有效。

表 2.3　双电层电容器常用碳电极材料的性质

电极材料	SA/($m^2 g^{-1}$)	$C/(F\ g^{-1})$		
		水系	有机系	离子液体
活性炭	1000 ~ 3000	200 ~ 400[53,54]	100 ~ 150[55]	100 ~ 150[30]
模板碳	500 ~ 2500	120 ~ 350	120 ~ 135	150
碳纳米管（CNT）	120 ~ 500	20 ~ 180	20 ~ 80	20 ~ 45[56,57]
碳化物衍生碳	1000 ~ 1600	—	100 ~ 140[28]	100 ~ 150
炭黑	250 ~ 2000	<300[58]	—	—
气凝胶	400 ~ 1000	40 ~ 200[59,60]	<160	

注：SA 为表面积和 C 为质量比电容。

2. 电极材料

双电层电容器利用了碳材料许多被频繁引用的性能，包括好的化学稳定性、良好的电导率、来源丰富、较低的成本等[61,62]。碳材料早已经被应用到了储能器件的电极系统中，主要用作导电添加剂、活性物质支撑材料、电子传输催化剂、极耳、热传递、孔隙控制、获得高的表面积和电容[63]。碳基超级电容器的最终性能与碳电极的物理化学性质紧密相关。有许多类型的炭材料，有一系列经过碳化和活化工艺生产的碳材料，从传统的活性炭（AC）到更为复杂的碳纳米管（CNT），都可以用作双电层电容器的电极材料（见表 2.3）。

活性炭是一种常见的炭材料，是目前商业应用的双电层电容器中应用最广泛的活性材料。很少有其他材料能够如同活性炭那样能够将高电导率和高表面积独特结合起来。活性炭因其稳定丰富的供给和成熟的制备工艺[64]，对制备双电层电容器而言也是一种很有吸引力的材料。活性炭可以从多种多样的碳质前驱体中获得（例如，木质纤维材料、沥青、煤和许多其他材料[64,65]），并且其表面积的扩大可通过化学活化、物理活化或者两者结合活化方式相对容易地获得。基于上述前驱体和活化手段的应用，BET 比表

面积能够轻易从 $500m^2g^{-1}$ 提升到 $3000m^2g^{-1}$。高表面积来源于一个复杂的相互交联的孔网络结构，其由微孔（<2nm）、中孔（2~50nm）以及大孔（>50nm）组成。活性炭通常具有宽的孔径范围；但是控制某些孔度和孔径分布是可行的（通过前驱体的选择和活化手段），以至于将大部分孔设定在特定的孔径范围内。由于小孔具有高的表面积-孔容比，微孔碳（<2nm）通常具有高比表面积以及在双电层电容器中应用较普遍，尽管某些中孔在保证良好的孔浸润上占有优势。

原则上，活性材料的表面积越大，对应器件的比容量就越高。实际上，这种关系并不是很明确，一系列研究表明电容值与表面积并不一定呈线性关系，尤其是对具有孔径多变的且非常细微的孔的碳材料而言尤为显著。当评估一个潜在的电极材料时，孔径分布、材料前驱体、电解质离子的大小、表面润湿性以及孔的可进入性等方面也需要考虑[34]。而从气体吸附数据得到的关于表面积和电容的相关性是一个有用的指导，但是其并不总是电容的可靠指标，这是因为：

1）表面积测定的不精确性[54]。比如，广泛用于测定表面积的 BET 模型经常给出微孔碳材料不真实的异常大的表面积的数值，因为进入微孔中的氮气呈压缩状态（而不是简单的吸附在表面）。

2）不同前驱体的活性炭具有不同的双电层电容，这正如 Shi 等人[34]解释的那样。例如，石墨结构的基面和边缘位置碳的浓度比非常重要，因为边缘位置的容量比基面的碳的电容要大。

3）特定的活化程序或前驱体导致活性炭的组成中富含杂原子，通常是氧或氮的形式存在[69,70]。由于法拉第充放电反应（例如，醌/对苯二酚氧化还原电对、氢的可逆电吸附等）的存在[3,61,62]，可知杂原子能提供额外的电容（赝电容）。杂原子的存在也会影响碳的其他性能，例如，可润湿性、零电荷点、导电性、自放电特征以及长期性能[71]。

4）离子无法进入小直径的微孔，不会对双电层的形成起作用[72]。基于实验结果，一些作者认为尺寸大于 0.5nm 的孔是水溶液电化学可进入的孔[52,54,73~75]。Lin 和他的同事[76]利用一种碳凝胶，预估其在硫酸溶液中最佳孔径为 0.8~2nm。Siomn 及其同事[8]的报道中指出，当孔的大小与离子大小很接近时，就可获得最大的电容量。

5）孔壁的电荷集聚引起的空间限制[77]。对于那些孔壁厚度 <1nm 的碳材料，固体内两个临近的空间电荷区域开始重叠，进而引起电容的饱和。

活性炭能够提供不同的电容值，这取决于其表面积、孔径、化学组成和电导率（所有的这些受前驱体和活化处理方法的影响）。通常地，在水系电解液中，报道的比电容数值在 100~400F g^{-1} 范围内，而在有机或者离子液体中比电容数值在 120~150F g^{-1} 之间。在报道的碳材料中最高电容量为，Shi[54]通过活化 Spectracorp 碳球（30%，w/w，KOH）得到 412F g^{-1} 的容量，Alonso 等人[53]在 H_2SO_4 溶液中获得了 400F g^{-1} 的容量。活性炭能以编织碳纤维组成纤维状的形式存在，这来自于聚合物纤维前驱体（人造纤维或聚丙烯腈）[78]。它们是碳的一个合适形式（对于电极构造而言）而且具有高 BET 表面积，在 1000~2000m^2g^{-1} 范围之间，这种多微孔的材料易于制备。

然而，这类材料的制备成本要高于粉末形式的碳，而且其体积密度也非常小。

在一些研究中，已经制备了模板碳，碳能够以一种均匀且孔径分布集中的形式制备得到[79]。Knox 和他的同事在 1986 年建立了模板技术[80]，这种方法使设计以及合成具有密集而可控孔隙度的多孔碳材料成为可能[81]。这个过程包括碳前驱体渗透进入模板的孔隙中（通常为多孔氧化铝、二氧化硅或分子筛）以及随后去除模板，最终留下了与模板相反的复制品碳质多孔结构，其具有非常均匀的孔径和形貌[82]。介孔模板制备的多孔碳材料在制备双电层电容器上被广泛研究[9,83,84]，相对于传统的活性炭具有相对较宽的孔径分布而言，这种制备工艺使得制备的材料具有非常窄的孔径分布。模板碳相互连通的孔结构，有利于离子迁移和功率特性的改善。然而，可用模板材料的数量是受限制的，因此制备一种最优孔径的碳材料是有难度的。大部分模板材料制备的为介孔碳，而其仅有适当的表面积和电容[26,27]。然而微孔丰富的微孔碳具有近 4000m²g⁻¹ 的 BET 表面积，也可以通过分子筛的纳米孔道获得[86,87]。尽管模板法是有前途的，但相对于廉价的多孔碳材料而言，模板炭的成本可能太高以致于不能使其成为一种商业化的替代品。

碳化物衍生碳（CDC）也是一种具有可控微孔结构的多孔碳材料，通过在高温下去除碳化物中的重金属而制得[88,89]。在甲乙基咪唑二（三氟甲磺酰氯）亚胺类电解液中测试的碳化物衍生碳电极可以释放 150F g⁻¹[31] 的容量，而在 1.5M TEABF₄ 溶解在 ACN 的电解液中，能提供约为 120 ~ 135F g⁻¹ 的容量。碳纳米管（CNT）也被用来作为双电层电容器的电极材料。非常有意义的是，纳米管状结构和良好的电化学性能所带来的独特特征。但是，这类材料的释放容量仅仅处于 20 ~ 80F g⁻¹[90]。为了改善碳纳米管的性能，采用额外的活化过程或者表面添加官能团能够使得容量提高到 80 ~ 130F g⁻¹[91]。和其他纤维碳一样，碳纳米管具有较低的体积密度；然而，某些课题组正在研究制备近乎定向生长的碳纳米管，这些碳纳米管随后能够被致密化[92-94]甚至能够定向生长在集流体上，进而使其具有改良的体积比容量[91]。通过溶胶 – 凝胶法制备的气凝胶和干凝胶，也被广泛地应用于双电层电容器中，一般它们具有完全可控、有序和均匀的介孔结构。然而由于只能得到适中的表面积（即 400 ~ 1000m²g⁻¹），关于这类材料的报道通常只有适中的比容量值。有些研究强调对炭气凝胶进一步的活化会导致额外的微孔的形成和比容量的增加，可达 220F g⁻¹[59]。

2.3.2　赝电容电化学电容器

赝电容：这类材料利用表面快速、可逆的氧化还原反应[3]。这是一种不同于双电层的电容。这是一种非常有意义的电容，并不起源于静电（因此，"赝"的使用是区别于静电电容而言）而且发生在电化学电荷迁移过程中，在一定程度上受限于有限的活性材料的数量和有效表面积[3]。

现在研究最普遍的赝电容材料是过渡金属氧化物（尤其是氧化钌）和导电聚合物，例如，聚苯胺（PANI）、聚吡咯（PPy）和聚噻吩的衍生物（PTh）[95-98]。电荷储存是基于氧化还原过程这一事实，预示着这类电容器有点类似电池。拥有一定比例的杂原子（氧或者氮）和表面官能团的多孔碳在其整个电容中也含有部分赝电容。也就是说，来源于碳表面的双电层电容器加上来自于活性官能团的氧化还原反应所产生的赝电容，从而增加了材料的整个电容。赝电容性碳的组成和性能进一步的细节将在第 6 章给出。

2.3.2.1 导电聚合物

导电聚合物指的是能够导电的有机聚合物。在传统的聚合物中，如聚乙烯类，其价电子以 sp^3 杂化而形成的共价键（σ键），因此迁移能力差。导电聚合物具有一个交替单双键的共轭大 π 键，由碳的 p_z 轨道重叠形成（引起一个 sp^2 杂化中心碳原子的连续骨架）。每个 sp^2 杂化中心的一个不成对的价电子驻留于 P 轨道中，其与其他三个 σ 键正交，进而形成大 π 键和相应的反键 $π^*$ 键。当存在有适当的氧化剂时，这些键上将失去一个电子形成带正电的空穴（缺乏电子），这个被部分掏空的键中余下的电子更易于移动且因此具有导电性。为了保持电中性，聚合物电极必须在某个过程中吸收离子，这被称为聚合物掺杂（p－型掺杂），这是一个能够提高氧化还原状态和聚合物导电性能的离子嵌入过程[99]。原则上，这些的共轭聚合物也能被还原，这给另外一个未填充的键增加一个电子（n 型掺杂）。实际上，大多数的导电聚合物能够被氧化掺杂形成 p 型材料，但是 n 型掺杂的聚合物的形成并不多见[99,100]。

导电聚合物（ECP）已经被广泛研究作为电化学电容器的电极材料，一系列的综述也报道过这些内容[101-106]。导电聚合物因其储存的能量大、廉价、易制备、质量轻和材料的灵活性，可以设计成柔性而广受关注。双电层电容器是在材料表面储存能量，导电聚合物通过快速的掺杂/去掺杂进行离子交换，将电荷储存遍及于整个有效体积，因此，导电聚合物储存能量的量通常要比双电层型的材料要高很多。由于导电聚合物材料储存电荷是基于掺杂/去掺杂反应（法拉第反应）而不是吸附/脱附（非法拉第反应），因此，导电聚合物自放电速率相应较低。

在氧化过程中，导电聚合物被阴离子 p^- 型掺杂，在还原过程中，其被阳离子 n^- 型掺杂（见图 2.6）。单独用导电聚合物制备的电容器可以被分成四种类型[106]：Ⅰ型（对称结构）电容器中两个电极为相同的 p 型掺杂导电聚合物材料；Ⅱ型（非对称结构）两个电极为不同的 p 型掺杂的聚

$$P^-X^+ \underset{\text{还原掺杂}}{\overset{\text{去掺杂}}{\rightleftharpoons}} P \underset{\text{去掺杂}}{\overset{\text{氧化掺杂}}{\rightleftharpoons}} P^+A^-$$

（P，聚合物；A^-，阴离子；X^+，阳离子）

图 2.6　导电聚合物中反离子的
掺杂和去掺杂

合物材料；Ⅲ型（对称结构）电容器两个电极用相同的导电聚合物，正极可进行 p 型掺杂而负极可进行 n 型掺杂；Ⅳ型（非对称结构）则利用不同 p 型掺杂和 n 型掺杂的导电聚合物作为电极。因此，Ⅰ型和Ⅲ型的电容器不具有任何本征的极性，但是另外两种则有极性，电容器（固定的正极和负极）将需要被正确地连接。

当对Ⅰ型电容器充电时，正极完全氧化而负极保持中性，显示出 0.5 ~ 0.75V 的电势差（电容器电压）[106]。当完全放电时，两个电极都处于半氧化状态，因此整个聚合物的 p 型掺杂容量只有其中的 50% 可以利用。在Ⅱ型电容器中，更高的氧化电位的聚合物作为正极，而具有较低氧化电位的聚合物作为负极。充电态，正极被完全氧化，负极处于完全中性状态，电容器的电压可更高，达 1.0 ~ 1.25V。当完全放电时，正极氧化程度小于 50% 而负极大于 50%。因此，聚合物的 p 型掺杂容量的 75% 可以被利用

（这取决于应用的导电聚合物的组合）。由于 I 型和 II 型的电容器具有相对较低的电压，因此它们通常使用水系电解液。

当 III 型和 IV 型导电聚合物电容器完全充电时，正极完全氧化（p 型掺杂）而负极则被完全还原（n 型掺杂），因此电池的工作电压处于 $1.3 \sim 3.5V$ 范围内[106]。在完全放电状态下，两个电极都处于中性，也就是说，聚合物 p 型掺杂和 n 型掺杂的容量 100% 都能被利用。因此，这几种类型的电容器储存容量的大小顺序通常为：I 型 < II 型 < III 型 < IV 型。需要注意的是，完全氧化或掺杂这类术语指的是聚合物可获得的最大掺杂水平，这些是这种聚合物固有的属性。

表 2.4 为导电聚合物作为电化学电容器活性电极材料的简要文献综述。导电聚合物主要类型为聚苯胺（PANI）、PPy（聚吡咯）、PTh（聚噻吩）和 PTh 衍生物（聚噻吩衍生物）。其中，只有聚噻吩（PTh）类材料在 III 型和 IV 型电容器应用，主要因为它们具有可被 n - 型掺杂的能力。由于聚苯胺（PANI）和聚吡咯（PPy）的还原（n - 型掺杂）电位比一般的有机溶剂，如 ACN 和 PC 的分解电压更负性，因此这类聚合物只用于 I 型和 II 型电容器中。所选的导电聚合物的主要特性和性能将在后续中进行讨论。

表 2.4　导电聚合物电极的超级电容器已报道的性能

聚合物种类	电解液	正极 - 负极构造	V_{max}	$C/(\text{Fg}^{-1})$	$E/(\text{Wh}\ \text{kg}^{-1})$	$P/(\text{W}\ \text{kg}^{-1})$	循环	容量衰减	参考文献
PANI	水系电解液	PANI - PANI	$0.5 \sim 1.2$	$120 \sim 1530$	$9.6 \sim 239$	$59 \sim 16000$	1500	$1 \sim 13$	[107 - 119]
PANI	非水电解液	PANI - PANI	1.0	$100 \sim 670$	$70 \sim 185$	$250 \sim 7500$	9000	$9 \sim 60$	[120 - 126]
PANI	非水电解液	PANI - PPy	$1.0 \sim 1.2$	$14 \sim 25$	$1 \sim 4.9$	$150 \sim 1200$	4000	60	[120, 127]
PANI	非水电解液	PANI - AC	3.0	58	4.9	$240 \sim 1200$	1000	60	[128]
PPy	水系电解液	PPy - PPy	$0.7 \sim 2.0$	$40 \sim 588$	$12 \sim 250$	—	10000	$9 \sim 40$	[129 - 136]
PPy	非水电解液	PPy - PPy	$1.0 \sim 2.4$	$20 \sim 355$	$10 \sim 25$	$2 \sim 1000$	10000	$11 \sim 45$	[137 - 142]
PTh	非水电解液	PTh - PTh	3.0	$1.6 \sim 6.0$	—	—	5000	—	[143]
PTh	非水电解液	PTh - PMT	3.2	5.7	9.7	990	5000	—	[143]
PMT	非水电解液	PMT - PMT	3.0	220	20	—	12500	—	[144]
PMT	非水电解液	PMT - AC	3.0	$28 \sim 39$	$10 \sim 40$	$500 \sim 4344$	10000	40	[97, 145 - 147]
PMT	离子液体	PMT - AC	$1.9 \sim 3.65$	$19 \sim 225$	~ 30	14000	16000	46	[148 - 151]
PMT	非水电解液	PMT - LTO	3.0	—	14	1000	10000	49	[152]
PEDOT	水系电解液	—	$0.8 \sim 1.25$	$100 \sim 250$	—	—	70000	19	[153 - 156]
PEDOT	非水电解液	PEDOT - PEDOT	$0.8 \sim 2.7$	121	$1 \sim 4$	$35 - 2500$	—	—	[157, 158]
PEDOT&PPrDOT	离子液体	PEDOT - PPrDOT	0.5	130	—	—	50000	2	[159]
PEDOT	非水电解液	PEDOT - AC	3.0	110	—	—	1000	49	[160]
PFPT	非水电解液	PFPT - PFPT	3.0	17	39	35000	—	—	[101, 161, 162]
PFPT	非水电解液	PFPT - AC	3.0	—	48	9000	—	—	[163]
PFPT	非水电解液	PFPT - LTO	3.0	—	$10 \sim 16$	2500	1500	14	[164]

注：PANI 为聚苯胺；PPy 为聚吡咯；PTh 为聚噻吩；PMT 为聚（3 - 甲基噻吩）；PEDOT 为聚（3，4 - 乙烯二氧噻吩）；PPrDOT 为聚（3，4 - 丙烯二氧噻吩）；PFPT 为聚（4 - 氟苯基 - 3 - 噻吩）；LTO 为 $Li_4Ti_5O_{12}$；V_{max} 为最大工作电压或者最大电位窗口。

1. 聚苯胺（PANI）

聚苯胺作为一种被广泛研究的 I 型电容器导电聚合物，具有易于从水溶液中制备（化学或电化学方法）、高掺杂能力（约 0.5）、良好的导电性（$0.1 \sim 5 \mathrm{Scm}^{-1}$）、高的比容量以及环境稳定性好的优势[99,101]。通过电化学方法制备的聚苯胺（$1500 \mathrm{F\ g}^{-1}$左右）通常比化学方法制备的聚苯胺（$200 \mathrm{F\ g}^{-1}$左右）具有更高的比容量。电容量的不同跟聚合物的形貌、电极的厚度和粘结剂（如果要用的话）的使用有关。聚苯胺在水系酸性电解液中具有高的容量是因为它充电（掺杂或离子交换）和放电过程中需要质子的参与；因此，其在质子溶剂或质子离子液体中显示了更好的电活性[165]。利用电化学方法制备的聚苯胺在质子型电解液中显示了良好的循环性能，但是数据显示聚苯胺类的电容器的循环次数几乎没有超过 10000 次。据报道，在充放电过程中，聚合物电极在反离子的掺杂和去掺杂中所伴随着的反复的体积变化会引起聚合物在循环过程中的机械破坏。聚苯胺存在的另一个问题是易受到氧化降解，即使其稍微过充，也将导致其性能不佳。聚苯胺可以通过表面修饰形成聚甲基苯胺使其具有更高抗氧化能力，从而变得更稳定[166]，聚甲基苯胺是 NH_2 基团中一个质子被甲基替代而得到。这将稳定氧化过程中氮上面产生的正电荷，进而改变了聚合物的稳定性以防止电化学降解。

2. 聚吡咯（PPy）

聚吡咯被认为是用于 I 型和 II 型电容器（正极）最有前途的电极材料之一。它不像聚苯胺，在非质子、水系和非水系电解液中都具有良好的电活性；然而，它的比电容却通常比聚苯胺要低得多（$100 \sim 500 \mathrm{F\ g}^{-1}$，见表 2.4），PPy 容量减少的主要原因是因为聚吡咯的形貌相对较致密，这限制了电解液进入聚合物的内部，这对厚的电极涂覆尤为显著[167]。性能最好的聚吡咯电极通常以薄膜电极的形式存在，且电极厚度（载荷和密度）的增加将会导致性能恶化。表 2.4 也指出了聚吡咯在水系电解液中比非水电解液中具有的更高的比容量，这是因为在水系电解液中拥有更高的离子电导率。通过恒流脉冲沉积制备的聚吡咯电极材料，展现出了开放的形貌和 $400 \mathrm{F\ g}^{-1}$ 的比容量[129]。然而，这种聚合物（作为 I 型电容器）在随后的恒电流循环中，4000 次循环以后容量损失了 40%，显示出较差的循环性能。当聚吡咯作为 II 型电容器的负极时，聚苯胺作为正极时，可以得到 $14 \sim 25 \mathrm{Fg}^{-1}$ 范围的比容量、$4 \mathrm{Wh\ kg}^{-1}$ 左右的能量密度和 $150 \sim 1200 \mathrm{W\ kg}^{-1}$ 的功率密度[120,127]。然而其循环性能仍然是有限的。

3. 聚噻吩（PTh）及其衍生物

不同于聚苯胺和聚吡咯，聚噻吩既可被 p 型又可被 n 型掺杂（III 型）。然而，聚噻吩的 n 型掺杂过程发生在非常低的电位，接近常规电解液中溶剂的分解电位。这种聚合物显示了差的电导率，在 n 型掺杂形式下具有较 p 型掺杂更低的比容量[103,145]。因此，其在电容器中，具有高的自放电速率和显示出差的循环寿命。为了克服这些限制，一系列低带隙的聚噻吩衍生物（即 n 型掺杂发生在更负的电位）得以研究制备[160,168]。通过在噻吩环 3 - 位上用苯基、乙基、烷氧基或其他吸电子基团取代，聚噻吩衍生物的稳定性得以显著改善[169]。值得注意的是，聚噻吩衍生物有聚 3 - 甲基噻吩（PMT）、聚 4 - 氟苯基 - 3 - 噻吩（PFPT）和聚 3，4 - 乙烯二氧噻吩（PEDOT）（见表 2.4）。

聚 3,4 - 乙烯二氧噻吩（PEDOT）是一种比较受欢迎的聚噻吩衍生物，因为它在 p 型掺杂状态时具有较高的电导率（$300 \sim 500 \mathrm{Scm}^{-1}$）、较宽的电压窗口（$1.2 \sim 1.5 \mathrm{V}$）、高容量、较高的电荷移动性（良好的电化学动力学）、良好热稳定性以及良好化学稳定性（良好的循环性能）[160]。据报道，当电容器正极用聚 3,4 - 乙烯二氧噻吩（PEDOT）而负极采用聚 3,4 - 亚丙二氧基噻吩（Ⅰ型电容器）时，在离子液体中，50000 次循环以后容量损失仅 2%，显示了良好的循环性能[159]。然而，由于单体分子量大以及低的掺杂能力（约 0.33），聚 3,4 - 乙烯二氧噻吩（PEDOT）仅有相对适中约为 $100 \mathrm{F\ g}^{-1}$ 的比容量[157]。

4. 导电聚合物（ECP）复合材料

为了改善电化学电容器中导电聚合物电极的性能，导电聚合物经常与碳[107-110]、CNT[103,170]、甚至与金属氧化物形成复合材料。与碳形成的复合材料在改善电极的比容量和功率容量方面尤为有效。复合材料中碳的存在使得电极更易于导电，尤其是当聚合物处于导电性较差的中性状态（未掺杂状态）时。就 ECP/CNT 复合电极而言，有许多关于在 ECP 和 CNT 之间存在电荷转移复合物的报道，因为 ECP 和 CNT 的电子供给和接受的属性。复合材料中 CNT 的存在证明可以改善超级电容器中导电聚合物的循环寿命[170]。CNT 或者其他导电性碳添加剂在 ECP 中，通过增强电导率、改进电解液渗进活性材料体相的性能、增加导电聚合物的利用率和增强机械强度，将大大地改善导电聚合物的性能。而且其中的碳也能提供额外的双电层电容[174]。现已有关于 ECP/CNT 复合电极的电化学应用的详细综述[103]。

导电聚合物也可与适当的金属氧化物材料复合。聚吡咯（PPy）与氧化铁（Fe_2O_3）复合可以得到 $400 \mathrm{F\ g}^{-1}$ 的比容量[171]。聚苯胺/Nafion 复合材料已被用作电化学沉积水合氧化钌（$RuO_2 \cdot xH_2O$）的基体，而且最终形成的复合电极显示了 $325 \mathrm{F\ g}^{-1}$ 的比容量，且在 $-0.2 \sim 0.6 \mathrm{V}$ 之间以 $500 \mathrm{mV\ s}^{-1}$ 的扫描速度下经过 10000 次循环以后，可以保持 80% 的容量[172]。Sivakkumar 等人进行了系统的研究，参考文献 [173] 表明改善 MnO_2 在超级电容器中应用的最好方法是制备三元的 $CNT/PPy/MnO_2$ 复合材料。与二元复合材料如 CNT/MnO_2 和 PPy/MnO_2 相比，在这种三元复合材料中的 MnO_2 显示了具有良好的分散性，提高了电化学利用率。三元复合电极具有 $281 \mathrm{F\ g}^{-1}$ 的比容量且经过 10000 次循环以后能够保持首次容量的 88%。

5. ECP 基非对称型电化学电容器

ECP 基非对称型电化学电容器是利用 p 型掺杂的导电聚合物为正极，活性炭作为负极的一种电容器。对于Ⅲ型超级电容器来说，这种结构消除了确定稳定的 n 型掺杂的导电聚合物电极的难度。许多导电聚合物包括 PMT[97,145-149]、PFPT[163]、PEDOT[160] 和 PANI[128] 成功地运用于使用非水电解液且工作电压为 3V 的导电聚合物 - 活性炭（ECP - AC）非对称混合电容器中。平衡负极与正极材料的比例（通过容量而非重量）对于非对称的电容器发挥出最佳容量非常重要，因为正负极的比容量和电压波动（potential swing）范围明显不同。当活性炭电极的容量受限时，整个非对称电容器会显示近乎线性的充放电曲线，这与典型的双电层电容器类似，因为大多数的电压波动发生在活性炭电极上。相反地，当活性炭电极的容量增大时，可观察到类似电池的充放电曲线，显示出导电聚合物氧化还原行为。

Mastragostino 等人[97]已报道了一种 PMT/AC 非对称电容器，就比能量和比功率而言，其表现出来的性能可媲美商业的双电层电容器，虽然报道的循环性能是有限的。这种电容器的阻抗分析也显示了 PMT 电极相对于活性炭电极（$12\Omega\ cm^{-2}$）而言，具有较低的等效串联电阻（$2\Omega cm^{-2}$）。Laforgue 及其同事[163]构造了 PFPT/AC 非对称实验室级的测试电容器（$4cm^2$ 的平板面积）并在 $1.2 \sim 3V$ 对其进行了恒流循环。单独的 PFPT 和 AC 电极分别具有 $245F\ g^{-1}$ 和 $130F\ g^{-1}$ 的比容量，但是，两者组合的话，整个电容器将释放出 $48Wh\ kg^{-1}$ 的最大比能量和 $9kW\ kg^{-1}$ 的功率（基于活性物质而言）。更大封装原型的 PFPT/AC 类型在 $1 \sim 3V$ 之间以 5A 的电流密度恒流循环超过了 8000 次。这种电容器首次最大容量可达 $2000 \sim 2600F$，然而在 100 次循环以后容量衰减到 50%，然后在此水平下稳定循环了 8000 次。PMT/AC 非对称电容器也利用室温离子液体电解质测试过[148-150]。据报道，在此电解质下，可获得 3.65V 的工作电压且比能量和功率密度可分别达到 $31Wh\ kg^{-1}$ 和 $14kW\ kg^{-1}$（基于活性物质）[148,149]。也可观察到经过 16000 次循环后，损失的容量为首次容量的 49%。

许多 p 型掺杂的导电聚合物的比容量要比碳基双电层电容器高很多，但它们的循环寿命目前是有限的（尽管说比大多可逆电池要好很多）。这主要是由聚合物电极在充放电过程中反离子掺杂和去掺杂引起的反复收缩/膨胀而引起的机械失效所导致的。然而，ECP 复合物和利用 p 型掺杂的导电聚合物作正极和活性炭作负极的非对称电容器显示了一定的前景。当导电聚合物正极电压可控且在一个窄的电压窗口之间工作时，这种非对称的电容器的循环寿命将会得到改善，这是通过在充电或放电过程中，适当调整电极容量比例予以实现的。

进一步改善导电聚合物的固有循环性能可能将会集中于与碳质材料的复合，尤其是与碳纳米管（CNT），制备具有简易开放形态的共聚物以及在导电聚合物和使用离子液体作为导电聚合物电容器的电解液。尽管正在进行的工作中存在一定前景，但是对基于导电聚合物的电化学电容器的研究兴趣在逐渐衰减。

2.3.2.2 过渡金属氧化物

某些金属氧化物，尤其是 RuO_2、MnO_2、PbO_2、NiO_x 和 Fe_3O_4，其表面经过快速可逆的氧化还原反应，显示出很强的赝电容行为。这些氧化物已被广泛研究，因为它们的容量通常远远超过碳材料的双电层电容器所具有的容量。人们在保持传统双电层电容器适当的高功率和长循环寿命情况下，增加比容量的期望驱使了赝电容电容器的发展。然而，由于它们的电荷储存机制是基于氧化还原过程，与电池类似，这些材料也具有长时间稳定性差和循环寿命差的缺点。大量关于金属氧化物的电化学电容器的研究，以寻求可以改善这些电容器的长时间循环性能的策略，这经常通过合成金属氧化物复合材料或非对称的电容器设计得以实现[175]。我们通过在碳材料中嵌入电活性的过渡金属氧化物颗粒制备碳与氧化还原活性材料的复合材料[62]，其作为电化学电容器的电极材料已显示了较好的性能。同样的，构造法拉第金属氧化物电极匹配非法拉第的碳电极的非对称电容器也非常有前景[176]。这些方法都可以产生高容量的器件，由于双电层和赝电容的贡献都被利用起来，因此氧化还原电极的循环稳定性可以通过限制充电状态和电压范围得以改良。

非对称电化学电容器因含有两个不同的电极而被认为是一种混合超级电容器（hybrid supercapacitor）。如图 2.7 所示，这类电容器最常用的设计是由一个电池型电极（法拉第或嵌入式金属氧化物）和一个双电层电容器型电极（高表面积炭）组成。电池型电极的选择取决于其电位的接近度，要么是靠近电化学窗口的上限，要么是电化学窗口的下限，因为这样可以使电容器的工作电压和能量密度最大化。由于充放电过程中电压波动主要发生在碳材料上，电池型电极经过一个相对浅的深度放电以提供高循环寿命所需的条件。在这类器件中电荷储存的机制是结合了在非法拉第的碳电极中纯静电吸附 – 脱附作用和在氧化还原电极表面上快速、可逆的法拉第反应（赝电容反应）。

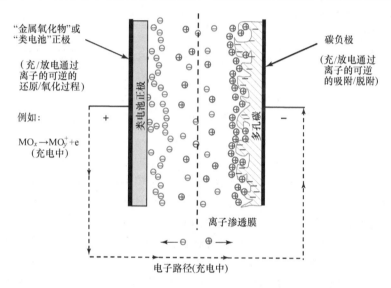

图 2.7　一个非对称电化学超级电容器充电态的示意图（如，$PbO_2 - AC$）

与传统的电容器一样，非对称电容器的电容也通过式（2.6）决定。在对称型器件中，正极的比容量接近于负极的比容量（即，$C_+ \approx C_- \approx C_e$），因此，整个电容器的电容为单个电极比容量的一半，即 $C_{cell} = C_e/2$。然而，在非对称器件中，非极化的法拉第电极展现出来的比容量（C_+）通常远高于可极化的非法拉第电极（碳）的比容量（C_-），因此，非对称电容器的整个电容为 $C_{cell} = C_-$（因为 $C_+ \gg C_-$）。非对称性电容器的整个电容几乎是具有相同碳电极的对称型双电层电容器容量的两倍，从而也增加了整个电容器的能量密度。Pell 和 Conway 已相当详细地总结了在非对称电化学电容器的设计和最优化结果需要的关键参数[175]。一些关键要求如下：

1）应选择具有大充放电倍率性能的法拉第和非法拉第电极；

2）选择法拉第和非法拉第电极应当让它们的电位要么接近工作电压窗口的最低电

压，要么接近最高电压，这将使整个非对称电容器的工作电压和能量密度最大化。

3）因为法拉第电极显示出了比非法拉第电极高的比容量，这种不匹配现象将通过平衡两电极活性物质的重量来弥补，通常是通过使用厚的或致密的非法拉第电极。

4）非法拉第电极应当具有尽可能高的电导率、表面积和孔隙率。

不同的氧化还原活性体系，例如，过渡金属氧化物、金属氢氧化物、氮化物以及它们构成的混合物，已被广泛研究用做非对称电容器或赝电容电容器的潜在电极。挑选出的一些材料和结构在此简要讨论一下。

1. 氧化钌（RuO_2）

氧化钌已被广泛研究作为电化学电容器电极材料，这归功于其理想的电容行为[95,17-183]，如：

1）理论赝电容高（ > 1300F g^{-1} ）；

2）电化学可逆性高；

3）循环性能好。

在水系电解液中，电压窗口为 ~ 1.2V，RuO_2 的电荷储存机制是通过电化学质子化作用进行的，其反应如下[3,184,185]：

$$RuO_2 + \delta H^+ + \delta e^- \leftrightarrow RuO_{2-\delta}(OH)_\delta, \ 0 \leq \delta \leq 1$$

据报道，在酸性电解液中，水合物形式的 RuO_2（$RuO_2 \cdot xH_2O$）具有的比容量（约 720F g^{-1}）比对应晶型的 RuO_2 的容量（约 350F g^{-1}）要高[177]。McKeown 等人[185]认为 $RuO_2 \cdot xH_2O$ 高比容量是因为其具有较高的离子和电子电导率，更加有利于在 RuO_2 中的电化学氧化还原反应的发生。在 1M H_2SO_4 溶液中，由 $RuO_2 \cdot xH_2O$ 构成的对称赝电容电容器显示最大比容量为 734F g^{-1}，且在比功率为 92W kg^{-1} 下，释放的比能量为 25Wh kg^{-1}，在 21kW kg^{-1} 下，释放比能量为 12Wh kg^{-1}[183]。

金属钌（Ru）高价格限制了 RuO_2 的商业化应用，所以人们提出了很多方法，通过 RuO_2 与其他金属氧化物合成混合金属氧化物（$Ru_{1-x}M_xO_2$）或通过与导电聚合物、碳纳米管或高比表面碳制备成复合材料，来降低价格[179,180,186~194]。合成 RuO_2 复合材料显示出增强了的材料的导电性并提高了 RuO_2 的利用率[191-194]。在酸性电解液中，通过 RuO_2 沉积在 PEDOT 中而制备的对称型赝电容器能释放出 420F g^{-1} 的比容（基于 RuO_2/PEDOT 复合材料的质量）以及约 930F g^{-1} 的比容（基于单独的 RuO_2 活性物质），这相当于在 0 ~ 1V 的电压范围内释放出的 27.5Wh kg^{-1} 的能量密度[190]。Wang 及其同事[195]也构建了一个用 $RuO_2 - TiO_2$ 纳米管复合材料为正极，活性炭为负极的非对称电容器，在碱性 KOH 溶液中，这个非对称器件在 0 ~ 1.4V 之间可以得到 12.5Wh kg^{-1} 的能量密度（未封装）以及 150W kg^{-1} 的功率密度。Barranco 等人[196]通过将 RuO_2 颗粒沉积在多孔碳纤维中，制备出了一个比容量高达 1000F g^{-1} 的复合材料。

2. 氧化铅（PbO_2）

在铅酸电池技术中，为人所熟知的二氧化铅（PbO_2）基氧化还原系统也被人认为是赝电容器或非对称电化学电容器的一种非常有前景的电极材料。这是因为其低廉的价格和高的储能能力的原因[197,198]。Kazaryan 等人[199]已构建了一个非对称的 PbO_2/AC 系统的数学模型，且预测最大比能量密度可达 $24Wh\ kg^{-1}$。

俄罗斯的 Eskin 和 ESMA 公司，最早提出非对称超级电容器技术的项目组之一，这种非对称电容器在 H_2SO_4 溶液中，由 PbO_2 和 $PbSO_4$ 制备的非极性正极和活性炭极性负极组成[200,201]。在充放电过程中，正极发生通常与基于铅酸电池的双硫酸盐理论同样的半反应，即二氧化铅与氢离子和硫酸根反应形成硫酸铅和水：

正极：$PbO_2 + 4H^+ + SO_4^{2-} + 2e^- \rightleftharpoons PbSO_4 + 2H_2O$

然而，使用高表面积的活性炭电极，替代具有能与硫酸盐反应生成硫酸铅的对电极铅，起到吸收和释放溶液中得质子（H^+）的作用：

负极：$nC_6^{x-}(H^+)_x \rightleftharpoons nC_6^{(x-2)-}(H^+)_{x-2} + 2H^+ + 2e^-$（放电）

得到的电容器的比能量密度与铅酸电池所得到的接近，且具有更长的循环寿命和更高的功率。

Burke 也从事了一项关于非对称 PbO_2/AC 电容器的研究。在实验室中对其实验原型进行了发展和测试，在 $1.0 \sim 2.25V$ 之间，展现了 $13.5Wh\ kg^{-1}$ 的比能量和 $3.5kW\ kg^{-1}$ 的比功率[197]。这些非对称原型显示了低达 $0.12\Omega\ cm^2$ 的 ESR 且时间常数 $0.36s$，这与碳超级电容器所得到的值接近。最近，Gao 及其同事[202]也制备了一种 PbO_2/AC 非对称电容器，在 Ti/SnO_2 基体上沉积 PbO_2 薄膜作为正极，高表面的活性炭作为负极，H_2SO_4 作为电解液。当其在 $0.8 \sim 1.8V$ 之间恒流循环时，在 $0.75mA\ cm^{-2}$（$1.2C$）和 $10mA\ cm^{-2}$（$16C$）的电流密度下，分别具有 $79.9F\ g^{-1}$ 和 $74.1F\ g^{-1}$ 的比容量。这相当于 $26.5Wh\ kg^{-1}$ 和 $17.8Wh\ kg^{-1}$ 的比能量（基于活性物质）。这个非对称的 PbO_2/AC 电容器在 3000 次充放循环以后（4C），能够保持初始容量的 83%。

Axion Power International 公司制造一个 PbC 超级电容器，其被描述为多单元非对称超级电容性铅酸碳混合电池（multicelled asymmetrically supercapacitive lead – acid – carbon hybrid battery）[203]。这个器件能够释放 $20.5Wh\ kg^{-1}$ 的比能量且能够深度放电 1600 圈（充放电每 7h 到放电深度的 90%）。作为对比，大多数铅酸电池在深度放电这种工作条件下仅能循环 $300 \sim 500$ 次。最近，Lam 及其同事也制备了一种混合铅酸电容器（hybrid lead acid battery），是在单个的单元中将一个非对称超级电容器（强化功率负极的电容器）和一个铅酸电池内结合[204]。这个器件，指的就是超级电池（ultracapacitor），其利用的是传统的 PbO_2 正极以及并入一定量碳的铅炭电极作为负极。碳的添加改善了负极的稳定性和整个器件的性能。据报道，超级电池的充放电功率比传统的阀控铅酸电池的要高 50% 且循环寿命至少为其的 3 倍[204]。

3. 氧化镍（NiO）和氢氧化镍（$Ni(OH)_2$）

在已报道过的过渡金属氧化物中，多孔氧化镍作为赝电容器的电极材料时显示了良好的电化学性能[205-209]。除了一些双电层电容以外，还存在有额外的 NiO 赝电容，其来源于表面 Ni^{2+} 和 Ni^{3+} 之间的法拉第氧化还原反应，如下：

$$NiO + zOH \leftrightarrow zNiOOH + (1-z)NiO + ze^-$$

式中，z 表示参加法拉第氧化还原反应中 Ni 活性位点。Kim 与其同事宣称通过电沉积而

先得到的 $Ni(OH)_2$ 薄膜，然后在 300℃ 热处理而得到的 NiO 具有比其他制备方法而得到的此种材料更高的比容量，其容量在 $200 \sim 278F\ g^{-1}$ 范围之间[210,211]。

ESMA 是基于 $Ni(OH)_2$ 的非对称电化学电容器的最早报道者之一，在其中，烧结的 $Ni(OH)_2$ 用作正极，织物的活性炭纤维或者活性炭粉末作为负极，碱性 KOH 溶液作为电解液[212]。正极的反应是为人熟知的且在 NiCd 和 NiMH 电池中也发生的 $Ni(OH)_2/NiOOH$ 对之间的反应：

正极：$(Ni(OH)_2 + OH^- \leftrightarrow NiOOH + H_2O + e^-)$

$Ni(OH)_2/NiOOH$ 的充放电过程是一个固态的，质子嵌入/脱出的反应，于此，电子和质子都进行交换且这个过程被认为是由质子在块状固体体相中迁移速率所控制[213-215]。

Ganesh 等人[216]构建了相似的 Ni/AC 非对称超级电容器，采用 6M KOH 电解液，电压范围为 $0 \sim 1V$ 且等效串联阻抗在 $1 \sim 3\Omega$ 之间，在 $330W\ kg^{-1}$ 的比功率下释放的比能量为 $35Wh\ g^{-1}$。近来，Liu 与其同事报道了一种 3V 的非对称电容器，由镍基与稀有金属氧化物（NMRO；Ni、La、Ce、Pr 和 Nd 的合金）的混合物作为正极，活性炭作为负极。在室温离子液体中，NMRO/AC 非对称电容器获得了在 500 次循环后高达 $50Wh\ kg^{-1}$ 的能量密度以及 $458W\ kg^{-1}$ 的功率密度。而能量密度的加强是因为使用的电解液（$BMIM-PF_6$）电化学窗口较宽（$>3V$）。

4. 氧化锰（MnO_2）

与 PbO_2 和 NiO 类似，MnO_2 也是报道的一种深受欢迎且在赝电容电化学电容器中有前景的水合氧化钌的替代电极材料，因为 MnO_2 具有廉价且自然环保的优势[217-224]。MnO_2 的赝电容储存电荷的机制主要是通过质子的嵌入及脱嵌实现：

$$MnO_2 + H^+ + e^- \leftrightarrow MnOOH$$

许多研究者[218,223,225]提出 MnO_2 也通过表面吸附电解液中正离子（Li^+、Na^+、K^+ 等）来展示赝电容，这取决于使用的电解液的种类，即：

$$MnO_2 + X^+ + e^- \leftrightarrow MnOOX$$

Toupin 与其同事[223]也认为 MnO_2 的赝电容电荷储存机制是受表层限制的，可能是因为质子或阳离子在 MnO_2 体相中迁移的难度，导致了只有部分的活性物质能被利用。为了将 MnO_2 的比容量最大化，包括 MnO_2 的表面改性、含锰二元氧化物的制备以及纳米结构 MnO_2 混合物的制备的处理方法被提出[223,226-228]。相当可观的性能变化确实发生了，在中性的水性电解液中，工作电压窗口约为 1V 时，粗糙粉状结构的 MnO_2 通常具有约 $150F\ g^{-1}$ 的比容量。

Hong 及其同事[229]构建了一个的非对称的电容器，其中 $\alpha-MnO_2 \cdot nH_2O$ 为正极材料，活性炭为负极材料，电解液为中性的 KCl 溶液。这个器件释放的能量密度为 $28.8\ Wh\ kg^{-1}$，功率密度为 $0.5kW\ kg^{-1}$ 以及在 100 次充放电循环后只有 7% 的容量损失。在非对称结构中，MnO_2 基电容器可以在水系介质中（如 KCl 和 K_2SO_4）以 $1.8 \sim 2.0V$ 更大的电压窗口下工作，从而获得更高的能量密度。在非对称赝电容器中，MnO_2 用作正极材料，导电聚合物如 PEDOT 作为负极时，显示出了良好的性能，比能量达

13.5Wh kg^{-1}且具有优良的功率密度[230]。非对称的 MnO_2/AC 电容器报道的能量密度和功率密度分别为 10Wh kg^{-1}和 3.6kW kg^{-1}[231]。

对称型和非对称型的 MnO_2基超级电容器在首个 5000 次循环以后容量都逐渐衰减；这可能是因为 MnO_2电极材料溶解的缘故[232]。Yuan 及其同事评估了混合纳米结构的氧化锰/AC 超级电容器在 1M LiOH 和 1M KOH 电解液中的电化学性能。当在 0.5 ~ 1.5V 的电压范围充放电时，混合 MnO_2/AC 电容器在 1M LiOH 电解液中的电化学性能比在 1M KOH 电解液中要更加优异，这可能是因为 Li 的协同嵌入作用。混合 MnO_2/AC 电容器在 1M KOH 电解液中循环性能差与放电过程中惰性 Mn_3O_4的生成有关。

2.3.2.3　锂离子电容器

1. 钛酸锂（LTO）

$Li_4Ti_5O_{12}$（LTO）作为非对称电容器的电极材料已经被 Amatucci 等人很好的证实[176]。LTO 因其零应变特性（即锂离子嵌入/脱出过程中细微的体积变化）而首次被 Ohzuku[234]确认为一种优良的锂离子电池的嵌锂尖晶石负极材料。据报道，相对于大颗粒 LTO 而言，纳米结构的 LTO 具有 >150mAh g^{-1}的比容量，且具有大倍率性能和改良的循环性能。由 Amatucci 小组制造的非对称的 LTO/AC 电容器，是一个基于正极为高表面积的活性炭和负极为 LTO，在 1M LiPF$_6$/EC：DMC（2：1V/v）电解液中组成的非水系电容器。这个器件显示出 25Wh kg^{-1}的非封装的能量密度和 10.4Wh kg^{-1}封装能量密度，且经过 5000 次循环以后可保持首次容量的90%[235]。更大的 LTO/AC 电容器原型在不同工作电压下的电化学性能也通过阻抗谱来评估（1000Hz 和 0.1Hz 之间）。其能量密度和功率密度值在电压上升到 2.8V 时都很稳定，但是在 2.9V 和 3V 时伴随着逐渐地下降。其中也报道了其恒电流下的非包装能量密度为 17Wh kg^{-1}和恒定功率下的能量密度为 11.8Wh kg^{-1}。500F 级的 LTO/AC 非对称电容器在经过 10000 次循环后也显示了良好的性能。

2. 锰酸锂

尖晶石锰酸锂（$LiMn_2O_4$）报道作为锂离子电池的一种嵌锂正极材料[236]。最近，Wang 与其同事[237]构建了一个非对称电容器，其用 $LiMn_2O_4$作为正极，活性炭为负极，1M Li_2SO_4水溶液为电解液。这个非对称电容器储电荷机制是通过与锂离子在两电极之间迁移有关的法拉第和非法拉第反应。$LiMn_2O_4$/AC 非对称电容器在 100W kg^{-1}的功率密度下释放的比容量为 35Wh kg^{-1}，且 20000 次循环以后仅损失首次容量的 5%[237,238]。然而，$LiMn_2O_4$/AC 电容器的自放电比较大，尤其在高温下，可以发现活性炭电极是自放电的主要贡献者。在聚合物凝胶电解质中自放电速率要低于 1M Li_2SO_4溶液，这是因为聚合物具有高粘度，阻碍了离子在凝胶电解质中的传输。

Li 等人[239]展示了一种 5V 非水系的不对称电化学电容器，由 Ni 掺杂的 $LiMn_2O_4$（$LiNi_xMn_{2-x}O_4$）作为正极，活性炭为负极，电解液为 1M LiPF$_6$/EC：DMC（1：2V/v）。对 AC/$LiNi_xMn_{2-x}O_4$电容器的循环性能测试显示，在 0 ~ 2.8V 之间以 10C 倍率循环 1000

次以后，容量损失 20%。这个电容器可获得 55Wh kg^{-1} 的比能量（活性物质质量）。Sun 与其同事[240]也构建了一个非对称电容器，用层状 Li [Ni$_{1/3}$Co$_{1/3}$Mn$_{1/3}$] O$_2$ 作为其正极，活性炭作为其负极，电解液为 1M LiBF$_4$/PC。对于 Li [Ni$_{1/3}$Co$_{1/3}$Mn$_{1/3}$] O$_2$/AC 电容器在 0.2～2.2V 之间以 15C（1.6A g^{-1}）循环时，展现了相对较高的首次比容量，为 50～60F g^{-1}；但是，这种非对称电容器在经过 500 次充放电循环以后，容量仅能保持初始容量的 80%。

3. 双碳锂离子电容器（LIC）

所谓的 LIC 用的是高表面积的活性炭材料作为正极，锂离子嵌入型碳材料作为负极（例如石墨或焦炭）。其能够储存大约为传统双电层电容器（EDLC）5 倍的能量，且同时能够保持良好的功率和具有长循环寿命的性能[176,241-250]。在充电/放电过程中，在负极体相中发生了锂离子的嵌入/脱出，而在活性炭正极表面发生了离子的吸附/脱附。由于后面的活性炭上发生的这个过程是非法拉第，且比负极发生的锂离子交换过程要快，这也使得 LIC 的功率能力逐渐由负极的倍率性能所决定或限制。

Yoshino 等人[243]利用热处理活性炭和沥青制备的复合电极作为电容器的负极。负极中锂离子的嵌入/脱出发生的电压范围与石墨类似，但是却改良了电极的动力学条件。使得电容器在 2.0～2.4V 之间工作，其功率密度（2.2kW l^{-1}）和能量密度（20Wh l^{-1}）都被证明了比传统的双电层电容器要高两到三倍。这个器件也显示出了良好的循环寿命，且在保持与石墨一样的容量同时至少能够循环 100000 次。其他的非石墨化碳[244]，如模板法制备的介孔碳[245]，无序碳[246]在作为 LIC 负极时性能也非常良好。准晶态石墨的一个缺陷是其锂离子的嵌入/脱出过程发生在一个很宽的电压范围（有点类似于双电层电容器充放电引起的电压变化）这将导致电容器的电压（放电过程）逐渐降低，进而降低相应的能量密度。相反，晶态石墨具有一个相当平坦的锂离子交换电压平台（～0.1V vs Li）和高的理论比容量（372mAh g^{-1}，以 LiC$_6$ 计）。虽然，石墨储量相当丰富且廉价，但其嵌锂动力学较慢，所以当其在 LIC 中应用时，可能会限制整个器件的充电/放电倍率[247,251]。

利用石墨为正极（包括阴离子的嵌入/脱出）和活性炭为负极的器件作为电荷储存进行应用[252,253]。最近，有报道利用锂离子预掺杂的石墨作为负极在 LIC 中应用[249,250]，这种电极是通过在内部添加牺牲性的金属锂电极获得。在完全包装好的电容器中，预掺杂石墨的 LIC 能同样在 2.0～4.0V 之间的电压窗口工作，具有更高的能量密度（10Wh kg^{-1}）和功率密度（10kW kg^{-1}）。这个器件也显示出即使在相对较高的倍率下循环 3×10^5 次都具有稳定的放电容量。利用预掺杂石墨电极的 LIC 显得很有前景，且可能很快实现市场化。

2.4　小结

电化学电容器（EC），尤其是双电层电容器（EDLC），被认为是一种能在大量应用中使用的有前景的储能器件。它们是提供能量快速释放的理想之选，且其能够按电容器外形/大小的不同进行配置，以及装配成组以达到许多特定应用对功率、能量和电压的需求。与电池的化学储存电荷不一样的是，双电层电容器是在电极 – 电解液表面以静电形式的电荷进行储能。这种储能模式是需要快速充电/放电能力、高可靠性和长循环寿命的应用的理想之选。

目前相当多的研究正在通过增加电容（C）或提高工作电压（V）来提高电化学电容器的比能量，其中超级电容器储存的能量（E）为 $E = 1/2CV^2$。各种形式的碳，目前正被广泛研究且应用在双电层电容器中，而研究重心集中于获得高表面积、低电阻率和可接受价格的碳材料。因此，人们对于为双电层电容器发展出的新型和改良的碳基材料显示出极大的兴趣。然而，碳只是那些能同时提供高表面和良好导电性的材料中的一种，我们仍然需要相当大的努力来使材料的性能最优化以便在双电层电容器中应用，而不能反过来影响材料的整个性能。特别地，表面积、孔径大小/分布、密度和导电性需要认真调控，因为这些特征中许多特性是相互排斥的，即一种特征的改进会破坏另外一种特性。在这些器件中，作为一种替代活性炭的电容性材料是拥有高表面积和高比容量的碳纳米管，虽然碳纳米管具有需要进一步改善的相对较高的生产成本和低的体积密度。碳电极的电化学容量也能通过制备多孔碳和氧化还原活性材料的纳米复合材料，其中氧化还原活性材料包括导电聚合物和特定某种过渡金属氧化物。这些复合材料能够把碳的双电层电容和氧化还原活性材料的氧化还原（赝电容）电容在同一个电极发挥出来。

从 20 世纪 70 年代末期到 80 年代初，早期商业化的双电层电容器率先用作内存备份以来，电化学电容器已经实现了巨大的飞跃。目前，有很多公司正在世界范围内制造和销售电容器。尽管目前市场上主要还是以双电层电容器型器件为主，且主要服务消费电子市场，而人们对非对称电容器和赝电容电容器的兴趣越来越大，因为它们能够有效弥补传统电容器和电池之间的空缺。在已经存在和新兴的储能市场中，如电动汽车、电车轨道和高品质便携式电动工具以及电子工业，创新材料以及改良设计的非对称电容器的使用具有能够扩大电化学电容器需求的潜力。

致　谢

本工作得到 CSIRO 的资助，感谢 A. F. Hollenkamp 博士有意义的评论。

参 考 文 献

1. Dell, R.M. and Rand, D.A.J. (2001) *Understanding Batteries*, Chapter 1, Royal Society of Chemistry, Cambridge.

2. Williams, H.S. (1904) *A History of Science*, Vol. II, Part VI, Harper & Brothers, New York,

http://www.worldwideschool.org/
library/books/sci/history/Ahistoryof
ScienceVolumeII/chap49.html, (accessed,
2011).

3. Conway, B.E. (1999) *Electrochemical
   Supercapacitors. Scientific Fundamen-
   tals and Technological Applications,*
   Kluwer Academics/Plenum Publishers,
   New York.

4. Miller, J. and Burke, A.F. (2008) *Elec-
   trochem. Soc. Interface,* **17** (Spring),
   31–32.

5. Sarangapani, S., Tilak, B.V., and Chen,
   C.P. (1996) *J. Electrochem. Soc.,* **143**,
   3791–3799.

6. Burke, A. (2000) *J. Power. Sources,* **91**,
   37–50.

7. Kötz, R. and Carlen, M. (2000) *Elec-
   trochim. Acta,* **45**, 2483–2498.

8. Simon, P. and Gogotsi, Y. (2008) *Nat.
   Mater.,* **7**, 845–854.

9. Zhang, L.L. and Zhao, X.S. (2009)
   Chem. Soc. Rev., **38**, 2520–2531.

10. Miller, J.R. (2009) in *Encyclopedia of
    Electrochemical Power Sources* (ed. J.
    Garche), Elsevier, pp. 587–599.

11. Simon, P., Brodd, R., Abraham, K.,
    Kim, K., Morita, M., Naoi, K., Park,
    S., Srinivasan, V., Sugimoto, W., and
    Zaghib, K. (eds) (2008) *Electrochemical
    Capacitors and Hybrid Power Sources,*
    ECS Transaction, Vol. 16(1), The Elec-
    trochemical Society, Pennington, NJ,
    pp. 3–241.

12. Halper, M.S. and Ellenbogen,
    J.C. (2006) Supercapacitors: A
    Brief Overview. Report No. MP-05
    W0000272, MITRE, Virginia.

13. Petreus, D., Moga, D., Galatus, R.,
    and Munteanu, R.A. (2008) *Adv. Electr.
    Comput. Eng.,* **8**, 15–22.

14. Miller, J. (2007) Batteries & Energy
    Storage Technology, Autum, pp. 61–78.

15. Endo, M., Takeda, T., Kim, Y.J.,
    Koshiba, K., and Ishii, K. (2001) *Carbon
    Sci.,* **1**, 117–128.

16. von Helmholtz, H. (1853) *Ann. Phys.
    (Leipzig),* **89**, 211–233.

17. Becker, H.I. (1957) Low voltage elec-
    trolytic capacitor. US Patent 2,800,616,
    Jul. 23, 1957.

18. Rightmire, R.A. (1966) Electrical energy
    storage apparatus. US Patent 3,288,641,
    Nov. 29, 1966.

19. Boos, D.L. (1970) Electrolytic capacitor
    having carbon paste electrodes. US
    Patent 3,536,963, Oct. 27, 1970.

20. Boos, D.L. and Argade, S.D. (1991)
    International Seminar on Double Layer
    Supercapacitors and Similar Energy
    Storage Devices, Florida Educational
    Seminars, 1, Deerfield Beach, FL.

21. Gouy, G. (1910) *J. Phys.,* **9**, 457–468.

22. Chapman, D.L. (1913) *Phil. Mag.,* **25**,
    475–481.

23. Stern, O. (1924) *Elektrochem.,* **30**,
    508–516.

24. Grahame, D.C. (1947) *Chem. Rev.,* **41**,
    441–501.

25. Brockis, J.O., Devanathan, M.A., and
    Muller, K. (1963) *Proc. R. Soc.,* **A274**,
    55–79.

26. Huang, J.S., Sumpter, B.G., and
    Meunier, V. (2008) *Chem. Eur. J.,*
    14, 6614–6626.

27. Huang, J.S., Sumpter, B.G., and
    Meunier, V. (2008) *Angew. Chem.,*
    45, 520–524.

28. Chmiola, J., Yushin, G., Gogotsi, Y.,
    Portet, C., Simon, P., and Taberna, P.L.
    (2006) *Science,* **313**, 1760–1763.

29. Raymundo-Piñero, E., Kierzek, K.,
    Machnikowski, J., and Béguin, F.
    (2006) *Carbon,* **44**, 2498–2507.

30. Largeot, C., Portet, C., Chmiola, J.,
    Taberna, P.L., Gogotsi, Y., and Simon,
    P. (2008) *J. Am. Chem. Soc.,* **130**, 2730.

31. Ania, C.O., Pernak, J., Stefaniak, F.,
    Raymundo-pinero, E., and Beguin, F.
    (2009) *Carbon,* **47**, 3158–3166.

32. de Levie, R. (1963) *Electrochem. Acta,* **8**,
    751–780.

33. Andrieu, X. (2000) *Energy Storage
    Syst. Electron. New Trends Electrochem.
    Technol.,* **1**, 521–547.

34. Qu, D.Y. and Shi, H. (1998) *J. Power.
    Sources,* **74**, 99–107.

35. Burke, A.F. and Murphy, T.C. (1995)
    Materials for Electrochemical Energy
    Storage and Conversion – Batter-
    ies, Capacitors and Fuel Cells: MRS
    proceedings Symposium Held April
    17–20, 1995, San Francisco, CA, Mate-
    rials Research Society, Pittsburgh, PA,
    p. 375.

36. Kim, Y. (2003) Power Electronics Tech-
    nology (Oct.), pp. 34–39.

37. Bockris, J.M. and Reddy, A.K. (1970) *Modern Electrochemistry*, Chapter 1, Plenum, p. 720.

38. Conway, B.E. and Pell, W.G. (2003) *J. Solid State Electrochem.*, **7**, 637–644.

39. Rose, M.F., Johnson, C., Owens, T., and Stephens, B. (1994) *J. Power. Sources*, **47**, 303–312.

40. Sato, T., Masuda, G., and Takagi, K. (2004) *Electrochim. Acta*, **49**, 3603–3611.

41. Tsuda, T. and Husser, C.L. (2007) *Electrochem. Soc. Interface.*, **16**, 42–49.

42. Galinski, M., Lewandowski, A., and Stepniak, I. (2006) *Electrochim. Acta*, **51**, 5567–5580.

43. McEwen, A.B., Ngo, H.L., LeCompte, K., and Goldman, J.L. (1999) *J. Electrochem. Soc.*, **146**, 1687–1695.

44. Frackowiak, E. (2007) *Phys. Chem. Chem. Phys.*, **9**, 1774–1785.

45. Balducci, A., Dugas, R., Taberna, P.L., Simon, P., Plée, D., Mastragostino, M., and Passerini, S. (2007) *J. Power. Sources*, **165**, 922–927.

46. Fichett, B.D., Knepp, T.N., and Conboy, J.C. (2004) *J. Electrochem. Soc.*, **151**, E219–E225.

47. Every, H.A., Bishop, A.G., MacFarlane, D., Oradd, G., and Forsyth, M. (2004) *Phys. Chem. Chem. Phys.*, **6**, 1758–1765.

48. Zhy, Q., Song, Y., Zhu, X., and Wang, X. (2007) *J. Electroanal. Chem.*, **601**, 229–236.

49. Nakagawa, H., Izuchi, S., Kuwana, K., Nukuda, T., and Aihara, Y. (2003) *J. Electrochem. Soc.*, **150**, A695–A700.

50. Garcia, B., Lavallee, S., Perron, G., Michot, C., and Armand, M. (2004) *Electrochim. Acta*, **49**, 4583–4588.

51. Eliad, L., Salitra, G., Soffer, A., and Aurbach, D. (2001) *J. Phys. Chem. B*, **105**, 6880–6887.

52. Ruiz, V., Blanco, C., Santamaria, R., Juarez-Galan, J.M., Sepulveda-Escribano, A., and Rodriguez-Reinoso, F. (2008) *Microporous Mesoporous Mater.*, **110**, 431–435.

53. Alonso, A., Ruiz, V., Blanco, C., Santamaria, R., Granda, M., Menendez, R., and de Jager, S.G.E. (2006) *Carbon*, **44**, 441–446.

54. Shi, H. (1996) *Electrochim. Acta*, **41**, 1633–1639.

55. Portet, C., Yushin, G., and Gogotsi, Y. (2008) *J. Electrochem. Soc.*, **155**, A531–A536.

56. Barisci, J.N., Wallace, G.G., MacFarlane, D.R., and Baughman, R.H. (2004) *Electrochem. Commun.*, **6**, 22–27.

57. Zhang, H., Cao, G.P., Yang, Y.S., and Gu, Z.N. (2008) *Carbon*, **46**, 30–34.

58. Panic, V.V., Stevanovic, R.M., Jovanovic, V.M., and Dekanski, A.B. (2008) *J. Power. Sources*, **181**, 186–192.

59. Hwang, S.-W. and Hyun, S.-H. (2004) *J. Non-Cryst. Solids*, **347**, 238–245.

60. Kim, S.J., Hwang, S.W., and Hyun, S.H. (2005) *J. Mater. Sci.*, **40**, 725–731.

61. Pandolfo, A.G. and Hollenkamp, A.F. (2006) *J. Power. Sources*, **157**, 11–27.

62. Frackowiak, E. and Béguin, F. (2001) *Carbon*, **39**, 937–950.

63. Fialkov, A.S. (2000) *Russ. J. Electrochem.*, **36**, 389–413.

64. Taylor, R., Marsh, H., Heintz, E.A., and Rodríguez-Reinoso, F. (1997) *Introduction to Carbon Technologies*, Universidad de Alicante, Secretariado de Publicaciones, p. 167.

65. Marsh, H. and Rodriguez Reinoso, F. (2006) *Activated Carbon*, Elsevier Science & Technology.

66. Endo, M. and Kim, Y.-J. (2007) *Mol. Cryst. Liq. Cryst.*, **388**, 481–488.

67. Qu, D.Y. (2002) *J. Power. Sources*, **109**, 403–411.

68. Kim, T., Lim, S., Kwon, K., Hong, S.-H., Qiao, W., Rhee, C.-K., Yoon, S.-H., and Mochida, I. (2006) *Langmuir*, **22**, 9086–9088.

69. Figueiredo, J.L., Pereira, M.F.R., Freitas, M.M.A., and Orfap, J.J.M. (1999) *Carbon*, **37**, 1379–1389.

70. Bansal, R.C., Donnet, J.B., and Stoeckli, F. (1988) *Active Carbon* Chapter 2, Marcel Dekker, New York.

71. Ruiz, V., Blanco, C., Granda, M., and Santamaría, R. (2008) *Electrochem. Acta*, **54**, 305–310.

72. Kierzek, K., Frackowiak, E., Lota, G., Gryglewicz, G., and Machnikowski, J. (2004) *Electrochim. Acta*, **49**, 515–523.

73. Soffer, A. and Folman, M. (1972) *J. Electroanal. Chem.*, **38**, 25–43.

74. Koresh, J. and Soffer, A. (1977) *J. Electroanal. Chem.*, **124**, 711–718.

75. Koresh, J. and Soffer, A. (1983) *J. Electroanal. Chem.*, **147**, 223–234.

76. Lin, C., Ritter, J.A., and Popov, B.N. (1999) *J. Electrochem. Soc.*, **146**, 3155–3160.

77. Barbieri, O., Hahn, M., Herzog, A., and Kotz, R. (2005) *Carbon*, **43**, 1303–1310.

78. Soon, S.H., Korai, Y., Mochida, I., Marsh, H., and Rodriguez-Reinoso, F. (2000) *Sciences of Carbon Materials*, Universidad de Alicante.

79. Sevilla, M., Alvarez, S., Centeno, T.A., Fuertes, A.B., and Stoeckli, F. (2007) *Electrochim. Acta*, **52**, 3207–3215.

80. Knox, J.H., Kaur, B., and Millward, G.R. (1986) *J. Chromatogr.*, **352**, 3–25.

81. Lee, J., Kim, J., and Hyeon, T. (2006) *Adv. Mater.*, **18**, 2073–2094.

82. Ryoo, R., Joo, S.H., and Jun, S. (1999) *J. Phys. Chem. B*, **103**, 7743–7746.

83. Vix-Guterl, C., Saadallah, S., Jurewicz, K., Frackowiak, E., Reda, M., Parmentier, J., Patarin, J., and Beguin, F. (2004) *Mat. Sci. Eng. B, Solid-State Mat. Adv. Technol.*, **108**, 148–155.

84. Zhou, H.S., Zhu, S.M., Hibino, M., and Honma, I. (2003) *J. Power. Sources*, **122**, 219–223.

85. Wang, D., Li, F., Liu, M., Lu, G.Q., and Cheng, H.M. (2008) *Angew. Chem. Int. Ed.*, **47**, 373–376.

86. Inagaki, I. (2009) *New Carbon Mater.*, **24**(3), 193–232.

87. Kyotani, T., Nagai, T., Inoue, S., and Tomita, A. (1997) *Chem. Mater.*, **9**(2), 609–615.

88. Dash, R., Chmiola, J., Yushin, G., Gogotsi, Y., Laudisio, G., Singer, J., Fischer, J., and Kucheyev, S. (2006) *Carbon*, **44**, 2489–2497.

89. Gogotsi, Y.G., Leon, I.D., and McNallan, M.J. (1997) *J. Mater. Chem.*, **7**, 1841–1848.

90. Talapatra, S. (2006) *Nat. Nanotechnol.*, **1**, 112–116.

91. Emmenegger, C., Mauron, P., Sudan, P., Wenger, P., Hermann, V., Gallay, R., and Zuttel, A. (2003) *J. Power. Sources*, **124**, 321–329.

92. Yu, C.J., Masarapu, C., Rong, J.P., Wei, B.Q., and Jiang, H.Q. (2009) *Adv. Mater.*, **21**, 4793–4797.

93. Futaba, D.N., Hata, K., Yamada, T., Hiraoka, T., Hayamizu, Y., Kakudate, Y., Tanaike, O., Hatori, H., Yumura, M., and Iijima, S. (2006) *Nat. Mater.*, **5**, 987–994.

94. *http://www.nanocarbon.jp/english/results/001.html.*

95. Zheng, J.P. (1999) *Electrochem. Solid-State Lett.*, **2**, 359–361.

96. Mastragostino, M., Soavi F., and Arbizzani, C. (2002) in *Advances in Lithium-Ion Batteries*, (eds W. van Schalkwijk and B. Scrosati), Kluwer Academic/Plenum Publishers, p. 481.

97. Mastragostino, M., Arbizzani, C., and Soavi, F. (2002) *Solid State Ionics*, **148**, 493–498.

98. Naoi, K., Oura, Y., and Tsujimoto, H. (1996) *Proc. Electrochem. Soc.*, **96–25**, 120.

99. Novak, P., Muller, K., Santhanam, K.S.V., and Haas, O. (1997) *Chem. Rev.*, **97**, 207–282.

100. Mozer, A.J. and Sariciftci, N.S. (2007) Conjugated polymer-based photovoltaic devices, in *Handbook of Conducting Polymers*, Chapter 10 (eds T.J. Skotheim and J.R. Reynolds), CRC Press, New York.

101. Rudge, A., Davey, J., Raistrick, I., Gottesfeld, S., and Ferraris, J.P. (1994) *J. Power. Sources*, **47**, 89–107.

102. Arbizzani, C., Mastragostino, M., and Meneghello, L. (1996) *Electrochim. Acta*, **41**, 21–26.

103. Peng, C., Zhang, S.W., Jewell, D., and Chen, G.Z. (2008) *Prog. Nat. Sci.*, **18**, 777–788.

104. Arbizzani, C., Mastragostino, M., and Scrosati, B. (1997) Conducting polymers for batteries, supercapacitors and optical devices, in *Handbook of Organic Conductive Molecules and Polymers*, Chapter 7 (ed. H.S. Nalwa), John Wiley & Sons, Inc., New York.

105. Osaka, T., Komaba, S., and Liu, X. (1999) Ionic conducting polymers for applications in batteries and capacitors, in *Nonaqueous Electrochemistry*,

Chapter 7 (ed. E.D. Aurbach), Marcel Dekker Inc., New York.

106. Irvin, J. A., Irvin, D. J., Smith, J. D. S. Electroactive polymers for batteries and supercapacitors, in *Handbook of Conducting Polymers*, Chapter 9 (eds T. J., Skotheim and J. R., Reynolds), CRC Press, New York.

107. Chen, W.C. and Wen, T.C. (2003) *J. Power. Sources*, **117**, 273–282.

108. Lin, Y.R. and Teng, H.S. (2003) *Carbon*, **41**, 2865–2871.

109. Hu, C.C., Li, W.Y., and Lin, J.Y. (2004) *J. Power. Sources*, **137**, 152–157.

110. Zhou, Z.H., Cai, N.C., Zeng, Y., and Zhou, Y.H. (2006) *Chin. J. Chem.*, **24**, 13–16.

111. Prasad, K.R. and Munichandraiah, N. (2002) *J. Power. Sources*, **112**, 443–451.

112. Prasad, K.R. and Munichandraiah, N. (2002) *J. Electrochem. Soc.*, **149**, A1393–A1399.

113. Zhou, H.H., Chen, H., Luo, S.L., Lu, G.W., Wei, W.Z., and Kuang, Y.F. (2005) *J. Solid State Electrochem.*, **9**, 574–580.

114. Gupta, V. and Miura, N. (2005) *Electrochem. Solid-State Lett.*, **8**, A630–A632.

115. Palaniappan, S. and Devi, S.L. (2008) *J. Appl. Polym. Sci.*, **107**, 1887–1892.

116. Cuentas-Gallegos, A.K., Lira-Cantu, M., Casan-Pastor, N., and Gomez-Romero, P. (2005) *Adv. Funct. Mater.*, **15**, 1125–1133.

117. Ko, J.M., Song, R., Yu, H.J., Yoon, J.W., Min, B.G., and Kim, D.W. (2004) *Electrochim. Acta*, **50**, 873–876.

118. Mondal, S.K., Barai, K., and Munichandraiah, N. (2007) *Electrochim. Acta*, **52**, 3258–3264.

119. Tamai, H., Hakoda, M., Shiono, T., and Yasuda, H. (2007) *J. Mater. Sci.*, **42**, 1293–1298.

120. Fusalba, F., Gouerec, P., Villers, D., and Belanger, D. (2001) *J. Electrochem. Soc.*, **148**, A1–A6.

121. Prasad, K.R. and Munichandraiah, N. (2002) *Electrochem. Solid-State Lett.*, **5**, A271–A274.

122. Ryu, K.S., Kim, K.M., Park, N.G., Park, Y.J., and Chang, S.H. (2002) *J. Power. Sources*, **103**, 305–309.

123. Ryu, K.S., Kim, K.M., Park, Y.J., Park, N.G., Kang, M.G., and Chang, S.H. (2002) *Solid State Ionics*, **152**, 861–866.

124. Ryu, K.S., Wu, X.L., Lee, Y.G., and Chang, S.H. (2003) *J. Appl. Polym. Sci.*, **89**, 1300–1304.

125. Ryu, K.S., Hong, Y.S., Park, Y.J., Wua, X.G., Kim, K.M., Lee, Y.G., Chang, S.H., and Lee, S.J. (2004) *Solid State Ionics*, **175**, 759–763.

126. Ryu, K.S., Jeong, S.K., Joo, J., and Kim, K.M. (2007) *J. Phys. Chem. B*, **111**, 731–739.

127. Clemente, A., Paner, S., Spila, E., and Scrosati, B. (1998) *J. Appl. Electrochem.*, **28**, 1299–1304.

128. Ryu, K.S., Lee, Y.G., Han, K.S., Park, Y.J., Kang, M.G., Park, N.G., and Chang, S.H. (2004) *Solid State Ionics*, **175**, 765–768.

129. Sharma, R.K., Rasogi, A.C., and Desu, S.B. (2008) *Electrochem. Commun.*, **10**, 268–272.

130. Hashmi, S.A., Latham, R.J., Linford, R.G., and Schlindwein, W.S. (1998) *Polym. Int.*, **47**, 28–33.

131. Hu, C.C. and Lin, X.X. (2002) *J. Electrochem. Soc.*, **149**, A1049–A1057.

132. Sung, J.H., Kim, S.J., and Lee, K.H. (2003) *J. Power. Sources*, **124**, 343–350.

133. Fan, L.Z. and Maier, J. (2006) *Electrochem. Commun.*, **8**, 937–940.

134. Wu, Q.F., He, K.X., Mi, H.Y., and Zhang, X.G. (2007) *Mater. Chem. Phys.*, **101**, 367–371.

135. Park, J.H., Ko, J.M., Park, O.O., and Kim, D.W. (2002) *J. Power. Sources*, **105**, 20–25.

136. Kim, J.H., Sharma, A.K., and Lee, Y.S. (2006) *Mater. Lett.*, **60**, 1697–1701.

137. Panero, S., Clemente, A., and Spila, E. (1996) *Solid State Ionics*, **86(8)**, 1285–1289.

138. Noh, K.A., Kim, D.W., Jin, C.S., Shin, K.H., Kim, J.H., and Ko, J.M. (2003) *J. Power. Sources*, **124**, 593–595.

139. Hashmi, S.A., Kumar, A., and Tripathi, S.K. (2005) *Eur. Polym. J.*, **41**, 1373–1379.

140. Hussain, A.M.P., Saikia, D., Singh, F., Avasthi, D.K., and Kumar, A. (2005) *Nucl. Instrum. Methods Phys. Res., Sect. B*, **240**, 834–841.

141. Hussain, A.M.P. and Kumar, A. (2006) *J. Power. Sources*, **161**, 1486–1492.

142. Izadi-Najafabadi, A., Tan, D.T.H., and Madden, J.D. (2005) *Synth. Met.*, **152**, 129–132.

143. Mastragostino, M., Paraventi, R., and Zanelli, A. (2000) *J. Electrochem. Soc.*, **147**, 3167–3170.

144. Mastragostino, M., Arbizzani, C., Paraventi, R., and Zanelli, A. (2000) *J. Electrochem. Soc.*, **147**, 407–412.

145. Laforgue, A., Simon, P., Fauvarque, J.F., Mastragostino, M., Soavi, F., Sarrau, J.F., Lailler, P., Conte, M., Rossi, E., and Saguatti, S. (2003) *J. Electrochem. Soc.*, **150**, A645–A651.

146. Arbizzani, C., Mastragostino, M., and Soavi, F. (2001) *J. Power. Sources*, **100**, 164–170.

147. Di Fabio, A., Giorgi, A., Mastragostino, M., and Soavi, F. (2001) *J. Electrochem. Soc.*, **148**, A845–A850.

148. Balducci, A., Bardi, U., Caporali, S., Mastragostino, M., and Soavi, F. (2004) *Electrochem. Commun.*, **6**, 566–570.

149. Balducci, A., Henderson, W.A., Mastragostino, M., Passerini, S., Simon, P., and Soavi, F. (2005) *Electrochim. Acta*, **50**, 2233–2237.

150. Balducci, A., Soavi, F., and Mastragostino, M. (2006) *Appl. Phys. Mater. Sci. Process.*, **82**, 627–632.

151. Arbizzani, C., Beninati, S., Lazzari, M., Soavi, F., and Mastragostino, M. (2007) *J. Power. Sources*, **174**, 648–652.

152. Du Pasquier, A., Laforgue, A., and Simon, P. (2004) *J. Power. Sources*, **125**, 95–102.

153. White, A.M. and Slade, R.C.T. (2004) *Electrochim. Acta*, **49**, 861–865.

154. Li, W.K., Chen, J., Zhao, J.J., Zhang, J.R., and Zhu, J.J. (2005) *Mater. Lett.*, **59**, 800–803.

155. Patra, S. and Munichandraiah, N. (2007) *J. Appl. Polym. Sci.*, **106**, 1160–1171.

156. Liu, K., Hu, Z.L., Xue, R., Zhang, J.R., and Zhu, J.J. (2008) *J. Power. Sources*, **179**, 858–862.

157. Bhat, D.K. and Kumar, M.S. (2007) *J. Mater. Sci.*, **42**, 8158–8162.

158. Carlberg, J.C. and Inganas, O. (1997) *J. Electrochem. Soc.*, **144**, L61–L64.

159. Stenger-Smith, J.D., Webber, C.K., Anderson, N., Chafin, A.P., Zong, K.K., and Reynolds, J.R. (2002) *J. Electrochem. Soc.*, **149**, A973–A977.

160. Ryu, K.S., Lee, Y.G., Hong, Y.S., Park, Y.J., Wu, X.L., Kim, K.M., Kang, M.G., Park, N.G., and Chang, S.H. (2004) *Electrochim. Acta*, **50**, 843–847.

161. Rudge, A., Raistrick, I., Gottesfeld, S., and Ferraris, J.P. (1994) *Electrochim. Acta*, **39**, 273–287.

162. Laforgue, A., Simon, P., and Fauvarque, J.F. (2001) *Synth. Met.*, **123**, 311–319.

163. Laforgue, A., Simon, P., Fauvarque, J.F., Sarrau, J.F., and Lailler, P. (2001) *J. Electrochem. Soc.*, **148**, A1130–A1134.

164. Du Pasquier, A., Laforgue, A., Simon, P., Amatucci, G.G., and Fauvarque, J.F. (2002) *J. Electrochem. Soc.*, **149**, A302–A306.

165. Wu, M.Q., Snook, G.A., Gupta, V., Shaffer, M., Fray, D.J., and Chen, G.Z. (2005) *J. Mater. Chem.*, **15**, 2297–2303.

166. Sivakkumar, S.R. and Saraswathi, R. (2004) *J. Power. Sources*, **137**, 322–328.

167. Snook, G.A., Peng, C., Fray, D.J., and Chen, G.Z. (2007) *Electrochem. Commun.*, **9**, 83–88.

168. Villers, D., Jobin, D., Soucy, C., Cossement, D., Chahine, R., Breau, L., and Belanger, D. (2003) *J. Electrochem. Soc.*, **150**, A747–A752.

169. Arbizzani, C., Catellani, M., Mastragostino, M., and Mingazzini, C. (1995) *Electrochim. Acta*, **40**, 1871–1876.

170. Sivakkumar, S.R., Kim, W.J., Choi, J.A., MacFarlane, D.R., Forsyth, M., and Kim, D.W. (2007) *J. Power. Sources*, **171**, 1062–1068.

171. Mallouki, M., Tran-Van, F., Sarrazin, C., Simon, P., Daffos, B., De, A., Chevrot, C., and Fauvarque, J. (2007) *J. Solid State Electrochem.*, **11**, 398–406.

172. Song, R.Y., Park, J.H., Sivakkumar, S.R., Kim, S.H., Ko, J.M., Park, D.Y., Jo, S.M., and Kim, D.Y. (2007) *J. Power. Sources*, **166**, 297–301.

173. Sivakkumar, S.R., Ko, J.M., Kim, D.Y., Kim, B.C., and Wallace, G.G. (2007) *Electrochim. Acta*, **52**, 7377–7385.

174. Wilson, G. J., Looney, M. G., Pandolfo, A. G. *Synth. Met.*, **160**, 655–663.

175. Pell, W.G. and Conway, B.E. (2004) *J. Power. Sources*, **136**, 334–345.

176. Amatucci, G.G., Badway, F., Du Pasquier, A., and Zheng, T. (2001) *J. Electrochem. Soc.*, **148**, A930–A939.

177. Zheng, J.P., Cygan, P.J., and Jow, T.R. (1995) *J. Electrochem. Soc.*, **142**, 2699–2703.

178. Zheng, J.P. and Jow, T.R. (1995) *J. Electrochem. Soc.*, **142**, L6–L8.

179. Kim, H. and Popov, B.N. (2002) *J. Power. Sources*, **104**, 52–61.

180. Hu, C.C., Chen, W.C., and Chang, K.H. (2004) *J. Electrochem. Soc.*, **151**, A281–A290.

181. Kim, I.H. and Kim, K.B. (2004) *J. Electrochem. Soc.*, **151**, E7–E13.

182. Kim, I.H. and Kim, K.B. (2006) *J. Electrochem. Soc.*, **153**, A383–A389.

183. Jang, J.H., Kato, A., Machida, K., and Naoi, K. (2006) *J. Electrochem. Soc.*, **153**, A321–A328.

184. Stefan, I.C., Mo, Y., Antonio, M.R., and Scherson, D.A. (2002) *J. Phys. Chem. B*, **106**, 12373–12375.

185. McKeown, D.A., Hagans, P.L., Carette, L.P.L., Russell, A.E., Swider, K.E., and Rolison, D.R. (1999) *J. Phys. Chem. B*, **103**, 4825–4832.

186. Cao, F. and Prakash, J. (2001) *J. Power. Sources*, **92**, 40–44.

187. Jeong, Y.U. and Manthiram, A. (2000) *Electrochem. Solid-State Lett.*, **3**, 205–208.

188. Jeong, Y.U. and Manthiram, A. (2001) *J. Electrochem. Soc.*, **148**, A189–A193.

189. Hu, C.C., Wang, C.C., and Chang, K.H. (2007) *Electrochim. Acta*, **52**, 2691–2700.

190. Hong, J.I., Yeo, I.H., and Paik, W.K. (2001) *J. Electrochem. Soc.*, **148**, A156–A163.

191. Hu, C.C., Chang, K.H., Lin, M.C., and Wu, Y.T. (2006) *Nano Lett.*, **6**, 2690–2695.

192. Deng, G.H., Xiao, X., Chen, J.H., Zeng, X.B., He, D.L., and Kuang, Y.F. (2005) *Carbon*, **43**, 1566–1569.

193. Park, J.H., Ko, J.M., and Park, O.O. (2003) *J. Electrochem. Soc.*, **150**, A864–A867.

194. Qin, X., Durbach, S., and Wu, G.T. (2004) *Carbon*, **42**, 451–453.

195. Wang, Y.G., Wang, Z.D., and Xia, Y.Y. (2005) *Electrochim. Acta*, **50**, 5641–5646.

196. Barranco, V., Pico, F., Ibañez, J., Lillo-Rodenas, M.A., Linares-Solano, A., Kimura, M., Oya, A., Rojas, R.M., Amarilla, J.M., and Rojo, J.M. (2009) *Electrochim. Acta*, **54**, 7452–7457.

197. Burke, A. (2007) *Electrochim. Acta*, **53**, 1083–1091.

198. Vol'fkovich, Y.M. and Serdyuk, T.M. (2002) *Russ. J. Electrochem.*, **38**, 935–958.

199. Kazaryan, S.A., Razumov, S.N., Litvinenko, S.V., Kharisov, G.G., and Kogan, V.I. (2006) *J. Electrochem. Soc.*, **153**, A1655–A1671.

200. Belyakov, I, Dashko, O.G, Kazarov, V.A, Kazaryan, S.A, Litvinenko, S.V, Kutyanin, V.I, Shmatko, P.A, Vasechkin, V.I, Volfkovich, J.M, Schmatko, P.A, Kasarov, V.A, Volfkovich, Y.U.M, Beljakov, A.I, Kazarjan, S.A, Kutjanin, V.I, Kutyaninpav, V.I, Schmatko, E.A, and Volfrovich, J.M. (2001) Capacitor with dual electric layer. US Patent 6,195,252 B1, Feb. 2001.

201. Razoumov, S., Klementov, A., Litvinenko, S., and Beliakov, A. (2001) Asymmetric electrochemical capacitor and method of making. US Patent 6,222,723 B1.

202. Yu, N., Gao, L., Zhao, S., and Wang, Z. (2009) *Electrochim. Acta*, **54**, 3835–3841.

203. http://www.greencarcongress.com/2008/02/axion-providing.html.

204. Lam, L.T. and Louey, R. (2006) *J. Power. Sources*, **158**, 1140–1148.

205. Srinivasan, V. and Weidner, J.W. (1997) *J. Electrochem. Soc.*, **144**, L210–L213.

206. Srinivasan, V. and Weidner, J.W. (2000) *J. Electrochem. Soc.*, **147**, 880–885.

207. Liu, K.C. and Anderson, M.A. (1996) *J. Electrochem. Soc.*, **143**, 124–130.

208. Liu, H.T., He, P., Li, Z.Y., Liu, Y., and Li, J.H. (2006) *Electrochim. Acta*, **51**, 1925–1931.

209. Prasad, K.R. and Miura, N. (2004) *Appl. Phys. Lett.*, **85**, 4199–4201.

210. Nam, K.W. and Kim, K.B. (2002) *J. Electrochem. Soc.*, **149**, A346–A354.

211. Nam, K.W., Lee, E.S., Kim, J.H., Lee, Y.H., and Kim, K.B. (2005) *J. Electrochem. Soc.*, **152**, A2123–A2129.

212. Varakin, N., Stepanov, A.B, and Menukhov, V.V. (1999) Double layer capacitor. US Patent 5,986,876.

213. Acharya, R., Subbaiah, T., Anand, S., and Das, R.P. (2002) *J. Power. Sources*, **109**, 494–499.

214. Nelson, P.A. and Owen, J.R. (2003) *J. Electrochem. Soc.*, **150**, A1313–A1317.

215. Snook, G.A., Duffy, N.W., and Pandolfo, A.G. (2007) *J. Power. Sources*, **168**, 513–521.

216. Ganesh, V., Pitchumani, S., and Lakshminarayanan, V. (2006) *J. Power. Sources*, **158**, 1523–1532.

217. Lee, H.Y. and Goodenough, J.B. (1999) *J. Solid State Chem.*, **144**, 220–223.

218. Pang, S.C., Anderson, M.A., and Chapman, T.W. (2000) *J. Electrochem. Soc.*, **147**, 444–450.

219. Hu, C.C. and Tsou, T.W. (2002) *Electrochem. Commun.*, **4**, 105–109.

220. Hu, C.C. and Wang, C.C. (2003) *J. Electrochem. Soc.*, **150**, A1079–A1084.

221. Chang, J.K. and Tsai, W.T. (2003) *J. Electrochem. Soc.*, **150**, A1333–A1338.

222. Kim, H. and Popov, B.N. (2003) *J. Electrochem. Soc.*, **150**, D56–D62.

223. Toupin, M., Brousse, T., and Belanger, D. (2004) *Chem. Mater.*, **16**, 3184–3190.

224. Subramanian, V., Zhu, H.W., Vajtai, R., Ajayan, P.M., and Wei, B.Q. (2005) *J. Phys. Chem. B*, **109**, 20207–20214.

225. Owens, B.B., Passerini, S., and Smyrl, W.H. (1999) *Electrochim. Acta*, **45**, 215–224.

226. Chin, S.F., Pang, S.C., and Anderson, M.A. (2002) *J. Electrochem. Soc.*, **149**, A379–A384.

227. Devaraj, S. and Munichandraiah, N. (2005) *Electrochem. Solid-State Lett.*, **8**, A373–A377.

228. Khomenko, V., Raymundo-Pinero, E., and Beguin, F. (2006) *J. Power. Sources*, **153**, 183–190.

229. Hong, M.S., Lee, S.H., and Kim, S.W. (2002) *Electrochem. Solid-State Lett.*, **5**, A227–A230.

230. Khomenko, V., Raymundo-Pinero, E., Frackowiak, E., and Beguin, F. (2006) *Appl. Phys. Mater. Sci. Process.*, **82**, 567–573.

231. Brousse, T., Toupin, M., and Belanger, D. (2004) *J. Electrochem. Soc.*, **151**, A614–A622.

232. Cottineau, T., Toupin, M., Delahaye, T., Brousse, T., and Belanger, D. (2006) *Appl. Phys. Mater. Sci. Process.*, **82**, 599–606.

233. Yuan, A.B. and Zhang, Q.L. (2006) *Electrochem. Commun.*, **8**, 1173–1178.

234. Ohzuku, T., Ueda, A., and Yamamoto, N. (1995) *J. Electrochem. Soc.*, **142**, 1431–1435.

235. Du Pasquier, A., Plitz, I., Gural, J., Menocal, S., and Amatucci, G. (2003) *J. Power. Sources*, **113**, 62–71.

236. Whittingham, M.S. (2004) *Chem. Rev.*, **104**, 4271–4302.

237. Wang, Y.G. and Xia, Y.Y. (2006) *J. Electrochem. Soc.*, **153**, A450–A454.

238. Wang, Y.G., Luo, J.Y., Wang, C.X., and Xia, Y.Y. (2006) *J. Electrochem. Soc.*, **153**, A1425–A1431.

239. Li, H.Q., Cheng, L., and Xia, Y.Y. (2005) *Electrochem. Solid-State Lett.*, **8**, A433–A436.

240. Yoon, J.H., Bang, H.J., Prakash, J., and Sun, Y.K. (2008) *Mater. Chem. Phys.*, **110**, 222–227.

241. Du Pasquier, A., Plitz, I., Menocal, S., and Amatucci, G. (2003) *J. Power. Sources*, **115**, 171–178.

242. Dahn, J.R. and Seel, J.A. (2000) *J. Electrochem. Soc.*, **147**, 899–901.

243. Yoshino, A., Tsubata, T., Shimoyamada, M., Satake, H., Okano, Y., Mori, S., and Yata, S. (2004) *J. Electrochem. Soc.*, **151**, A2180–A2182.

244. Aida, T., Murayama, I., Yamada, K., and Morita, M. (2007) *J. Electrochem. Soc.*, **154**, A798–A804.

245. Woo, S.W., Dokko, K., Nakano, H., and Kanamura, K. (2007) *Electrochemistry*, **75**, 635–640.

246. Ogihara, N., Igarashi, Y., Kamakura, A., Naoi, K., Kusachi, Y., and Utsugi, K. (2006) *Electrochim. Acta*, **52**, 1713–1720.

247. Khomenko, V., Raymundo-Pinero, E., and Beguin, F. (2008) *J. Power. Sources*, **177**, 643–651.

248. Naoi, K. and Simon, P. (2008) *Electrochem. Soc. Interface*, **17**, 34–37.

249. Hatozaki, O. (2007) Proceedings of the 17th International Seminar on Double-Layer Capacitors and Hybrid Energy Storage Devices, Redox engineering. Deerfield Beach, FL, December 10–12, 2007, p. 156.

250. Hatozaki, O. (2008) Proceedings of the 18th International Seminar on Double-Layer Capacitors and Hybrid Energy Storage Devices, Redox engineering. Deerfield Beach, FL, December 8–10, 2008, p. 96.

251. Sivakkumar, S. R., Nerkar, J. Y., Pandolfo, A. G. *Electrochim. Acta*, 55, 3330–3335.

252. Yoshio, M., Nakamura, H., and Wang, H.Y. (2006) *Electrochem. Solid-State Lett.*, 9, A561–A563.

253. Yokoyama, Y., Shimosaka, N., Matsumoto, H., Yoshio, M., and Ishiharaa, T. (2008) *Electrochem. Solid-State Lett.*, 11, A72–A75.

第3章　电化学技术

Pierre – Louis Taberna 和 Patrice Simon

3.1　电化学设备

最新的电化学工作站由三个主要部分组成：信号波形发生器（Signal Waveform Generator SWG），恒压源/恒流源（PG）和计算机。用户在计算机上定义所有的执行参数，计算机将不同的指令传递给 SWG/PG 模块。后者将所需的信号施加到电化学单元中，然后测试得以进行（见图3.1）。

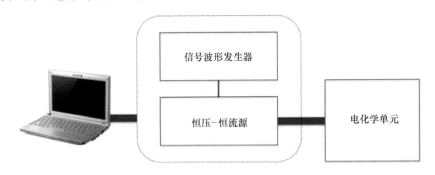

图3.1　电化学工作站：计算机/信号波形发生器/恒压源—恒流源

每种电化学方法由其自身的波形来决定。分为暂态技术（循环伏安、计时电位分析法、计时电流分析法等）和稳态技术（电化学阻抗谱、旋转圆盘电极等）。

为了表征电化学单元，可以采用二电极体系和三电极体系。图3.2a、b 描绘了一个单元连接在一个电化学工作站的示意图。通常，电流流过对电极（CE）和工作电极（WE）时，测定（或控制）参比电极（RE）和工作电极之间的电压。对于二电极单元体系（见图3.2a）而言，由于对电极和参比电极短路，测定（或控制）的电压就是单元的电压。对于三电极单元（见图3.2b）而言，增加的第三电极就是参比电极。使用参比电极能显示一个理想的非极化行为，也就是在很大范围的电流密度下，电压能保持恒定。这样，就能够准确测定（或控制）工作电极的电压。

当然，多种组合是可能的，且唯一的限制是实验者的想象力。例如，能够在测试工作电极电压时控制单元电压或者反之。

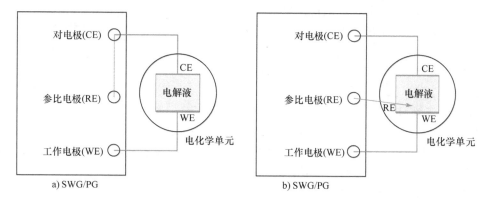

图 3.2　电化学测试结构：a）二电极，对电极和参比电极短路的两电极单元；
b）参比电极靠近工作电极的三电极单元

3.2　电化学单元

从电化学的观点来看，一个电化学单元如图 3.3 所示。

图中，Z_{CE} 为对电极的阻抗；Z_{WE} 为工作电极的阻抗；Z_{Ref} 为参比电极的阻抗。i 和 i' 表示通过不同支路的电流。阻抗也遵循欧姆定律

$$V = ZI \qquad (3.1)$$

式中，V 为电压降（V）；Z 为阻抗（Ω），i 为电流（A）。

当进行电化学实验时，需要尽可能精确地控制（或测定）工作电压。为达到此目的，首先就需要将 i' 降到零。然后，通过输入高达 $10^{15}\Omega$ 的阻抗的方式来设计 PG。PG 在潜在的后续结构中就像一个运算放大器一样（见图 3.4）。当 RE 接入

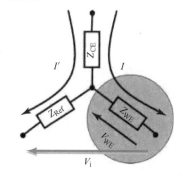

图 3.3　电化学测试单元的等效电路，每个电极用自己的阻抗表示

放大器的一个输入后，它是一个具有高输出电阻的参比电极，得到

$$V_0 = G\ (V_+ - V_-) \qquad (3.2)$$

式中，V_0 为输出电压（V）；G 为放大器的增益；V_+ 和 V_- 为两个输入电压；V_i（施加电压）$= V_+$。

对于理想运算放大器而言，$G \rightarrow \infty$，可以得到 V_i（V）：

$$V_i = Z_{WE}I \qquad (3.3)$$

这种构架允许工作电极电压在通过参比电极时不带来欧姆压降。

在这个电路中，电流仅仅通过对电极和工作电极。如图 3.5 所示，仅仅考虑了工作电极的阻抗，因此，在参比电极和工作电极之间可以测定（或控制）电压。

如图所示，工作电极的阻抗由串联电阻 R_S 形成，主要包括电解液电阻 $R_{electrolyte}$；C_{dl} 和 Z_F 分别代表发生在电极上的双电层电容和法拉第过程。后者是我们需要研究的，且 $R_{electrolyte}$ 必须尽可能的最小化。实际上 $V_i = V_{WE} + R_{electrolyte} i$，其中 $R_{electrolyte}$ 主要取决于参比电极在电化学单元中的位置（见图3.6）。消除这种电阻的影响是不太可能的，且并不需要考虑单元的稳定性，但是需要在单元设计时考虑；参比电极需要尽可能接近工作电极，使用 Luggin 毛细管就是这个目的。

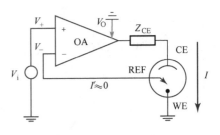

图3.4 PG 的示意图。PG 可被简化为等效运算放大器（OA）电路

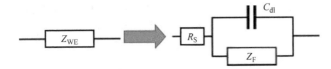

图3.5 工作电极的阻抗。R_S 为串联电阻，Z_F 为法拉第阻抗，C_{dl} 为双电层电容

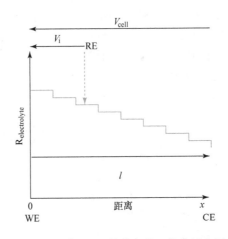

图3.6 电化学单元上的电压降。V_{WE} 是真实的工作电极电压，V_i 是施加的电压

3.3 电化学界面：超级电容器

超级电容器有两种类型：双电层电容器和赝电容器。前者指仅有静电相互作用，后者则为表面法拉第反应[1]。

双电层电容器的阻抗可用图 3.7a 显示的等效电路来描述。其中并不包括法拉第反应，首先这电极可被简为化单一的 R - C 串联等效电路，其中 C_{dl}（F）可简写为

$$C_{dl} = \varepsilon_0 \varepsilon_r \frac{S}{d} \qquad (3.4)$$

式中，S 为电极表面积；d 为外 Helmholtz 层的电荷分布厚度[2]；ε_0 和 ε_r 分别为介电物质的真空介电常数和相对介电常数。这个方程显示了为什么高表面积活性炭可用作双电层电容器的活性物质的原因。

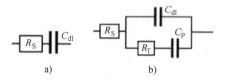

图 3.7　a）双电层电容器的等效电路；b）赝电容器的等效电路

对于赝电容器而言，需要考虑法拉第电阻 Z_F，可用电容 C_p（F）与电荷传递电阻 R_{CT}（Ω）串联表示[2]。

$$R_{CT} = \frac{RT}{\alpha n F i_0} \qquad (3.5)$$

$$C_p = \frac{zF}{RT} \frac{\theta(1-\theta)}{g\theta(1-\theta)-1} \qquad (3.6)$$

式中，θ 为电化学活性点覆盖饱和度；g 为排斥因素，每个位点之间为排斥力时，其为负，反之为正。

当然，对于一个真正的电极这是没有必要的，由于其多孔的属性，需要考虑其扩散电阻和几何分布。这将在本章节进一步讨论。

3.4　常用的电化学技术

表征超级电容器电极（三电极单元）或超级电容器器件（两电极单元）常用的有两种技术：暂态技术和稳态技术。

3.4.1　暂态技术

循环伏安和恒流充放电循环经常使用这些技术，其允许随电流变化或者随电压变化。

3.4.1.1　循环伏安技术

循环伏安技术因功能多样化而成为一种被电化学家广泛使用的技术，但是大部分时间是用于实验室级的元件上。实际上，大的器件将使用成百上千安培的非常大的电流，这在技术上难以处理。在实验室级别或材料研究级别中，循环伏安是一种精确的技术，它可以：

1）定性和半定量研究；

2）通过大范围的扫描速率扫描进行动力学分析；

3）决定电压窗口。

循环伏安的原理是在两电压上下限之间对电极（或器件）施加一个线性的电压，然后测定输出电流。施加的电压如下：

$$V(t) = V_0 + vt, \quad V \leqslant V_1 \tag{3.7}$$
$$V(t) = V_0 - vt, \quad V \geqslant V_2$$

式中，v 为扫描速度（$V\ s^{-1}$）；V_1，V_2 为电压上下限。

图 3.8 为活性炭双电极单元在乙腈 – 1.5M 四乙基四氟硼酸铵（TEATFB）电解液的循环伏安曲线。对于这样的超级电容器可获得一个典型的方形 $i-V$ 曲线。

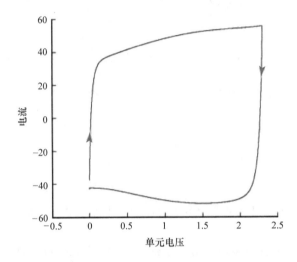

图 3.8   活性炭超级电容器的循环伏安曲线。扫描速度为 20mV s^{-1}，
电解液为 TEATBF 基电解液，测试温度为 25℃

式（3.8）通常用来描述电化学信号：

$$i = vC_{dl} \left[1 - \exp\left(-t/R_S C_{dl} \right) \right] \tag{3.8}$$

式中，i 单位为 A；C_{dl} 和 R_S 分别表示双电层电容和等效串联阻抗（经常简化为整个电解质的阻抗）。从这个曲线我们可以测定一个电极（或一个超级电容器）的电压窗口，也就是说，这个曲线不包括任何不可逆法拉第反应的信号；电解液的分解或者电极的氧化通常限制电压窗口。同样，应用式（3.9），可以描绘 Q 对 V 的图：

$$Q_i = \left| \int i dt \right|_{V_i} \tag{3.9}$$

式中，Q_i 为 $V = V_i$ 的电容（C）。为了获得电容值，循环伏安测试从反向扫描开始计算，即超级电容器（或电极）放电以后。其计算是选用 V_1 和 V_2 之间的每一个 V_i，得到见图 3.9。

因为

$$Q = CV \tag{3.10}$$

这个曲线的斜率代表电容的大小 C（F）。当 $Q-V$ 曲线并不呈良好的线性关系时，容量可用另外一种方式计算，当材料为赝电容时经常出现这种情况。图 3.10 介绍了两个大家比较熟知的电化学系统——MnO_2（见图 3.10a）和 RuO_2（见图 3.10b）的 $Q-V$

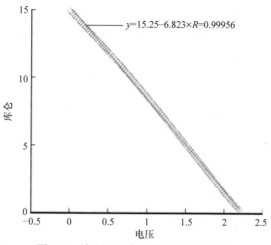

$$y=15.25-6.823\times R=0.99956$$

图 3.9 放电过程中不同电压下的容量

曲线。与活性炭电极相比，这些例子中容量值则更倾向取决于电压值；其线性回归的准确度并不像想象的那样好。为了克服这个缺点，应用式（3.11）来表述：

$$C = \frac{\int_{V_1}^{V_2} i\mathrm{d}t}{\int_{V_1}^{V_2} V\mathrm{d}t} \tag{3.11}$$

式中，$[V_1；V_2]$ 表示电压范围；C 为电容；i 为电流；V 为电压。一般从反向扫描（放电）进行计算。

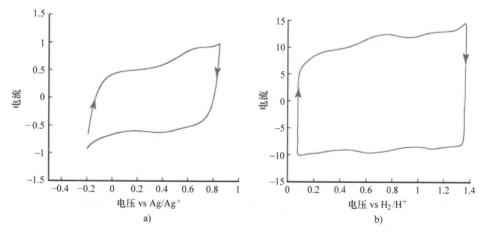

图 3.10　a）MnO_2 在 K_2SO_4 溶液中的循环伏安曲线；b）RuO_2 在 H_2SO_4 溶液中的循环伏安曲线，扫描速度为 $20mV\ s^{-1}$，测试温度为 25℃

当然，循环伏安测试对超级电容器（或电极）的循环性能的评估也非常有用，且容量随着循环进行的变化更为人所了解。但是，一般情况下，相对于循环伏安测试，恒电流充放电循环在这种实验时应用更多。

3.4.1.2　恒电流循环技术

这种技术与循环伏安技术非常不同，其电流受控制而被测试的是电压。这是电池领域应用最为广泛的技术，这种技术不仅可应用于实验室级规模，而且还可应用于工业化规模。这个方法也被称作计时电位分析法（chronopotentiometry），而且可以得到不同参数，如：

1）电容；

2）阻抗；

3）循环性能。

式（3.12）描述了电压变化 $V(t)$，单位 V：

$$V(t) = Ri + \frac{t}{C}i \tag{3.12}$$

超级电容器的电压变化如图 3.11 所示：

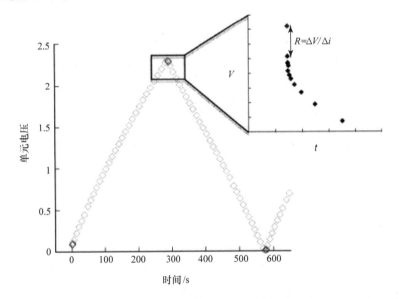

图 3.11　对超级电容器单元施加电流时，恒流充放电曲线。电压对时间的曲线。插图为电流反向区域的放大图

由式（3.13）可以得到，超级电容器的电容可通过计算曲线的斜率而得；对于赝电容器而言，当 $V-t$ 曲线并不是呈良好的线性时，容量的计算可通过放电时间或充电时间段内对电流的积分而得：

$$C = I\frac{\partial t}{\partial V} \tag{3.13}$$

$$C = \frac{I\Delta t}{\Delta V} \tag{3.14}$$

式中，C 单位为 F；i 为设置的电流；Δt 为放电时间（或充电时间）；ΔV 为电压窗口。

等效串联阻抗（Ω）可以从电流（Δi）反向时电压降（V_{drop}）进行推导，如图 3.11 的插图所示。

$$R = \frac{V_{\text{drop}}}{\Delta I} \tag{3.15}$$

当电流反向或者中断时，电压降就与整个单元的阻抗直接相关。通过重复测试循环下的容量和阻抗，可观测到超级电容器（双电层电容器和赝电容器）的循环性能。

3.4.2　稳态技术

3.4.2.1　电化学阻抗谱

这种电化学方法可以在宽范围的时间量程（从微秒到小时）下使用，意味着电化学过程根据自身的时间常数分成不同部分。此外，这样的测量方法是在稳定状态下施行的，因此，可获得充足的时间来进行准确的测量。最后，与前面的测试技术相比，电化学阻抗谱施加的是较小的激励信号，使电流 - 电压特征更加线性化。实际上，最后一点意味着这种测试技术既可以控制电流也可以控制电压，从而测定电压或电流得到结果。此文中，主要集中于控制电压技术，但是通过控制电流也可得到同样的结论。图 3.12 呈现了最常用在电化学阻抗谱的信号类型。整个系统的电压（V_s）按要求设定，以较小振幅（几个毫伏）的正弦波信号会叠加且在多个频率（f，Hz）下实施。其中 δv 和 δi 分别代表电压和电流的振幅。

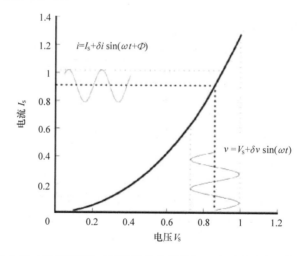

图 3.12　稳态极化曲线（黑色实线）。对稳定的电压施加一个正弦波电压然后测定得到的电流，且在不同频率（$f = \omega/2\pi$）下测试

然而，为了测试的高可靠性，必须在开始实验前保证静态的条件，即，$\partial i/\partial t \rightarrow 0$。

由于信号足够小，在每个振动（$\omega = 2\pi f$）下电流与电压之间存在线性关系

$$V = Zi \tag{3.16}$$

式中，V 为电压（V）；i 为电流；Z 为阻抗。

V（V）和 i（A）也可以用复数法来表示，如下：

$$V(\omega) = \delta v \exp(j\omega t) \tag{3.17}$$

$$i(\omega) = \delta i \exp[j(\omega t + \Phi)] \tag{3.18}$$

因此，前面的表述可表示如下：

$$Z(\omega) = \frac{\delta v}{\delta i} \exp(-j\Phi) \tag{3.19}$$

式中，$Z(\omega)$ 也被认为是复阻抗（Ω），目前可以给出不同的定义。

阻抗（Ω）也可表述如下：

$$Z(\omega) = Z_{Re} + jZ_{Im} \tag{3.20}$$

阻抗的模为

$$|Z(\omega)| = \frac{\delta V}{\delta i} = \sqrt{Z_{Re}^2 + Z_{Im}^2} \tag{3.21}$$

相位角 Φ（°）为

$$\Phi = \arctan(Z_{Im}/Z_{Re}) \tag{3.22}$$

式中，Z_{Re} 和 Z_{Im} 分别为 $Z(\omega)$ 的实部和虚部。

这个技术对于复杂电化学系统线性化是非常方便的，这个线性化使得通常的电学分析成为可能。其将给出与前面研究的电化学单元类似的拟合电路（也叫做等效电路）。拟合电路有助于预测系统的行为，此外，加上其他物理分析，为理解反应动力学提供依据。当然，使用者必须认真掌握模型工具，有很多等效电路虽然能够满足实验参数，但却与整个系统的电化学无关。

在进一步探讨之前，下表显示了一些简单理想电学元件的阻抗。

元件	$|Z|$	Z_{Re}	Z_{Im}	Φ/rad
电阻	R	R	0	0
电容	$\dfrac{1}{C\omega}$	0	$\dfrac{-1}{C\omega}$	$\dfrac{\pi}{2}$
电感	$L\omega$	0	$L\omega$	$\dfrac{-\pi}{2}$

读者必须注意相位角的定义；它的确很容易混淆。许多电化学阻抗谱制造者将相位角当做阻抗的幅角，使我们很容易感到困惑。实际上，幅角应该是相位角的相反数，如式（3.23）所示：

$$Z(\omega) = |Z| \exp(-j\Phi) = |Z| \exp(j\theta) \tag{3.23}$$

式中，Φ 表示相位角；θ 表示复数的幅角。

电化学系统通常更为复杂，可通过对表格中的元件加以组合而将其模型化。最常用的元件是电阻（R）和电容（C）。前者可以轻易通过电化学过程和动力学来鉴别，后者更多与电化学单元中不同界面上电荷的积累情况有关。

图 3.13 为 Randles 等效电路。这是描述简单电化学反应最常用的电路，例如，铜的电沉积。

图中，R_s 是串联电阻，主要与整个电解液阻抗有关，C_{dl} 是双电层电容，与电极/电解液界面电荷积累有关，传荷电阻 R_{CT} 与 Butler – Volmer 方程中定义电流交换有关（在类能斯特系统中，R_{CT} 接近 0 ）。最后一个元件 W ，表示扩散电阻。这个阻抗定义电化学系统受扩散控制时的极化程度。对于一个电化学反应［式（3.24）］，Warburg 元件可描述如下：

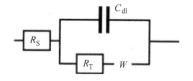

图 3.13　Randles 等效电路

$$Ox + ne^- \rightleftharpoons Red \tag{3.24}$$

$$Z_W = \frac{\sigma(1-j)}{\omega^{1/2}} \tag{3.25}$$

且

$$\sigma = \frac{RT}{n^2 F^2 S \sqrt{2}} \left(\frac{1}{D_{Ox}^{1/2} C_{Ox}} + \frac{1}{D_{Red}^{1/2} C_{Red}} \right) \tag{3.26}$$

式中，σ 单位为 $\Omega rad^{1/2} s^{-1/2}$；$n$ 为交换电子的个数；R 为气体常数；T 为开尔文温度；F 为法拉第常数；S 为轨迹面积；D_{Ox} 和 D_{red} 分别表示氧化反应和还原反应的扩散系数，C_{Ox} 和 C_{Red} 分别表示电活性物质的体积浓度。

电化学家习惯用奈奎斯特（Nyquist）图和伯德（Bode）图来描述阻抗，即 Z_{Im} 对 Z_{re} 作图和 $|Z|$ – Φ 对频率作图。图 3.14A（a，b）、B（a，b）、C（a，b）分别表示 Randles 等效电路的 Nyquist 图和 Bode 图。Nyquist 左边部分（低 Z_{Re} 值）与高频（HF）有关，而右边部分（高 Z_{Re} 值）与低频（LF）有关。在高频区，R_{CT} – C_{dl} 是主要的，其表现为 Nyquist 图中出现一个高频圆环，阻抗模量为一条斜线（−1）和相位角为一个峰。在低频区，传质阻抗是占主导的，在 Nyquist 图中出现斜率为 −1 的斜线和在 Bode 图中出现斜率为 −1/2 的斜线。这样的扩散电阻是在半 − 无穷的条件下观测得到的，即当扩散层的厚度从电极表面逐渐增加到电解液的时候（但是扩散层的厚度相对于电极的尺寸而言却足够的小）。

当扩散层在特殊的流体学条件下有一定的厚度时，可得到另外一种特殊的扩散情况，比如旋转圆盘电极。图 3.15 分别为 Nyquist 图和 Bode 图。在高频区，R_{CT} 仍可被观察到，但是与有限长度的扩散有关的低频环也会观察到。两个环之间的转变是特殊的且在 Bode 阻抗图中，引出一条斜率为 −1/2 的斜线。低频环的阻抗与扩散层的厚度直接有关。当扩散层厚度在电极尺寸数量级（或者稍大）时，这种图也会是球形扩散。

最后一个特殊的情况是当扩散层受限制时，也就是对于电极和另外一个惰性表面之间存在薄的电化学溶液层的情况。如前一样，可得到同样的高频区行为，但是在低频区的阻抗却与电容器中的阻抗类似。在 Nyquist 图中可观察到 R_{CT} 环和低频垂线之间存在一条斜率为 −1 的垂直线，以及在 Bode 图中观察到斜率为 −1/2 的斜线。这意味着实际上 $\sqrt{D/2\pi f} \gg l$（l 为电化学溶液的厚度，D 为扩散系数，f 为信号频率）。

3.4.2.2　超级电容器阻抗

超级电容器电极是一个特殊的例子，大多数时间电极阻抗可用两种简单的模型来描述（见图 3.7）。当然，这是一个非常基本的描述，但却能够充分的说明情况。

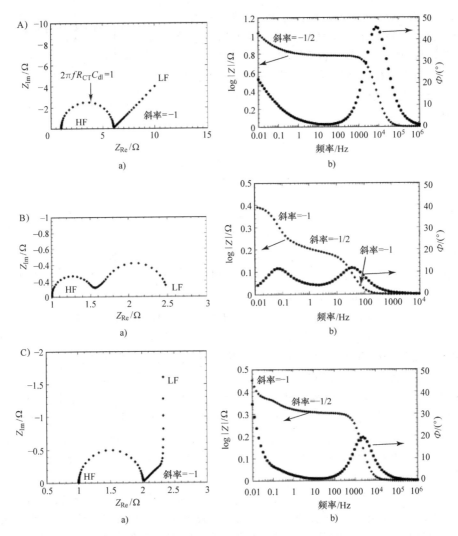

图 3.14 A）Randles 电路在半无限扩散限制条件下的 Nyquist 图（a）和 Bode 图（b），

B）Randles 电路在有限长度的扩散限制条件下的 Nyquist 图（a）和 Bode 图（b），

C）Randles 电路在受限制的扩散条件下的 Nyquist 图（a）和 Bode 图（b）

第一张图（见图 3.15a）代表双电层电容的行为，可以简单的描绘为一个电阻（R_s）和电容（C_{dl}）的串联。R_s 主要是与电解液关联的阻抗（接触阻抗，且包括集流体阻抗）有关，C_{dl} 主要与电极/电解液界面电荷的积累有关。有许多理论描述这样的电荷分布，但是 Helmholtz 理论描述的最充分，电解液的浓度正好高于 0.1mol l^{-1}；因此，扩散层（Gouy‑Chapman 层）可忽略[1,2]。

第二张图（见图 3.15b）描述了赝电容器的行为，基本描述为一个电解质阻抗和一个双电层电容与一个赝电容分支并联而成[1,3]。最后面的赝电容分支可用电荷传递电阻

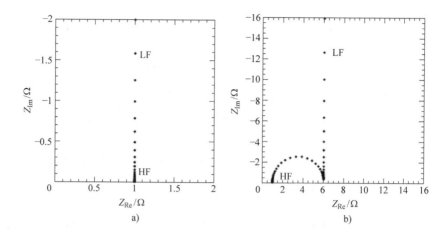

图 3.15 a）理想的双电层电容器的 Nyquist 图；b）理想赝电容器的 Nyquist 图

表示，与法拉第反应过程有关；电容与电解液/电极界面的电荷积累有关，但是这个却在特殊的位点上与双电层电容有所不同。实际上，法拉第反应发生在有利的活性点位置，而纯电容性电荷积累则不是这样的情况。这就意味着存在动力学速率常数（传荷电阻）以及会出现传质的限制。最后一点未纳入我们讨论中，但是可通过在赝电容分支中添加相关 Warburg（韦伯）阻抗来解决此问题。

图 3.15a 表示理想的双电层电容器（见图 3.7a）的 Nyquist 图。从中可看出，可得到一条垂直线，意味着在整个研究的频率范围内电容为一个常数。图 3.15b 显示的是理想的赝电容器（见图 3.7b）的电化学阻抗响应。在高频区，可观察到与电荷传递阻抗和双层电容相关的圆环。低频垂直线则与表面电化学反应储存的电荷有关。这个电容已在方程（3.6）中表述过。

实际上，由于分散等因素，真实电极的行为要稍微复杂一些。这些因素主要与几何特性有关，例如电极孔隙度和电极的粗糙度，也与活性位点活化能分布有关，尤其是对赝电容器而言更为显著。分形电极会诱导电学参数的频率分布[4]。电阻和电容在整个频率范围内也不再是一个常数。在 20 世纪 60 年代早期，de Levie 以一个特殊的孔模型研究过孔隙度特性[5]。当然，最近的模型更为复杂且考虑了许多孔的形状参数[6]。但是，到目前为止，de Levie 模型为孔度对电化学阻抗信号的影响建立了基础。

图 3.16 显示了一个活性材料颗粒可用圆柱形孔结构来对活性炭进行电学模型化。

多孔电极可被简化为图 3.16 中放大图的那种结构。实际上，沿着孔的长度，传输线模型用来对电化学物质质量传输行为进行建模。这意味着通向不同活性位点的路径是不相同的，且因孔的曲折性会或多或少耗费时间。为了反映这个特征，de Levie[5] 提出了传输线模型，显示许多 RC 常数。下面的方程就是一个用来描述多孔电极阻抗（Ω）的方程：

$$Z_{\mathrm{p}} = \sqrt{R_{\mathrm{P}}Z_{\mathrm{E}}}\mathrm{cotanh}\left(\sqrt{R_{\mathrm{p}}/Z_{\mathrm{E}}}\right) \tag{3.27}$$

$$Z_{\mathrm{SC}} = R_{\mathrm{S}} + ZE \tag{3.28}$$

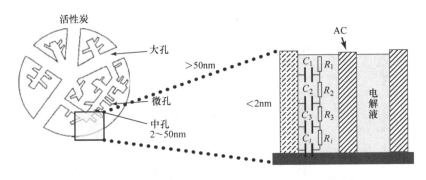

图 3.16　多孔电极的示意图（活性炭）

式中，Z_p 是电极上面的孔洞引起的电阻；R_p 是活性物质的离子阻抗；Z_E 为电极/电解液的界面阻抗。对于双电层电容情况而言，Z_E 可用通过消去法拉第阻抗而得到的 $1/jC_{dl}\omega$ 来替代。当然，电极的整个电阻如式（3.27）描述，同时添加了串联电阻 [见式（3.28）]。后者主要是由受整个电解液阻抗控制，但是像接触电阻一样的电阻，也应该考虑进去。

Z_{SC} 代表电极（或器件）的整个电阻；这个阻抗与频率有关，图 3.17a 介绍了电极分析结果的一个概述。

其中，r_1 和 r_2 代表孔的半径，λ_1 和 λ_2 为电信号的渗透深度。Song 等人[7]通过这张图证明了频率（f_1 和 f_2）越高，孔的半径越小，交流信号渗透深度越浅。这意味着在高频区，电化学物质仅与外表面以及较大的孔发生相互作用。因此，降低频率，电化学物质越来越多地进入整个活性电极表面。

图 3.17b 为活性炭电极上得到的 Nyquist 图。如果与图 3.15a 相比，在中频区可观测到倾斜的区域（斜率 = −1）。这个部分可被式（3.27）很好拟合，且与电解液渗透到孔的深度有关（实际上，这是在电极中的电压传播）。称为拐点频率的转换频率将图划定为斜率区域和垂直部分。后者的出现是当整个表面都进入的时候；换句话说，频率足够小到允许电信号穿过电极。因此，离子就能覆盖电极整个表面且电容就不再取决于频率。当然，同样在赝电容器上面可进行分析时，除了增加了一个高频传荷圆环外，其他都与双电层电容器电极一样。

de Levie 分析描绘了多孔电极如何表现的行为，但当考虑更为复杂的分布，例如孔的形貌时，数学运算变得更难以掌握。

为了提出真实电极中的电分布情况，应用了一个更为方便且精确的工具，就是常相位角元件（CPE）。这个工具的主要缺点是它是一个黑箱分析但是其非常容易掌握，表示如下：

$$Z_{CPE} = \frac{1}{Y_0(j\omega)^\alpha} \tag{3.29}$$

式中，Z_{CPE} 为等效电阻（Ω）；Y_0 为导纳模（$1/|Z|$）；ω 为脉动信号（$\omega = 2\pi f$）；α 为分布指数。基于 α 值的不同，可出现三种特殊情况。

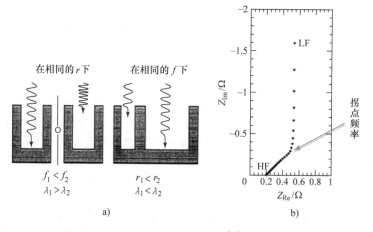

图 3.17 a) 交流信号在多孔电极的渗透的示意图[7]; b) 双电层电容的 Nyquist 图

阻抗	$\alpha = 0$	$\alpha = 0.5$	$\alpha = 1$
	电阻	Warburg 阻抗	电容
	$R = \dfrac{1}{Y_0}$	$W = \dfrac{1}{Y_0(j\omega)^{0.5}}$	$C = \dfrac{1}{j\omega Y_0}$

从图 3.18 可以看出，CPE 可用来给出电极的电学描述，后面的两个图介绍了双电层电容器和赝电容器如何随 α 变化情况。

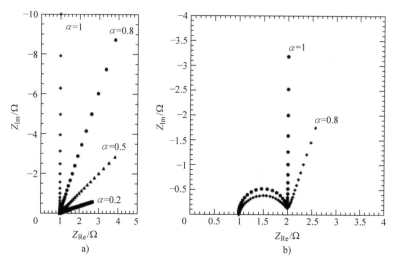

图 3.18 a) CPE 在不同 α 值下的 Nyquist 图，b) CPE 替代 C_{dl} 的赝电容器的 Nyquist 图

正如观察的那样，当频散增大（低 α 值），Nyquist 图倾向具有更高的阻值。不用说描述一个真正的电极，甚至几个 CPE 的线性组合也可得以实现：

$$Z = \frac{1}{Y_0(j\omega)^{\alpha_0}} + \frac{1}{Y_1(j\omega)^{\alpha_1}} + \frac{1}{Y_2(j\omega)^{\alpha_2}} \tag{3.30}$$

例如，式（3.30）可用来描述活性炭电极，其中 $\alpha_0 = 0$、$\alpha_1 = 0.5$、$\alpha_2 = 1$。

电化学阻抗谱是一个极为强大的技术，能测量不同频率下的等效电阻和电容。同样，其频率分析允许在电极上发生不同过程。例如，将恒电流循环和此测试技术结合，会给出电阻和电容的变化趋势。一个电极的退化可能是由于集流体的腐蚀、电极阻抗的增加、接触阻抗的增加、电化学穿梭等所导致。可以粗略地说，在高频率（HF）下，主要需要考虑接触阻抗、集流体腐蚀；在中频率下，需要考虑通过电极得到的电化学物质［式（3.27）］；在低频率（LF）下，会发生电荷储存、扩散限制和漏阻抗（电化学穿梭、不可逆的电化学过程）。因此，基于频率范围主要说明循环过程中能够精确分析阻抗的变化。当然，对于阻抗技术的假设必须用其他分析工具来加以确认。此外，即使这个阻抗技术非常强大，但是其却容易失败，因为，阻抗谱的主要缺点是许多等效电路都可用来描述同一电化学行为。

图 3.19 表示基于集流体处理技术制备的活性炭 + 铝箔组成的超级电容器电极的阻抗分析。实际上，集流体和活性材料之间的接触阻抗对整个电极的阻抗有重要的贡献[8]。Portet 等人[9]认为对于碳 – 碳双电层电容器，铝集流体上的表面处理对改善功率性能是很有必要的。当采用一般铝箔时，可观察到在高频区因氧化层的厚度较厚而呈现出一个很大的圆环。通过酸腐蚀的方法增加接触表面和降低氧化层的厚度后，这个圆环减小。当在腐蚀的铝箔上面覆盖乙炔黑以后发现高频环消失，接触阻抗减小。正如看到的那样，高频环再也没有观察到，且整个电极的阻抗急剧减小[9]。

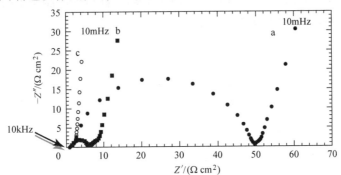

图 3.19　电极/集流体界面对阻抗的影响：a）常规铝箔集流体，
b）腐蚀铝箔集流体，c）处理过的铝箔集流体

分析阻抗数据的另一种方法是画出更为复杂的电容图。复杂的电容（F）描述如下[10]：

$$C = C_{Re} - jC_{Im} \tag{3.31}$$

式中

$$C_{Re} = \frac{-Z_{Im}}{\omega |Z|^2} \text{ 且 } C_{Im} = \frac{Z_{Re}}{\omega |Z|^2} \tag{3.32}$$

这个表达式对精确地定义拐点频率是很方便的，因为，在 $C_{Im} - f$ 图中，$C_{Re} = C_0/2$，$f = f_{knee}$ 时，可观察到一个峰值。其中 C_0 是也可通过恒流实验测定的低频电容。图 3.20 显示的是基于不同电解液的活性炭双电层电容器电极的电容图，比较了乙腈（AN）–

基电解液和碳酸丙烯酯（PC）两种电解液。前者的溶剂致使其电解液具有更好的导电性，因其具有更低的粘度和更好的润湿性。

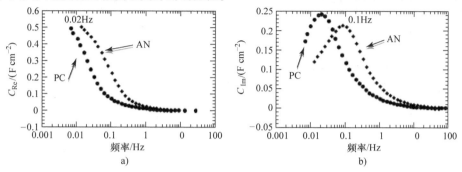

图 3.20　电容实部（a）和虚部（b）变化情况（含有 PICAC‑TIF SC 活性炭电极的 AN 和 PC 电解液的电容器，电极面积为 15mg cm^{-2}，器件为 4cm^2）

正如此处观察到，f_{knee} 越小，分散性就越高。这个频率是非常特殊的，因为其为完全可达到的电极表面和电极渗透区域之间的分界线。同样，其为中间的电荷储存效率频率，可定义为优质因数：在高频下电荷储存效率低于 50%，在低频率下效率高于 50%。实际上，这个效率为储存的能量和失去的能量的比率。这种表述补充了其他表述方法，同时直接给出了电极的电荷储存能力。实际上，f_{knee} 也定义了超级电容器的频带宽度，这是当超级电容器整合到电路中需要知道的参数。从图 3.20 可以看出，为了大功率应用，使用 AN 基电解液较好。

本章的目的是介绍分析双电层电容器和赝电容器的关键点。本章提出的电化学技术广泛用于超级电容器表征中，并能有效地得到相关参数。三种技术的结合使得发生的电化学现象易于理解，一些应用贯穿整本书籍。

参 考 文 献

1. Conway, B.E. (1999) *Electrochemical Supercapacitors: Scientific Fundamentals and Technological Applications*, Kluwer Academic/Plenum Publishers.

2. Bard, A.J. and Faulkner, L.R. (2000) *Electrochemical Methods: Fundamentals and Applications*, 2nd edn, John Wiley & Sons, Inc.

3. Qu, D. (2002) Studies of the activated carbons used in double-layer supercapacitors. *J. Power. Sources*, **109**, 403–411.

4. Sapoval, B., Gutfraind, R., Meakin, P., Keddam, M., and Takenouti, H. (1993) Equivalent-circuit, scaling, random-walk simulation, and an experimental study of self-similar fractal electrodes and interfaces. *Phys. Rev. E*, **48**, 3333.

5. de Levie, R. (1963) On porous electrodes in electrolyte solutions: I. Capacitance effects. *Electrochim. Acta*, **8**, 751–780.

6. Keiser, H., Beccu, K.D., and Gutjahr, M.A. (1976) Abschätzung der porenstruktur poröser elektroden aus impedanzmessungen. *Electrochim. Acta*, **21**, 539–543.

7. Song, H.-K., Hwang, H.-Y., Lee, K.-H., and Dao, L.H. (2000) The effect of pore size distribution on the frequency dispersion of porous electrodes. *Electrochim. Acta*, **45**, 2241–2257.

8. Zheng, J.P. and Jiang, Z.N. (2006) Resistance distribution in electrochemical capacitors with spiral-wound structure. *J. Power. Sources*, **156**, 748–754.

9. Portet, C., Taberna, P.L., Simon, P., and Laberty-Robert, C. (2004) Modification of Al current collector surface by sol–gel deposit for carbon-carbon supercapacitor applications. *Electrochim. Acta*, **49**, 905–912.

10. Taberna, P.L., Simon, P., and Fauvarque, J.F. (2003) Electrochemical characteristics and impedance spectroscopy studies of carbon-carbon supercapacitors. *J. Electrochem. Soc.*, **150**, A292.

第4章 双电层电容器及其所用碳材料

Patrice Simon，Pierre – Louis Taberna 和 François Béguin

4.1 引言

蓄电池、电化学电容器（或超级电容器）和电容器是当今三大主要的电化学储能系统。如图4.1的比功率－比能量图（Ragone）所示，这三种储能系统在比功率和比能量方面各有不同的特点。总的来说，蓄电池或者更确切地说是锂离子电池，能够储存较高的能量密度（商业化产品能达到 180Wh/kg），同时功率密度相对较低（大约 2kW/kg）。而相比电池，双电层电容器（EDLC）储存的能量密度较低（5Wh/kg），释放出的功率密度却能达到很高（15kW/kg）。

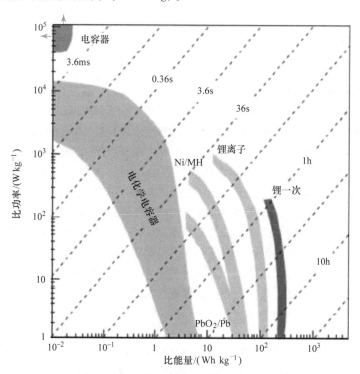

图 4.1 蓄电池、电容器和电化学电容器不同电化学储能
系统的 Ragone 图（摘自参考文献 [1]）

双电层电容器能应用于需要高功率脉冲的固定（stationary）或移动（mobile）设备，比如：汽车加速、电车、起重机、铲车、应急系统等。而且它们时间常数小，能够迅速地获取能量，比如用于汽车减速或制动的时候。

相比蓄电池，双电层电容器具有高功率和长寿命的优点，但是它也具有低能量密度的缺点。目前，关于双电层电容器的研究方向主要是改善现有的电极材料和开发新的材料。

工业化的双电层电容器主要是使用纳米孔的碳材料，因为其具有来源丰富、低成本、化学惰性、良好的导电性（活性炭）、结构和表面功能多样化的优点。因此，这一章主要讲碳基电极的电容特性，介绍碳结构/纳米结构以及电解液方面的优化策略。

4.2 双电层

双电层电容器也称电化学电容器，是通过静电作用进行电荷储存，将电解液中的离子可逆地吸附到高比表面积的活性炭材料中。电荷分离发生在电极/电解液界面处，形成亥姆霍兹在 1853 年所描述的双电层电容 C[2]：

$$C = \frac{\varepsilon_r \varepsilon_0 A}{d} \text{ 或 } C/A = \frac{\varepsilon_r \varepsilon_0}{d} \tag{4.1}$$

式中，ε_r 为电解液的相对介电常数；ε_0 为真空介电常数；d 为双电层的有效厚度（电荷间距）；A 为界面的表面积。

这个电容模型后来被 Gouy、Chapman 和 Stern、Geary[3] 改进，他们提出：在水系电解液中，电极表面附近由于离子聚集而形成一层扩散层，如图 4.2 所示。双电层电容一般在 $5 \sim 20\mu F/cm^2$ 范围内，取决于所使用的电解液。使用酸性或碱性水系电解液的比电容一般比使用有机电解液的高，但是有机电解液由于工作电压高（对称体系中高达 2.7V）而广泛使用。由于电容器储存的能量跟电压的二次方成正比［式（4.3）］，电压 V 增加 3 倍，相同比电容的情况下能量就会增加约一个数量级。

为增加电荷储量，增大电极/电解液的界面面积是非常必要的；这一般通过使用不同的前驱体和不同的合成条件增大碳的表面积来实现。增大碳材料的孔隙率能提高材料的表面积。不幸的是，表面积和电容之间并不是简单的线性关系[5]。事实上，不仅整个孔容，孔隙的形成方式（孔径的大小和孔径的分布）也影响着碳材料的电容大小。

双电层电容器的主要电化学性质是能量密度和功率密度，它的独特静电电荷储存机理如图 4.1 所示。

最大功率密度为

$$P = V^2/(4R) \tag{4.2}$$

式中，V 为最大电压（V）；R 为串联电阻（Ω）；P 为最大功率（W）。

从静电电荷储存机理可以得出，串联电阻不包含任何氧化还原反应电荷交换产生的电荷传递阻抗。因此这个串联电阻小于电池中的阻抗；这就解释了为什么超级电容器的功率密度比电池高。

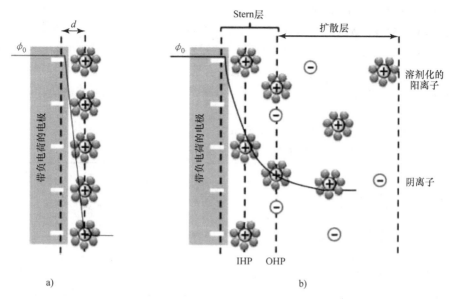

图 4.2　在水系电解液中，带负电荷的电极/电解液界面形成的双电层亥姆霍兹模型（a）和斯特恩模型（b）示意图。IHP 表示紧密层到电极距离；OHP 表示不确定吸附离子到电极距离，OHP 也是扩散层开始的地方；d 是亥姆霍兹模型的双电层距离；ϕ_0 是电极表面电势[4]

电容器的电压主要受电解液的稳定性所限制。水系电解液，如 KOH 或者 H_2SO_4，单元的最大电压一般为 0.9V；大多数商业化电容器采用有机电解液，电压能达到 2.7V。传统的有机电解液为含 $N(C_2H_5)_4^+BF_4^-$ 盐的乙腈（CH_3CN 或 ACN）和碳酸丙烯酯溶剂的电解液。

最大的能量密度为

$$E = 1/2CU^2 \tag{4.3}$$

式中，U 为最大电压（V）；C 为电容（F）；E 为能量（J）。

由于超级电容器的电荷储存在活性物质的表面，不同于电池能量存储在活性物质内部（通过氧化还原反应存储在化学键内），所以电容器的能量密度低于锂离子电池。然而，由于这样的存储机制，也使得其能快速地充放电。因此，电容器设备能在很短的时间内（如 5s）释放出所有的电量，并且这个过程是完全可逆的，而且能量可在同样的时间内得以补充。

超级电容器的循环性能不像锂电池一样受充放电状态中活性物质体积变化（及衰减）的限制。由于静电电荷储存的机理，超级电容器的充放效率接近100%（在同一电流下充放），这比电池的库仑效率要高。因此，超级电容器的循环性能相当突出，在标称电压区间内循环 1000000 次以上，容量损失低于 20%，内阻增加小于 100%（常温下）。

超级电容器的低温行为与电池不同。控制低温性能的一个重要参数就是电解液的电导率，其随着温度的下降而降低。锂离子电池使用碳酸酯类溶剂的电解液，它需要在负极和正极上形成固体电解质膜（SEI）。而这些碳酸酯类的溶剂（碳酸丙烯酯（PC）、碳酸乙烯酯（EC）、碳酸二甲酯（DMC）等）在低于 – 15℃时离子电导率很低。超级电容器在溶剂的选择方面没有限制，因为它不需要碳酸酯溶剂。超级电容器使用 ACN 作为溶剂，能保证在 – 40℃下使用，尽管它会有性能退化的现象。超级电容器的最高工作温度跟锂离子电池差不多，能达到 70℃，主要受限于电解液在高比表面积的活性炭材料上会分解。

典型的电化学电容器性能如表 4.1 所示。

表 4.1　超级电容器的一般性能

比能量/（Wh kg^{-1}）	2 ~ 5
比功率/（kW kg^{-1}）	5 ~ 20
充电时间/s①	1 ~ 5
放电时间/s①	1 ~ 5
循环特性/次数	≥10^6
使用寿命/年	>10
能量效率（%）	>95
使用温度/℃	– 40 ~ 70

① 器件中储存的可用能量的充放电时间。

4.3　双电层电容器的碳材料类型

不同类型的碳可用作双电层电容器电极的活性材料，本节内容只列举了几种具有代表性的碳材料。更多的信息可以参见 Pandolfo 和 Hollenkamp 发表的一篇详尽的综述[6]。

4.3.1　活性炭粉末

活性炭是双电层电容器中应用最广泛的活性材料，其具有比表面积高，价格相对低廉等特点。同电池一样，材料成本是双电层电容器应用的一个限制因素，因此就限制了价格昂贵的合成工艺和前驱体。活性炭是通过在惰性气氛下对富碳有机前驱体热处理得到的（碳化工序），然后再通过物理或化学活化增大其表面积[7]。活性炭可以从自然界的果壳中直接获取，如椰子壳、木材、沥青、焦炭等，也能通过合成前驱体获得，如特定的聚合物。物理活化是使用 CO_2 或水蒸气对碳前驱体部分可控气化的过程，如式（4.4）和式（4.5）所示：

$$C + CO_2 \rightarrow 2CO \tag{4.4}$$

$$C + H_2O \rightarrow CO + H_2 \tag{4.5}$$

化学药品（KOH、$ZnCl_2$ 和 H_3PO_4）活化的途径也会得到使用。KOH 活化是一个复杂的过程，涉及多个碳的氧化还原反应，然后伴随着钾的嵌入/脱出以及结构的膨胀[8,9]。使用 H_3PO_4 进行活化时，碳化和活化过程是在稍低于 600℃温度下进行的[10]。

从纳米结构的观点来看，活化过程能使活性炭的比表面积达到 3000m^2/g。如图 4.3a 所示，对一种从椰子壳得到的活性炭做扫描电镜时发现，大孔隙（大于 50nm）都是源于前驱体的结构[11]。这些大孔隙不能有效吸附各种各样的分子，活化前存在的大孔能为活化时形成中孔（2～50nm）和微孔（小于2nm）（见图 4.3a 中的小孔）创造条件。图 4.3b 为大多数活性炭的孔结构，其中大孔和中孔在活化过程中作为氧化剂的通道形成微孔，同时在吸附/电吸附过程中为被吸附的分子或离子到达微孔提供通道。

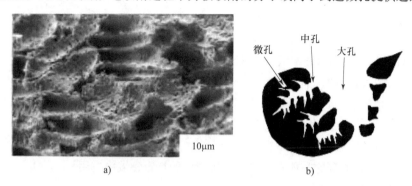

a)　　　　　　　　　　　　　　　b)

图 4.3　a）椰子壳碳化得到的活性炭和 b）活性炭的孔隙特征

在纳米级尺度，许多人提出了许多结构或纳米结构模型，但是都不能对活性炭的特性做出准确的描述。图 4.4 为一种活性炭的高分辨率的透射电镜（HRTEM）002晶格条纹图，图中有一些只有几个纳米长的条纹，代表是一层石墨层，高度无定向，有些堆叠成几层。这些石墨烯单元的无方向性造成了材料的多孔性。根据参考文献[12，13]的仿真，这些石墨烯可能不是完全规则的，一些曲面可能是由其结构中的五边形和七边形的缺陷引起的。

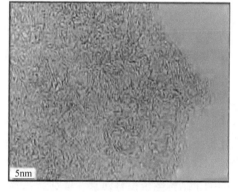

图 4.4　活性炭高分辨率透射
电子显微镜002晶格条纹

在多种观测的基础上，Harris 等人[14-16]提出了一种非石墨化碳的结构/纳米结构，它包含了弯曲的石墨层碎片，其中五边形和七边形随机地分布在六边形的网格中，如图 4.5 所示。当然，用这样的模型表示石墨元的分布是不完美的，特别是它没有表现出各单元在三维空间的关系。在制作电极的过程中，活性炭粉末与导电炭黑和有机粘结剂混合制成活性材料薄膜，然后将薄膜涂覆在金属集流体上制得电极。目前商业化的基于有机电解液、活性炭电极的电容器都能达到 2.7V 的工作电压。在有机电解液中，活性炭电容器比容量能达到约 100F/g 和 50F/cm^3；在水系电解液中这个数值能增加到 200F/g，但是工作电压被限制在 1V 以下[1,17]。如第 6 章中所述，在质子化溶剂的电解液中，碳的表面官能团会引起准法拉第反应，从而增加了电容。

大多数活性炭材料的孔径大小分布并不是最理想的，因为活化过程中难以控制孔径的大小，因此限制了形成双电层过程中对材料表面积的最大化利用。

4.3.2 活性炭纤维

与活性炭粉末相比，活性炭纤维或者碳纳米纤维纸不需要任何粘结剂，而且可以直接被用作活性材料的膜。活性炭纤维电导率相当高（200~1000S/cm）。活性炭纤维布[6]和纤维纸[18]都是从高分子纤维中得到的，如人造丝和聚丙烯腈。一经活化，活性炭纤维的比表面积跟活性炭的差不多，在1000~2000m²/g范围内。然而，活性炭纤维

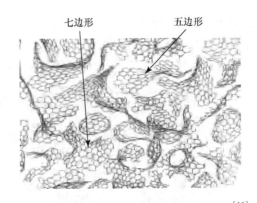

图4.5 富勒烯状活性炭的纳米结构示意图[16]

的价格较高，从而限制它只能在双电层电容器中的特定领域中应用。

4.3.3 碳纳米管

如同在电池领域所发生的一样，电容器被认为是碳纳米管（CNT）潜在的应用领域。碳纳米管是通过碳氢化合物催化分解得到的。按照合成参数的不同，可以合成单壁碳纳米管（SWCNT）和多壁碳纳米管（MWCNT），两者都具有高的可接触表面积和高电导率。然而，纯碳纳米管的电容值并不高，仅20~80F/g[19,20]。这主要是由于碳纳米管的微孔体积较小。在多壁碳纳米管中，微孔体积可以通过活化得到提高[21]，但是相比活性炭电容器来说，电容值还是偏低。通过氧化处理引入赝电容使表面功能化能够大大提高质子化溶剂介质中的电容值[19]；然而这种情况下的循环寿命会受到了限制。目前，很多研究都重点集中在如何开发出致密的、纳米有序的、与集流体垂直定向的碳纳米管阵列，这样的碳纳米管能微调管间距，从而增大电容[22,23]。这样一种基于碳纳米管的纳米结构电极很有前景，特别是在微电子领域中的应用[20,24]。

4.3.4 炭气凝胶

炭气凝胶是通过溶胶-凝胶法制得的，通过间苯二酚和甲醛的缩合反应得到。然后在惰性气氛中经过高温分解得到多孔的炭气凝胶，它具有可控的、均匀的中孔结构（孔径尺寸在2~50nm之间）和高的电导率（几S/cm）。它的比表面积在400~900m²/g范围内，比活性炭比表面积小。由于有序的、互连的多孔结构，炭气凝胶基电容器的功率较高[6]。然而，据文献中报道，在有机电解液和水系电解液中，其比电容约为50~100F/g，因此限制了它的可用能量密度[25]。另一方面，这些材料的密度低，从而导致了体积比电容小，因此人们对其应用开发的兴趣小。

4.4 电容与孔尺寸

碳材料的比表面积较小的时候，比电容基本上跟布鲁诺-埃米特-泰勒（BET）比表面积呈线性关系，但是当比表面积高于1500~2000m²/g时，比电容迅速趋于一个平

值[5]。这种饱和现象经常被解释为布鲁诺 – 埃米特 – 泰勒（BET）模型过高地估计了表面积的值[26,27]。因此，科学家们又基于密度泛函数理论（DFT）对表面积作图，但是对高表面积碳，即活化程度高的碳，饱和现象依然存在。为了解释这一现象，巴贝利等人[5]指出，由于高度活化的碳的平均孔壁变薄，孔壁内的电场（相应的电荷密度）不再衰减到零。

在一系列纳米孔碳材料中也观测到了类似的效应，这些碳材料是在不同温度下烟煤热解反应后经 KOH 活化得到的，尽管这些碳材料都是通过相同的前驱体用相同的方法得到，而且理应具有相当的纳米结构。作者指出，平均孔径随着比表面积的增加而增加，也就是说随着碳材料活化程度的增加，离子在大孔中与孔壁的交互作用减弱，减小了孔对电容的提高作用。碳材料的体积比电容［类似于质量比电容（F/g），由 Dubinin – Raduskevich 微孔体积（cm^3/g）相除］随着微孔的平均尺寸 L_0 降低而增加（见图 4.6）[28]。这样的结果与式（4.1）相吻合，即电容随着离子与孔壁的距离 d 的减小而增大。人们长期认为，约为溶剂离子两倍大小的孔隙需要通过缩小孔隙体积来优化电荷储存能力[4]，但是与这恰恰相反的是，高的电容可以通过多微孔碳而获得，这表明就算是小的微孔（小于 1nm）也有助于电荷储存。

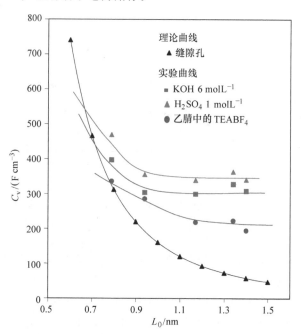

图 4.6　烟煤热解的碳在 800℃ 下 KOH 活化后的活性炭（平均孔径为 L_0）在不同电解液中的理论体积比容量（按一个离子占据一个 L_0^3 大小的孔计算）和实际体积比容量（由质量比容量除以 Dubinin – Raduskevich 微孔体积）（摘自参考文献［28］）

因此，提高比表面积的方法将大大影响所能获得的比电容值。所以设计双电层电容器的碳材料纳米结构的一个关键问题在于理解电解液离子尺寸与碳孔尺寸的关系。换言之，多大尺寸的孔径才能获得最高比电容的最佳孔尺寸呢？

考虑到传统活化过程中难以精准地控制孔径尺寸，过去很多年人们的研究重点放在使用不同的方法调整多孔碳的孔径来提高比电容。在这一目标下，模板法成为一种有效的能合成可控介孔（$2 \sim 10nm$）[29,30]和微孔之间的多孔材料的方法[31]。从根本上说，模版法就是在无机的母体结构即模版的孔隙中填满一种碳的前驱体。碳化后，用酸浸处理去除模板，就得到了与模板相反的孔径大小的多孔碳[32]。用模板法得到的介孔碳的比电容略高于活性炭，但是并没有大的突破：在硫酸电解液中比容量约为200F/g，有机电解液中约为110F/g[29,30,33]。另外，如图4.7所示，质量比电容和孔隙容积之间（在273K下用CO_2吸附测试，小于$0.7 \sim 0.8nm$的孔容）的线性关系表明了这些碳材料的电容行为本质上与孔壁上亚纳米级的孔有关。直接的介孔通道对能够储存的小微孔离子快速传输非常有效[30]。

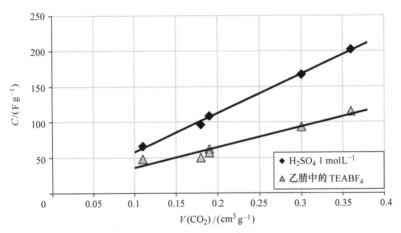

图4.7 不同模板碳材料超细微孔体积下，在$1mol \ L^{-1} H_2SO_4$和乙腈$1mol \ L^{-1}TEABF_4$
电解液中的电容量图（摘自参考文献［30］）

从沸石模板中得到的有序微孔碳，在$1mol/L \ Et_4NBF_4PC$电解液中进行了双电层电容器性能测试。该微孔碳是通过乙炔化学气相沉积在沸石Y（Y-Ac），沸石X（X-Ac）和沸石β（β-AC）[31]中分别合成得到的[31]。另一种名为Y-Ac（press）的材料是通过Y-Ac热压得到的[34]。尽管孔壁很薄（例如，单层石墨，0.34nm），但是电容几乎与比表面积成比例，即使是比表面积很高的碳材料（>2000m²/g）也是如此。与参照微孔碳相比，模板法得到的模板碳在三电极循环伏安曲线中零电荷电势附近（-0.2V）有一个电流降（见图4.8）。这个电流的最小值归因于单层石墨烯制得的微孔模板碳的独特结构[35]，表征上可能是一个半导体[36]。在有机电解液中，含半导体纳米管的单壁碳纳米管的循环伏安图在0V左右确实也有类似的电流降，这是由于半导体纳米管导电性差造成的[22,23]。

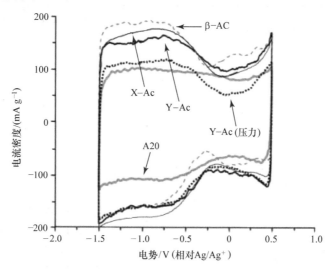

图 4.8　模板法得到的微孔碳在三电极下的循环伏安曲线。A20 是文献中
典型的微孔碳（摘自参考文献［35］）

4.5　离子去溶剂化的证据

如大家所知，介孔模板碳的电容与其极微孔大小之间的线性关系表明了离子本质上是能储存在小的微孔中的[30]。另一方面，考虑到溶剂化离子 Et_4N^- 的直径和 BF_4^- 的直径分别为 1.30nm 和 1.16nm，以及 Et_4N^- 和 BF_4^- 的直径分别为 0.68nm 和 0.48nm[37]，表明了离子存储到极微孔中时，至少部分去溶剂化了。

电荷储存在比电解液溶剂化离子更小的孔中的事实已经通过碳化物衍生碳（CDC）证明了[38]。这些碳材料是将金属碳化物在 $400 \sim 1000℃$ 下氯化得到的，见式（4.6）[32]：

$$MC + nCl_2 \rightarrow MCl_{2n} + C_s \tag{4.6}$$

煅烧后，CDC 在 600℃ 下 H_2 气氛下退火，以清理表面，并中和碳链中悬空的碳键。这种合成碳的方法能够控制孔隙范围，因为孔隙是由金属原子 M 脱出产生的。通过控制温度和热处理时间，能够得到窄孔径分布的 CDC，平均值精确度控制在 0.05nm 以上。表 4.2 给出了这些碳材料的孔特性。更多信息见参考文献[38-40]。

CDC 曾被用作研究离子吸附于平均孔径介于 $0.6 \sim 1.0nm$ 的孔中的模板材料。图 4.9 中的 Ⅰ，Ⅱ，Ⅲ区显示了 1.5mol/L Et_4NBF_4ACN 基电解液[38]中两电极体系的标准电容（BET SSA 定义的比电容）和 CDC 孔大小的关系。每一个电极都是由 CDC 材料薄膜单面涂覆在铝集流体上制成，面密度为 15mg/cm^2。CDC 材料薄膜电极包含 95% 的 CDC 和 5% 的粘结剂 PTEE，隔膜使用 Gore 公司的 Teflon^{TM}。

表 4.2　CDC 的多孔特性[41]

氯化温度/℃	BET 比表面积/$m^2 g^{-1}$	孔容/$cc\ g^{-1}$	平均孔隙宽度/nm	最大孔隙宽度①/nm
500	1140	0.50	0.68	1.18
550	1202	0.51	0.72	1.29
600	1269	0.60	0.74	1.23
700	1401	0.66	0.76	1.41
800	1595	0.79	0.81	1.54
900	1625	0.8	1.0	2.5

① 85% 的孔容低于这个值。

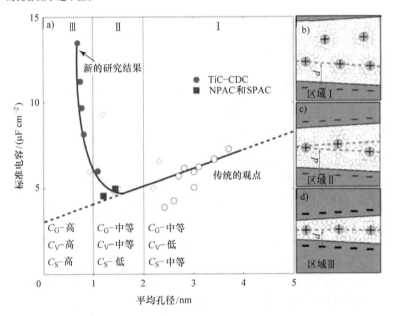

图 4.9　TiC – CDC 和其他文献中的碳在相同电解液中的标准电容和平均孔径的关系。
NPAC 和 SPAC 分别表示天然多孔碳和合成多孔碳（摘自参考文献［38］）

标准电容随着孔径的减小而下降，随后达到一个临界值，然后开始急剧上升。小于
1nm 的孔储存了大部分的双电层电荷，尽管它们比溶剂化离子还小。这是因为离子的溶
剂化外壳的变形，导致了离子到碳表面的路径变短，由式（4.1）可知，从而导致电容
增加。用与图 4.9 中相同的方法得到的烟煤（参考文献［28］和图 4.6）的数据相比较
（见图 4.10），表现出了相同的趋势，这说明亚纳米级孔隙的高效率与制备这些孔的前
驱体和方法无关。

离子能够进入比溶剂化的尺寸更小的孔隙并因此提高标准电容的理论一经确立，研
究重点就集中在离子尺寸和孔径大小的关系上，以期理解离子在窄孔中的存在方式。第

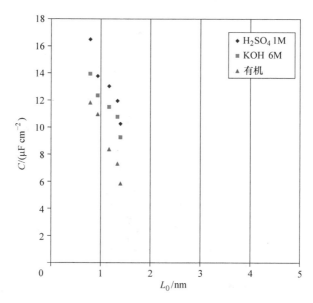

图 4.10　烟煤基纳米多孔碳在不同电解液（1mol/L H_2SO_4，6mol/L KOH 和 1mol/L $TEABF_4$
　　　　溶于乙腈中）中的标准电容和平均孔径的关系（参考文献［28］改编）

一步就是使用三电极体系获得每个电极在 1.5mol/L Et_4NBF_4 ACN 电解液中的电化学信号。实验过程中，电压是受控的，并且有一个参比电极记录正极和负极的电压。

图 4.11 是三电极电池的示意图。工作电极和对电极都是 CDC 材料薄膜涂覆在铝集流体上制成的，面密度约 15mg/cm^2。两面用两个不锈钢夹子使电极/隔膜/电极之间保持一定压力。

图 4.12 是两种不同孔径（0.68nm 和 0.8nm）的 CDC 炭材料的 CV 曲线，扫描速率为 20mV/s。

从图 4.12a 可以看出，负极的电压变化范围比正极的大。由计算电容的式（4.7）我们可以推断出正极的电容大于负极，因为正极的扫描速率比负极的小。

$$C = \frac{I}{\left(\dfrac{\mathrm{d}v}{\mathrm{d}t}\right)} \tag{4.7}$$

图 4.13 是用三电极体系下，恒电流循环的方法测试平均孔径为 0.8nm 的 CDC 材料的正负极电容实验的一个例子。电压设置在 0 ～ 2.3V 范围内，并记录正负极的电压变化。

电容器正负极的电容值（通过计算恒电流放电曲线的斜率得到）与其孔径大小的关系如图 4.14 所示[42]。正极吸附阴离子，负极吸附阳离子。正极和负极的电容以及总的电容都会在不同孔径大小的位置达到一个最大值。正极的电容相对较高是阴阳离子大小不同的原因造成的，Et_4N^+ 的直径（0.68nm）大于 BF_4^- 的直径（0.48nm）。

正极电容（吸附阴离子）达到最大值时的平均孔径大小为 0.7nm。这个孔径是介

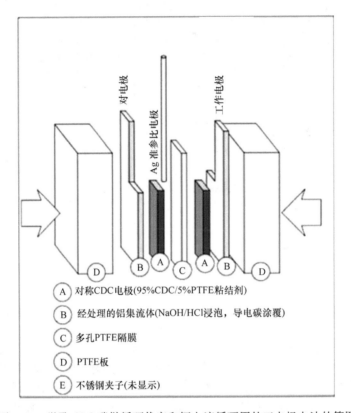

图 4.11 微孔 CDC 碳做循环伏安和恒电流循环用的三电极电池的简图

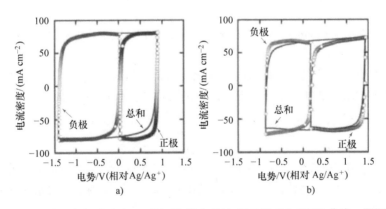

图 4.12 0.68nm（a）和 0.8nm（b）孔径大小的 CDC 的三电极 CV 曲线。阴阳离子
表现出了不同的电容行为。电解液为 ACN + 1mol/L Et_4NBF_4，扫描速率
20mV/s（摘自参考文献 [42]）

于阴离子本身直径（0.48nm）和在 ACN 中溶剂化的阴离子直径（1.16nm）之间的。这
证实了阴离子需要部分去溶剂化才能进入碳微孔中。负极也是一样，负极电容最大值时

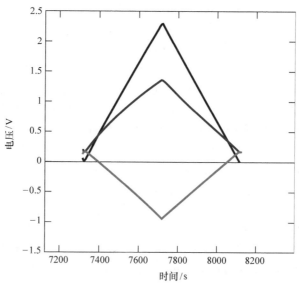

图 4.13　0.8nm 的 CDC 在 ACN + 1mol/L Et$_4$NBF$_4$ 电解液中的恒电流循环
（20mA/cm^2）曲线（黑色）。蓝色和红色曲线分别为正极和负极

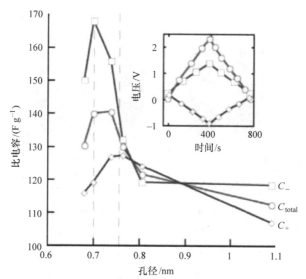

图 4.14　恒电流放电时计算的比电容。阴离子/正极（C$_-$）、阳离子/负极（C$_+$）的
平均孔径尺寸大于 0.8nm 时，它们的比电容趋势相近。当该值小于 0.8nm 时，
则偏离较大（摘自参考文献 ［42］）

的孔径（0.76nm）介于阳离子本身直径（0.68nm）和溶剂化阳离子直径（1.30nm）之
间。这样看来，碳材料存在一个最佳孔径大小使其在 ACN + 1mol/L Et$_4$NBF$_4$ 电解液中的
电容达到最大值；这个最佳孔径大小取决于离子的大小。这样的比电容能达到 140F/g，
大于在相同电解液中活性炭的平均比电容 100F/g。所以理解离子大小和碳材料孔径大

小间的关系对优化有机电解液中的电容值具有重大意义，并且通过这样的方式，微孔碳似乎能超过电容的限制。

从这层意义上来说，Ania 等人[43] 已经取得了引人注目的成果，使用窄孔径分布的商用活性炭分布在 1mol/L Et_4NBF_4 中进行研究。尽管淬火固体密度泛函理论（QSDFT）孔径大小集中在 0.58nm 左右，有 63% 的孔小于阳离子直径（Et_4N^+，0.68nm），碳材料还是达到了相对较高的比电容，92F/g。这样一个意外的电容值证实了去溶剂化的阳离子在电场的作用下被挤进了微孔中，略小于它们的计算值。这表示，基于严格优化的最小能量结构计算出的离子的大小在电极强加的极化作用下不太适用。通过对几个对象的计算发现，Et_4N^+ 的最小尺寸也许比碳材料达到最大电容值时的孔径还小[43]。

孔径尺寸大小和扭曲电解液尺寸的最佳配对能使电容值增加，因为离子与碳壁上孔隙的多重交互作用。如图 4.15 所示，当变形的离子进入比溶剂中离子的限制尺寸还小的孔隙时，这样的限制状态就不能形成传统的由一层溶剂化离子吸附在每一个孔壁构成的双电层；这些离子会形成一个被带电碳表面包围的单层。Huang 等人[44,45] 提出了一个在小微孔中形成 electric wire – in – cylinder 模型，这将在第 5 章中详述。

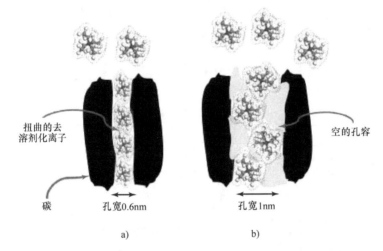

扭曲的去溶剂化离子

空的孔容

碳

孔宽0.6nm

孔宽1nm

a)

b)

图 4.15 碳电极中离子插入孔隙中的示意图。a）孔隙大小与有机电解液中变形的离子大小刚好匹配。b）孔隙大小大于离子限制的大小（这种情况下空出来的部分必须由溶剂分子甚至其他离子填满）（摘自参考文献 [43]）

由于离子是灵活变化的，直径不固定，并且碳材料的孔径大小是分布在一个平均值周围的，因此在解释它们各自大小时应该注意，不能期待得到一个完美的定量关系。

4.6 性能限制：孔径进入度或孔隙饱和度

4.6.1 孔径进入度的限制
用大电容器作恒电流或者 *CV* 测试并不能得到吸附过程中溶剂化外壳的尺寸或离子

的有效尺寸。这些信息能使用粉末微电极（CME）通过动态测量得到。Cachet‐Vivier 等人[46]率先报道了用粉末微电极对粉体材料电化学性能进行研究。粉末微电极只用少量粉末（几百微克，取决于空腔大小）即可进行测试。与传统电极相比，真正的电化学界面表面积只有零点几平方毫米并且体相电解液所引起的欧姆降可忽略不计，允许几伏每秒的扫描速率来表征电极。同样重要的是，准备和研究粉末电极的时间较短，相对于传统电极的几个小时到几天，它只需要数分钟，能够组合优化电化学研究[47]。

图4.16 是粉末微电极（CME）的一个示意图。它包含一个缠绕在玻璃棒上的铂丝。将铂丝部分溶于王水中得到一个约 10^{-6} cm^3（电极的特征长度约 100μm）的微腔。然后将这个微腔压在涂满碳粉的玻璃板上使其填满活性材料；每次实验过后将微腔浸泡在酒精中超声洗净。对电极是 1cm^2 卷绕的铂箔；一根银棒作为准参比电极。

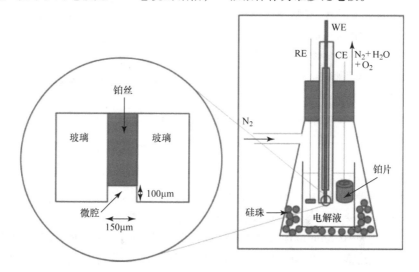

图4.16 粉末微电极作为工作电极的三电极装置图。插图：粉末微电极的详细图；RE 表示参比电极；CE 表示对电极（摘自参考文献［41］）

用 CDC 样品做粉末微电极，测试了其在 ACN + 1M NEt$_4$BF$_4$ 电解液中的电化学性能[41]。平均孔径在 $0.68\sim1$nm 间的 CDC 样品的三电极 *CV* 曲线如图4.17 所示。粉末微电极并不是定量分析手段，所有 *CV* 曲线都规范为电容电流以达到比较目的。所有样品的开路电压（OCP）都在 0.3V 左右（相对 Ag 参比电极）。

从图4.17 可以看出，在 $0.3\sim1$V（相对 Ag 参比电极）范围内 *CV* 曲线的形状是一个矩形。从这个阴离子吸附的相应电压范围，能推断出这些碳 BF$_4^-$ 的有效离子之间小于或接近 0.68nm。鉴于阴离子本身直径为 0.48nm，溶剂化阴离子之间为 1.16nm，这个结果证实了部分去溶剂化的离子进入了小于 1nm 的孔隙中。

NEt$_4^+$ 离子的吸附发生在 $0.3/-1.3$V（相对 Ag 参比电极）的电压窗口。平均孔径较大（1nm）的样品，*CV* 曲线的形状呈典型的矩形。随着平均孔径的减小，*CV* 曲线开始扭曲，并偏离理想的电容行为。这种行为假定与空间效应引起的限制孔径进入度有关，即当孔径降低到一个特定的值时，阳离子不能自由地进入孔隙中。这种现象在 0.68nm 的孔径中很明显，随着电压的下降，电流持续地降低。这种转变发生在平均孔径在 1 ~ 0.76nm，因此，可以推断碳吸附的阳离子介于 0.76nm 和 1nm 之间，所以 NEt_4^+ 离子进入微孔中需要去溶剂化。

4.6.2 孔隙饱和度对电容器性能的限制

从前面可知，当碳材料的平均孔径在 0.7 ~ 0.8nm 间时电容能到达最大值[30,42]。NEt_4^+ 去溶剂化后并且仅是孔径大于 NEt_4^+ 离子本身直径的孔隙才能被利用；很明显在这些孔隙中对于 BF_4^- 离子的储存是没有尺寸限制的。

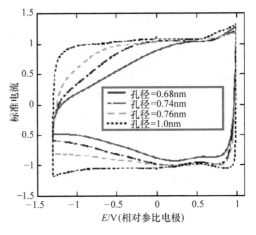

图 4.17　CDC 样品在 ACN + 1mol/L Et_4NBF_4 电解液中的标准化 *CV* 曲线。扫描速率为 100mV s^{-1}（摘自参考文献［41］）

在这一步中，值得一提的是两电极电容器中电荷储存如式（4.8）描述的两个电极电容的和：

$$1/C = 1/C_+ + 1/C_- \tag{4.8}$$

式中，C 表示电容器的电容；C_+ 和 C_- 分别表示正极和负极的电容[48]。

根据这个公式，总电容主要受正极和负极中较小的电容值影响。由于四乙基铵离子的直径大于四氟硼酸锂根离子，所以总电容受负极电容的控制。

尽管使用 0.7 ~ 0.8nm 最佳尺寸的多孔碳可能会使 NEt_4^+ 离子在特定电解液中获得最大电压之前达到饱和，例如，在 2.7 ~ 2.8V 的 ACN + Et_4NBF_4 电解液中[49]。图 4.18b 所示是用两种碳材料 PC（SDFT = 1434m^2/g）和 VC（SDFT = 2160m^2/g）做电极，ACN + 1.5mol/L Et_4NBF_4 电解液中的电容器 CV 曲线。VC 电极的伏安图是一个完美的矩形，但是 PC 电极的电流从 1.5V 左右开始急剧下降。按照碳材料氮吸附得出的孔隙分布图（见图 4.18a），PC 材料所有的孔隙都小于 1nm，因此能优化离子的相互作用。但是如果考虑到这些孔径大于去溶剂化的 NEt_4^+ 离子的大小（0.68nm），相应的 PC 和 VC 的 DFT 值分别是 198m^2/g 和 964m^2/g，鉴于一层离子储存在微孔中大小为 0.68 ~ 1.36nm（表面积 S_{a1}），两层离子储存在微孔中大于 1.36nm（表面积 S_{a2}）。基于这些值，最大的理论电量 Q_{max} 可以通过考虑 NEt_4^+ 离子投影面积计算两种碳材料孔面积之和得到

$$Q_{max} = \frac{(S_{a1}/2 + S_{a2})}{S_{ion}} \times 1.6 \times 10^{-19} \tag{4.9}$$

Q_{max} 已经被拿来与 Q_{exp} 比较，Q_{exp} 即各电极 0 到 3V 的伏安曲线积分。PC 和 VC 的孔隙特征值及 Q_{max} 和 Q_{exp} 见表 4.3。PC 的理论值和实验值基本相同，说明了伏安图的窄小是因为 NEt_4^+ 离子在孔隙中达到了饱和。其中 Q_{exp} 比理论值稍大，可能是因为孔径的限制使得乙基链变形从而使 NEt_4^+ 离子有一点变小。与之相反的是，VC 的理论值大于实

验值，说明碳孔中的离子并没有达到饱和，至少在这个实验中达到最大电压时没有饱和。

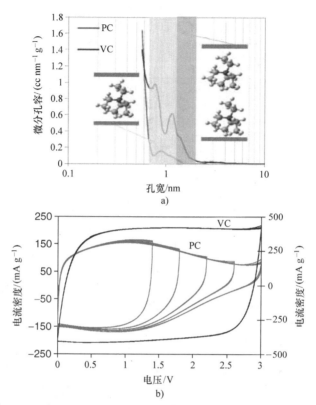

图 4.18　a）PC 和 VC 的碳的孔隙分布图；蓝色区域对应能接收一层 Et_4N^+ 离子，粉红色区域能接收两层。b）PC（左边 Y 轴为其电流）和 VC（右边 Y 轴为其电流）碳的双电层电容器的循环伏安曲线图（根据参考文献 [49] 进行改编）

表 4.3　PC 和 VC 的孔隙特征值，用式（4.9）计算出的最大电量和由 CV 曲线计算出的实验电量

碳材料	S_{DFT} /$m^2 g^{-1}$	$S_{DFT} > 0.68nm$ /$m^2 g^{-1}$	S_{a1} /$m^2 g^{-1}$	S_{a2} /$m^2 g^{-1}$	Q_{max} /$C g^{-1}$	Q_{exp} /$C g^{-1}$
PC	1434	189	105	83	61	77
VC	2160	929	768	161	246	225

注：根据参考文献 [49] 进行改编。

在恒流充放实验中，PC 材料的孔隙饱和表现为电压 – 时间曲线不再是直线形状（见图 4.19）。这不是一个与电阻相关的效应，因为它发生在很小的电流密度下（80mA/g）（见图 4.19a）。在 960mA/g 的电流密度下，在 1.5～2.0V 响应电流下降，说明了即使再增加电压直至电解液承受的上限，也难以再储存更多的能量。

VC 碳材料进一步与对称的链长增加的季铵阳离子（R = $C_2H_5^-$，$C_3H_7^-$，$C_4H_9^-$，

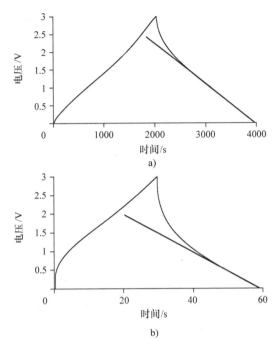

图 4.19　基于纳米多孔碳 PC 的双电层电容器的恒流充放曲线［a）电流密度为 80mA/g，
b）电流密度为 960mA/g］。放电曲线的直线部分可以外推，是为了区分孔隙的饱和度。
该值对应 1～2V 内的电压，取决于电流密度（摘自参考文献［49］）

$C_5H_{11}^-$）一起应用，阳离子为四乙基时这种碳材料的 CV 曲线是一个矩形，然而阳离子
为变大时，CV 曲线是一个窄的典型的饱和状态下的形状，越长的烷基链取代，达到饱
和的电压就越小[50]。基于变形离子计算出的电量最大值 Q_{max} 和实验值 Q_{exp} 能够吻合，说
明了离子能够进入一个较宽范围的孔隙，在其不限制和不变形的条件下这是可能存在
的。使用其他活性炭，Bu_4NBF_4 和 Et_4NBF_4 在 PC 中的三电极实验证实了孔隙的饱和发生
在大量的季铵阳离子被电吸附的负极中[51]。离子液体在裂缝状纳米孔的 Monte Carlo 模
拟也说明了电容在低电压下基本上为一个常数，然后在一个特定点消失，也就是说能量
密度在一个较高的电压下达到饱和[52]。

　　总之，碳的多孔结构对它们在电容器中的性质有很大的影响。电解质为 Et_4NBF_4
时，标准化电容在次纳米级孔隙中达到最大值，这也说明了离子在充满电的电极中是部
分去离子化的。然而，如果没有生成丰富的孔隙度，电解液离子在孔隙中的饱和就限制
了可用电压，从而限制电容器释放的能量和功率。另外，也要考虑到充电过程中的电化
学交互作用[53,54]，碳材料的结构参数也起到一定的作用。

　　为了提高电容，纳米孔的碳材料应该具有高的比表面积（约 $2000m^2/g$），同时孔径
分布应在 0.7～1.0nm 范围内。因此，应该提出新的工艺以达到这样的目的。在这个背
景下，H_2O_2 处理的多次低温（200℃）氧化，然后在惰性气氛 900℃下官能团热解脱附
的方法被提出来调整孔径尺寸的大小[55]。由于这些过程中低的烧蚀率，碳表面形成了

致密的涂层，这是提高体积比电容的优良备选材料。

4.7 微孔碳材料之外的双电层电容

4.7.1 纯离子液体电解质中的微孔碳材料

考虑到在 ACN 中溶剂化的 Et_4N^+ 离子和 BF_4^- 离子直径的大小分别为 1.30nm 和 1.16nm[41]，上面提到的详细数据证实了离子必须部分去溶剂化才能进入微孔。然而，现在还不清楚剩下的溶剂分子在微孔碳材料的电容增加方面起什么作用。针对这个问题，人们进行了无溶剂的电解质的电化学实验，即室温离子液体（RTIL）[56,57]。这样，这种电解质中的离子尺寸是众所周知的并且不受溶剂分子影响。CDC 材料的电化学行为也在离子液体中研究过，名叫乙基 – 甲基 – 咪唑 – 三氟 – 甲烷 – 磺酰亚胺（EMI – TFSI）离子液体[57,58]。选择这种离子液体主要有两个原因：离子电导率在 60℃ 下足够高，能够在此温度下进行电化学测试；EMI 阳离子和 TFSI 阴离子直径的大小很接近，分别为 0.76 和 0.79nm。三电极电池用来测试纯 EMI – TFSI 离子液体中 60℃ 的性能。

图 4.20a 是电容器正极、负极和单元比电容与孔径大小的关系图。不同于 1mol/L Et_4NBF_4/ACN 电解液（见图 4.14），在 EMI – TFSI 电解质中，正极和负极的电容最大值没有什么不同，并且都在平均孔径 0.72nm 处达到最大值。标准化电容（normalized capacitance）（CDC 的电容除以比表面积）随着碳的孔径大小的变化如图 4.20b 所示。它们的变化关系与电容变化相同，而且也在同一孔径（0.72nm）处达到最大值。这个结果非常有趣，当两种离子具有相同大小时，最大电容值将在同一平均孔径处出现。更有趣的是这个孔径大小与离子直径大小非常相近，这对于阴阳离子都是相同的（阴阳离子直径大小分别为 0.79nm 和 0.76nm）。这个结果意味着在孔隙厚度内，孔隙只能容纳一个离子。

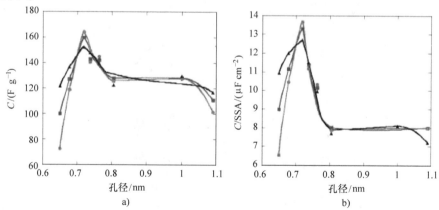

图 4.20　a）EMI – TFSI 电解质中比电容（$F\ g^{-1}$）与平均孔径大小的关系。蓝色为总电容，红色为正极，黑色为负极。b）EMI – TFSI 电解质中标准电容（$\mu F\ cm^{-2}$）与平均孔径大小的关系。蓝色为总电容，红色为正极，黑色为负极（摘自参考文献 [58]）

另外，平均孔径为 0.72nm 的样品比电容值达到了 150F/g。作为对比，一种商用的活性炭在同样条件下双电层电容器（Kuraray 公司的 YP17）内只能发挥出 95F/g。根据制造商提供的信息，这种活性炭的比表面积为 1709m²/g，孔容积为 0.877cm³/g，至少 55% 的孔隙在 1 ~ 1.265nm。因此，这是一个强有力的证据说明调整碳孔径能最大化电容[58]。

这些结果推翻了电荷在双电层电容器的传统储存方式，即离子被吸附在两面孔壁上：这里的碳孔径与离子大小一样大，没有空间再储存另一层离子。在 0.72nm 左右，孔隙能够很好地适应离子大小，而且离子也能高效地吸附在其壁上。当孔径大于 0.72nm 时，孔壁与离子中心的距离（d）变大，因此根据式（4.1）电容值会变小。当孔径小于 0.72nm 时，空间效应限制了离子的进入也使得电容变小。

这个工作为选择获得最大电容的多孔电极/电解质体系提供了参考。因此，我们必须重新考虑离子在不能形成扩散层的次纳米级孔中的储存方式，从传统的离子吸附在每一个孔壁的亥姆霍兹模型的方式（见图 4.21a）转变到离子可以沿孔轴堆叠的方式（见图 4.21b）。

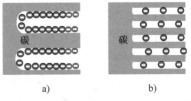

图 4.21　a）亥姆霍兹模型中和 b）亚纳米级孔中双电层电荷。碳表面带正电

Shim 和 Kim[59] 利用分子动力学计算机模拟研究了碳纳米管在 EMI – BF₄ 离子液体中的电容性能，并且发现了有趣的特征。他们模拟了不同孔径的碳纳米管，证实了孔径的大小强烈影响了离子在孔隙中的分布。对于小孔隙（＜1nm），只有反离子（与碳表面电荷相反）才能被吸附。出乎意料的是，尽管这些反离子具有相同的电荷，它们会形成一个多层的电荷密度，由于电荷在纳米管内的优先定位而带有交变信号（见图 4.22）。对于大于 1.1nm 的孔径，反离子和共生离子会同时进入纳米管，从而导致电容的下降[59]。

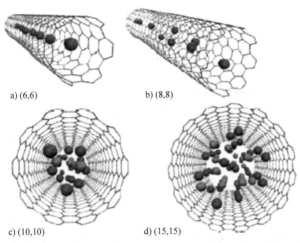

a) (6,6)　　　　　b) (8,8)

c) (10,10)　　　　d) (15,15)

图 4.22　室温离子液体及其在带正电的碳纳米管（ +0.80 ~ 0.94e/nm²）内的径向分布。红色和蓝色的点分别表示 EMI⁻离子和 BF₄⁻离子的中心。旁边的数字表示碳纳米管的孔径大小，6 ×6 表示孔径大小为 0.81nm，8 ×8、10 ×10 和 15 ×15 依次表示 1.08nm、1.35nm 和 2.03nm（摘自参考文献［59］）

CDC 的标准化比电容也随着孔径变化而变化，孔径小于等于 0.95nm 时，电容增加，当孔径继续增大时比电容减小（见图 4.23）。孔径变小时的电容增加是由于碳纳米管电压 Φ_{CNT} 的非单调变化，其中包含表面电荷和离子液体贡献（分别为 $\Phi_{\sigma S}$ 和 Φ_{IL}）：

$$\Phi_{CNT} = \Phi_{\sigma S} + \Phi_{IL} \tag{4.10}$$

孔径小于 1.1nm 时，Φ_{CNT} 主要受 Φ_{IL} 控制，当孔径大于 1.1nm 时，Φ_{CNT} 主要受 $\Phi_{\sigma S}$ 控制。根据分子动力学，在这样的孔径范围内，只有反离子能进入孔径。图 4.24 所示为反离子在碳孔中整齐的排列，即独立溶液化（exclusive solvation）现象。

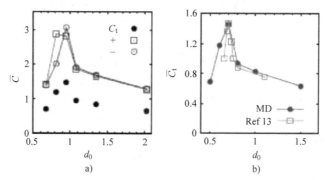

图 4.23　碳纳米管在 EMI - BF₄ 中的比电容随直径大小的变化图（1bar，350K）。单位：比电容
为 $\mu F/cm^2$，直径 d_0 为 m。a）正方形和圆圈分别代表正极和负极，黑色圆圈表示总比电容。
b）分子动力学预测的电容值（MD）与实验值的比较（摘自参考文献 [58，59]）

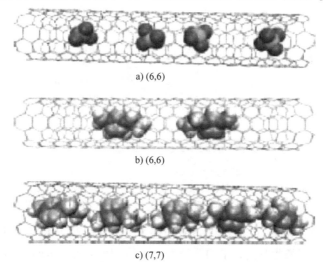

a) (6,6)

b) (6,6)

c) (7,7)

图 4.24　离子液体离子在 a）正极（带电量 +0.55e/m²）和 b）负极（带电量 -0.55e/m²）纳米
管中的示意图；由于内部溶液化，只有阳（阴）离子能进入负（正）极。c）离子液体
离子在负极（-0.47e/m²）的示意图（摘自参考文献 [59]）

因此，由于它们接近碳表面，内部的反离子对 Φ_{IL} 做了主要贡献。这表明，微小碳孔中的反离子的线性排列对增加电容起了重要作用。

4.7.2 离子液体溶液中额外的电容

带有不同长度烷基链的 1 - 烷基 - 3 甲基咪唑离子液体用来研究阳离子对特定孔隙分布的碳电容的影响。当纯离子液体中出现离子筛分时，对于溶于 ACN 的同一锂盐这种效应严重减弱了，可能由于溶解的离子具有很强的几何灵活性[60]，就如 Et_4NBF_4 一样[56]。基于这种灵活性，阳离子能够进入更小的孔隙中，导致质量比电容比纯离子液体中的高。

特定平均孔径的 CDC 样品被用来研究 ACN 中的 EMI^+ 离子和 $TFSI^-$ 离子的有效粒径[58]。图 4.25 显示了由图 4.16 中 CME 得来的不同样品的 CV 曲线，电解液用 ACN + 2mol/L EMI - TFSI。

EMI^+ 离子的吸附发生在开路电压（OCV）（0.2 ~ 1.2V）之下。只有直径 0.68nm 的样品的 CV 曲线偏离了理想电容行为；因此，可以认为 EMI^+ 阳离子有效的尺寸在 0.7nm 左右。这意味着，相较于纯 EMI - TFSI 离子液体（见图 4.20）中 EMI^+ 的有效尺寸，溶剂化对阳离子并没有真正起作用。当电压稍高于开路电势（OCP）时，直径 0.8nm 的样品会出现轻微变形（偏离理想的电容行为），说明 ACN 电解液中溶剂化的 $TFSI^-$ 离子直径的有效尺寸大于 0.8nm，尽管在纯 EMI - TFSI 离子液体中的裸离子直径大小约为 0.7nm。因此，溶剂化的 EMI^+ 离子的有效平均孔径小于 $TFSI^-$ 离子，尽管它们离子本身大小几乎一样。

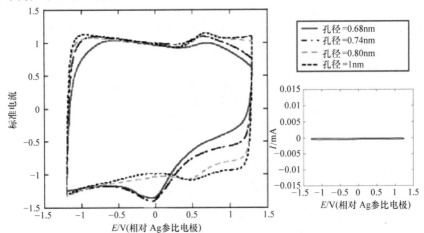

图 4.25 ACN + 2mol/L EMI - TFSI 电解液中 CDC 样品的标准化的 CV 曲线；Ag 作参比电极；扫描速率为 100mV/s。右插图：Pt 微电极的 CV（摘自参考文献 [58]）

小于开路电势（OCP：0.2V 相对参比电极）直到 -1.2V（相对参比电极）的电压范围内，EMI 阳离子发生吸附，平均孔径为 1nm 的 CDC 样品的 CV 曲线理想电容行为的典型曲线。然而对于 TFSI 阴离子吸附（0.2V 以上，相对参比电极），CV 曲线在 0.5 ~ 0.7V 出现一组可逆的峰，从而引起电容的增加。在峰值电流与电压扫面速率的对数图中，两个峰的斜率都是 0.9，接近于 1，这是因为电容电荷储存机制不受扩散限制：

$$I = CAv \tag{4.11}$$

式中，I 为电流；C 为电容（F/m^2）；A 为表面积（m^2）；v 为扫描速率（V/s）[4]。这种

机制不仅适用于双电层电容, 也适用于表面赝电容。由于可以排除表面赝电容氧化还原反应, 在 Pt 微电极的 *CV* 曲线上不再能观察到电解液的氧化还原反应 (见图 4.25 右侧), 所以 *CV* 曲线上的峰只跟 TFSI 离子在碳微孔中的吸附有关。

在特殊情况下, 有效离子尺寸与碳孔尺寸在一样大小范围时, 比如 1nm 孔径的样品, 充电过程中的峰值与需要克服的活化能垒、部分离子去溶剂化以及在孔隙中重整溶剂分子有关[61]。反向扫描时, 这一过程是可逆的, 并且能在 10mV/s 的扫描速率下释放出总电容 25% ~30% 的额外电容。这种情况下, 可逆的峰与这个过程中额外产生的活化能有关, 不同于标准离子在大孔隙中的过程。

4.7.3 孔隙中的离子捕获

图 4.26 是一个小孔径 (0.68nm) 样品的 *CV* 曲线图, 第一次扫描的图形与 EMI 离子在吸附电压范围内的电压扫描相一致, *CV* 曲线是纯电容行为的典型矩形, 涉及双电层中 EMI 吸附。当电压上限增加到 TFSI 阴离子吸附的电压范围 (高于开路电压) 时, 正向扫描时, 电流开始急剧下降。反向扫描时, 达到 EMI 离子吸附的电容电流之前, 在 0.2V (相对参比电极) 处出现一个巨大的峰。峰值电流的对数与电压扫描速率的关系图如图 4.26 所示, 图中的斜率为 0.65。

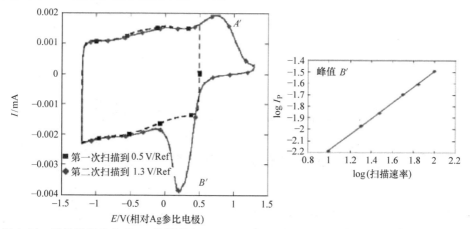

图 4.26 平均孔径为 0.68nm 的样品在 ACN +2mol/L EMI – TFSI 电解液中的 *CV* 曲线, 电压范围为 −1.2 ~0.5V/Ref (第一圈), −1.2 ~1.3 V/Ref (第二圈) (摘自参考文献 [58])

这个可逆的扩散控制的反应中的最大峰值电流随着电压扫描速率的变化可按 Randles – Sevcik 公式[62] [式 (4.12)] 进行计算:

$$I_{pack} = 0.4463 (nF)^{3/2} AC \left(\frac{D}{RT}\right)^{1/2} \times v^{1/2} \qquad (4.12)$$

式中, I_{peak} 是最大峰值电流; n 是转移的电子; F 是法拉第常数 (As); C 是扩散物质的浓度 (mol/cm³); D 是扩散系数 (cm²/s); v 是扫描速率 (Vs⁻¹)。这个公式适用于电荷转移反应, 如反应物到电极表面扩散控制或生成物离开电极表面的扩散控制的反应。因此, 它既能描述氧化还原反应又能表征离子在界面的转移[58]。在 TFSI 阴离子吸附在

0.68nm 的小孔的情况下，电流与扫描速率的对数图的斜率为 0.65。这个值接近 0.5，这意味着 0.68nm 平均孔径的样品发生的反应受扩散控制。其与理论值 0.5 的微小偏差与实验中电极本身的性质有关。使用多孔碳作为工作电极时，电极不满足式（4.12）要求的平滑的二维的理想电极模型，因此，多孔网格的不规则几何分布是引起差异的原因。

正向扫描过程中，当电压高于 0.7V（相对参比电极）时的电流降表明了能进入 0.68nm 孔隙中的 TFSI⁻ 是有限的。反向扫描过程中，在 0.3V 处出现的巨大的阴极峰主要跟扩散控制过程有关。反向扫描时，在正向扫描时被迫进入小孔的 TFSI⁻ 阴离子受静电作用离开碳表面，从而导致了 0.3V 附近出现峰值。

Aurbach 等人[61]在 PC +1mol/L Et₄NBF₄ 电解液中也观察到了一个相似的效应。由微孔碳电极构成的电容器能充电到 2.3V，并且能在 50℃下保持 1000h（浮充）。然后拆开电容器，每一个电极又重新在一个三电极体系中测试。CV 曲线中负极在工作电压范围内，电容电流（C⁻）下降，正极在浮充前后也是一样（见图 4.27）。相比之下，如果负极极化到 4.2V（相对 Li），第一次扫描时会出现一个明显的氧化峰，这归因于在浮充过程吸附的 Et₄N⁺ 阳离子陷进入孔隙中。负极在浮充后电容较小可能是 Et₄N⁺ 离子吸附于窄小微孔中或者是嵌入无序石墨烯簇中引起的[63,64]。此外，分解产物的形成也不容忽视[65,66]。

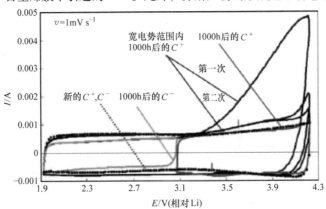

图 4.27　对称性电容器的各个电极在 50℃、1000h（浮充）前后的伏安图（1mV/s）

（摘自参考文献［61］）

4.7.4　离子的嵌入/插层

膨胀测量法（dilatometry measurements）用于 Et₄NBF₄/ACN 电解液中三电极体系，显示了活性炭工作电极的尺寸变化（见图 4.28）[53]。最大的膨胀发生在负极极化，例如负极极化为 −1.35V/ip（即零电荷电压）时膨胀 0.6%，而正极极化为 1.15V/ip 时只有不到 0.2% 的膨胀。当电压从 −2V 扫描到 2V/ip 时，膨胀率会大大增加，极化的负极和正极膨胀率分别达到 3% 和 2%。由于 Et₄N⁺ 阳离子比 BF₄⁻ 离子大，Hahn 等[53]认为正负电极上膨胀率的不同与离子在电极材料中的插层和嵌入层有关。

后来，Hahn 等人还比较了石墨和活性炭[67]。在负极极化（2V 相对 Li）情况下，活性炭的厚度增加约为 1%，然而石墨却增加了约 10%。在低电压（<2V 相对 Li）下，电极迅速膨胀，并且库伦效率下降。正极电压范围内（>3V 相对 Li）活性炭的膨胀小于 1%，石墨的膨胀率达到了 10%。由于去溶剂化的 BF₄⁻ 离子半径比 Et₄N⁺ 离子小，作者认为前者并没有插入活性炭中。因此，负极的电压受阳离子嵌入层的限制，而正极电压的限制与 ACN 的氧化有关。在 Et_4NBF_4/PC 电解液中对高定向石墨（HOPG）做原位原子力显微观测，证实了 Et_4N^+ 离子的嵌入[68]。这种嵌入现象可能跟离子在小孔隙中的扭曲变形有密切关系[56]。

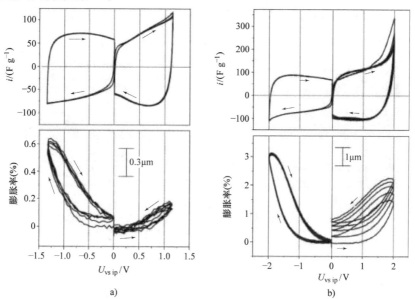

图 4.28   三电极体系中不同电压范围的伏安曲线（上图）；各个电极膨胀下的模拟测试（下图）[53]；
  a）负极 0 ~ -1.35V/ip，正极 0 ~ 1.15V/ip。b）负极：0 ~ -2V/ip，正极 0 ~ 2V/ip

4.8   小结

去溶剂化，变形，嵌入以及离子捕获可能在有机电解液的电容器充电的过程中同时发生。我们必须重新考虑离子在次纳米级孔中的吸附方式，从传统的离子吸附在每一个孔壁的亥姆霍兹模型的方式（见图 4.29a）转变到反离子（与碳表面所带电荷相反）部分去溶剂化进入到孔隙中，并在不超过一个离子层的孔厚度上沿孔轴堆叠排布（见图 4.29b）。低扫描速率下某些情况下的额外电容增加可以归因于与插层相关的一些额外效应。

与离子渗透进入碳结构相关的一些效应，以及超级电容器某种特定条件的应用，可能会限制其工作电压（通过孔隙饱和）或者加速其老化。因此，理解超级电容器的电化学性能与碳材料的结构之间的关系能更好地优化超级电容器系统的性能。例如，最近关于有机电解液中单壁碳纳米管（SWCNT）和活性炭的研究清晰地表明，严重极化情况下电容的增加及阻抗的下降（从费米能级变化到价带或者导带）与充电过程中石墨烯层的电化学掺杂有关，这也能够部分解释三电极体系中出现蝴蝶形状的 *CV* 曲线的原因[23,69]。由于电化学掺杂强烈依赖于碳材料的结构，这也为解释电容器充电过程中离子在微孔中的重新分布带来了困难。

因此，从基本的观点来看，我们还是缺乏对有限微孔空间中双电层充电的清晰认识，在这个有限空间内，在固－液界面上形成预期的亥姆霍兹层及扩散层之间没有多余空间。用分子动力学或第一原理进行计算机模拟，可能会对研究离子在亚纳米级孔隙中的行为及溶剂重组有所帮助，同时计算机模拟也是设计出能长时间放电的下一代高能量密度双电层电容器的一把钥匙，这样就能为超级电容器提供新的应用前景。带电电极的核磁共振测量也能为溶剂化程度以及离子在孔隙中的取代提供精确的数据信息[70]。

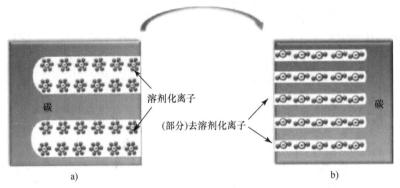

图4.29　a）亥姆霍兹模型和b）亚纳米级孔中双电层示意图。考虑碳层表面带正电并考虑到了反号离子的渗入

参 考 文 献

1. Simon, P. and Gogotsi, Y. (2008) *Nat. Mater.*, **7**, 845–854.

2. Helmholtz, H.V. (1879) *Ann. Phys.*, **29**, 337.

3. Stern, O. (1924) *Z. Elektrochem.*, **30**, 508–516.

4. Conway, B.E. (1999) *Electrochemical Supercapacitors: Scientific Fundamentals and Technological Applications*, Kluwer.

5. Barbieri, O., Hahn, M., Herzog, A., and Kotz, R. (2005) *Carbon*, **43**, 1303–1310.

6. Pandolfo, A.G. and Hollenkamp, A.F. (2006) *J. Power. Sources*, **157**, 11–27.

7. Marsh, H. and Rodríguez-Reinoso, F. (2006) *Activated Carbons*, Elsevier, London.

8. Lillo-Ródenas, M.A., Juan-Juan, J., Cazorla-Amorós, D., and Linares-Solano, A. (2004) *Carbon*, **42**, 1371–1375.

9. Raymundo-Piñero, E., Azaïs, P., Cacciaguerra, T., Cazorla-Amorós, D., Linares-Solano, A., and Béguin, F. (2005) *Carbon*, **43**, 786–795.

10. Jagtoyen, M. and Derbyshire, F. (1998) *Carbon*, **36**, 1085–1097.

11. Inagaki, M. (2010) in *Carbons for Electrochemical Energy Storage and Conversion Systems* (eds F. Béguin and E. Frackowiak), Taylor & Francis Group, Boca Raton, FL, pp. 37–76.

12. Bandosz, T.J., Biggs, M.J., Gubbins, K.E., Hattori, Y, Pikunic, J., Thomson, K. (2003) in *Chemistry and Physics of Carbon*, Vol. 28, (ed. L.R. Radovic), Marcel Dekker, New York, pp. 137–199.

13. Pikunic, J., Gubbins, K.E., Pellenq, R.J.M., Cohaut, N., Rannou, I., Guet, J.M., Clinard, C., and Rouzaud, J.N. (2002) *Appl. Surf. Sci.*, **196**, 98–104.

14. Harris, P.J.F. and Tsang, S.C. (1997) *Philos. Mag. A*, **76**, 667–677.

15. Harris, P.J.F. (1997) *Int. Mater. Rev.*, **42**, 206–218.

16. Harris, P.J.F. (2005) *Crit. Rev. Solid State Mater. Sci.*, **30**, 235–253.

17. Ruiz, V., Santamaría, R., Granda, M., and Blanco, C. (2009) *Electrochim. Acta*, **54**, 4481–4486.

18. Ra, E.J., Raymundo-Piñero, E., Lee, Y.H., and Béguin, F. (2009) *Carbon*, **47**, 2984–2992.

19. Frackowiak, E. and Béguin, F. (2002) *Carbon*, **40**, 1775–1787.

20. Talapatra, S., Kar, S., Pal, S.K., Vajtai, R., Ci, L., Victor, P., Shaijumon, M.M., Kaur, S., Nalamasu, O., and Ajayan,

P.M. (2006) *Nat. Nanotechnol.*, **1**, 112–116.

21. E. Frackowiak, S. Delpeux, K. Jurewicz, K. Szostak, D. Cazorla-Amoros, F. Béguin, *Chem. Phys. Lett.*, **361** (2002) 35–41.

22. Futaba, D.N., Hata, K., Yamada, T., Hiraoka, T., Hayamizu, Y., Kakudate, Y., Tanaike, O., Hatori, H., Yumura, M., and Iijima, S. (2006) *Nat. Mater.*, **5**, 987–994.

23. Kimizuka, O., Tanaike, O., Yamashita, J., Hiraoka, T., Futaba, D.N., Hata, K., Machida, K., Suematsu, S., Tamamitsu, K., Saeki, S., Yamada, Y., and Hatori, H. (2008) *Carbon*, **46**, 1999–2001.

24. Pushparaj, V.L., Shaijumon, M.M., Kumar, A., Murugesan, S., Ci, L., Vajtai, R., Linhardt, R.J., Nalamasu, O., and Ajayan, P.M. (2007) *Proc. Natl. Acad. Sci. U.S.A.*, **104**, 13574–13577.

25. Lee, Y.J., Jung, J.C., Yi, J., Baeck, S.-H., Yoon, J.R., and Song, I.K. (2010) *Curr. Appl. Phys.*, **10**, 682–686.

26. Gregg, S.J. and Sing, K.S.W. (1982) *Adsorption, Surface Area and Porosity*, Academic Press, London, p. 103–104.

27. Kaneko, K. and Ishii, C. (1992) *Colloids Surf.*, **67**, 203–212.

28. Raymundo-Pinero, E., Kierzek, K., Machnikowski, J., and Béguin, F. (2006) *Carbon*, **44**, 2498–2507.

29. Fuertes, A.B., Lota, G., Centeno, T.A., and Frackowiak, E. (2005) *Electrochim. Acta*, **50**, 2799–2805.

30. Vix-Guterl, C., E.F., Jurewicz, K., Friebe, M., Parmentier, J., and Béguin, F. (2005) *Carbon*, **43**, 1293–1302.

31. Hou, P.X., Yamazaki, T., Orikasa, H., and Kyotani, T. (2005) *Carbon*, **43**, 2624–2627.

32. Kyotani, T. and Gogotsi, Y. (2010) in *Carbons for Electrochemical Energy Storage and Conversion Systems*, (eds F. Béguin and E. Frackowiak), Taylor & Francis Group, Boca Raton, FL, pp. 77–113.

33. Fuertes, A.B. (2003) *J. Mater. Chem.*, **13**, 3085–3088.

34. Hou, P.X., Orikasa, H., Itoi, H., Nishihara, H., and Kyotani, T. (2007) *Carbon*, **45**, 2011–2016.

35. Nishihara, H., Yang, Q.H., Hou, P.X., Unno, M., Yamauchi, S., Saito, R., Paredes, J.I., Martinez-Alonso, A., Tascon, J.M.D., Sato, Y., Terauchi, M., and Kyotani, T. (2009) *Carbon*, **47**, 1220–1230.

36. Geim, A.K. and Novoselov, K.S. (2007) *Nat. Mater.*, **6**, 183–191.

37. Yang, C.M., Kim, Y.-J., Endo, M., Kanoh, H., Yudasaka, M., Iijima, S., and Kaneko, K. (2007) *J. Am. Chem. Soc.*, **129**, 20.

38. Chmiola, J., Yushin, G., Gogotsi, Y., Portet, C., Simon, P., and Taberna, P.L. (2006) *Science*, **313**, 1760–1763.

39. Dash, R., Chmiola, J., Yushin, G., Gogotsi, Y., Laudisio, G., Singer, J., Fischer, J., and Kucheyev, S. (2006) *Carbon*, **44**, 2489–2497.

40. Laudisio, G., Dash, R., Singer, J.P., Yushin, G., Gogotsi, Y., and Fischer, J.E. (2006) *Langmuir*, **22**, 8945–8950.

41. Lin, R., Taberna, P.L., Chmiola, J., Guay, D., Gogotsi, Y., and Simon, P. (2009) *J. Electrochem. Soc.*, **156**, A7–A12.

42. Chmiola, J., Largeot, C., Taberna, P.L., Simon, P., and Gogotsi, Y. (2008) *Angew. Chem. Int. Ed.*, **47**, 3392–3395.

43. Ania, C.O., Pernak, J., Stefaniak, F., Raymundo, E., and Béguin, F. (2009) *Carbon*, **47**, 3158–3166.

44. Huang, J., Sumpter, B.G., and Meunier, V. (2008) *Angew. Chem.*, **120**, 530–534.

45. Huang, J., Sumpter, B.G., and Meunier, V. (2008) *Chem.—Eur. J.*, **14**, 6614–6626.

46. Cachet-Vivier, C., Vivier, V., Cha, C.S., Nedelec, J.Y., and Yu, L.T. (2001) *Electrochim. Acta*, **47**, 181–189.

47. Portet, C., Chmiola, J., Gogotsi, Y., Park, S., and Lian, K. (2008) *Electrochim. Acta*, **53**, 7675–7680.

48. Frackowiak, E. and Béguin, F. (2001) *Carbon*, **39**, 937–950.

49. Mysyk, R., Raymundo-Piñero, E., and Béguin, F. (2009) *Electrochem. Commun.*, **11**, 554–556.

50. Mysyk, R., Raymundo-Piñero, E., Pernak, J., and Béguin, F. (2009) *J. Phys. Chem. C*, **113**, 13443–13449.

51. Sun, G., Song, W., Liu, X., Long, D., Qiao, W., and Ling, L. (2011) *Electrochim. Acta*, **56**, 9248–9256.

52. Kondrat, S., Georgi, N., Fedorov, M.V., and Kornyshev, A.A. (2011) *Phys. Chem. Chem. Phys.*, **13**, 11359–11366.

53. Hahn, M., Barbieri, O., Campana, F.P., Kötz, R., and Gallay, R. (2006) *Appl. Phys. A*, **82**, 633–638.

54. Ruch, P.W., Hahn, M., Cericola, D., Menzel, A., Kötz, R., and Wokaun, A. (2010) *Carbon*, **48**, 1880–1888.

55. Mysyk, R., Gao, Q., Raymundo, E., and Béguin, F. (2012) *Carbon*, **50**, 3367–3374.

56. Ania, C.O., Pernak, J., Stefaniak, F., Raymundo, E., and Béguin, F. (2006) *Carbon*, **44**, 3126–3130.

57. Largeot, C., Portet, C., Chmiola, J., Taberna, P.L., Gogotsi, Y., and Simon, P. (2008) *J. Am. Chem. Soc.*, **130**, 2730–2731.

58. Lin, R., Huang, P., Ségalini, J., Largeot, C., Taberna, P.L., Chmiola, J., Gogotsi, Y., and Simon, P. (2009) *Electrochim. Acta*, **54**, 7025–7032.

59. Shim, Y. and Kim, H.J. (2010) *ACS Nano*, **4**, 2345–2355.

60. Mysyk, R., Ruiz, V., Raymundo, E., Santamaria, R., and Béguin, F. (2010) *Fuel Cells*, **10**, 834–839.

61. Aurbach, D., Levi, M.D., Salitra, G., Levy, N., Pollak, E., and Muthu, J. (2008) *J. Electrochem. Soc.*, **155**, A745–A753.

62. Girault, H. (2004) *Analytical and Physical Electrochemistry*, EPFL Press, pp. 379–380.

63. Hardwick, L.J. and Hahn, M. (2006) *Electrochim. Acta*, **52**, 675–680.

64. Hardwick, L.J. and Hahn, M. (2008) *J. Phys. Chem. Solids*, **69**, 1232–1237.

65. Azaïs, P., Duclaux, L., Florian, P., Massiot, D., Lillo-Rodenas, M.A., Linares-Solano, A., Peres, J.P., Jehoulet, C., and Béguin, F. (2007) *J. Power. Sources*, **171**, 1046–1053.

66. Ruch, P.W., Cericola, D., Foelske, A., Kötz, R., and Wokaun, A. (2010) *Electrochim. Acta*, **55**, 4412–4420.

67. Hahn, M., Barbieri, O., Gallay, R., and Kötz, R. (2006) *Carbon*, **44**, 2523–2533.

68. Campana, F.P., Hahn, M., Foelske, A., Ruch, P., Kötz, R., and Siegenthaler, H. (2006) *Electrochem. Commun.*, **8**, 1363–1368.

69. Ruch, P.W., Kötz, R., and Wokaun, A. (2009) *Electrochim. Acta*, **54**, 4451–4458.

70. Deschamps, M., Gilbert, E., Azais, P., Raymundo-Pinero, E., Ammar, M.R., Simon, P., Massiot, D., and Béguin, F. (2012) *Nat. Mater.*, in press.

第5章 碳基电化学电容器的现代理论

Jingsong Huang，Rui Qiao，Guang Feng，
Bobby G. Sumpter 和 Vincent Meunier

5.1 引言

5.1.1 碳基电化学电容器

　　化石燃料需求的不断增长及其对环境的不利影响给当今社会带来巨大能源的同时也给生态环境带来了巨大挑战。电能转换和储存的新技术对于利用可持续和可再生能源以及开发低碳或零二氧化碳排放量的电动汽车来说是不可或缺的[1]。电化学电容器（electrochemical capacitor），或称超级电容器（supercapacitor），已然成为储能器件领域的一颗新星，并在近年来获得了极大的关注[2-7]。根据界面化学与物理[8-11]可以将电化学电容器分为两类：一类是赝电容器（pseudocapacitor），基于各种氧化还原活性的材料，如导电聚合物和过渡金属氧化物[12-14]；另一类是双电层电容器（EDLC），其由多种具有高表面积的碳材料制成[15-18]。赝电容依赖于材料表面上的法拉第电流反应。而双电层电容器的能量储存机制在于电极材料/电解液界面上建立的双电层（EDL）。双电层电容器的特点是具有高功率密度和优异的循环寿命，使得能量能够快速存储和释放。

　　在本章中，我们关注的是基于碳材料的电化学电容器。过去二十年已经有大量的关于多种碳材料在双电层电容器上应用的实验研究。典型的例子包括：活性炭、模板碳、碳化物衍生碳（CDC）、洋葱碳、单壁碳纳米管（SWCNT）和多壁碳纳米管（MWCNT）、碳纳米纤维、石墨烯等（见图 5.1）[10,11,15-25]。当前研究主要从两个方面提高电容性能，即开发新材料和探索潜在的基础能量储存机理。尽管在电容器性能的提升上近年来取得了重大进展，但双电层电容器（< 10Wh kg^{-1}）的能量密度和电池（100Wh kg^{-1}）相比仍有较大差距。然而，双电层电容的研究历史还非常短，这表明电容性能仍然可以在当前的基础上得到优化。如果在保持高功率性能的同时增加能量密度，超级电容器便能与现有的电池技术相竞争。

　　除了大量的实验工作，对双电层电容器基础研究的理论工作也稳步增加[26-32]。理论方法从早期的亥姆霍兹模型理论（Helmholtzmodel），到平均场转换连续模型理论（mean – field continuum model），再到现代分子动力学（MD）模拟理论。当与实验结果结合时，理论研究将为电极/电解质表面的形态变化提供一个良好的视角，这对理解双电层电容器的电容性能及实现其最优化起到关键作用。在下文中，我们将对最常见的EDL模型，以及它们如何在超级电容器中进行能量储存进行概述。

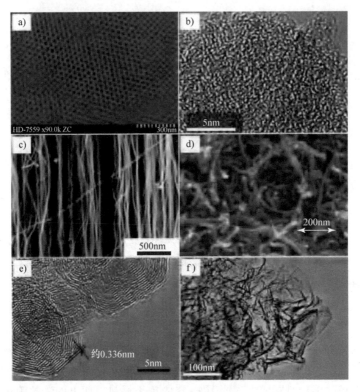

图 5.1　用于双电层电容器中电极典型的碳材料：a）模板碳（参考文献［19］允许转载）；
b）硅 CDC（参考文献［20］允许转载）；c）碳纳米管阵列（参考文献［22］允许转载）；
d）碳纳米纤维（参考文献［23］允许转载）；e）洋葱碳（参考文献［24］允许转载）；
f）化学修饰的石墨烯（CMG）材料（参考文献［25］允许转载）

5.1.2　双电层电容器的组成

　　双电层电容器的单元结构与电池（见图 5.2a）类似。其电极是由碳基活性材料与集流体层叠贴制成。接着将多孔隔膜纸，聚合物材料或玻璃纤维粘合在两个电极之间。然后，将电解液注入单元中。不同电解液在双电层电容器中的性能有优劣之分[6,16]。由于硫酸或氢氧化钾水溶液拥有较高的电导率和较高的介电常数，因此其常被用作双电层电容器电解液。有机电解液如四氟硼酸四乙基铵（TEA – BF_4）的乙腈（AN）或碳酸丙烯酯（PC）溶液也经常使用。相对于电压平台 1V 左右的水系电解质，其单元电压能够增加到 2.3V。对于水系和有机系电解液来说，通常采用高电解质浓度，以增加导电性和避免电解质损耗问题，以使得碳材料的大部分表面积可以得到充分的利用。离子液体（IL）电解质的使用同样可以使双电层电容器的电压大于 3V。然而，目前的离子液体比水系和有机系电解液的粘度更高、电导率更低。

　　在双电层电容器中，碳材料被选择作为活性电极材料的原因是它们具有高的导电性，高的比表面积（SSA），可调的孔隙率和相对较低的生产成本[8,15,16]。相对于传统的

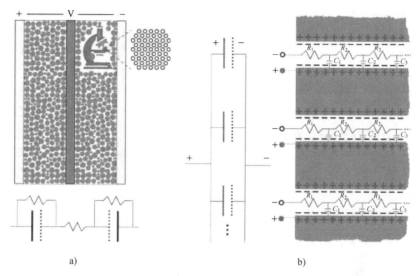

a)　　　　　　　　　　　　　　　　b)

图 5.2　a）使用纳米孔碳材料的 EDLC 电容器的示意图。每个碳颗粒中含有大量纳米级的孔。
在等效电路中，两电极的电容器被串联连接，其中每个电极电容被用实线段表示，而一个
平行的虚线段表示电解液。该电阻描述了电极和电解质的电阻以及离子在充电和放电过程
中的能量损失[15]。b）在每一个电极上（例如，正极），每一个碳颗粒中的孔隙表示为一
个电容并联连接、以孔深度为变量得到的一系列阻抗 R_n 的等效电路。孔电容并联连接，
其中每个孔电容被以实线段表示，而反粒子则用虚线表示

电导率 $\leqslant 10^{-2}$S cm^{-1} 的半导体，使用碳材料的双电层电容器的电导率通常 $\geqslant$1S cm^{-1}。
这一高数值与费米能级上高的电子态密度有关[15]。尽管有高的电导率，作为充电状态
函数的微分电容，碳材料的微分电容仍不同于金属。对于典型的碳原子来说，恒电流方
法显示电压与施加的电势呈线性增加；同时，循环伏安法扫描表明，其电流几乎是恒定
的，呈现出一种矩形的循环伏安图（CV）[21,33]。这些结果表明，这种碳基双电层电容器
的电容几乎与充电状态无关，而使用如金属汞的电容器，其电容则会随电势出现显著变
化[34]。然而，一些碳材料表现出蝴蝶形的循环伏安曲线，在零电荷电位（PZC）电位
附近带有明显的最小电流[35,36]。这种行为可能是石墨烯的量子电容（quantum capaci-
tance）的一种表现，我们将在后面详细讨论。

　　由于双电层电容器中电荷存储是一种界面现象，因此研究电极材料的表面特性来说
是不可缺少的。例如，在纳米尺度上对纳米多孔碳材料的形貌特征的仔细检查表明，当
碳颗粒的颗粒尺寸为微米级时，每个碳颗粒中含有大量的纳米尺寸的孔（见图 5.2a）。
IUPAC 将孔径分为三类：直径小于 2nm 为微孔，直径为 2～50nm 为中孔，直径大于
50nm 为大孔[37]。纳米多孔碳的高比表面积（1500～2600m^2 g^{-1}）主要来自于内部孔结
构的表面积，其次是颗粒的外表面积。图 5.2b 中所示，每个孔可以表示为与并联的电
容器与串联的电阻作为孔深度的函数的等效电路[38,39]。为方便起见，可以用实线段表
示每个孔相关的电容，其代表孔壁所形成电容器平板，同时用平行的虚线代表由反离子

形成的电容器电容板（见图5.2b）。重要的是要确定电极电容与孔电容之间的关系，换句话说，在电极中建立孔隙电容与电极之间的关系。该图显示了孔电容器是并联连接的而不是串联的，因为所有的孔壁连接到相同的电极上，也就是说，它们具有相同的电位。因此，对于电极电容，只需要考虑一个单一的孔隙，计算整体效果只是计算所有孔的表面积的总和。同样的，这一关系对于基于洋葱碳、碳纳米管（CNT）或碳纳米纤维的双电层电容器也是成立的，这个观点大大简化了基础的双电层电容器的理论处理方法，理解每个单独的孔就足够确定整个电极的电容。

单个孔隙的电容之间的关联不同于一个完整的单元内阴极和阳极之间串联的连接（见图5.2a）。阴极和阳极的定义来源于电池，也就是说，阴极是正极终端阳极是负极终端。

因此，单元总电容（C_{tot}）是通过普通的反比关系以电极电容（C_+和C_-）的形式给出的。

$$\frac{1}{C_{tot}} = \frac{1}{C_+} + \frac{1}{C_-} \tag{5.1}$$

对于一个完整的单元，对称与非对称电容的问题必须慎重考虑。在对称电容器中，两个电极提供相等的电容值。通常情况下，如果两个电极是由相同的碳材料构成，这个电容器是对称的[4]。然而，我们应该指出，相同的电极并不一定能保证构成一个对称的单元，因为在阳极上形成双电层的阳离子可能与阴极上的阴离子具有不同的离子半径。离子半径的差异导致不同厚度的双电层，进而使电容器变成非对称电容器。即使两个双电层的介电常数可能是彼此接近，这样的离子半径的差异也可能导致两个双电层上具有不同的电压降。尽管如此，为了简单起见，我们将假定阴极和阳极由相同的电极材料制成的电容器是对称电容器。伴随对于对称电容器的假定，式（5.1）变为

$$C_{tot} = \frac{1}{2}C_+ = \frac{1}{2}C_- \tag{5.2}$$

应该注意的是，两电极的测量方法可以给出一个C_{tot}值，而三电极测量的是C_+或C_-或它们的平均值。在本章中，我们选择测试电极电容而非单元的电容。该电容在以往文献报道中被称为重量电极电容，这里的电极电容指的通过活性物质的质量来标称电容。在计算器件性能时需要格外注意，比如计算单元能量密度时，需要用到单元重量比电容这个参数。事实上，由于完整单元具有单个电极双倍的重量和一半的电容，在电极重量比容量与单元重量比容量之间存在一个因素4。

双电层电容器根据反离子与碳表面之间的相互作用方式的不同分为两个不同的类别[28,29]。第一类包括内嵌式（endohedral）电容器，该类电容器通过反离子进入毛孔内来建立双电层（见图5.3a）。此类电容器广泛适用于带有负表面曲率的纳米多孔碳，如活性炭、模板碳和CDC碳。电荷存储机制由于孔尺寸差异稍有不同。第二类包括边界（exohedral）电容，适用于正表面曲率的材料。在这一类材料中，离子分布在碳颗粒的外表面，如洋葱碳、封端碳纳米管和碳纳米纤维（见图5.3b）。在双电层电容器电极应用的碳材料之中，介于endohedral和exohdral电容器之间的石墨烯是一类相对新颖的碳

材料[25,40]。由于它们的曲率为零，它们不属于上述的类别，需要另行讨论。

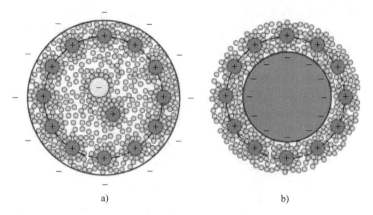

a)   b)

图 5.3 a）endohedral 电容器，反离子接近纳米多孔碳的带负电的孔的内壁，如活性炭、模板碳、或 CDC 内的内壁的内嵌金属电容器。b）exohedral 电容器，一个反离子只在带负电的洋葱碳颗粒、封口 CNT 或碳纳米纤维外表面电容器

5.2 经典理论

5.2.1 界面上的紧密层

双电层最简单的模型是亥姆霍兹模型[41]。亥姆霍兹模型的原始版本是假定电解液一侧的双电层是由一个紧凑排列的反离子层组成，反离子层刚好抵消了电极电荷的表面层，形成所谓的亥姆霍兹层（见图 5.4a）。这电荷的双层结构类似于一个常规的平板电容器（parallel – plate capacitor），同时也解释了双电层这个名称的起源。在这一近似的水平上，双电层电容由下式给出：

$$C_H = \frac{\varepsilon_r \varepsilon_0 A}{d} \tag{5.3}$$

式中，ε_r 是双电层内部的介电常数；ε_0 是真空介电常数；A 是电极的表面积；d 是表面电荷层和反离子层的间距（或简称为致密层的厚度）。ε_r 为无量纲，而 ε_0 的单位是 $C^2 N^{-1} m^{-2}$，相当于 Fm^{-1}。

对应于亥姆霍兹模型的大幅简化处理，双电层丰富的物理性质在式（5.3）的两个自由参数中得到了充分的体现，也就是 ε_r 和 d。致密层的厚度 d 受反离子在电极上的吸附方式的影响：如果它们是接触吸附的，也就是说，离子和电极之间不存在溶剂，那么参数 d 定义为裸离子的大小；否则，参数 d 主要由溶剂化的离子的大小来决定。该致密层的电介质常数（ε_r）无法被很好地理解。鉴于在电极/电解质界面的溶剂结构与溶剂本体的明显不同，在致密层中的电场大小往往达到 $10^8 \sim 10^9 \, Vm^{-1}$ 的数量级，有一个共识，即致密层的溶剂介电常数与其本体有显著的差异。理论著作和实验研究[42-44][45,46]都表明，充电后的表面附近水分子的介电常数在 5 ~ 20 的范围内，远小于本体水介电常数 78。电气化表面（electrified surface）附近的有机电解液和离子液体的介电常数没有被广泛研究，但是相信也应该低于其本体值。由于考虑了大的阴离子在电极上的特征吸附及其他因素的影响，最初的亥姆霍兹模型随后得以改进。具体而言，原来的致密层被进一步划分成内亥姆霍兹层和外亥姆霍兹层[34,47]。

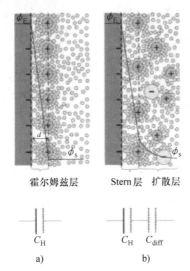

图 5.4 平面的双电层模型：a）亥姆霍兹模型，带有与电极表面分隔开的反粒子紧密层，
其厚度为 d。亥姆霍兹层完全屏蔽掉电极上负载的电荷。b）古埃 – 查普曼 – 斯特恩
（GCS）模型，带有一个由电解质离子的热运动形成的，并延伸入溶液内部的扩散层

5.2.2 电解液中的扩散层

对于电极表面的电荷完全被亥姆霍兹层中的反离子电荷屏蔽（screen）的假设并不总是切合实际的。由于热运动的影响，一些反离子分散到了致密层相邻的所谓的扩散层中（见图 5.4b）。换句话说，双电层实际上由一个斯特恩层（即亥姆霍兹或紧凑型层）和一个的扩散层串联构成的（见图 5.4b）。对于双电层更为复杂的示意图，经常需要使用古埃查普曼 – 斯特恩（GCS）模型来进行描绘[48-50]。

在 GCS 模型的框架中，对于一价电解质，扩散层中的电位分布符合泊松 – 玻耳兹曼方程（PB）：

$$\nabla(\varepsilon_r \varepsilon_0 \nabla \phi) = 2ec_\infty \sinh(e\phi/k_B T) \tag{5.4}$$

式中，ϕ 为电势；c_∞ 为本体电解质浓度；e 为元电荷；k_B 为玻耳兹曼常数；T 为绝对温度。通过求解 PB 方程，得到扩散层的电容

$$C_{diff} = \frac{\varepsilon_r \varepsilon_0 A}{\lambda_D} \cosh\left(\frac{e\phi_{diff}}{2k_B T}\right) \tag{5.5}$$

式中，ϕ_{diff} 是扩散层的电压降；λ_D 为一价电解质的特征德拜（Debye）长度，定义如下：

$$\lambda_D = \left(\frac{\varepsilon_r \varepsilon_0 k_B T}{2e^2 c_\infty}\right)^{1/2} \tag{5.6}$$

PB 方程，即式（5.4），简洁精炼地描述出了扩散层，并且是双电层（EDL）理论

发展的里程碑之一。为了纪念方程的提出者古埃和查普曼，它也被称为 GC 模型。然而，作为平均场理论（mean - field theory），PB 方程有以下几点局限性[51]：①溶剂被当做无结构的连续体来处理，通常扩散层中溶剂的介电常数来自于电解液本体中的介电常数；②通常只涉及静电离子间的相互作用，而忽略了离子间的关联性；③反离子被近似为点电荷，而没有考虑离子的有限大小。由于这些局限性，在缺少斯特恩层的情况下，单独使用 PB 方程需要谨慎考虑。PB 方程主要适用于稀电解液和扩散层低的电压降（ $> k_B T/e \approx 25\text{mV}$，室温）的情况。在高充电态表面附近或者高浓度电解液中，单独使用 PB 方程可能在极化超过 25mV 的电极附近得到一个高的非真实存在的离子浓度。单独使用 PB 方程的另一个误区是，由于反离子可能接近无限接近电极表面，双电层电容会被严重高估。当使用 GC 模型时考虑了斯特恩层（GCS 模型），这些问题可以部分避免。在 GCS 模型的框架内，斯特恩层具有相当于亥姆霍兹层的物理意义，它们的关系非常近似于反离子与电极表面的关系。它的电容 C_H 受 EDL 的厚度以及介电常数的影响，由式（5.3）所示。

对于双电层电容器，需要使用浓度相当高的电解液，根据式（5.6），这将造成德拜长度小幅增长，反过来，根据式（5.5）（ $> 100\mu\text{F cm}^{-2}$ ）又可能导致一个相当大的扩散层电容。相比较而言，致密层的电容就变得更小（在 $10 \sim 20\mu\text{F cm}^{-2}$ 的数量级上）。如图 5.4b 所示，EDL 相当于两个串联在一起的电容器：

$$\frac{1}{C_{dl}} = \frac{1}{C_H} + \frac{1}{C_{diff}} \tag{5.7}$$

因此，可以认为扩散层的贡献可以忽略不计，整个双电层的电容受致密层电容控制[52]。此效应可以简单理解为使用高浓度的电解质可显著减少扩散层的有效厚度，进而电解质一侧的双层结构可以简化为亥姆霍兹层或斯特恩层（从图 5.4b 到图 5.4a）。

在致密层和电解质的属性可以确定的情况下，GCS 模型可以被用来计算任何几何形状的 EDL 电容。然而，在过去，这一模型主要适用于平面电极附近的 EDL。这也并不奇怪，直至今日，在实际系统中所遇到的孔结构和 exohedral 圆柱的尺寸都很大，以至于它们的表面可以认为是平面。在非平面表面上进行的一些研究中使用这种方法，但不包括致密层[51]。与此相反，参考文献［52］报道的工作明确提及了致密层，并且将 PB 方程应用在狭缝和圆柱孔的结构中来研究介孔碳基双电层电容器中扩散层与孔隙形状的影响。

5.2.3 电极上的空间电荷层

图 5.4b 所示的 EDL 模型过于简单以至于无法准确地表达基于传统的半导体的电极。除了位于界面处的亥姆霍兹（或斯特恩）层和电解液一侧的扩散层，在电极一侧的空间电荷层可以延伸到电极体相内部[2,53]。采用金属电极的情况下，没有必要考虑空间电荷层的影响，原因在于金属电极的德拜屏蔽长度非常短。然而，在半导体材质的电极中，空间电荷层是不能被忽略的。电极侧空间电荷层的存在导致出现电极/电解质界面由三个串联的电容器组成的情况：包括一个空间电荷层（ C_{SC} ）、一个致密层（ C_H ）和一个扩散层（ C_{DIFF} ）[53,54]。由此可知，整个的双电层电容可表示为上述三个部分串联组合而成：

$$\frac{1}{C_{dl}} = \frac{1}{C_{SC}} + \frac{1}{C_{H}} + \frac{1}{C_{diff}} \qquad (5.8)$$

值得注意的是，这不是一个带电的三层结构，而仍然是一个广义的 EDL 层——一层是电极上电荷层，而另一层是电解液中的反离子层。

在研究碳基电容器的文献中很少会考虑空间电荷层的电容，石墨基面的碳基电容器则除外[55-57]。鉴于大多数碳材料具有良好的导电性，这一点也是相当合理[15]。碳的高导电性与高电荷载流子浓度有关，这可能会导致一个短的德拜屏蔽长度的出现，与高电解液浓度的效果类似。其结果是，C_{SC} 是很大的而它相反值很小，以至于其对于总体电容的贡献可以忽略不计。换句话说，碳材料的高导电性证明了在平行板电容器上可以使用亥姆霍兹模型。然而，在石墨基面的情况下，电容 - 电位曲线表现出对称的 V 形形状，基面两侧电容都随电压的增大而线性增加。这样的行为可以由石墨中垂直于基面方向的空间电荷层来解释。与扩散层中的一样，C_{SC} 的贡献假设遵循相同的数学处理，详见式（5.5）和式（5.6）[55]。对于此行为的进一步讨论详见 5.3.3 节。

5.3 近期研究进展

5.3.1 表面曲率效应下的后亥姆霍兹模型

5.3.1.1 内嵌式电容器模型

数十年来，亥姆霍兹模型已广泛用于描述双电层电容器。但是，亥姆霍兹模型实质上是一个定性的模型，试图用它以定量的方式来分析实验数据往往是不可行的。最根本的问题在于式（5.3）预测出了一条 C - A 线性关系时，在实际的体系中，在如纳米多孔碳材料中很难观察到预测的 C - A 线性关系。一般情况下，可以观察到碳材料的表面积越高，所获得电容越高。虽然某些实验表明 C 和 A 之间存在线性关系[58-61]，但另一些实验得出的结论是不存在这种线性关系[26,61-63]。此外，一些实验表明，容量 C 的大小与微孔体积成正比[64,65]。C - A 关系是一个长期争议的问题，表明基于经典模型的平面表面理论中缺少了一个基本的要素。

纳米多孔碳的高比表面积源于内部孔隙表面。对于碳基双电层电容器，由于将碳/电解液界面简化用于双电层电容器没有考虑孔壁之间紧密的相互作用，这一事实似乎与式（5.3）不相符。更重要的是，在简单的平行板电容器模型中，每个孔的曲率忽略不计。而表面曲率的影响是很明显的，这一点通过尖锐末端有强烈的局部表面电场可以看出。令人不解的是直至今日，在场发射的范围内或者物理避雷针中遇到的电场增强因素在对于 EDL 近弯曲表面的描述中一直被忽略。

纳米多孔材料的孔结构具有各式各样的形状，如圆柱状、狭缝、球形，这取决于合成方法[66,67]。例如，通过模板法获得的介孔碳材料通常存在具有圆形横截面的蠕虫状的孔结构（见图 5.1a）[19,64]。在这种情况下，圆柱状的孔一般都作为假设，用于理论上处理气体物理吸附[68,69]和阻抗谱[39,70,71]的情况。如果介孔假定为是圆柱形的，如图 5.5a 所示，溶剂化的反离子可以进入孔中并且到达孔壁，以形成双圆柱状电容器（ED-CC）[29,30]。相应的电容由下式给出：

$$C = \frac{2\pi\varepsilon_r\varepsilon_0 L}{\ln\ (b/a)} \tag{5.9}$$

式中，L 是孔的长度；b 和 a 分别是圆柱的外半径和内半径。在分析实验数据时，采用考虑了比表面积的标准化电容（normalized capacitance）更方便：

$$\frac{C}{A} = \frac{\varepsilon_r\varepsilon_0}{b\ln\ [\ b/(b-d)\ ]} \tag{5.10}$$

式（5.10）构成了基于两个简化假设的启发式模型的出发点。首先，与 Helmholtz 模型非常相似，圆柱体内侧的反粒子完全屏蔽了孔壁上的电荷。在高浓度的情况下，这种简化是有效的，譬如在实际的双电层电容器中所用的浓度[52]。其次，由于碳材料的高导电性，整个双电层电容中空间电荷层的贡献可以忽略不计。因此，将表面曲率明确考虑在内的情况下，式（5.8）中所示的由三个电容器串联的方案中基本上可简化为 C_H 这一单一参数变量。

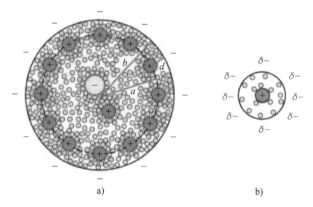

图 5.5　a）带负电荷的介孔与靠近孔壁的溶剂化阳离子形成双圆柱状电容器（EDCC），其外径和内径分别为 b 和 a，厚度为 d。b）直径为 b 的带负电荷的微孔与沿孔中心线排布的半径为 a_0 的溶剂化阳离子形成 electric wire - in - cylinder 型电容器（EWCC）。
EWCC 也可能带有去溶剂化离子（见正文）

EDCC 模型受到了亚纳米半径的限制。这与微孔机制相对应。在这种情况下，约束不允许孔隙中双圆筒结构的形成。如果假定微孔为圆筒状，如图 5.5b 所示，溶剂化（脱溶剂）的反离子可以进入孔隙中，沿孔轴线排列，以形成 electric wire in cylinder 型电容器（EWCC）[29,30]。尽管反离子的分子几何特性可能是各向异性的，但孔壁会受到由于室温平移或沿着孔轴线或者相对于孔轴线方向的反粒子的旋转造成的平均作用。平均的几何形状与轻薄的内圆柱体的几何形状相当。与中孔的情况不同，在微孔的内筒的半径不是由最靠近在孔壁上的反粒子决定的，而是由反离子的有效尺寸 a_0 决定的。这是离子的一种固有特性和离子周围的电子密度的程度的一种量度。将 a_0 引入到式（5.10）中，EWCC 方程就变为

$$\frac{C}{A} = \frac{\varepsilon_r\varepsilon_0}{b\ln\ (b/a_0)} \tag{5.11}$$

从某种程度上来说，EWCC 可以视为 EDCC，但 EWCC 的关键参数不再是 d，而是 a_0，也就是反离子的有效尺寸。需要注意的是 d 和 a_0 的大小几乎与孔隙大小无关。

式（5.10）和式（5.11）表明，由于表面曲率效应的存在，电容变为与孔径大小相关。这意味着相对于亥姆霍兹模型，我们不再期待一个线性的 C-A 关系。为了使得 C-A 的关系保持线性，孔径必须是固定值，并且表面积和电容允许改变。在水溶液和有机电解液中获得模板碳原子实验的重量电极电容的情况下，这个问题是可以理解的[64]。如果所有的电容数据点绘制成表面积的函数，就不存在明显的线性关系（见图 5.6a）。然而，如果只在内径尺寸为 (2.9 ± 0.2) nm 这个比较窄的范围获取数据点时，就会出现线性关系（见图 5.6b）。对于有机电解质来说，通过 R^2 值所得到的拟合质量优于水溶液中的拟合质量，其中所述的 EDL 更容易受到来自赝电容的影响。还要注意的是孔径的效果不能抵消所有能够扭曲 C-A 线性关系的因素。其中一个因素是孔壁的厚度，它可以影响孔壁内存在的空间电荷场，导致重量电容－比表面积曲线图中高表面积区出现电容的饱和或者高平台的情况[35]。

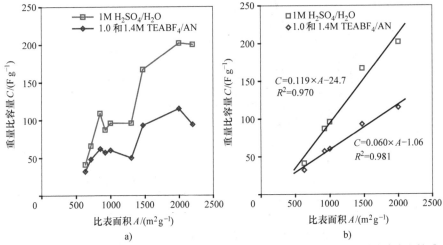

图 5.6 水系和有机系电解液中模板碳的比表面积和重量比容量间的相互关系图（摘自参考文献 [64]）：a）如果所有的点都被包含在内，将不存在良好的线性关系；b）只包含在 2.9±0.2nm 的狭小孔径范围内得到的数据点时，会出现良好的线性关系，线性拟合时用 R^2 表示

这些基于曲率的电容模型已被证实，在不同孔隙的情况下，不同碳材料的纳米多孔碳基双电层电容器中都是通用的，这些碳材料包括活性炭、模板碳、CDC，并适用于不同的电解液，包括有机电解液、水系 H_2SO_4 和 KOH 电解液，甚至离子液体电解液（见表 5.1）[30,72]。举例说明，我们首先关注溶于 AN 中的 $TEABF_4$ 有机电解液。图 5.7 分别显示出 CDC[21] 和模板碳[61,64,73] 在 1.0M、1.4M 和 1.5M 的电解液浓度下的实验数据。不同于参考文献 [29，30] 中给出的实验结果分析，参考文献 [64] 中的浓度分别为 1.0M 和 1.4M 的实验数据并没有分开来表示。根据最近在电解质浓度为 0.5～1.6M 的范围内对于介孔碳基双电层电容器的 PB 模拟，电容对浓度的依赖性是可以忽略的[52]。在图 5.4 的 13 个数据点当中，有 9 个数据点的孔径是可用的，其中只有 5 个可以提供

单模孔径分布的数据[61]。因此，只有这 5 个数据点被包括在目前的分析结果中。纳米多孔碳的电容通常在较高的放电电流密度下会减少。然而，图 5.7 中的数据是在 1 和 5mA cm^{-2} 的小放电电流密度或 2mV S^{-1} 的慢的伏安扫描速率的条件下获得的[21,61,64,73]，因此图 5.7 中的数据接近其额定的最大值。根据 BET 方法获得的比表面积可以计算出电容值[74]。微孔碳原子（Ⅰ区）和介孔碳（Ⅲ区）的实验数据分别与式（5.10）和式（5.11）拟合得非常好。

表 5.1　使用式（5.10）和式（5.11）分别对介孔和微孔碳得到的实验数据拟合的结果

孔	碳	电解液	R^2	ε_r	$d/Å$	$a_0/Å$	离子半径/Å	
							r_+	r_-
微孔	CDC①	TEA-BF$_4$/AN (1.5M)	0.985	2.23 (0.30)②	—	2.30 (0.14)②	3.4③, 2.4④	2.3⑤
中孔	CDC①, template C⑥	(1.0, 1.4, 1.5M)	0.601	9.73 (1.29)②	9.43 (0.69)②	—	—	—
微孔	CDC⑦	EMIM-TFSI	0.944	1.12 (0.26)②	—	2.91 (0.16)②	2.15⑦⑧ 3.80⑦⑨	1.45⑦⑧ 3.85⑦⑨
微孔	CDC⑩, 活化 C⑪	H$_2$SO$_4$ (1M)	0.889	27.1 (18.7)②	—	0.05 (0.17)②	0.28⑫	2.40, 2.58⑬
中孔	模板 C⑭	H$_2$SO$_4$ (1M)	0.328	17.4 (6.3)②	9.77 (1.92)②	—	—	—
微孔	活化 C⑪	KOH (6M)	0.921	7.76 (3.06)②	—	1.64 (0.83)②	1.38⑮	1.33⑬
中孔	活化 C⑯	KOH (6M)	0.618	13.4 (3.2)②	6.72 (1.03)②	—	—	—

① [21]。

② 括号里的数字拟合参数的标准误差。

③ [75, 76]。

④ DFT 分析是通过 TEA$^+$ 电荷分布来计算的，TEA$^+$ 限制在 C_2' 轴向的次纳米级孔度中，C_2 轴向和孔坐标轴平行。参考文献 [29, 30]。

⑤ [75-77]。

⑥ [61, 64, 73]。

⑦ [78]。

⑧ 沿短的方向。

⑨ 沿长的方向。

⑩ [79]。

⑪ [80]。

⑫ [81, 82]。

⑬ [76, 77]。

⑭ [64]。

⑮ [76]。

⑯ [83]。

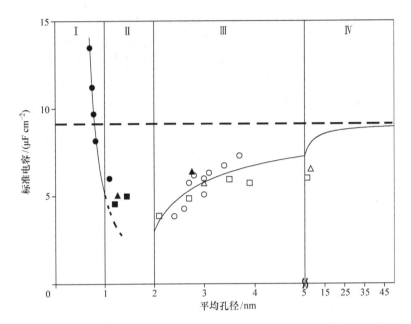

图 5.7　CDC 和模板碳在 TEA – BF$_4$/AN 电解液中实验数据的拟合结果，区域Ⅲ用式（5.10）拟合，而区域Ⅰ用式（5.11）拟合；由区域Ⅲ中的曲线外推到区域Ⅳ接近式（5.3）计算出的虚线（经参考文献［27］许可复印）

在Ⅲ区，由式（5.10）的拟合再次重现了随着孔径大小的增加，面积比电容（area – normalized capacitance）略微增加的实验趋势。通过对近期具有狭缝状和圆柱孔结构的介孔碳双电层电容的 PB 模拟，可以断定这种趋势仅存在于圆筒形孔结构中[52]。尽管一些模板碳确实可以表现出圆截面的孔洞，大多数介孔碳的实际整体孔洞形状非圆柱形[19,64]。然而，绝大多数的孔洞可以局部近似为圆柱形。因此，将孔洞近似为圆柱形比近似为狭缝更合理一些。拟合得到的介电常数 ε_r =9.73 ±1.29，这远小于 36（AN 在室温的介电常数）[84]。同时，水溶液的介电常数在 EDL 和密闭空间内会减少[2,42,44,45]。根据阻抗谱估算出来的[85]直径 d 的拟合值（9.43 ±0.69Å）的大小与计算得到的TEA$^+$·7AN（6.5Å）和 BF$_4^-$·9AN（5.8Å）的溶剂化的离子半径大小和 TEA – BF$_4$（6.6Å）在 AN 中的德拜长度在同一数量级上[86]。

进入Ⅳ区域的拟合曲线的外推，表明曲线渐近接近一条通过在式（5.3）中使用在Ⅲ区得到的参数 ε_r 和 d 计算得来的虚线。这并不令人惊讶，因为通过使用在$d << a$时大孔的泰勒膨胀系数，用于 EDCC 的式（5.10）能被简化成用于双电层电容器的式（5.3）[29]。渐近的行为表明，曲率对于介孔电容的作用很大，但不适用大孔，碳/电解质界面常近似为平行板电容。事实上，标准化电容断开速度比拟合曲线的外推更加迅速，这一点可从Ⅳ区的两个数据点上看出来。这可能归因于孔的大小与 SSA 和孔体积相关这一事实，其增加是以牺牲孔壁厚度为代价。孔壁厚度的减少会导致孔壁里的空间电荷收缩和相应的电容减少[35]。虚线代表大孔的标准化电容在浓度值为 1.0 ~ 1.5M

范围内的上限。

对于 I 区的较小孔径，特别是孔径在 1nm 以下的情况，CDC 材料显示出面积比电容异常增加[21]。微孔 CDC 材料中最高标准化电容值出现在孔径为 0.7nm 处，它的电容值（13.5μF cm^{-2}）甚至高于中孔电容值的上限。这最初被视为一个令人费解的结果，因为有人认为该亚纳米细孔没有接触到电解液。这一结果违背了一条长久以来的假设，该假设认为尺寸小于溶剂化电解质离子的孔不能用来储能。这种存在于亚纳米级孔隙中的反常行为提出了机理分析的挑战，也为提高微孔碳超级电容器的电容性能提供了可能[87]。通过把孔曲率考虑进来，使用式（5.11），I 区域内的拟合很好地重现了电容异常增加。这构成了对 EWCC 模型的一个强有力的支持。介电常数的拟合值 $\varepsilon_r = 2.23 \pm 0.30$，这个结果非常接近真空值（1），这是合理的，因为反离子和孔壁之间的空间不是一个绝对的真空，而是包含一个有限的电子密度。根据 Vix - Guterl 等[64]和 Gogotsi 及其同事[21]的研究报道，这还表明反离子的溶剂化外层几乎被完全移去。反离子去溶剂化是可能的，不仅因为 TEA$^+$ 和 BF$_4^-$ 的溶剂化自由能分别仅为 -51.2kcal mol^{-1} 和 -45.1kcal mol^{-1}，而且还因为脱溶剂离子和孔壁之间的范德华相互作用很强[88]。a_0 拟合值 $= 2.30 \pm 0.14$Å 与文献中记录的约 2.30 $\pm$ 0.14Å 的 BF$_4^-$ 半径[75-77]，以及从 BF$_4^-$ 的径向电荷分布的密度泛函理论（DFT）的计算结果[29,30]估计的离子半径是相符合的。文献报道的 TEA$^+$ 的离子半径约 3.4Å[75,76]，不同于从曲线拟合得到的 a_0 值。然而，随着 C_2' 轴对准孔轴，当 TEA$^+$ 被限制在一个亚纳米级孔隙时，有一个较小的半径约 2.4Å，这是从 TEA$^+$ 的径向电荷分布的 DFT 计算结果估算出来的[29,30]。

EWCC 模型也定量的与从表面电荷密度探测到的离子间的距离一致。在这里，我们专注于在区域 I 中最左边的数据点，因为对于孔径为 0.7nm 的孔，它具有最高的标准化电容（13.5μF cm^{-2}）。假设对称电容器中，单元电压为 2.3V[21]，各电极的电压为 1.15V。根据 $Q = CV$，电荷密度 $Q = 13.5$μF cm^{-2} × 1.15V = 1.55 × 10^{-21} CÅ^{-2}。电子电荷为 1.602 × 10^{-19} Ce^{-1}，这与一个点电荷的密度 0.0097eÅ^{-2} 相一致。另外，每一个点电荷占据的面积为 1/0.0097 = 103Å^2。在 EWCC 模型内，离子在孔径为 0.7nm 的圆筒内排布，因此离子间的距离是 103Å2/7πÅ = 4.7Å。此值与 BF$_4^-$ 离子和 TEA$^+$ 离子匹配得非常好，表明在 2.3V 的电池电压下，0.7nm 的孔充满了反离子。对于这个及其他区域 I 中的数据点，使用从带有第三个类似银参比电极的 CV 测试中得到的各电极的电容值和电压降，可以执行类似的计算[33]。对于 CDC，孔径 0.700 ~ 0.806nm 的结果列于表 5.2 中，在该孔径范围中，电容表现出异常增加[30]。它显然是随着孔径从 0.806 收缩到 0.7nm，导致离子间距离减小。在 0.7nm 的孔隙中，离子间的距离接近于紧密堆积的点。换句话说，在电池电压为 2.3V 时，电荷存储几乎到达表面饱和状态[89,90]。

在水溶液电解质中，双电层电容器的电容显示出类似的行为，如在 1MH$_2$SO$_4$ 和 6MKOH 的水溶液中。图 5.8 给出了在 1MH$_2$SO$_4$ 水溶液中作为微多孔 CDC 和位于 I 区的活性炭和位于 II 区的介孔模板碳孔径尺寸函数的标准化电容。与图 5.7 中的有机电解质的情况相似，分别使用 EWCC 和 EDCC 模型，微孔和介孔碳的标准化电容可以被拟合得

**表 5.2　由基于参考文献[33]中电极电容的电荷密度计算出来的
CDC 的亚纳米孔中 TEA⁺ 和 BF₄⁻ 的交互离子距离**

T/℃	孔径大小 /nm	$C_{tot}/$ ($\mu F\ cm^{-2}$)①	BF₄⁻ 结果			TEA⁺ 结果		
			$C_-/$ ($\mu F\ cm^{-2}$)	电压 /V①	离子作用间 的距离/Å	$C_+/$ ($\mu F\ cm^{-2}$)	电压 /V②	离子作用间 的距离/Å
500	0.700	13.449	16.152	0.90	5.01	11.448	1.40	4.55
600	0.738	11.056	12.277	1.05	5.36	9.992	1.25	5.53
700	0.764	9.272	9.415	1.15	6.16	9.079	1.15	6.39
800	0.806	7.618	7.467	1.20	7.06	7.774	1.10	7.40

① 从 $C-V$ 曲线的绿色部分估计出来的（例如参考文献 [33] 的图 5.2a 和图 5.2b）。

② 从 $C-V$ 曲线的红色部分估计出来的。

很好。拟合结果列于表 5.1 中。由于溶剂化自由能的差异[88]，水系和有机系电解液之间具有显著的差异。上限标准化电容在 $1MH_2SO_4$ 约 $16\mu Fcm^{-2}$ 时，最大值大于微孔碳（约 $12\mu Fcm^{-2}$，见图 5.8）。同样值得注意的是微孔碳，介电常数 ε_r 值（27.1 ± 18.7）远大于真空值 1，表明反粒子在微孔中仍然是水合化的。

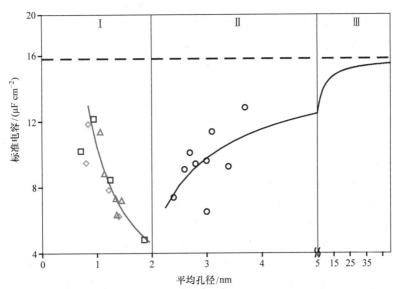

图 5.8　使用 $1MH_2SO_4$ 电解液的带有不同微孔和介孔的超级电容器的实验
数据的拟合，区域 I 和 II 中分别用式（5.11）和式（5.10）拟合。由区域 II 中的曲线作
的推断接近利用从区域 II 中得到的相同参数由式（5.3）计算出的虚线。注意区域 I 中，最左
边的两个点是通过拟合得到的。◇：ZrC - CDC；□：TIC - CDC；△：活性炭材料；
○：模板碳材料（经参考文献[30]许可复制）

　　水相和有机电解质的一个重要的区别是缺少了微孔碳和介孔碳之间的差距。这种差距是第 II 区域,如图 5.7 所示。这个缺口区域的起源是耐人寻味的,但没有一个合适的模板。有机电解质 II 区或者水电解质中的尺寸延伸到孔径 1nm 以下的实验数据可以回答这个问题,但参考文献中缺乏这样的数据。然而,我们发现有必要检查一系列活性炭如图 5.9 所示的实验数据。这些数据都是从图 5.9 和表 5.2 摘录的[91]。对 1M 硫酸和 6M 的 KOH 的液态电解液来说,从 1.4nm 的孔径大小,随孔尺寸的减少,标准电容增加,然后在 0.94nm 的孔径处略有下降,显示出与图 5.8 相同的变化趋势。然而,电容在 0.79nm 的孔径再次大幅增加。在图 5.8 中提出的定量分析的基础上,将曲线外推到更大的孔径似乎也是合理的(由虚线的曲线所示)。同样的,对于有机电解质的 1M TE-ABF₄/AN,将曲线外推成更小的孔体积也是合理的。因此,这三个电容曲线在整个孔径范围内的大小约 1nm。正如前面所讨论,介电常数的大小表征反离子溶剂化或去溶剂的状态。有机电解质和水电解质的介电常数 ε_r 值见表 5.1。我们得出这样的结论:反离子的溶剂化/脱溶剂状态发生在 1nm 附近。对于有机电解质,溶剂化/去溶剂化显示出更大范围内的孔径,与有机电解质反离子的离子半径较大的结果相对应。在图 5.7 的 II 区的数值始终大于从区域 I 外推出的虚线数据,这意味着较大的介电常数 ε_r 值。在这个区域的孔仍然太小以至于不能容纳反离子的内筒结构,但溶剂化的反离子可以进入 EWCC型的毛孔,由于溶剂壳的存在导致了一个更高的介电常数 ε_r 值。

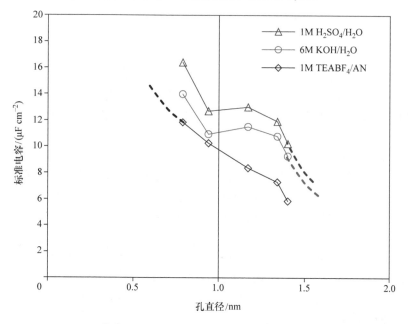

图 5.9　以图 5.9 和表 5.2[91]中针对在水系和有机系电解液中的一系列活性炭的微孔孔径为变量得到的标准化电容,显示了如正文中讨论的围绕 1nm 孔径的溶剂化和去溶剂化转换

　　EWCC 模型也成功地应用到离子液体电解质 1 - 乙基 - 3 - 甲基咪唑鎓双(三氟甲

磺酰）亚胺（EMIM – TFSI）。由于不存在溶剂分子，离子液体电解质的反离子没有任何溶剂化壳。裸离子可以看出没有干扰溶剂分子的情况下辨别多孔碳材料的离子筛分性能[92]。拟合结果是介电常数 $\varepsilon_r = 1.12$ 和 $a_0 = 2.91\text{Å}$（见表 5.1）。介电常数 ε_r 值是非常接近的真空值时，确认 EMIM – TFSI 中没有溶剂的情况下。a_0 值与离子大小 EMIM$^+$ 和 TFSI$^-$ 形成了很好的对比。EMIM$^+$ 和 TFSI$^-$ 离子可近似为具有规则外形、尺寸分别为 $4.3 \times 7.6\text{Å}^2$ 和 $2.9 \times 7.9\text{Å}^2$[78]。该离子半径：从短到长的尺寸分别是 2.15Å 和 3.80Å 的 EMIM$^+$，1.45Å 和 3.85Å TFSI$^-$。似乎 a_0 的值 2.91Å 是沿着短的离子半径的平均值长尺寸，说明孔内的离子可以准自由转动。这很可能与相对较高的实验温度 60℃ 有关。

5.3.1.2 层次孔状多孔碳模型

式（5.10）和式（5.11）的应用要求具有精细调控的孔或者单模孔径分布的碳上进行分析。严格地说，前面所讨论的这些资料中，只有 CDC 具有非常窄的孔径分布[21]。其他碳的孔径分布相对较宽，可能是造成 R^2 在 $0.3 \sim 0.9$ 的宽范围内变动的原因。图 5.10 显示了一个典型碳颗粒的一个横截面[93]。这里，大孔作为离子缓冲区域，介孔有利于离子运输，而微孔使电荷储存最优化[94]。需要注意的是，大多数微孔有两个入口（或出口）路径。Kaneko 及其同事[95]的理论工作确定，甚至在电极不带电时，1nm 宽的孔能

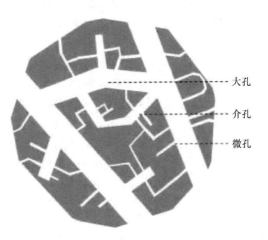

图 5.10 一个典型的碳颗粒的横截面示意图，显示大孔作为离子缓冲区，介孔有利离子传输，而微孔适于电荷存储

够被电解质离子占满。因此，微孔必须有两个入口，以便使已经在微孔里的电解质能够通过其中一个出口退出来，而反离子可能在一个沿着微孔不均匀的电场下通过另一个孔充满孔隙。对于这样层次孔的多孔碳材料，理想的方法是将大孔、介孔和微孔对电容的贡献都包括进来[30]。这可以通过使用下面的多模电容公式来表达：

$$C = \frac{\varepsilon_{r,\,macro}\varepsilon_0 A_{macro}}{d} + \sum_j \frac{\varepsilon_{r,\,meso}\varepsilon_0 A_{j,\,meso}}{b_j \ln[\,b_j/(b_j - d)\,]} + \sum_i \frac{\varepsilon_{r,\,micro}\varepsilon_0 A_{i,\,micro}}{b_i \ln(b_i/a_0)} \tag{5.12}$$

由式（5.3）、式（5.10）和式（5.11）可以得到三项，分别对应大孔、介孔和微孔。如果不同的孔径大小存在于每个孔中，孔隙大小的加和是必要的，因为电容取决于除了大孔外的孔隙的大小。

在某些情况下，大孔对总的 SSA 的贡献只有一小部分，并且微孔和介孔的孔隙大小分布是狭窄的，产生双模孔，式（5.12）简化为

$$C = \frac{\varepsilon_{r,\,micro}\varepsilon_0 A_{micro}}{b_{micro}\ln(b_{micro}/a_0)} + \frac{\varepsilon_{r,\,meso}\varepsilon_0 A_{meso}}{b_{meso}\ln[\,b_{meso}/(b_{meso} - d)\,]} \tag{5.13}$$

或简化为

$$C = C_{\text{micro}}A_{\text{micro}} + C_{\text{meso}}A_{\text{meso}} \tag{5.14}$$

如果我们对标准化电容有兴趣，我们可以把式（5.14）两边都除以 A_{meso}，得

$$\frac{C}{A_{\text{meso}}} = C_{\text{meso}} + C_{\text{micro}}\frac{A_{\text{micro}}}{A_{\text{meso}}} \tag{5.15}$$

Shi 对有双模孔的碳采用式（5.15）计算，得到 C/A_{meso} 和 $A_{\text{micro}}/A_{\text{meso}}$ 间的一个线性关系。这种方法广泛用于从实验数据拟合出来的直线的截距和斜率中获取 C_{micro} 和 C_{meso}。另一种方式是对式（5.14）除以 A_{micro}，得

$$\frac{C}{A_{\text{micro}}} = C_{\text{micro}} + C_{\text{meso}}\frac{A_{\text{meso}}}{A_{\text{micro}}} \tag{5.16}$$

Rufford 等在 $1\text{M}\,H_2SO_4$ 中对一系列活性炭进行分析，表明式（5.16）得到的结果和从式（5.15）得到的结果一样。然而，Gogotsi 及其同事[79]发现，对于 CDC，在同样的电解液中使用式（5.16），并不能得到线性关系。其他课题组也发现使用式（5.15）会得到一个负的 C_{meso}，它没有物理意义，并且简单地指向更大不确定性[35,96]。

需要注意的是，关于介孔表面的总的标准化电容，C/A_{meso}，缺乏物理意义，Rufford 等人通过式（5.14）除以总的表面积 A_{tot} 以改进 Shi 的模型：

$$\frac{C}{A_{\text{tot}}} = C_{\text{meso}} + (C_{\text{micro}} - C_{\text{meso}})\frac{A_{\text{micro}}}{A_{\text{tot}}} \tag{5.17}$$

C/A_{tot} 可以作为 $A_{\text{micro}}/A_{\text{tot}}$ 的一个函数。然后得到 C_{meso} 作为线性拟合的截距，而从截距和斜率之和可以得到 C_{micro}。这种改进的模型已经应用到一系列活性炭在 $1\text{M}\,H_2SO_4$ 溶液中的实验数据中，相对于 Shi 提出的方法其给出了可比的结果和不确定性。

5.3.1.3　Exohedral 电容器模型

零维（0D）碳，如洋葱碳、一维（1D）封端 CNT 和碳纳米纤维都是纳米级的碳材料，它们构成了一般的 exohedral 双电层电容器的范畴。最近，几个关于洋葱碳[24,97]，垂直定向生长的 CNT 阵列[98,99]和碳纳米纤维[23]的实验，提供的结果显示了富勒烯超级电容器的优良的大电流放电能力。在文章中关于这些碳结构的一般讨论提到了碳颗粒间的空隙。另一种可选择的描述是反离子只能驻留在碳颗粒外表面，利用正的表面曲率。这些碳颗粒能够近似为球形或圆柱形，如图 5.11 所示。

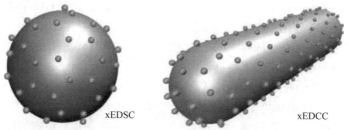

图 5.11　带有由靠近外表面的电解质反粒子（不显示溶剂分子）形成的富勒烯球形双电层电容器（xEDSC）和富勒烯圆柱形双电层电容器（xEDCC）的充电的零维碳球和一维末端封口的 CNT 空间示意图（经参考文献[28]允许转载）

溶剂化的反离子靠近带电洋葱碳颗粒表面生成 xEDSC。对于 CNT 或碳纳米纤维，溶剂化反离子和管子或纤维的外壁形成一个 xEDCC。与图 5.5a 的描述相类似，由反离子构成的外球或圆柱半径为 b，由碳表面构成的内球或圆柱半径为 a，它们描述了颗粒的大小。两个半径之间的差是有效双层厚度 d。xEDSC 和 xEDCC 的电容公式可以由 a 和 d 的函数表示，如下：

$$\frac{C}{A} = \frac{\varepsilon_r \varepsilon_0 (a + d)}{ad} \tag{5.18}$$

$$\frac{C}{A} = \frac{\varepsilon_r \varepsilon_0}{a \ln[(a + d)/a]} \tag{5.19}$$

标准化电容 C/A 可以作为洋葱碳或管子/纤维的半径 a 的函数。这个图表明 C/A 随着直径减小而单调增加，与纳米多孔碳材料的行为形成鲜明的对比，如图 5.7 和图 5.8 所示[28]。这些不同的趋势归结为 exohedral 电容器的正曲率与它们 endohedral 相应的负曲率的对抗。此外，球体的容量比管子/纤维以更快的速率增加，因为一个球有两个正的高斯曲率，而管子/纤维只有一个（另一个为 0，沿着轴线）。exohedral 电容器的大直径行为与 endohedral 电容器相似：对于 xEDSC 和 xEDCC，$C/A - a$ 图外推到大直径范围逐渐接近相同的 ESLC 线。这个值是 endohedral 电容器的上限并且是 exohedral 电容器的下界。

根据 xEDSC 模型，对以 1.5MTEA – BF₄/AN 为电解液的零维的洋葱碳的电容的实验电化学研究表明了前面描述的一个趋势。从图 5.12 中可以看到，最高的标准化电容值是纳米金刚石炭黑的值（用类富勒烯碳壳包覆金刚石纳米晶）。碳球的容量随着平均颗粒尺寸增大而减小，这与退火温度从 1200℃，1500℃，1800℃增加到 2000℃相吻合。炭黑主要的外表面暴露在电解质中并且每个颗粒并没有亚纳米级的孔隙。它的平均粒径约为 40nm 和 $3\mu F \cdot cm^{-2}$ 的标准化电容证实了预测的趋势，并似乎是洋葱碳球数据的渐近线极限。使用式（5.18）拟合生成如下电化学参数：$R^2 = 0.759$，$\varepsilon_r = 17.03 \pm 4.80$，$d = 9.73 \pm 10.91nm$。$R^2$ 和 ε_r 的值是可以接受的，但是 d 值与有机离子的尺寸相比太大了，并且存在相当大的标准误差。然而，在洋葱碳的实验数据中显示 C/A 是 a 的函数的独特性质至少能用 xEDSC 模型定性捕获。

在 1.96MTEA – BF₄/PC 中，一维 MWCNT 的实验质量比电容同样表现出类似于零维洋葱碳的趋势，这进一步支持了正表面曲率的作用。然而，这些 CNT 样品 SSA 的缺失，使得质量比电容不能转化为面积归一化值。由此可见，使用式（5.19）对实验数据的拟合不能完成。Hulicova – Jurcakova 等人的测量了用化学气相沉积法合成一维碳纳米纤维在 1MH₂SO₄ 中的质量比电容。这些结构是实心且无孔的。对于两个样品 C1 – 700 – 25 和 C1 – 500 – 25，平均纤维直径可以从扫描电子显微镜（SEM）图像估计得到，如图 5.4 所示分别为 20 和 40nm[23]。图 5.13 显示了这两个样品的标准化电容是电流密度的函数。在整个的电流密度范围内，20nm 碳纳米纤维比 40nm 拥有更高的标准化电容，再次显示与式（5.19）做出的预测相一致的趋势。

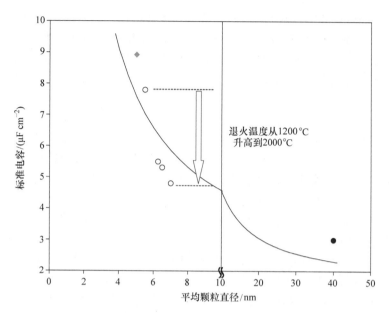

图 5.12　在 1.5M TEA – BF$_4$／AN 的有机电解质中，以平均粒径为变量（用箭头表示退火温度）得到的纳米金刚石烟灰（◆）、洋葱状碳（○）和炭黑（●）的标准化电容。通过式（5.18）得到了拟合曲线，表明了容量随粒径降低而增加的趋势（经参考文献[28]许可复制）

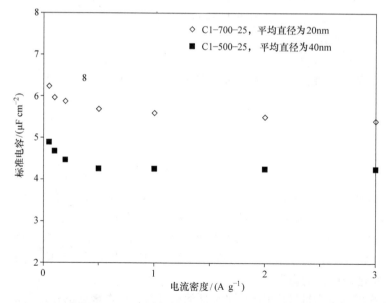

图 5.13　随着电流密度的变化，得到的直径为 20nm 和 40nm 的一维纳米纤维在 1MH$_2$SO$_4$ 中的标准化电容，结果显示较细的纳米纤维比粗的纳米纤维有较高的标准化电容

相比于 endohedral 电容器上限电容在有机和水的电极中的上限约为 $10\mu F \cdot cm^{-2}$ 和 $16\mu F \cdot cm^{-2}$，分别如图 5.7 和图 5.8 所示。在图 5.12 和图 5.13 中标准化电容值是相当低的，这是在电极制备过程中颗粒团聚的结果。这个过程减少了粉末样品测量的颗粒表面积。从这些理论分析得到的说明是需测量表面面积和颗粒尺寸大小以获得对 exohedral 材料的电荷存储机制的更深了解。此外，制备电极后应该测量 SSA 从而显示在电解液中的面积可以用来标准化电容。

5.3.2　GCS 模型之外的双电层电容器理论

现已经开发出了用于双电层电容器（EDL）的大量可供选择的数学模型。例如，大量修改后的 PB 方程被推导出来以阐明经典 PB 方程的局限性。一些局限性与有限离子大小、波动电压、溶剂效应、无静电作用和介质饱和的影响有关。他们用一种形式或另一种形式阐明了大量修改过后的 PB 方程[100-106]。对这些模型的详细介绍不在本章节的范围内，并且我们把兴趣放在最近的一个综合评述上[107]。虽然这些工作提供了关于 EDL 结构有用的见解并且对一些有趣的实验现象进行了合理化分析，关于 EDL 电容的定量预测仍然是一个重大的挑战。

从本质上讲，所有上述修改后的 PB 方程都是为电解质溶剂而开发的。对于无溶剂电解质如熔盐和室温离子液体（IL），现有的模型通常是不充分的并且需要新的理论。例如，对于超级电容器来说，室温 IL 是有前景的电解质，IL 中 EDL 的模型备受关注。关于此类的 EDL 的理论模型首先是由 Kornyshev 提出的[108]，然后 Oldham 推导出了一个定性相似模型[109]。在 Kornyshev 的模型中，EDL 包含一个内部致密层和一个外部扩散层。使用平均场理论方法，在 IL 中扩散层的微分电容以阳离子和阴离子有相同的尺寸为特征，并其公式可定义为

$$C_{diff} = \frac{\varepsilon_r \varepsilon_0 A}{\lambda_D} \times \frac{\cosh(u/2)}{1 + 2\gamma \sinh^2(u/2)} \times \sqrt{\frac{2\gamma \sinh^2(u/2)}{\ln[1 + 2\gamma \sinh^2(u/2)]}} \quad (5.20)$$

式中

$$u = \frac{e\phi_{diff}}{k_B T} \quad (5.21)$$

$$\gamma = \frac{2c_0}{c_{max}} \quad (5.22)$$

λ_D 是基于平均体相盐容量密度 c 的 Debye 长度；γ（<1）是一个晶格饱和度参数；ϕ_{diff} 是扩散层中的电位降；c_0 和 c_{max} 分别是阳离子/阴离子的平均容量浓度和最大可能的局部离子浓度。式（5.20）的一个重要预测是微分电容作为在 IL 中 EDL 的电极电势（C - V）曲线的函数是贝壳状或驼峰状，最近的一些实验数据也得到了类似的结果[110]。

5.3.3　石墨化碳材料的量子电容

单层和多层石墨烯材料构成了一种全新的碳材料，并在最近也有人研究其在 EDLC 中的应用[24,40]。单层石墨烯的每一侧的比表面积（SSA）为 $1315m^2 \cdot g^{-1}$。如果石墨烯片的两侧都可以储存电荷，这就相当于 $2630m^2 \cdot g^{-1}$。与 endohedral 或 exohedral 碳材料相比，高 SSA 的优点在高的电极电压下特别有用，当石墨烯片的一侧达到表面饱和时，

反离子能利用片层的另一侧形成双电层。

与其他绝大多数碳材料不同，石墨烯的电容强烈依赖于电极电位。最近，一项关于单层和双层石墨烯材料的实验测量表明微分电容表现为一个 V 形，在 1 - 丁基 - 3 - 甲基咪唑六氟磷酸盐（BMIM - PF$_6$）电解液中，微分电容与电极电位呈 V 形趋势[111]（见图 5.14 中的蓝色曲线）。在典型的电容电极材料中，微分电容与电极电位无关，产生一个矩形形状的 C - V 曲线。通过减去致密层电容的贡献，人们发现在这 V 形曲线中有一个有量子力学的原因（在图 5.14 红色曲线），这是由在石墨烯基面的二维自由电子气的行为所引起的。石墨

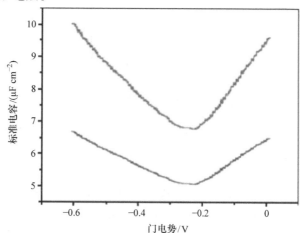

图 5.14 在 1 - 丁基 - 3 - 甲基咪唑六氟磷酸盐中，随着相对于铂参比电极的门电压的变化得到单层石墨烯的标准化电容。蓝色和红色的曲线分别对应总电容和量子电容（经参考文献[111]许可复制）

烯的低能量电子性能主要由 Dirac 点来表征，这是费米能级上准线性电子带所满足的点。量子电容在 Dirac 点有一个非零最小值并在最小值两边线性增加，斜率取决于杂质诱导的载流子的浓度。这种行为类似于先前观察到的石墨基面对称 V 形电容 - 电势曲线[55-57]。一般来说，这样的行为由石墨中空间电荷层的贡献 C_{SC} 进行合理化，假设服从式（5.5）和式（5.6）。然而，针对半导体开发的空间电荷电容理论并不适用于石墨烯，有以下两个原因：它不能解释电容曲线的形状以及由于在石墨中的高电荷载流子浓度所引起的石墨的德拜长度堪比晶格尺寸[111]。

量子电容的表现形式可以对典型碳材料观察的蝴蝶形 C - V 曲线形状进行说明，显示出在 PZC 附近明显的最小电容值。尽管对于一个理想的石墨烯层，电容 - 电势曲线的斜率通常小于预测的 $23\mu F \cdot cm^{-2} \cdot V^{-1}$[111]。对于两电极器件来说，这种行为转化为梯形的 C - V，它在零电压下比较窄并随电池电压的增加变得更宽（见图 5.15）[36]。有趣的是，类似于图 5.14 和图 5.15 所示，我们注意到 SWCNT 也表现出一种抛物线状的 C - V 曲线，其在 1M 四丁铵六氟磷酸盐/乙腈（TBA - PF$_6$/AN）体系中的 PZC 值附近有一个最小值[113]，或在 1MTEA - BF$_4$/PC 电解质体系中的两电极装置中呈现为一个梯形的 CV[114]。事实上，大多数碳材料是不存在量子电容的，即使包含多层石墨烯[25,40,115-117]，这可能是由于高温下制备样品形成石墨碳期间的结构排序导致的。这可以通过拉曼光谱检测石墨带相对无序带的强度来进行有效的监控。

5.3.4 分子动力学模拟

虽然前面讨论的理论模型对于理解 EDL 很有帮助，但它们有很多的局限性。例如，离子和溶剂分子的化学细节如形状和电荷分布很难靠某些模型来说明，大量的简化如忽

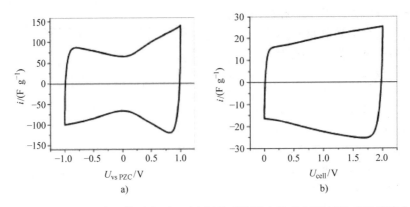

图 5.15　通过 a) 三电极体系和 b) 两电极体系检测出的 1M TEABF$_4$/AN 溶液中，

扫描速率为 10mVs^{-1} 时活性炭材料的 C - V 曲线图（经参考文献[36]许可复制）

略离子间的相互作用以及 EDL 中的介电常数的变化，通常使得这些模型容易处理。大多数情况下，随着 EDL 用于超级电容器，如原子现象等许多这些限制可以通过使用 MD 模型得以说明。对于上述的电解质类型即水性电解质、有机电解质和室温 IL，我们提出关于 EDL 模型研究的如下概述。

5.3.4.1　水系电解液中的双电层

在开放式电极或宽孔隙附近的 EDL，采用分子模拟已经进行了广泛的研究，其中相反表面的 EDL 并不发挥作用。除了少数情况以外[118-122]，电极都建模在均匀的电荷密度表面的基础上。相关的研究揭示 EDL 的结构非常符合 GCS 模型的预测。事实上，除了在电极表面约 1nm 以内的位置，PB 方程都能精确预测在适当电极电荷密度和电解液浓度下的离子分布[123]。在电极 1nm 内的位置，许多并没有纳入经典 PB 方程的因素变得很重要，例如离子水化[118-120,124,125]、界面水分层[126]，受限制的离子大小[127]和非静电离子 - 电极相互作用[128]。受限的离子大小和离子水化对超级电容器的应用尤为重要，因为它们可以显著影响 EDL 的电容。特别是离子水合可以控制离子与电极的最短距离，进而构成 Stern 层的厚度。这可以解释如下：当一个离子非常接近电极表面时，几何约束组成的部分溶剂化外壳必须消除。如果这个过程的能量消耗小，离子可以接触吸附在电极上，并且将最短的电极距离定义为裸离子的半径。否则，将一个离子与电极最近距离将主要定义为水合离子的半径。MD 模拟确定了在适当的表面电荷密度（$|\sigma| < 0.1cm^{-2}$）下，如 Na$^+$ 和 K$^+$ 这样的小离子不能形成接触吸附，虽然在非常高的表面电荷密度（$|\sigma| \geqslant 0.1cm^{-2}$）下，可以呈现接触吸附的状态[118,124]。然而，如 Cl$^-$ 离子等更大的离子，其水化能量较小，可以成为明显地接触吸附在电极上甚至中性电极上[129,130]。除了揭示潜在的物理现象不能解释经典的 EDL 理论，MD 模拟还提供了对 EDL 内部离子包裹的详细解释。例如，Cagle 等人[131]表明 Na$^+$ 离子在表面电荷密度为 $-0.26C^{-2}$ 的电极上是接触吸附，并且在这些离子间最短的距离是 0.92nm。但是相对于 Na$^+$ 离子的水化半径（0.72nm），这个距离是较大的，所以 Na$^+$ 离子的外壳接近但仍低于它们水化半径所定义的空间极限。

　　关于水性电解液填充微孔的 EDL 的分子模型的报道就更少了。Yang 和 Garde 报道了选择性地将 K^+、Cs^+、Na^+ 离子分离到直径为 6.7Å 的带负电的圆柱形微孔中[132]。发现离子从中性或近中性的孔隙中排出，并且这样的孔隙显示了关于较大阳离子 K^+ 和 Cs^+ 对较小的 Na^+ 离子分离的选择性，其中这些离子在表面电荷密度为 $- 0.14 \sim - 0.35 cm^{-2}$ 的孔隙中。这些结果和分区动力学的观察一起证明了把阳离子分到小孔中载体存在阻碍作用。分区动力学的趋势和在大量的水中离子去溶剂化的自由能是一致的，因此这表明所观察到的载体和离子在进入纳米孔隙时阻碍作用与离子的脱水密切相关。Feng 等研究了 K^+ 离子在导电的狭缝形微孔中的分布，其中孔隙宽度范围为 9.36 $\sim$ 14.7Å（见图 5.16）[133]。我们发现在孔隙宽度大于或等于 14.7Å 的狭缝孔中，K^+ 离子在

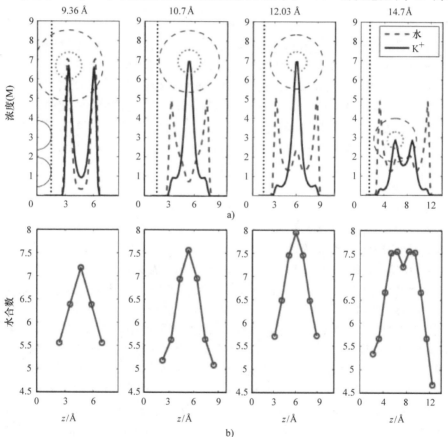

图 5.16　a）在不同宽度的狭缝孔中 H_2O 和 K^+ 的浓度分布。为了清晰，H_2O 的浓度被除以 30。同轴圆标出了裸的和水合 K^+ 的尺寸。最左边图中的半圆表示是墙原子的范德瓦尔斯半径，虚线表示的较低墙原子的有效边界。b）穿过各种不同宽度的狭缝孔的 K^+ 的水合数。所有的狭缝墙具有相同的表面电荷密度 $\sigma = - 0.105 Cm^{-2}$

（经参考文献[133]许可复制）

狭缝壁附近形成分隔层并且离子分布定性的和经典 EDL 理论非常相符。然而，在孔隙宽度为 10~14.7Å 的孔中，全部水化的 K⁺ 离子在狭缝孔的中央平面大量积累（见图 5.16a）。这种离子分布从本质上讲不同于经典 EDL 理论的预测。并且主要是由离子水化效应造成的，也就是说，离子在与水化的水分子最大交互作用的位置上有积累的趋势。在 9.36Å 宽的狭缝处，部分脱水的 K⁺ 离子在每个缝隙壁附近同样会形成分隔层。有趣的是，研究人员发现离子间的静电斥力在这个过渡的过程中只发挥了很小的作用。相反，这种行为的原因是 K⁺ 离子的溶剂化水分子和它们周围的水分子之间的相互作用的热熔效应[133]。下述的离子分布如图 5.16 所示，提出了一个三明治型电容器模型，其一层反离子位于两个狭缝孔隙表面之间，孔隙宽度为 2b。给出的电容为

$$\frac{C}{A} = \frac{\varepsilon_r \varepsilon_0}{b - a_0} \tag{5.23}$$

这个三明治模型可以预测电容的异常增加[133]。拟合在 6MKOH 电解液中孔径尺寸范围为 10.6~14.5Å 的微孔 CDC 实验数据，给出 $R^2 = 0.926$，$\varepsilon_r = 3.33 \pm 0.57$，$a_0 = 2.65 \pm 0.54$Å。与表 5.1 使用 EWCC 模型的结果相比，拟合质量正如所指出的那样，R^2 值是相似的，ε_r 值同样表明电解质离子在研究的孔径尺寸范围中是水化的。然而，与 EWCC 的拟合结果（见表 5.1）相比，a_0 值远远不及文献中 K⁺ 离子半径值（1.38Å）。这表明约束效应（明确使用 a_0）在定性描述的小孔电容行为中是非常重要的（例如，随着宽度下降电容急剧增加）。然而，曲率效应对于定性描述实验电容值是不可或缺的，进一步表明实验中研究的微孔碳有一个局部孔几何形状，可以接近为圆柱体形状而不是一个狭缝。

5.3.4.2 有机电解液中的双电层

在有机电解液中，EDL 的建模工作研究较少。Feng 等研究了在 1.2M TEA – BF₄/AN 电解液中接近开放电极的 EDL[88]。他们的研究结果表明，在有机电解质中，EDL 有几个在水性电解质中观察不到的特性。首先，TEA⁺ 和 BF₄⁺ 离子显著地接触吸附在中性电极上，交替的阳离子/阴离子层渗透进主体电解质的距离约为 1.1nm。其次，在带电电极附近，形成一个显著的反离子浓度峰。紧随这个峰的是一个明显的共离子浓度峰（见图 5.17a）。这种离子分布不能被亥姆霍兹或 GCS 模型描述。这是因为吸附在电极上的反离子数量超过了电极上电子的数量，电极是在部分 EDL 中是过度屏蔽的（见图 5.17b）。因为大的有机离子溶剂化能相对较小（TEA⁺ 和 BF₄⁻ 离子的溶剂化能分别为 −51.2 和 −45.1kcal·mol⁻¹），有机离子和电极之间的范德华相互作用力很大并且易发生离子的去溶剂化，从而产生接触吸附。在中性或带电电极附近的阳离子/阴离子的交替层和电极电荷的过度屏蔽都是由 TEA⁺ 和 BF₄⁻ 之间强的相关作用所引起的，这些离子在大部分溶剂中形成接触离子对。这个强的阳离子 – 阴离子相互作用主要是由于相对较弱的 AN 静电作用屏蔽所导致（介电常数为 35.8[134]）。

在充满有机电解液的介孔和微孔中，EDL 的建模工作目前也鲜有报道。Kaneko 及其同事通过使用同步加速器 X 射线衍射和反向蒙特卡罗模拟法研究了限制在与 TEA – BF₄ 平衡的电解质中不带电荷的狭缝状微孔碳，其孔隙宽度为 1.0nm 的 PC 结构[95]。研

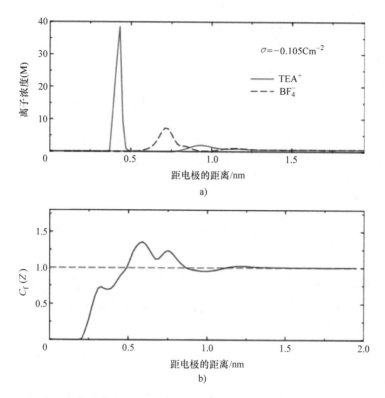

图 5.17 a) 表面电荷密度为 $\sigma = -0.105 \text{Cm}^{-2}$ 的电极附近 TEA$^+$ 和 BF$_4^-$ 离子的分布。

b) 电荷屏蔽因子的分布 $C_f(Z) = -\int_0^z \rho_e(s)/\sigma \mathrm{d}s$ ，其中 $\rho_e(z)$ 是从电极到位置 z 的离子空间电荷密度。$C_f(z) = 1$ 对应电极电荷在 z 位置的完整屏蔽，$C_f(z) > 1$ 对应的是电极电荷的过屏蔽（经参考文献[88]允许复制）

究发现，在缺少有机离子的情况下，PC 分子随机分布在狭缝孔而不是远程有序分布。然而，在存在 TEA$^+$ 和 BF$_4^-$ 离子的情况下，PC 分子在狭缝内形成类双电层结构以容纳离子。这表明，尽管受空间限制，溶剂分子可以调整它们的结构以允许有机离子存储在狭缝中，这有助于碳纳米孔高的比电容。在另一个相关的工作中，Pratt 及其同事[32]研究了在 TEA BF$_4$/PC 电解液中碳纳米管阵列（CNTF）的电容。计算得到单电极电容约为 80F · g^{-1}，这跟实验数据相同[21]。有趣的是，研究发现，随着 CNTF 中有效孔径尺寸大小由 3.94nm 缩小到 1.17nm，孔隙的比电容增加了约 10% 。尽管这样一个适度的增加小于实验所观察[21]，它仍重现了正确的趋势。

5.3.4.3 室温离子液体中的双电层

离子液体（IL）中大多数关于双电层电容器（EDL）的建模工作是在以纳米狭缝为特征的二维平面上进行的[135-142]。鉴于 IL 的双电层电容器的研究是最近刚发展起来的，大多数现在的工作集中在描绘双电层电容器的基本结构和容量对电极电势的依赖性。从这些研究中，IL 中的 EDL 几个方面是一致的。

首先，开放电极附近的双电层电容器由亥姆霍兹层和扩散层组成，并且双电层电容器的离子表现出很强的定向排序。这样的结构在早期 IL 的双电层电容器理论分析中有过设想[108]，且该设想随后在 MD 模拟中得到了证实[138,140]，这种结构比早期实验研究[143]中的推测的更加复杂。图 5.18a、b 显示了与 1 - 丁基 - 3 - 甲基咪唑硝酸盐（BMIM - NO$_3$）接触的带正电的电极附近的离子分布[140]。在表面电荷密度 $\sigma \geqslant$ 0.03Cm^{-2}，在电极附近出现一个 NO$_3^-$ 离子的独特电层。但是，图 5.18c 显示出电荷分离在第一层 NO$_3^-$ 离子层外保持得很好。图 5.18d、e 说明了和电极接触的 BMIM$^+$ 和 NO$_3^-$ 离子其排列几乎是和电极平行的。此外，随着离电极距离的增加，它们的方向变得更加随机。电荷分离和离子排列方向渗透到电解液中大约 1nm，表明了扩散层的宽大约是 1nm，与其他已发表的研究工作一致[135,137,141]。

其次，电极表面大体积的阳离子吸附是很显著的。这在图 5.18b 中显示得很明显。即使当电极带正电荷，并且电荷密度达到不能忽视的 0.09Cm^{-2}，这种吸附还会持续下去。多原子离子和电极的范德华引力有助于这种持久吸附已经被证实[140]。

然后，由电极的电气化引起的 EDL 结构变化受控于小的共离子（co - ion）。在稀释的电解质溶液中，随着电极表面电荷密度的增加，EDL 结构变化的特点是电极附近反离子显著的积累。然而，Lynden - Bell 及其同事[137]研究了限制在电气化壁之间的氯化二甲基咪唑（DMIM - Cl），并发现随着电极表面电荷密度从 0 变化到 -0.02Cm^{-2}，电极附近的大体积的 DMIM$^+$ 离子浓度轻微改变，而较小的阴离子（Cl$^-$）从电极附近被排斥到离子液体中。Qiao 及其同事[140]也发现在 BMIM - NO$_3$ 中关于 EDL 类似的现象。因为电容是 EDL 结构对带电电极反应的宏观表现，这些观察结果表明，共离子在确定 EDL 电容时发挥了重要的作用。

最后，过度屏蔽是一个普遍现象。过度屏蔽源于离子液体中强烈的离子相互作用。在离子液体中电极电荷的过度屏蔽也许是由 Komyshev[108]第一个设想的，随后在分子模拟中被观察到[138]。这种现象不能由平均场理论预测，它强调了在离子液体中开发需要更多关于双电层的先进理论。

鉴于离子液体中 EDL 的研究仍处在初期阶段，当前对许多重要现象的理解仍然有限。特别是，微分电容对电极电位的关系（例如，C - V 相关性）是不完全清楚的。实验上，各种形状的 C - V 曲线例如凹形、钟形或类驼峰形状都有被报道[110,143,144]。然而，这些观察结果的物理起源仍不清楚。Fedorov 和 Kornyshev[138,139]对带电的 Lennard - Jones 珠子的离子液体进行模拟。尽管在这些模型中离子的化学细节在很大程度上被忽略，离子液体中的两个方面即非溶剂和强的离子相关性被很好地捕获。他们发现钟形 C - V 曲线在模拟中可以定性地重现。在一个近期的研究中（见图 5.19）[142]，他们发现如果在离子液体中的其中一个离子存在中性部分，就可能得到一个双驼峰形状的 C - V 曲线。这些结果表明，形状各向异性和离子中电荷分布在确定 EDL 电容时扮演一个微妙的作用。Qiao 及其同事[140]通过对离子的尺寸、形状和电荷离域进行建模，研究了在 BMIM - NO$_3$ 中的 EDL 并得到了一个近似凹形的 C - V 曲线（见图 5.20）。他们认为观察到的曲线形状是由电极上 BMIM$^+$ 离子的显著吸附和小的阴离子在关于 EDL 结构对电极电势或电荷变化的响应所造成的。结果如图 5.19 和 5.20 所示，表明离子液体的简化模型和复杂化学细节的模型都捕捉了实验中观察到 EDL 的一些方面。然而，目前这些结果的差异的物理起源尚未得到很好的理解。可能是在图 5.20 中研究的电势窗口在观察电容的下降方面还不够大。众所周知的，当反离子的填充达到空间上限时双电层的微分电容

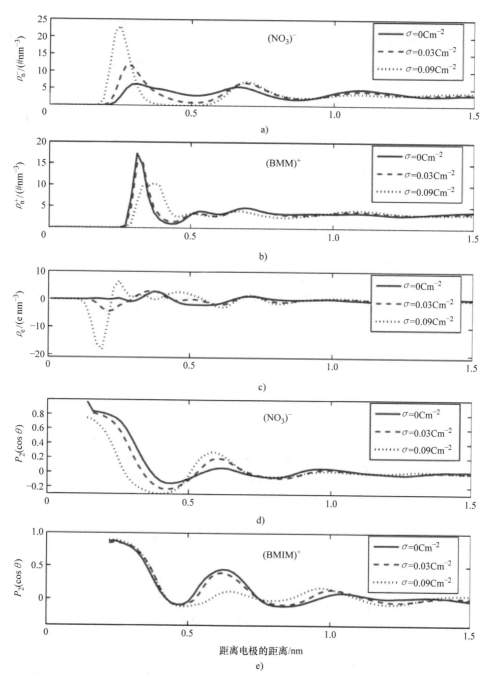

图 5.18 中性和带正电的电极附近的 NO_3^-（a）和 $BMIM^+$（b）离子的数量密度。
（c）电极附近的空间电荷密度的分布。电极附近的 NO_3^-（d）和 $BMIM^+$（e）离子的定向有序参数
P_2（$\cos\theta$）$= <3\cos^2$（$\theta-1$）$/2>$。θ 为 NO_3^- 的三个氧原子组成的平面或阳
离子的咪唑鎓盐 i 环的法向量与电极表面的法向量形成的夹角（经参考文献[140]允许复制）

急剧下降，这仅在大的电极电势下发生。需要更多的研究来阐明这些差异的起源以及可能调和这些看似不同的结果。

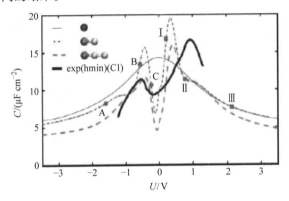

图 5.19　EDL 在三种离子液体中的微分电容曲线。黑实线表示的是 1 – 乙基 – 3 – 甲基咪唑氯盐（HMIM – Cl）的实验数据[110]。负离子被建模为一个简单的 Lennard – Jones 珠。阳离子被建模一个简单的带电珠，由一个带电珠和一个中性珠组成的哑铃状的珠子，以及由一个带电珠和两个中性珠组成的三原子链（经参考文献[142]许可复制）

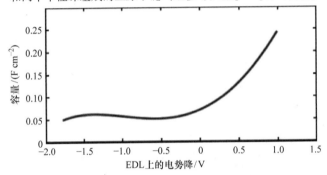

图 5.20　EDL 在 BMIM – NO$_3$ 和一个平板电极界面上的微分电容曲线（经参考文献[140]许可复制）

5.4　小结

自从 1957 年发布第一个专利以来[145]，双电层电容器（EDLC）已经引起了很大的兴趣。在过去的几十年，在这领域的研究逐渐成为一个全球性的趋势。正如 Ragone 所描绘的，当前最先进的电能存储设备的能量和功率密度的特征，EDLC 已经填补了电池与常规介质电容器的空白。相对于传统的介质电容器，它们有更高的能量密度，并且具有比电池更高的功率密度和更长的循环寿命。理想的目标是达到相当高的能量密度的同时保持高功率的能力。为了实现这一目标，各种新的电解质和新颖的碳材料在 EDLC 方面被大量研究。这造成了对电极/电解质界面电荷存储基本理解的困惑。复杂的界面现象给基础科学提出了新的挑战。然而，这些挑战也提供新的机会来优化 EDLC 的电容性能。相对于电池来说，EDLC 的现有性能改善周期更短。新的实验工具如超级计算机的可用性和理论发展会帮助实现这一目标。

理论模型由最早的亥姆霍兹模型和平均场连续介质模型到基于表面曲率的后亥姆霍兹和现代原子论的模拟。在这一章，我们已经列出了大量的研究，这不仅展示了已有的相当多的实验结果，而且提供了对于实现最优化电容所需的预测功能。由于纳米级碳材料的非平面表面，学术界渐渐发现原来的亥姆霍兹 EDLC 模型并不合适，特别是对于碳材料。我们发现，基于表面曲率的 EDCC 和/或 EWCC 模型更好的描绘了碳材料的界面行为。这些后亥姆霍兹模型与实验数据吻合的非常好。此外，MD模拟提供一些原子理论如离子溶剂化作用、离子间的相关性以及孔壁和离子间或溶剂分子间的范德华力。

在重型应用领域中，EDLC 用于加强能源效率的应用在许多实际生活中都有过报道：混合柴油/电动的门式起重机可以节省 40% 燃料[3]，混合汽油/电动公交车在加利福尼亚州的长滩市已经取代了早先的电力公交车（见图5.21）[146]，用于铁路车辆的西门子混合储能系统（见图 5.21b）[147]，空客A380 的紧急逃生门[10]，大功率能量资源在航天应用领域[148]，等等。通过模

图 5.21　a）在加利福尼亚州长滩的混合动力汽车。位于顶部的电容器的使用改善了排放并且提供了与柴油燃料几乎一样的燃料效率，甚至接近燃料效率更低的汽油发动机的效率。由 Brynn Kernaghan 和 Juan Vigil 提供。b）服务于葡萄牙南部里斯本的阿尔玛达与塞图巴尔之间的有轨电车。它配备了基于 Ni/MH电车和 EDLC 的 Sitras®HES（混合动力能源储存系统）。每辆车每年可以节省 30% 的能源并减少 80% 的CO_2的排放（经西门子公司允许转载西门子新闻图片）

拟实验和理论结合，能量密度方面的进一步提高，使得目前的 EDL 在能量存储领域中更大规模的应用变得可能。由于实验物理学家和理论家坚持不懈的共同努力，EDLC 可能会找到更广阔的市场空间而不仅仅是在小型应用领域。

致　谢

作者真诚感谢 ORNL 的实验室研发计划项目，美国能源部基础能源科学的材料科学与工程分部以及美国能源部科学用户设施分部的纳米相材料科学中心（CNMS）。作者（Clemson）也感谢 NSF（编号 CBET - 0967175）的支持。ORISE 管理的 ORNL 的 HERE 计划的 RQ 部分支持。我们也非常感激 Yury Gogotsi 教授、Patrice Simon 教授提供参考文献[33]的重量比容量、比表面积、孔径以及 $C - V$ 曲线，表 5.2 中的数据分析基于他们提供的结果。我们也感谢 Sheng Dai 博士、Nancy Dudney 博士、Francois Béguin 教授、Teresa A. Centeno 教授、Elzbieta Frackowiak 教授、Yushin Gleb 教授、Yury Gogotsi 教授、Miklos Kertesz 教授、Patrice Simon 教授和 George Zhao 教授的有益讨论和帮助。

参 考 文 献

1. US Department of Energy (2007) Workshop on Basic Research Needs for Electrical Energy Storage, Bethesda, Maryland, USA, April 2–4, 2007; Basic Research Needs for Electrical Energy Storage: Report of the Basic Energy Sciences Workshop on Electrical Energy Storage, *http://science.energy.gov/bes/news-and-resources/reports/basic-research-needs/*.

2. Conway, B.E. (1999) *Electrochemical Supercapacitors: Scientific Fundamentals and Technological Applications*, Kluwer Academic/Plenum, New York.

3. Miller, J.R. and Simon, P. (2008) *Science*, **321**, 651.

4. Winter, M. and Brodd, R.J. (2004) *Chem. Rev.*, **104**, 4245.

5. Burke, A. (2000) *J. Power. Sources*, **91**, 37.

6. Kötz, R. and Carlen, M. (2000) *Electrochim. Acta*, **45**, 2483.

7. Sarangapani, S., Tilak, B.V., and Chen, C.-P. (1996) *J. Electrochem. Soc.*, **143**, 3791.

8. Béguin, F., Raymundo-Piñero, E., and Frackowiak, E. (2010) in *Carbons for Electrochemical Energy Storage and Conversion Systems* (eds F. Béguin and E. Frackowiak), CRC Press, Boca Raton, FL, pp. 329–375.

9. Mastragostino, M., Soavi, F., and Arbizzani, C. (2002) in *Advances in Lithium-Ion Batteries* (eds W. van Schalkwijk and B. Scrosati), Kluwer Academic/Plenum Publishers, New York, pp. 481–505.

10. Simon, P. and Gogotsi, Y. (2008) *Nat. Mater.*, **7**, 845.

11. Zhang, Y., Feng, H., Wu, X., Wang, L., Zhang, A., Xia, T., Dong, H., Li, X., and Zhang, L. (2009) *Int. J. Hydrogen Energy*, **34**, 4889.

12. Naoi, K. and Simon, P. (2008) *Electrochem. Soc. Interface*, **17**, 34.

13. Naoi, K. and Morita, M. (2008) *Electrochem. Soc. Interface*, **17**, 44.

14. Bélanger, D., Brousse, T., and Long, J.W. (2008) *Electrochem. Soc. Interface*, **17**, 49.

15. Pandolfo, A.G. and Hollenkamp, A.F. (2006) *J. Power. Sources*, **157**, 11.

16. Frackowiak, E. (2007) *Phys. Chem. Chem. Phys.*, **9**, 1774.

17. Obreja, V.V.N. (2008) *Physica E*, **40**, 2596.

18. Zhang, L.L. and Zhao, X.S. (2009) *Chem. Soc. Rev.*, **38**, 2520.

19. Liang, C., Hong, K., Guiochon, G.A., Mays, J.W., and Dai, S. (2004) *Angew. Chem. Int. Ed.*, **43**, 5785.

20. Korenblit, Y., Rose, M., Kockrick, E., Borchardt, L., Kvit, A., Kaskel, S., and Yushin, G. (2010) *ACS Nano*, **4**, 1337.

21. Chmiola, J., Yushin, G., Gogotsi, Y., Portet, C., Simon, P., and Taberna, P.L. (2006) *Science*, **313**, 1760.

22. Zhang, H., Cao, G., Wang, Z., Yang, Y., Shi, Z., and Gu, Z. (2008) *Nano Lett.*, **8**, 2664.

23. Hulicova-Jurcakova, D., Li, X., Zhu, Z.H., de Marco, R., and Lu, G.Q. (2008) *Energy Fuels*, **22**, 4139.

24. Portet, C., Yushin, G., and Gogotsi, Y. (2007) *Carbon*, **45**, 2511.

25. Stoller, M.D., Park, S., Zhu, Y., An, J., and Ruoff, R.S. (2008) *Nano Lett.*, **8**, 3498.

26. Shi, H. (1996) *Electrochim. Acta*, **41**, 1633.

27. Rufford, T.E., Hulicova-Jurcakova, D., Zhu, Z.H., and Lu, G.Q. (2009) *J. Phys. Chem. C*, **113**, 19335.

28. Huang, J., Sumpter, B.G., Meunier, V., Yushin, G., Portet, C., and Gogotsi, Y. (2010) *J. Mater. Res.*, **25**, 1525.

29. Huang, J., Sumpter, B.G., and Meunier, V. (2008) *Angew. Chem. Int. Ed.*, **47**, 520.

30. Huang, J., Sumpter, B.G., and Meunier, V. (2008) *Chem. Eur. J.*, **14**, 6614.

31. Shim, Y. and Kim, H.J. (2010) *ACS Nano*, **4**, 2345.

32. Yang, L., Fishbine, B.H., Migliori, A., and Pratt, L.R. (2009) *J. Am. Chem. Soc.*, **131**, 12373.

33. Chmiola, J., Largeot, C., Taberna, P.L., Simon, P., and Gogotsi, Y. (2008) *Angew. Chem. Int. Ed.*, **47**, 3392.

34. Grahame, D.C. (1947) *Chem. Rev.*, **41**, 441.

35. Barbieri, O., Hahn, M., Herzog, A., and Kötz, R. (2005) *Carbon*, **43**, 1303.

36. Hahn, M., Baertschi, M., Barbieri, O., Sauter, J.-C., Kötz, R., and Gallay, R. (2004) *Electrochem. Solid-State Lett.*, **7**, A33.

37. Sing, K.S.W., Everett, D.H., Haul, R.A.W., Moscou, L., Pierotti, R.A., Rouquerol, J., and Siemieniewska, T. (1985) *Pure Appl. Chem.*, **57**, 603.

38. Miller, J.R. and Simon, P. (2008) *Electrochem. Soc. Interface*, **17**, 31.

39. de Levie, R. (1963) *Electrochim. Acta*, **8**, 751.

40. Zhu, Y., Stoller, M.D., Cai, W., Velamakanni, A., Piner, R.D., Chen, D., and Ruoff, R.S. (2010) *ACS Nano*, **4**, 1227.

41. von Helmholtz, H.L.F. (1853) *Ann. Phys. (Leipzig)*, **89**, 211.

42. Conway, B.E., Bockris, J.O.'M., and Ammar, I.A. (1951) *Trans. Faraday Soc.*, **47**, 756.

43. MacDonald, J.R. and Barlow, C.A. Jr., (1962) *J. Chem. Phys.*, **36**, 3062.

44. Dzubiella, J. and Hansen, J.-P. (2005) *J. Phys. Chem.*, **122**, 234706.

45. Palmer, L.S., Cunliffe, A., and Hough, J.M. (1952) *Nature*, **170**, 796.

46. Teschke, O. and de Souza, E.F. (1999) *Appl. Phys. Lett.*, **74**, 1755.

47. Bard, A.J. and Faulkner, L.R. (2001) *Electrochemical Methods: Fundamentals and Applications*, 2nd edn, John Wiley & Sons, Inc., New York.

48. Gouy, L.G. (1910) *J. Phys.*, **9**, 457.

49. Chapman, D.L. (1913) *Philos. Mag.*, **25**, 475.

50. Stern, O. (1924) *Z. Elektrochem.*, **30**, 508.

51. Lyklema, J. (1995) *Fundamentals of Interface and Colloid Science*, Solid–Liquid Interfaces, Vol. II, Academic Press, London, pp. 3.32–3.44.

52. Huang, J., Qiao, R., Sumpter, B.G., and Meunier, V. (2010) *J. Mater. Res.*, **25**, 1469.

53. Gerischer, H. (1990) *Electrochim. Acta*, **35**, 1677.

54. Qu, D.Y. (2002) *J. Power. Sources*, **109**, 403.

55. Randin, J.-P. and Yeager, E. (1971) *J. Electrochem. Soc.*, **118**, 711.

56. Randin, J.-P. and Yeager, E. (1972) *J. Electroanaly. Chem.*, **36**, 257.

57. Randin, J.-P. and Yeager, E. (1975) *J. Electroanaly. Chem.*, **58**, 313.

58. Lozano-Castelló, D., Cazorla-Amorós, D., Linares-Solano, A., Shiraishi, S., Kurihara, H., and Oya, A. (2003) *Carbon*, **41**, 1765.

59. Lin, C., Ritter, J.A., and Popov, B.N. (1999) *J. Electrochem. Soc.*, **146**, 3639.

60. Morimoto, T., Hiratsuka, K., Sanada, Y., and Kurihara, K. (1996) *J. Power. Sources*, **60**, 239.

61. Sevilla, M., Álavrez, S., Centeno, T.A., Fuertes, A.B., and Stoeckli, F. (2007) *Electrochim. Acta*, **52**, 3207.

62. Qu, D. and Shi, H. (1998) *J. Power. Sources*, **74**, 99.

63. Endo, M., Kim, Y.J., Takeda, T., Maeda, T., Hayashi, T., Koshiba, K., Hara, H., and Dresselhaus, M.S. (2001) *J. Electrochem. Soc.*, **148**, A1135.

64. Vix-Guterl, C., Frackowiak, E., Jurewicz, K., Friebe, M., Parmentier, J., and Béguin, F. (2005) *Carbon*, **43**, 1293.

65. Frackowiak, E., Lota, G., Machnikowski, J., Vix-Guterl, C., and Béguin, F. (2006) *Electrochim. Acta*, **51**, 2209.

66. Lu, G.Q. and Zhao, X.S. (2004) in *Nanoporous Materials: Science and Engineering* (eds G.Q. Lu and X.S. Zhao), Imperial College Press, London, pp. 1–13.

67. Everett, D.H. and Powl, J.C. (1976) *J. Chem. Soc., Faraday Trans.*, **72**, 619.

68. Gregg, S.J. and Sing, K.S.W. (1967) *Adsorption, Surface Area and Porosity*, Chapter 3, Academic Press, New York.

69. Evans, R., Marconi, U.M.B., and Tarazona, P. (1986) *J. Chem. Soc., Faraday Trans. 2*, **82**, 1763.

70. Itagaki, M., Suzuki, S., Shitanda, I., Watanabe, K., and Nakazawa, H. (2007) *J. Power. Sources*, **164**, 415.

71. Jang, J.H. and Oh, S.M. (2004) *J. Electrochem. Soc.*, **151**, A571.

72. Huang, J., Sumpter, B.G., and Meunier, V. (2009) in *Mesoporous Materials: Properties, Preparations and Applications* (ed. L.T. Burness), Nova Science, New York, pp. 177–190.

73. Fuertes, A.B., Lota, G., Centento, T.A., and Frackowiak, E. (2005) *Electrochim. Acta*, **50**, 2799.

74. Brunauer, S., Emmett, P.H., and Teller, E. (1938) *J. Am. Chem. Soc.*, **60**, 309.

75. Ue, M. (1994) *J. Electrochem. Soc.*, **141**, 3336.

76. Marcus, Y. (1994) *Biophys. Chem.*, **51**, 111.

77. Jenkins, H.D.B. and Thakur, K.P. (1979) *J. Chem. Educ.*, **56**, 576.

78. Largeot, C., Portet, C., Chmiola, J., Taberna, P.-L., Gogotsi, Y., and Simon, P. (2008) *J. Am. Chem. Soc.*, **130**, 2730.

79. Chmiola, J., Yushin, G., Dash, R., and Gogotsi, Y. (2006) *J. Power. Sources*, **158**, 765.

80. Lota, G., Centeno, T.A., Frackowiak, E., and Stoeckli, F. (2008) *Electrochim. Acta*, **53**, 2210.

81. Heyrovska, R. (2006) *Chem. Phys. Lett.*, **432**, 348.

82. Heyrovska, R. (2005) *Mol. Phys.*, **103**, 877.

83. Gryglewicz, G., Machnikowski, J., Lorenc-Grabowska, E., Lota, G., and Frackowiak, E. (2005) *Electrochim. Acta*, **50**, 1197.

84. Côté, J.-F., Brouillette, D., Desnoyers, J.E., Rouleau, J.-F., St-Arnaud, J.-M., and Perron, G. (1996) *J. Solution Chem.*, **25**, 1163.

85. Yang, C.-M., Kim, Y.-J., Endo, M., Kanoh, H., Yudasaka, M., Iijima, S., and Kaneko, K. (2007) *J. Am. Chem. Soc.*, **129**, 20.

86. Lust, E., Jänes, A., Pärn, T., and Nigu, P. (2004) *J. Solid State Electrochem.*, **8**, 224.

87. See the comments of Miller, J. in Service, R.F. (2006) *Science*, **313**, 902.

88. Feng, G., Huang, J., Sumpter, B.G., Meunier, V., and Qiao, R. (2010) *Phys. Chem. Chem. Phys.*, **12**, 5468.

89. Mysyk, R., Raymundo-Piñero, E., and Béguin, F. (2009) *Electrochem. Commun.*, **11**, 554.

90. Mysyk, R., Raymundo-Piñero, E., Pernak, J., and Béguin, F. (2009) *J. Phys. Chem. C*, **113**, 13443.

91. Raymundo-Piñero, E., Kierzek, K., Machnikowski, J., and Béguin, F. (2006) *Carbon*, **44**, 2498.

92. Salitra, G., Soffer, A., Eliad, L., Cohen, Y., and Aurbach, D. (2000) *J. Electrochem. Soc.*, **147**, 2486.

93. Simon, P. and Burke, A. (2008) *Electrochem. Soc. Interface*, **17**, 38.

94. Wang, D.W., Li, F., Liu, M., Lu, G.Q., and Cheng, H.M. (2008) *Angew. Chem. Int. Ed.*, **47**, 373.

95. Takana, A., Iiyama, T., Ohba, T., Ozeki, S., Urita, K., Fujimori, T., Kanoh, H., and Kaneko, K. (2010) *J. Am. Chem. Soc.*, **132**, 2112.

96. Jänes, A., Kurig, H., and Lust, E. (2007) *Carbon*, **45**, 1226.

97. Bushueva, E.G., Galkin, P.S., Okotrub, A.V., Bulusheva, L.G., Gavrilov, N.N., Kuznetsov, V.L., and Moiseekov, S.I. (2008) *Phys. Status Solidi B*, **245**, 2296.

98. Honda, Y., Haramoto, T., Takeshige, M., Shiozaki, H., Kitamura, T., Yoshikawa, K., and Ishikawa, M. (2008) *J. Electrochem. Soc.*, **155**, A930.

99. Honda, Y., Takeshige, M., Shiozaki, H., Kitamura, T., Yoshikawa, K., Chakrabarti, S., Suekane, O., Pan, L.J., Nakayama, Y., Yamagata, M., and Ishikawa, M. (2008) *J. Power. Sources*, **185**, 1580.

100. Bikerman, J.J. (1942) *Philos. Mag.*, **33**, 384.

101. Borukhov, I., Andelman, D., and Orland, H. (1997) *Phys. Rev. Lett.*, **79**, 435.

102. Burak, Y. and Andelman, D. (2000) *Phys. Rev. E.*, **62**, 5296.

103. Lue, L., Zoeller, N., and Blankschtein, D. (1999) *Langmuir*, **15**, 3726.

104. Das, T., Bratko, D., Bhuiyan, L.B., and Outhwaite, C.W. (1995) *J. Phys. Chem.*, **99**, 410.

105. Outhwaite, C.W. and Bhuiyan, L. (1982) *J. Chem. Soc., Faraday Trans.*, **78**, 775.

106. Woelki, S. and Kohler, H.H. (2000) *Chem. Phys.*, **261**, 421.

107. Bazant, M.Z., Kilic, M.S., Storey, B.D., and Ajdari, A. (2009) *Adv. Colloid Interface Sci.*, **152**, 48.

108. Kornyshev, A.A. (2007) *J. Phys. Chem. B*, **111**, 5545.

109. Oldham, K.B. (2008) *J. Electroanal. Chem.*, **613**, 131.

110. Lockett, V., Sedev, R., Ralston, J., Horne, M., and Rodopoulos, T.J. (2008) *J. Phys. Chem. C*, **112**, 7486.

111. Xia, J., Chen, F., Li, J., and Tao, N. (2009) *Nat. Nanotechnol.*, **4**, 505.

112. Wallace, P.R. (1947) *Phys. Rev.*, **71**, 622.
113. Barisci, J.N., Wallace, G.G., Chattopadhyay, D., Papadimitrakopoulos, F., and Baughman, R.H. (2003) *J. Electrochem. Soc.*, **150**, E409.
114. Futaba, D.N., Hata, K., Yamada, T., Hiraoka, T., Hayamizu, Y., Kakudate, T., Tanaike, O., Hatori, H., Yumura, M., and Iijima, S. (2006) *Nat. Mater.*, **5**, 987.
115. Wang, Y., Shi, Z., Huang, Y., Ma, Y., Wang, C., Chen, M., and Chen, Y. (2009) *J. Phys. Chem. C*, **113**, 13103.
116. Wang, D.-W., Li, F., Wu, Z.-S., Ren, W., and Cheng, H. (2009) *Electrochem. Commun.*, **11**, 1729.
117. Vivekchand, S.R.C., Rout, C.S., Subrahmanyam, K.S., Govindaraj, A., and Rao, C.N.R. (2008) *J. Chem. Sci.*, **120**, 9.
118. Spohr, E. (1998) *J. Electroanal. Chem.*, **450**, 327.
119. Spohr, E. (1999) *Electrochim. Acta*, **44**, 1697.
120. Spohr, E. (2002) *Solid State Ionics*, **150**, 1.
121. Schmickler, W. and Leiva, E. (1995) *Mol. Phys.*, **86**, 737.
122. Halley, J.W. (1996) *Electrochim. Acta*, **41**, 2229.
123. Qiao, R. and Aluru, N.R. (2003) *J. Chem. Phys.*, **118**, 4692.
124. Phipott, M.R., Glosli, J.N., and Zhu, S.B. (1995) *Surf. Sci.*, **335**, 422.
125. Dimitrov, D.I. and Raev, N.D. (2000) *J. Electroanal. Chem.*, **486**, 1.
126. Qiao, R. and Aluru, N.R. (2005) *Colloids Surf., A*, **267**, 103.
127. Crozier, P.S., Rowley, R.L., and Henderson, D. (2000) *J. Chem. Phys.*, **113**, 9202.
128. Freund, J.B. (2002) *J. Chem. Phys.*, **116**, 2194.
129. Qiao, R. and Aluru, N.R. (2004) *Phys. Rev. Lett.*, **92**, 198301.
130. Chen, Y.F., Ni, Z.H., Wang, G.M., Xu, D.Y., and Li, D.Y. (2008) *Nano Lett.*, **8**, 42.
131. Cagle, C., Feng, G., Qiao, R., Huang, J., Sumpter, B.G., and Meunier, V. (2010) *Microfluid. Nanofluid.*, **8**, 703.
132. Yang, L. and Garde, S. (2007) *J. Chem. Phys.*, **126**, 084706.
133. Feng, G., Qiao, R., Huang, J., Sumpter, B.G., and Meunier, V. (2010) *ACS Nano*, **4**, 2382.
134. Lide, D.R. and Haynes, W.M. (eds) (2009) *CRC Handbook of Chemistry and Physics*, 90th edn, CRC Press, Boca Raton, FL, pp. 6–148, Internet Version 2010.
135. Pinilla, C., Del Pópolo, M.G., Lynden-Bell, R.M., and Kohanoff, J. (2005) *J. Phys. Chem. B*, **109**, 17922.
136. Liu, L., Li, S., Cao, Z., Peng, Y., Li, G., Yan, T., and Gao, X.P. (2007) *J. Phys. Chem. C*, **111**, 12161.
137. Pinilla, C., Del Pópolo, M.G., Kohanoff, J., and Lynden-Bell, R.M. (2007) *J. Phys. Chem. B*, **111**, 4877.
138. Fedorov, M.V. and Kornyshev, A.A. (2008) *Electrochim. Acta*, **53**, 6835.
139. Fedorov, M.V. and Kornyshev, A.A. (2008) *J. Phys. Chem. B*, **112**, 11868.
140. Feng, G., Zhang, J.S., and Qiao, R. (2009) *J. Phys. Chem. C*, **113**, 4549.
141. Kislenko, S.A., Samoylov, I.S., and Amirov, R.H. (2009) *Phys. Chem. Chem. Phys.*, **11**, 5584.
142. Fedorov, M.V., Georgi, N., and Kornyshev, A.A. (2010) *Electrochem. Commun.*, **12**, 296.
143. Baldelli, S. (2008) *Acc. Chem. Res.*, **41**, 421.
144. Alam, M., Islam, M., Okajima, T., and Ohsaka, T. (2007) *Electrochem. Commun.*, **9**, 2370.
145. Becker, H.E. (1957) General electric. US Patent 2 800 616.
146. Huang, J., Sumpter, B.G., and Meunier, V. (2009) The 9th International Advanced Automotive Battery & EC Capacitor Conference & Symposia, Long Beach, California, USA, June 8–12, 2009.
147. Rechenberg, K. and Meinert, M. (2009) The 9th International Advanced Automotive Battery & EC Capacitor Conference & Symposia, Long Beach, California, USA, June 8–12, 2009.
148. Arepalli, S., Fireman, H., Huffman, C., Moloney, P., Nikolaev, P., Yowell, L., Higgins, C.D., Kim, K., Kohl, P.A., Turano, S.P., and Ready, W.J. (2005) *JOM J. Miner., Met. Mater. Soc.*, **57**, 26.

第6章 具有赝电容特性的电极材料

Elżbieta Frąckowiak

6.1 引言

双电层电容器（EDLC）是基于离子在电极/电解质界面的静电吸附。活性炭（AC）因其大的表面积和具有与离子尺度非常匹配的孔隙度而作为 EDLC 最常用的电极材料。兼具高的导电性、水系及有机系电解液中的化学稳定性、低成本以及来源丰富等优点是碳材料得到实际应用的主要优势[1-5]。然而，不考虑来源、结构、孔隙度等因素，碳材料本身的表面电容大约为 $10\mu Fcm^{-2[5-7]}$。因此，当使用纯粹的碳材料，可达到极限容量 $100\sim200Fg^{-1}$，具体大小取决于电解质[5-22]。除了静电作用力，如果发生快速法拉第反应，电容值能够得到更大的提升。在法拉第反应过程中的电荷转移与电压成正比，这种效应叫做法拉第赝电容（pseudocapacitance）。赝电容材料主要包括导电聚合物[23-40]、过渡金属氧化物[41-52]、富含杂原子（氧、氮）的碳材料[53-61]以及静电吸附氢的纳米多孔碳[62-74]。除了电极材料以外，赝电容也可以发生在化学吸附或者电解液中的氧化还原反应中[75-79]。

本章主要叙述了具有赝电容特性的电极材料以及具有氧化还原活性的电解质溶液。考虑到法拉第反应过程中，扩散是一个重要因素，因此对用于电容器的电极材料的特殊结构在文中进行了强调。这个领域的新趋势是带有分级层次孔结构的微孔/介孔结构电极，以及以纳米管和石墨烯做支持的赝电容的材料。考虑到关于赝电容现象的文章日益增多，本章不会对所有的报道做更多的陈述，但是我们会通过几个例子来说明本领域的主要趋势。

6.2 导电聚合物在超级电容器中的应用

电子导电聚合物（ECP）如聚吡咯（PPy）、聚苯胺（PANI）、聚噻吩（PTh）、聚3-甲基噻吩（PMTh）和聚3，4-乙烯二氧噻吩（PEDOT），能通过聚合物链的共轭 π 键的氧化还原反应来储存和释放电荷[23-40]。当发生氧化反应时（也称为 P 型掺杂），离子从电解液转移到聚合物的骨架中，而当发生还原反应时（也称为去掺杂），离子又重新释放到电解液中。通常 P 型掺杂比 N 型掺杂的聚合物更加稳定[36,39]。掺杂/去掺杂的过程发生在整个电极中，这也为获得高比电容量提供了可能。例如，式（6.1）表示了 PPy 的可逆掺杂：

$$[PPy^+A^-] + e^- \leftrightarrow [PPy] + A^- \tag{6.1}$$

　　然而，循环充放电过程中反离子的嵌入/脱出造成 ECP 的体积变化，由于膨胀、破裂、收缩造成电极的不断退化，最终使电极丧失导电性。因此，使用一定量的碳材料如炭黑、碳纤维、碳纳米管（CNT）和石墨烯作为弹性体和表面增强的组分，以达到提高电极机械性能的目的[23,30-32,35,80-89]。同时，碳材料存在于 ECP 体相中能确保电极在聚合物处于绝缘态时电极具有良好的导电性。

　　碳纤维可以很容易作为支撑材料应用于 ECP。例如，已经合成出来了表面包覆 5~10nm 的化学聚合聚吡咯层的聚吡咯/气相生长碳纤维/活性炭（PPy/VGCF/AC）复合材料[28]。报道显示，用伏安法测试该复合物具有超过 500Fg^{-1} 的比电容量。

　　碳纳米管作为 ECP 复合材料组分的研究已有大量的报道。一般而言，CNT 因具有介孔、良好的导电网络和高弹性而成为了一种优越的材料。无论是多壁 CNT 或者单壁 CNT，都能很好地适应电极材料在长时间充放电循环过程中的体积变化，因此都能作为一种极好的 ECP 载体材料。

　　单体的化学和电化学聚合被认为可得到 ECP/CNT 纳米复合材料。虽然电化学聚合方法的均相沉积提供更好的电化学活性，但是化学聚合的方法因其价格低廉、易得到多孔复合材料而更受欢迎。此外，相比于简单电化学方法得到的致密 ECP/CNT 复合材料，化学方法合成的复合材料的孔隙度更高。图 6.1 为用化学方法合成的具有 80wt% PANI 的 PANI/CNT 复合材料的扫描电镜图（SEM）[30]。虽然纯 PANI 或者 ECP 的薄膜层是稠密、致密和易碎的，但是这种复合材料却呈现出海绵状并且弹性十足，同时保持了碳纳米管缠绕网络的优点，这为电解液进入活性聚合物提供了良好的通道。毫无疑

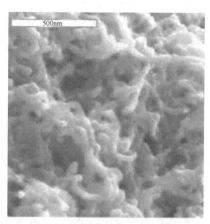

图 6.1　含 80wt% PANI 的 PANI/CNT 复合材料的扫描电镜图[30]

问，复合材料这样的纳米结构为离子在聚合物中的快速扩散和迁移提供了最佳的条件，显著地提高了电极的性能。可以明显看出，应用具有介孔和柔性的石墨烯同样能起到相同的作用。

　　关于碳纳米管和石墨烯在 ECP 复合材料中作为电容器电极的积极作用已有很多报道[23,27,28,30-35,80-89]。多壁碳纳米管（MWCNT）[23,27,28,30,31,33,35,81,82]、定向 MWCNT 阵列[32,83-85]、单壁碳纳米管（SWCNT）[80]和石墨烯[86-88]表面包覆一层薄的导电聚合物也已经制得。在 ECP 沉积前纳米管状材料的预处理是至关重要的。MWCNT 被氧化后，它的表面会覆盖一层氧化官能团，这些官能团在电化学沉积 PPy 膜时能起到阴离子掺杂物的作用[82]。这些 PPy 薄膜非常不易碎，并且比那些用水性电解液作为反离子来源的电极粘着性更好。

　　比较定向 MWCNT 阵列和 Ti、Pt 表面沉积 PPy 膜的复合材料的氧化还原性能，发现前者的性能得到了显著的提高，这是由于纳米管状复合材料 CNT 有序阵列具有高的可

进入表面积[85]。纳米管状阵列作为赝电容材料的支撑材料的重要作用如图 6.2 所示。

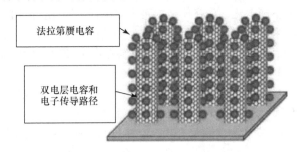

图 6.2　包覆赝电容材料的纳米管阵列的微观结构和电容特性的示意图[85]

　　纳米管在导电路径方面发挥着重要的作用；而且，这种阵列中规则的介孔利于离子的扩散，这对掺杂过程是必不可少的。值得一提的是，有序的 CNT 阵列比缠绕的 CNT 更能展现出优异的导电性[90,91]。除了碳纳米管之外，其他形式的碳（洋葱碳、纳米角状碳管、石墨烯等）也得到了发展，然而由于它们的特殊性，貌似只有石墨烯因其价格相对低廉及优异的导电性（取决于后处理工艺），成为一种有前景、主流的材料。石墨烯材料已经单独或者与碳纳米管形成杂化材料应用于电容器，并且取得了优异的电荷传输效果[86-88,92-94]。

　　SWCNT 作为 ECP 的支撑材料的测试结果表明，SWCNT/PPy 纳米复合材料[80]在碱性电解液中拥有非常有限的应用，这是由于 PPy 在这种介质中性能衰减得非常快。通过电化学方法合成的 MWCNT/PPy 复合材料在酸性电解液中得到非常好的数据。容量值可达 170Fg[-1]左右，且具有 2000 次以上的优异循环性能[35]。MWCNT/ECP 复合材料的高比电容量是由于缠绕型碳纳米管的特性所引起的，这样的特性提供了一个完美的三维体积电荷分布和接触良好的电极/电解液的界面。比较这两种包覆方法的结果可以发现，通过化学法沉积得到非均匀的 PPy 包覆层比电化学方法制得的 PPy 包覆层拥有更大的孔隙度，结构更松散；前者包含一些小颗粒的团聚。化学法沉积的聚合物拥有更大的表面积，良好的离子扩散更容易进行，且具有更高的电荷存储效率[30]。

　　ECP/CNT 复合材料的电化学行为在两电极和三电极体系中已有研究报道。在文献报道中，基于不同实验技术和条件的选择得到的容量值也不同。明显地，对于实际应用的超级电容器，只有两电极体系的研究能提供可靠的数据，然而三电极体系的特征对于确定电极材料的电化学行为很有用。在三电极体系中表现优异的电极材料并不意味着它能在真正的电容器也能表现出良好的性能[95]。一般而言，ECP 的厚度越薄，电容值就越大，但是这样就失去了其实际的应用价值。选择最佳的电极厚度是非常重要的。一些详细的调查显示含有 ECP 的复合材料，如 ECP/PANI 和 ECP/PPy 复合材料，它们的电容值主要取决于电容单元体系的结构[30]。对于化学沉积的 ECP，在三电极体系中，具有相当高的比电容值，为 250 ~ 1100Fg[-1]，这与选取的电压量程有关。然而在两电极体系中，MWCNT/PPy 和 MWCNT/PANI 分别只有 190Fg[-1] 和 360Fg[-1] 的比电容量。这也说明了一个事实：只有两电极体系才能使材料的性能得到良好评估，以实际应用于电化学电容器中。

施加的电压也被认为是影响 ECP/CNT 纳米复合材料的超级电容器比电容量的关键因素[30]。图 6.3 显示了 PPy/CNT 对称电容器的比容量随循环的变化规律。当最大电压固定在 0.4V 时，这个电容器的循环性能相当好。而当升高到 0.6V 循环时，在 500 圈后电容损耗达到初值的 20% ，而在 0.8V 时电容损耗几乎达到初值的 50% 。因此，两个电极都使用相同的 ECP/CNT 材料时，如果最大电压超过一些限制，超级电容器循环稳定性将会变差。当超过这个限制，一个电极会达到 ECP 电化学不稳定时的电压，这是 ECP 容量衰减的原因[30]。基于 PPy/CNT 复合电极的超级电容器在最高电压为 0.8V 时恒电流循环 500 次前后的阻抗图谱显示，循环后电阻急剧增大。此外，循环后的高频率区的半圆也暗示存在电荷传递电阻。因此，在图 6.3 中，首次恒流循环过程中，高电压（0.8V）下观察到不可逆的氧化还原转换是造成高比电容值的原因[30]。一般来说，由于正极析氧和负极转变成绝缘状态的缘故，基于 ECP 电极的对称电容器的工作电压不能超过 0.6 ~ 0.8V[30]。

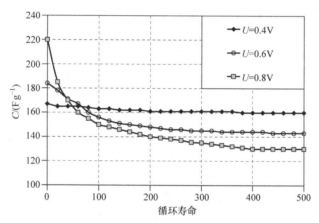

图 6.3　基于 PPy/CNT 复合材料（20wt% 的 CNT）的对称型的两电极系统在 $1molL^{-1}$ 的 H_2SO_4 中的比电容量（单个电极的单位质量）与恒流循环圈数的曲线图。单元最大电压的影响[30]

考虑到 ECP 复合材料只有在窄的电压下才能进行可逆地工作，它们的最佳应用需要一个非对称配置，例如，选择不同类型的 ECP 材料作为正极和负极或将它们与另一种电极材料（AC、金属氧化物等）进行结合。这样一个想法将扩大了电容器的电压，反过来，也能得到更高的能量和功率密度[43-45,96-99]。

值得注意的是，当规则的 MWCNT 和 SWCNT 阵列形式以所谓的 "森林" 形式存在时，MWCNT 在复合材料中的积极作用才能更加有效地达到[90]。在这种情况下，由于以成本为代价带来的更好的导电性和孔隙可用性，使最终材料可以获得优异的性能。已经证明，规则的 CNT 阵列的电导率显著高于缠绕型的 CNT。近来，石墨烯薄片作为 ECP 复合材料支撑材料受到研究学者们青睐。考虑到全部类型的碳纳米管以及石墨烯的介孔特征，两种材料的都得到了较好的积极作用[86-88]。CNT 和石墨烯复合材料的同时应用也得到了利用，它们的赝电容特征也表现非凡[99-101]。考虑到经济因素和复合材料复杂的生产技术，它们也许只有有限的实际应用价值。

6.3 金属氧化物/碳复合材料

过渡金属氧化物被认为是具有吸引力的超级电容器材料。其中，氧化钌（RuO_2）似乎是理想的材料，因为它具有高容量、良好的导电性、优良的电化学可逆性、高倍率性能和长循环性能。然而，成本高昂、资源缺乏和有毒等缺点使寻找替代材料成为必要。因此，氧化锰得到了重点关注，特别是因为它环保的特点[41-52]。

孔径 5~30nm 的多孔水合 MnO_2 已经通过有机 – 水界面法制备而得[50]。有趣的是，表面积和孔径分布可以通过调整反应时间和表面活性剂在水相的浓度来调控。用此方法合成的 MnO_2 显示了良好的循环性能，比电容量达到了 $261Fg^{-1}$，但仅限于小的充放电倍率的情况下，这表明纯的锰氧化物不能应用到电容器中。

近乎纯净的氧化锰（$λ-MnO_2$）也通过用酸溶液从层状结构的尖晶石型 $LiMn_2O_4$ 除去 Li 而成功获得[51]。搅拌混合 3h 后，大部分的锂离子从四面体的节点中除去，但通过 X 射线衍射测量证实尖晶石的框架保存了下来。最终的产物只有 $5m^2g^{-1}$ 的比表面积。已测得其具有高的比电容量（$300Fg^{-1}$），但这是在适中的放电电流（$100mAg^{-1}$）下获得的[51]。

锂从 $LiMn_2O_4$ 中的脱去机理已经有研究[102-104]。Feng 等[104]提出化学计量的尖晶石主要发生了氧化还原反应。提取出来的锂离子的电荷可以通过改变锰离子的价态来补偿。会发生氧化锂的溶解和两个三价锰离子表面歧化反应。Mn^{3+} 离子溶于酸溶液而 Mn^{4+} 仍留在晶格中形成 $λ-MnO_2$。无定型的氧化锰（$a-MnO_2·nH_2O$）的赝电容特性归功于质子或电解液的阳离子的氧化还原交换，如下式所示[42]：

$$MnO_a(OH)_b + nH^+ + ne^- \leftrightarrow MnO_{a-n}(OH)_{b+n} \tag{6.2}$$

式中，$MnO_a(OH)_b$ 和 $MnO_{a-n}(OH)_{b+n}$ 分别代表界面 $a-MnO_2·nH_2O$ 的高氧化态和低氧化态。但是，由于 $a-MnO_2·nH_2O$ 高电阻率，需要导电添加剂如 CNT，才能应用到超级电容器的电极中。因此，将 $Mn(OAc)_2·4H_2O$ 添加到包含一定量 CNT 的 $KMnO_4$ 溶液中，就可以实现 $a-MnO_2$ 沉淀在 CNT 上[49]。SEM 观察证实了具有良好附着力的氧化包覆层的碳纳米管在这种复合材料中的模板作用。这些结构特点是有利的，同时易于离子进入活性物质体相中，改善复合电极的电导率和获得良好的弹性。通过添加 15wt% 的 CNT，由 $a-MnO_2/CNT$ 复合电极构造的对称型双电极电容器的内阻从 $2000Ωcm^2$ 急剧下降到 $4Ωcm^2$，比电容量从 $0.1Fg^{-1}$ 升高到 $137Fg^{-1}$。实验证明 15wt% 的 CNT 添加量是复合材料的最佳添加量。另一方面，CNT 比添加同样量的炭黑效果更好，而炭黑通常在电极中用作逾渗剂。

大量的研究一直致力于通过制备层次结构的复合材料来最大限度地提高氧化物的比表面积，其中氧化物成分以各种各样的形式沉积，如纳米棒、纳米花、纳米片和其他形式[85,105-112]。

如图 6.4 所示，氧化锰（MnO_x）以花瓣的形貌沉积在碳纳米管阵列（CNTA）上。这种通过电沉积在 CNTA 的材料具有多级孔道结构，比表面积达到了 $236m^2g^{-1}$。复合材料的高密度（$1.5cm^3g^{-1}$）使电极达到了 $305Fcm^{-3}$ 高的体积容量。由于复合材料的多级孔道的形貌，即使在 $77Ag^{-1}$ 这样高的电流密度下，也能达到 $100Fg^{-1}$ 的容量。

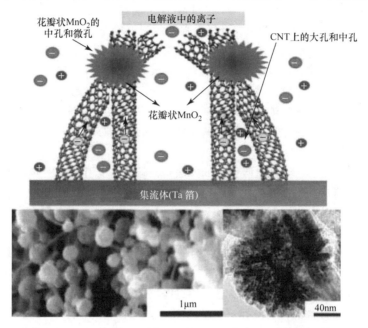

图 6.4　MnO_x/CNTA 复合材料的微观结构及储能方式的示意图。
MnO_x 沉积在纳米碳材料的花瓣状 SEM 图[112]

这些研究表明只有比表面积大并且氧化物分散性好的碳/MnO_2复合材料才是合适的解决方案。另一个重要的问题就是在考虑复合材料电位图的热力学情况下，让它们在稳定的电压区间工作。一般而言，这样的复合材料常用于与 AC、导电聚合物或其他化合物（见第 8 章）组成非对称电容器的正极。

除了 Ru – 基和 Mn – 基的氧化物，CNT 用作纳米复合电极的支撑材料的有益影响也通过与其他赝电容氧化物复合显示出来，如镍氧化物、钴氧化物、钒氧化物和铁氧化物[84,113]。

总之，过渡金属氧化物能够提供极具吸引力的赝电容特性。然而，这种特性的实际应用仍然是个挑战。扩散过程中的表面和体相的氧化还原现象，妨碍了这些材料的高倍率性能。此外，大多数氧化物的有限电导率是问题的源头，这可以通过添加碳材料来克服，优先使用 CNT。一些新颖的基于两种赝电容材料的三元复合材料，即金属氧化物、导电聚合物和碳纳米管，也得到了很大发展[114-116]。这些三元复合材料的比电容量，例如，PEDOT/CNT/MnO_2，可以达到超过 $400Fg^{-1}$，而且具有良好的充/放电倍率、很好的电荷保持能力和循环稳定性。这种组合利用了两种赝电容材料的协同作用，是新一代超级电容器的起点。

6.4 碳网络中杂原子的赝电容效应

碳网络中的氧和氮杂原子引起不同类型的法拉第反应，将大大提高它的容量[53-61,117-121]。这样的赝电容效果又伴随着典型的双电层充电，其与官能团的快速法拉第反应和掺杂碳的电子结构的局部改性有关。在这种情况下，导带和价带之间的带隙变化，由于自由电子增多，可以证明电容性离子的吸附量也大大增加[6,74]。当使用富含杂原子的碳材料时，特别注意到掺杂材料的最优选择应根据电极的极性来确定。一些含氧官能团，例如，醌-对苯二酚氧化还原对，在正极极化方面发挥了显著的作用[117-119]，最好是在酸性介质，而氮似乎是负极在碱性介质中的最优官能团。

6.4.1 富氧的碳

一个可能增强电容特性很有吸引力的方法是在碳网络上引入含氧官能团[117-119]。一般来说，有两种方法获得高度氧化的碳：①选择一种合适的富氧的前驱物进行碳化②碳在强氧化气氛下后处理。

一步碳化海藻生物聚合物得到非常有趣的材料，例如无需进一步活化的海藻酸钠[117]。尽管海藻酸钠具有与纤维素非常类似的结构，但是其热行为却与其完全不同。纤维素是在400℃完成热分解，而海藻酸钠是在700~900℃有一个明显的与CO挥发相关的造成的重量损失。考虑到这些信息，通过海藻酸钠在氩气气氛下600℃热解得到碳材料。由此得到的材料稍有些微孔（$S_{BET} = 273 m^2 g^{-1}$），在碳框架中保留了高的氧含量（15at%）。从XPS的C1峰的反褶积分看出，含氧官能团是苯酚和乙醚基团（C-OR；7.1at%）、酮和醌基团（C=O；3.5at%）和羧基基团（COOR；3.4at%）。尽管这种碳的BET比表面积比较小，但其电容在$1 mol L^{-1}$的硫酸介质中能达到$200 F g^{-1}$，即相当于在市场上买到的最好的AC的容量。赝电容的贡献可通过三电极体系循环伏安图中-0.1V和0.0V（相对Hg/Hg_2SO_4）左右的阴极峰和阳极峰得以证实[117]。对于AC而言，在这些峰的位置，通常对应着含氧官能团如醌/对苯二酚对的电化学反应[122]。类吡喃酮结构（石墨烯层边缘的非邻位羰基和醚氧原子的组合）也可以像醌/对苯二酚一样在同一电势差范围内有效地接受两个质子和两个电子[123]。因此，海藻酸钠得到的碳中，高的电容量值与醌、苯酚和醚官能团的电荷转移反应密切相关[117]。此外，这种少孔的材料具有高密度和高导电性，这使得它具有比AC更高的体积电容量，而且这种电容器能在无需任何添加剂的情况下完成高电流密度下的充电。从纯的海草类前驱体提取碳已得到进一步的研究[118]。特殊类型的海草，在碳化后，显现出可观的电容特性。在海藻热处理之前加入CNT，将会获得一些其他性能的改善[124]。

6.4.2 富氮的碳

氮原子也是另外一种杂原子，被认为是碳网络中的一种主要掺杂剂。一部分N可以代替碳（"点阵氮"），而其他的N可以在芳香烃的外围结构单元以官能团的形式存在（"化学氮"），如图6.5所示。

　　富氮碳可以通过纳米多孔碳的氨氧化[121]或富氮聚合物的碳化和随后的蒸汽活化来制备[53,54]。但是，由于在这些过程中涉及的反应是在氧化性条件下发生的，因此氧与氮也会进入碳网格中。因此，很难完全地评估电容的测量值都是氮化官能团的单独贡献。然而，电容量和氮含量之间的相关性由于聚丙烯腈（PAN）或沥青/PAN以及沥青/聚乙烯基吡啶的混合物碳化和随后的蒸汽活化得到的一系列独特的富氮碳而被发现（见图6.6）。这些

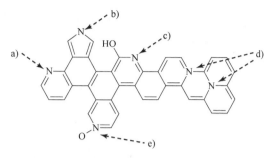

图6.5　碳网络中的氮化官能团 a）吡啶氮（N-6）；b）吡咯氮；c）吡啶酮氮（N-5）；d）季位氮（N-Q）；e）氧化氮（N-X）

样品具有相当多的多孔特性（$S_{BET} \approx 800 m^2 g^{-1}$），水性介质中的电容量值与氮含量成一定的比例关系，而在有机电解质中电容量值几乎是常数[7,53]。这种依赖关系证明质子在赝电容效应中的重要作用。

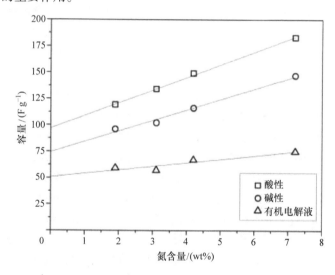

图6.6　$1 mol L^{-1} H_2SO_4$、$6 mol L^{-1} KOH$、$1 mol L^{-1} TEABF_4$的乙腈电解液中电容量值与富氮碳的氮含量的关系曲线[53]

　　根据曲线推断出在水性电解液中 N% = 0 时，比电容量值达到 75 ~ 100Fg^{-1}。考虑到全部材料的平均 BET 比表面积可达 $800 m^2 g^{-1}$，其表面电容能达到 9.4 ~ 12.5μFcm^{-2}，这个范围通常仅有双电层充电[5,6]。电容量的增大与硫酸介质氮含量的关系，可以用掺氮官能团的赝电容法拉第反应来解释，如式（6.3）和式（6.4）以及图6.7的示意图所示：

$$C^* = NH + 2e^- + 2H^+ \leftrightarrow C^*H - NH_2 \qquad (6.3)$$

$$C^* - NHOH + 2e^- + 2H^+ \leftrightarrow C^* - NH_2 + H_2O \qquad (6.4)$$

式中，C^* 代表碳网络。

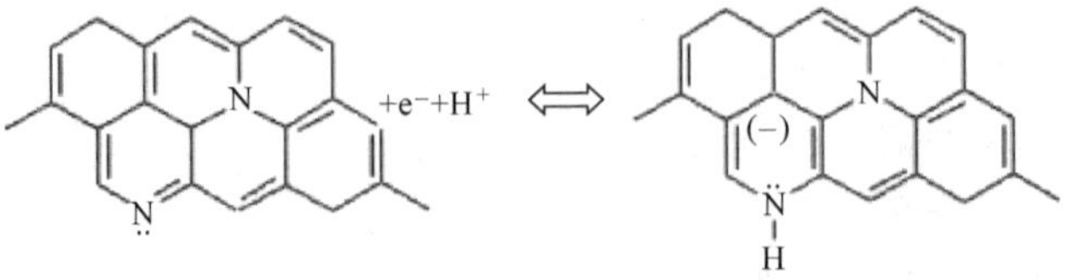

图 6.7　吡啶型氮可能的氧化还原反应示意图

在 700℃ 一步热解 CNT/PAN 混合物得到的自支撑的 C/C 复合材料，其电极展现了赝电容特性和较高的电子导电性[125]。特别强调是，这种复合材料电极的制备未经过活化处理。单独的 PAN 在 700℃ 碳化的比表面积非常小（$S_{BET} = 6m^2 g^{-1}$），而由 CNT/PAN（30/70wt%）混合物在 700℃ 热解得到的 C/C 小球具有更多的孔隙度（$S_{BET} = 157m^2 g^{-1}$，$V_{DR} = 0.067cm^3 g^{-1}$，$V_{meso} = 0.117cm^3 g^{-1}$）。C/C 复合材料中的介孔主要由 CNT 模板的作用合成。PAN 热分解的过程中，粘附在 CNT 上的层会收缩，留下的孔洞直接反映了原始纳米管框架的纳米结构[125]。经 XPS 表征，这种复合材料中的氮含量有为 7.3at%。

将这种 C/C 复合材料微球做成双电极测试单元，在 1mol L^{-1} 的 H$_2$SO$_4$ 中，高的扫描速率下如 100mV s^{-1}，其伏安曲线呈现出盒状，意味着这种复合材料的快速电荷传输动力学。这种 CNT/PAN（30/70wt%）混合物在 700℃ 碳化得到具有 C/C 复合材料的比电容量能达到大约 100Fg^{-1}，然而在同样的条件下，纯的 CNT 仅能得到 18Fg^{-1} 的电容量，碳化的 PAN 的电容量更是微乎其微。由于 C/C 复合材料（157m^{2}g^{-1}）的 BET 比表面积相对于纯的 CNT（220m^{2}g^{-1}）要小，所以电容量的主要贡献是由法拉第赝电容的电荷转移反应提供的。根据 XPS 测试数据，可以推测出起主要作用的吡啶型氮在法拉第赝电容特性中发挥了主要的作用。另一个明显的事实是，由于 CNT 的存在，测得的阻抗图谱的等效串联电阻 R_s 只有 0.7Ω cm^2。图 6.8 中显示了电容量与电流负载间的关联，证实了 C/C 复合材料在 1mol L^{-1} 的 H$_2$SO$_4$ 溶液极高的电流密度情况下也能够进行充放电。低的电流下的容量下降是典型的电荷转移占主导作用的特征。让人惊讶的是，电容值在下降之后保持非常的平稳，而不含 CNT 的典型赝电容材料通常是在整个电流负载范围内，出现持续的下降情况。

这种复合材料突出的电容行为是由于 CNT 和 PAN 碳化后的掺氮官能团协同作用的结果。通过碳纳米管框架的模板作用，PAN 在热解的过程中产生了介孔，而且碳纳米管作为三维支撑结构显著地提高了复合材料的电子导电性，使其能大倍率进行充放电，这也有赝电容的贡献。显然，用传统的炭黑制造的电极不能达成这样良好的逾渗效果（percolation effect）。

用三聚氰胺作为富氮（45wt%）的碳前驱物，得到含碳纳米管骨架的复合材料，氮在复合材料中的作用也已经得到了证实[61]。在一定量的 MWCNT 存在下，三聚氰胺和甲醛聚合（无加任何催化剂）后，在 750℃ 氮气气氛下碳化 1h 得到碳复合材料。最

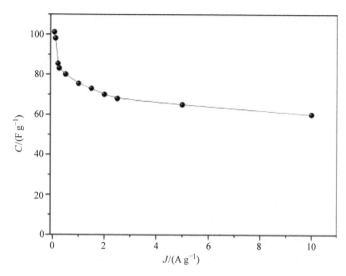

图 6.8　由 CNT/PAN（30/70wt%）在 700℃ 一步热解得到的 C/C
复合材料的电容对电流负载关系曲线图[125]

终的碳化产物分别命名 M + F（不含 CNT 的三聚氰胺和甲醛），Nt + M + F（含 CNT 的
三聚氰胺和甲醛），Nt + 2M + F（含双倍三聚氰胺的类似复合物）和 Nt + 3M + F（含三
倍三聚氰胺的类似复合物）。元素分析结果显示，在最终的产物中氮含量为 7.4 ~
21.7wt%。而氧含量计算出来有差异，但是它在样品中的含量 5.9 ~ 7.8wt% 不等。

　　氮气脱/吸附等温曲线（见图 6.9）显示碳材料是典型的介孔材料（除了 M + F，即
不含 CNT），而且其含有一定数量的微孔。BET 比表面积范围在 329 ~ 403m² g⁻¹ 之间，
而且 Nt + 3M + F 复合材料的最大。所有材料的多孔性质与它们的电容性能在表 6.1 中
得到了说明。

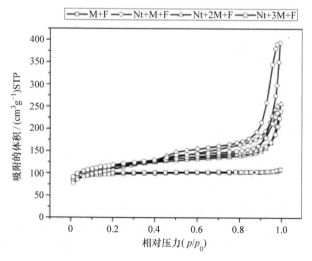

图 6.9　氮化复合材料在 77K 的氮气脱/吸附恒温曲线[61]

表6.1 富氮纳米复合材料的物理化学和电化学特征（C代表在5A g⁻¹即50mA cm⁻²的电流负载下的电容量值；1mol L⁻¹的 H_2SO_4 两电极单元）

样品	比表面积 /(m^2g^{-1})	总孔容 /(cm^3g^{-1})	微孔孔容 /(cm^3g^{-1})	电容 /(Fg^{-1})	氮含量 /(wt%)
M + F	329	0.162	0.152	4	21.7
Nt + 3M + F	403	0.291	0.174	100	14.0
Nt + 2M + F	393	0.321	0.167	126	11.7
Nt + M + F	381	0.424	0.156	83	7.4

对于所有的复合材料在1mol L⁻¹的 H_2SO_4 中，扫描速率为10mV s⁻¹的伏安特性是一个典型的镜像对称的理想电容器。只有不含 CNT 的 M + F 复合材料显示出糟糕的性能，这很有可能是因为这种材料的高阻抗造成的。恒电流放电下能得到最好的电容量是 Nt + 2M + F 复合材料（在5Ag⁻¹电流密度下有126Fg⁻¹的容量）。当然，氮的存在对于改善电子特性和润湿性具有有利的作用。然而，过量的氮（大概超过15%）将会降低材料的导电性，反过来将会影响超级电容器的电容性能和循环性能。吡啶氮和季位氮似乎在电化学行为中发挥了最重要的作用；但是，它们参与电容发挥的作用不仅要受电极极性的影响还要受电解液类型的影响。

图6.10 显示电荷累积能力随着电流负荷的增加而减小的关系，但是 Nt + 2M + F 样品在一个非常高的50Ag⁻¹的电流密度下仍能提供60Fg⁻¹的电容量。这种复合材料高效的电子输运能力，可以用碳化后 CNT 优异的电子传输能力得以保留下来的缘故来解释。

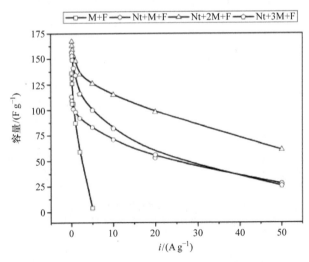

图6.10 酸性电解液中复合材料在两电极体系中容量与电流负荷的关系[74]

除了酸性电解质，也有关注其他电解质如6mol L⁻¹的 KOH，1mol L⁻¹的 Na_2SO_4，有机电解质如乙腈（ACN）中 1mol L⁻¹的四氟硼酸四乙基胺（TEABF₄）。图6.11 显示了

Nt + M + F 复合材料在这些电解质中以 10mV s^{-1} 扫描速率下的伏安特性。在酸性溶液中获得了最佳的性能（101Fg^{-1}），略微超过碱性溶液（92Fg^{-1}）。正如预期，在有机电解液中和 Na$_2$SO$_4$ 的中性溶液中，由于缺少法拉第赝电容反应造成其电容值较低；只有 EDL 贡献电容。电极材料低的比表面积（393m^{2}g^{-1}）正好解释了它电容值低的原因（在有机电解质和中性溶液中的电容量分别为 35Fg^{-1} 和 26Fg^{-1}）。

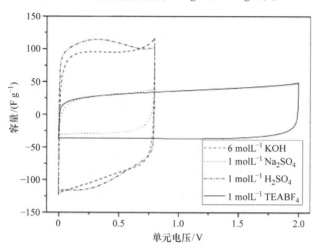

图 6.11　富氮 Nt + M + F 复合材料在不同水性电解液和有机介质中的伏安特性，扫描速率为 10mV s^{-1}[74]

　　碳材料中氮含量与电子密度之间的关系已经从分子量子学计算中得到验证。氮含量影响导带与价带之间的带隙与复合材料的导电性以及电容特征具有定性的关系[74]。

　　一些研究者们主要用不同的富氮前驱物来制备氮掺杂碳材料。三聚氰胺在云母中聚合[58]，然后用氨水处理[60]，得到的材料在 KOH 介质中得到最高的比电容量（280F mL^{-1}），而在硫酸介质中测得了 152F mL^{-1} 的比电容量值。丙烯腈在 NaY 沸石中热解得到模板碳，其电容值达到了最大（340Fg^{-1}）[120]。这个高电容量是材料高度发达的比表面积和掺氮官能团的法拉第赝电容的协同作用的结果。另一种方法是利用氮等离子体来处理石墨烯，报道了约 280Fg^{-1} 的高的电容值（是纯石墨烯容量值的 4 倍）[57]。

6.5　带有电吸附氢的纳米多孔碳

　　水介质中可逆的电吸附氢的纳米多孔碳也观察到了赝电容特性。在这种情况下，负极极化过程中，水被还原而产生的氢被材料吸附；这些吸附的氢在阳极氧化时又被释放出来[62-74]。

　　结果证明碳电极的氢吸/脱附过程能在大电流下进行，这使得其可以作为电化学超级电容器的负极。值得注意的是，纯粹的双电层充电在微 - 毫秒的极短时间内发生，而氢吸附赝电容由于法拉第反应的扩散限制需要一个稍微较长的时间。

电吸附氢能在以碳布或粉末形式的 AC 中发挥作用。碳材料储氢最重要的参数是超细微孔、介孔比例，表面官能团，电导率和缺陷数量等。对含有可控分级微孔/介孔的碳材料[65,67,68,71,72]的研究结果显示，它们的储氢能力有了一定的提高。

图 6.12 为微孔活性炭布（ACC）电极在 6mol L^{-1} 的 KOH 电解液中的伏安特性曲线[126]。随着负极截止电位的逐步移动，不同循环被记录了下来。电极电位高于水分解的热力学电位值（理论上，$-0.924V$ vs Hg/HgO，6mol L^{-1} 的 KOH 介质），这个盒状的曲线证实了双电层的可逆充电。在第三个循环中观察到负极电流上升，证明当截止电位低于平衡电位时，法拉第水解反应开始发生，根据式（6.5）：

$$H_2O + e^- \rightarrow H + OH^- \tag{6.5}$$

在式（6.5）中新产生的氢一部分固定在碳的纳米孔表面，如式（6.6）：

$$<C> + xH \rightarrow <CH_x> \tag{6.6}$$

而另一部分则可能重组成 H_2 分子。式（6.7）总结了整个过程：

$$<C> + xH_2O + xe^- \leftrightarrow <CH_x> + xOH^- \tag{6.7}$$

式中，$<C>$ 和 $<CH_x>$ 分别代表纳米结构的碳基底和氢原子插入碳基底。因此，在阳极扫描过程中，高于平衡电位的正极电流增大，这与 AC 中的氢电化学氧化有关。在这个氧化步骤中，它向式（6.7）的逆反向进行。

当负极截止电位减小时，由于氢氧化正极电流增加，对应的凸峰向正电位移动（见图 6.12）。氢的氧化要求的高过电位说明碳材料中有强的氢捕获或者扩散限制。

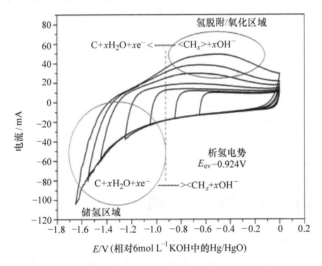

图 6.12 AC 电极在 6mol L^{-1} 的 KOH 溶液中以 5mV s^{-1} 的扫描速率逐渐移向负电压的循环伏安曲线[126]

考虑氢的电化学吸附本质上发生在微孔中（即小于 0.7～0.8nm 的孔）[62-66]，而弯曲的孔道将会减缓氢从这些微孔中脱附的速度，很容易想到低的扫描速率下提高可逆性的趋势。

仔细分析不同扫描速率下的伏安特性曲线提供的关于可逆性的信息，但同时假定 <C>H 键不牢固。氢的不牢固的化学键，已由 AC 样品在 6mol L^{-1} 的 KOH 溶液 500mA g^{-1} 的恒电流充电 15min 或 12h 后的热解吸（TPD）分析得到证实。为了避免废弃的氢解吸，电化学充电后样品不能再用水冲洗。因此，它们在 400℃ 都呈现一个峰，这是由于碳与过量的 KOH 反应的结果所致，如式（6.8）所示：

$$6KOH + 2C \rightarrow 2K + 3H_2 + 2K_2CO_3 \tag{6.8}$$

这是样品在 500mA g^{-1} 电流下充电 15min 观察到的唯一的峰。在这有限的时间里，水还原的能斯特电位还未达到，只有双电层进行充电。相比之下，当充电时间延长到 12h，TPD 曲线中将在 200℃ 出现一个额外的峰（见图 6.13）。这个峰的位置证实了氢与碳表面的化学键作用较弱。因此，大部分生成的氢似乎是在水电解还原时与碳的活性部分发生反应而被捕获，而不是纯粹地在其表面物理吸附。

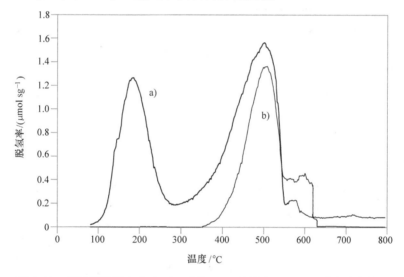

图 6.13　微孔活性炭布在 6mol L^{-1} 的 KOH 溶液中 500mA g^{-1} 电流密度下充电的氢的 TPD 分析图 a) 12h；b) 15min（摘自参考文献[66]）

碳表面氢键合化学类型的结果表明，其电化学性能取决于温度。在 20～60℃ 温度范围内的 ACC 的伏安曲线（见图 6.14）显示氧化还原峰的振幅随着温度的升高而增大（即可逆氢的吸附量增加），而这两峰间的极化会减小。

类似的信息可由恒流充放电曲线（见图 6.15）给出。随着电池温度的上升，充电过程中的电压值由于溶液的离子电导率的升高造成的极化降低而更负。当温度上升至 60℃，我们可以看到更清晰的放电平台和氧化电位从 -0.5V 转移到 -0.7V vs NHE（见图 6.15 的插图：微分曲线最大的移动值）。这种偏移表明温度升高将减少动力学阻碍，并且有利于氢从微孔中提取（氧化）出来。然而，从曲线中观察到最有趣的现象是可逆的储存氢显著增加，证明了氢在纳米多孔碳的电吸附可以由温度来激活[66]。

由于氢通过弱的化学键稳定在碳基底上，因此其自放电并不显得那么重要[66,68]。另一方面，水性溶液中使用 AC 作为负极的电容器的电压（以及能量密度）可以通过在较高的温度下工作得以强化。因此，对构建非对称电容器来说，水性介质中纳米多孔碳材料电吸附氢是非常有趣的，这种电容器的构造是以储氢碳作为负极和以碳或者基于 MnO_2 的复合材料或者导电聚合物的形式作为正极的一种电容器[43-45]。这种电化学电容器在水性介质中能在高达 1.6V 的电压下保持良好的循环寿命（第 8 章）。最近，有报道证实对称性 AC/AC 电容器在碱性硫酸盐电解质中拥有更好的性能（1.6 ~ 2.0V）[127-129]。考虑到比 MnO_2 基复合材料导电性更好的碳正极，这种新理念将在大功率应用中呈现优势。

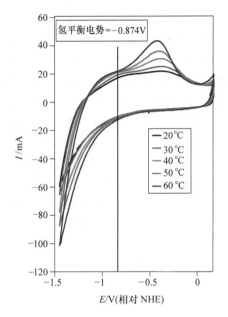

图 6.14 纳米多孔碳布（ACC）在 $6mol\ L^{-1}$ 的 KOH 溶液中不同温度下的循环伏安曲线（摘自参考文献[66]）

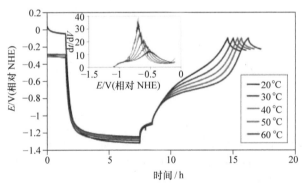

图 6.15 温度对纳米多孔碳布（ACC）在 $6mol\ L^{-1}$ 的 KOH 中的恒流充放电性能曲线（充电电流 $-150mA\ g^{-1}$；放电电流 $+50mA\ g^{-1}$）；插图：随温度从 20℃升至 60℃恒流氧化曲线从 $-0.5V$ 到 $-0.7V$ 的最大移动值（摘自参考文献[66]）

6.6 电解质溶液 – 法拉第反应的来源

提高赝电容特性的容量，可以通过应用氧化还原的活性电解质取代电极材料作为氧化还原反应的来源来实现。在这种情况下，电解液是电容的主要来源，因为电解质有多个不同的氧化态，如碘、溴和羟基喹啉等[75-79,130]。考虑到法拉第反应在电极/电解液的界面发生，因此必须选择合适的碳材料。

碳/碘界面间能得到优异的电化学性能，并且已经成功地应用于超级电容器[75,76]。这种高效的电荷存储是基于碘离子的特殊吸附作用和碘离子从 -1 价到 +5 价的稳定可逆的氧化还原反应。碘离子起了双重作用，即电解液良好的离子导电性和法拉第反应的来源，也就是赝电容效应。值得注意的是，在 Pourbaix 图中碘离子的区域在水稳定的区域也是稳定的，其可能的各种氧化态取决于电压和 PH 值。

实验中使用的 1mol L^{-1} 的 KI 溶液是中性的，PH 值接近于 7。在这种情况下，下面的这些反应，特别是式（6.9）到式（6.11），可以认为是法拉第赝电容反应的来源。

$$3I^{-1} \leftrightarrow I_3^{-1} + 2e^- \tag{6.9}$$

$$2I^{-1} \leftrightarrow I_2 + 2e^- \tag{6.10}$$

$$2I_3^{-1} \leftrightarrow 3I_2 + 2e^- \tag{6.11}$$

$$I_2 + 6H_2O \leftrightarrow 2IO_3^{-1} + 12H^+ + 10e^- \tag{6.12}$$

碘尽管是以固态或挥发元素存在，而且非常容易溶解在碘溶液中形成 I_3^- 的络合物。实验中电容器可用伏安法和恒电流法测试的电压范围（见图 6.16 和图 6.17），与前面给出的反应的热力学值匹配良好[75]。从这两个特点可以看到碘离子的惊人效果，正极在一个很窄的电压范围内工作并且能提供超过 1840Fg^{-1} 的电容值（按照伏安曲线的整个面积进行估算）。与典型的电极材料的赝电容效应相反，如氧化物，常常受到扩散的限制并且只能在一定范围内才能观察到，这种两电极体系在高达 50Ag^{-1} 的电流密度下也能达到 125Fg^{-1} 的电容值。这种创新的电化学概念被首次成功地应用来提高超级电容器的性能。

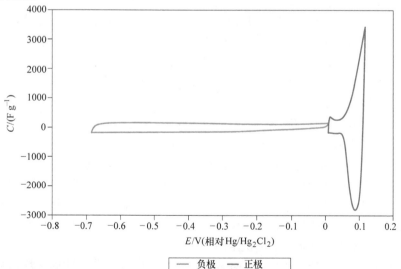

图 6.16　活性炭 AC1 在 1mol L^{-1} 的 KI 溶液中 5mV s^{-1} 扫描速率下的伏安特性曲线（两个电极的电压是相对于饱和汞电极分别测定[75]）

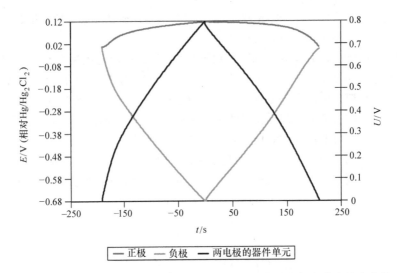

图 6.17　活性炭 AC1 在 1mol L⁻¹ 的 KI 溶液中的电容器的恒电流充放电曲线，
电流密度为 500mA g⁻¹。电压（相对 SCE）：两电极器件单元（黑色）、正极
（红色）和负极（蓝色）[75]

　　显然，长的循环寿命是超级电容器应用的一个至关重要的问题。碳/碘界面间在 1000mAg⁻¹ 的高电流密度下卓越的电容值也已得到证实。令人惊奇的是，循环性能会受到循环测试用的金属集流体的极大影响。使用金做集流体时，10000 圈循环后其电容量衰减很小（小于 20%），而用不锈钢作为集流体时，10000 圈循环后其电容量反常地由首次的 235Fg⁻¹ 容量上升至 300Fg⁻¹ 的容量。由于不锈钢集流体是耐腐蚀的，电容的增加不能用电极/电解液界面间表面积增大来解释。实际上，两个电极实验（循环后额外的电压测试）已经证明工作电压的一个相互转移，而这可能解释这种有利的作用。较低容量的负极在一个较窄电压范围内工作，而具有超高电容值的正极工作电压范围，将会扩展至负极的方向。这样的反常现象还需要进一步的说明；例如，在长循环过程中由碘离子引起的碳材料的氧化也需要进一步考虑。

　　这种新型的碳/碘电化学系统的应用是首创的，它代表了超级电容器发展的一个重大突破。这种双官能团碘化物电解质，同时能保证良好的离子导电性和赝电容效应，因为其惰性、中性和环保的特点具有很大的优势。选择合适的集流体能提供额外的好处。不同的金属箔都能作为考虑对象，但是显然不锈钢是最合适的选择。然而，有必要强调这个系统目前并未完全地优化。事实上，即使正极的电容量惊人（超过典型的电容值近 10 倍），但是电化学电容器的整体电容值是两个电极共同作用的结果，即电极电容是由最低的电容也就是负极的电容所决定的。

　　除了碘化物，溴化物作为电解质同样能得到有趣的性能[77]，它同样能作为赝电容效应的来源。然而，值得指出的是在所有的卤化物中，碘离子是最环保的。此外，由于其存在多个氧化态，碘化物可能是能得到最卓越性能的独特卤化物。

为了避免卤化物系统中负极低电容量的不利影响，一种使用两种不同电解质作为共轭氧化还原对的概念得以提出[130]。基本上，卤化物电解质适用于正极，而另一个氧化还原对用于负极。由于钒基水性电解液优异的氧化还原活性，这些材料初步被选为赝电容的负极。伴随电子转移的不同电化学反应如下式所示：

$$VOH^{2+} + H^+ + e^- \leftrightarrow V^{2+} + H_2O \tag{6.13}$$

$$[H_2V_{10}O_{28}]^{4-} + 54H^+ + 30e^- \leftrightarrow 10V^{2+} + 28H_2O \tag{6.14}$$

$$[H_2V_{10}O_{28}]^{4-} + 44H^+ + 20e^- \leftrightarrow 10VOH^{2+} + 18H_2O \tag{6.15}$$

$$HV_2O7^{3-} + 9H^+ + 6e^- \leftrightarrow 2VO + 5H_2O \tag{6.16}$$

文献报道中，钒基材料在酸性电解液中具有高的活性，然而其抗腐蚀的集流体（如金或铂）高昂的成本严重限制了它的商业化应用。出于这个原因考虑，中性（pH = 7）水性电解液得到应用；正如实用语所说"只有将成本降下来，超级电容器才能发展得起来"。鉴于纯碘基电解液和钒基电解液具有相当多的氧化还原活性，1mol L^{-1}的碘化钾（KI）作为电解质应用于正极，而1mol L^{-1}的硫酸氧钒（VOSO$_4$）溶液则应用于负极（见图 6.18 ~ 图 6.20）。两种电解质在 BET 比表面积有 2520m^2 g^{-1} 的 AC 电极中起着共轭氧化还原对的作用。在某些情况下，由于其特殊的介孔性和导电性，碳纳米管（10wt%，记为 NT10）加入到 AC 电极中用以改善电极的性能（见图 6.19）。电容器的两个电极浸润在适当的电解液中，被玻璃纤维和 Nafion 膜隔开，以避免活性电解物质的混杂。可比较的结果通过三种不同的电化学检测手段：恒电流充放电（见图 6.18）、循环伏安（见图 6.19）和电化学阻抗（EIS）来得到。不规则的恒电流充放电曲线和循环伏安中良好的峰，特别是在低扫描速率下的氧化还原峰，都是赝电容效应的最好证据。碳纳米管（10%）提高电容的有效作用在图 6.19 中的伏安曲线上是显而易见的；它强调了介孔在改善系统电极氧化还原物质间界面的重要性。

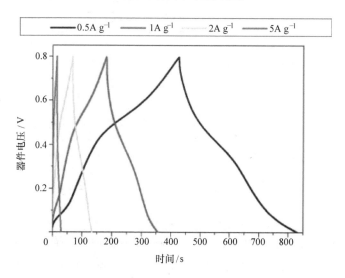

图 6.18　由碘/钒共轭氧化还原对作为电解液的电容器的恒电流充放电曲线[130]

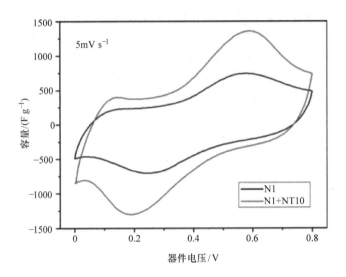

图 6.19   碳纳米管对由 KI/VOSO₄（1mol L⁻¹）溶液作为电解液的双氧化还原对的
超级电容器的循环伏安性能的影响（扫描速率为 5mV s⁻¹）[131]

如图 6.20 所示，循环性能的差异也取决于隔膜的类型（Whatman 纸或 Nafion 117
膜）。使用质子交换膜将得到优异的电容值和循环稳定性，这种交换膜只允许质子传
输，而保护两种氧化还原对的溶液不会相互混杂（见图 6.20）。

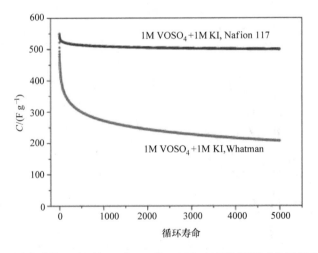

图 6.20   隔膜对基于 1M 的 KI 和 1M 的 VOSO₄ 双氧化还原对的超级电容器的
循环性能影响（电流密度为 1Ag⁻¹，最大工作电压为 1V）[131]

总之，使用 ACs 和两种电解质溶液用 Nafion 膜隔离的电极，能得到非常大的赝电容值（随电流负荷不同 $300 \sim 1000 \mathrm{Fg}^{-1}$ 不等）。选择氧化还原活性的电解质，即 $1 \mathrm{mol \, L}^{-1}$ 的碘化钾（KI）溶液和 $1 \mathrm{mol \, L}^{-1}$ 的硫酸氧钒（$VOSO_4$）溶液，能得到约 $20 \mathrm{Wh \, kg}^{-1}$ 的高能量密度和最高 $2 \mathrm{kWh \, kg}^{-1}$ 的功率密度（基于两个电极的总质量计算出来的结果）。

一些报道也讲到将对苯二酚溶解在电解液中作为赝电容反应的来源，也能得到好的效果[78,79]。这种氧化还原活性对的应用，展现了其提高电容器能量诱人的研究方向。

6.7　小结——赝电容效应的优点与缺点

具有发达表面积的纳米碳是扩大超级电容电极/电解液界面的重要材料。然而，电极的电容可以通过一个额外的快速法拉第反应的贡献来得到显著提高，称之为法拉第赝电容。本章简述了一些赝电容材料，如导电聚合物（ECP）、过渡金属氧化物、氮掺杂或氧掺杂碳材料以及电吸附氢碳材料等。除了赝电容电极材料，法拉第赝电容的另一种来源是水性电解液（基于卤化物、对苯二酚和钒基材料）。

研究结果表明导电聚合物和过渡金属氧化物可以通过与碳材料复合而改善其电化学性能，特别是一些纳米结构的碳，例如 MWCNT、SWCNT 和石墨烯等都可以作为这些赝电容材料很好的载体。由于石墨层高的电子导电性与活性物质介孔的离子快速扩散的协同作用，电容器的串联阻抗大大减小。对于导电聚合物复合材料（ECP）而言，掺杂的导电聚合物的工作电压范围实际上是相当窄的；因此，为了扩大其工作电压范围，使用两种不同 ECP 材料的不对称体系比对称体系更加有效。

考虑到机理涉及金属氧化物的表面和内部，质子的扩散和电荷转移都必须有介孔的存在。然而，虽然薄的氧化物层能达到高电容量，但实际上，厚的氧化物层却显示电容性能的显著恶化。考虑到除了钌氧化物，其他氧化物的导电性都很低，因此制备分散性良好的含碳复合材料是必不可少的。在这两种复合材料中，即 ECP 和氧化物，当使用高弹性碳纳米管作为电极的组分时，电容器在经过很长的充放电循环后其活性物质相也没有机械性能下降，特别是当选择合适的材料组成和工作电压时更是如此。

另一组赝电容材料是富含杂原子（氮或氧）的碳材料，它能够通过如醌/对苯二酚特定的官能团来产生法拉第反应。MWCNT 优异的导电和物理特性再一次发挥了重要作用。含氮官能团（吡啶氮和和季位氮）的作用于法拉第反应和电子密度的重要特性具有巨大的关联。此外，不降低电导率的适量的氮不仅能够提高电容量，而且能够改善电极在水介质中的润湿性。由三聚氰胺碳化的具有合适氮含量的复合材料，具有相当好的电荷传输动力学，但是只限于酸性和碱性介质。中性和有机溶液由于缺少质子，不适合作为掺氮碳材料的电解液。

由海藻类生物聚合物如海藻酸钠一步碳化得到有趣的材料，基于其含氧官能团能贡献的主要是赝电容量。虽然只是稍微有些孔，但这些材料的空隙率已经足够离子很好地进入法拉第赝电容电荷转移反应发生的官能团中。从海藻中得到的碳由于其有限的孔隙度，它具有一般纳米多孔碳超级电容器至少两倍体积的电容量。

总之，具有赝电容特性的分散性良好的含碳纳米管的复合材料，代表了新一代超级电容器的重大突破，例如掺氮碳材料，ECP 和氧化物。

可逆性吸附氢是另外一个在水性介质中的纳米多孔碳材料，在充放电过程中提供额外赝电容量的可能策略。充电过程中氢的储存是基于不牢固的化学键，即负极极化，而其正极极化时的氧化是超级电容器负极电容的一个额外的来源，并且能够扩大工作电压的范围。

有必要强调不同赝电容电极的非对称结构电容器，普遍上都比对称结构的电容器更加有效。对于法拉第赝电容电荷转移过程，每个电极的电压必须得以控制以避免不可逆反应的发生。这就是赝电容材料的对称结构电容器不能在高电压下使用的原因。在水系电解液中使用非对称结构能达到很高的电压值，两种不同材料的电极在它们最佳的电压范围内，例如纳米多孔碳作为负极，导电聚合物或者氧化物作为正极。因此，发展正负极不同材料的非对称结构超级电容器，由于工作电压范围的扩大，能充当高能量和高功率的器件。发展低成本、环保的系统，这应该是未来广泛关注的研究方向。

基于氧化还原活性电解质的超级电容器新颖概念得以提出。单独的碘、钒和羟基醌电活性材料或组合材料被认为是氧化还原对。尤其是对于两个氧化还原对的情况，两种电解质的隔离非常重要。

总之，本章节主要讲述了赝电容材料可以大大提高超级电容器的能量。为此多种复合材料被开发出来。事实证明介孔的存在是维持氧化还原物质快速扩散的关键因素。但是要注意工业化要求的是高的体积能量，因此介孔的数量必须在保持电极最大密度的前提下尽可能的少。最后，质子是赝电容被高效利用的关键，因此工业上应该会更多地注意电容器结构中水性介质的应用。水性介质是最环保的媒介，因为它具有良好的导电性能，所以它也是大功率设备最合适的选择。

参 考 文 献

1. Marsch, H. and Rodriguez-Reinoso, F. (2006) *Activated Carbons*, Elsevier, Amsterdam.

2. Inagaki, M. (2000) *New Carbons; Control of Structure and Functions*, Elsevier, Amsterdam.

3. Bansal, R.C., Donnet, J., and Stoeckli, F. (1988) *Active Carbon*, Marcel Dekker, New York.

4. Boehm, H.P. (1994) *Carbon*, **32**, 759.

5. Frackowiak, E. and Béguin, F. (2001) *Carbon*, **39**, 937–950.

6. Conway, B.E. (1999) *Electrochemical Supercapacitors–Scientific Fundamentals and Technological Applications*, Kluwer Academic/Plenum Publishers, New York.

7. Frackowiak, E. and Béguin, F. (2006) in *Recent Advances in Supercapacitors* (ed V. Gupta),

Transworld Research Network, Kerala, pp. 79–114.

8. Kötz, R. and Carlen, M. (2000) *Electrochim. Acta*, **45**, 2483–2498.

9. Balducci, A., Bardi, U., Caporali, S., Mastragostino, M., and Soavi, F. (2004) *Electrochem. Commun.*, **6**, 566.

10. Frackowiak, E., Lota, G., and Pernak, J. (2005) *Appl. Phys. Lett.*, **86**, 30517.

11. Shi, H. (1996) *Electrochim. Acta*, **41**, 1633.

12. Qu, D. and Shi, H. (1998) *J. Power. Sources*, **74**, 99.

13. Gambly, J., Taberna, P.L., Simon, P., Fauvarque, J.F., and Chesneau, M. (2001) *J. Power. Sources*, **101**, 109.

14. Shiraishi, S., Kurihara, H., Tsubota, H., Oya, A., Soneda, Y., and Yamada, Y. (2001) *Electrochem. Solid-State Lett.*, **4**, A5.

15. Lozano-Castelló, D., Cazorla-Amorós, D., Linares-Solano, A., Shiraishi, S., Kurihara, H., and Oya, A. (2003) *Carbon*, **41**, 1765.

16. Guo, Y., Qi, J., Jiang, Y., Yang, S., Wang, Z., and Xu, H. (2003) *Mater. Chem. Phys.*, **80**, 704.

17. Kierzek, K., Frackowiak, E., Lota, G., Gryglewicz, G., and Machnikowski, J. (2004) *Electrochim. Acta*, **49**, 515–523.

18. Raymundo-Piñero, E., Kierzek, K., Machnikowski, J., and Béguin, F. (2006) *Carbon*, **44**, 2498.

19. Salitra, G., Soffer, A., Eliad, L., Cohen, Y., and Aurbach, D. (2000) *J. Electrochem. Soc.*, **147**, 2486.

20. Eliad, L., Salitra, G., Soffer, A., and Aurbach, D. (2001) *J. Phys. Chem.*, **B105**, 6880.

21. Eliad, L., Salitra, G., Soffer, A., and Aurbach, D. (2002) *J. Phys. Chem. B*, **106**, 10128.

22. Lota, G., Centeno, T.A., Frackowiak, E., and Stoeckli, F. (2008) *Electrochim. Acta*, **53**, 2210–2216.

23. Peng, C., Zhang, S., Jewel, D., and Chen, G.Z. (2008) *Progr. Nat. Sci.*, **18**, 777–788.

24. Laforgue, A., Simon, P., Fauvarque, J.F., Sarrau, J.F., and Lailler, P. (2001) *J. Electrochem. Soc.*, **148**, A1130–A1134.

25. Li, H., Wang, J., Chu, Q., Wang, Z., Zhang, F., and Wang, S. (2009) *J. Power. Sources*, **190**, 578–586.

26. Gupta, V. and Miura, N. (2006) *Mater. Lett.*, **190**, 1466–1469.

27. Sivakkumar, S.R., Kim, W.J., Choi, J.A., Mac Farlane, D.R., Forsyth, M., and Kim, D.W. (2007) *J. Power. Sources*, **171**, 1062–1068.

28. Kim, J.H., Lee, Y.S., Sharma, A.K., and Liu, C.G. (2006) *Electrochim. Acta*, **52**, 1727–1732.

29. Muthulakshimi, B., Kalpana, D., Pitchumani, S., and Renganathan, N.G. (2006) *J. Power. Sources*, **158**, 1533–1537.

30. Khomenko, V., Frackowiak, E., and Béguin, F. (2005) *Electrochim. Acta*, **50**, 2499–2506.

31. Peng, C., Jin, J., and Chen, G.Z. (2007) *Electrochim. Acta*, **53**, 525–537.

32. Zhang, H., Cao, G., Wang, W., Yuan, K., Xu, B., Zhang, W., Cheng, J., and Yang, Y. (2009) *Electrochim. Acta*, **54**, 1153–1159.

33. Fang, Y., Liu, J., Yu, D.J., Wicksted, J.P., Kalkan, K., Topal, C.O., Flanders, B.N., Wu, J., and Li, J. (2010) *J. Power. Sources*, **195**, 674–679.

34. Laforgue, A., Simon, P., Sarrazin, C., and Fauvarque, J.F. (1999) *J. Power. Sources*, **80**, 142.

35. Jurewicz, K., Delpeux, S., Bertagna, V., Béguin, F., and Frackowiak, E. (2001) *Chem. Phys. Lett.*, **347**, 36–40.

36. Arbizzani, C., Mastragostino, M., and Soavi, F. (2001) *J. Power. Sources*, **100**, 164.

37. Mastragostino, M., Arbizzani, C., and Soavi, F. (2002) *Solid State Ionics*, **148**, 493.

38. Campomanes, R.S., Bittencourt, E., and Campos, J.S.C. (1999) *Synth. Met.*, **102**, 1230.

39. Ryu, K.S., Wu, X., Lee, Y.G., and Chang, S.H. (2003) *J. Appl. Polym. Sci.*, **89**, 1300–1304.

40. Sandler, J., Shaffer, M.S.P., Prasse, T., Bauhofer, W., Schulte, K., and Windle, A.H. (1999) *Polymer*, **40**, 5967.

41. Naoi, K. and Simon, P. (2008) *Electrochem. Soc. Interface*, **17**, 34–37.

42. Hong, M.S., Lee, S.H., and Kim, S.W. (2002) *Electrochem. Solid-State Lett.*, **5**, A227.

43. Brousse, T., Toupin, M., and Bélanger, D. (2004) *J. Electrochem. Soc.*, **151**, A614.

44. Khomenko, V., Raymundo-Piñero, E., and Béguin, F. (2005) *J. Power. Sources*, **153**, 183.

45. Khomenko, V., Raymundo-Piñero, E., Frackowiak, E., and Béguin, F. (2006) *Appl. Phys. A*, **82**, 567–573.

46. Miller, J.M., Dunn, B., Tran, T.D., and Pekala, R.W. (1999) *Langmuir*, **15**, 799.

47. Toupin, M., Brousse, T., and Bélanger, D. (2002) *Chem. Mater.*, **14**, 3946.

48. Wu, N.L. (2002) *Mater. Chem. Phys.*, **75**, 6.

49. Raymundo-Piñero, E., Khomenko, V., Frackowiak, E., and Béguin, F. (2005) *J. Electrochem. Soc.*, **152**, A229.

50. Yang, X.H., Wang, Y.G., Xiong, X.M., and Xia, Y.Y. (2007) *Electrochim. Acta*, **53**, 752–757.

51. Malak, A., Fic, K., Lota, G., Vix-Guterl, C., and Frackowiak, E. (2010) *J. Solid State Electrochem.*, **14**, 811–816.

52. Nam, K.W., Lee, C.W., Yang, X.Q., Cho, B.W., Yoon, W.S., and Kim, K.B. (2009) *J. Power. Sources*, **188**, 323–331.

53. Frackowiak, E., Lota, G., Machnikowski, J., Vix-Guterl, C., and Béguin, F. (2006) *Electrochim. Acta*, **51**, 2209–2214.

54. Lota, G., Grzyb, B., Machnikowska, H., Machnikowski, J., and Frackowiak, E. (2005) *Chem. Phys. Lett.*, **404**, 53–58.

55. Lee, Y.H., Lee, Y.F., Chang, K.H., and Hu, C.C. (2011) *Electrochem. Commun.*, **13**, 50–53.

56. Qin, C., Lu, X., Yin, G., Jin, Z., Tan, Q., and Bai, X. (2011) *Mater. Chem. Phys.*, **126**, 453–458.

57. Jeong, H.M., Lee, J.W., Shin, W.H., Choi, Y.J., Shin, H.J., Kang, J.K., and Choi, J.W. (2011) *Nano Lett.*, **11**, 2472–2477.

58. Hulicova, D., Yamashita, J., Soneda, Y., Hatori, H., and Kodama, M. (2005) *Chem. Mater.*, **17**, 1241–1247.

59. Hulicowa, D., Kodama, M., and Hatori, H. (2006) *Chem. Mater.*, **18**, 2318–2326.

60. Hulicova-Jurcakova, D., Kodama, M., Shiraishi, S., Hatori, H., Zhu, Z.H., and Lu, G.Q. (2009) *Adv. Funct. Mater.*, **19**, 1800–1809.

61. Lota, G., Lota, K., and Frackowiak, E. (2007) *Electrochem. Commun.*, **9**, 1828–1832.

62. Jurewicz, K., Frackowiak, E., and Béguin, F. (2001) *Electrochem. Solid-State Lett.*, **4**, A27–A29.

63. Jurewicz, K., Frackowiak, E., and Béguin, F. (2002) *Fuel Process. Technol.*, **77–78**, 213–219.

64. Jurewicz, K., Frackowiak, E., and Béguin, F. (2004) *Appl. Phys. A*, **78**, 981–987.

65. Vix-Guterl, C., Frackowiak, E., Jurewicz, K., Friebe, M., Parmentier, J., and Béguin, F. (2005) *Carbon*, **43**, 1293–1302.

66. Béguin, F., Friebe, M., Jurewicz, K., Vix-Guterl, C., Dentzer, J., and Frackowiak, E. (2006) *Carbon*, **44**, 2392–2398.

67. Qu, D. (2008) *J. Power. Sources*, **179**, 310.

68. Béguin, F., Kierzek, K., Friebe, M., Jankowska, A., Machnikowski, J., Jurewicz, K., and Frackowiak, E. (2006) *Electrochim. Acta*, **51**, 2161–2167.

69. Bleda-Martinez, M.J., Pérez, J.M., Linares-Solano, A., Morallón, E., and Cazorla-Amorós, D. (2008) *Carbon*, **46**, 1053.

70. Fang, B., Zhou, H., and Honma, I. (2006) *J. Phys. Chem. B*, **110**, 4875.

71. Fang, B., Kim, J.H., Kim, M., and Yu, J.S. (2008) *Langmuir*, **24**, 12068.

72. Babel, K. and Jurewicz, K. (2008) *Carbon*, **46**, 1948.

73. Conway, B.E. and Tilak, B.V. (2002) *Electrochim. Acta*, **47**, 3571.

74. Lota, G., Fic, K., and Frackowiak, E. (2011) *Energy Environ. Sci.*, **4**, 1592–1605.

75. Lota, G. and Frackowiak, E. (2009) *Electrochem. Commun.*, **11**, 87–90.

76. Lota, G., Fic, K., and Frackowiak, E. (2011) *Electrochem. Commun.*, **12**, 38–41.

77. Yamazaki, S., Ito, T., Yamagata, M., and Ishikawa, M. *Electrochim. Acta*, http://dx.doi.org/10.1016/j.electacta.2012.01.031, article in press.

78. Roldan, S., Blanco, C., Granda, M., Menendez, R., and Santamaria, R. (2011) *Angew. Chem.*, **123**, 1737–1739.

79. Roldan, S., Granda, M., Menendez, R., Santamaria, R., and Blanco, C. (2011) *J. Phys. Chem.*, **115**, 17606–17611.

80. An, K.H., Jeon, K.K., Heo, J.K., Lim, S.C., Bae, D.J., and Lee, Y.H. (2002) *J. Electrochem. Soc.*, **149**, A1058–A1062.

81. Lota, K., Khomenko, V., and Frackowiak, E. (2004) *J. Phys. Chem. Solids*, **65**, 295–301.

82. Chen, G.Z., Shaffer, M.S.P., Coleby, D., Dixon, G., Zhou, W., Fray, D.J., and Windle, A.H. (2000) *Adv. Mater.*, **12**, 522.

83. Hughes, M., Schaffer, M.S.P., Renouf, A.C., Singh, C., Chen, G.Z., Fray, D.J., and Windle, A.H. (2002) *Adv. Mater.*, **14**, 382–385.

84. Obreja, V.V.N. (2008) *Physica E*, **40**, 2596–2605.

85. Zhang, W.D., Xu, B., and Jiang, L.C. (2010) *J. Mater. Chem.*, **20**, 6383–6391.

86. Hong, W., Xu, Y., Lu, G., Li, C., and Shi, G. (2008) *Electrochem. Commun.*, **10**, 1555.

87. Wu, Q., Xu, Y., Yao, Z., Liu, A., and Shi, G. (2010) *ACS Nano*, **4**, 1963.

88. Wang, H.L., Hao, Q.L., Yang, X.J., Lu, L.D., and Wang, X. (2009) *Electrochem. Commun.*, **11**, 1158.

89. Frackowiak, E. (2004) in *Encyclopedia of Nanoscience and Nanotechnology* (eds J.A. Schwarz *et al.*), Marcel Dekker, New York, p. 537.

90. Futaba, D.N., Hata, K., Yamada, T., Hiraoka, T., Hayamizu, Y., Kakudate, Y., Tanaike, O., Hatori, H., Yumura, M., and Iijima, S. (2006) *Nat. Mater.*, **5**, 987.

91. Zhang, H., Cao, G., Jang, Y., and Gu, Z. (2008) *J. Electrochem. Soc.*, **155**, K19–K22.

92. Zhu, Y., Murali, S., Cai, W., Li, X., Suk, J.W., Potts, J.R., and Ruoff, R.S. (2010) *Adv. Mater.*, **22**, 3906–3924.

93. Miller, J.R., Outlaw, R.A., and Holloway, B.C. (2010) *Science*, **329**, 1637–1639.

94. Stoller, M.D., Park, S., Zhu, Y., An, J., and Ruoff, R.S. (2008) *Nano Lett.*, **8**, 3498.

95. Stoller, M.D. and Ruoff, R.S. (2010) *Energy Environ. Sci.*, **3**, 1294–1301.

96. Zheng, J.P. (2003) *J. Electrochem. Soc.*, **150**, A484.

97. Ganesh, V., Pitchumani, S., and Lakshminarayanan, V. (2006) *J. Power. Sources*, **158**, 1523.

98. Nohara, S., Asahina, T., Wada, H., Furukawa, N., Inoue, H., Sugoh, N., Iwasaki, H., and Iwakura, C. (2006) *J. Power. Sources*, **157**, 605.

99. Frackowiak, E. (2007) *Phys. Chem. Chem. Phys.*, **9**, 1774–1785.

100. Byon, H.R., Lee, S.W., Chen, S., Hammond, P.T., and Shao-Horn, Y. (2011) *Carbon*, **49**, 457.

101. Yu, D. and Dai, L. (2010) *J. Phys. Chem. Lett.*, **1**, 467–470.

102. Ma, S.B., Nam, K.W., Yoon, W.S., Yang, X.Q., Ahn, K.Y., Oh, K.H., and Kim, K.B. (2007) *Electrochem. Commun.*, **9**, 2807–2811.

103. Ammundsen, B., Aitchison, P.B., Burns, G.R., Jones, D.J., and Rozière, J. (1997) *Solid State Ionics*, **97**, 269–276.

104. Feng, Q., Miyai, Y., Kanoh, H., and Ooi, K. (1992) *Langmuir*, **8**, 1861–1867.

105. Kang, Y.J., Kim, B., Chung, H., and Kim, W. (2010) *Synth. Met.*, **60**, 2510.

106. Kawaoka, H., Hibino, M., Zhou, H., and Honma, I. (2005) *Solid State Ionics*, **176**, 621.

107. Jin, X., Zhou, W., Zhang, S., and Chen, G.Z. (2007) *Small*, **3**, 1513.

108. Zhang, H., Cao, G., Wang, Z., Yang, Y., Shi, Z., and Gu, Z. (2008) *Nano Lett.*, **8**, 2664–2668.

109. Zheng, H., Kang, W., Fengming, Z., Tang, F., Rufford, T.E., Wang, L., and Ma, C. (2010) *Solid State Ionics*, **181**, 1690.

110. Reddy, A.L.M., Shaijumon, M.M., Gowda, S.R., and Ajajan, P.M. (2010) *J. Phys. Chem. C*, **114**, 658.

111. Bordjiba, T. and Bélanger, D. (2010) *Electrochim. Acta*, **55**, 3428.

112. Zhang, H., Cao, G., and Yang, Y. (2009) *Energy Environ. Sci.*, **2**, 932.

113. Pan, H., Li, J., and Feng, Y.P. (2010) *Nanoscale Res. Lett.*, **5**, 654–668.

114. Sivakkumar, S.R., Ko, J.M., Kim, D.Y., Kim, B.C., and Wallace, G.G. (2007) *Electrochim. Acta*, **52**, 7377.

115. Li, Q., Liu, J., Zou, J., Chunder, A., Chen, Y., and Zhai, L. (2011) *J. Power. Sources*, **196**, 565.

116. Hou, Y., Cheng, Y., Hobson, T., and Liu, J. (2010) *Nano Lett.*, **10**, 2727.

117. Raymundo-Piñero, E., Leroux, F., and Béguin, F. (2006) *Adv. Mater.*, **18**, 1877–1882.

118. Raymundo-Piñero, E., Cadek, M., and Béguin, F. (2009) *Adv. Funct. Mater.*, **19**, 1–8.

119. Frackowiak, E., Méténier, K., Bertagna, V., and Béguin, F. (2000) *Appl. Phys. Lett.*, **77**, 2421.

120. Ania, C.O., Khomenko, V., Raymundo-Piñero, E., Parra, J.B., and Béguin, F. (2007) *Adv. Funct. Mater.*, **17**, 1828–1836.

121. Jurewicz, K., Babel, K., Ziolkowski, A., and Wachowska, H. (2003) *Electrochim. Acta*, **48**, 1491–1498.

122. Biniak, S., Swiatkowski, A., and Makula, M. (2001) in *Chemistry and Physics of Carbon*, Vol. 27 Chapter 3 (ed L.R. Radovic), Marcel Dekker, New York.

123. Montes-Moran, M.A., Suarez, D., Menendez, J.A., and Fuente, E. (2004) *Carbon*, **42**, 1219–1224.

124. Raymundo-Piñero, E., Cadek, M., Wachtler, M., and Béguin, F. (2011) *ChemSusChem*, **4**, 943–949.

125. Béguin, F., Szostak, K., Lota, G., and Frackowiak, E. (2005) *Adv. Mater.*, **17**, 2380.

126. Lota, G., Fic, K., Jurewicz, K., and Frackowiak, E. (2011) *Cent. Eur. J. Chem.*, **9**, 20–24.

127. Demarconnay, L., Raymundo-Piñero, E., and Béguin, F. (2010) *Electrochem. Commun.*, **12**, 1275–1278.

128. Fic, K., Lota, G., Meller, M., and Frackowiak, E. (2012) *Energy Environ. Sci.*, **5**, 5842–5850.

129. Bichat, M.P., Raymundo-Piñero, E., and Béguin, F. (2010) *Carbon*, **48**, 4351–4361.

130. Frackowiak, E., Fic, K., Meller, M., and Lota, G. (2012) *ChemSusChem*, **5**, 1181–1185.

131. Fic, K. (2012) 'Electrode/electrolyte interface in electrochemical energy conversion and storage systems' PhD thesis. Poznan University of Technology.

第7章 有机介质中的锂离子混合型超级电容器

Katsuhiko Naoi 和 Yuki Nagano

7.1 引言

环境保护和能源可持续发展最近已成为一个不断发展的行业，其中能源存储装置是非常重要的组成部分，在其中发挥关键的作用。能量存储装置包括电池，例如锂离子电池、镍氢电池和铅酸电池，它们都具有高的能量密度。研究者们正在积极研究进一步提高电池的能量密度，以使他们能够为电动汽车提供动力。另一方面，作为能够有效地利用能源的高功率能量存储装置，双电层电容器（EDLC）也得到了研究并且在很多地方得到了实际应用，如公共汽车、电梯以及在重型设备和铁路轨道中使用的如叉车、场地起重机和子弹头列车等[1]。

然而，由于 EDLC 普遍能量密度低，因此其用途是有限的，不能完全满足近期市场多种性能的需求，如图 7.1 所示。特别是在汽车领域，强烈希望新能源器件具有锂离子电池和 EDLC 的混合特性，因此可以应用到闲置的系统中。由此可以预期将形成一个大的市场[2]。为了满足性能要求，通常建议将 EDLC 的能量密度提高到 20 ~ 30Wh L^{-1}，这大约是现有的 EDLC（5 ~ 10Wh L^{-1}）能量密度的两倍或更多。为了实现这一高能量密度，包括非水系的氧化还原材料的混合电容器系统正在不断地研究当中，

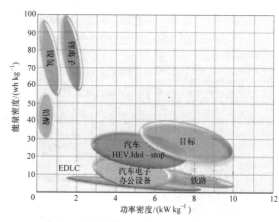

图 7.1 代表性的储能电池（铅酸、镍氢和锂离子电池）和双电层电容器的 Ragone 图。能源需求的重要应用（汽车、办公设备、铁路等）和增强的下一代的电化学超级电容器的目标领域

并在近年来得以发展[3-11]。本章主要讨论获得高能量密度的近期研究成果，集中于有机介质中主要的两种混合型器件。

7.2 传统双电层电容器的电压限制

如上所述，增加能量密度是最关键的问题之一。对于常规的 EDLC 系统，使用两个

对称的活性炭（AC）电极，提高电压是增大能量密度最有效的方法，因为它与电压的平方有关。因此，有必要开发在电极/电解质界面电化学耐久性更高的电容器。然而，目前常规的 EDLC 的最高电压限制在 2.5～2.7V。超过这个电压限制将严重损坏 EDLC 器件，并且造成相当大的副反应，如气体析出和电极表面形成表面膜等。

析出的气体实际上可用 H 形器件单元来分析，这种装置能分别收集从正极和负极析出的气体（见图 7.2）。气态产物在 60℃ 温度下，施加恒定电压 3.0V、3.3V 和 4.0V，50h 后分别进行收集。在正极的隔室中，主要检测出 CO_2 和 CO 两部分组成，它们来源于碳酸丙烯酯（PC）和碳表面官能团的电化学氧化。这些容易氧化的官能团，例如羧基可以在 3.0V 被氧化释放 CO_2 气体，而苯酚和酮在高于 3.3V 将产生 CO 气体。这种官能团的气化自动分离吸附的水分子簇，并释放出游离水（从最初的 11ppm 高达 300ppm）到电解液中，主要出现在正极的隔室中。另一方面，在负极隔室，析出的气态产物有很大的不同。氢气（H_2）与 OH^- 在 3.0V 同时出现，两者的产生来源于水的电化学还原。在 3.3V，经过 50h 的浮动测试后，在负极隔室中 OH^- 催化 PC 发生水解反应消耗水（从 11ppm 下降到 1ppm）。其他气体，如丙烯、CO_2、乙烯和 CO 在更高的电压 4.0V 时也会检测到，这表明 PC 发生了直接的电化学还原反应[12]。

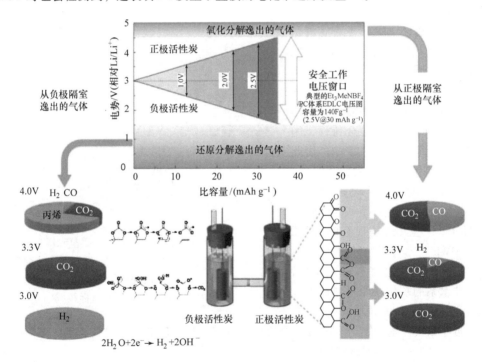

图 7.2　常规的双电层电容器的极化限制，安全工作电压窗口（2.5～2.7V），避免气体从活性炭电极的正极和负极析出。逸出的气体在浮动试验（50h，60℃）后收集，通过气相色谱法来表征，并显示施加相应的电压为 3.0V、3.3V、4.0V 时的结果。SEM 图显示在电压范围为 0～4.0V 充放电后正极和负极表面的情况[31]

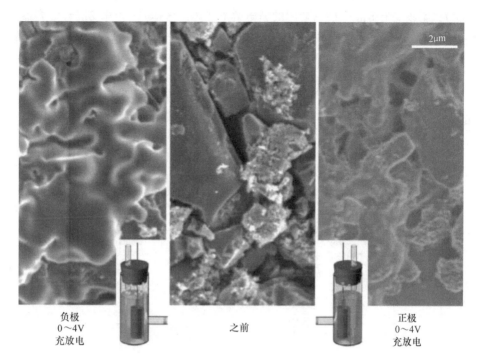

图 7.2 常规的双电层电容器的极化限制，安全工作电压窗口（2.5 ~ 2.7V），避免
气体从活性炭电极的正极和负极析出。逸出的气体在浮动试验（50h，60℃）后收集，
通过气相色谱法来表征，并显示施加相应的电压为 3.0V、3.3V、4.0V 时的结果。SEM 图
显示在电压范围为 0 ~ 4.0V 充放电后正极和负极表面的情况[31]（续）

根据这些反应，当施加的电压超过 2.7V，将导致容量的显著下降，并且加快 AC 电极的损坏。如图 7.2 中的下部所示，当极化电压上升到 4.0V 时，将观察到一层相当大的表面膜的形成，而后者在负极表面通常更加明显。事实上，器件单元处于 2.7V 的电压下 30 天之后，将失去其初始电容的 13%，且其内部电阻将增加。而在 2.9V 时，在同样的时间内电池的电容损失变得更加明显（$\Delta C = -28\%$）。器件单元过压阈值在 2.5 ~ 2.7V 之间，超过 2.7V 肯定会引起电池的连续致命的性能劣化。不适合的法拉第反应过程（故障模式）将导致电容量衰减，这是决定当前 EDLC 寿命的最关键的指标[2]。这种容许的耐压限值（2.5 ~ 2.7V）肯定是进一步提高能量密度的一个相当大的障碍。

7.3 混合电容器系统

目前大量工作在努力提高超级电容器的能量密度，目标是能达到 20 ~ 30Wh·kg^{-1}[1]。对以下一些重要的问题（见图 7.3）已经开展了许多研究，以提高 EDLC 器件的能量密度。主要有三种方法：①改变电极材料（使用更高电容量的碳或其他氧化还原材料）；②改变电解液（使用耐用的新电解液或离子液体）；③开发混合电容器。多种混合电容器系统可通过使用氧化还原活性材料来实现（例如石墨[3,4]，金属氧化物[10-12]，导电聚合物[13,14]和AC）。这种方法可以克服传统的EDLC能量密度受限的缺点，因为采用了一种类电池（法拉第反应）和类电容器（非法拉第反应）电极的混合系统，它将产生更高的工作电压和电容。使用这些系统，相比于传统的EDLC，可以实现能量密度2~3倍的提升（见图7.4）。

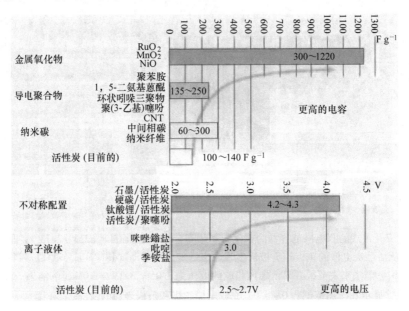

图7.3　提高超级电容器的能量密度的主要途径：用更高电容量的赝电容材料替换活性炭，更高电压的混合单元配置和耐用的电解质

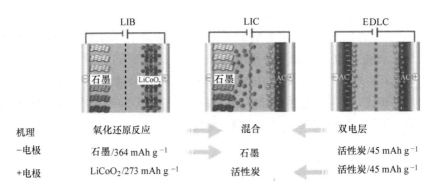

图7.4　锂离子电池（LIB）、锂离子电容器（LIC）与双电层电容器（EDLC）的单元结构和工作机理

7.3.1　锂离子电容器

由非水的氧化还原材料组成的高能量混合电容器中，锂离子电容器（LIC）系统特别受到关注[3-5]。如图 7.5 所示，LIC 是一种混合电容器，其正极和负极分别由 AC 和预掺锂的石墨电极组成。因此，LIC 是锂离子电池（LIB）负极和 EDLC 正极的混合型系统。与 LIB 系统相比，锂离子在石墨电极的嵌入 – 脱嵌发生的是浅的充电状态（SOC 小于 50%），而发生在 EDLC 的 AC 电极上则为阴离子的吸附 – 脱附，如最典型的 BF_4^- 或 PF_6^-。整个过程不是像 LIB 一样的摇椅型反应，而是阳离子和阴离子间的消耗反应。

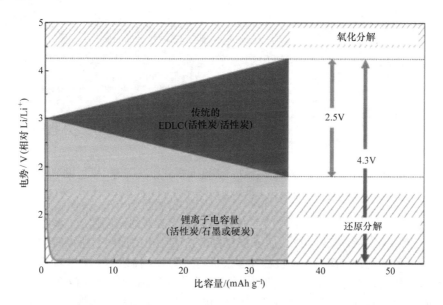

图 7.5　以活性炭作为正负极的传统双电层电容器（EDLC）和由预嵌锂的石墨
负极取代的非水型混合锂离子电容器（LIC）的电压分布比较图

图 7.5 为常规的 EDLC 系统和 LIC 的电压曲线图，从图中，我们可以总结出一个得到更高电压和更高能量密度的方案。

由于石墨负极在高于 0V 的电压下发生反应，因此 LIC 具有 3.8 ~ 4.0V 的高工作电压。这种高的工作电压，将使得锂离子电容器同时实现近 5kW kg^{-1} 的高功率密度和大约 20 ~ 30Wh kg^{-1} 的高能量密度。LIC 展现出良好的性能，因此被认为是很有前途的下一代电化学超级电容器。因此，一些日本企业（如 JMEnergy 和 FDK 等）已经开始商业化 LIC 及其模块[4]。

如图 7.6 观察到的 LIC 所示，LIC 具有有限的充电速率，特别是在低温下。这将可能成为它的缺点，因为它会发生一些金属沉积反应。一般来说，高的工作电压将会造成电解质的分解，但不能实现能量密度的提高，特别是在石墨负极[14]。这是电化学电容器作为一个功率器件特别严重的问题，因为它会导致电极/电解质界面的阻抗变大，从而最终造成长循环后功率性能的恶化。

图 7.6 LIC（活性炭/硬碳 – HC）系统的低温性能。在 – 10℃下 10000 次
循环前后 HC 负极表面的 SEM 图（25C）

　　然而，LIC 系统具有高电压（4V）的优势，并且有好的高温性能（60℃）。由于正极（AC）和负极（石墨或硬碳）的电极材料都是商业化的原料，所以很容易组装 LIC 电池。唯一的问题是锂离子在负极的预掺杂过程。图 7.7 描述了一个锂离子在夹层电极中的预掺杂原型，首先是由富士重工专利报道的[15]。锂离子的预掺杂是一个热力学下坡（downhill）的过程，当引入电解质到 LIC 电池时，邻近的 Li 金属片将会自动进行。此外，锂离子通过集流体上的孔洞，对所有双极的叠层电池进行有效掺杂。然而，更大容量的电池锂离子预掺杂将需要较长的时间才能完成。有效的锂离子预掺杂的方法正在被热门地研究，对于大规模生产的可靠性来说，这可能不是一个主要的问题。Béguin 等[5]提出了一个独特的方法，称为预处理石墨电极的形成圈数（formation cycle），使锂离子深度预掺杂。该方法涉及应用一系列电压脉冲（4.0V）和随后的开路弛豫时间。使用这种方法，石墨电极的电压将变低，并且 Li+ 将被更好地注入，而不需要一个辅助的锂金属电极，这样将使系统尽可能地安全。

7.3.2 纳米混合电容器

　　最近，Naoi 的研究小组开发出一种高能量密度、高稳定性和高安全性的混合电容器系统。这就是所谓的纳米混合电容器（NHC），它使用一个超高倍率的纳米结构钛酸锂（$Li_4Ti_5O_{12}$）/碳复合材料作为负极。研究者们把目光放在钛酸锂（$Li_4Ti_5O_{12}$），它作为一个稳定和安全的氧化还原材料，能够在提高混合电容器的能量密度的同时，而不牺牲其界面特性。钛酸锂的工作电压（1.55V vs Li+），在电解液可能被分解的范围之外，因此在安全稳定的电容系统中能够起到重要作用（见图 7.8）。

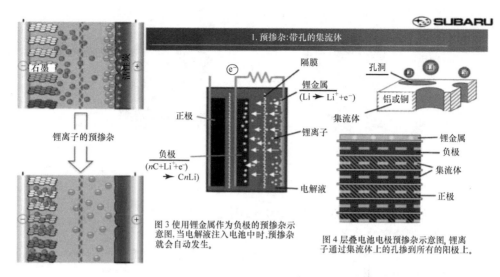

图 7.7　富士重工业专利报道的 LIC 系统的锂离子预掺杂[15]

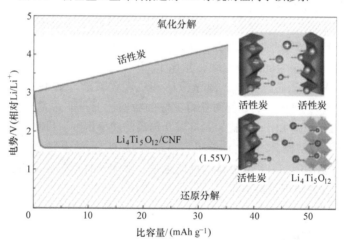

图 7.8　由超快 $Li_4Ti_5O_{12}$（LTO）/CNF 纳米复合材料负极和活性
炭（AC）正极组成的纳米混合电容器的结构图［这是由高度加速的法拉第 Li^+ 嵌入
LTO 电极和非法拉第的阴离子（通常 BF_4^-）吸脱附 AC 电极组成的混合系统］

　　Amatucci 等[16]首先提出了以 $Li_4Ti_5O_{12}$/AC 的体系作为一个更安全的能源存储系统。然而，常规的 $Li_4Ti_5O_{12}$ 最大的问题在于功率特性差，这主要是由于其固有的差的扩散系数（$<10^{-6}\,cm^2s^{-1}$）[17]和差的电子电导率（$<10^{-13}\,Scm^{-1}$）造成的[18]。这种低的输出特性，使它过去不能在电化学电容器中得以充分应用。为了解决输出性能差的问题，可以把 $Li_4Ti_5O_{12}$ 颗粒从 $10\mu m$ 的粉碎到小于 10nm 的颗粒，也可以结合导电材料制备复合材料[33,34]。

　　如图 7.9 中描述的，$Li_4Ti_5O_{12}$ 作为混合电容器的氧化还原材料，在能量密度、稳定性和安全等方面主要具有以下一些优点：

$$Li_4Ti_5O_{12} + 3Li^+ + 3e^- \rightleftharpoons Li_7Ti_5O_{12}$$

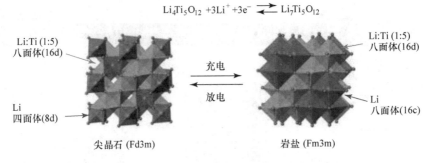

图 7.9　$Li_4Ti_5O_{12}$ 在充放电过程中的电化学和结构变化

1）循环充放电过程中表现出接近 100% 的库仑效率[32]。

2）有高的理论容量，比 AC 理论容量的 4 倍还高（175mAhg^{-1}）。

3）可在恒压 1.55VvsLi/Li$^+$ 进行充电和放电，其中电解质溶液是不会劣化（几乎没有 SEI 形成和气体逸出）[19-21]。

4）具有非常小的体积变化（0.2%）（零应变）。

5）原材料廉价。

正如图 7.10 所总结的，由钛酸锂组成的电容器单元不需要锂离子预掺杂。对于 NHC 的电解液有一个很大的选择空间，相比于 LIC 系统（4.0～4.3V），它的电压窗口更窄（2.7～3.0V）。乙腈（AN）、离子液体和线性碳酸酯［碳酸二甲酯（DMC）或 DEC］可用于 NHC。电解液的选择对获得更好的功率性能是非常重要的。实际上，AN 型 NHC 与传统的 PC 基 EDLC 相比，具有其 9 倍高的功率密度。目前原因还不清楚，但可能是由于 AN（与粘稠 PC 相比）能更容易进入 $Li_4Ti_5O_{12}$ 纳米复合材料的微孔。由于 $Li_4Ti_5O_{12}$ 的性质，NHC 在 -40℃ 的低温性能也是非常优异的。在很宽的温度范围，相对于 EDLC，NHC 的内阻可以最小化。

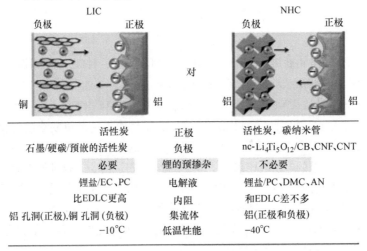

	LIC		NHC
正极	活性炭		活性炭，碳纳米管
负极	石墨/硬碳/预嵌的活性炭		nc-$Li_4Ti_5O_{12}$/CB、CNF、CNT
锂的预掺杂	必要		不必要
电解液	锂盐/EC、PC		锂盐/PC、DMC、AN
内阻	比EDLC更高		和EDLC差不多
集流体	铝 孔洞(正极)，铜 孔洞(负极)		铝(正极和负极)
低温性能	-10℃		-40℃

图 7.10　LIC 和 NHC 特点的比较

7.4　纳米混合电容器的材料设计

纳米尺寸的 $Li_4Ti_5O_{12}$ 颗粒和碳纳米纤维（CNF）的复合材料（$Li_4Ti_5O_{12}$/CNF）通过一种称为超离心作用（UC）的新方法合成[22,23]。具体来说，将纳米 $Li_4Ti_5O_{12}$ 颗粒高度分散在 CNF 上形成的复合材料[24]，具有高的电子电导率（$25\Omega^{-1}cm^{-1}$）（见图 7.11）。研究者们利用这种复合材料作为负极的活性物质，从而成功地制备出一种新型的混合电容器（纳米混合电容器），同时实现高功率和高能量密度。

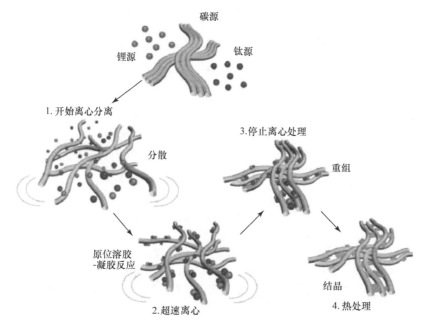

图 7.11　超离心（UC）处理的概念：UC 处理方法包括一个简单的一系列优化纳米－纳米复合材料的一步合成方法，这种复合材料能够在非常高的倍率下存储和传递能量

nc－$Li_4Ti_5O_{12}$ 负极有一个独特的纳米结构，使之在非常高的电流密度下也可以工作。碳纳米纤维上附着纳米 $Li_4Ti_5O_{12}$ 是通过一个独特的方法即 UC 处理法来实现的，在 75000G 的 UC 处理下将诱导机械化学溶胶－凝胶反应[25]，接着是在真空条件下很短时间内的快速热处理。UC 处理方法是刚发展起来的一种合成方法，它包括以下的原材料与四个步骤（见图 7.11）：原材料即碳基体（CNF），预先混合好的 Ti 和 Li 源。①开始离心分离，将碳基体分开、反应物最大程度的分散。②发生溶胶－凝胶反应，在碳基体上原位生成 $Li_4Ti_5O_{12}$ 前驱体；③停止 UC 处理，诱导碳基体重新分类和重组，形成 $Li_4Ti_5O_{12}$ 前驱体高度分散的纳米级纳米－纳米复合材料。这个过程将同时产生介孔网络，由于捕获的 LTO 前驱体的柱效应，它们能充当电解液的存储空间。④后热处理有效地完成了结晶过程，制备出无晶体生长的尖晶石结构的 LTO[10,23]。

经过 X 射线衍射分析，确认了 nc – $Li_4Ti_5O_{12}$/CNF 复合材料中 nc – $Li_4Ti_5O_{12}$ 和 CNF 的存在。图 7.12a 显示了制备的 nc – $Li_4Ti_5O_{12}$/CNF 复合材料和原始 CNF 的 X 射线衍射图谱。该复合材料在 $2\theta = 18$、35、42、57 和 63°具有多个尖锐的衍射峰。这些峰分别对应于（111）、（311）、（400）、（511）和（440）晶面，它是空间群为 Fd$\overline{3}$m 的面心立方尖晶石结构[26,27]，这表明在 900℃下真空退火后形成了 $Li_4Ti_5O_{12}$ 晶体。在 $2\theta = 24.5$° 观察到一个宽峰，这对应于原始的 CNF 的（002）晶面[28]。这意味着，退火的复合体中存在 CNF，保存了石墨烯层状结构。某些可能存在的杂质如 TiO_2、Li_2CO_3、Li_2TiO_3[29,30,35]对应的峰未在 X 射线衍射图谱中出现，表明复合材料中只存在 $Li_4Ti_5O_{12}$ 晶体和 CNF 两种材料。

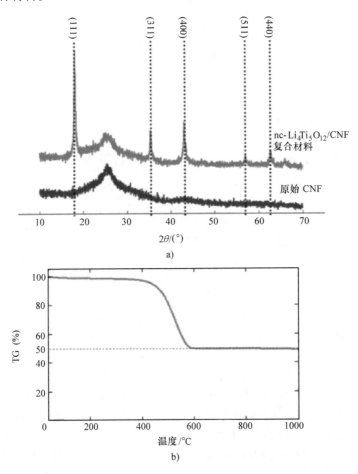

图 7.12 a) nc – $Li_4Ti_5O_{12}$/CNF 复合材料和原始 CNF 的 X 射线衍射图谱；
b) nc – $Li_4Ti_5O_{12}$/CNF 复合材料的 TG 曲线（1℃ min^{-1}，空气气氛），
残余重量与 nc – $Li_4Ti_5O_{12}$ 在复合材料中的含量相一致

在空气中采用热重法（TG）测量 nc – $Li_4Ti_5O_{12}$/CNF 复合材料中 CNF 的质量百分含量。图 7.12b 是得到的 TG 曲线。400～600℃的重量损失对应于 CNF 的氧化，恰好剩下 50wt% 的 nc – $Li_4Ti_5O_{12}$。这个值与反应前加入的钛醇盐的基础上计算出的 nc – $Li_4Ti_5O_{12}$ 与 CNF 的重量比相一致的。这一事实意味着 UC 处理法中的溶胶－凝胶反应和优化（非常短的停留时间）退火的过程都不会造成 CNF 氧化分解。这种符合化学计量比的制备过程（UC 处理和瞬时退火）是电容器生产过程中的成本高效益的重要因素。

nc – $Li_4Ti_5O_{12}$ 和 CNF 在复合材料中的纳米结构和结晶度通过 HR – TEM 图中可以观察得到（见图 7.13 和图 7.14）。从图中可以看出，CNF 的边缘或缺陷的石墨位可以容纳和嫁接 nc – $Li_4Ti_5O_{12}$ 颗粒。清晰的小平面反映了它的高结晶度，这与其尖锐的 XRD 曲线（见图 7.12a）是一致的，尽管 $Li_4Ti_5O_{12}$ 是纳米尺寸的。如此高的结晶度，将得到可逆的、光滑的 Li^+ 的嵌入性能、库仑效率约 100% 的结果。另外，CNF 的 HR – TEM 图也清晰地显示石墨层的晶体结构（见图 7.13）。因此，这种复合材料被认为是两个晶体，即 $Li_4Ti_5O_{12}$ 和 CNF（见图 7.13a）的结合材料。特别有趣的是，nc – $Li_4Ti_5O_{12}$ 颗粒和 CNF 的晶格是完美匹配的，它们被牢固地连接在一起（见图 71.3b）。这能够为两个物质之间建立良好的电子传输路径。

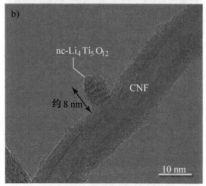

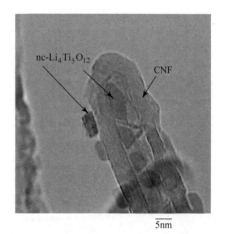

图 7.13　nc – $Li_4Ti_5O_{12}$ 和 CNF 的纳米结构

a）nc – $Li_4Ti_5O_{12}$/CNF 复合材料 HR – TEM 的鸟瞰图

b）nc – $Li_4Ti_5O_{12}$ 颗粒在 CNF 表面上的交界处的高倍图

图 7.14　nc – $Li_4Ti_5O_{12}$ 在 CNF 壁内外粘附的多层 HR – TEM 图

　　另外一个 HR – TEM 图（见图 7.14）清晰反映了 $Li_4Ti_5O_{12}$ 颗粒在 CNF 石墨衬底的内部和外部多重粘附。这表明 CNF 的结晶化程度高，更重要的是，可以提高 $nc – Li_4Ti_5O_{12}$ 的能量密度和比重。

　　图 7.15a 是 Li/（$nc – Li_4Ti_5O_{12}$/CNF）半电池在 1C 倍率下的恒流充放电性能。$1.5VLi/Li^+$ 的平台对应着的 Li^+ 在 $Li_4Ti_5O_{12}$ 晶体中嵌入 – 脱嵌过程[22,24,27]，这表明复合材料的容量是由 $nc – Li_4Ti_5O_{12}$ 的氧化还原能力决定的。每单位 $Li_4Ti_5O_{12}$ 得到的容量为减去 CNF 的双电层容量（$8mAhg^{-1}$）后的容量，即 $167mAhg^{-1}$，这是其理论容量的 95%。这一结果表明，在复合材料中几乎所有的 $nc – Li_4Ti_5O_{12}$ 颗粒都具有电化学活性，也就是

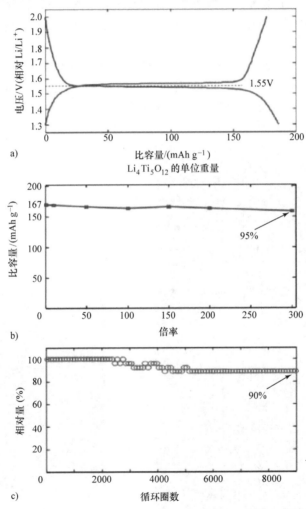

图 7.15　$nc – Li_4Ti_5O_{12}$/CNF 复合材料在 $1MLiBF_4$/EC + DEC（1:1）电
解液中的电化学性能：a）1C 倍率下恒流充放电；
b）1 ~ 300C 的倍率性能；c）20C 倍率下的循环性能

说，离子和电子传输的路径在复合材料中完全地建立起来了。

图 7.15b 是复合材料的倍率性能。即使在高达 300C 的高倍率下，复合材料也显现出 $158mAhg^{-1}$ 的可逆容量，对应于 1C 倍率下得到容量的 95%。这样优异的倍率性能表明，如 HR – TEM 图中观察到的优化的纳米结构的 $nc – Li_4Ti_5O_{12}/CNF$ 复合材料能够很好地克服 $Li_4Ti_5O_{12}$ 材料的问题，如差的 Li^+ 扩散性和差的电子导电性等。也许是因为 $Li_4Ti_5O_{12}$ 纳米化和 $Li_4Ti_5O_{12}/CNF$ 的互连分别导致流畅的离子扩散和电子传导。复合材料的循环性能如图 7.15c 所示。即使在 9000 次循环后，还保持 90% 的初始容量，这表明该复合材料是电化学稳定的。结果都表明 $nc – Li_4Ti_5O_{12}$ 颗粒在高倍率下长时间充放电，都不会发生聚集和脱落现象。

图 7.16 显示了（（$nc – Li_4Ti_5O_{12}/CNF$）/$LiBF_4 – PC/AC$）混合型器件由充放电测试得来的 Ragone 图。充放电测试的电压区间在 1.5 ~ 3.0V，电流密度 0.2 ~ 30mAcm^{-2}（0.18 ~ 26.8Ag^{-1}）。作为比较，也组装了传统的 EDLC 系统（$AC/TEABF_4 – PC/AC$），并在 0 ~ 2.5V 之间进行测试。混合电容器功率密度范围较低，为 0.1 ~ 1kWL^{-1}，而它的能量密度为 28 ~ 30WhL^{-1}，这是一个能与 Li 离子电容器相媲美的值[3]。即使在 6KWL^{-1} 高功率下，混合电容器的能量密度也能维持在 15WhL^{-1}，它是常规的 EDLC 系统（AC/AC）的能量密度的两倍。因此，这种结构的电容器系统，预计将作为高能量和高功率应用的能源器件。

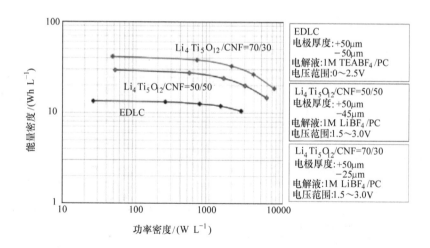

图 7.16 具有两种不同的 $Li_4Ti_5O_{12}$ 负载量（50% 和 70%）的纳米混合电容器
（（$nc – Li_4Ti_5O_{12}/CNF$）/AC)和常规的 EDLC(AC/AC)在 1MLiBF$_4$/PC 中的 Rogone 图

7.5 小结

下一代的高能量密度电容器正在积极地开展实用的研究和开发，改善现有电化学电容器的能量密度。混合电容器由于其高电压承受能力和能量密度的提高而引起足够的重视。事实上，LIC 和 NHC 的出现无疑将被视为"3 倍能量密度的时代"的开端。如果将成本降低到足以满足市场的需求，它们肯定会在商业化方面得到发展。

AC	activated carbon	活性炭
CNT	carbon nanotube	碳纳米管
HC	hard carbon	硬碳
PAC	polyacene	多并苯
CB	carbon black	炭黑
CNF	carbon nano fiber	碳纤维
EC	ethylene carbonate	碳酸乙烯酯
PC	propylene carbonate	碳酸丙烯酯
DMC	dimethyl carbonate	碳酸二甲酯
AN	acetonitrile	乙腈
Al	aluminum	铝
Cu	copper	铜
Pos	positive electrode	正极
Neg	negative electrode	负极
SEI	solid electrolyte interface	固体电解质膜
DEC	diethylcarbonate	碳酸二乙酯
LTO	$Li_4Ti_5O_{12}$	钛酸钾
XRD	x – ray diffraction	x 射线衍射

参 考 文 献

1. Burke, A. (2007) *Electrochim. Acta*, **53**, 1083.

2. Simon, P. and Gogotsi, Y. (2008) *Nat. Mater.*, **7**, 845.

3. Yoshino, A., Tsubata, T., Shimoyamada, M., Satake, H., Okano, Y., Mori, S., and Yata, S. (2004) *J. Electrochem. Soc.*, **151**, A2180.

4. Hato, Y. (2007) *Jidosha Gijutsu*, **61**, 62.
5. Khomenko, V., Raymundo-Piñero, E., and Béguin, F. (2008) *J. Power Sources*, **177**, 643.
6. Azaïs, P., Duclaux, L., Florian, P., Massiot, D., Lillo-Rodenas, M.-A., Linares-Solano, A., Peres, J.-P., Jehoulet, C., and Béguin, F. (2007) *J. Power Sources*, **171**, 1046.
7. Burke, A. (2000) *J. Power Sources*, **91**, 37.
8. Pandolfo, A.G. and Hollenkamp, A.F. (2006) *J. Power Sources*, **157**, 11.
9. Köetz, R. and Carlen, M. (2000) *Electrochim. Acta*, **45**, 2483.
10. Plitz, I., DuPasquier, A., Badway, F., Gural, J., Pereira, N., Gmitter, A., and Amatucci, G.G. (2006) *Appl. Phys. A*, **82**, 615.
11. Duffy, N.W., Baldsing, W., and Pandolfo, A.G. (2008) *Electrochim. Acta*, **54**, 535.
12. Kazaryan, S.A., Kharisov, G.G., Litvinenko, S.V., and Kogan, V.I. (2007) *J. Electrochem. Soc.*, **154**, A751.
13. Laforgue, A., Simon, P., Fauvarque, J.F., Mastragostino, M., Soavi, F., Sarrau, J.F., Lailler, P., Conte, M., Rossi, E., and Saguatti, S. (2003) *J. Electrochem. Soc.*, **150**, A645.
14. Machida, K., Suematsu, S., Ishimoto, S., and Tamamitsu, K. (2008) *J. Electrochem. Soc.*, **155**, A970.
15. Tasaki, S., Ando, N., Nagai, M., Shirakami, A., Matsui, K., and Hato, (2006) Lithium ion capacitor. WO 2006/112067.
16. Amatucci, G.G., Badway, F., Pasquier, A.D., and Zheng, T. (2001) *J. Electrochem. Soc.*, **148**, A930.
17. Takai, S., Kamata, M., Fujine, S., Yoneda, K., Kanda, K., and Esaka, T. (1999) *Solid State Ionics*, **123**, 165.
18. Chen, C.H., Vaughey, J.T., Jansen, A.N., Dees, D.W., Kahaian, A.J., Goacher, T., and Thackeray, M.M. (2001) *J. Electrochem. Soc.*, **148**, A102.
19. Naoi, K. and Simon, P. (2008) *Interface*, **17**, 34.
20. Yoshida, M. (2008) *Nikkei Electron.*, **991**, 77.
21. Shu, J. (2008) *Electrochem. Solid-State Lett.*, **11**, A238.
22. Naoi, K. (2010) *Fuel Cells*, **10**, 825.
23. Huang, S., Wen, Z., Zhu, X., and Gu, Z. (2004) *Electrochem. Commun.*, **6**, 1093.
24. Naoi, K., Ishimoto, S., Isobe, Y., and Aoyagi, S. (2010) *J. Power Sources*, **195**, 6250.
25. Naoi, K., Ishimoto, S., Ogihara, N., Nakagawa, Y., and Hatta, S. (2009) *J. Electrochem. Soc.*, **156**, A52.
26. Ohzuku, T., Ueda, A., and Yamamoto, N. (1995) *J. Electrochem. Soc.*, **142**, 1431.
27. Thackeray, M.M. (1995) *J. Electrochem. Soc.*, **142**, 2558.
28. Zhou, J.H., Sui, Z.J., Li, P., Chen, D., Dai, Y.C., and Yuan, W.K. (2006) *Carbon*, **44**, 3255.
29. Shen, C.M., Zhang, X.G., Zhou, Y.K., and Li, H.L. (2002) *Mater. Chem. Phys.*, **78**, 437.
30. Hao, Y., Lai, Q., Xu, Z., Liu, X., and Ji, X. (2005) *Solid State Ionics*, **176**, 1201.
31. Ishimoto, S., Asakawa, Y., Shinya, M., and Naoi, K. (2009) *J. Electrochem. Soc.*, **156**, A563.
32. Kim, J. and Cho, J. (2007) *Electrochem. Solid-State Lett.*, **10**, A81.
33. Yu, H., Zhang, X., Jalbout, A.F., Yan, X., Pan, X., Xie, H., and Wang, R. (2008) *Electrochim. Acta*, **53**, 4200.
34. Huang, J. and Jiang, Z. (2008) *Electrochim. Acta*, **53**, 7756.
35. Bai, Y., Wang, F., Wu, F., Wu, C., and Bao, L.Y. (2008) *Electrochim. Acta*, **54**, 322.

第8章 水系介质中的非对称器件和混合器件

Thierry Brousse，Daniel Bélanger 和 Daniel Guay

8.1 引言

碳基对称型电化学双电层电容器（EDLC）表明使用有机电解液的器件相对于水介质电解液的器件具有更高的能量密度和动力能力，这是由于有机电解液中具有更高的工作电压（2.5～2.7V）。事实上，尽管有机电解液中碳基电极的电容（C）更低，但是最大能量密度（E_{max}）的表达式如式（8.1）：

$$E_{max} = 1/2CU_{max}^2 \tag{8.1}$$

能量密度与最大工作电压的二次方成正比，而水系电解液受到水的电化学稳定窗口的限制在理论上无法超过 1.23V。因此，即使对称型碳基器件在水系电解液中的电容是在有机系电解液中的 2 倍（$C_{aq} = 2C_{org}$），其在有机系电解液中的最大工作电压是水系电解液器件工作电压的 2 倍（$U_{org} = 2U_{aq}$），这导致

$$E_{org} = 1/2C_{org}U_{org}^2 = 1/2(1/2C_{aq})(2U_{aq})^2 = 2E_{aq} \tag{8.2}$$

很明显，这一简单的算法并未考虑其他一些附加因素，例如：电解液浓度、离子电导率、封装等，但是一些更具体的理论计算[1]也指出有机电解液体系中对称性碳基 EDLC 的优越性（其能量密度可达 5.7Whkg^{-1}，而水系电解液 EDLC 能量密度只有 1.7Whkg^{-1}）。实际上，有机系碳/碳器件的优越性早已显示出来，并且绝大多数商业化器件都是使用有机电解液。

尽管如此，水系器件仍具有一系列的优点，这些优点能够在商业化的系统中得到加强，例如高的离子电导率有利于得到高的功率密度[2,3]。另外，在各种情况下，水系器件的电化学安全性都要高于有机体系的器件[4]，这是在市场上要求高电流密度和快循环倍率的情况下，电化学电容器制造商最为关注的一点，而高电流密度和快循环倍率可能导致器件的热失控而非化学失控。与有机介质相比，水系电解液能降低器件制造上的技术压力（制造器件时没有特殊的气氛要求，没有用有机溶剂等），随之而来的是，有助于降低制造成本。

根据式（8.1）和式（8.2），一个明显的增大水系器件能量密度的方法就是克服水的理论电化学稳定窗口，和/或者增大电池单元的容量。当赝电容的 RuO_2 对称器件被设计出来时[5]，就已经证明后一种解决方法是有效的。尽管如此，电池工作电压仍然被限制在约 1.2V。

并非所有的水系电化学器件的工作电压都被限制在 1.2V。一些型号的电池系统通过开发利用气体（O_2/H_2）生成过电位来使器件工作电压超过这个限制，而这在很大程

度上与电极的化学性质有关。最好的例子在于铅酸电池领域，铅酸电池以高浓度 H_2SO_4 为电解液时工作电压可达约 2V[6]。在镍锌二次电池中也有相同的例子，其工作电压接近 1.65V。利用这一点已经产生一系列使用负极碳基电容电极和正极法拉第电极的器件，如：PbO_2 或 Ni（OH）$_2$ 电极[7-9]。使用 PbO_2 或 Ni（OH）$_2$ 正极的这些器件，工作电位分别可达 2.25 和 1.65V。当它们在高浓度的 H_2SO_4 或 KOH 水溶液中工作时，还能够获得一些有利的影响，如：高离子电导率、热稳定性以及制造方便等。用法拉第正极替代电容正极的第二个主要作用是能在很大程度上提高器件的整体电容量，这主要是由于正极法拉第电极相对于碳材料电容电极具有更高的电容值。当在 1V 电位范围内工作时，Ni（OH）$_2$ 电极的电容为 $1041Cg^{-1}$，PbO_2 电极为 $807Cg^{-1}$，而活性炭（AC）电极（约 $280Fg^{-1}$）为 $280Cg^{-1}$。尽管如此，以法拉第电极替代电容电极也存在一些缺点，如相对于碳基电极较差的循环稳定性，循环过程中结构和微结构的改变，有限的功率容量（powercapability）等，但已经有一些不同的解决方案来克服这些缺点。

正如前面提到的，另一种提高水系电化学电容器能量密度的方法是赝电容电极（如 RuO_2 或近来的 MnO_2[10]）的使用。尽管可以实现器件单元容量的增加，但在氧化物基对称器件中器件单元电压的限制仍然是提高能量密度时所要面对的一个问题。对于碳–PbO_2 电池或碳–Ni（OH）$_2$ 电池，两种不同电极的应用能够加宽单元的电压范围。近来，MnO_2 基的电化学电容器被提出，是在 MnO_2/MnO_2 对称器件的负极被活性炭[11-13]、导电聚合物[14]或铁氧化物[15]所替代，并使用相对温和的水系电解液，因此使电极能够达到一个更负的电位，从而增大了器件的电压[10]。MnO_2 是一种赝电容电极，其在温和的水系电解液中的电容值接近活性炭的，使得 AC/MnO_2 非对称器件接近于对称器件。于是，相对于对称的 MnO_2/MnO_2 电化学电容器，AC/MnO_2 非对称器件能量密度的增加是基于器件工作电压范围的扩大。AC/MnO_2 非对称电化学电容器的电压从约 1V 增大到 2V，导致其能量密度增大到原先对称器件的 4 倍。其电化学性能数据与报道中的 AC–Ni（OH）$_2$ 电池或 AC–PbO_2 电池相类似，但 MnO_2 正极拥有优异的循环性能，从而也提高了 AC/MnO_2 器件的循环性能，这归功于 MnO_2 电极的赝电容特性。

最后，在以 H_2SO_4 为电解液的电解电容器中，也有可能将赝电容的氧化物（RuO_2）和多孔氧化钽正极进行配对[16]。这样的器件既能够获得 Ta_2O_5 正极高工作电压的优点，也能够保留 RuO_2 负极的电化学稳定窗口。这种器件展现出的性能更接近于标准电解电容，而非常规的电化学电容，这主要是因为器件的电容受到介电电极（Ta_2O_5 正极）的强烈限制。

从以上描述的设计中，这些器件的命名出现了一个问题。Zheng 和 Conway 等[3,7]认为它们应该被称作非对称器件，因为它们通常是由电容性的碳电极和法拉第电极（PbO_2 或 Ni（OH）$_2$）组装而成。尽管如此，由电容性的碳电极和赝电容的电极（如：MnO_2）组成的器件，什么名称才是合适的呢？对于专业术语的一个建议是，无论非对称（asymmetric）的（以不同的材料作为正极和负极）还是混合（hybrid）的（电池型电极与双电层电容型电极配合）都可以用来描述一个由法拉第电极和电容电极组成的器件，而一个只用到电容的或赝电容的化合物的器件则可以描述为非对称的。因此，下文及随后的章节中，将 AC/Ni（OH）₂ 或 AC/PbO₂ 系统称作混合或非对称器件，而 AC/MnO₂ 将会被称作非对称电化学电容器。

制造这三种类型的非对称水系电化学电容器的基本原则会在随后的章节中得到具体介绍，同时还会介绍关于这些未来的混合体系的不同设计和主要趋势的相关例子。

8.2　水系混合（非对称）器件

混合器件在 20 世纪 90 年代末被提出，是为了解决对称型活性炭基电化学电容器的能量密度限制而提出的应对措施。结合活性炭负极长循环寿命、快速、可逆性的优点，以及那些高容量的法拉第正极，在高电导率的离子性水系电解液中，此类器件被认为完全能够满足器件对高能量和高功率密度的要求。

8.2.1　原理、要求和限制

当非对称活性炭基电化学电容器开始使用水系电解液（如：KOH 或 H₂SO₄）时[17]，由于气体生成反应和碳材料的氧化，其表现出有限的器件工作电压。其最大工作电压仅为 1.23V，但实际电压很难超过 1V（见图 8.1）。同时，每种碳电极不得不在一个有限的电化学窗口中工作，约 0.5V（见图 8.1 中阴影线区域），这意味着碳基对称器件的最终电容（Fg⁻¹）仅是三电极器件结构中所测单碳电极电容值的 1/4[7]。

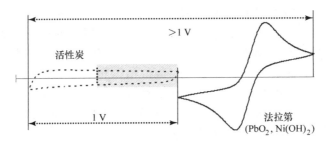

图 8.1　水系电解液（KOH、H₂SO₄等）的混合器件中电极的循环伏安

示意图，混合器件中负极为活性炭电极，正极为法拉第电极（Ni（OH）₂、PbO₂）。

电容器的工作电压得到增大

通过添加法拉第正极（见图 8.1），由于法拉第正极上高的析氧过电位，电容器将在一个互补的电化学窗口内工作，电容器的电压将增加到 1V 以上。此外，这种情况下，碳电极能够在整个电化学窗口对应的电压范围内工作，而与电容性的电极相比，法拉第电极将拥有几乎无限大的电容（见图 8.1 和图 8.2）。这导致其整个电容要远高于碳基对称电化学电容器的电容（见图 8.2）。此类混合电容器预期的电容值的完整计算方法在 Zheng 和 Conway 的论文中有报道[3,7]。在计算正极/负极/电解液间优化的质量平衡时，电解液浓度的影响必须考虑进去。以 6.25M 的 KOH 溶液为电解液的 C/Ni（OH）₂混合器件，当正极/负极/电解液质量比为 1/3.30/1.97，而工作电压为 1.65V 时，计算出的最大能量密度为 50Wh kg⁻¹，而以 5.26M 的 H₂SO₄为电解液的对称活性炭基电化学电容器的能量密度为 7.2Wh kg$^{-1[3]}$。Conway 在计算 C/Ni（OH）$_2$ 混合器件能量密度时也得到了相似的结果（55 ~ 65Wh kg^{-1}），而以 H$_2$SO$_4$ 为电解液的 C/PbO$_2$ 混合器件能量密度则能够上升到 63 ~ 67Wh kg$^{-1[7]}$。相对于对称性的碳基器件，其不仅是能量密度得到了提高，功率密度也得到了提升（见图 8.2）。尽管如此，最后的计算方法消除了混合器件的限制。

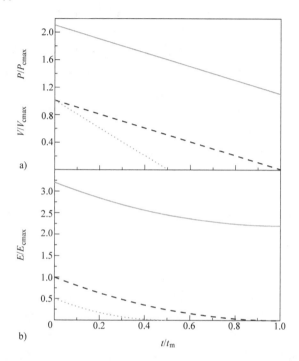

图 8.2　单个电容器电极的能量 E、功率 P 和电压 V 用曲线（---）表示，对称
�电极电容器则用（…）表示，而非对称电容器件则用曲线（—）表示；E/E_{cmax}、P/P_{cmax}
和 V/V_{cmax} 为时间 t/t_m 的函数；其中 E_{cmax}、P_{cmax} 和 V_{cmax} 分别表示单电容电极的最大能量、
最大功率和最大电压，而 t_m 为电容电极完全放电所需的时间（摘自参考文献[7]）

　　事实上，所有的计算都是基于完全利用法拉第电极电容，由于不同的原因这一点很难实现，而实际上要使法拉第电极的动力学响应与碳电极是一样快是难以实现的。Conway 的论文中列出了混合器件对法拉第电极的要求[7]。对其他混合电容器进行总结，得出的两个主要要求如下所述：

　　1）混合电容器的容量（Ah）受碳基电容电极所限制，这样法拉第型电池电极可以在合理的充电状态（SOC）下工作。通常，为了保证电极的循环寿命，SOC 不能超过 10% ~ 50%。事实上，类似于"标准的"二次电池，深度充电会导致电极容量的衰退，通常只能完成几百（或几千）次的充放电循环。一种提高法拉第电极循环性能的方法是限制充电深度。在限制充电深度的情况下，只有部分的电极材料受到电化学循环的影响，从而限制了其结构和微结构的变化。有限的 SOC 也能够使部分法拉第材料储备起来，在电极上的一些法拉第型材料因为机械/化学原因而失去活性，被消耗时，这些储备材料就会被活化，继而实现混合器件的长循环能力，但当法拉第型材料的质量大于为了平衡负极所需的量时，就会造成能量密度的降低。

2）充放电倍率必须与法拉第电极相适应，而这正是混合器件功率容量的一个限制因素。因此，混合器件的时间常数通常比对称碳基器件的大 1 或 2 个数量级（前者约 100 ~ 1000s，而后者为 1 ~ 10s）。这表明为了提升固体中的离子扩散能力，纳米结构的法拉第电极材料可能替代标准的微米级复合物应用于器件。尽管如此，在设计混合器件时，正极和负极的表面必须保持一致，因此法拉第电极将比碳电极薄很多，这样就能够从本质上使其充放电倍率大于标准电池电极。

到现在为止提出的大部分混合器件将在下一节中进行描述。

8.2.2 活性炭/PbO₂ 器件

铅酸电池充放电过程中发生的两个半电池反应可用我们所熟知的双硫酸原理来描述[6]。

正极

$$PbO_2 + 3H^+ + HSO_4^- + 2e^- \rightarrow PbSO_4 + 2H_2O\ (+1.685V\ vs\ ENH) \tag{8.3}$$

负极

$$Pb + HSO_4^- \rightarrow PbSO_4 + H^+ + 2e^-\ (-0.356V\ vs\ ENH) \tag{8.4}$$

最早的一种非对称电容器是基于法拉第的可充电 Pb/PbO₂ 电池型电极和非法拉第的碳基可充电型超级电容电极。在非对称的 AC/PbO₂ 器件中，正极和电解液与传统的 Pb/PbO₂ 电池中的一样，但是负极则由高度可逆的双电层碳基电极替代，其充放电机理为下式所示：

$$nC_6^{x-}(H^+)_x \rightarrow nC_6^{(x-2)-}(H^+)_{x-2} + 2H^+ + 2e^- \quad (放电) \tag{8.5}$$

与 Conway[7] 使用的惯例一致，非对称电容器的整体净容量密度（net overall capacity density）由两个电容中的较小值决定，C_T 如下式所示：

$$\frac{1}{C_T} = \frac{1}{C_p} + \frac{1}{C_n} \tag{8.6}$$

式中，C_p 和 C_n 分别表示正极和负极的电极容量。因此，净容量密度主要取决于两个电容中较小的一个。相比于碳电极，PbO₂ 法拉第电极拥有极大的电容，这意味着 C_T 将会接近负极的电容，而该电极的全部充电容量则得到利用。

PbO₂ 还原成 PbSO₄ 的反应涉及两电子反应，而 PbO₂ 的质量当量为 119g。碳的质量当量则取决于几个因素，包括比表面积和比双电层电容，但有文献报道过碳的有效质量当量为 200g。因此，如果要在联合的两电极系统实现电荷平衡，那么两个电极的质量必须调整。

在满充电状态，H⁺ 被吸附在负极表面，然后在放电过程中转移到正极，并被中和生成水。由充电态向放电态转变的结果是使电解液酸浓度下降，这将减缓电解液对正极集流体网格的腐蚀，从而延长正极的循环寿命。

使用 PbO_2 法拉第电极作为非对称电容器正极主要成分的好处在图 8.3 内显示得尤为明显，PbO_2 正极的电极电位（通过与一个稳定的参比电极比较测得）在连续的充放电循环过程中变化不超过 100mV。电极电位转换成非对称组合电极的工作电压，相对于对称电容器来说，将有更高的放电电位，并且能循环更长的时间（见图 8.2）。

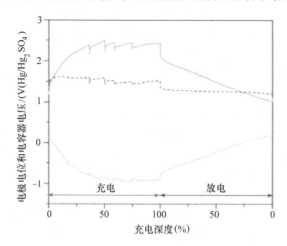

图 8.3　以非对称活性炭/PbO_2 器件充放电时间为变量，相对于稳定参比电极得到的单元电压（—），阳极电压（…）和阴极电压（－－－）的曲线（摘自参考文献[7]）

阴极/阳极半循环形式的重现性在超过 10000 次循环后仍能保持下来，而其库仑效率（coulombic efficiency）和能量效率（energy efficiency）分别高于 90% 和 63%。其库仑效率与铅酸电池中的相似，但能量效率则相对更低。

学术界最早报道的非对称 AC/PbO_2 器件是在 1998 年的一个专业会议中得到报道的[18]，而在参考文献[19]中也有讨论。两个电极上活性物质质量比值的选择要确保电容器的运行受负极限制，器件的基本参数见表 8.1。

表 8.1　俄罗斯开发的混合超级电容器的基本参数

参数	值
碳电极的比电容量/（Fg^{-1}）	600
能量密度/（$Wh\ kg^{-1}$）	20 ~ 25
体积能量密度/（$Wh\ dm^{-3}$）	60 ~ 75
最大放电电压/V	2.0
最小放电电压/V	0.5
内部电阻/$m\Omega$	3 ~ 5
循环寿命/循环次数	10000
充电时间/min	20 ~ 30
工作温度/℃	－40 ~ +60

注：摘自参考文献[19]。

尽管如此，学术界只有很少的文献演示了碳/PbO$_2$混合器件的组装[7,20-22]，但是一些公司正推出基于此项技术的产品。Axion 国际电源公司[23]提出了一款称作 PbC® 电池的混合器件，该器件使用标准铅酸电池的正极和高比表面积（1500 m^2 g^{-1}）的碳基超级电容器的负极。Axion 公司的 PbC 电池是一个密封的装置，并且不需要任何的维护费用，因此运行成本较低。它也能够通过现有的铅酸电池回收设备实现回收利用。PbC 电池的制造也很方便，能够利用现有的铅酸电池生产设备进行生产，因此消除了建造先进电池生产设施所需要的巨大成本。PbC 电池快速充放电能力和高功率输出满足了混合动力汽车（HEV）的应用要求。可以认为 PbC 技术能够填补电容器在能量/功率/成本方面与先进电池技术之间的缺口。这家公司目前正致力于开发更高启动功率的电池，具有更好的低温性能、更高的能量、更长深度充放电循环性能。

除去与循环性能相关的问题，这通常通过在正极上添加额外的 PbO$_2$ 来解决，这也导致多余活性物质的"存储"，功率容量已经被不同的研究小组所阐明[21,24]。解决的方法倾向于利用纳米结构的氧化铅电极（通常是薄膜、纳米线等），使电极表面和电解液的接触面积最大化。因此，通过脉冲电流技术电解 Pb（NO$_3$）$_2$溶液，使产物 PbO$_2$ 沉积在 Ti/SnO$_2$基底上形成薄膜，并作为正极，以 5.3M 的 H$_2$SO$_4$ 为电解液，与活性炭负极组成混合器件。这种器件表现出高的功率性能和一般的循环性能（4000 次充放电循回后有 10% 的能量损失）。在 0.8 ~ 1.8V 的电压范围内，基于两个电极上活性物质总质量，PbO$_2$/AC 混合系统在功率密度为 1kW kg^{-1} 的情况下，能量密度约为 30Wh kg^{-1}[21]（见图 8.4）。

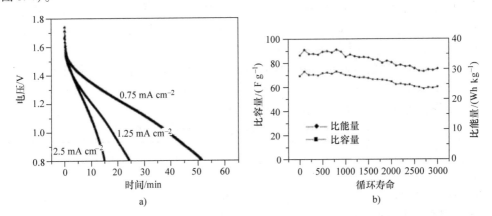

图 8.4　a) 以 H$_2$SO$_4$ 溶液为电解液的 PbO$_2$/AC 混合电容器，在不同放电电流密度下的放电行为。b) 以 H$_2$SO$_4$ 溶液为电解液，在充放电电流密度为 2.5mA cm^{-2}（4C 倍率）的条件下，两个电极上活性物质的循环性能（摘自参考文献[21]）

相比于 PbO$_2$ 薄膜，PbO$_2$ 纳米线的能量密度和功率性能得到了提升，但是数次循环后其纳米结构的优势便丧失了，这是因为在硫酸盐化过程中材料微结构的改变[24]（见图 8.5）。

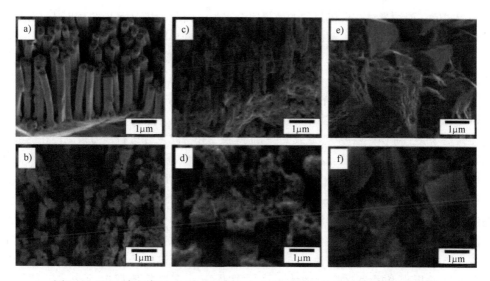

图 8.5　PbO$_2$纳米线（a～d）和薄膜（e、f）在 1M 的 H$_2$SO$_4$电解液中循环
前后的 SEM 图：a）和 e）为刚沉积得到的循环前的 SEM 图，b）为循环 3 次后 SEM 图，
c）为循环 5 次后 SEM 图，d）和 f）为循环 10 次后 SEM 图。PbO$_2$纳米线和薄膜的沉积
电荷为 40C。所有样品都是在充电状态下进行检测（摘自参考文献[24]）

为了找到一个普遍的数学表达式描绘 PbO$_2$薄膜和纳米线的反应活性如何随着沉积
电荷的变化，以及在循环过程中是如何演变的，研究人员进行了一些分析[24]。这一分
析假设反应活性 r 由下式给出：

$$r = a(Q_{dep})^b = \frac{Q_{red}}{Q_{dep}} \qquad (8.7)$$

式中，Q_{dep}表示沉积电荷；a 和 b 是两个独立参数。当 $b = 0$ 时，反应活性为常数，不受
沉积电荷的影响。因此，式（8.7）转换为式（8.8）。

$$Q_{red} = aQ_{dep} \qquad (8.8)$$

当纳米线垂直于基底表面生长时，同时假设电解液可以到达纳米线的全部表面时，
就属于这种情况。假设纳米线表面的反应层厚度是恒定的，增加纳米线的长度将不会改
变 r 值。这显然是最好的情况，考虑到 $r \times Q_{dep}$，能够从 PbO$_2$中提取的电荷将随着材料的
沉积量而线性增加。与此相反，当 $b = -1$ 时，式（8.7）显示反应活性则随着 Q_{dep}而减
小。事实上，$b = -1$ 对应于 Q_{dep}为恒定值时的情况，而与沉积电荷无关。

$$Q_{red} = a \qquad (8.9)$$

当垂直于基底表面生长的薄膜致密时，反应活性受限制于靠近薄膜/电解液界面最
外层表面的一个固定的层厚度。假设反应层的厚度是固定的，那么增大沉积层厚度将减
少层的反应活性。

根据前面的理论计算可以认为，PbO$_2$纳米线的 b 值接近于 0，而 PbO$_2$薄膜的 b 值则
接近于 –1。尽管如此，充放电循环 10 次后，对于薄膜和纳米线，其参数 a 和 b 将达到

一个相同值，而纳米结构电极最初的效果完全丧失。因此，将 H_2SO_4 作为电解液对于它的功率容量和循环寿命是不利的，尽管它具有高离子电导率。

其他的电解液，如在氧化还原液流电池中应用的甲基磺酸[25]，能够用于 C/PbO_2 器件，并提升其循环能力[26]。

其他改进 C/PbO_2 混合器件能量密度的策略是减少器件的重量。事实上，C/PbO_2 混合器件的总质量主要受正极质量的控制，特别是正极集流体质量，其主要是金属铅。通过在碳基基底上沉积一层厚的 Pb 或 Pb – Sn 薄膜，并将此复合材料作为集流体，能够很大程度上降低集流体的质量。相对于整块的 Pb – Sn 合金网格集流体，这种层状集流体的质量仅为其 1/10，并且在浓度为 5M 的 H_2SO_4 电解液中具有很好的循环性能[27]。

Lam 和 Louey[28]（来自 CSIRO 能源技术研究中心）提出了一个想法，通过将碳基超级电容负极添加到法拉第的泡沫 Pb 负极（见图 8.6）上，得到的器件被命名为超级电池（ultrabattery）。他们希望该设计中添加的碳基超级电容电极在充放电过程中能起到缓冲作用，从而增强铅酸电池的功率和寿命。为了实现这一点，需要减少铅碳复合电极上氢气的析出，因为这会导致水的永久性损失（在阀控铅酸电池中也有相同现象）[29]。为了达到这一目的，需使用添加剂将碳基电极上的析氢电流减小到铅酸电池负极上的水平。拥有 30Ah 容量，能够循环超过 100000 次的超级电池已经研制出来。相

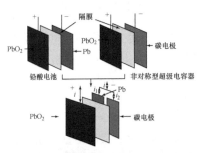
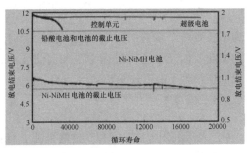

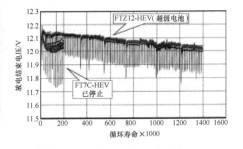

图 8.6　超级电池的电路原理图，以及在 EUCAR 功率辅助下超级电池与 NiMH 电池的循环对比图；超级电池在 144 – V 系列中，单独的传统阀控铅酸电池（VRLA）和阀控超级电池，在模拟中型混合动力汽车负载的测试条件下，电压的变化（摘自参考文献[30, 31]）

比于其他有竞争力的能量存储设备，超级电池在成本上有很大的优势。而且，这些超级电池能够在现有的铅酸电池工厂中进行生产，并用现有的回收设备进行回收利用。CSIRO 在 2007 年签署协议支持美国制造商 EastPenn 和日本的 Furukawa 电池公司的超级电池的商业化和分销协议。这一超级电池已经应用于混合动力交通工具（中型和小型混合动力交通工具）中，并且其性能已经在一系列的文献中得到报道[30,31]，与标准的 VLRA 电池相比，该设计表现出了非常优秀的性能（见图 8.6）。

8.2.3　活性炭/Ni（OH）₂混合器件

使用碱性电解液的情况下，分别以活性炭和氧化镍或氢氧化镍为负极和正极的混合器件最初被俄罗斯的研究小组于 20 世纪 90 年代末提出来[8,32]。这些由普通的电容性碳电极和法拉第镍氧化物基电极组成的器件，其中镍氧化物基电极与镍镉或镍氢电池中的电极相似。有趣的是，这些体系都已实现商业化，并且更多的信息都可以从 ESMA 的网站上找到[33]。更具体的是，电容单元的性能（工作电压范围，电容，能量存储以及内部欧姆阻抗）都被列了出来。充电状态下器件的典型电压是 1.5V，然而电池的电量值则为 3 ~ 80kF 不等。由这些独立单体电池构成的具有宽电容范围的器件单元已经实现了商业化。

相比于两个电极都由碳材料组成的对称型电容单元，氢氧化镍电极的应用被证明能够提升性能（更高的单元电压和比能量）。有关这些体系的特征和性能的一些信息可以在有关电化学电容器的综述中找到[34]。需要注意的是，这些器件类似于 AC/PbO₂器件，表现得更像是一个电池而非经典的双电层电容器。事实上，在这类器件的充放电曲线上，活性炭负极的电位在一个很宽的电位范围内线性循环，而氧化镍正极的电位在充放电过程中仅有很小的变化。这在图 8.7 中可以看出。图 8.7 的器件由 AC 为负极，泡沫镍/氧化镍为正极。

在过去的十年中，ESMA 单元的商业化和人们对电化学电容器的兴趣明显激励了对该体系的学术研究[35-38]。近来的这些研究主要集中在通过不同的方法制备氧化镍，以及利用不同的材料作为沉积金属氧化物的基底。例如，通过化学浴沉积的方法，从硫酸镍溶液中制备氧化镍或氢氧化镍，并使其直接沉积在泡沫镍基底上得到电极[35]。此外，通过基于已经商业化的嵌段共聚物的模板法制备出了具有大孔形貌的花

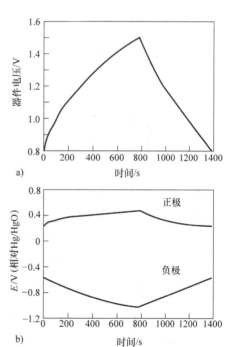

图 8.7　混合电容器在恒电流充放电过程中，单元电压、正极电压以及负极电压的变化
（摘自参考文献[35]）

瓣状的层状氧化镍[38]。

混合器件相对于对称电容器的一个缺点是其比功率密度较低。在早期的 AC/氧化镍电容器的一个研究中，有人将镍氧化物和活性炭进行混合以增强器件的功率密度[36]。使用这种新型复合材料（活性炭＋氧化镍）的混合电容器的倍率性能与仅使用氧化镍作正极的系统相比得到了一定的提升。

研究人员也尝试通过增大镍基电极的容量来提升 AC/Ni（OH）$_2$器件的能量密度和功率密度。这一思路下得到的器件仍然使用 KOH 或 LiOH 作为电解液，但正极中的部分镍则被钴、锰或锌等替代，从而得到如下组分的电极：（Ni$_{1/3}$Co$_{1/3}$Mn$_{1/3}$）（OH）$_2$[39]或（Ni，Zn，Co）Co$_2$O$_4$[40]。此外，镍电极可以完全用具有纳米结构的氢氧化钴来替代[41,42]。

8.2.4　基于活性炭和导电聚合物的水系混合器件

自从 30 年前电子导电聚合物被发现以来，其已经成为一些研究的主题[43]。这些研究中的一部分致力于作为电化学电容器的活性电极材料研究，仅占所有关于导电聚合物的论文中的很小一部分。已经有人对这些研究做了综述，各种电极材料的性质和性能将不会在这里讨论。在一定程度上，本章节主要集中于导电聚合物在混合器件中的应用，这些混合器件以活性炭作为负极，并使用水系电解液。基于导电聚合物和非碳材料（如 MnO$_2$）电极的混合系统将在下面的章节（8.3.2 节）中讨论。

电子导电聚合物从 20 世纪 90 年代开始引起人们的兴趣。由于快速的法拉第氧化还原反应不仅仅发生在聚合物/电解液表面，也会在聚合物材料体相内部发生，因此人们希望将其作为活性电极材料应用于电化学电容器中。这些材料的特点是比电容值要高于碳基电容性材料，而碳材料的电荷仅存储在表面。因此，导电聚合物材料具有高比能量和功率密度的潜力。目前，绝大部分的研究集中在单电极上，而导电聚合物为电极的全电池的测量则比较

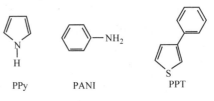

图 8.8　吡咯、苯胺和苯基噻吩单体，分别为相应聚合物：聚吡咯（PPy）、聚苯胺（PANI）和聚（3 - 苯基噻吩）（PPT）的前驱体

少。而且，大多数此类研究使用的是有机电解液。在电化学电容器中使用的电子导电聚合物主要包括三种不同的材料（见图 8.8），分别为聚吡咯、聚噻吩和聚苯胺的衍生物，但不仅仅局限于这三类[44]。当导电聚合物既作为正极也作为负极时，人们主要关心的是它们的稳定性，特别是聚噻吩衍生物，其作为负极时有可能发生性能劣化[45]。

有必要指出的是，最初的活性炭/导电聚合物混合电化学电容器使用的是有机电解液[46-49]。这一概念是为了解决与导电聚合物负极不稳定性的问题而提出的。

在使用水系电解液的情况下，活性炭/聚苯胺器件被开发出来，其以聚苯胺为正极，以活性炭为负极[50]。聚苯胺通过有机物化学氧化的方法合成。这种混合电容器以 6M 的 KOH 溶液为电解液，工作电压在 1.6V，并且可以在 1~1.6V 间循环（见图 8.9），在该电压范围内，聚苯胺处于 P 型掺杂状态下的导电形式。仅考虑电极质量的情况下，器件

的能量和功率密度相比于对称器件有了一定提升，分别达到 18Wh kg^{-1}和 1.25kW kg^{-1}。

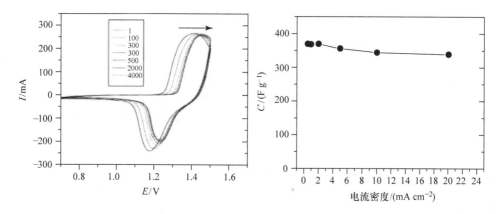

图 8.9　PANI - AC 混合电化学电容器不同循环次数下的循环伏安图，以及其在不同充放电电流密度下的比电容（摘自参考文献[50]）

　　Béguin 及其团队[14]已经报道了一种活性炭/导电聚合物混合器件，相比于对称型导电聚合物或活性炭的电化学电容器，其性能有很大的改进。在他们的研究中，聚苯胺、聚吡咯和聚乙撑二氧噻吩通过相应单体的化学聚合沉积在碳纳米管上，而以这些材料和活性炭为两个电极的不同的器件的性能见表 8.2。在这些研究中，电解液使用的是 1M的 H$_2$SO$_4$或者 2M 的 KNO$_3$。这些混合器件的能量和功率密度比相应对称性器件大两倍以上。这是因为这些混合器件具有更高的电压，其电压可达到 1V。

表 8.2　各种对称和混合电化学电容器的性能

| 电极材料 | | 超级电容器特征 | | | |
正极	负极	V_{max}	$E/$（Wh kg^{-1}）	$ESR/$（Ω cm^2）	$P_{max}/$（kW kg^{-1}）
PANI	PANI	0.5	3.13	0.36	10.9
PPy	PPy	0.6	2.38	0.32	19.7
PEDOT	PEDOT	0.6	1.13	0.27	23.8
活性炭	活性炭	0.7	3.73	0.44	22.4
PANI	活性炭	1.0	11.46	0.39	25.6
PPy	活性炭	1.0	7.64	0.37	48.3
PEDOT	活性炭	1.0	3.82	0.33	54.1

注：摘自参考文献[14]。

　　另外，为了改进 HClO$_4$基电解液中正极的电容，人们合成了分子程度上混合的电极（聚苯胺和多金属氧酸盐）[51]。

　　据我们所知，使用导电聚合物的水系混合电化学电容器还未实现商业化。理论计算是为了设计性能得到优化的器件[52]。Snook 等发现电极质量比对正极和负极间的电压变化有很大的影响。在最大电压下工作能使器件得到最大的比能量，但却要牺牲其循环寿命。碳基电极被很好地设计出来，以实现电极的长寿命循环能力，但将此类电极设计得太大将导致器件的比能量低于最适宜的值。通过限制导电聚合物正极的电压摆动，循环寿命得到延长，这是因为构成电极的活性物质容易在工作初期的氧化还原过程中因体积的膨胀或自身的分解而失效[52]。因此，要使器件得到商业化发展就需要更多的工作和新的想法。

近来，研究人员通过理论计算指出，尽管水系混合器件的能量密度令人感兴趣，但功率密度仍受到电池型电极倍率性能的限制[53]。对于一个电池/电容型混合器件，当充放电电流密度增大时，其容量匹配率和功率密度增加，但比电容和能量密度却下降了。这就是人们为了加强器件的功率性能，而对使用双电层电容电极或赝电容电极的其他类型的非对称器件展开研究的原因。

8.3 水系非对称电化学电容器

对于赝电容行为的 MnO_2 基电极已经有了大量的报道，从 1999 年到现在已经有超过200 篇的论文，而这些研究工作主要集中在电荷存储机理、电容改进、循环能力提升、结构/电容值间的关系、多孔性的影响等方面。尽管如此，仅有少数作者指出 MnO_2 在温和的水系电解液，如 K_2SO_4 和 KCl 溶液中，具有有限的电化学窗口。随后，只有一些对称 MnO_2/MnO_2 器件被制成，并得到测试[13,54]。当 MnO_2 基对称电化学电容器的能量和功率密度被测量后，人们便失去了对于低成本且环保的电极和电解液，以及无压力的制造过程的兴趣。对这一问题的解决方法就是用其他材料做负极，因此设计了一个非对称的电化学电容器，其以 MnO_2 为正极，活性炭负极的应用使得人们能够设计出一种非对称电化学电容器，其类似于对称的碳基电化学电容器。MnO_2 表现为赝电容的电极，而非前面章节中介绍的法拉第电极，这一事实导致其在本质上拥有更好的长寿命循环能力和功率性能[55]。

8.3.1 原理、要求和限制

非对称电化学电容器的原理是基于电化学窗口互补的两个电容或赝电容电极（见图 8.10）。对于使用法拉第电极和电容性电极配对的混合器件，与对称器件相比，其主要的目的是扩大单元的最大工作电压（见图 8.10）。例如，在使用 MnO_2 电极的对称器件中，最大工作电压大概是 1V。每个 MnO_2 电极在一个大约为 0.5V 的有限的电化学窗口内工作（见图 8.10 中的阴影部分），这意味着对称器件最终的电容值仅为单个 MnO_2 电极的 1/4。与正极有着相同电容值和互补的电化学窗口（在图 8.10 的例子中也接近1V）的负极的使用，将导致能量密度增大约 4 倍，而不会造成功率性能和长寿命循环能力的下降，这要归功于每个电极电容性或赝电容性的行为。

图 8.11 为这些非对称电化学电容器（基于 MnO_2 正极）中的两个例子，并且同使用两个 MnO_2 电极的对称器件进行了比较[54]。相比于对称器件，非对称电化学电容器的能量密度和功率密度都得到了提升。需要注意的是，非对称电化学电容器的外形与碳基对称电化学电容器的相似。

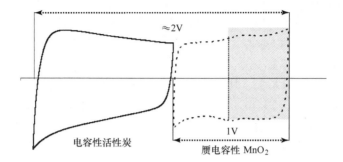

图 8.10　水系电解液（K₂SO₄等）非对称器件中电极的循环伏安示意图，非对称器件中负极为活性炭电极，正极为赝电容性电极（MnO₂）。电容器的工作电压得到了增加

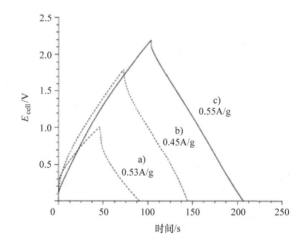

图 8.11　以 K_2SO_4 溶液为电解液的不同电化学电容器的恒流充放电循环：
a）MnO_2/MnO_2，b）Fe_3O_4/MnO_2，以及 c）活性炭/MnO_2（摘自参考文献[54]）

对于非对称电化学电容器正极和负极的主要要求如下：

1）电化学工作窗口要互补，即为了看出对能量密度的影响，电池工作电压必须至少增强约30%。

2）正极和负极要有相似的电容值，这将有助于平衡电极质量比。其中一个电极不成比例的电容值的负面影响很难保证每个电极在长时间的循环过程中维持在自己的电化学稳定窗口内。

3）每个电极要有长寿命循环能力，这样会使由其构成的非对称电化学电容器拥有长寿命循环能力。

4）两个电极要有相似的功率容量，使得组装得到的器件具有高的功率密度。

通常，最后的两个要求最难实现。很多复合物已经被提出作为潜在的赝电容电极材料应用于电化学电容器中，但是事实上这些材料很难循环超过数千次，甚至数次。只有 RuO_2[56]、MnO_2[55,57]和 Fe_3O_4[15,58]已证明了它们具有良好的循环能力，能进行超过10000 次的充放电循环。

相比于法拉第的电池电极，其功率容量很难获得。但是相对于活性炭基电极，赝电容电极的时间常数通常为 2～10，这意味着最后得到的非对称电化学电容器以恒定电流充电或放电时无法在 5～10s 下工作。

8.3.2　活性炭/MnO_2器件

如前所述，AC/MnO_2非对称器件的组装被认为是克服对称 MnO_2 电化学电容器有限的电压窗口一种不错的策略。自从 Hong 等人[11]和 Brousse 等人[12]率先报道以来，这一概念已经得到不同课题组的广泛验证，因此此类器件的可行性已经得到了认可。表 8.3 概括了一些令人感兴趣的 MnO_2 基非对称器件。

从表 8.3 可以看出，大部分 AC/MnO_2非对称器件的工作电压约为 2.0V，甚至更高 (2.2V)。由于工作电压的升高，AC（－）/MnO_2（＋）组合可以提供高达 $28.8 Wh \cdot kg^{-1}$（相对于所有活性物质质量）的能量密度，比对称型 MnO_2 器件的高了接近 1 个数量级，与传统的使用非水性电解液的对称型碳/碳电化学电容器相当。

表 8.3　电压在 1.2～2.2V 范围内，不同的非对称电化学电容器器件的性能

负极	正极	集流体	电解质盐	电容器电压[①]/V	C[①]/(F g^{-1})	ESR[①]/(Ohm cm^2)	能量密度[①]/(Wh kg^{-1})	功率密度[①]/(kW kg^{-1})	循环数	参考文献
AC	MnO_2	钛	KCl	2.0	52	—	28.8	0.5	100	[11]
MnO_2	MnO_2	不锈钢	K_2SO_4	1.0	36	—	3.3	3.08	—	[54]
Fe_3O_4	MnO_2	不锈钢	K_2SO_4	1.8	21.5	—	8.1	10.2	5000	[54]
AC	MnO_2	不锈钢	K_2SO_4	2.2	31	—	17.3	19	10000	[54]
AC	MnO_2	钛	K_2SO_4	1.5	—	—	7.0	10	23000	[12]
MnO_2	MnO_2	金	KNO_3	0.6	160	1.56	1.9	3.8	—	[13]
AC	MnO_2	金	KNO_3	2.0	140	0.54	21	123	1000	[13]
PANI	MnO_2	金	KNO_3	1.2	—	0.57	5.86	42.1	500	[14]
Ppy	MnO_2	金	H_2SO_4	1.4	—	0.52	7.37	62.8	500	[14]
PEDOT	MnO_2	金	KNO_3	1.8	—	0.48	13.5	120.1	500	[14]
AC	MnO_2	泡沫镍	LiOH	1.5	62.4	—	19.5	—	1500	[59]
AC	$LiMn_2O_4$	镍网	Li_2SO_4	1.8	56	3.3	10.0	2	20000	[60]
AC	MnO_2	不锈钢	K_2SO_4	2.0	21	1.3	11.7	—	195000	[55]
AC	MnO_2	金	Na_2SO_4	2.0	25	—	13.9	—	10000	[61]

（续）

负极	正极	集流体	电解质盐	电容器电压[①]/V	C[①]/(F g[-1])	ESR[①]/(Ohm cm[2])	能量密度[①]/(Wh kg[-1])	功率密度[①]/(kW kg[-1])	循环数	参考文献
AC	$K_{0.27}MnO_2$	镍	K_2SO_4	1.8	57.7	—	17.6	2.0	10000	[62]
AC	$NaMnO_2$	镍	Na_2SO_4	1.9	21	—	13.2	1.0	10000	[63]

注：缩写：AC 为活性炭；PANI 为聚苯胺；Ppy 为聚吡咯；PEDOT 为聚（3，4 - 乙烯二氧噻吩）；C 为容量；ESR 为等效串联电阻。

① 仔细计算（摘自参考文献[10]）。

不同的研究人员[12,55,59,61-63]也对 AC/MnO₂非对称器件的长寿命循环稳定性进行了研究，结果表明其在循环次数高达 190000 次的情况下容量损失小于 20%（见图 8.12）。不同的参数看起来会影响氧化锰电极的循环寿命，例如，MnO₂电极在循环过程中，由于氧化物颗粒体积变化会导致缓慢的机械失效，这取决于二氧化锰的晶型[64]。析氧反应也被怀疑会影响电极/集流体界面，并造成腐蚀问题[55]，最终会造成电池 ESR 的增大。

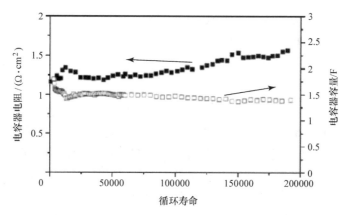

图 8.12　混合 AC - MnO₂单元的电容（方框）和阻抗（黑色方块）。测试条件：电压在 0 ~ 2V 间，充放电电流密度为 40mA cm[-2]，在测试初期于 130s 内进行一次充放电（摘自参考文献[55]）

其他严重的问题则与锰的溶解有关，这会导致活性物质的不断损失，从而造成循环过程中电容值的衰减[65-67]。因此，对于实际的电池，为了确保在整个非对称单元循环过程中 MnO₂不会超过其稳定电化学窗口，平衡正极和负极的质量比及电容值是十分重要的。对于所谓的无定形 MnO₂粉末基电极，为了避免 Mn[4+]的还原，及随后 Mn[3+]的溶解，循环过程中电极电位必须保持在 0 - 0.9Vvs Ag/AgCl 之间。电极质量和最大单元电压之间的调整也是一个实现长寿命循环的好方法[61]，但是这很大程度上依赖于每个电极单独的性能。

近来，水系锂基电解液（Li₂SO₄，LiOH）已取代了 Na⁺或 K⁺盐类[59,60]。在 MnO₂或 LiMn₂O₄基电极上可以观察到 Li⁺的嵌入（见图 8.13）。使用水系 Li₂SO₄电解液的器件，循环次数已经可达 20000 次，而能量密度则增加到 36Wh kg^{-1}[60]。尽管如此，电极组成中，嵌入化合物的存在明显限制了功率容量（见表 8.3），其充放电循环要在数分钟内完成，而非数秒钟。

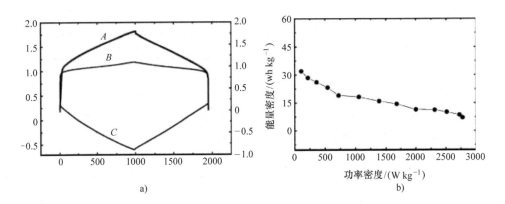

图 8.13 a）独立电极 C 活性炭、B LiMn$_2$O$_4$ 以及 A 混合水系活性炭/LiMn$_2$O$_4$ 器件（活性炭和 LiMn$_2$O$_4$ 质量比为 1:1）在电流密度为 3mA/cm^2，电解液为 1M 的 Li$_2$SO$_4$ 的条件下测得的典型的充放电曲线。b）活性炭和 LiMn$_2$O$_4$ 质量比为 2:1 的活性炭/LiMn$_2$O$_4$ 混合电池在 1.8～0.5V 电压范围内得到的 Ragone 曲线。能量密度和功率密度是以电极活性物质的总质量为基准计算得到的（摘自参考文献[60]）

为了改进器件的工作温度范围，特别是在低温性能方向上，电解液配方也已经得到研究。事实上，在交通运输领域上的应用要求器件能够在 -30℃ 的低温下工作，这在中性水系电解液中难以实现。如最近报道的，高浓度硝酸盐溶液可以帮助实现这个要求[68,69]。

对于电解液配方，不只能应用碱性阳离子，最近的一个研究报道一种使用碱土金属硝酸盐水系电解液（Mg^{2+}，Ca^{2+} 和 Ba^{2+}）的 2V 的 AC/MnO$_2$ 体系能够循环超过 5000 次[70]。

将 MnO$_2$ 电极引入非对称体系结构开启了一个实现安全的水系电化学电容器的道路，并能拥有相当的功率密度和能量密度。水系电化学电容器在器件制造上存在一些优点：低成本、环保的材料和复合物、电池组装过程中无需特殊的气氛，以及使用简单的无毒盐类（如 Na$_2$SO$_4$）。近来，使用这项技术，人们组装了高电容的 AC（-）/MnO$_2$（+）非对称电容器（300～700F）[55]，虽然商品化的产品尚未问世（见图 8.14）。

由于已被证实拥有长寿命循环能力，非对称 AC/MnO$_2$ 电化学电容器得到了广泛的研究。其主要挑战在于对活性炭和氧化锰电极的改进，以及使用非传统的电解液和集流体。

这一概念也为其他非对称电化学电容器开拓了道路，这些电容器都利用了 MnO$_2$ 正极的优点。

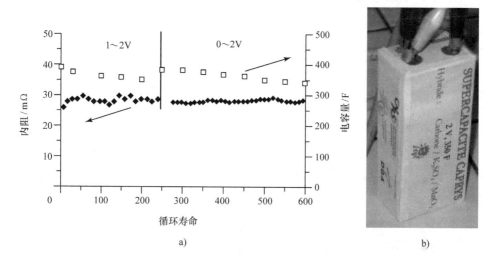

图 8.14　a）350 - F 混合超级电容器的性能：A 代表性的恒流循环（恒电流 = 2A），而 B 为

随着循环的进行，容量和阻抗的变化（摘自参考文献[55]）；b）AC/MnO₂ 非对

称电化学电容器的 350F 原型（5cm × 4cm × 10cm）（摘自参考文献[71]）

8.3.3　其他 MnO₂ 基的非对称器件或混合器件

非对称 MnO₂ 基电化学电容器能够在使用替代负极的情况下运行，这种负极拥有与 MnO₂ 互补的有效电化学窗口（具有更低的截止电位，小于 0Vvs Ag/AgCl）。除了活性炭，在温和的水系电解液中能满足这一要求的材料还包括铁基氧化物（如：Fe_3O_4，FeOOH 或 $LiFeO_2$）[15,72,73]，磷酸钛[74] 和导电聚合物 [如：聚苯胺，聚（3，4 - 乙烯二氧噻吩）][14]。一些例子如图 8.15 所示。

这些器件的主要缺点在于循环性能较差，这是由于这些替代的负极。尽管如此，如果这类电极在中性的水系电解液中拥有比活性炭电极大一倍或更多的电容值，那么这类电极能够很大程度上改进整个单元体系的能量密度。

8.3.4　碳/碳水系非对称器件

使用两个碳电极的非对称电化学电容器的概念已有一些论文报道，这些论文使用不同的设计[75-77]。基本上，正极碳材料在性质上与负极碳材料是不同的（例如：负极使用石墨，而正极使用活性炭[75]），或者两者在孔径分布上不相同[77]。尽管如此，只是在近几年[78-81] 人们才提出在非对称碳器件中使用水系介质（见图 8.16）。在这些器件中，与使用有机电解液的活性炭电极不同，给双电层充电并非唯一的机制。包括含氧官能团的额外的赝法拉第的氧化还原贡献在水系介质中起着重要作用。氧化还原反应与电势有关，通过不同的方法影响正极或负极的性能，这些方法取决于所使用的电解液。电极平衡电位和电位窗口受含氧官能团所控制。通过控制适合于碳材料类型的热处理，可以调整这些官能团。

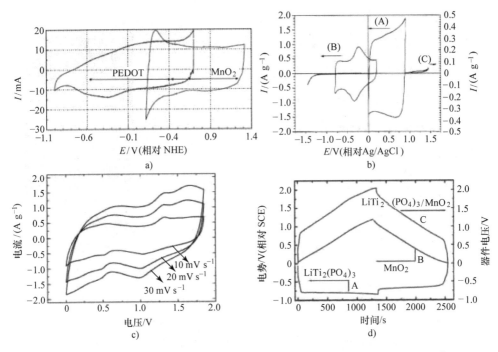

图 8.15　a）在三电极单元中，以 2M 的 KNO_3 为电解液，扫描速率为 $10mV\ s^{-1}$ 时，测得的锰氧化物（a - MnO_2/CNT（15%）复合物）和 PEDOT（PEDOT/CNT（20%）复合物）的循环伏安曲线（摘自参考文献[14]）。b）A 复合 MnO_2 电极（约 70% MnO_2），B 复合 Fe_3O_4 电极（约 65% Fe_3O_4），以及 C 不锈钢网格（集流体）在电解液为 0.1M 的 K_2SO_4 溶液，扫描速率为 $10mV\ s^{-1}$ 条件下测得的循环伏安曲线（摘自参考文献[15]）。c）MnO_2 - FeOOH 混合超级电容器在不同扫描速率（10、20 和 $30mV\ s^{-1}$）下，于 0~1.85V 电压范围内测得的循环伏安曲线（摘自参考文献[72]）。d）独立电极 A 碳包覆 $LiTi_2$（PO_4）$_3$ 和 B MnO_2，以及 C 两个电极的复合 $LiTi_2$（PO_4）$_3$/MnO_2 水系电池，在电解液为 1M 的 Li_2SO_4 溶液，电流密度为 $2mV\ s^{-1}$ 的条件下测得的典型的充放电曲线（摘自参考文献[74]）

因此，经过不同优化的碳材料作为正极和负极以改进电极电容性和单元电压，与使用水系介质的对称碳/碳电化学电容器一样，电压可以超过 $1V^{[17]}$。正极和负极拥有不同的电化学窗口和不同的电容值，它们的质量必须得到正确的平衡，以优化非对称型器件。实际上，合适的碳材料设计几乎可以将单元电位提升到 1.6V，这是因为 H_2 的生成和活性炭的分解氧化电压可以被转移到负极和正极电压上[79]。碳材料的能量密度可以高达 $40Wh\ kg^{-1}$（见图 8.16）。而使用 1M 的 H_2SO_4 电解液时，器件将获得优异的循环寿命——超过 10000 次[78,79]。

此外，酸性介质可以被中性水系介质所取代，如 1M 的 Na_2SO_4 溶液，并保持高能量密度和优异的循环性能[80,81]。因此，碳基水系非对称电化学电容器显示出优异的性能，

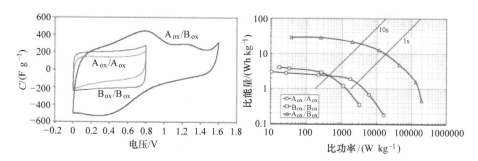

图 8.16 优化的非对称 A_{ox}/B_{ox} 电容器和对称 A_{ox}/A_{ox} 及 B_{ox}/B_{ox} 电容器，

在以 1M 的 H_2SO_4 为电解液，扫描速率为 $2mV\ s^{-1}$ 的条件下，测得的循环伏安曲线；

以及非对称 A_{ox}/B_{ox} 电容器在电压为 1.6V（三角形）和对称 A_{ox}/A_{ox}（圆形）

及 B_{ox}/B_{ox}（正方形）电容器在电压为 0.8V 的条件下得到的 Ragone 曲线。

电解液为 1M 的 H_2SO_4（摘自参考文献 [79]）

并能够在更安全的环境中制造出来，同时相对于使用非水系电解液的双电层电容器其制造成本也更低。

提高碳电极电容的另一种令人感兴趣的方法是通过化学修饰法对碳材料表面进行修饰。更准确地说，可逆氧化还原部分的共价连接能将额外的法拉第电容添加到活性炭的双电层电容中。在碳材料上有机基团的化学嫁接能够通过使用标准的重氮化学法来实现，这种方法已有报道和相关的专利 [82-85]。

水系电化学电容器中碳材料表面修饰的有效性已经通过磺化基团得到证明，其限制了在充放电过程中会造成阻抗增大的离子损耗 [86]。在水系电解液中，蒽醌基团被嫁接到不同种类的碳材料表面，包括：活性炭 [87,88]，碳布 [89]，或炭黑 [90,91]。如图 8.17 所示，通过将法拉第电容叠加到双电层电容上，电极的电容值几乎可以翻倍 [86]。对于正极和负极，不同表面官能团的利用能够提升水系电解液非对称电化学电容器的性能 [92,93]。

8.3.5 碳/RuO₂ 器件

MnO_2 可以作为正极应用于水系非对称器件中。考虑到高电容值的 RuO_2 赝电容性电极的优点，一些人已经将目标放在了非对称碳/RuO_2 器件的设计上 [94-96]。为了补偿 RuO_2 赝电容电极的高电容值，人们通过氧化还原表面自由基，利用重氮化学对活性炭电极进行了掺杂 [87,89,90]。由此得到的器件如图 8.18 所示。复合负极（AC + AQ）更低的限制电位使单元体系电压由 1.0V 扩展到 1.3V，最终使得器件的能量密度达到非对称电化学电容器的水平。

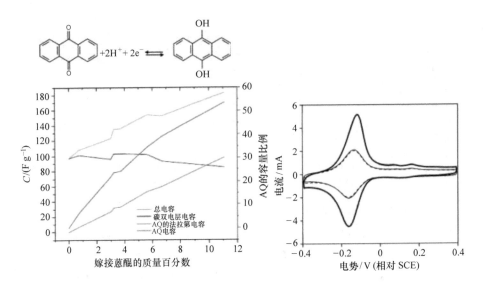

图 8.17　蒽醌在酸性条件下的氧化还原过程，以及随嫁接的蒽醌数量的变化，系统中每个组
元的电容值的变化（摘自参考文献[87]）。硫化蒽醌（Vulc - AQ）电极在 1.0M 的
H₂SO₄溶液中，扫描速率为 100mV s⁻¹时的循环伏安图谱。未作处理的
电极的循环伏安图以粗线表示，而虚线则为在苯中浸泡 15min 后的循环伏安图，而细实线则
记录的是在新鲜的苯中第二次浸泡后得到的循环伏安图（摘自参考文献[90]）

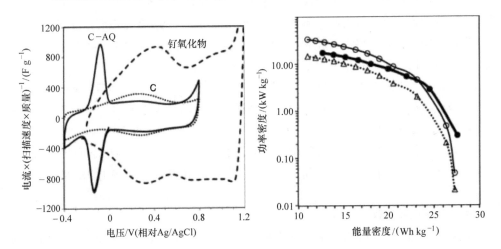

图 8.18　蒽醌修饰的 Spectrarb 电极（实线；14.8mg；2mV s⁻¹），未修饰的 Spectrarb
电极（点虚线；14.3mg；20mV s⁻¹）和 Ru 氧化物电极（长虚线；5.1mg；20mV s⁻¹）
在 1M 的 H₂SO₄溶液中测得的循环伏安图谱；以及 AQ - C（15.1mg）/Nafion112/Ru 氧化物
（8.5mg）超级电容器（实心圆；初始电压 = 1.3V），Ru 氧化物（5mg）/Nafion112/Ru 氧化物（5mg）
超级电容器（空心圆；初始电压 = 1.0V）在 1M 的 H₂SO₄溶液中测得的 Ragone 曲线。空心三
角形表示对称 Ru 氧化物器件的功率值除以 26.6mg 后得到的数据。所有的值都是在放
电到 0V 时计算得到的（摘自参考文献[94]）

利用石墨为负极和 RuO_2 为正极，并以 $H_4SiW_{12}O_{40}$（SiWA）为电解液构成的非对称电化学电容器，也能实现相似的单元电压增长。在这个器件中，也可以观察到电容值的增长，这可以被归功于 SiWA 还原/氧化而造成的赝电容[95,96]。

在相同原理的基础上，活性炭负极和其他的赝电容性正极（如 V_2O_5）所组合成的其他种类的器件也被提出来，并且表现出了优于水系对称器件的能量密度。尽管如此，由于相关论文中通常只显示了数百次的循环，因此无法清楚地认识到其长寿命循环能力[97,98]。

作为对水系混合单元和非对称电化学电容器的代替，数年前一种结合了 RuO_2 基电化学电容器和钽电解电容器技术的器件也由研究人员提出[16]。这种器件将在下节中描绘。

8.4　氧化钌 - 氧化钽混合电容器

Evans 等公司[16]提出的器件的原理是一个混合电容器，该电容器以经压制和烧结过的钽粉末电极为负极，以两个涂覆了 RuO_2 薄膜的钽箔为正极[99-101]。电解质为高浓度的 H_2SO_4 溶液（38%）。由此得到的器件结合了 RuO_2 电极的高电容（有限的电位窗口）和介电性的钽基电容器高工作电压的特点（见图 8.19）。因此，这种器件的能量密度和功率密度都得到了提升。该器件存储的能量少于标准的活性炭基电化学电容器，但是满足了空间或军事电子设备对高倍率性能的要求，并且能够在 $-50 \sim 80℃$ 甚至更高的温度范围内工作。

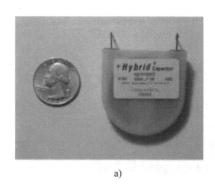
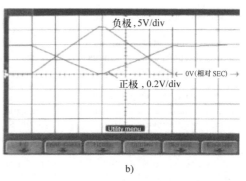

a)　　　　　　　　　　　　　　　b)

图 8.19　a）Evans 电容器公司制造的钽氧化物 - 钌氧化物混合电容器的实物照片。电容器为 36mF/16V。b）在 300K 温度，电流为 10mA 的直流循环条件下，得到的正极和负极的电位。每步为 20s（摘自参考文献[16]）

可以从 Evans 电容器公司[102]购买到具有不同额定电压和电容的成品，额定电压可以在 10～175V 内选择。

8.5　展望

水系混合电化学电容器基本上有两种类型：一种使用电池型电极，如碳/PbO_2；另一种则结合并利用了双电层电容和赝电容的优点，如碳/MnO$_2$（非对称器件）。

混合器件已经实现了商业化。相对于标准电化学电容器，其拥有高能量密度的优点，同时又具有长寿命循环能力，这使其能够适合需要重复能量释放的应用领域，例如混合动力汽车。尽管如此，它们也存在功率容量受限的缺点，这限制了它们在需要快速充放电的系统上的应用，这些系统的充放电必须在几秒钟到几分钟内完成。具有纳米结构的材料能够有助于提升法拉第电极的功率容量，但是循环过程中发生的结构和微结构的变化将使纳米结构的影响消失，当然这取决于使用的电解液类型。

在使用双电层电容或赝电容电极的水系非对称电化学电容器中，其功率容量能够得到提升。目前，根据我们的了解，此类电容器还未实现商品化。尽管如此，碳/碳或碳/MnO$_2$基的系统的性能有可能导致新一代廉价环保电化学电容器的产生。主要的研究方向在于增大电极的电容，并通过调整气体析出反应，拓宽单元的电位窗口。

在所有的情况中，水系电解液的使用可以降低材料和加工过程的成本，因此对于器件的制造来说，这是一大优点。此外，考虑到它们的电热行为以及单元爆裂时电解液蒸汽压的低环境影响，由此得到的混合器件或非对称电容器能够更安全地工作。

尽管具有这些优点，为了优化所有单元组件的性能，如适合于低温工作的电解液配方和在水系介质中能防止氧化的集流体等，我们仍需要付出巨大的努力。

参 考 文 献

1. Simon, P. and Burke, A. (2008) *The Electrochemical Society Interface*, Spring, pp. 38–43.

2. Kötz, R. and Carlen, M. (2000) Principles and applications of electrochemical capacitors. *Electrochim. Acta*, **45**, 2483–2498.

3. Zheng, J.P. (2003) The limitations of energy density of battery and double-layer capacitor asymmetric cells. *J. Electrochem. Soc.*, **150**, A484–A492.

4. Guillemet, P., Dugas, R., Scudeller, Y., and Brousse, T. (2005) Electro-Thermal Analysis of a Hybrid Activated Carbon/MnO2 Aqueous Electrochemical Capacitor. 207th Meeting of the ElectroChemical Society Quebec City, Canada, May 15–20, 2005.

5. Zheng, J.P., Cygan, P.J., and Jow, T.R. (1995) Hydrous ruthenium oxide as an electrode material for electrochemical capacitors. *J. Electrochem. Soc.*, **142**, 2699.

6. Linden, D. and Reddy, T.B. (2002) *Handbook of Batteries*, 3rd edn, Mac Graw-Hill, New York.

7. Pell, W.G. and Conway, B.E. (2004) Peculiarities and requirements of asymmetric capacitor devices based on combination of capacitor and battery-type electrodes. *J. Power Sources*, **136**, 334–345.

8. Varakin, I.N., Klementov, A.D., Litvinenko, S.V., Starobubtsev, N.F., and Stepanov, A.B. (1998) New Ultra-capacitors Developed by JSC ESMA for Various Applications. Proceedings of the 8th International Seminar on Double-Layer Capacitors and Similar Devices, Florida Educational Seminars Inc., Deerfield Beach, FL, December 1998.

9. Lipka, S.M., Reisner, D.E., Dai, J., and Cepulis, R. (2001) Proceedings of The 11th International Seminar on Double Layer Capacitors and Similar Energy Storage Devices, Florida Educational Seminars Inc., 2001.

10. Bélanger, D., Brousse, T., and Long, J.W. (2008) Manganese oxides: battery materials make the leap to electrochemical capacitors, *The Electrochemical Society Interface*, Spring.

11. Hong, M.S., Lee, S.H., and Kim, S.W. (2002) Use of KCl aqueous electrolyte for 2 V manganese oxide/activated

carbon hybrid capacitor. *Electrochem. Solid-State Lett.*, **5**, A227.

12. Brousse, T., Toupin, M., and Bélanger, D. (2004) A hybrid activated carbon-manganese dioxide capacitor using a mild aqueous electrolyte. *J. Electrochem. Soc.*, **151**, A614.

13. Khomenko, V., Raymundo-Piñero, E., and Bećguin, F. (2006) Optimisation of an asymmetric manganese oxide/activated carbon capacitor working at 2 V in aqueous medium. *J. Power Sources*, **153**, 183.

14. Khomenko, V., Raymundo-Pinero, E., Frackowiak, E., and Bećguin, F. (2006) High-voltage asymmetric supercapacitors operating in aqueous electrolyte. *Appl. Phys. A Mater.*, **82**, 567.

15. Brousse, T. and Bélanger, D. (2003) A hybrid Fe_3O_4-MnO_2 capacitor in mild aqueous electrolyte. *Electrochem. Solid-State Lett.*, **6**, A244.

16. Chang, T.Y., Wang, X., Evans, D.A., Robinson, S.L., and Zheng, J.P. (2002) Tantalum oxide-ruthenium oxide hybrid® capacitors. *J. Power Sources*, **110**, 138–143.

17. Toupin, M., Bélanger, D., Hill, I.R., and Quinn, D. (2005) Performance of experimental carbon blacks in aqueous supercapacitors. *J. Power Sources*, **140**, 203–210.

18. Vol'fkovich, Y.M. and Shmatko, P.A. (1998) Proceeding of the 8th International Seminar on Double Layer Capacitors and Similar Energy Storage Devices, Deerfield Beach, FL, 1998, Special issue.

19. Vol'fkovich, Y.M. and Serdyuk, T.M. (2002) Electrochemical capacitors. *Russ. J. Electrochem.*, **38**, 935.

20. Conway, B.E. and Pell, W.G. (2003) Double-layer and pseudocapacitance types of electrochemical capacitors and their applications to the development of hybrid devices. *J. Solid State Electrochem.*, **7**, 637.

21. Yu, N., Gao, L., Zhao, S., and Wang, Z. (2009) Electrodeposited PbO_2 thin film as positive electrode in PbO_2/AC hybrid capacitor. *Electrochim. Acta*, **54**, 3835.

22. Yu, N. and Gao, L. (2009) Electrodeposited PbO_2 thin film on Ti electrode for application in hybrid supercapacitor. *Electrochem. Commun.*, **11**, 220–222.

23. http://www.axionpower.com/. (accessed 7 November 2012).

24. Perret, P., Brousse, T., Bélanger, D., and Guay, D. (2009) Electrochemical template synthesis of ordered lead dioxide nanowires. *J. Electrochem. Soc.*, **156**, A645.

25. (a) Hazza, A., Pletcher, D., and Wills, R. (2004) A novel flow battery: a lead acid battery based on an electrolyte with soluble lead(II): part I. Preliminary studies. *Phys. Chem. Chem. Phys.*, **6**, 1773; (b) Hazza, A., Pletcher, D., and Wills, R. (2005) *J. Power Sources*, **149**, 103; (c) Li, X., Pletcher, D., and Walsh, F.C. (2009) *Electrochim. Acta*, **54**, 4688; (d) Pletcher, D. and Wills, R. (2004) *Phys. Chem. Chem. Phys.*, **6**, 1779; (e) Pletcher, D. and Wills, R. (2005) *J. Power Sources*, **149**, 96; (f) Pletcher, D., Zhou, H., Kear, G., Low, C.T.J., Walsh, F.C., and Wills, R.G.A. (2008) *J. Power Sources*, **180**, 621; (g) Pletcher, D., Zhou, H., Kear, G., Low, C.T.J., Walsh, F.C., and Wills, R.G.A. (2008) *J. Power Sources*, **180**, 630.

26. Perret, P., Khani, Z., Brousse, T., Bélanger, B., and Guay, D. (2011) Carbon/PbO_2 asymmetric supercapacitor based on methanesulfonic acid electrolyte, *Electrochimica Acta*, **56**, 8122–8128.

27. Petersson, E.A. (2000) Oxidation of electrodeposited lead–tin alloys in 5 M H_2SO_4, I. *J. Power Sources*, **91**, 143–149.

28. Lam, L.T. and Louey, R. (2006) Development of ultra-battery for hybrid-electric vehicle applications. *J. Power Sources*, **158**, 1140–1148.

29. Lam, L.T., Louey, R., Haigh, N.P., Lim, O.V., Vella, D.G., Phyland, C.G., Vu, L.H., Furukawa, J., Takada, T., Monma, D., and Kano, T. (2007) VRLA ultrabattery for high-rate partial-state-of-charge operation. *J. Power Sources*, **174**, 16–29.

30. Cooper, A., Furakawa, J., Lam, L., and Kellaway, M. (2009) The UltraBattery—a new battery design for a new beginning in hybrid electric

vehicle energy storage. *J. Power Sources*, **188**, 642–649.

31. Furukawa, J., Takada, T., Monma, D., and Lam, L.T. (2010) Further demonstration of the VRLA-type UltraBattery under medium-HEV duty and development of the flooded-type UltraBattery for micro-HEV applications. *J. Power Sources*, **195**, 1241–1245.

32. Beliakov, A.L. and Brintsev, A.M. (1997) Development and Application of Combined Capacitors: Double Electric Layer—Pseudocapacity. Proceedings of the 7th International Seminar on Double-Layer Capacitors and Similar Energy Storage Devices, Deerfield Beach, FL, December 1997.

33. N3 *http://www.elton-cap.com/products/* (accessed 7 November 2012).

34. Burke, A. (2000) Ultracapacitors: why, how, and where is the technology. *J. Power Sources*, **91**, 37.

35. Namba, Y. and Higuchi, E. (2010) Preparation and characterization of Ni-based positive electrodes for use in aqueous electrochemical capacitors, N5 H. Inoue. *J. Power Sources*, **195**, 6239.

36. Park, J.H., Park, O.O., Shin, K.H., Jin, C.S., and Kim, J.H. (2002) An electrochemical capacitor based on a $Ni(OH)_2$/activated carbon composite electrode. *Electrochem. Solid-State Lett.*, **5**, H7.

37. Nohara, S., Asahina, T., Wada, H., Furukawa, N., Inoue, H., Sugoh, N., Iwasaki, H., and Iwakura, C. (2006) Hybrid capacitor with activated carbon electrode, $Ni(OH)_2$ electrode and polymer hydrogel electrolyte. *J. Power Sources*, **157**, 605.

38. Wang, D.-W., Li, F., and Cheng, H.-M. (2008) Hierarchical porous nickel oxide and carbon as electrode materials for asymmetric supercapacitor. *J. Power Sources*, **185**, 1563.

39. Zhao, Y., Lai, Q.Y., Hao, Y.J., and Ji, X.Y. (2009) Study of electrochemical performance for $AC/(Ni_{1/3}Co_{1/3}Mn_{1/3})(OH)_2$. *J. Alloys Compd.*, **471**, 466–469.

40. Wang, H., Gao, Q., and Hu, J. (2010) Asymmetric capacitor based on superior porous Ni–Zn–Co oxide/hydroxide and carbon electrodes. *J. Power Sources*, **195**, 3017–3024.

41. Liang, Y.-Y., Li, H.-L., and Zhang, X.-G. (2008) A novel asymmetric capacitor based on Co(OH)2/USY composite and activated carbon electrodes. *Mater. Sci. Eng., A*, **473**, 317–322.

42. Kong, L.-B., Liu, M., Lang, J.-W., Luo, Y.-C., and Kang, L. (2009) Asymmetric supercapacitor based on loose-packed cobalt hydroxide nanoflake materials and activated carbon. *J. Electrochem. Soc.*, **156** (12), A1000–A1004.

43. Skotheim, T.A. and Reynolds, J.R. (eds) (2007) *Handbook of Conducting Polymers*, 3rd edn, CRC Press.

44. Naoi, K. and Morita, M. (2008) *The Electrochemical Society Interface*, Spring, p. 44.

45. Bélanger, D. (2009) *Handbook of Thiophene-Based Materials: Applications in Organic Electronics and Photonics, Properties and Applications*, Wiley, Vol. 2, Chapter 15, pp. 577–594.

46. Laforgue, A., Simon, P., Fauvarque, J.F., Sarrau, J.F., and Lallier, P. (2001) Hybrid supercapacitors based on activated carbons and conducting polymers. *J. Electrochem. Soc.*, **148**, A1130.

47. Di Fabio, A., Giorgi, A., Mastragostino, M., and Soavi, F. (2001) Carbon-poly(3-methylthiophene) hybrid supercapacitors. *J. Electrochem. Soc.*, **148**, A845.

48. Villers, D., Jobin, D., Soucy, C., Cossement, D., Chahine, R., Breau, L., and Bélanger, D. (2003) The influence of the range of electroactivity and capacitance of conducting polymers on the performance of carbon/conducting polymer hybrid supercapacitor. *J. Electrochem. Soc.*, **150**, A747–A752.

49. Laforgue, A., Simon, P., Fauvarque, J.F., Mastragostino, M., Soavi, F., Sarrau, J.F., Lailler, P., Conte, M., Rossi, E., and Saguatti, S. (2003) Activated carbon/conducting polymer hybrid supercapacitors. *J. Electrochem. Soc.*, **150**, A645.

50. Park, J.H. and Park, O.O. (2002) Hybrid electrochemical capacitors based on polyaniline and activated carbon electrodes. *J. Power Sources*, **111**, 185.

51. Cuentas-Gallegos, A.K., Lira Cantu, M., Casan Pastor, N., and Gomez-Romero, P. (2005) Nanocomposite hybrid molecular materials for applications in solid state electrochemical capacitors. *Adv. Funct. Mater.*, **15**, 1125–1133.

52. Snook, G.A., Wilson, G.J., and Pandolfo, A.G. (2009) Mathematical functions for optimisation of conducting polymer/activated carbon asymmetric supercapacitors. *J. Power Sources*, **186**, 216–223.

53. Li, J. and Gao, F. (2009) Analysis of electrodes matching for asymmetric electrochemical capacitor. *J. Power Sources*, **194**, 1184–1193.

54. Cottineau, T., Toupin, M., Delahaye, T., Brousse, T., and Bélanger, D. (2006) Nanostructured transition metal oxides for aqueous hybrid electrochemical supercapacitors. *Appl. Phys. A*, **82**, 599.

55. Brousse, T., Taberna, P.L., Crosnier, O., Dugas, R., Guillemet, P., Scudeller, Y., Zhou, Y., Favier, F., Bélanger, D., and Simon, P. (2007) Long-term cycling behavior of asymmetric activated carbon/MnO_2 aqueous electrochemical supercapacitor. *J. Power Sources*, **173**, 633.

56. Conway, B.E. (1999) *Electrochemical Supercapacitors Scientific Fundamentals and Technological Applications*, Kluwer Academic/Plenum Press, New York.

57. Lee, H.Y. and Goodenough, J.B. (1999) Supercapacitor behavior with KCl electrolyte. *J. Solid State Chem.*, **144**, 220.

58. Wu, N.-L., Wang, S.-Y., Han, C.-Y., Wu, D.-S., and Shiue, L.-R. (2003) Electrochemical capacitor of magnetite in aqueous electrolytes. *J. Power Sources*, **113**, 173.

59. Yuan, A. and Zhang, Q. (2006) A novel hybrid manganese dioxide/activated carbon supercapacitor using lithium hydroxide electrolyte. *Electrochem. Commun.*, **8**, 1173.

60. Wang, Y.-G. and Xia, Y.-Y. (2006) Hybrid aqueous energy storage cells using activated carbon and lithium-intercalated compounds. I. The C/$LiMn_2O_4$ system. *J. Electrochem. Soc.*, **153** (2), A450–A454.

61. Demarconnay, L., Raymundo-Pinero, E., and Béguin, F. (2010) Adjustment of electrodes potential window in an asymmetric carbon/MnO_2 supercapacitor. *J. PowerSources*. doi: 10.1016/j.jpowsour.2010.06.013

62. Qu, Q., Li, L., Tian, S., Guo, W., Wu, Y., and Holze, R. (2010) A cheap asymmetric supercapacitor with high energy at high power: activated carbon//$K_{0.27}MnO_2 \cdot 0.6H_2O$. *J. Power Sources*, **195**, 2789–2794.

63. Qu, Q.T., Shi, Y., Tian, S., Chen, Y.H., Wu, Y.P., and Holze, R. (2009) A new cheap asymmetric aqueous supercapacitor: activated carbon//$NaMnO_2$. *J. Power Sources*, **194**, 1222–1225.

64. Hsieh, Y.C., Lee, K.T., Lin, Y.P., Wu, N.L., and Donne, S.W. (2008) Investigation on capacity fading of aqueous $MnO_2 \cdot nH_2O$ electrochemical capacitor. *J. Power Sources*, **177**, 660.

65. Nam, K.W., Kim, M.G., and Kim, K.B. (2007) In situ Mn K-edge X-ray absorption spectroscopy studies of electrodeposited manganese oxide films for electrochemical capacitors. *J. Phys. Chem. C*, **111**, 749.

66. Wei, W., Cui, X., Chen, W., and Ivey, D.G. (2009) Electrochemical cyclability mechanism for MnO_2 electrodes utilized as electrochemical supercapacitors. *J. Power Sources*, **186**, 543.

67. Chang, J.K., Huang, C.H., Lee, M.T., Tsai, W.T., Deng, M.J., and Sun, I.W. (2009) Physicochemical factors that affect the pseudocapacitance and cyclic stability of Mn oxide electrodes. *Electrochim. Acta*, **54** (12), 3278–3284.

68. Mosqueda, H.A, Crosnier, O., Athouël, L., Dandeville, Y., Scudeller, Y., Guillemet, P., and Brousse, T., (2010) Electrolytes for hybrid carbon-MnO_2 electrochemical capacitors, *Electrochim. Acta*, **55**, 7479–7483.

69. Brousse, T. (2010) Toward a New Generation of Hybrid Carbon/MnO_2 Supercapacitors. 2010 International Conference on Advanced Capacitors (ICAC2010), Kyoto, Japan, May 31–June 2, 2010, Meeting abstract pp.

70. Xu, C., Du, H., Li, B., Kang, F., and Zeng, Y. (2009) Asymmetric activated carbon-manganese dioxide capacitors

in mild aqueous electrolytes containing alkaline-earth cations. *J. Electrochem. Soc.*, **156** (6), A435–A441.

71. Brousse, T., Guillemet, P., Scudeller, Y., Crosnier, O., Dugas, R., Favier, F., Zhou, Y.K., Taberna, P.-L., Simon, P., Toupin, M., and Bélanger, D. (2007) Des Supercondensateurs Recyclables et Sécurisés, La lettre des techniques de l'ingénieur, énergies, n° 7 (juin 2007) pp. 2–3.

72. Jin, W.H., Cao, G.T., and Sun, J.Y. (2008) Hybrid supercapacitor based on MnO_2 and columned FeOOH using Li_2SO_4 electrolyte solution. *J. Power Sources*, **175**, 686.

73. Santos-Pena, J., Crosnier, O., and Brousse, T. (2010) Nanosized alpha-$LiFeO_2$ as electrochemical supercapacitor electrode in neutral sulfate electrolytes, *Electrochim. Acta*, **55**, 7511–7515.

74. Luo, J.Y., Liu, J.L., He, P., and Xia, Y.Y. (2008) A novel $LiTi_2(PO_4)_3/MnO_2$ hybrid supercapacitor in lithium sulfate aqueous electrolyte. *Electrochim. Acta*, **53**, 8128.

75. Khomenko, V., Raymundo-Piñero, E., and Béguin, F. (2008) High-energy density graphite/AC capacitor in organic electrolyte. *J. Power Sources*, **177** (2), 643–651.

76. Aida, T., Murayama, I., Yamada, K., and Morita, M. (2007) High-energy-density hybrid electrochemical capacitor using graphitizable carbon activated with KOH for positive electrode. *J. Power Sources*, **166**, 462–470.

77. Wang, L., Morishita, T., Toyoda, M., and Inagaki, M. (2007) Asymmetric electric double layer capacitors using carbon electrodes with different pore size distributions. *Electrochim. Acta*, **53**, 882.

78. Ruiz, V., Blanco, C., Granda, M., and Santamaría, R. (2008) Enhanced life-cycle supercapacitors by thermal treatment of mesophase-derived activated carbons. *Electrochim. Acta*, **54**, 305–310.

79. Khomenko, V., Raymundo-Pinero, E., and Béguin, F. (2010) A new type of high energy asymmetric capacitor with nanoporous carbon electrodes in aqueous electrolyte. *J. Power Sources*, **195**, 4234–4241.

80. Béguin, F. (2010) High Voltage C/C Capacitor in Aqueous Electrolyte, 2010 International Conference on Advanced Capacitors (ICAC2010), Kyoto, Japan, May 31–June 2, 2010, Meeting abstract pp.

81. Zheng, C., Qi, L., Yoshio, M., and Wang, H. (2010) Cooperation of micro- and meso-porous carbon electrode materials in electric double-layer capacitors. *J. Power Sources*, **195**, 4406–4409.

82. Toupin, M. and Bélanger, D. (2007) Thermal stability study of aryl modified carbon black by in situ generated diazonium salt. *J. Phys. Chem. C*, **111** (14), 5394.

83. Adenier, A., Cabet-Deliry, E., Chaussé, A., Griveau, S., Mercier, F., Pinson, J., and Vautrin-Ul, C. (2005) Grafting of nitrophenyl groups on carbon and metallic surfaces without electrochemical induction. *Chem. Mater.*, **17**, 491.

84. Bahr, J.L. and Tour, J.M. (2001) Highly functionalized carbon nanotubes using in situ generated diazonium compounds. *Chem. Mater.*, **13**, 3832.

85. (a) Belmont, J.A. (1996) US Patent 5,554,739, Sep. 10 1996 (Cabot Corporation); (b) Belmont, J.A. (1998) US Patent 5,851,280, Dec. 22, 1998 (Cabot Corporation); (c) Belmont, J.A. and Adams, C.E. (1999) US Patent 5,895,522, Apr. 20, 1999 (Cabot Corporation); (d) Johnson, J.E. and Belmont, J.A. (1998) US Patent 5,803,959, Sep. 8, 1998 (Cabot Corporation).

86. Pech, D., Guay, D., Brousse, T., and Bélanger, D. (2008) Concept for charge storage in electrochemical capacitors with functionalized carbon electrodes. *Electrochem. Solid-State Lett.*, **11** (11), A202–A205.

87. Pognon, G., Brousse, T., and Bélanger, D. (2008) A New Concept for Charge Storage in Electrochemical Capacitors with Functionalized Carbon Electrodes. 214th Meeting of the Electrochemical Society, Honolulu, Hawaii, 12–17 October, 2008, abstract #.

88. Bélanger, D. (2010) Chemical Modification of Carbon by Using the Diazonium Chemistry for Application in Electrochemical Capacitors. 2010 International Conference on Advanced Capacitors (ICAC2010), Kyoto, Japan, May 31–June 2, 2010, Meeting abstract pp.

89. Kalinathan, K., DesRoches, D.P., Liu, X., and Pickup, P.G. (2008) Anthraquinone modified carbon fabric supercapacitors with improved energy and power densities. *J. Power Sources*, **181**, 182–185.

90. Smith, R.D.L. and Pickup, P.G. (2009) Voltammetric quantification of the spontaneous chemical modification of carbon black by diazonium coupling. *Electrochim. Acta*, **54**, 2305–2311.

91. Smith, R.D.L. and Pickup, P.G. (2009) Novel electroactive surface functionality from the coupling of an aryl diamine to carbon black. *Electrochem. Commun.*, **11**, 10.

92. Pognon, G., Cougnon, C., Mayilukila, D. and Bélanger, D., (2012) Catechol-modified activated carbon prepared by the diazonium chemistry for application as active electrode material in electrochemical capacitor *ACS Applied Materials and Interfaces*, **4**, 3788–3796.

93. Pognon, G., Cougnon, C., Brousse, T., and Bélanger, D., Anthraquinone/catechol modified activated carbon electrodes for asymmetric supercapacitor, in preparation. (7 November 2012)

94. Algharaibeh, Z., Liu, X., and Pickup, P.G. (2009) An asymmetric anthraquinone-modified carbon /ruthenium oxide supercapacitor. *J. Power Sources*, **187**, 640–643.

95. Tian, Q. and Lian, K. (2010) Solid asymmetric electrochemical capacitors using proton-conducting polymer electrolytes. *Electrochem. Commun.*, **12**, 517–519.

96. Tian, Q. and Lian, K. (2010) In situ characterization of heteropolyacid based electrochemical capacitors. *Electrochem. Solid-State Lett.*, **13** (1), A4–A6.

97. Qu, Q.T., Shi, Y., Li, L.L., Guo, W.L., Wu, Y.P., Zhang, H.P., Guan, S.Y., and Holze, R. (2009) V_2O_5 $0.6H_2O$ Nanoribbons as cathode material for asymmetric supercapacitor in K_2SO_4 solution. *Electrochem. Commun.*, **11**, 1325–1328.

98. Chen, L.-M., Lai, Q.-Y., Hao, Y.-J., Zhao, Y., and Ji, X.-Y. (2009) Investigations on capacitive properties of the AC/V_2O_5 hybrid supercapacitor in various aqueous electrolytes. *J. Alloys Compd.*, **467**, 465–471.

99. Evans, D.A. (1999) Proceedings of The 9th International Seminar on Double Layer Capacitors and Similar Energy Storage Devices, FloridaEducational Seminars Inc., 1999.

100. Burke, A., Miller, M., and Chevallier, F. (2001) Proceedings of The 11th International Seminar on Double Layer Capacitors and Similar Energy Storage Devices, Florida Educational Seminars Inc., 2001.

101. Evans, D.A., Zheng, J.P., and Roberson, S.L. (2000) The Battery Man, Vol. 32.

102. *http://www.evanscap.com/index.htm.* (accessed 7 November 2012).

第9章 基于无溶剂的离子液体的双电层电容器

Mariachiara Lazzari，Catia Arbizzani，
Francesca Soavi 和 Marina Mastragostino

9.1 引言

双电层电容器是由两个高表面积多孔碳电极和电解液组成的一类超级电容器。充电时，通过静电作用，电荷在电极/电解液界面两侧进行分离，从而构成一类电化学能量存储系统。双电层电容器的电荷储存在双电层中，电极材料的体相部分并不发生化学反应和物理变化，因此充放电过程具有高度可逆性，并且可以实现快速充放电。这意味着其拥有高功率和长循环寿命（至少 300,000 次循环）的优点。超级电容器在 V_{max} 和 $V_{max/2}$ 之间放电，最大能量（E_{max}）根据式（9.1）计算得到：

$$E_{max} = \frac{3}{8} C_{SC} V_{max}^2 \qquad (9.1)$$

式中，C_{SC} 为超级电容器电容（F）；V_{max} 为单元电压最大值（V）。

最大功率（P_{max}）由式（9.2）得到：

$$P_{max} = \frac{V_{max}^2}{4ESR} \qquad (9.2)$$

式中，ESR 为等效串联电阻（Ω）[1,2]。

自从超级电容器的第一篇专利出现以来，双电层电容器已经广泛应用于消费电子产品和不间断电源（UPS）中。过去几年中，世界范围内对清洁能源的要求促进了人们对超级电容器在与电网相连的可再生能源电厂方面应用的兴趣，通过缓冲小而快速的电网波动增强电网的可靠性，实现可持续的输送。双电层电容器还越来越多地应用于油电混合动力港口起重机，以减小柴油机的尺寸，同时收集重物下降过程中原本被浪费的能量[2-4]。

在交通运输方面，超级电容器能储存反馈制动过程中产生的能量，为重型电动和混合动力车辆，如城市公交、垃圾运输车中的动力传动系统提供辅助能量，从而减少频繁制动–启动对车辆里程造成的限制[2-5]。目前，更多的努力投入到为混合动力车辆提供辅助能量的电化学能量储存系统的发展中。美国先进电池联盟（USABC）和能源部（DOE）为混合动力车辆辅助能量系统中的电化学系统制定的标准要求放电脉冲电源至少能以 625W kg^{-1} 的功率下工作 10s，总的可用能量达到 7.5Wh Kg^{-1}，能量效率高于 90%，可以在 –30～52℃ 之间正常工作，同时也要保证另一个主要的目标——安全性。双电层电容器除了能量密度以外，基本上能满足上述要求。确实，性能最好的商业化双

电层电容器，使用有机电解液，最大工作电压为 2.7V，而其最大能量密度却仅为 5Wh Kg^{-1}。事实上，双电层电容器能量的增加将提升与锂离子电池在混合动力汽车应用方面的竞争力，因为双电层电容器的传统优势是具有更高的安全性和更长的循环寿命[6,7]。

图 9.1 显示了在不同的功率条件下，双电层电容器的 10s 放电脉冲所能获得的能量，表明目前市场上的双电层电容器尚无法满足 USABC – DOE 对于混合动力汽车辅助能量系统的能量要求。要想满足这一要求，其电容必须增大 3 倍，或者其最大电压要达到 3.7V[6]。

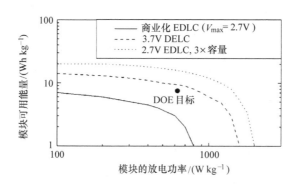

图 9.1　商业化的 2.7V – 双电层电容器在针对混合动力汽车能量辅助系统的 USABC – DOE 模拟测试下的性能，以及电压升高到 3.7V，电容增大 3 倍时，期望的性能；DOE 的目标也列于图中[6]

倘若通过增大最大电压和电容值来增大能量密度，那么电解液的电化学稳定窗口（ESW）和碳材料的形貌就扮演着非常重要角色。过去十年，很多努力集中在开发相对于传统有机电解液具有高热稳定性和更大电化学稳定性的新电解液上。人们也在利用各种合成方法设计高性能碳材料方面进行了深入的研究，以获得各种具有不同孔度和表面化学性质的碳材料。

最有前景的提升双电层电容器最大电压（V_{max}）的方法是用离子液体（IL）作为电解液。离子液体，即室温熔盐，具有很宽的电化学稳定窗口，很高的电导率和可以忽略不计的蒸汽压[8-10]。通过使用无溶剂的离子液体，最大电压（V_{max}）可提升到 4V，从而开发出一种在高于室温的环境下能安全工作的高能量双电层电容器。不仅如此，为了实现高电容响应，碳电极必须合理设计，以适合于离子液体。因此，它们必须设计成拥有合理的孔度和表面化学性质[10-12]。

9.2　碳电极/离子液体界面

在无溶剂的离子液体中碳/离子液体界面，没有任何溶剂进行调节，其双电层的结构不同于传统电解液的双电层。传统电解液的双电层电容器，溶剂分子将电极表面电荷和电解液的反电荷进行分离，因此溶剂的性质对双电层的特性有很大影响[13-16]。

考虑到碳材料属于半导体，当碳电极被极化时，电荷分布延伸到碳材料体相内部（空间电荷区），同时在电极（C_e）上的固体一侧形成双电层。因此，总的电极电容可以由式（9.3）得到：

$$\frac{1}{C} = \frac{1}{C_e} + \frac{1}{C_{IL}}$$ (9.3)

式中，C_{IL} 为电活化后碳电极/离子液体界面上液体一侧的电容[1,16,17]。

碳电极/离子液体界面还未得到很好的研究，研究主要集中在金属/离子液体界面上。尽管如此，假设电活化后的电极附近的离子液体结构并未受到电极的很大影响，那么金属/离子液体界面的研究结果可以外推应用到碳/离子液体界面上。一些研究表明在低电极极化下，界面可以用简单的 Helmholtz 模型来描述，该模型认为电极电荷完全被距离电极表面非常近的一个单层离子层上的相反电荷所抵消（致密层）。电容（C_H）受离子液体化学性质影响所决定，由式（9.4）得出：

$$C_H = \frac{k_0 \varepsilon A}{\delta_{dl}}$$ (9.4)

式中，k_0 为真空介电常数（$8.85 \times 10^{-12}\ F\ m^{-1}$）；$A$ 为包括了双电层的碳电极表面积；ε 为离子液体的介电常数；δ_{dl} 为双电层的厚度，该厚度受尺寸、电场方向和离子液体的极化能力影响。这个模型是基于和频振动光谱以及电化学交流阻抗谱上提出的，这些测试结果表明在 Pt/BMIMBF$_4$ 界面上的离子仅在一个离子层中排列[18,19]。此处，离子液体的离子在外电场作用下的排列方向以及它们的立体化学（stereochemistry）很大程度上决定了双电层的厚度。事实上，通过红外光谱进行的构象研究证明电极正极极化时咪唑类离子液体的咪唑环平面与表面正交，当电极负极极化时咪唑环平面与表面对齐平行[20]。尽管如此，在高电极极化下，高表面电荷密度能够被交变电荷的多层排布所补偿[18,19]。

在某些情况下，如同 Pt/BMIMDCA 的情况下，离子液体的本征性质决定了一系列交替离子在多层离子层中的"自我排布"[21]，即使在低电电极化下也是如此。甚至目前的电脑模拟研究也暗示金属/离子液体界面形成的双电层是复杂的多层模型。在宽电极电位偏移下，需要一个带有相同符号的第二层离子，以此类推最终要求用更多的离子层对高表面电荷密度进行完全的补偿的模型被提了出来[22]。

离子液体的化学组成和温度对双电层结构的影响已经在玻璃碳电极（GC）上进行了研究，结果也表明了离子缔合对电极电容有影响[15]。双电层受离子液体的性质影响的事实已经通过在离子液体 EMITFSI 和 PYR$_{14}$TFSI 中对带负电荷的高表面积介孔碳的电容响应的研究中得到证实[14,23]。所有的碳材料都表现出中心值宽度大于 2nm 的孔径分布。图 9.2 表明，在 60℃下在 EMITFSI 中的碳电极都表现出了相对于在 PYR$_{14}$TFSI 中明显更高的比电容。这不能用两种离子液体中用于形成双电层的碳材料接触表面积的不同来解释，因为在双电层中带相反电荷的 EMI$^+$ 和 PYR$_{14}^+$ 离子最大尺寸相差无几，小于 1nm，并且要小于碳电极的主要孔径。因此，两种离子液体中不同的电容与双电层的介电常数和厚度有关，这两个值则与 EMITFSI 和 PYR$_{14}$TFSI 在界面上的性质有关。当无法得到界面上准确的介电常数值时，EMI$^+$能使咪唑环上的正电荷离域化，并且它的偶极运动可能要高于PYR$_{14}$$^+$，这表明了sp^{3}杂化氮原子上的电荷变化。因此，前者应该在双电层中提供一个比后者更高的介电常数，这对电极电容有积极的作用。与EMI$^+$离子一样，在电场下PYR$_{14}$$^+$离子的再定位也会被阻碍，这是由于阳离子同TFSI$^-$阴离子间强烈的相互作用以及分子中烃基团的空间位阻效应造成的[24]。离子液体PYR$_{14}$TFSI中双电层的厚度δ_{dl}要大于EMITFSI，而前者的电极比电容要低于后者。

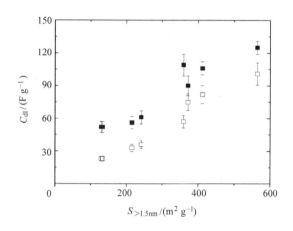

图9.2　孔径 > 1.5nm 的孔隙的比表面积（$S_{>1.5nm}$）大小与碳电极比电容（C_{dl}）的关系图。C_{dl}是通过从温度为60℃，扫描速率为20mVs^{-1}的条件下进行的循环伏安图谱中测得到，其循环电位范围为 $-2.1 \sim -0.2$V（相对 Fc/Fc$^+$）。图中实心方形代表电解液为离子液体 EMITFSI，而空心方形代表电解液为离子液体 PYR$_{14}$TFSI[23]

9.3　离子液体

离子液体的一般特点：熔点低，宽液程，甚至在低于室温的环境下仍能保持液态，并且具有很低的蒸汽压；不易燃，其分解温度超过400℃。离子液体还表现出很宽的电化学窗口，在高于室温的温度下拥有很高的电导率，因此有可能用于开发安全、绿色、高电压、无毒以及不含可燃性有机溶剂的双电层电容器。同时能够在高温（60～80℃）条件下运行，这对于当前使用乙腈和丙烯碳酸酯类有机物为电解液的商品化双电层电容器来说是无法实现的[8-10]。

离子液体一般由大的不对称离子组成，这些特性决定了其化学/电化学以及物理性能。表9.1总结了用于双电层电容器的离子液体关键性质的值，包括：分子量、熔点/凝固点（表明离子液体的过冷倾向）、电导率和在光滑的玻碳电极或铂电极测得的电化学稳定窗口。构成离子液体的离子化学式如图9.3所示。

表 9.1 双电层电容器使用的离子液体各项性能：摩尔质量（MW），熔点/凝固点，电导率（σ），及电化学稳定窗口（ESW），除特别指明外，ESW 均是室温下通过玻碳电极测得的

离子液体		阴离子	分子量 / (g/mol)	熔点/凝固点 /℃	电导率 / (mS/cm)	ESW /V	参考文献
铵	Me_3PrN^+	$TFSI^-$	382	22	3.3	5.7	[9]
	$Me_3(CH_3OCH_2)N^+$		384	45	4.7	5.2	[8]
	$Et_2Me(CH_3OC_2H_5)N^+$	BF_4^-	233	9/−35	4.8	6.0[①]	[25]
锍	Et_3S^+	$TFSI^-$	399	−35	7.1	4.7	[9]
	Bu_3S^+		483	−7.5	1.4	4.8	
磷	$P_{6,6,6,(103)}^+$	$TFSI^-$	640	—	0.51	—	[26]
	$P_{6,6,6,14}^+$		764	−76[②]	0.08	—	[27]
咪唑鎓盐	EMI^+	FSI^-	291	−13	15.5	4.5	[28, 29]
	EMI^+	$TFSI^-$	391	−15/−50	8.4~9.2	4.1[①]	[9]
	$PrMeMeIm^+$		419	−81/−130	3.0	4.2	
	$BMIM^+$		419	−4	3.9	4.6[①]	
	$BMIM^+$	BF_4^-	225	—	1.73~3.5	4.6[①]	
	$BMIM^+$	PF_6^-	284	−8	1.4~1.8	4.4	
吡咯烷鎓盐	PYR_{13}^+	FSI^-	308	−17	8.2	5.2	[28, 29]
	PYR_{14}^+	$TFSI^-$	422	−3	2.2	5.5	[9]
	$PYR_{1(201)}^+$		424	−90	3.8	5.0[③]	[30, 31]
	PYR_{14}^+	Tf^-	291	+3	2.0	6.0[③]	[12]
基啶鎓	$MePrPp^+$	$TFSI^-$	422	8.7	1.51	5.6	[9]

① 使用 Pt 电极评估。

② 玻璃化温度。

③ 60℃。

小体积的阴离子（如 BF_4^-）只能同大体积的阳离子（如咪唑、吡啶和哌啶）构成离子液体，而大体积阴离子（如 $TFSI^-$）则能同更多种类的阳离子构成离子液体。以 DCA 为阴离子的离子液体其密度低于 $1g\ ml^{-1}$，除此以外离子液体的密度一般在 $1.2\sim1.5g\ ml^{-1}$；离子液体的黏度则要远高于水溶液。离子液体在室温下的电导率在 $0.1\sim14mS\ cm^{-1}$ 之间，比水系电解液的电导率（$400\sim700mS\ cm^{-1}$）低两个数量级，但与其他有机电解液的电导率相当，如：四烷基盐的碳酸亚丙酯，其电导率为 $11mS\ cm^{-1}$。尽管如此，离子液体的电导率在 $60\sim80℃$ 下可以增大到 $20\sim30mS\ cm^{-1}$，这与受温度影响的离子液体黏度和离子扩散系数的增大有关，这些值通过 Vogel - Tammann - Fulcher 指数方程对电导率产生影响[9]。

自由空间模型是描述离子液体电导率的最佳方法。这个模型是基于对这些盐类熔融时较大的体积变化（$20\%\sim30\%$）的观察得到的。该模型假设在熔盐中存在空出的空间，并提出电荷的传导是通过离子穿过自由体积的重分布过程进行的。由于分子的热运动，自由体积是不断变化的，随着温度升高而增加。电导率也受到构成离子液体的离子的化学性质和离子间的相互作用的影响。如果离子对有足够长的存在时间，那么它们在电场中将表现为电中性，而无法对电导率做出贡献[9-32]。因此，离子液体的离子性强

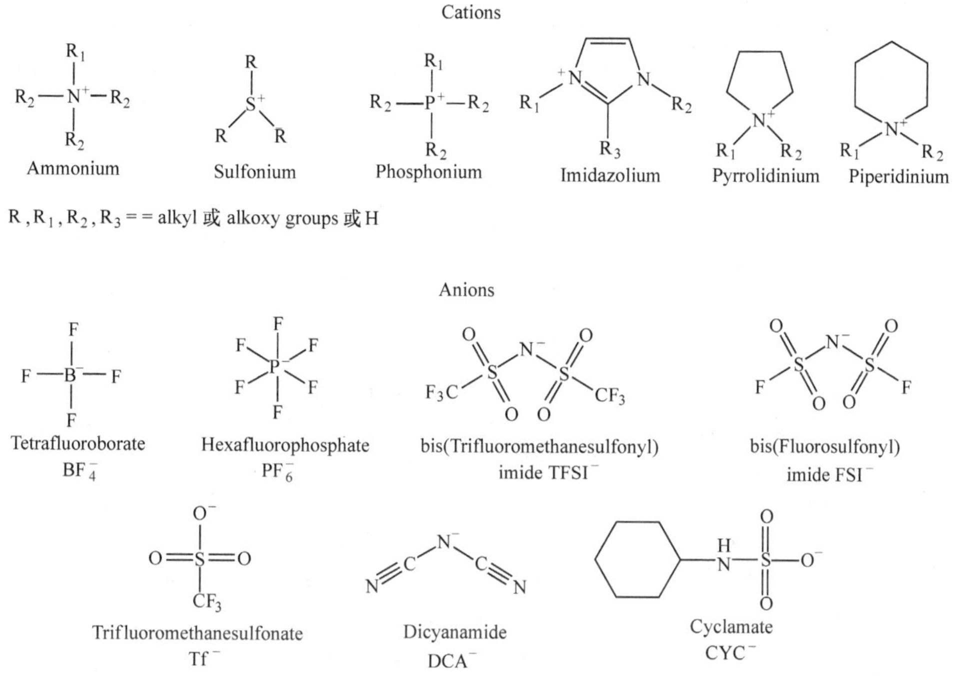

Cations

Ammonium　　　Sulfonium　　　Phosphonium　　　Imidazolium　　　Pyrrolidinium　　Piperidinium

R，R$_1$，R$_2$，R$_3$ = = alkyl 或 alkoxy groups 或 H

Anions

Tetrafluoroborate
BF$_4^-$

Hexafluorophosphate
PF$_6^-$

bis(Trifluoromethanesulfonyl)
imide TFSI$^-$

bis(Fluorosulfonyl)
imide FSI$^-$

Trifluoromethanesulfonate
Tf$^-$

Dicyanamide
DCA$^-$

Cyclamate
CYC$^-$

图 9.3　构成离子液体的离子分子式

弱成为一个重要问题。一个基于 Walden 法则（$\Lambda\eta=\kappa$，其中 Λ 表示摩尔电导率，η 表示黏度，而 κ 为常数）的定性方法已经得到应用，几种离子液体的 Walden 图的对数图已被建立起来，并与由 0.01M 的 KCl 水溶液得到的参比图进行比较。$\log\Lambda$ 对 $\log\eta$ 得到的线形图显示出两个离子液体的极限行为：其一，以 PYR$_{12}$DCA 为代表，其曲线非常靠近 0.01M 的 KCl 水溶液的曲线，这表明该离子液体由几乎可以完全独立移动的离子组成；其二，则以 P$_{6,6,6,14}$CYC 为代表，其曲线较参比曲线低很多，对应其离子性仅约 4%，这个非常低的比率表明 P$_{6,6,6,14}$CYC 是介于真正的离子液体和真正的分子液体之间的中间体[33]。

一些离子液体对于电化学还原和氧化是非常稳定的，其电化学稳定窗口高于 5V。电化学稳定窗口的值由组成离子液体的离子决定，阳离子主要影响负电位限制，而阴离子则对应正电位限制。为了保证离子液体超级电容器有足够长的循环寿命，这些盐的疏水性扮演着一个非常重要的角色，而这主要取决于阴离子和阳离子的化学性质。随着阴离子的变化，疏水性按由低到高的顺序排列如下：CF$_3$CO$_2^-$、CH$_3$CO$_2^-$（亲水性）< Tf，BF$_4^-$ < PF$_6^-$，TFSI（疏水性），而阳离子的疏水性则受取代基团的烷基链长度影响，疏水性随着链长的增加而增大[34]。尽管由咪唑盐、吡咯盐阳离子和 BF$_4^-$、Tf$^-$、TFSI$^-$、FSI$^-$、PF$_6^-$ 阴离子构成的离子液体在双电层电容器应用中被研究得最多，但是一些研究也已经投入到基于非对称季铵盐、膦盐和锍盐阳离子的离子液体方面[25,26,35]。

目前，一些将离子液体作为盐溶于如乙腈、碳酸丙烯酯和 γ - 丁内酯中有机溶剂的研究已经得到开展。相对于传统电解液，用离子液体替代传统的固态铵盐使得具有更宽电化学窗口的高浓度电解液的实现成为可能。有机溶剂的存在造成了比单纯的离子液体更高的电导率。由于本节主要讨论基于离子液体的双电层电容器，因此对使用离子液体/有机溶剂混合电解液的超级电容器的介绍见参考文献[36 - 41]。

需要注意的是使用高表面积碳电极时电解液的电化学稳定窗口要小于使用表面光滑的电极时估算的值。例如：当使用高比表面积的碳电极时，$PYR_{14}TFSI$ 的电化学稳定窗口由 5.5V 下降到 4.2V[12]。电化学稳定窗口并不是唯一，用于选择在双电层电容器中应用的离子液体的参数，电导率和熔点作为选择标准也十分重要。如表 9.1 所示，即使不对称的季铵盐类离子液体拥有很宽的电化学稳定窗口，然而它们的熔点却要高于其他的离子液体，这使得此类离子液体只能在高温条件下应用。实际上，熔融过程反映离子液体的电导率，这表明温度限制了它们在双电层电容器中的应用。咪唑类离子液体是电导率最高的一类离子液体之一，如 EMITFSI，其室温电导率约为 $10mS\ cm^{-1}$。尽管如此，咪唑类离子液体的电化学稳定窗口与其他类型的离子液体相比并不是很宽，因为咪唑环上的酸性质限制了阴极稳定电位，这也成为咪唑类离子液体在高压双电层电容器中实际应用的主要障碍。吡咯类离子液体，如：$PYR_{13}FSI$，既拥有较宽的电化学稳定窗口，也拥有良好的室温电导率，然而其熔点为 -17℃，这使得以其为电解液的双电层电容器只能被限制在 0℃ 以上的环境中使用[28,29]。降低吡咯类离子液体熔融温度的最有前景的策略是在吡咯环上添加甲氧基取代基，如 PYR1 (2O1) TFSI，其在 -90℃ 时仍能保持液态[30,31]。

离子液体在大型双电层电容器中的应用还应注意电解液的比重和电解液的价格。一般来说，离子液体分子量比较大，特别是 TFSI 类的离子液体，尽管它们也有很强的疏水性。因此，在碳电极多孔性设计中的一个关键问题是避免体系中存在多余的离子液体。目前的一个挑战是设计一个拥有宽的电化学稳定窗口，在较大温度范围内拥有高电导率，以及通过裁剪离子的化学组成来获得拥有尽可能低的分子质量的离子液体。在过去几年时间里，很多公司转向离子液体的生产和销售，而一些种类的离子液体已经实现商业化，并且拥有很高的纯度，尽管其价格仍比较昂贵。

9.4 碳电极

疏水性离子液体的使用意味着碳电极在多孔性和表面化学方面需要有特定形态。为了使电极电容大于 $100F\ g^{-1}$，碳材料必须要有大的比表面积以及离子液体能够充分进入润湿。如果离子液体中的碳电极的电容平均值达到 $20\mu F\ cm^{-2}$，那么电极的有效比表面积应大于 $500m^2\ g^{-1}$[42]。

碳材料有效孔径的下限尺寸已经通过对一系列碳化物衍生碳进行的 BET 比表面积（$1100 \sim 1600m^2\ g^{-1}$）测试得到研究，但其平均孔径值则分布在 $0.65 \sim 1.10nm$ 的范围内[43]。这个测试是在使用离子液体 EMITFSI 的情况下进行的，其阳离子和阴离子的最大宽度分别为 $0.76nm$ 和 $0.79nm$。当碳材料的平均孔径为 $0.7nm$ 时，电极的电容响应的最大值 $160F\ g^{-1}$，而 $0.7nm$ 是最接近于离子液体中离子的尺寸。因此，与离子尺寸完美匹配的碳材料的孔径是使电容达到最大的最有效途径。借助于孔径分布十分集中的孔径可控的碳材料以及离子尺寸逐渐增大的离子液体，在有限的纳米孔空间内离子的行为以及对双电层电容器性能的影响得到了进一步研究[44]。研究表明在电场的影响下，可能由于离子的伸缩性而使得离子在电极极化时发生扭曲，因此电极材料的孔径略小于离子尺寸时，可能有利于双电层的充电过程。

值得注意的是，与双电层电容器应用过程中使用的大电流密度相比，这些结果是在相当低的电流密度（恒流测试时，电流密度为 5mA cm^{-2}，在参考文献[43]中相当于 0.3A g^{-1}）和低的扫描速率（伏安法测试时，扫描速度为 1mV s^{-1}[44]）下得到的。实际情况下，将碳电极的孔径设计成与阳离子或阴离子一样大并不能带来很大的优势，因为当碳材料的表面难以到达时，就会造成很高的充电阻抗以及很差的充放电倍率容量。对于一个快速形成的电极电荷平衡，碳材料需要排布已经存在于孔中的离子，最好的碳材料设计，即在离子液体中碳材料表面的所有可用电荷都得到利用，应该使孔径大于 2 ~ 3nm，这样至少能够在孔壁上形成一个离子液体单离子层。这样的孔径将会防止在高极化下由电解液一侧造成的充电限制，这意味着此时离子为多层排布。尽管如此，孔径不应超过 8 ~ 10nm，以防止过高的孔隙容积（ > 1cm^{3}g^{-1}）造成空隙壁厚的降低，从而对碳材料本征的性质，如：电导率和电荷存储能力，造成不利影响。此外，高孔隙容积将降低碳电极的体积比电容，并因吸收过多的电解液造成双电层电容器重量的增加[10,17,45-47]。

高电容响应要求离子液体对碳电极有好的润湿性，因此碳材料的表面化学性质扮演着重要角色。由于具有稳定循环性能的双电层电容器要求离子液体为疏水性，因此需要除去高比表面积活性炭常见的亲水基团。事实上，研究已经表明，在疏水性的 EMITFSI 和 PYR$_{14}$TFSI 中，当活性炭在氩气气氛下经过 1000℃ 的热处理除去功能基团后，其双电层电容显著增大[14]。

据了解，含氧官能团和含氮官能团在传统质子性电解液中能产生可逆的法拉第反应，因此产生赝电容效应，该效应会增大碳材料的电容响应[1,48,49]。事实上，近来研究人员发现，对活性炭用 HNO$_3$ 进行氧化处理后，即使是在质子性的离子液体，如：吡咯烷硝酸盐和吡咯烷酸铵中，活性炭电容也能得到增强[50]。尽管如此，关于赝电容官能团存在这些主要问题，但电极仍能在持续数千次的循环中维持稳定。

一些碳材料在不同离子液体中的表现已经得到研究，例如：活性炭、冷冻/干凝胶碳、碳纤维、模板碳以及碳纳米管（CNT）[11,12,23,35,51-57]。当高比表面积微孔活性炭的电容值均远高于 100F g^{-1}，这些数据并不进行直接的比较，因为它们是在不同的运行条件下得到的。通过化学方法合成可调节的孔径分布的介孔冷冻/干凝胶碳，具有相当高的比表面积，同时表面为疏水性，在 EMITFSI 和 PYR$_{14}$TFSI 中，当扫描速率高达 20mV s^{-1} 时，其比电容仍可大于 100F g^{-1}[11]。模板法合成的介孔碳材料的多孔性具有很好的可控性。以有序 SiO$_2$ 为模板合成的介孔碳呈现出相当好的结构有序性，并拥有微孔和介孔相互有序连接的优势[48,49,58]。尽管如此，合成并非很容易，并且价格昂贵，这也限制了这类碳材料的应用。以 MgO 为模板合成的无序模板碳拥有与有序模板碳一样的优点的同时，还具有合成快速、成本低的优点[59]。碳纳米管是一种非常引人注目的能够带来高倍率性能的材料，由于其比表面积比大多数传统碳材料低，因此其电容值也比较低。一种由定向生长的碳纳米管构成的非常薄的电极在 EMITFSI 中表现出非常高的电容[56]。但是，目前碳纳米管的高昂的价格限制了其在双电层电容器中的应用。

9.5　超级电容器

离子液体基电解液对于提升单元的工作电压是一种非常有前途的策略，因此可以在不牺牲功率性能的前提下提高双电层电容器的比能量。而考虑到离子液体是一种难挥发、不易燃的电解液，它们也能提高电容器的工作温度（室温以上）及安全性。不像离子液体基的超级电容器，市场上使用乙腈或碳酸丙烯酯类电解液的双电层电容器在极限条件（单元电压提升到 3.5V 或工作温度超过 70℃）下进行加速老化测试时，表现出电容的衰减和阻抗的增大。这是由于电解液分解产物在电极空隙中形成。内部压力的增加，预先设计的安全阀会打开，这也会观察到[60,61]。由 $PYR_{14}TFSI$ 和商业化活性炭组成的超级电容器显示出了小于 $100F\ g^{-1}$ 的电容，这意味着拥有宽电化学稳定窗口的离子液体在双电层电容器中的成功应用[51]。$PYR_{14}TFSI$ 基的双电层电容器在超过 3V 的电压和 60℃ 的工作温度下，经过数千次的循环后仍表现出了很高的循环稳定性。根据式（9.1）和式（9.2），电容器的最大能量 E_{max} 和最大功率值 P_{max} 在最大电压 V_{max} 为 3.2V 时分别为 $20Wh\ kg^{-1}$ 和 $7kW\ kg^{-1}$（仅考虑电极材料的质量），而在超过 10000 次的循环中库伦效率达到 100%。进一步将 V_{max} 提高到 3.5V 后，库伦效率降低到 95%，这个值过低以至于无法保证双电层电容器的长循环寿命。这说明 $PYR_{14}TFSI$ 基的双电层电容器的对称单元结构无法使 $PYR_{14}TFSI$ 的电化学窗口得到完全利用，这一结构中两个电极上碳材料的质量是一样的。

图 9.4 表明 EMITFSI、$PYR_{14}TFSI$、$PYR_{14}Tf$ 和 $PYR_{1(201)}TFSI$ 的电位偏移，这些离子液体基碳超级电容器中的应用潜力是可以被利用的，这点已经通过 60℃ 下基于高比表面积碳电极进行的循环伏安测试得到评估，测试的扫描速率为 $20mV\ s^{-1}$。这些离子液体相对于 Fc/Fc^+ 的正极电位上限为 1.6V，而对于负极电压下限，EMITFSI 为 -2.1V，$PYR_{14}TFSI$ 和 $PYR_{14}Tf$ 为 -2.6V，$PYR_{1(201)}TFSI$ 为 -2.4V。EMITFSI 在高电压超级电容器中可以利用的电化学稳定窗口为 3.7V，$PYR_{14}TFSI$ 和 $PYR_{14}Tf$ 为 4.2V，$PYR_{1(201)}TFSI$ 为 4.0V。考虑到放电态的碳电极相对于 Fc/Fc^+ 的电压约为 -0.1V，充电时正极的最大电压偏移（ΔV_+）为 1.7V。这个值比负极电压偏移（ΔV_-）的绝对值要小，其中，EMITFSI 为 2.0V，$PYR_{14}TFSI$ 和 $PYR_{14}Tf$ 为 2.5V，$PYR_{1(201)}TFSI$ 为 2.3V[11,12]。因此，如果我们假设在对称结构的双电层电容器中正极和负极拥有相同的比电容，所谓对称结构即两个电极上具有相同的载碳量，那么使用这些离子液体的负电极的最大偏移电位受正极最大偏移电位的影响，具体如式（9.5）所示：

$$\Delta V_- = \frac{C_+ w_+ \Delta V_+}{C_- w_-} \tag{9.5}$$

式中，C_+、w_+ 和 C_-、w_- 分别表示正极和负极的比电容及载碳量。换句话说，在使用 $PYR_{14}TFSI$ 的对称双电层电容器中，其工作电位只能达到 3.4V，因此该电解液的电化学稳定窗口无法得到全部利用。一个利用离子液体宽电化学稳定窗口的好策略就是用同种碳材料以不同的载碳量组成超级电容器的两个电极，非对称双电层电容器在下文中写成AEDLC。事实上，AEDLC 使得电容器能够使每个电极充电到由离子液体的稳定性所限定的限制电压上，因此单元能达到的最大电压远高于对称结构的双电层电容器的。

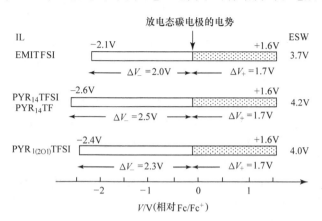

图 9.4 以高比表面积介孔碳材料为电极，在温度为 60℃ 下，通过扫描速率为 $20mV\ s^{-1}$，
库伦效率大于 95% 的循环伏安测试得到的离子液体 EMITFSI、$PYR_{14}TFSI$、$PYR_{14}TF$ 和
$PYR_{1(201)}TFSI$ 的电化学稳定性，显示了电化学稳定窗口的宽度，离子液体还原和氧化的电位限制，
放电态的碳电极的电位和负极（ΔV_-）和正极（ΔV_+）最大可能的电位偏移[11,12]

以不同碳材料为电极，不同离子液体为电解液的 AEDLC 进行测试。其中，$PYR_{14}TFSI$ 基电解液的以碳干凝胶为电极拥有的电容相应为 $110 \sim 120F\ g^{-1}$ 的 AEDLC，在 60℃ 下，最大电压大于 3V，充电到 3.9V 的情况下，恒电流充放电循环超过 13000 次时，单元仅有很低的电容衰减，同时在电压为 3.7V 时表现出最大的比能量和比功率分别为 30Wh kg^{-1} 和 11kW kg^{-1}[11]。由活性炭电极组成的电容相应为 $100F\ g^{-1}$ 的 $PYR_{14}TFSI$ 和 $PYR_{14}Tf$ 基 AEDLC 最大电压达到 4.0V，拥有最大比能量和最大比功率分别为 40Wh kg^{-1} 和 9kW kg^{-1}，其良好的循环稳定性保证其能恒流充放电循环超过 20000 次。使用高纯度 $PYR_{1(201)}TFSI$（水含量 ≤20ppm）组装成的 AEDLC 拥有最佳循环稳定性；这种超级电容器最大电压达到 3.8V 时，充放电循环 27000 次仅有 2% 的电容衰减[12]。这一结果表明，离子液体基的 AEDLC 的能量远高于目前市场上对称双电层电容器的最好值。尽管如此，AEDLC 的比功率并没有期望中单元最大电压为 4V 时的那么高，这是由等效串联电阻值较高造成的。在离子液体基的 AEDLC 中，电极充电阻抗是 ESR 的主要组成部分。因此，孔的几何结构是一个能不同程度上扩大离子液体电导率对超级电容器比功率影响的关键参数[23,46]。

离子液体 $PYR_{1(201)}TFSI$ 的一大优点是其凝固点为 -90℃。这使其能够扩大 AEDLC 的使用温度范围。图 9.5 为基于 $PYR_{1(201)}TFSI$ 和活性炭的 AEDLC 的 Ragone 曲线。图中，比能量（E）和比功率（P）是根据单元在最大电压 V_{max} 为 3.7V 到 $0.55V_{max}$（即

2.035V）之间时，在不同电流密度（i）和温度下的恒流放电计算出来的，具体如下：

$$E = i \int_{t_{V_{max}}}^{t_{0.55V_{max}}} \frac{V dt}{w_{c.m.}} \tag{9.6}$$

$$P = \frac{E}{t_{0.55V_{max}} - t_{V_{max}}} \tag{9.7}$$

式中，$t_{V_{max}}$ 和 $t_{0.55V_{max}}$ 分别是单元电压分别为 3.7V 和 2.035V 时的时间；$w_{c.m.}$ 是两个电极上碳材料和粘结剂的质量。该图表明 $PYR_{1(201)}$ TFSI 基的 AEDLC 能够在 −30 ~ 60℃ 的温度范围内工作。

　　Ragone 曲线对于传统应用的电化学储能系统的固有能量和功率是很有用的，但是它们不适合于评估混合动力汽车能量辅助系统的性能以及具体的基准测试，如要求的 USABC – DOE 协议[6,63,64]。这些测试包括通过 10s 的适用于电器设备（高 HPPC 测试）的最大电流值的 75% 的恒流脉冲，估算不同放电深度（DOD）下超级电容器的有效总能量和不同放电深度下的功率容量。图 9.6 显示在不同放电深度范围内的可用能量，在该范围内一个给定的能量脉冲被释放出来，展现出 $PYR_{1(201)}$ TFSI 基 AEDLC 的性能，DOE 对于能量辅助混合动力汽车的目标，以及 30℃ 下最大电压为 2.7V 时对使用传统有机电解液的商业化双电层电容器性能的期望。温度大于 30℃ 时，最大电压在 3.7V 的 $PYR_{1(201)}$ TFSI 基的 AEDLC 满足具有挑战性的能量和功率目标，即 7.5Wh kg^{-1} 和 625W kg^{-1}，传统双电层电容器很难达到这一目标[6,62]。

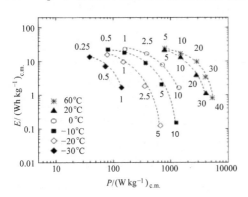

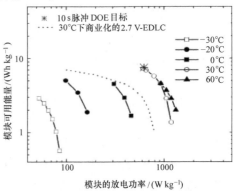

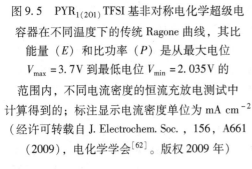

图 9.5　$PYR_{1(201)}$ TFSI 基非对称电化学超级电容器在不同温度下的传统 Ragone 曲线，其比能量（E）和比功率（P）是从最大电位 V_{max} = 3.7V 到最低电位 V_{min} = 2.035V 的范围内，不同电流密度的恒流充放电测试中计算得到的；标注显示电流密度单位为 mA cm^{-2}（经许可转载自 J. Electrochem. Soc.，156，A661（2009），电化学学会[62]。版权 2009 年）

图 9.6　针对 $PYR_{1(201)}$ TFSI 基非对称电化学电容器在高 HPPC 测试中不同温度下的时间间隔为 Δt_{pulse} = 10s 的放电脉冲功率性能的有效能量（*10s 脉冲 DOE 目标；点曲线代表：商品化双电层电容器在 V_{max} = 2.7V，温度为 30℃ 条件下工作时得到的数据[6]）（经许可转载自 J. Electrochem. Soc.，156，A661（2009），电化学学会[62]，版权 2009 年）

图中提到的整个超级电容器（模块）的总质量设置成复合电极总质量的两倍，这是一个非常苛刻的条件。模块的性能很大程度上受重量分量分布的影响，特别是受电解液 – 电极材料质量比的影响。在离子液体基的超级电容器中，模块设计需要考虑到离子液体的量，这个量能满足系统深度充电的要求，同时要能充满碳材料的孔。这一平衡受电极孔隙率和高比电容的碳所影响，而合适的孔体积将会防止电极出现过多的电解液[10,46,47]。例如，比电容为 140F g^{-1} 的无序模板碳组装成的 PYR$_{14}$TFSI 基的 AEDLC，具有比使用相同离子液体，而碳材料为活性炭和干凝胶的 AEDLC 高出 25% ~ 35% 的最大比能量。碳材料合适的介孔体积（约 0.7cm^{3}g^{-1}）能够使其复合电极 – 电解液负载比接近 1，这一比例需要一个超级电容器模块的质量为其电极负载质量的 2.5 倍，这能防止电荷储存被电解液所限制[23]。

9.6　小结

高性能离子液体基超级电容器要求离子液体具有高的纯度，宽的电化学稳定窗口，高的电导率和低的凝固点。离子液体的选择也必须考虑到这些盐的离子电化学性质，很大程度上影响着电极/离子液体界面的双电层结构，因此也会影响到超级电容器的电容。无溶剂意味着离子液体与碳电极的直接接触，因此需要根据离子液体进行设计。碳材料孔隙率是一个影响电容、模块质量分布及功率的重要参数。事实上，电极充电阻抗是等效串联阻抗的主要构成，可以通过孔径进行调整。在精心设计的 AEDLC 结构中利用合适的离子液体和碳材料是增加超级电容器比能量、扩大系统的安全工作温度范围而无需牺牲能量和循环寿命的一个成功策略。

离子液体代码

BMIM BF$_4$	1 – 丁基 – 3 – 甲基咪唑四氟硼酸
BMIM DCA	1 – 丁基 – 3 – 甲基咪唑二氰胺
BMIM PF$_6$	1 – 丁基 – 3 – 甲基咪唑六氟磷酸盐
BMIM TFSI	1 – 丁基 – 3 – 甲基咪唑双（三氟甲磺酰基）亚胺
Bu$_3$S TFSI	三丁基双（三氟甲磺酰基）亚胺
EMI FSI	1 – 乙基 – 3 – 甲基咪唑双（氟磺酰基）亚胺
EMI TFSI	1 – 乙基 – 3 – 甲基咪唑双（三氟甲磺酰基）亚胺
Et$_2$Me（CH$_3$OC$_2$H$_5$）N BF$_4$	甲氧基乙基二乙基甲基铵四氟硼酸
Et$_3$S TFSI	三乙基双（三氟甲磺酰基）亚胺
Me$_3$（CH$_3$OCH$_2$）N TFSI	三甲基甲氧基甲基铵双（三氟甲磺酰基）亚胺
Me$_3$PrN TFSI	三甲基 – 正丙基双（三氟甲磺酰基）亚胺
MePrPp TFSI	甲基 – 丙基哌啶鎓双（三氟甲磺酰基）亚胺

$P_{6,6,6,(103)}$ TFSI	三己基甲氧基鏻双（三氟甲磺酰基）亚胺
$P_{6,6,6,14}$ CYC	环己基氨基磺酸三己基十四烷基鏻
$P_{6,6,6,14}$ TFSI	三己基十四烷基鏻双（三氟甲磺酰基）亚胺
PrMeMeIm TFSI	1 - 丙基 - 2 - 甲基 - 3 - 甲基咪唑鎓双（三氟甲磺酰基）亚胺
$PYR_{1(201)}$ TFSI	甲氧基乙基 - 甲基吡咯烷双（三氟甲磺酰基）亚胺
PYR_{12} DCA	乙基 - 甲基吡咯烷鎓二氰胺
PYR_{13} FSI	丙基 - 甲基 - 吡咯烷双（氟磺酰基）亚胺
PYR_{14} Tf	丁基 - 甲基 - 吡咯烷鎓三氟甲磺酸酯
PYR_{14} TFSI	丁基 - 甲基 - 吡咯烷鎓双（三氟甲磺酰基）亚胺

词汇表

AEDLC	非对称双电层电容器
σ	电导率
δ_{dl}	双电层厚度
ΔV_+	最大可能的正极电位偏移
ΔV_-	最大可能的负极电位偏移
BET	Brunauer，Emmett，Teller 法测定的比表面
C_-	负极双电层比电容
C_+	正极双电层比电容
C_c	电极固体部分电容
C_{dl}	碳电极的双电层比电容
C_H	亥姆霍兹电容
C_{IL}	充电态碳电极/离子液体界面液体部分电容
CNT	碳纳米管
C_{SC}	超级电容器电容
CV	循环伏安
DOD	放电深度
DOE	美国能源部
E	在最大电位和0.55个最大电位之间计算得的比能量
EDLC	双电层电容器
E_{max}	超级电容器的最大能量
ESR	等效串联阻抗
ESW	电化学稳定窗口
EV	电动交通工具
FT - IR	红外光谱

GC	玻璃碳
HEV	混合动力电动交通工具
HPPC	混合脉冲功率特性
i	电流密度
IL	离子液体
k_0	真空介电常数
MW	摩尔质量
P	在最大电位和0.55个最大电位之间计算得的比功率
P_{max}	超级电容器最大功率
RT	室温
$S_{>1.5nm}$	空孔大于nm的孔隙的比表面积
$t_{0.55V_{max}}$	电池电压为0.55个最大电位值的时间
$t_{V_{max}}$	电池电压为最大电位值的时间
UPS	不间断电源
USABC	美国先进电池联盟
V_{max}	最大电池电压
w_+	正极载碳质量
w_-	负极载碳质量
$w_{c.m.}$	正极和负极的总碳 – 粘结剂复合材料质量
ε	介电常数
Λ	摩尔电导率
η	粘度

参 考 文 献

1. Conway, B.E. (1999) *Electrochemical Supercapacitors*, Kluwer Academic, Plenum Publishers, New York.

2. Kotz, R. and Carlen, M. (2000) *Electrochim. Acta*, **45**, 2483–2498.

3. Miller, J. and Burke, A.F. (2008) *Interface*, **17**, 53–57.

4. Pickard, W.F., Shen, A.Q., and Hansing, N.J. (2009) *Renew. Sust. Energy Rev.*, **13**, 1934–1945.

5. Karden, E., Ploumen, S., Fricke, B., Miller, T., and Snyder, K. (2007) *J. Power. Sources*, **168**, 2–11.

6. Stewart, S.G., Srinivasan, V., and Newman, J. (2008) *J. Electrochem. Soc.*, **155**, A664–A671.

7. Burke, A. (2007) *Electrochim. Acta*, **53**,

1083–1091.

8. Zhang, S., Sun, N., He, X., Lu, X., and Zhang, X. (2006) *J. Phys. Chem. Ref. Data*, **35**, 1475–1517.

9. Galiński, M., Lewandowski, A., and Stępniak, I. (2006) *Electrochim. Acta*, **51**, 5567–5580.

10. Mastragostino, M. and Soavi, F. (2009) in *Encyclopedia of Electrochemical Power Sources*, Vol. 1 (eds J. Garche, C. Dyer, P. Moseley, Z. Ogumi, D. Rand, and B. Scrosati), Elsevier, Amsterdam, pp. 649–657.

11. Lazzari, M., Soavi, F., and Mastragostino, M. (2008) *J. Power. Sources*, **178**, 490–496.

12. Arbizzani, C., Biso, M., Cericola,

D., Lazzari, M., Soavi, F., and Mastragostino, M. (2008) *J. Power. Sources*, **185**, 1575–1579.

13. Bockris, J.O'M., Reddy, A.K.N., and Gamboa-Aldeco, M. (2000) *Modern Electrochemistry 2A Fundamentals of Electrodics*, Kluwer Academic, Plenum Publishers, New York.

14. Lazzari, M., Mastragostino, M., and Soavi, F. (2007) *Electrochem. Commun.*, **9**, 1567–1572.

15. Lockett, V., Sedev, R., Ralston, J., Horne, M., and Rodopoulos, T. (2008) *J. Phys. Chem. C*, **112**, 7486–7495.

16. Islam, M.M., Alam, M.T., Okajima, T., and Ohsaka, T. (2009) *J. Phys. Chem. C*, **113**, 3386–3389.

17. Hahn, M., Baertschi, M., Barbieri, O., Sauter, J.-C., Kötz, R., and Gallay, R. (2004) *Electrochem. Solid-State Lett.*, **7**, A33–A36.

18. Baldelli, S. (2005) *J. Phys. Chem. B*, **109**, 13049–13051.

19. Baldelli, S. (2008) *Acc. Chem. Res.*, **41**, 421–431.

20. Nanbu, N., Sasaki, Y., and Kitamura, F. (2003) *Electrochem. Commun.*, **5**, 383–387.

21. Aliaga, C. and Baldelli, S. (2006) *J. Phys. Chem. B*, **110**, 18481–18491.

22. Federov, M.V. and Kornyshev, A.A. (2008) *Electrochim. Acta*, **53**, 6835–6840.

23. Lazzari, M., Soavi, F., and Mastragostino, M. (2010) *Fuel Cells*, **10**, 840–847.

24. Fujimori, T., Fuji, K., Kanzaki, R., Chiba, K., Yamamoto, H., Umebayashi, Y., and Ishiguro, S. (2007) *J. Mol. Liq.*, **131–132**, 216–224.

25. Sato, T., Masuda, G., and Takagi, K. (2004) *Electrochim. Acta*, **49**, 3603–3611.

26. Ania, C.O., Pernak, J., Stefaniak, F., Raymundo-Piñero, E., and Béguin, F. (2006) *Carbon*, **44**, 3126–3130.

27. Fraser, K.J., Izgorodina, E.I., Forsyth, M., Scott, J.L., and MacFarlane, D.R. (2007) *Chem. Commun.*, **37**, 3817–3819.

28. Matsumoto, H., Sakaebe, H., Tatsumi, K., Kikuta, M., Ishiko, E., and Kono, M. (2006) *J. Power. Sources*, **160**, 1308–1313.

29. Ishikawa, M., Sugimoto, T., Kikuta, M., Ishiko, E., and Kono, M. (2006) *J. Power. Sources*, **162**, 658–662.

30. Zhou, Z.-B., Matsumoto, H., and Tatsumi, K. (2006) *Chem.—Eur. J.*, **12**, 2196–2212.

31. Passerini, S. and Appetecchi, G.B. (2007) Internal Report, FP6-EU Project "Ionic Liquid-based Hybrid Power Supercapacitors", Contract No. TST4-CT-2005-518307.

32. Abbott, A.P. (2005) *ChemPhysChem*, **6**, 2502–2505.

33. MacFarlane, D.R., Forsyth, M., Izgorodina, E.I., Abbott, A.P., Annat, G., and Fraser, K. (2009) *Phys. Chem. Chem. Phys.*, **11**, 4962–4967.

34. Seddon, K.R., Stark, A., and Torres, M.-J. (2000) *Pure Appl. Chem.*, **72**, 2275–2287.

35. Wei, D. and Ng, T.W. (2009) *Electrochem. Commun.*, **11**, 1996–1999.

36. Lewandowski, A. and Olejniczak, A. (2007) *J. Power. Sources*, **172**, 487–492.

37. Devarajan, T., Higashiya, S., Dangler, C., Rane-Fondacaro, M., Snyder, J., and Haldar, P. (2009) *Electrochem. Commun.*, **11**, 680–683.

38. Frackowiak, E., Lota, G., and Pernak, J. (2005) *Appl. Phys. Lett.*, **86**, 164104.

39. Frackowiak, E. (2006) *J. Braz. Chem. Soc.*, **17**, 1074–1082.

40. Zhu, Q., Song, Y., Zhu, X., and Wang, X. (2007) *J. Electroanal. Chem.*, **601**, 229–236.

41. Lewandowski, A., Olejniczak, A., Galinski, M., and Stepniak, I. (2010) *J. Power. Sources*, **195**, 5814–5819.

42. Arbizzani, C., Beninati, S., Lazzari, M., Soavi, F., and Mastagostino, M. (2007) *J. Power. Sources*, **174**, 648–652.

43. Largeot, C., Portet, C., Chmiola, J., Taberna, P.-L., Gogotsi, Y., and Simon, P. (2008) *J. Am. Chem. Soc.*, **130**, 2730–2731.

44. Ania, C.O., Pernak, J., Stefaniak, F., Raymundo-Piñero, E., and Béguin, F. (2009) *Carbon*, **47**, 3158–3166.

45. Barbieri, O., Hahn, M., Herzog, A., and Kötz, R. (2005) *Carbon*, **43**, 1303–1310.

46. Lewandowski, A. and Galinski, M. (2007) *J. Power. Sources*, **173**, 822–828.

47. Robinson, D.B. (2010) *J. Power. Sources*, **195**, 3748–3756.

48. Pandolfo, A.G. and Hollenkamp, A.F. (2006) *J. Power. Sources*, **157**, 11–27.

49. Frackowiak, E. (2007) *Phys. Chem. Chem. Phys.*, **9**, 1774–1785.
50. Mysyk, R., Raymundo-Piñero, E., Anouti, M., Lemordant, D., and Béguin, F. (2010) *Electrochem. Commun.*, **12**, 414–417.
51. Balducci, A., Dugas, R., Taberna, P.L., Simon, P., Plée, D., Mastragostino, M., and Passerini, S. (2007) *J. Power. Sources*, **165**, 922–927.
52. Lewandowski, A. and Galinski, M. (2004) *J. Phys. Chem. Solids*, **65**, 281–286.
53. Liu, H. and Zhu, G. (2007) *J. Power Sources*, **171**, 1054–1061.
54. Xu, B., Wu, F., Chen, R., Cao, G., Chen, S., and Yang, Y. (2010) *J. Power Sources*, **195**, 2118–2124.
55. Lu, W., Qu, L., Henry, K., and Dai, L. (2009) *J. Power Sources*, **189**, 1270–1277.
56. Zhang, H., Cao, G., Yang, Y., and Gu, Z. (2008) *Carbon*, **46**, 30–34.
57. Handa, N., Sugimoto, T., Yamagata, M., Kikuta, M., Kono, M., and Ishikawa, M. (2008) *J. Power Sources*, **185**, 1585–1588.
58. Ryoo, R., Joo, S.H., Kruk, M., and Jaroniec, M. (2001) *Adv. Mater.*, **13**, 677–681.
59. Morishita, T., Ishihara, K., Kato, M., and Inagaki, M. (2007) *Carbon*, **45**, 209–211.
60. Kötz, R., Ruch, P.W., and Cericola, D. (2010) *J. Power. Sources*, **195**, 923–928.
61. Ruch, P.W., Cericola, D., Foelske, A., Kötz, R., and Wokaun, A. (2010) *Electrochim. Acta*, **55**, 2352–2357.
62. Lazzari, M., Soavi, F., and Mastragostino, M. (2009) *J. Electrochem. Soc.*, **156**, A661–A666.
63. INEEL (2003) FreedomCAR Battery Test Manual For Power-Assist Hybrid Electric Vehicles, Prepared for the U.S. Department of Energy.
64. INEEL (2004) FreedomCAR Ultracapacitor Test Manual, Prepared for the U.S. Department of Energy.

第 10 章　产业化超级电容器的制造

Philippe　Azaïs

10.1　引言

自从 19 世纪开始，化学家就对金属和电解液溶液之间的电荷储存进行了研究，但是直到 1957 年，通用电气公司的一篇使用多孔碳电极的电解质电容器专利出现后，双电层电容器才开始实际应用[1]。值得注意的是这种电容器展现出特别高的电容量。1966年，美国俄亥俄州克里夫兰市标准石油公司（SOHIO）注册了一种把能量储存在双电层界面装置的专利[2]。当时，SOHIO 公司确认界面双层的行为类似一种具有相对较高比容量的电容器。SOHIO 公司于 1970 年取得了利用碳糊浸润在某种电解液中制备一种盘形电容器的专利。然而，到 1971 年，销售额的下降导致 SOHIO 公司放弃了继续对其研究，并且把技术转让给了日本电气公司（NEC）。NEC 公司继续成功生产出了第一款商业化双电层电容器，并以超级电容器命名。这款低电压的超级电容器具有很高的内阻，它主要设计用于存储备份应用，然后拓展到不同的消费类设备中应用。自从那以后，很多公司开始生产电化学电容器。日本松下公司在 1978 年开发了一种金电容器（Gold Capacitor）。和日本电气公司生产的产品类似，这些装置的开发也是用于存储备份使用。到 1987 年，Elna 开始生产一种叫做"Dynacap"双电层电容器。这些电容器的新闻引起了美国能源部门在混合动力汽车应用上的研究，接着在 1992 年，超大功率电容器发展项目在 Maxwell 实验室开始实行。接下来的 20 年，工业研究提出了很多种方法去制造可靠性高、循环寿命长的超级电容器[3]。

如图 10.1 所示，在 20 世纪 80 年代之后，专利的数量急剧的增加，表明人们对超级电容器技术的兴趣在不断增长。

在有机电解液中工作的碳/碳超级电容器是世界上最受欢迎且发展最成熟的超级电容器类型。然而，单元和模块设计与目标市场紧密相连：小型单元用于备份和电子设备，中型单元用于稳定电压网络，大型单元和模块用于交通运输和静态（stationary）领域的应用。

通常地，超级电容器是基于两个由绝缘多孔隔膜隔开的电极组成，且被电解液所浸润。这种含有大量离子的电解液，可以是基于有机或水系的溶剂。这种电容器的装配是在一个密封的套管内进行的，以避免气体或液体的泄露。

制造一个超级电容器，分为以下几个步骤：

1）电极的制造；

2）隔膜的定位（卷绕或堆叠）；

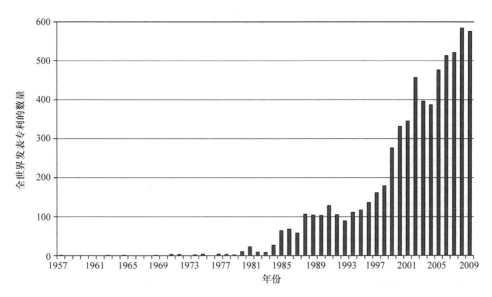

图 10.1 自 1957 起全世界每年发表的专利数量

3）各种流程下电极装配（电极和外部联系的集流体）；

4）电解液的注入；

5）系统的封装。

在 50 年间，许多产业界人士尝试改善超级电容器的性能，他们通过三个突出而互补的主线使这种储能系统成为可能：增加能量密度、增加功率密度（即降低 ESR）和增加单元的寿命。对于这三个技术主线，很有必要添加另外两个关键点作为这种储能系统可行性的指标：低价格和稳健性（robustness）。确实，只有将低成本和准确性能结合的产品才具有进入市场的希望。产品稳健性是关系到元件的市场容量且关系到市场的发展和成熟的一个关键性因素。为了超级电容器的成功应用，在其自身材料和制造工艺中使用了降低成本的目标材料。

从工业角度上看，可分为两个主要类型的元件：

1）具有容量值高达 350F 的高容量超级电容器。这类元件专用于城市交通市场、不间断电源（UPS）、混合动力汽车和起重机等领域。对于这些市场，超级电容器以模块或储能系统的形式组装且通常需要借助于电子平衡。

2）低容量超级电容器，用于廉价电子领域，例如备份应用、消费电子等。在这种情况下，元件通常直接焊接在电子卡片上。

后者的市场被认为是相当成熟的市场。元件的尺寸直接来源于电子标准，例如电解质电容器和介质电容器或者扣式电池。这类元件的性能改善似乎并不那么重要：价格和稳健性才是主要因素。

相反，大电容元件市场的兴起：元件的构造并没有明确地设置，且模块设计（电压、电容、尺寸）则直接与用途挂钩。

在本章的第一部分，我们会详细讲解电容器的核心技术（电极、隔膜、电解液）；第二部分致力于介绍现有的超级电容器产品和电容器的制造流程；模块的介绍放在第三部分。

10.2 单元组成

10.2.1 电极设计及其组成

超级电容器中最重要的组分是电极。现有的电极设计如下文中所述。

电极是这项技术核心中最重要的组成。通常地，电极由集流体、活性材料、导电剂和粘结剂组成。在某些情况下，添加剂也用来增加寿命。

10.2.1.1 集流体

电极为了获得较低的阻抗，已提出了许多的解决方案。其中最常见的方案是将活性材料沉积在金属集流体上，因为这个方法具有很低的 ESR。以前的电极设计很少有集流体，这项技术被称为自支撑电极技术。两种方法得以发展：在第一种情况中，电极含有高的粘结剂含量（相当高的 ESR）；在第二种情况中，活性炭是自支撑的，例如碳布。后面这项技术因材料密度低而显得非常昂贵，而且能量密度很低。在这两种情况中，ESR 都很高且这样的技术并不能有效地获得高功率密度，因此，所有的这些自支撑技术迅速被放弃，金属集流体技术得以发展。

在目前的电极技术中，集流体是电极和超级电容器外部节点之间的主要物理连接点。

在超级电容器发展中，微小的活性物质从集流体上面剥落是 ESR 增加的一个主要原因。许多或多或少合理的方法已被注册成专利，以优化活性炭在集流体上的机械或化学粘附力：

在集流体上用水系或有机的溶剂包覆活性炭浆料或挤压活性炭糊料：这些工艺是最经济合算的且已大量产业化。

不使用粘结剂而直接将碳颗粒压在集流体上（Honda[4]、NEC[5]）。这种方法对于想要得到低 ESR 值的厚电极并不足够有效。

为了使用带表面基团的活性炭作为潜在的聚合物桥接而使用异氰酸基聚合物，用以改善铝箔上涂层的机械性能[6]。然而，需考虑活性炭的表面基团对超级电容器的老化有重要影响。

Maxwell 的超级电容器以前的设计思路是通过等离子体技术将活性炭布与铝集流体结合[7]。

集流体的选择高度取决于：

1）对电解质的电化学和化学稳定性；

2）成本（纯度以及市场可获取的程度）；

3）密度；

4）加工性能。

然而，集流体在水系介质（酸性或碱性介质）中和有机介质中的稳定性也是十分重要的。

1. 有机电解液中工作的集流体

最常用的集流体材料是铝：廉价且密度低，在标准电解液（碳酸丙烯酯（PC）和乙腈（ACN））中稳定性高[8]。为了增加涂层（活性炭）和集流体之间的机械粘附力，工业上主要使用的集流体具有一个很特殊的表面状态，这个表面状态也有很大的差别：

集流体可被电化学腐蚀。在这种情况下，集流体与电解电容器的阳极类似。这种特别的表面状态称为腐蚀铝箔[9,10]。这样的集流体的厚度在 $15 \sim 40 \mu m$ 之间。这种集流体的制造技术已经很先进，其价格同样很低。图 10.2 展示了一个这样的腐蚀铝集流体。

可在集流体（具有或不具有腐蚀层）和活性炭涂层之间涂覆一非常薄的衬层（underlayer）（几百纳米和几微米之间）。这个涂覆层，通常基于炭黑、碳纳米纤维[11]、碳纳米管（CNT）和石墨[12]，与含有粘结剂的电极相比具有高的导电性[13]。

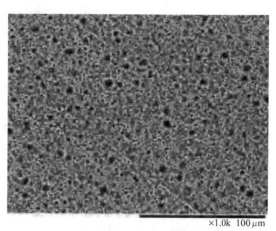

×1.0k　100μm

图 10.2　Batscap 公司腐蚀铝箔的 SEM 图（×1000）

这个涂覆层的主要缺点是其成本高，因为这些集流体是专门为超级电容器和电池而研发的。此外，对于材料层而言，这个涂覆层的厚度不能忽略（见图 10.3）。

标准铝箔（即没有经过腐蚀的铝箔，见图 10.4）也可用作集流体[14]。这种集流体的主要优势是成本低廉。然而，其却难以用传统的如聚偏氟乙烯（PVDF）或聚四氟乙烯（PTFE）粘结剂，电极浆料很难粘附在这种集流体上。通常地，界面 ESR 很高，但是对于能量型超级电容器而言却足够低。这就是 Gore 为此应用而开发乙酰胺（acetamide）基粘结剂的原因。

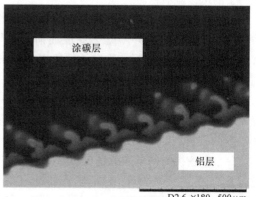

涂碳层

铝层

D2.6 ×180　500μm

图 10.3　Batscap 公司覆有碳化层的
未腐蚀铝箔的 SEM 图（×180）

为了改善电极和集流体之间的粘附力，各种形状的集流体也被注册成专利：

1) 为了改善双电层电容器（EDLC）中浸润效果和缩短离子传输距离以阻止或减少局部电解质匮乏，在集流体的厚度间贯穿了多种级别的孔洞[15]。

2) 具有涂覆层且包含孔洞的集流体[16]。

3) 铝网。这种集流体难以与外部元件（封皮、套管）焊接。

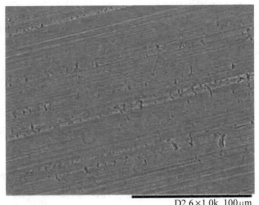

D2.6×1.0k 100μm

图 10.4 Batscap 公司提供的未腐蚀的铝集流体的 SEM 图（×1000）。白点为铝材中矿物杂质

2. 水系介质中工作的集流体

最初第一个超级电容器是在水系介质中工作，通常水系电解质要么基于强酸（如硫酸），要么基于强碱（如 KOH）[17]。

这种电解质就不能使用铝集流体，最常用的材料是镍箔和不锈钢材料[18]。然而，这类集流体比铝集流体更昂贵且更重。此外这类集流体没有刻蚀而难以限制其界面 ESR 的大小。但是，可以通过特殊的轧辊以增加粗糙度来降低 ESR。

其他技术来也被开发用来降低 ESR，例如网格和涂覆层。这样的集流体也用在使用水系介质的 Ni – MH、Ni – Cd 和铅酸电池中。

10.2.1.2 超级电容器用活性炭

活性炭是超级电容器的固体活性物质（主要组分）。在 1957 年，首个超级电容器就是基于孔隙较少的碳制造而成的。研究者很快认识到，为了增加容量，必须增加电极对离子的可接触面积。

工业上率先用于超级电容器的商业化活性炭是针对糖的过滤及纯化过程而制备的。因此，这样的碳并不是为储能而研发，且具有很多问题：纯度低、表面基团含量高、粒度分布不协调，这样的超级电容器的寿命非常短。在过去的 15 年里，超级电容器领域的专家们都努力尝试提高电容器的质量和体积比容量，尤其是采用超级活性炭（例如，高表面积活性炭）。最近，一些研究者认识到这样的超级活性炭与长寿命、低界面阻抗和廉价的设计相矛盾。随后研究者针对超级电容器专门开发或改良了新的碳材料。

一个普遍接受的事实就是仅 20% ~ 30% 的孔隙离子可以真正进入和润湿，从而获得能量储存[19-21]。为了增加离子可进入的孔隙度，许多研究都集中于发展孔隙度[22-27]。然而，在大多数的增加孔隙度的研发过程，同时伴随着表面积的增加和孔径分布的增大，如图 10.5 所示。

1. 碳的来源

考虑活化方式（物理或化学活化）和前驱体（合成或天然）的话，碳主要可以分

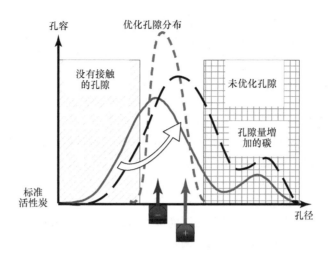

图 10.5　标准活性炭孔径分布（PSD）以及在 PSD 上通过标准活化
工艺对孔隙量增加的影响。与理论 PSD 对比

为两类[28]。然而，实验室规模发展的碳与工业上的碳通常是不同的[29]，因此，介绍一下过去 20 年公开的进展也是很重要的。

实验室规模碳质活性材料　许多类型的碳材料已被尝试用作 EDLC 电极材料，总结起来可以分为：高岭石模板多孔碳[30]，多分支的多孔碳纳米纤维[31]，纳米结构的石墨[32]，竹基活性炭[33]，编制碳布[34]，CNT[35]，纳米结构介孔碳[36]，CNT/毡复合电极[37]，邻甲酚醛基碳气凝胶[38]，介孔碳复合材料（碳纳米纤维/多孔碳）[39]，来自于热塑性塑料和 MgO 前驱体的多孔碳[40]，油酸钠修饰的活性凝胶[41,42]，炭气凝胶[43-46]，活化的碳化甲基纤维素[47]，碳化物提取的碳材料（CDC）[48-51]，MCM - 48 二氧化硅模板介孔碳[52]，沸石模板碳[53]，静电纺丝活化的碳纳米纤维[54]，MCM - 48 和 SBA - 15 二氧化硅模板介孔碳[55]，碳纳米纤维[56]，炭黑，植物/木材基活性炭，活性酚醛纤维[57]，来源于沥青的针状焦[58]，富勒烯煤烟[59]，Nomex 基的活性炭纤维[60]，活化 CNT[61,62]，介孔碳球[63]，石墨氧化物热解碳[64]，Ketjenblack/CNT[65]，多壁 CNT[66-69] 和单壁 CNT[70]，剥离碳纤维[71]，CNT/活性炭复合材料[72]，CNT 阵列[73] 和双壁 CNT/活性炭[74]，从聚偏二氯乙烯（PVDC）中提取的活性炭[75]，或者从聚偏二氟乙烯（PVDF）中提取的活性炭[76]。上述所有材料中，有些需要进行解释说明，尤其是对 CNT 和碳气凝胶。

CNT 与传统的活性炭相比，并没有显示出优秀的电化学性能。这种材料的价格依然很高，并不能与工业化的活性炭相竞争。虽然合成后催化剂的用量一年比一年减少，但是对于工业用途，其毒性依然饱受质疑。然而研究发现，这样的材料可以成功地作为电极中的导电添加剂[77,78]，如果成本与廉价的炭黑可以竞争的话，这种情况就可以成为现实。

人们在炭气凝胶上面进行了很多研究。考虑到炭气凝胶通常为介孔材料这个事实，其在有机介质中的质量比容量和体积比容量相当低。这种材料一生产出来直接使用（即整体形状）可以避免粘结剂的使用和颗粒－颗粒之间的电阻。然而，大多数这样的材料表面基团含量高，而且这种材料还很难在不带来任何体积变化情况下进行热处理（高温下），其老化性能还很差。由于含有大量的介孔，自放电也成为了一个问题，此外成本还相当高。然而，美国的 PowerStor 却商业化了这种电容器（高达 50F），在有机电解质（季铵盐／PC 或乙腈）中使用炭气凝胶电极。

碳化物提取的碳材料（CDC）最近通过不同的实验得以发展。其孔径大小分布紧密且专门为超级电容器的这种应用而开发。它们并不是来自于前驱体的活化，而是来自于一种过渡金属（例如，钛）氯化反应的残渣。这种方法生产的材料产量相当低且最终产物必须进行认真地重新处理以去除残留的氯离子，这氯离子对材料老化尤为显著。这种材料的成本相当高。然而，其对超级电容器而言，是一种极好的模型材料。

工业用活性材料 许多活性炭制造商目前正在研究超级电容器的应用。因此，大多数的公司都明白，在该领域中，成本和性能是一个碳材料成功的两个基本因素。市场上可买到的活性炭材料如下：

木材基活性炭。这类碳材料的体积比容量相当低，但很廉价。和其他所有的碳材料一样，老化性能与它们的纯度、表面基团等因素有关。这类活性炭采用的是水蒸气进行活化[79-81]。

椰壳基活性炭。这是目前在这个领域中最常见的碳材料。其很好地平衡了孔容、ESR、纯度和成本之间的关系，它们通常是用水蒸气活化[82]。

石油残渣基活性炭（焦炭、煤焦油等等）[83]。它们通常比天然的碳材料（木材和椰子）具有更大的电容。同样，价格非常昂贵，而且表面的基团的数量通常非常多，从而增加了超级电容器的老化[84]。一些制造商已经找到改善老化性能的方法，但是这类产品由于其活化方式而显得依然很昂贵（经常用钾化合物进行活化）[85,86]。

碳水化合物基活性炭[87]。这类碳材料相对不常见，但是可被认为是椰壳活性炭和石油残渣活性炭的一种折衷。这类材料尤为干净但是其体积比容量仍然很有限[88]。

树脂中提取的活性炭（例如，酚醛树脂）。这是目前最纯净的碳材料。它具有吸引力的老化性能、阻抗和电容，但是价格也相当昂贵。因为其经济性不高，它们通常被超级电容器的制造商舍弃。最受欢迎的一种碳材料是来自 Kuraray Chemicals 公司的 RP 系列（RP15 和 RP20），其常在一些出版物中被引用[89]。

2. 活性炭的孔径分布的最优化

不对称及其影响 在一个标准元件中，虽然阳离子和阴离子并不具有相同的尺寸和体积，但是对称碳电极的使用将导致不对称电势的出现。一个由相同正极特征和负极特征（厚度、碳型号、粘结剂等）制备的超级电容器电极，在几何学和化学上完全相同，然而就电压而言必然是不对称的。这个事实，如显示的那样，可通过使用一个参比电极来辨别正极和负极电压得以清晰的证实[90-93]。

这种不对称性强烈影响了电解液在老化现象中的分解，对正极电压尤为显著。促使这种不对称性是一个相当老的想法：这个原理早在 1986 年日本的一个专利中清晰地描述过[94]。这个原理目的是用来改善 ESR、电容和老化状况,正如图 10.6 总结的那样。最好的方法是调整活性炭孔径分布适应离子半径的大小[95]。

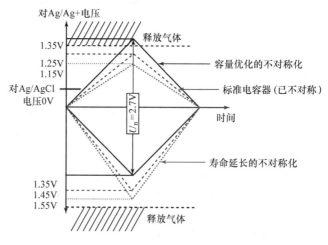

图 10.6 不对称的原理

已经提出了很多方法来改善性能:

1)采用相同的活性炭,平衡两个电极的重量和/或体积来改善老化性能。

2)采用不同的活性炭使每个碳电极的每个孔径分布分别适应两种离子中一种,以使电容最大化和降低 ESR。

3)调整每个电极的每个电势,将老化最小化。

4)前三种方法结合使用。

追溯到 1986 年的专利中,其目标是调整每个电极的电压以便在 TEABF$_4$/PC 电解液中工作的超级电容器的老化速率最小化。这种不对称性的主要优势如表 10.1 清晰所示。

表 10.1 不对称性对老化和性能损失的影响

电极厚度比(+/-)		起始性能		3.0V/70℃保持 1000h 后的性能	
		ESR/Ω	电容/F	ESR/Ω	电容损失/(%)
超级电容器 1	1/0.6	6.5	1.00	7.4	-5
超级电容器 2	1/1	5.2	1.20	8.9	-30

为了优化性能,一个有意义的方案包括:选择具有适应每个离子大小的不同孔径分布的两个碳电极,在电解质中使用的标准化离子盐 TEABF$_4$,非溶剂化的离子 $(C_2H_5)_4N+$ 的大小认为是在 0.348nm[96] ~ 0.40nm[97],且 BF_4^- 的大小在 0.22nm[20] ~ 0.245nm[98]。表 10.2 显示了当正极的孔径分布比负极的孔径分布低时,电容器的电容值增加且 ESR 降低[99]。交换两个电极证明电容会降低而 ESR 会增加。这些事实证明在离子大小和活性炭孔径分布之间存在一个折衷[100]。

表 10.2   孔径对体积容量和 ESR 的影响。电极 B 为最小的 PSD

	负极	正极	体积比容量/（F cm^{-3}）	ESR/mΩ
超级电容器 1	A	B	26.6	24
超级电容器 2	A	A	20.8	23
超级电容器 3	B	B	27.5	257
超级电容器 4	B	A	18.8	243

就这个不对称原则也申请了很多其他的专利（EPCOS[101]、Maxwell[102]、Nisshin-bo[92,103]、CapXX[104]、Ultratec[105]等），所有的这些专利都是 1986 年那个专利的替代解决方案。

虽然，不对称性显得很有吸引力，但是，这样的两个不同的电极产品使其在工业上更加难以管理。在这种情况下，就需要防错法（poka – yoke）的出现。

10.2.1.3   产业化超级电容器用的工业活性炭

多年来，人们认为质量比容量或体积比容量（与离子的尺寸和碳的孔径有关）与Brunauer – Emmet – Teller（BET）表面积（其数量与氮气分子和同样的氮气分子量下得到孔容大小有关）成比例的。正如某些作者（Béguin 和 Simon 课题组）证实的那样，超级电容器中使用的离子（溶剂化或者非溶剂化）的大小总是比氮气分子要大。如图 10.7 和图 10.8 所示，不论在水系还是在有机介质中，通过氮气测定 BET 表面积和质量比容量之间不成比例。

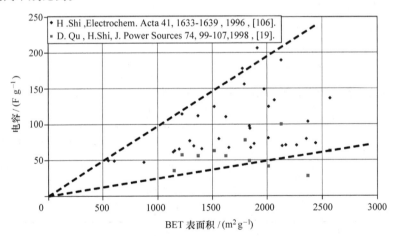

图 10.7   多种活性炭在水系电解液（KOH 30%）中的
重量比容量和 BET 表面积的关系（77k，氮气）

如前所述，大多数工业电极由粉末制造。织构碳非常昂贵且密度低，用在大型的超级电容器产品中有一些问题：这样的自支撑材料与外部终端的连接复杂且产生的接触阻抗很高。

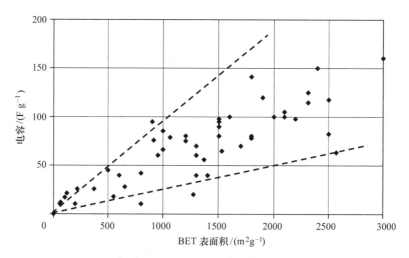

图 10.8　多种活性炭在基于 Et_4NBF_4 盐的有机系电解液（溶剂：PC 或者乙腈）
中的重量比容量和 BET 表面积的关系（77k，氮气）

人们提出了很多关于活性炭超级电容器在有机介质中工作的建议。其中一个常见的建议是考虑电极的孔径分布和孔容，例如：

日本 Asahi Glass 公司在一专利中提到将大孔的孔容限制到小于整个孔容的 10% 且 50% 的孔容必须是微孔（孔径小于 2nm）[107]。比表面积必须限制在 $1000 \sim 1500 m^2 g^{-1}$ 而不是 Morimoto 等人[108] 在几年前提到的 $2000 \sim 2500 m^2 g^{-1}$。

Kureha 确认这个界限范围是在 $800 \sim 2000 m^2 g^{-1}$，尤其倾向于在 $1050 \sim 1800 m^2 g^{-1}$[109]。许多 Matsushita 的专利确定了这样的值：为超级电容器使用的活性炭电极的 BET 表面积应当限制在 $1500 m^2 g^{-1}$ 左右而不是 $2500 m^2 g^{-1}$。这种碳可以通过碱性的氢氧化物在低温（$750 \sim 850$℃）下活化制得[110]。

Endo 等人[111] 用活性炭得到了很好的结果，其具有的表面积低于 $1500 m^2 g^{-1}$。最好的结果是从基于聚氯乙烯（PVC）前驱体的碱活化得到的，其表面积在 $700 m^2 g^{-1}$ 左右，质量比容量和体积比容量分别为 $168 Fg^{-1}$ 和 $148 Fcm^{-3}$。这样的结果可比得上具有 $2500 m^2 g^{-1}$ BET 表面积的超级活性炭（$180 Fg^{-1}$ 和 $80 Fcm^{-3}$）。然而由于材料密度的原因，体积比容量要高一些。

JEOL 已经证明了经 KOH 活化的低表面积活性炭（$300 \sim 400 m^2 g^{-1}$）具有同样的趋势[112]。

所有的这些结果都确认了在有机介质的电容值和 BET 表面积之间不存在比例关系；而是在碳孔径分布和电解质离子大小之间存在着一种折衷。最近的许多发表作品都得到类似的结论[50,113,114,115,116]。然而，这类容量优化方法不会降低超级电容器的循环性能和增加 ESR，具有重要的意义。

活性炭前驱体对性能的影响　另一个优化活性炭方案的专利是混合不同物理化学性能的不同活性炭[117]。这个概念的创意是同时使用一种可石墨化碳和另一种非石墨化碳。作者证明从每种碳分开测试得到的结果并没有混合这两种碳的效果好。结构上的原因可以从本质上解释这个结果：非石墨化碳具有好机械强度和低的在充放电过程小的体积变化，而可石墨化碳具有很好的容量密度但是有大的膨胀系数。正如 Takeuchi 等人[118]宣称和 Hahn 等人[119,120]证实的那样，这种膨胀就意味着嵌入现象。然后，这两种碳的混合体限制了膨胀且得到相当高的体积比容量。然而，这种膨胀现象在含有 PC 的电解液中尤为显著，而在 ACN - 基的电解质中不常发生。确实，在锂离子电池领域中，PC 嵌入现象已经被熟知了很多年，因此严重限制了 PC 在电池用电解液中的应用。另外一个可能在电化学现象中起作用是材料的纯度。Kuraray 提出了一个关于重金属出现的严重问题[121]：这类金属的含量如果超过了 50ppm，就会引起短路或产生自放电，也就意味着在超级电容器中使用未经任何特殊纯化处理的天然活性炭是不切实际的。碱金属是超级电容器重要的杂质[122]。硫[123]、铁和锰[124]也被认为超级电容器的重要杂质。为了保证碳材料在很长一段时间内稳定的活性，Asahi Glass 建议通过由活性炭制备的可极化电极的使用，严格限制铬、铁、镍、钠、钾和氯化物的含量。同样，灰分的含量必须限制到 0.5% 以下[125]。

10.2.1.4 活性炭的粒径分布及其优化

虽然颗粒间的孔隙会产生一些大孔隙，但是粒径分布是强烈影响性能（例如，体积和质量比容量）的重要参数。

这种影响的良好案例如表 10.3 所示[126]。

表 10.3 粒径对电极密度和体积容量的影响

双电层电容器	平均颗粒尺寸/μm	电极密度	静电容量密度/(Fcm^{-3})
样品 1	2.36	0.924	33.6
样品 2	8.64	0.987	36.0
样品 3	9.8	0.983	35.7
样品 4	13.23	0.956	34.8
样品 5	26.28	0.913	33.0

Kuraray[127]建议使用中等粒度（D50）限制在 4 ~ 8μm 之间的碳为 EDLC 的一个极化电极，显示了良好的可塑性且可实现高密度或高容量电极的要求。同样，10% 的颗粒（总体积）必须小于 2μm[128]。

为了增加电极密度，测试了一种含两类粒径分布不同的活性炭混合物，并得到了令人关注的结果[129]，尽管在电极制造过程中这样的方案比较难以实施。

1. 表面基团影响性能和解决方案

在工作过程中容量下降和阻抗增加，以及自放电是限制有机电解液的超级电容器市场化的三个关键因素。关于老化的文献比较少，因为在产业环境下这类信息需要保密。基于此原因，在科学杂志和专利中撰写一个文献综述是具有重要意义的。在这 45 年间，基于在有机介质中工作的活性炭超级电容器的研究，本质上都是工业和学术实验室合作得到的，并且通常都会申请专利。

表面基团对超级电容器的性能是正面影响还是负面影响是存在争议的。在水系介质中，这些基团的存在是很有必要的，因为它们可以对整个电容贡献额外的可逆赝电容容量（表面基团的氧化还原反应）[106,130,131]。这样的贡献最初被 Delahay[132,133] 预料到，然后在 20 世纪 70 年代被 Schultze 和 Koppitz 推广到了水系介质[134] 和有机介质[135] 中。

然而，Sullivan 等人[136] 显示过多的氧会增加材料的阻抗，这正如 Momma 等人[137] 和 Qiao 等人[138] 在水系和有机系中所确认的那样。Kötz 课题组也展示一种先氧化然后在第二步还原的玻璃碳，作为唯一氧化的玻璃碳，其显示了较高的容量和较低的电阻[139]。

在水系介质中，酸性基团是有害的[140]，其原因如下：

1）在低电位下它们会产生气体（正如 Mayer 等人[141] 所确认的那样）；

2）它们会严重缩减超级电容器的寿命[142]。

对于在有机介质中的超级电容器，Morimoto 等人[108] 已经证明了在工作过程中电容的降低与氧有关，活性炭富含的氧越多，释放气体的量就越高（基本上电解水产生的氢气）。Jow 等人[143] 证明了活性炭表面基团的含量严重影响了超级电容器的可用电压窗口。因此，在有机介质中，为了抑制电解质分解，必须选择贫氧碳，更具体地说就是含有少量的羧基基团。

根据 Yoshida 等人[144] 所述，漏电流，也就是说超级电容器自放电的一部分，与表面羧酸基团的数量有关。

2. 自放电

根据 Conway 等人[145] 的理论研究，有三种自放电机制：

1）如果电容器（或电池）超过电解质相应的分解电压上限进行过充，由于过充电流和穿过双电层直到 h 变为 0 连续不断放电的缘故，自放电就对应于过电位 h 的自发下降。对应于法拉第电荷传递反应的漏电过程，具有一个与电压关联的法拉第阻抗 RF，与双电层电容并联工作，其值随着电压下降而增加。

2）如果电容器材料及其电解质包含的杂质在对应电容器充电过程中电势差的电压范围内可氧化或可还原，电容器就会变得在一定程度上不可极化。如果只有很低浓度的杂质存在的话，自放电的氧化还原过程就受扩散所控制。

3）如果储能装置具有内部欧姆漏电通路，例如，由于不完全封闭的双极性电极或电极间的接触，自放电会通过电耦合效应发生。

Ricketts 和 Ton – That 将有机介质中工作的超级电容器的自放电与充电过程中从离子堆积的区域开始的扩散联系在一起[146]。

碳的氧化可以增加容量但是会急剧加速超级电容器的老化。如我们前面看到的那样，碳表面的官能团功能不一，取决于电解质是水系还是有机系。

为了电化学应用，出现了许多针对碳表面改性的处理：酸处理[147,148]，氧化处理[149-151]，电化学处理[152]，热处理[153]，激光处理[154]，等离子照射处理[155,156]，抛光处理[157]，溶剂中洗涤[158]，磺化后再氢化[159]，第一步通过氯气或溴气卤化，第二步在氢气中进行脱卤反应的处理[160] 等。

Hirahara 等人[161] 展示了一个利用电化学的方法进行锂掺杂的活性炭以减少容量的

损失（非固定方式和恒电流充放电）和增加电解质的工作电压窗口。然而，没有原因可以解释这种事实。同时，Honda 认为表面基团倾向于导致容量的损失且提出在氢气或氮气气氛下会减少，但是需注意的是，氢气似乎比氮气更有效（在氮气下，经过数小时的热解反应，含氧基团重新形成，而在氢气中则为还原表面基团）[162]。这样的结果已被其他研究[163,164]所证实：Mitsubishi 认为表面官能团的含量必须限制在 0.5meqg^{-1}内[165]。Nippon Oil 认为用在超级电容器中碱活化的碳必须在氧浓度是 2000ppm 体积或更少的惰性气氛中进行热处理，以获得一种酸性基团的总量为每单位重量 0.2 ~ 1.2 个的活性炭[166]。Matsushita 的研究与同样含量的酸性基团一致（碳的表面官能团的含量限制在 0.37meqg^{-1}内）[167]。

因此就表面基团而言，活性炭制造商为了改善超级电容器的老化性能，而严格限制了表面基团的数量，尤其是酸性基团的量，然而有机介质中的赝电容现象仍然不是理解得很清楚。

10.2.1.5 粘结剂

1. 粘附力和内聚力：主要因素

粘结剂必须结合两种功能：在颗粒之间形成强的内聚力和使电极粘附在集流体上。

1972 年首个 EDLC 专利中的某个作者提到，需要解决的一个主要问题是在涂层和集流体之间获得一个良好的粘附力，以抑制 ESR 的增加和电容的降低[168]。

电极中粘结剂的含量必须低，原因如下：

1）必须保证颗粒 – 颗粒之间的接触和颗粒 – 集流体之间的接触最大化。

2）电解液必须浸润颗粒：颗粒间的体积不可以被粘结剂阻碍。

3）大多粘结剂都是绝缘的聚合物：电极中高含量的粘结剂会增加元件的 ESR。

4）粘结剂是非活性材料，能够降低体积比容量和质量比容量值。

2. 电极 – 集流体界面和现行解决方案

包覆技术仍然是实现目标最简单的方法。在 1988 年，Morimoto 等人[169]提出用水系 PTFE – 活性炭混合物涂覆集流体，来制造在有机介质（TEABF$_4$/PC 或乙腈）中工作的 EDLC。这个专利被认为是超级电容器的大多数涂覆技术的母版专利。

涂覆的主要优势是控制电极的厚度和获得良好体积密度的功率和能量。后来，大多数的超级电容器制造商选择了这样的技术：Matsushita、Maxwell[170]、SAFT[171]、CEAC[172]、Kureha[173]等。然而，这个技术具有两个主要的缺点：

1）电化学稳定的粘结剂的成本（在水系或有机悬浮液中可用）。

2）实现过程需要产生含有大量溶剂的"墨水"。这种溶剂必须通过蒸发去除或者真空去除。Maxwell 研发的一种替代方法宣称其实施过程只需要少量或不需要溶剂[174]。

在超级电容器中应用最广泛的粘结剂是 PTFE，因为其具有高的电化学惰性和能够在水系介质进行加工[175]。电极通常含有 3% ~ 5% 的 PTFE，这种聚合物不可挤压且通常具有纤维组织而在扫描电镜（SEM）下容易被观察到。

使用涂覆技术的一个可供选择的方案是采用能溶解在水中的乙烯基或有纤维质的粘结剂，例如 PVA（聚乙烯醇）或 CMC（羧甲基纤维素）[176]。然而，这类粘结剂与约

2.7V 或 2.8V 的操作电压不匹配，也就是说，大约需要 +1.3V 的标准氢电极的电压（SHE）。例如，研究清晰表明 CMC 会在此电压下分解[177]。通常地，CMC 不会单独使用而是与丁苯橡胶结合使用（SBR）[178]。

为了获得超级电容器电极，聚酰亚胺是一个有趣的选择，其必须在高温下工作（例如，结合离子液体使用）。然而，这种聚合物难以使用（通常在有机溶剂中以树脂形式）且极其昂贵。此外，这个过程需要对有机溶剂进行蒸发和特定后续处理，后面这种粘结剂的优势是具有非常良好的热稳定性和化学惰性，因此，相比其他粘结剂可在更高温度（400℃）下除去气体。

表 10.4 比较了不同粘结剂的老化性能。采用的电解质是 1M Et₄NBF₄/PC，隔膜采用的是聚丙烯。在 0~2.8V，采用 1A 的恒电流充电/放电。如表 10.4 所示，粘结剂在更高的温度下进行干燥，使粘结剂的阻抗和容量在整个工作时间内保持稳定。

表 10.4　粘结剂对老化性能的影响（Varnish 和 Rickocoat 是聚酰亚胺型粘结剂）[179]

粘结剂	热处理温度（低压下的温度）/℃	初始性能		2.8V 循环 3000 次后的性能	
		电容/F	内阻/Ω	电容/F	内阻/Ω
日本宇部的 U - Varnish A	400	15.3	0.52	14.5	0.59
Rikacoat SN20E 的 Shin - Nihon Rika	350	15.4	0.51	14.7	0.56
日本东洋纺的 Varnish，N7525	330	15.2	0.50	14.6	0.52
维生素	120	14.3	0.65	9.3	1.12
聚乙烯醇	120	14.4	0.66	8.4	1.34

就纤维素而言，其阻抗显著增加且容量降低，PVA 的性能最差。粘结剂的配方在评估超级电容器电化学性能方面起着关键性的作用。然而，目前使用的 CMC，具有低廉的成本和涂覆工艺的可用性，在水系介质中使用 CMC 可以避免废气的管理问题。此外，许多类型的 CMC 已经为不同的应用进行了开发，然而，与使用这样的产品相关的一个主要问题是需要维持一个特定的 pH 范围（通常在 5~7），进而维持一个良好的机械稳定性。因此，在理论上，这样的 pH 值会阻止碳材料含有过多酸性基团[180]。然而，CMC 的化学改性，例如，通过嫁接铵盐以取代钠盐可以改变 pH 范围，以便碳和粘结剂之间更好的作用。例如，Hitachi 证明 PTFE 和羟烃基纤维素的混合物比 CMC 和聚乙烯吡咯烷酮在电解质中更加稳定[181]。最近，Zeon Corporation（具有改善粘附力的 SBR 型粘结剂）和 JSR - Micro（为锂离子电池和超级电容器所用的新型聚丙烯酰胺粘结剂）已经研发了新型水系粘结剂。

然而，Qu[182] 的研究表明容量与碳材料在水系电解质的润湿性有关，这种润湿性取决于表面存在的官能团类型。可润湿性特别有助于增加用于制造电极的碳和粘结剂之间的粘附力[138]。

替代涂覆的一种方法是挤压。这种方法的优势是对糊料采用加压从而实现大幅度限制溶剂的使用（有机或水系）。这类聚合物，除了 PTFE 和聚酰亚胺以外，都可单独挤压或在处理溶剂中挤压。其充电倍率通常相当高（活性炭至少80%）且可轻易地获得很高的厚度[183-185]。

因此就粘结剂而言，PVDF[186]［采用有机溶剂，例如 N - 甲基 - 2 - 吡咯烷酮（NMP）、二甲基亚枫（DMSO）、四氢呋喃（THF）等］和 PTFE（水系或乙醇悬浮液处理）都是 CMC 和 PVA 粘结剂的非常好的备用选项。

10.2.1.6 导电添加剂

正如在此章节开头提到的那样，像活性炭一样的活性物质并不是导电性很好的材料。在 1972 年，Zykov 等人[187]建议向含活性炭的聚合物浆料中添加炭黑以改善 EDLC 电极的导电性：这个专利是现存所有使用涂覆和挤压技术专利的基础。

为了降低其 ESR，通常很有必要添加一种能够改善活性炭电极导电性的合适材料。已经开发的导电添加剂有多种，如炭黑[188]，介孔炭黑［Ketjenblack（科琴炭黑）］，乙炔黑，碳晶须，碳纳米管，天然石墨或人造石墨，金属纤维（如铝或镍纤维），金属颗粒等。导电材料的平均粒径范围在 1/5000 ~ 1/2，颇具优势，尤其是与活性炭的平均粒径一样大时，即 1/1000 ~ 1/10[189]。

科琴炭黑（Ketjenblack）和乙炔黑，是两种通常首选的炭黑类型，虽然这两种炭黑有轻微的不同[190]。通过气化作用制备的某些炭黑具有大量的中孔，炭黑是反应的副产物（例如，Ketjen EC600、Ketjen EC300、Printex XE - 2）[191]。在 2006 年，Wissler 对石墨和碳材料的全面分类进行了综述[192]。

炭黑具有导电性且已经在聚合物工程和电化学工业上得到了广泛应用，主要用于电导率的改善。其由球形颗粒组成（初级颗粒），直径在 10 ~ 75nm，然后形成 50 ~ 400nm 大小的团聚体（熔融初级颗粒）。当团聚体均匀分散且与基体混合后，就形成一个紧凑的一维、二维或三维的导电网络。炭黑通常非常纯净（97% ~ 99% 的碳）且被认为是非晶态的。然而，其微观结构却与石墨类似。

通常地，对导电添加剂的要求如下：

1）良好的导电性；

2）可接受的耐腐蚀性；

3）高纯度；

4）廉价；

5）高导热性；

6）尺寸稳定性和机械稳定性；

7）重量轻且易于处理；

8）存在多种物理结构；

9）易于加工成复合材料。

到目前为止，只有炭黑被超级电容器制造商选作导电添加剂，考虑到它们的需求，这样的碳材料是一个很好的折中选择。然而，如果 CNT 和碳纳米纤维的成本降低、纯度增加，它们将是很有前景的材料。

炭黑对体积比容量、质量比容量和 ESR 的影响如图 10.9 和图 10.10 所示[193]。然而，不管导电添加剂的含量多少，电极的厚度对 ESR 都有严重的影响。考虑这个事实，大多数为功率用途而制备的电极的厚度在 100μm 左右（50～120μm）。

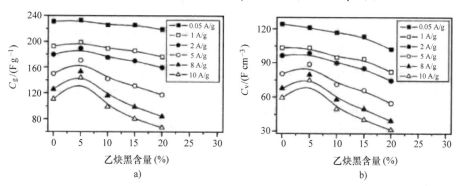

图 10.9 不同倍率下 a）质量比电容和 b）体积比电容随活性炭基电极中乙炔黑含量变化的曲线

10.2.2 电解液

市场上存在着各种各样的电解液。老化分析与溶剂或盐有紧密联系。毒性、导电性和热稳定性是电解液的重要参数。

10.2.2.1 电解液对性能的影响

超级电容器中储存的能量与施加电压的平方成比例。这个电压通常受限于整个系统的电化学稳定窗口。对于一个固－液系统，这个参数不仅受限于盐和溶剂的电化学稳定性，也受限于电极的劣化。

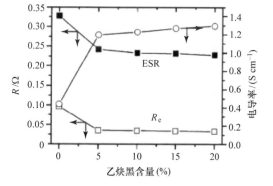

图 10.10 ESR（等效串联阻抗）、R_e（电子阻抗）及电极电导率随乙炔黑含量变化的曲线。R_e 和电导率通过四点法测得

因为储能原理中所决定的，电解液强烈影响了超级电容器的性能。电解液可改善 ESR 和电容值，且在老化过程中产生气体[194]。为了弄清电解液的影响，需要注意的是电解液是一个具有受限的离子热动力学系统。通常地，在电极保持稳定的情况下，电解液就是超级电容器的最大限制因素。

电解液的关键参数是导电性、电化学稳定性（即老化性能）、热稳定性和安全性（即毒性）。

1. 导电性

电解液的导电性能与离子浓度、离子迁移率、溶剂或溶剂混合物以及温度有关。

2. 离子及其浓度范围

选择盐的首要标准就是使获得的电解液具有良好的导电性。因此，在超级电容器中，阳离子通常是季铵盐离子，其在溶剂中具有良好的溶解性和导电性，且具有高介电常数。这样的阳离子比碱性阳离子更好，因为可避免在偶尔过载的正极上产生会导致电极钝化的碱金属的可能。此外，相比 Li/Li$^+$，这样的阳离子还原电位非常低，这为电解液提供了一个很宽的稳定范围。Peter 等人[195]指出使用玻璃碳作为工作电极，25℃下，稳定的负极四乙铵在二甲基甲酰胺（DMF）中可获得一个电压，约 -3Vvs 饱和甘汞电极（-2.96V/Ag/AgCl、-2.78V/ENH、0.26V/Li/Li$+$）。前人在不同的电极上还原季铵盐离子进行了很多研究[196-202]。无论什么性质的烷基基团，RN$_4^+$离子通常被还原成烷烃类，即三烷基胺。常引用的阴离子是 BF$_4^-$、ClO$_4^-$、PF$_6^-$ 和 SO$_3$CF$_3^-$。这类离子通常具有相对较大尺寸（除了 BF$_4^-$），其阳极稳定性为以下顺序：PF$_6^- \geqslant$ BF$_4^- >$ SO$_3$CF$_3^- \geqslant$ ClO$_4^-$。另外一段最常用的盐是 Et$_4$NBF$_4$（四乙基四氟硼酸铵或 TEABF$_4$）和 Et$_3$MeNBF$_4$（三乙基甲基四氟硼酸铵或 TEMABF$_4$）。Asahi Glass[203]研究了不同的盐，且提出了用 Et$_3$MeNBF$_4$ 代替 Et$_4$NBF$_4$，因为 Et$_4$MeNBF$_4$ 的介电常数要高一些。表 10.5 总结了四种不同溶剂（PC、DMF、γ-丁内酯和 ACN）中的离子导电性。

表 10.5　有机电解液（1M，25℃）的电导率（mS/cm）[204]

电解液	碳酸丙烯脂（PC）	γ-丁内酯（GBL）	二甲基甲酰胺（DMF）	乙腈（AC）
LiBF$_4$	3.4	7.5	22	18
Me$_4$NBF$_4$	2.7	2.9	7.0	10
Et$_4$NBF$_4$	**13**	18	26	**56**
Pr$_4$NBF$_4$	9.8	12	20	43
Bu$_4$NBF$_4$	7.4	9.4	14	32
LiPF$_6$	5.8	11	21	50
Me$_4$NPF$_6$	2.2	3.7	11	12
Et$_4$NPF$_6$	12	16	25	55
Pr$_4$NPF$_6$	6.4	11	19	42
Bu$_4$NPF$_6$	6.1	8.6	13	31
LiClO$_4$	5.6	11	20	32
Me$_4$NClO$_4$	2.9	3.9	7.8	7.7
Et$_4$NClO$_4$	11	16	24	50
Pr$_4$NClO$_4$	6.3	11	17	35
Bu$_4$NClO$_4$	6.0	8.1	12	27
LiCF$_3$SO$_3$	1.7	4.3	16	9.7
Me$_4$NCF$_3$SO$_3$	9.0	14	24	46
Et$_4$NCF$_3$SO$_3$	11	15	21	42
Pr$_4$NCF$_3$SO$_3$	7.8	11	15	31
Bu$_4$NCF$_3$SO$_3$	5.7	7.4	11	23
Et$_3$MeNBF$_4$	**15**	—	—	**60**

注：加粗字体为 EDLC 中三种最常用的电解液。

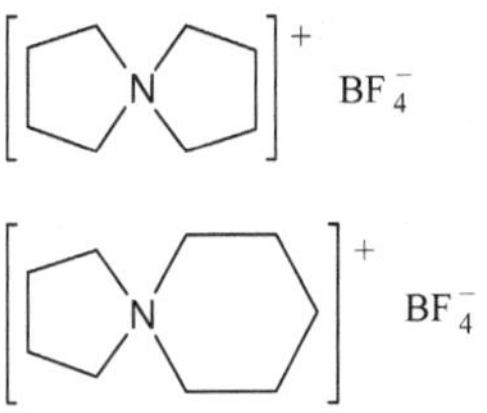

相对于其他溶剂，在 ACN 溶剂（$55 \sim 58\mathrm{mS\ cm^{-1}}$，1M TEABF$_4$）中，溶液的导电率要高[205]，因此使用 Et$_4NBF_4$ 溶解在 ACN 作为电解液就快速推广开来。日本工业界偏好用 PC 替代 ACN，因为 ACN 具有毒性。目前，基于 PC 电解液的超级电容器的寿命要低于 ACN 电解液的寿命，这表明了溶剂会对元件的寿命有影响[206]。

目前，为了提供比 Et$_4$NBF$_4$ 更高的浓度和更高的电化学稳定性，Japan Carlit 研制了螺旋形盐（见图 10.11）。然而，这样的电解液比标准 1M TEABF$_4$/ACN 电解液更贵，尽管在性能上占优势（见表 10.6）。

图 10.11　螺旋形盐样品

表 10.6　相对 PC 基电解液，螺旋形盐对电解液性能的提升

电解液	盐	溶剂	浓度/ （mol L^{-1}）	电导率/（mS cm^{-1}）		长期可靠性		
				30℃	-40℃	20℃时首次 容量/F	300h 后的 电容/F	电容下降 （%）
1	SBP – BF$_4$	PC	2.50	20.41	1.53	1.55	1.41	9.0
3	PSP – BF$_4$	PC	2.50	19.11	1.45	1.55	1.44	7.1
5	TEA – BF$_4$	PC	0.69	11.21	1.31	1.57	1.34	14.8
6	TEMA – BF$_4$	PC	1.80	16.15	1.45	1.55	1.30	16.2
7	TMI – BF$_4$	PC	2.50	20.27	1.08	1.58	0.68	57.1

关于盐的浓度，Zheng 和 Jow[208] 指出超级电容器的工作电压与电解液中盐的浓度成比例。另一方面，为了使系统的比能量最大化必须要求一个最小的浓度（见图 10.12）。

Maxwell 证实了这样一个结果：0.1MEt$_4$ABF$_4$/ACN 电解液中，产生的容量为 103Fg^{-1}，而在 1.4MEt$_4$ABF$_4$/ACN 中的容量升高到 166Fg^{-1}[209]。

本书中所有数据是在室温下得到的。然而，对于大多数应用，超级电容器使用的温度范围是 -30 ~ 70℃。对于宽温度范围应用，超级电容器的使用温度需要在 -40 ~ 80℃ 这个范围内。

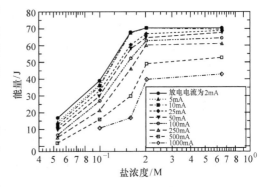

图 10.12　储存的能量与盐浓度及放电电流的关系（2 ~ 1000mA）

虽然浓度限制与温度密切相关，但是在应用过程中，保持超级电容器中电解液中的盐在应用温度范围内不出现结晶是很重要的。

表 10.7 为一些盐在两个温度下（室温和 -40℃）的状态。虽然常温下，在 ACN 中

TEABF$_4$的浓度限制很高（多于 1.5M），当盐的浓度是 1M 时，盐开始在 - 40℃沉淀[210]。

表 10.7　 -40℃下不同浓度的盐的结晶状态以及 25℃时的电导率

条件	-40℃下的结晶状态				25℃时的电导率/（mS/cm）			
盐/溶剂（M）	0.9	1.0	1.5	2	0.9	1.0	1.5	2
TEABF$_4$/乙腈	否	**是**	**是**	结晶	54	57	64	**未完全溶解**
EtMe$_3$NBF$_4$/乙腈	否	否	否	结晶	49	50.9	59.7	63.8
EtMePNBF$_4$/乙腈	未测	否	否	否	未测	55.5	64.5	67.8
TEABF$_4$/PC	**是**	**是**	结晶	结晶	13.6	14.0	**未完全溶解**	**未完全溶解**
EtMe$_3$NBF$_4$/GBL	否	否	否	否	不确定	不确定	20.8	22.5

注：表 10.7 中加粗的值表示不同测试条件下标准电解液问题。

这个研究显示非对称的盐可提供一个较宽的温度范围，且可以提高其浓度极限。当然，盐结晶与溶剂和盐之间的相互作用密切相关。

对于标准电解液，浓度在 1～1.5M 并不是很显著。（图 10.13 的组合来自参考文献 [204，208]）。

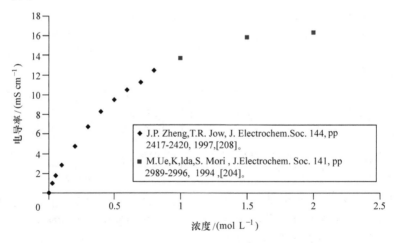

图 10.13　不同浓度的 PC/TEABF$_4$电解液在 25℃时的电导率

超级电容器是一个功率器件，ESR 性能是其中一个重要的参数。然而，整个元件的阻抗不仅仅与电解液电导率有关。如图表 10.8 所示，仅有部分阻抗与电解液的电导率有关。

表 10.8 25℃时电导率对质量比功率和比能量的影响

电解液	电容（参考：100/ACN）	体积比功率，25℃（参考：100/ACN）	体积比能量，25℃（参考：100/ACN）	体积比功率，25℃（参考：100/ACN）	质量比能量，25℃（参考：100/ACN）	电导率（mS/cm^{-1}），25℃（参考：100/ACN）
PC/TEMABF$_4$ 1 M	100	81	100	81	84	27
ACN/TEABF$_4$ 1M	100	100	100	100	100	100

此外，电解液，尤其是其中的盐，是超级电容器成本的一个主要部分。

综合考虑，大多数公司将 TEABF$_4$/PC 或 ACN 电解液的浓度限定到 1M。

3. 溶剂

选择溶剂的标准取决于以下几点：

1）溶剂对电极的电活性物种或电极材料的响应能力。

2）溶剂的介电常数（溶剂的介电常数 ε）和极化度。单个原子或原子基团的极化度是这样一个概念：在磁场作用下，原子或原子基团的行程耗费取决于磁场。这个概念与电荷密度有关。负载集中于一点的集中度越高，极化就越小，这与扩散电荷截然相反。

3）溶剂电化学窗口的稳定性[211]。这个参数取决于所选的盐和系统中存在或产生的杂质。因此，在许多系统下，痕量的氧气和水是非常有害的。在这种情况下，减少无源偶极子的现象可能会干涉系统纯粹的电化学行为，因此，会限制溶剂－盐系统的稳定范围[212]。

考虑这些因素以后，超级电容器使用的溶剂为以下三类：

1）具有高介电常数（和水相近，$\varepsilon_r = 78$）的偶极非质子溶剂，例如，有机碳酸盐、碳酸乙烯酯（EC，$\varepsilon_r = 89.1$）和 PC（PC，$\varepsilon_r = 69$）。

2）具有低介电常数但是具有一个强大的施主特征的溶剂，例如，醚类、二甲氧基乙烷（DMF，$\varepsilon_r = 7.20$）和 THF（THF，$\varepsilon_r = 7.58$）。

3）具有中等介电常数的质子惰性溶剂，例如，ACN（ACN，$\varepsilon_r = 36.5$）和 DMF（DMF，$\varepsilon_r = 37$）。

4. 电化学稳定性和老化现象

电解液使用的一个重要参数是盐和溶剂的电化学稳定性。

正如在许多研究[213-215]中证明的那样，开路电压（OCV）接近 3～3.2 V vsLi/Li$^+$，这取决于工作电极：活性炭并不具有相同的 OCV，这取决于表面基团的含量和类型。

5. 离子和溶剂的电化学稳定性

溶剂的电化学稳定性与杂质以及这种溶剂的阴极电位或阳极电位密切相关[216]。例如，痕量的氧气和水对许多有机电化学系统非常有害。在这种情况下，无源偶极子减少的现象可干涉纯粹的电化学系统且会限制溶剂－盐系统的电化学稳定性[217]。

要用作溶剂，其电化学电位必须比超级电容器的偏移电位要宽，且必须控制杂质的含量。这样的影响如图 10.14 和图 10.15 所示：1 M TEABF$_4$/ACN 中水的含量可严重影响电解液的电化学稳定性[146,218]。

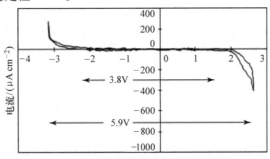

图 10.14　含有 14ppm 水的 1 M TEABF₄ 电化学稳定区窗口

（3.8V）。纯乙腈的理论稳定窗口为 5.9V

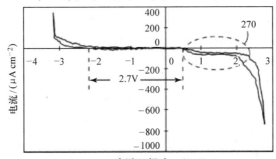

图 10.15　含有 40ppm 水的 1 M TEABF₄ 电化学稳定区窗口（2.7V）

一些常见的溶剂如图 10.16 所示[219]。

离子也具有电化学稳定性。这个参数非常重要，且为了限制电解液的分解必须考虑这个参数。

Jow 等人[221] 已经发表了一个完整的研究证明许多四元络合阳离子盐的这个参数当溶解在 EC/DMC（碳酸二甲酯）（1∶1 混合）溶剂中，作为超级电容器非水电解液时非常重要（见图 10.17）。

6. 电解液引起的老化

如果电解液是纯的且其稳定性高的话，只有与其他超级电容器元件相互作用才会使电解液分解。如前所讨论，对于活性炭来说，一种最重要的电解液降解是通过吸收水以及表面基团（尤其是酸性基团[222]）产生的。如果超级电容器的电压高于

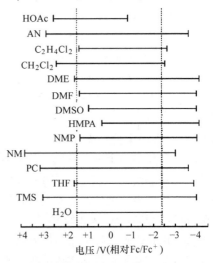

图 10.16　不同溶剂的电化学窗口（vs Fc⁺/Fc），用光滑 Pt 电极在 10μA/mm² 电流下通过伏安法测得。氧化还原电压通过其他参比电极测得[220]

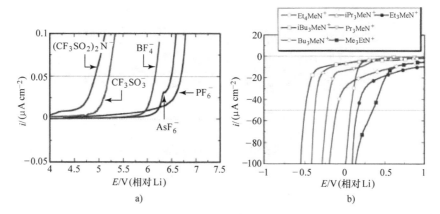

图 10.17　负极 a) 和正极 b) 在含络合离子的 EC/DMC (1:1) 电解液中的限制电压,通过 GC (玻璃碳) 作为工作电极,$50\mu A/cm^{-2}$ 作为截止电流。a) 中的阳离子为 1M 的 Et_3MeN^+,b) 中的阴离子为 1M 的 PF_6^-。扫描速率为 5mV/s。参比电极:Li。对电极:Pt

$2.3^{[223]} \sim 2.5V^{[224]}$,这种相互作用就会呈指数增长。由于相互作用的结果,会产生气体且 ESR 会因为活性炭和隔膜的毛孔阻塞[225]或电极降解[226]而增加。隔膜可带来其他杂质[227]。为了使超级电容器具有高寿命、高容量和低的阻抗,干燥隔膜也是一个重要的步骤[228]。

在电解液中,BF_4^- 离子与吸收的水在正极活性炭上反应,通过电解过程,产生高频 (HFs),然后,质子在 PC 的分解反应中充当了催化剂。

类似地,H_3O^+ 离子迁移到负极产生氢气,从而增加了漏电流。这样,电化学反应发生倾向于产生气体。

Ufheil 等人[229]证明 PC 可被分解成二氧化碳和丙酮,特别是在电池中作为溶剂的时候。Kötz 等人[230]分析基于 PC 电解液 (1 M TEABF_4/PC) 的超级电容器在运行过程中产生的气体,这个研究表明对于 2.6V 的工作电压,产生的气体由丙烯、CO、CO_2 和氢气组成。这些数据已经在 2000 年由 Asahi Glass 公司[231]提到过。这个工作被 Naoi 等人[232]确认过,他们在单元上施加 $2.5 \sim 4.0V$ 的电压,单独表征了从在 PC 基的电解液工作的活性炭正极和负极产生的特征气体和水。作者也在系统中检测到这些气体,且通过原始过程的发展 (见图 10.18),都显示了两个电极产生的气体是不同的。确实,正极产生了一定百分比的丙烯、乙烯、CO 和少量的氢气,而负极仅仅只有 CO_2 和 CO 释放。作者在 3V 的工作电压下也观察活性炭上面石墨烯表层的剥落现象 (见图 10.19) 这个剥落现象伴随着氢气、CO 和 CO_2 气体的产生。作者认为 CO 和 CO_2 源于活性炭表面基团的分解,而 CO_2 也产生于 PC 的氧化过程。氢气产生于剩余水的电解作用。

Kurzweil 和 Chwistek[233]提出了许多理论来解释 ACN 基电解液的分解:

1) 作者认为在超级电容器工作的过程中有 ACN 气体、水蒸气和乙烯出现。

2) 通过移除乙烯,烷基铵阳离子会在高温下分解。

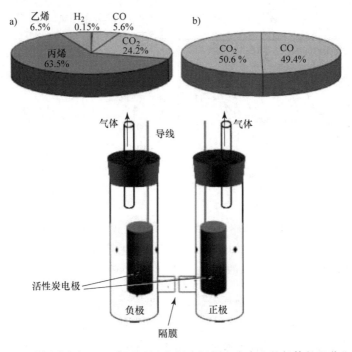

图 10.18　浮充测试中 a）正极和 b）负极电极隔室中产生的气体的组分和比例。
浮充测试采用 H 型单元，4.0V，60℃充电 50h

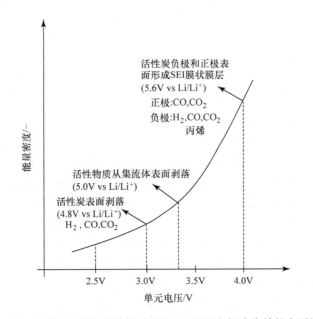

图 10.19　在单元电压区间内影响 EDLC PC 基电解液失效的主要因素

3）氟硼酸根是氟化物、HF 和硼酸衍生物的来源。

4）氢气产生于水的电解和羧酸的氟化作用。

如前所述，超级电容器工作过程中会产生气体。气体的量取决于盐和溶剂[206]：H_2 是 ACN 基超级电容器在其寿命结束后的主要气体且来自于电化学反应。在不稳定操作下，H_2 会源源不断地增加。CO 出现在开始的时候且在不稳定操作下也会源源不断地增加，但是 CO 的含量相对于 H_2 要低。PC 基超级电容器的寿命范围要比 ACN 基的超级电容器单元的寿命范围短三倍。正如 Naoi 课题组所确认那样，CO 是在 PC 基超级电容器工作中产生的主要气体。尽管 PC 的毒性更低，但是 PC 基单元因为会释放 CO，而具有更危险的老化现象。

因此，为了不泄漏，在有机电解质中工作的超级电容器必须机械地抵制内压的增加。为了解决这个技术问题，市场上的主要厂家注册了不同的解决方案，其可分为以下的 5 种：

1）针对元件中的气体由内到外疏散的解决方案。已经测试了方案有换向阀[234]、多孔聚合物膜[235]、金属或陶瓷选择性透过膜[236]。

2）为了压缩元件中的气体使用的解决方案，例如，吸气材料[237]。

3）为了加固元件的解决方案，通过特厚的盖子或罐头来实现。

4）针对减少气体的产生而使用化学试剂的解决方案。这种方法在将来会变得很成熟。

5）针对控制元件开口的解决方案，是通过不可逆的膜或排气塞来实现[238]。最后这个方案具有一个主要的缺点：这个元件不能重新再用且电解液还会泄漏。

人们也已经提出了很多减少电解液分解的方案。Honda[239]在 2007 年已经开发了一个含有诸如硅酸盐或碳酸盐的固体抑酸剂的 PC 基电解液。这种试剂是在正极上使用。这个专利的作者宣称通过阻塞 H^+，减少 PC 的分解是可能的，进而导致产生的气体受限，从而增加超级电容器的寿命。表 10.9 概括了抑酸剂对超级电容器的起始和结束性能的影响。

表 10.9 这些样品中的碳是通过碱性活化的。正极中有无抑酸添加剂的首次和最后的性能

	抑酸剂含量 /（wt%）	首次内阻 /mΩ	首次电容/F	自放电 /（%）	1000h 后的电容/F	电容保持率/（%）	产生气体的量/ml
样品 1	5	3	1873	92	1752	93.5	32
样品 2	10	3.1	1775	94	1668	94	18
样品 3	15	3.5	1676	95	1576	94	8
样品 4	30	4	1380	96	1300	94.2	2

这些结果显示抑酸剂的百分比含量与产生气体的体积成反比。然而，容量的损失并不是很显著，但是在活化剂存在的时候，开始的容量下降得很剧烈（具有 5% 的抑酸剂时容量为 1873F，具有 30% 的抑酸剂时降到 1380F）。这个数据表明酸是气体产生的源头，但容量下降并不与酸的种类有关。而且由于能量密度是关键性因素，因此，这样的数据对于工业应用是相当局限的。抑酸剂似乎可以对自放电有积极的影响，这意味着酸是通过

电化学反应而产生。

在 2008 年，同一作者提出使用苯甲酸钠或苯甲酸钾作为抑酸剂以限制电解液的分解[240]。其影响与少量的 HF 出现有关，这将会进一步生成 NaF 或 KF 和苯甲酸。作者认为形成的酸是吸附在活性炭表面而在整个系统中并不活跃。图 10.20 和图 10.21 概述了这个专利中报道的结果。

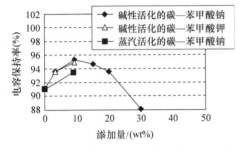

图 10.20   苯甲酸盐的含量对电容降低的影响

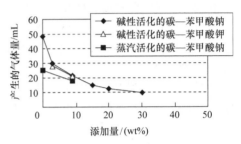

图 10.21   碱性活化的碳和蒸汽活化的碳中苯甲酸盐对气体产生的影响

一方面，这些数据显示酸是在超级电容器运行过程中产生的。另一方面，这些化学物种是气体产生的源头，因为抑酸剂的出现减少了产生气体的体积。综上所述，避免在单元工作过程形成气体是一条有前景的可行之道。

7. 热稳定性和性能

如前所述，电解液会影响超级电容器的性能（能量和功率密度）。文献中显示的大多数数据都是在常温下得到。对于大多数应用，超级电容器使用的温度范围是 –30 ~ 70℃。对于宽温度范围应用，超级电容器的使用温度需要在 –40 ~ 80℃ 这个范围内。

虽然电解液的导电性随着温度的升高会增加（20℃；70℃），但是温度的范围通常是没有问题的，然而，在电解液之间存在着严重差异。例如，不同温度下的 Ragone 图证实了这种影响（见图 10.22）。

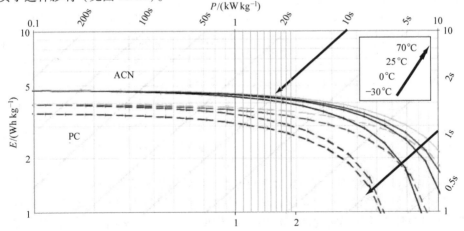

图 10.22   两种尺寸大小相同的超级电容分别使用两种不同电解液
（1M TEABF$_4$/ACN，1.8M TEMABF/PC）在不同温度下的 Ragone 图

碳酸二甲酯/环丁砜或 PC - 基电解液的温度范围和导电性可通过氟苯添加剂和 EMPyrBF$_4$ 盐（乙基 - 甲基吡咯烷酮氟硼酸盐）的使用而得到改善。

对于非水基商业化的超级电容器，-40℃代表了典型的额定低温操作极限[242]。采用水系电解液的超级电容器额定的操作温度可低到 -50℃；然而，由于更有限的最大工作电压，其表现出了较低的能量密度。因此，为了使目前的超级电容器在航天航空电子设备中得到应用，除了其余的电子系统以外，它们需要特别的热控制，因为大多数的太空电子设备都要能够在至少 -55℃条件下能够工作[243]。超级电容器的表征已经扩展到了 -40℃这个界限，主要是研究基本的电极过程和表征漏电现象[244,245]。这些数据显示了元件在 -40℃下性能是可接受的，为更低温度下面的操作留下了可能[246]。然而，由于在商业应用中超级电容器的溶剂（PC 或 ACN）具有相对较高的凝固点，使超级电容器在低于这个温度限的数据非常缺乏。在改善电解液性质中最重要的挑战是设计具有低熔点的电解液配方，使其在低温下保持足够的离子电导率和使在低温下随着溶剂粘度增加的 ESR 最小化。一些有机溶剂具有优越的物理化学特征[247]（见表 10.10）：甲酸甲酯（MF）、乙酸甲酯（MA）、乙酸乙酯（EA）和二氧戊环（DX）。

表 10.10 有望用作低温电解液的溶剂

溶剂	凝固点/(℃)	沸点/(℃)	介电常数(ε)	黏度/(cP)
H$_3$C-C≡N 乙腈	-45.7	81.60	37.5	0.345（25℃）
甲酸甲酯	-100	32	8.5	0.319（29℃）
乙酸甲酯	-98	56.9	6.68	0.38（20℃）
乙酸乙酯	-83.6	77.1	6.0	0.426（25℃）
二氧戊环	-95	78	7.3	0.6（20℃）

混合物的导电性已经在不同温度下测试过且与标准 ACN - 基电解液对比过。这类混合物能在低到 -55℃的低温下面显示非常好的结果（见图 10.23）。然而，高温测试和浮点测试还没有在这些电解质上面测试过。

为了找到比 ACN 更宽温度范围的电解液，提出了其他混合物（见图 10.24）[248]。

在高温下，导电性能对高功率应用更有利。然而，老化通常会加速，因温度的原因电化学反应变得更加活跃。

在极限应用中，ACN 可在 80℃使用。高于这个温度，可使用 PC 基的电解液，但是严重影响了其老化现象，如果仅仅是在高温下面应用的话，其他溶剂可用做 PC 的替代物，例如，环丁砜或 EC。

对于更宽的温度范围，离子液体可能是一个解决方案，下面我们将会描述。

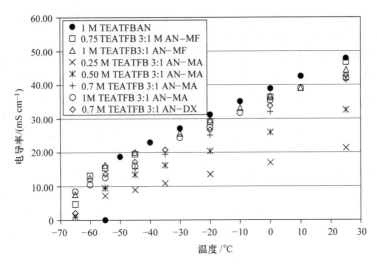

图 10.23　电解液在低温下的电导率随温度的变化，并与标准电解液 1M TEABF₄/ACN 对比

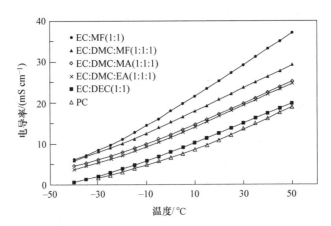

图 10.24　不同溶剂体系（加入了 1M TEMABF₄。EC：碳酸亚乙酯。
DMC：碳酸二甲酯。DEC：碳酸二乙酯）的比电导率随温度的变化曲线

毒性　尽管 γ-丁内酯是 EDLC 电解液的一种有前景的溶剂，但是 γ-丁内酯（GBL）的毒性是值得怀疑的，因为其可成为 γ-羟基丁酸（GHB）的引发剂。在将来，GBL 可能是一种受控的物质[249]。

许多常用的溶剂以及其毒性见表 10.11。

表 10.11　EDLC 电解液用的部分溶剂的可燃性、毒性及闪点

	闪点 FP/（℃）	沸点 BP/（℃）	毒性
乙腈（ACN）	5	81.6	Xn
3-甲氧基丙腈（MPN）	66	165	Xi

（续）

	闪点 FP/（℃）	沸点 BP/（℃）	毒性
丙腈（PN）	6	97	T
丁腈（BN）	16	116	T
碳酸丙烯酯（PC）	123	242	Xi
碳酸亚乙酯（EC）	150	248	Xi
碳酸二甲酯（DMC）	18	90	—
碳酸二乙酯（DEC）	25	126	—
二甲基甲酰胺（DMF）	57	153	T
戊酮（2PN）	7	102	Xi
甲乙酮（MEK）	−3	80	Xi
戊内酯（GVL）	96	207	Xi
γ−丁内酯（GBL）	104	206	Xn
甲基丙基甲酮（MPK）	7	102	Xi
甲酸甲酯（MF）	−19	32	Xn
甲酸乙酯（EF）	−20	54	—
乙酸乙酯（EA）	−4	77.1	Xi
乙酸甲酯（MA）	−10	56.9	Xi
二乙基砜（DES）	246	246	—
二甲基砜（DMS）	143	238	—
环丁砜（SL）	177	285	Xn
二氧戊环（DX）	−6	78	Xi

注：T，有毒；Xn，有害的；Xi，刺激性；—，没有危险。FP 和 BP 可燃，FP 低于零度，BP 低于35℃极易燃。0℃≤FP＜21℃，BP＞35℃，高度可燃。21℃≤FP＜61℃，BP＞35℃，可燃。FP＞61℃，可燃。

10.2.2.2 液态电解液及其存留的问题

如前面表格所示，ACN 的两个主要问题是其低闪点和毒性。这就是为什么大多数超级电容器制造商设计他们的单元时要避免在工作过程发生电解液泄漏的原因。制造商已经做了很多努力来限制单元中电解液的量以避免单元机械破坏时的液体泄漏。尽管这种技术在发展，ACN 在日本仍然不被接受。鉴于日益增长的环境约束，为了替代 ACN 作为电解液溶剂和/或改善 PC 基超级电容器的性能，并考虑到已经完成的很多优化，例如 spiro 盐或 TEMBF₄ 的使用的话，许多研究已经得以了实施（尤其在日本）。结果，并没有发现适当的 ACN 替代物，尤其是在导电性[169]和热稳定性以及电化学稳定性结合方面的替代物[250,251]。重要的是要注意到 ACN 混合物已经被测试且就导电性而言这将变得很有前景，然而，并不能忽视 ACN 的潜在限制[243,252]。如前所述，高导电性液体电解质的一个主要问题是低闪点值。为了提高这个值，研究者们开发了阻燃剂[253]，但是这个解决方案仍然没有得到工业化。

10.2.2.3 离子液体电解液

　　纯的离子液体（没有任何添加剂）已经被测试用作超级电容器的电解液[254]。这样的电解液具有不需要溶剂、在宽的温度范围内保持稳定而且还不易燃等特点。不幸的是，其导电性通常低于基于 PC 溶剂的电解液[255]。一些离子液体，例如，烷基咪唑四氟硼酸盐（除了 EMIBF$_4$[256] 以外）或 N－丁基－N－甲基吡咯烷酮－二（三氟甲基磺酰）亚胺（PYR$_{14}$TFSI）[257] 显示了高的电化学稳定性[258-260]。此外，这些产品因不能蒸馏而难以纯化[261,262]。重要的是超级电容器的寿命与电解液的纯度密切相关[263]。这就导致了这类产品的成本急剧上升，进而不太适合工业化应用。然而，这类新型的电解液可以作为良好的示踪剂以确认数字模拟的结果，可以用以证明离子的溶剂化并不是储存能量所必需的[264]。此外，它们可以在高温下使用[265]。

　　因此，离子液体相对于 PC 基或 ACN 基电解液价格比较昂贵，但是这类电解液可找到应用市场，如在高温下或在低功率密度但须在高电压下工作中应用（如果纯度够高的话）。离子液体已经被用作盐在有机溶剂中进行了测试[266]，如图 10.25 所示[267]。两个非常有趣的研究已致力于这类混合物，且在增加 ACN－基电解液[268] 或无 ACN 溶剂的电解液的导电性上已得到了令人关注的结果[269]。

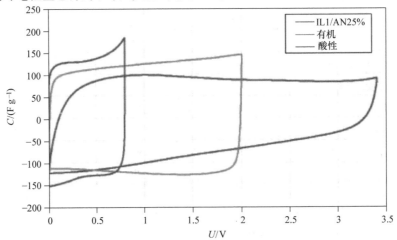

图 10.25　活性炭基的超级电容器在[（C$_6$H$_{13}$）$_3$P（C$_{14}$H$_{29}$）] [Tf$_2$N]/ACN 25%，
有机以及酸性电解液中的循环伏安曲线(5 mV s^{-1})

　　在日本，通过 Nisshinbo 公司和日本无线电公司之间的合作，已经可以得到这样的产品（单体和模块）[270,271]。这类产品，采用的是 DEMEBF$_4$（N，N－二乙基－N－甲基－N－（2－甲氧乙基）铵四氟硼酸盐），已经显示了比标准 PC 基电解液更好的性能[272]。

10.2.2.4　固态电解质

　　固态电解质的主要优势是在制造过程中，将电解液和隔膜浓缩到同一种材料中。考虑到电解液中不能含有任何的电化学杂质，许多固态电解质的研究关注在低电压的碱性体系上，以避免水的分解。

　　超级电容器是功率应用的装置。虽然在具有碱性 PVA 电解质的水系介质[273] 中得到了有意义的结果，但是有机介质全固态超级电容器并没有显示具有吸引力的结果，尤其是低温下导电性的原因（和离子液体一样）和离子在电极中低饱和率。然而，低电压微型超级电容器在数字电子产品中找到了其应用方向[274]，因为其不需要大功率且比微型电池电压管理更容易。固态电解质的超级电容器产品可从 AVX（BestCap）公司购得。

基于这些原因，这样的电解质并没有在大型的超级电容器市场上得到应用。

10.2.3　隔膜

10.2.3.1　隔膜的要求

隔膜的要求有电化学稳定性（高纯度和材料的电化学稳定性）、高孔隙率、高热稳定性和对电解液的化学惰性。此外，隔膜在超级电容器中是一个非活性材料，隔膜的厚度尽可能地薄且成本一定要低。然而，其最小尺寸为下面的原因所限制：

1）自由的碳颗粒会引起电化学短路的风险，这可能会使两个电极接触（高自放电或短路）[275]。

2）机械强度以便缠绕过程顺利进行。

10.2.3.2　纤维素隔膜和聚合物隔膜

理论上，如果超级电容器电极之间的距离可以保持的话，电极可不需要隔膜就可以工作[276]。实际上，维持这样的装置不发生短路是相当不可能的。合适的超级电容器隔膜已经进行了大量的研究。通常地，这样的隔膜在锂离子隔膜（30%～50%）中算是非常多孔的（多有50%，可高达80%），处在45%～90%的范围内。然而，当多孔隔膜孔隙率太高，在超级电容器中也就需要更多的电解液，因此成本也就更高。在隔膜成本、电解液的量以及由隔膜引起的阻抗之间存在一个折衷。主要组成为溶剂－纺纱纤维素或再生纤维素纤维的纸质隔膜通常用作超级电容器的隔膜。图 10.26 显示了这样的一个由纤维素纸制备的纤维素隔膜。这样的隔膜最初是为铝电解电容器所开发的。

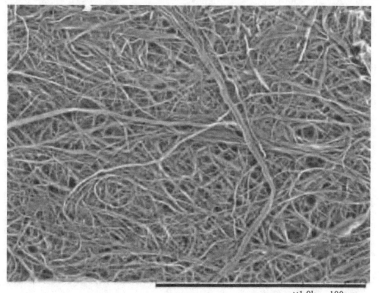

×1.0k　100μm

图 10.26　Batscap 公司 EDLC 用标准纤维素隔膜（×1000 扫描电镜图）

隔膜的厚度范围在 15 ~ 50μm。这种材料的密度相当低（小于 0.85）。由于大型电子市场的存在，隔膜的价格相当低且具有相当高的质量（纤维素的纯度）。然而，有必要干燥隔膜以避免在超级电容器中水的污染[277-279]。干燥过程可通过热脱气或丙酮洗涤实现[280]。由于能量密度和功率密度与电压的平方成比例增长，因此在电极材料的改善上具有相当大的活性。由于传统的活性炭电极材料的电压上限大约为 2.5 ~ 2.7V，那么电极的操作电压上限也得到了发展。当纸质隔膜在至少 3 V 的高电压工作时，就会发生氧化变质，进而导致其强度的下降，还可能导致纸质隔膜的撕裂[281]。因此，纸质隔膜并不适合作为在如此高的电压下工作的 EDLC 的隔膜。

这就是许多聚合物隔膜得以发展并商业化的原因[282]：

1）纤维素隔膜[283]。这种隔膜由一种能够溶解在电解液中材料形成。在超级电容器中，当隔膜被电解液浸润以后，这种材料就溶解在了电解液中（见图 10.27）。

2）玻璃纤维隔膜。纤维的尺寸通常在 1 ~ 4μm 内，且具有 70% ~ 90% 的孔隙率。这样的隔膜的厚度高于 30μm，特别是为了避免短路[284]。基于玻璃纤维更薄的隔膜的开发采用了一种粘结剂，例如，聚酰胺[285]，在纤维之间将其粘结在一起。

3）多孔聚丙烯薄膜[286-288]（见图 10.27）。这样的隔膜主要为锂离子电池使用开发。大多数这样的隔膜没有足够多的孔来维持 EDLC 的低 ESR。

4）具有 mineral charges 的聚乙烯隔膜也被开发用来提高耐热性（见图 10.27）。

5）多层隔膜[290]。在标准的聚合物隔膜上，通过静电纺丝沉积了一层超薄的纤维

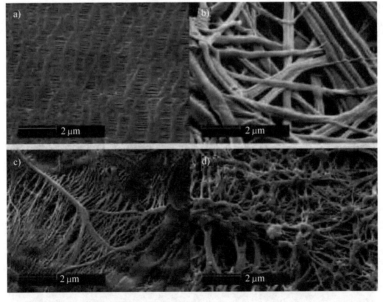

图 10.27　不同材料制成的商业超级电容器隔膜的 SEM 图：a）Celgard 2500（聚丙烯），
b）NKK TF40（纤维素），c）Solupor 14P01A（超高分子量聚乙烯），
d）Gore 11267985 - 3（聚四氟乙烯）。所有的比例尺都是 2μm（T. L. Wade，博士论文）

状团聚体。超细纤维组成的超细纤维状团聚体层的平均纤维直径为 1μm 或更小。这个过程避免了电极间的短路发生。

6）由热塑性树脂和纸浆纤维制成的隔膜[291]。这种隔膜除了具有离子渗透性、气体渗透性或液体渗透性以外还具有优良的机械强度。然而，与纤维素隔膜相比，其成本相当高。

7）PTFE 隔膜（Gore，见图 10.27）。

8）聚酰亚胺隔膜[292]。由于具有高的耐热性，聚酰亚胺可用作高温下应用的隔膜。然而，这样的隔膜的成本相当高且只有在很小的市场上才被考虑。

9）为了更高的耐热性而含有 TiO₂ 的聚酰亚胺薄膜[293]和芳香族聚酰亚胺纤维和纤维素纤维的混合物的隔膜[294]。

T. L. Wade 在超级电容器的隔膜上进行了一些有意义的工作[295]，其得到的结论如下：

1）隔膜是高功率超级电容器阻抗的主要贡献者（造成大于整个阻抗 30% 阻抗，其调查了四种商业化的隔膜）。

2）在超级电容器电阻和隔膜厚度之间存在着一个合理的线性关系（通过改变一个单元中隔膜的数量得以证明）。

3）超级电容器的阻抗是电压函数。

4）电极可能通过电解液损耗和其他可能的反应影响隔膜的阻抗。

10.3 单元的设计

单元设计已经得到了大量研究。设计与目标市场和成本效率紧密联系。组装过程如后所述。

这部分致力于描述各种商业化超级电容器的单元设计。考虑到目标市场，描述了元件的分析情况。

首先，由于它们应用和结构的原因，区分小型元件（扣式）和大型元件（容量高于 300 ~ 500F），是很重要的。

这些单元的封装存在三个主要的过程：

1）灌注（potting）（铝电解电容器过程）。堆叠和绕线过程是卷绕而成的，同时配有针型连接器且整个系统放在一个圆柱形的铝套管内。两种最受欢迎的几何结构是轴向引线来自圆柱体的每个圆形面的圆心，或两根径向引线或极耳在一个圆面上。在旋转操作之前，放置一个丁基橡胶垫片在顶盖的顶部，其中壳体开口是折叠且按压在垫圈内部的，以形成一个有效的密封系统。封装过程是在与电解液和一个电极在电容器工作时相同的电压下进行的，因此当超级电容器串联时，必须注意隔绝每一个电容器。在这种超级电容器中需提供安全排气孔，以便超级电容器可以以一种受控的方式减缓过度的压力，这称之为排气（vetting），其被认为是一种失效模型。排气孔可以作为一个橡胶圈在顶盖上安装或作为一个模组狭缝刻在罐壁上。每一个电容器通气孔的压力是可预测的，且通常设计在大约 7atm 或更高的压力下发生。对于小型电容器而言，其许可电压往往更高。在电容器排气后，电解液可能蒸发出来直到电容器的电容减小。通常地，这样的超级电容器具有高的 ESR 且性能并不是很好。这个技术很适合用于电子应用的小型超级电容器。这样的元件将在后面进行详述。

2）套管和盖子通过碾压、卷曲或具有垫圈的套筒来封装，以保证气密性和避免电极与套管和盖子相连而引起的短路。这个过程与前面的类型相比性能较好。气密性高且非常适用于大型超级电容器。这个技术已被 Maxwell、Nesscap、LS Cable 等公司所接受。

3）套管和盖子通过胶粘剂封装且每个部分都连接到一个电极。在这种情况下，胶粘剂起了两个作用：保证空气和水的密封性以及胶粘剂可以使这两个部分绝缘。这种设计已被 Batscap 申请了专利。

10.3.1 小尺寸元件

小型元件专门致力于电子应用，作为可焊接在电子卡片上的元件：公用事业电表的无线通讯，制动器的能量系统，内存板的备用电源和通信用的无线基站的电源品质。这样的元件也可用于次级市场的音频系统（5~15F），笔记本电脑的电源管理，玩具的储能系统，移动电话 LED 灯的电源系统和其他便携式用途（小于1F，薄单元）。这类市场的主导者是 Panasonic、NEC – Tokin、Elna、Seiko、Korship、Cooper Bussmann、Alumapro、CapXX、Shoei Electronics、Smart Thinker、Nichicon、Nippon Chemicon、Vina、Vishay、Rubycon 等公司。

除了移动应用中的新技术，即发展轻薄的单元之外，这类元件市场的需求仍然很高，但是技术可以认为更加先进。能量密度和功率密度不再是关键性因素。

这类元件可具有两种外形：

1）扣式单元：外形与扣式电池类似（见图 10.28）。

2）卷绕型单元：通常地，容量比扣式单元的容量要高一些。这样的元件外观看起来像电解电容器和介质电容器（见图 10.29）。

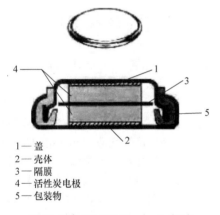

1—盖
2—壳体
3—隔膜
4—活性炭电极
5—包装物

图 10.28 EN/EP Panasonic 扣式
单元构造[296]（金电容器）

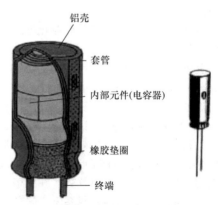

图 10.29 HW/HZ Panasonic 卷绕型
单元构造[297]（金电容器）

10.3.2 大型单元

对于大型单元的构造现在并没有一套标准（尽管标准化正在进行中）：每一个制造

商对其单元的设计取决于内部发展及其性能的优化。

这类器件由 2 种典型的类型：

1）高功率型单元，致力于功率应用，例如，车辆混合动力和城市交通。

2）静态应用的能量单元，如不间断电源（UPS）。

10.3.2.1 高功率型单元

主要的高功率型单元制造商有 Batscap（法国）、Maxwell Technologies（美国）、Nesscap（韩国）和 LS Mtron（韩国）。功率应用要求尽可能小的 ESR，单元设计尽可能简单化。

其中最重要的一个因素是时间常数。这个常数等于电容值乘以 ESR（整个阻抗或 RsDC 直流阻抗或 ESR）。对于这种单元，时间常数小于 1s。

图 10.30 为不同的单元。通常地，这样的单元含有有限数量的元件。

图 10.30 高功率单元。a）Batscap（650～9000F），圆柱形；b）Maxwell 公司（650～3000F），
圆柱形；c）Nesscap（650～3000F），圆柱形；d）LS Mtron（100～3000F），方形和圆柱形

螺旋形单元的双电层电容器一个优势是大表面积的电极可被卷进一个小型的套管内。大电极可大大减小电容器的内阻，套管可极大的简化电容器的封装或双电层电容器需要的封装。在双极板设计中，每个单元必须绕电极的四边进行封装。然而，在卷绕设计中，只有外层需要封装。当单元串联堆叠的时候，卷绕设计并没有双极设计那么高效，因为导线的电阻会将会增加到欧姆降内。

例如，如同在罐和集流体之间直接激光焊接而不含有任何中间部分的单元，已被 Batscap 公司所研发且能大大限制了 ESR 值（见图 10.31）。Maxwell Technologies 和 Nesscap 具有完全相同的设计，采用的是在盖子（或罐）中间的铝质冲压件上进行绕线焊接。电极的厚度一般薄于 100 μm 以便限制 ESR。所有的这些单元都因为导电性和热稳定性采用了基于 ACN 基的电解液，这些单元的额定电压为 2.7V 或 2.8V。

　　汽车和城市交通运输是目标市场，超级电容器进行了大量的测试。因此，人们认为这些单元必须承受过度的重压（差不多 5bar）和完全封装（严禁电解液泄漏）。同时，这些单元必须隔绝水和空气。其盖子和罐必须为铝基材料。

10.3.2.2　能量型单元

　　主要的能量型单元制造商有 Nippon Chemicon（日本）、Panasonic（日本）、Nichicon（日本）、Asahi Glass（日本）和 Meidensha（日本）。大多日本 EDLC 制造商也是电解电容器制造商且在工业化方面具有广泛的知识。这类单元的构造更受电解电容器的启发（见图 10.32）。这类单元类型的 ESR 更高，主要有三个主要原因：这类单元采用的是 PC 基电解液，不是为功率应用而优化设计的，以及电极的厚度通常比功率型单元要厚，以便增加能量密度值。

图 10.31　Batscap 公司在帽和集流体之间直接激光焊接的电容器

图 10.32　能量型单元。a）Nichicon evercap（600～4000F）及
b）Nippon Chemi – con DLCAP™（100～3000F）

　　PC 基电解液的使用和其目标市场用途使能量型单元制造商在设计中采用与电解电容器相同的工艺成为了可能：如塑料部分，在单元的同一边进行连接，卷曲过程等。

　　使用 PC 基电解液，为了限制老化现象，这样的单元的额定电压通常为 2.3～2.5V。

10.3.2.3　软包型单元设计

　　这类单元通常为小型或中型的 EDLC（高达 1000F）所制造。这样的设计，直接来自于锂离子电池手机设计的启发，使能量密度最大化（质量比容量和体积比容量）且在应用中对平面一体化是很方便的，例如手机（CapXX，见图 10.33a）和电子产品。

大型的单元已被 APowerCap（见图 10.33b）、Nisshinbo（见图 10.33c）和 Yunasko（见图 10.33d）所研发。

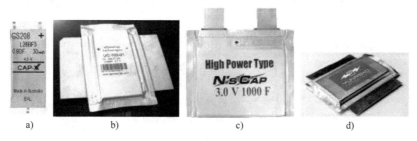

图 10.33　CapXX 的软包型单元。a）［0.9F，4.5V，尺寸（mm 最大）：39×17×3.5］，

APowerCap；b）（430 F，2.7V，57g，45ml），Nisshinbo；c）［1000F，3.0V，尺寸（mm）：

135×130×9.2，202g，162ml，带阀］，Yunasko；d）1500F，84×240×16，250g

由于非常轻型的包装，这类单元具有更高的功率和能量密度。对于小型的电子设备，不需要严苛的环境要求。这类单元的主要的不便之处在于：

1）不能抵抗机械冲击。

2）相对于标准技术，其热管理效率较低。

3）由于气体的生成，单元的体积变化严重。

4）聚合物密封包装长期使用并不能隔绝水和气体。

10.3.2.4　单元设计的争执：方形单元和圆柱状单元

如前所述，市场上有两种单元类型。

对于许多应用，单元的设计是很有争议的，然而，每种单元设计都能够找到其市场，这与单元的型号所挂钩（小型或大型）。考虑到这些因素，总结了目前的现状（见表 10.12）。

表 10.12　方形和圆柱形电容器的关键参数

参数	方形	圆柱形	软包
高达 100F	极少有使用金属外壳的（扁平的电容器）制造商的例子：NEC/Tokin、Cellergy、Maxwell Tech、OptiXtal、Kyocera – AVX、Tecate	普遍的设计 制造商：松下、日本化工、日本电气公司（NEC）、韩国高奇普法拉电容、麦克斯韦科技、尼其电容器，伊娜电容等	一些扁平的电容器设计 制造商：CapXX
优势	方便用于狭窄的环境高体积能量密度	或多或少的低成本密封设计	很轻、便宜、高能量密度
劣势	设计成本高	不能用于平板设备	在特殊环境，如高温和/或高湿度环境下循环寿命短

（续）

参数	方形	圆柱形	软包
100F 以上	Nesscap、LG cable、Nippon Chemicon. Meidensha Loxus	大多数制造商：Batscap、Maxwell、Nesscap、Nippon Chemicon、松下、Elna 等	APowerCap Nisshinbo PowerSystem（电容模块），Yunasko
优势	能量密度比圆柱形的高	便宜，总的来说循环寿命更长，组件数量少，热管理效率高	高能量密度，便宜，组件数量少
劣势	高 ESR、高成本设计（组件/电容数量多）对制造商来说昂贵，热管理效率低	最低能量密度	在特殊环境，如高温和/或高湿度环境下循环寿命短，不抗针刺（存在潜在漏液危险），热管理效率低

注：加粗文字表示不同的 EDLC 类型（高达 100F 的和 100F 以上的）。

大型的方形单元具有更高的能量密度，尤其当它们在几何方面进行模块组装的时候。然而，这样的单元比圆柱体单元包含更多部件且制造成本更加昂贵。

10.3.2.5 水系介质单元

水系电解液的单元没有获得商业化，因为其单元电压很低，只能够得到模块，后面将会进一步详述。

10.4 模块设计

模块主要为专门用途所设计。需要考虑高电压和功率效率。其主要的参数主要集中于热管理、单元组装、连接、电子产品和电路平衡。

在高功率用途中，超级电容器的使用可通过将许多元件进行串联，从而获得更高的电压。高电压的主要优势是增加能量。同时，大多数的应用需要直流－直流变换器（DC－DC converter）：很低的电压（例如，2.5V 或 2.8V）不适合高功率使用（变换器将会变得很贵且效率不高）。

小型超级电容器模块通常以串联或并联的方式直接在电子卡片上组装（例子见图 10.34）。大多数使用这种模块的应用并不需要大电流放电，且热管理不是关键性因素。

过去，与单个电压的寿命相比，大的模块的寿命会大大减少。

图 10.34 焊接在电子卡片上的小型超级电容器模块样品（Vina Technology）

基于这些原因，在过去五年里，主要的制造商进行了许多改善。

基于它们的设计，模块主要被分为两类：

1）由牢固设计的单元串联或并联（圆柱状或块状）组成的模块。

2）软包单体组成的模块。

10.4.1 基于牢固型单元的大型模块

这些模块（hard – type cell）所含如下：

1）单体；

2）单元之间的金属连接；

3）两个带电终端；

4）单元和外壳之间存在的绝缘体，可作为模块的有效散热器；

5）平衡系统；

6）探测器测到的其他额外信息；

7）外壳（塑料或铝箔）。

在模块中，只有单体含有活性物质，基于这个原因，模块的能量密度和功率密度总是比模块中的单体性能要差。安全性、环保和老化方面一定不能因为性能的要求而削减，所以大多数制造商设计的模块都为了最小化单元中非活性材料的质量和体积。在某些情况下，为了方便在最终应用中的放置，单元的几何形状可能与规则的形状迥然不同[298]。

在后续段落中，关于模块类型的无源元件的一些解决方案将会进一步详述。

10.4.1.1 单元间的金属连接

为了增加电压（串联）或电容（并联），有必要将超级电容器的单体一个一个连接起来。这样的连接受限于单元的集合形状和终端在单元上的位置。例如，如果单元的终端是扁平的，那么连接片也将是扁平的（见图 10.35a）。如果模块是管式的（见图 10.35c）且其单元需要卷曲（见图 10.35b），连接片的几何形状可能就更复杂[300]。

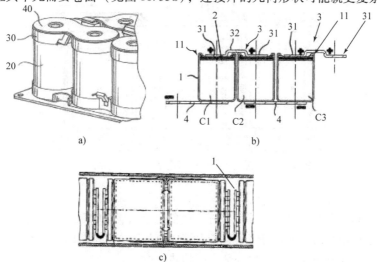

图 10.35 各种形状的连接片。扁平的（a）Batscap，40），带卷边的（b）EPCOS，32），用于管式结构的 U 形连接片（c）EPCOS，1）

元件和连接片之间的机械连接可以如下方式实现，例如，通过焊接[301]，终端和连接片之间的热差值[302]，钎焊[303]，螺钉拧紧[304]等。通常地，连接片起到了从单元到模块外部散热器的作用。

10.4.1.2　模块的电终端

电终端必须接受高电流的负载，在终端和首尾单元的连接点必须具有非常低的阻抗以便严格限制热的产生。这个概念受到了电解电容器技术很大启发[305]。一个普遍接受的方式是将模块终端直接与模块的起始单元和末尾单元焊接在一起[306]（见图10.36）。

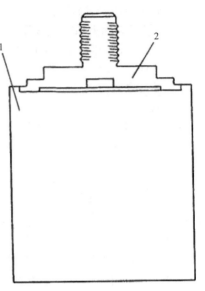

10.4.1.3　模块的绝缘体

市场上模块绝缘体主要使用绝缘材料，以聚烯烃类、多元酯类等为基础。

如果聚酰亚胺和聚四氟乙烯（PTFE）的厚度很小的话，它们将会变得很方便。塑性的或在压力下弹性可变的导热箔，被放置在了储存单元的终端和冷却板之间。这样的导热箔最好含有陶瓷、硅胶、蜡或不同导热基质的混合物且最好含有多层包覆层[307]。

作为绝缘体最有用的一种材料是含有炭黑的弹性体（见图10.37）。

图10.36　超级电容器2上的终端连接1（第1或最后）

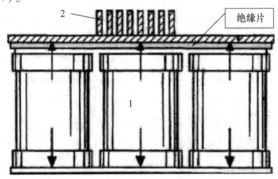

图10.37　绝缘片、散热翼（2）和超级电容器（1）。箭头所指为散热方向

弹性层可同时具有很多功能[308]。其可以允许：

1）电压高于1kV时，弹性层崩溃，从而使整个储能系统包括壳体电化学绝缘；

2）由于可压缩的能力，可吸附整个存储中由制造公差带来的几何分散剂；

3）可改善在整个存储和模块外部之间的热交换。

10.4.1.4　单元的平衡和其他信息探测

为了保证模块的耐用性和安全性，超级电容器单元的热模拟可能是将维持操作温度和超级电容器模块在一个适当范围内的温度均匀性的关键因素[309,310]。

　　单元与单元之间的电压平衡对一系列单元的整个系统的终止充电电压的均匀分布是很有必要的。单元参数（容量、串联阻抗、自放电）并不是完全相等，因为过程和老化的变化[311]。因此，如果没有使用平衡电子，会存在单元过压的风险且会导致过度老化。大部分常见的电压平衡是当电压超过额定电压以后，通过驱使单元内部或外部的一个旁路电流来获得。最适合平衡电压的系统包含了每个串联单元内部的平衡电路。由于使用了充电电流的一小部分，这个电路系统并不能为过压提供全面保护。其效率取决于应用的循环。

　　在一些大电流应用中以及在极度低温下的应用中，很有必要探测其他额外的信息，例如，温度截止系统或对电解液泄漏或氢气探测以防止事故的发生。这样的探测器很昂贵但是对特定市场上的应用很方便。

10.4.1.5　模块外壳

　　图 10.38 说明的是不同模块的铝外壳。Batscap 150 F 54V 的模块（见图 10.38d），由 3000F 的单体组成，其致力于城市运输应用。对于这样的应用，Batscap 为满足先进的交通系统的强烈需求已做了许多努力（详细资料见表 10.13）。例如，这个模块由简单的通风设备来冷却（散热器在一旁）且符合烟雾标准（见表 10.14）。

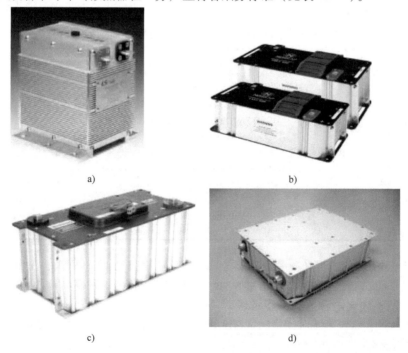

图 10.38　a）LS Cable（16.8 V/500 F）；b）Nesscap（111 F/48V 和 166 F/48V）；
c）Maxwell（165 F/48.6V）；d）Batscap（150 F/54V）的模块外壳

表 10.13　54V 150 F Batscap 模块性能

参数	单位	值
电压	V	54
电容（54V，20℃）	F	150
ESR（DC，54V，20℃）	mΩ	5
ESR（1kHz，54V，20℃）	mΩ	3
时间常数（54V，20℃）	s	0.75
额定 RMS 电流	A	150
最大峰值电流	V	58
储存的能量（54V，20℃）	Wh	61
10s 的有效功率（54V，20℃，DODV50%）	kW	13
10s 的有效功率密度	kW kg^{-1}	0.8
体积	1	18
重量	kg	17
IPrating IP	—	65
温度范围	℃	40 to +65
最高温度（低电流）	℃	80
绝缘等级，HV，50Hz 10s 的情况	kV	2.8
绝缘等级，LV to HV 50Hz 10s	kV	4.6
循环圈数（54V，100 Amp RMS，20℃）	—	>5 百万
浮充（50V，20℃）	h	50 000

表 10.14　54V 150F Batscap 模块以及测试的结果

测试	参考标准或描述	结果
滥用储存	IEC 60068 −40℃，70℃，95% HR 45℃	通过
盐雾	IEC 60068 96h at 5% NaCl	通过
热冲击	IEC 60068 300 cycles（−40℃/70℃）	通过
振动和冲击	NF EN 61373 Catalyst 1 class B	通过
挤压	FreedomCar，two axes	通过
短路	Rshort circuit <1mΩ，20 consecutive times Ishort circuit up to 17 kA	通过
钉刺	FreedomCar Standard reference or description result	通过
过充	FreedomCar 200 and 400 A，no voltage limit	通过
热稳定性	FreedomCar	通过
着火	Methanol fire，45 min	通过
漏液和火花	ACN or H_2 explosive concentrations	模拟

尽管模块的能量密度和功率密度（在 10s 内，3.4Wh l^{-1}，0.8kW kg^{-1}）相对于单元的值（在 10s 内，大于 6Wh l^{-1}，1.4kW kg^{-1}）相当低，但是这种模块却非常安全。

10.4.2　基于软包电容器的大型模块

如前所述，软包单元对优化能量密度和功率密度是很方便的，因为无源元件必须降到最小程度。

为了保证这类组装的高安全性，需要高机械强度的外壳。

Power Systems 已经开发了三种不同的基于软包单元的模块，其在很多应用上都表现出了优异的性能[312]：

基于 54 V/60 F 单位模块的 216 V/15 F 高功率和高能量型（2.3Wh l^{-1}，2.9 kW kg^{-1}，RC = 1 s）。应用：集装箱起重机、电力设备、复印机、施工机械、AVG（无人搬运车）、塔式起重机。

基于 108 V/10 F 单位模块的 216 V/5 F 超高功率型（1.2 Wh l^{-1}，1.5 kW kg^{-1}，RC = 0.2 s）。应用：注射压机、电焊机。

基于两个 202 V/1.8 F 单位模块的 405 V/0.9 F 紧凑且超高功率型（1 Wh l^{-1}，1 kW kg^{-1}，RC = 0.18 s）。应用：通用机床、摆臂机器人。

Meidensha（MeidenCap）也研发了其他新颖的模块。这些平板模块[313]，基于叠加技术（见图 10.39），具有低容量值、高电压和较高的能量密度性能[314]（见表 10.15）。其主要缺点是时间常数（RC ≫ 1s）。目前，这种模块专门致力于 UPS 市场。在其构造中，单元层叠在一个统一体中（堆叠，如在水系介质中一样）。单个单元由一对双极层压制品、一对活性炭电极（浸泡在电解液中）、隔膜组成，且提供了终端。层压叠片被夹在端板之间且用螺栓紧固。整个封装密封在一个铝质的叠片结构包装内。在这些模块中，单元之间提供平衡系统是不可能的。

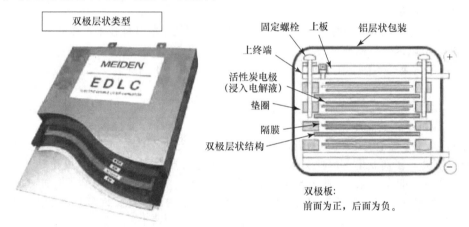

图 10-39　Meidensha 模块结构

表 10.15　**Meidensha 模块 25℃下的性能**

类型	600S1 – 70C	600L1 – 70C	150S1 – 38C	150S2 – 32C
串联单元数	70	70	38	32
外观尺寸（W×H×1）	266×43×316mm	266×43×316mm	158×27×176mm	158×30×176mm
质量/kg	5.7	5.7	1.1	1.3
额定电压/V	160	160	85	72
再生中的最大电压/V	175	175	95	80
容量/F	4.5	3.7	2.0	4.0
ESR/Ω	0.58	0.45	2.0	1.9
质量能量密度/（Wh kg^{-1}）	2.8	2.3	1.8	2.2
体积能量密度/（Wh l^{-1}）	4.4	3.6	2.7	3.5
时间常数/s	2.6	1.7	4.0	7.6

10.4.3　在水系电解液中工作的大型模块

水系介质中电容器的性能不理想，目前还没有单体得到工业化。然而，模块被 Tavrima Canada 工业化已有好几年。Tavrima 的设计是基于大型圆柱体堆叠（见图 10.40）。其能量密度为 $0.7Wh\ kg^{-1}$ 和 $1.1W\ h\ l^{-1}$；相对于在有机介质中工作的模块这些值就相当低。这些模块的主要优势在于低的 ESR，进而提供了一个低的时间常数（0.6s）。

这项技术的主要缺点为使用温度范围为 $-40\sim+55℃$。$+55℃$ 对于汽车市场而言，通常不算一个很高的温度。

10.4.4　基于非对称技术的其他模块

如本章前面叙述，C/C 超级电容器的主要缺点是低的能量密度。

图 10.40　ESCap 90/300 Tavrima 模块（90 kJ/300V），工作介质为水溶液

由于这样的原因，研究了基于每个电极两种不同技术的其他技术也在开发中。

我们可以区分为以下类型：

1）活性炭/MnO_2 技术。到目前为止，只有单元得到了商业化。这类超级电容器在水系电解液中工作。更多详细介绍见第 8 章。

2）水系介质中工作的铅/活性炭技术。这样的单元和模块已被 CSIRO 所研发且 Furukawa Battery 将其商业化。

3）水系介质中工作的 NiOOH/活性炭技术。这项技术多年前由俄罗斯研发，ESMA 和 ELIT 将其进行了商业化。相对于标准的 C/C 超级电容器而言，其能量密度得到了增加。然而，循环性能降低且最大使用温度通常只有 $50\sim55℃$。时间常数也得到了增加（>3s）。

4）有机介质中工作的石墨/活性炭技术。在过去的四年里，许多日本制造商开发了这种技术。其能量密度得到增强。这项技术的主要缺陷是低温下的使用，局限在 $-10\sim0℃$。在 25℃ 下循环性能只有 200000 圈且在未来的几年里将会得到改善。这项技术被人认为是介于 C/C 超级电容器和功率型锂离子电池之间的储能系统。

所有的这些技术的性能如表 10.16 所总结，且与标准的 C/C 超级电容器进行了对比。

表 10.16　EDLC 和混合超级电容器技术的比较

技术描绘	EDLC	EDLC	EDLC	混合	混合	混合	混合
	EDLC ACN	EDLC PC	EDLC KOH（aq.）	C/MnO_2 Aqueux	Pb/C	NiOOH/C	C/Graphite
工作电压	(0；2.8V)	(0；2.8V)	(0；0.9V)	(0；2.0V)	(1.2；2.0V)	(0.9；1.5V)	(1.5；3.5V)
$E/(Wh\ kg^{-1})$	4 - 6	3 - 5	<1	3 - 4	>5	2 - 8	7 - 15
$E/(Wh\ l^{-1})$	5 - 10	5 - 10	<1	3 - 5	>10	2 - 8	10 - 13
$P/(kW\ kg^{-1})$（10s）	1 - 2	0.5 - 1.5	<1	0.5 - 0.8	1.2	0.5 - 1	1.5 - 2.5
热稳定性（-40℃；+70℃）	正常	-20℃时有问题	高温时有问题	-20℃时有问题	-20℃时有问题	直到50℃时正常	-20℃时有问题

（续）

技术描绘	EDLC	EDLC	EDLC	混合	混合	混合	混合
T_{max}/℃	80	100	55	100	100	55	80
RC（时间常数，s）	0.5 - 1.0	1.0 - 2.0	0.2	>1	?	>2	>3
自放电	< -20% U（1 个月后）	< -15% U（1 个月后）	?	?	-1% U（1 个月后）	< -20% U（1 个月后）	-5% U（3 个月后）
循环能力	3	2	3?	2	1	1	2
安全/环境	2	2	3	3	2	3	1
反极化？	是	是	是	否	否	否	否
10s 时效率（%）	>98	>97	>98	>95	<60	>92	>90
商业化单元？	是	是	否	是	否	是	是
商业化模块？	是	是	是	否	是	是	是

　　注：ACN，乙腈电解液；PC，碳酸丙烯酯；RC，时间常数，有 ESR × 电容；E，能量密度；P：功率密度；T_{max}，储存的最大温度。热稳定性：工作温度范围。反极化，包括储能的反极化。

　　所有的这些技术几乎都是有针对的改善超级电容器的一个缺陷：环境（MnO_2/C）和能量密度（C/石墨、NiOOH/C、Pb/C）。然而，用这些技术的功率密度和循环性能反而下降。

10.5　小结与展望

　　由于目标市场细分的原因，区分小型单元和大型单元是非常重要的。小型单元已商业化了多年但性能改善却很小。小型单元具有明确的市场，如手机、玩具、备份等。

　　大型超级电容器已得到了商业化。市场逐年增长。超级电容器的工业化是基于廉价的材料（铝、天然活性炭、纸质隔膜等），具有竞争性和目标市场。这类超级电容器的成本可能会限制其在某些市场的应用。目前约为$0.010 ~ 0.015F^{-1}$的成本需要减少到少于 $0.005F^{-1}$[315]。超级电容器的用户或者潜在用户也指出，除了成本以外，另一个障碍是缺乏如何正确使用方面的知识。在过去十年里进行了许多改善：可得到数百万的循环次数和高功率密度。对于如汽车的某些应用，能量密度和功率密度同样重要，且当超级电容器在和电池竞争的时候或正考虑与电池结合使用的时候，这种情况尤为如此。

　　在传统的对称型超级电容器中，通过增加工作电压来增加能量密度还有一些空间。尝试了三种主要的方案：通过对两个电极的容量比做轻微的调控，使电解液中离子大小与碳颗粒匹配（复杂的方案），或通过活性炭的孔径分布与电解液中离子相匹配，以及通过电解液的改变（溶剂或离子）。

　　就电解液而言，与传统电解液相比，离子液体成本非常高，且低温导电性差，是主要的技术缺陷。然而，这种电解液能够在小市场中找到应用。

　　超级电容器与电池在某种特定用途中直接竞争时，其低的比能量（Wh kg^{-1}）是其不利之处。因此，混合型超级电容器可能是一种解决途径，其具有更高的比能量，但性能会下降。

参 考 文 献

1. Becker, H.E. (1957) Patent US2800616 for General Electric.
2. Boos, D.I. (1970) Patent US3536963 for Standard Oil Co.
3. Miller, J.M. (2007) A Brief History of Supercapacitors. Batteries & Energy Storage Technology, Autum, pp. 61–78.
4. Okamura, M., Noguchi, M., Iwaida, M., Komazawa, E., and Mogami, A. (2001) Patent JP11121301 for Honda Motor and Jeol.
5. Saito, T. and Kibi, Y. (2001) Patent JP3341886 for NEC.
6. Richner, R. and Wokaun, A. (2001) Patent WO0145121 for Paul Scherrer Institut.
7. Farahmandi, C.J. and Dispennette, J.M. (2000) Patent US6059847 for Maxwell Technologies.
8. Hahn, M., Barbieri, O., Campana, M., Gallay, R., and Kötz, R. (2004) Charge-induced Dimensional Changes in Electrochemical Double Layer Capacitors. Florida Supercapacitor Seminar, pp. 40–48.
9. Gwinn, C.D. and Stephan, F.C. (1935) GB439479 for The Telegraph Condenser Co.
10. Claassen, A.F.P.J. and De Vries, J.D. (1940) DE695770 for Philips.
11. Portet, C., Taberna, P.-L., Simon, P., Flahaut, E., and Laberty-Robert, C. (2005) *Electrochim. Acta*, **50**, 4174–4181.
12. Kobayashi, K., Miniami, K., and Tachozono, S. (2005) EP1672652 for Hitachi Powder Metals and Japan Gore Tex.
13. Portet, C. (2005) Étude de super-condensateurs carbone/carbone à collecteur de courant en aluminium. PhD thesis, University of Toulouse, November 23 2005.
14. Kobayashi, K. (2009) WO2009139493 for Japan Gore Tex.
15. Zhong, L. and Xi, X. (2008) US20080089006 for Maxwell Technologies.
16. Hartmut, M., Scholtz, T., and Weber, C.J. (2004) US2004264110 for EPCOS.
17. Isley, R.E. (1972) US3656027 for Standard Oil Co.

18. Andrieu, X. (1984) FR2565400 for Compagnie Générale d'Electricité.
19. Qu, D. and Shi, H. (1998) *J. Power. Sources*, **74**, 99–107.
20. Pell, W.G., Conway, B.E., and Marincic, N. (2000) *J. Electroanal. Chem.*, **491**, 9–21.
21. Vix-Guterl, C., Frackowiak, E., Jurewicz, K., Friebe, M., Parmentier, J., and Béguin, F. (2005) *Carbon*, **43**, 1293–1302.
22. Okamura, M. (2000) US Patent 6064562 pour JEOL Ltd.
23. Murakami, K. *et al.* (2000) EP 1049116 pour Asahi Glass Co. Ltd.
24. Morimoto, T., Hiratsuka, K., Sanada, Y., and Kurihara, K. (1996) *J. Power. Sources*, **60**, 239–247.
25. Sonobe, N. *et al.* (2001) US Patent 6258337 pour Kureha Kagaku K. K. K. et Honda Giken K. K. K.
26. Nomoto, S. *et al.* (2001) EP1094478 pour Matsushita Electric Industrial Co. Ltd.
27. Endo, M. *et al.* (2002) EP1113468.
28. Bansal, R.C., Donnet, J.-B., and Stoeckli, F. (1988) *Active Carbon*, Marcel Decker, New York.
29. Obreja, V.V.N. (2008) *Physica E*, **40**, 2596–2605.
30. Liu, G., Kang, F., Li, B., Huang, Z., and Chuan, X. (2006) *J. Phys. Chem. Solids*, **67**, 1186–1189.
31. Tao, X.Y., Zhang, X.B., Zhang, L., Cheng, J.P., Liu, F., Luo, J.H., Luo, Z.Q., and Geise, H.J. (2006) *Carbon*, **44**, 1425–1428.
32. Gomibuchi, E., Ichikawa, T., Kimura, K., Isobe, S., Nabeta, K., and Fujii, H. (2006) *Carbon*, **44**, 983–988.
33. Kim, Y.J., Lee, B.J., Suezaki, H., Chino, T., Abe, Y., Yanagiura, T., Park, K.C., and Endo, M. (2006) *Carbon*, **44**, 1592–1595.
34. Niu, J., Pell, W.G., and Conway, B.E. (2006) *J. Power. Sources*, **156**, 725–740.
35. Kim, Y.T. and Mitani, T. (2006) *J. Power. Sources*, **158**, 1517–1522.
36. Prabaharan, S.R.S., Vimala, R., and Zainal, Z. (2006) *J. Power. Sources*, **161**, 730–736.

37. Rosolen, J.M., Matsubara, E.Y., Marchesin, M.S., Lala, S.M., Montoro, L.A., and Tronto, S. (2006) *J. Power. Sources*, **162**, 620–628.

38. Zhu, Y., Hu, H., Li, W.C., and Zhang, X. (2006) *J. Power. Sources*, **162**, 738–742.

39. Hsieh, C. and Lin, Y. (2006) *Micropor. Mesopor. Mater.*, **93**, 232–239.

40. Morishita, T., Soneda, Y., Tsumura, T., and Inagaki, M. (2006) *Carbon*, **44**, 2360–2367.

41. Wei, Y.-Z., Fang, B., Iwasa, S., and Kumagai, M. (2005) *J. Power. Sources*, **141**, 386–391.

42. Wei, Y.-Z., Fang, B., Iwasa, S., and Kumagai, M. (2006) *J. Power. Sources*, **155**, 487–491.

43. Lia, J., Wanga, X., Huanga, Q., Gamboab, S., and Sebastian, P.J. (2006) *J. Power. Sources*, **158**, 784–788.

44. Kaschmitter, J.L., Mayer, S.T., and Pekala, R.W. (1998) US5789338 for D.O.E., Lawrence Livermore National Security LLC and University of California.

45. Pekala, R.W., Farmer, J.C., Alviso, C.T., Tran, T.D., Mayer, S.T., Miller, J.M., and Dunn, B. (1998) *J. Non-Cryst. Solids*, **225**, 74–80.

46. Pröbstle, H., Schmitt, C., and Fricke, J. (2002) *J. Power. Sources*, **105**, 189–194.

47. Firsich, D.W., Ingersoll, D., and Delnick, F.M. (1998) US5776384 for Sandia.

48. Arulepp, M., Leis, J., Lätt, M., Miller, F., Rumma, K., Lust, E., and Burke, A.F. (2006) *J. Power. Sources*, **162**, 1460–1466.

49. Fernández, J.A., Arulepp, M., Leis, J., Stoeckli, F., and Centeno, T.A. (2008) *Electrochim. Acta*, **53**, 7111–7116.

50. Chmiola, J., Yushin, G., Gogotsi, Y., Portet, C., Simon, P., and Taberna, P.-L. (2006) *Science*, **313**, 1760–1763.

51. Lätt, M., Käärik, M., Permann, L., Kuura, H., Arulepp, M., and Leis, J. (2010) *J. Solid State Electrochem.*, **14**, 543–548.

52. Vix-Guterl, C., Saadallah, S., Jurewicz, K., Frackowiak, E., Reda, M., Parmentier, J., Patarin, J., and Béguin, F. (2004) *Mater. Sci. Eng. B*, **108**, 148–155.

53. Portet, C., Yang, Z., Korenblit, Y., Gogotsi, Y., Mokaya, R., and Yushin, G. (2009) *J. Electrochem. Soc.*, **156**, A1–A6.

54. Kim, C. (2005) *J. Power. Sources*, **142**, 382–388.

55. Xing, W., Qiao, S.Z., Ding, R.G., Li, F., Lu, G.Q., Yan, Z.F., and Cheng, H.M. (2006) *Carbon*, **44**, 216–224.

56. Adhyapak, P.V., Maddanimath, T., Pethkar, S., Chandwadkar, A.J., Negi, Y.S., and Vijayamohanan, K. (2002) *J. Power. Sources*, **109**, 105–110.

57. Barbieri, O., Hahn, M., Herzog, A., and Kötz, R. (2005) *Carbon*, **43**, 1303–1310.

58. Mitani, S., Lee, S.I., Saito, K., Yoon, S.-H., Korai, Y., and Mochida, I. (2005) *Carbon*, **43**, 2960–2967.

59. Egashira, M., Okada, S., Korai, Y., Yamaki, J.-I., and Mochida, I. (2005) *J. Power. Sources*, **148**, 116–120.

60. Leitner, K., Lerf, A., Winter, M., Besenhard, J.O., Viller-Rodil, S., Suárez-García, S., Martínez-Alonso, A., and Tascón, J.M.D. (2006) *J. Power. Sources*, **153**, 419–423.

61. Jiang, Q., Qu, M.Z., Zhou, G.M., Zhang, B.L., and Yu, Z.L. (2002) *Mater. Lett.*, **57**, 988–991.

62. Frackowiak, E., Delpeux, S., Jurewicz, K., Szostak, K., Cazorla-Amoros, D., and Béguin, F. (2002) *Chem. Phys. Lett.*, **361**, 35–41.

63. Li, W., Chen, D., Li, Z., Shi, Y., Wan, Y., Wang, G., Jiang, Z., and Zhao, D. (2007) *Carbon*, **45**, 1757–1763.

64. Kim, I., Yang, S., Jeon, M., Kim, H., Lee, Y., An, K., and Lee, Y. (2007) *J. Power. Sources*, **173**, 621–625.

65. Tashima, D., Kurosawatsu, K., Uota, M., Karashima, T., Otsubo, M., Honda, C., and Sung, Y.M. (2007) *Thin Solid Films*, **515**, 4234–4239.

66. Zhang, B., Liang, J., Xu, C.L., Wei, B.Q., Ruan, D.B., and Wu, D.H. (2001) *Mater. Lett.*, **51**, 539–542.

67. Niu, C., Sichel, E.K., Hoch, R., Moy, D., and Tennet, H. (1997) *Appl. Phys. Lett.*, **70**, 1480–1482.

68. Frackowiak, E., Jurewicz, K., Delpeux, S., and Béguin, F. (2001) *J. Power. Sources*, **97-98**, 822–825.

69. Ma, R.Z., Liang, J., Wie, B.Q., Zhang, B., Xu, C.L., and Wu, D.H. (1999) *J. Power. Sources*, **84**, 126–129.

70. An, K.H., Kim, W.S., Park, Y.S., Moon, J.-M., Bae, D.J., Lim, S.C., Lee, Y.S., and Lee, Y.H. (2001) *Adv. Funct. Mater.*, **11**, 387–392.

71. Soneda, Y., Toyoda, M., Hashiya, K., Yamashita, J., Kodama, M., Hatori, H., and Inagaki, M. (2003) *Carbon*, **41**, 2680–2682.

72. Emmenegger, C., Mauron, P., Sudan, P., Wenger, P., Hermann, V., Gallay, R., and Züttel, A. (2003) *J. Power. Sources*, **124**, 321–329.

73. Chen, Q., Xue, K., Shen, W., Tao, F., Yin, S., and Xu, W. (2004) *Electrochim. Acta*, **49**, 4157–4161.

74. Portet, C., Taberna, P.L., Simon, P., and Flahaut, E. (2005) *J. Power. Sources*, **139**, 371–378.

75. Kim, Y.-J., Masutzawa, Y., Ozaki, S., Endo, M., and Dresselhaus, M.S. (2004) *J. Electrochem. Soc.*, **151**, E199–E205.

76. Tan, M.X. (1999) US5993969 for Sandia.

77. Plée, D. and Taberna, P.-L. (2005) WO2005088657 for Arkema.

78. Taberna, P.-L., Chevallier, G., Simon, P., Plée, D., and Aubert, T. (2006) *Mater. Res. Bull.*, **41**, 478–484.

79. Bansal, R.C., Donnet, J.B., and Stoeckli, F. (1988) *Active Carbon* Chapter 1, Marcel Dekker, New York, Basel, pp. 1–27.

80. Alford, J.A. (2007) US5926361 for Meadwestvaco Corp.

81. Lini, H. and Lini, C. (2002) WO20024308 for CECA S.A.

82. Ishida, S., Takenaka, H., Nishimura, S., Egawa, Y., and Otsuka, K. (2008) WO2008053919 for Kuraray Chemical.

83. Hijiriyama, M., Yasumaru, J., and Ishida, K. (1998) JP10199767 for Kansai Coke & Chemicals.

84. Hanioka, A., Matsuda, K., Yasumaru, J., and Asada, S. (2009) JP2009184850 for Kansai Coke & Chemicals.

85. Tokuyasu, A., Matsuda, K., Kasu, K., and Asada, M. (2010) JP2010105885 for Kansai Coke & Chemicals.

86. Abe, H. and Morohashi, K. (2006) JP2006024747 for Mitsubishi Gas Chemical.

87. Buiel, E.R. (2007) WO2007114849 for Meadwestvaco Corp.

88. Dietz, S. (2007) Production scale-up of activated carbons for ultracapacitors. DE-FG36-04GO1432, TDA Research.

89. Jänes, A., Kurig, H., and Lust, E. (2007) *Carbon*, **45**, 1226–1233.

90. Ruch, P.W., Hahn, M., Cericola, D., Menzel, A., Kötz, R., and Wokaun, A. (2010) *Carbon*, **48**, 1880–1888.

91. Carl, E., Landes, H., Michel, H., Schricker, B., Schwake, A., and Weber, C. (2004) WO2004038742 for EPCOS.

92. Nozu, R. and Nakamura, M. (2006) EP1724797 for Nisshinbo Industries.

93. Ruch, P.W., Cericola, D., Foelske, A., Kötz, R., and Wokaun, A. (2010) *Electrochim. Acta*, **55**, 2352–2357.

94. Fujiwara, M., Yoneda, H., and Okamoto, M. (1986) JP06065206B1 for Matsushita Electric Ind.

95. Wang, L., Morishita, T., Toyoda, M., and Inagaki, M. (2007) *Electrochim. Acta*, **53**, 882–886.

96. Conway, B.E., Verall, R.E., and Desnoyers, J.E. (1966) *Trans. Faraday Soc.*, **62**, 2738–2744.

97. Robinson, R.A. and Stokes, R.H. (1965) *Electrolyte Solutions*, 2nd edn, Butterworths, London.

98. Endo, M., Kim, Y.J., Ohta, H., Ishii, K., Inoue, T., Hayashi, T., Nishimura, Y., Maeda, T., and Dresselhaus, M.S. (2002) *Carbon*, **40**, 2613–2626.

99. Okamura, M. (2000) JP11067608 for Advanced Capacitor Tech., Jeol and Okamura Lab.

100. Maletin, Y., Strizhakova, N., Kozachkov, S., Mironova, A., Podmogilny, S., Danilin, V., Kolotilova, J., Izotov, V., Cederstrom, J., Konstantinovich, S.G., Aleksandrovna, J., Vasilevitj, V.S., Efimovitj, A.K., Perkson, A., Arulepp, M., Leis, J., Wallace, C.L., and Zheng, J. (2002) US20020097549 for Frankenburg Oil Company, Karbid Aozt and Ultratec.

101. Carl, E., Landes, H., Michel, H., Schriker, B., Schwake, A., and Weber, C. (2006) US2006098388 for EPCOS.

102. Mitchell, P., Xi, X., Zhong, L., and Zou, B. (2008) US2008016664 for Maxwell Technologies.

103. Yoshida, H. and Yuyama, K. (2007) EP1783791 for Nisshinbo Industries.
104. Paul, G.L. and Pynenburg, R. (2006) EP1724796 for CapXX.
105. Maletin, Y. and Strizhakova, N. (2003) US2003064565 for Ultratec.
106. Shi, H. (1996) *Electrochim. Acta*, **41**, 1633–1639.
107. Murakami, K., Mogi, Y., Tabayashi, K., Shimoyama, T., Yamada, K., and Shinozaki, Y. (2000) EP1049116 for Asahi Glass Co, Adchemco Corp and JFE Chemical
108. Morimoto, T., Hiratsuka, K., Sanada, Y., and Kurihara, K. (1996) *J. Power. Sources*, **60**, 239–247.
109. Sonobe, N., Nagai, A., Aida Tomoyuki, T., Noguchi, M., Iwaida, M., and Komazawa, E. (2001) JP4117056 for Kureha Chemical and Honda Motor.
110. Nomoto, S., Yoshioka, K., and Hirose, E. (2001) JP2001118753 for Matsushita Electric Ind.
111. Endo, M., Noguchi, M., Oki, N., and Oyama, S. (2002) JP2001189244 for Honda Motor.
112. Okamura, M. and Takeuchi, M. (2001) US6310762, Advanced Capacitor Technologies, Jeol, Okamura Laboratory and Power System.
113. Largeot, C., Portet, C., Chmiola, J., Taberna, P.-L., Gogotsi, Y., and Simon, P. (2008) *J. Am. Chem. Soc.*, **130**, 2730–2731.
114. Ania, C.O., Pernak, J., Stefaniak, F., Raymundo-Pinero, E., and Béguin, F. (2006) *Carbon*, **44**, 3126–3130.
115. Lin, R., Taberna, P.-L., Chmiola, J., Guay, D., Gogotsi, Y., and Simon, P. (2009) *J. Electrochem. Soc.*, **156**, A7–A12.
116. Raymundo-Pinero, E., Kierzek, K., Machnikowski, J., and Béguin, F. (2006) *Carbon*, **44**, 2498–2507.
117. Shinozaki, Y., Hiratsuka, K., Nonaka, T., and Murakami, K. (2002) EP1168389 for Adchemco Corp., Asahi Glass Co. and JFE Chemical Corp.
118. Takeuchi, M., Koike, K., Maruyama, T., Mogami, A., and Okamura, M. (1998) *Denki Kagaku*, **66**, 1311–1317.
119. Ruch, P.W., Hahn, M., Rosciano, F., Holzapfel, M., Kaiser, H., Scheifele, W., Schmitt, B., Novak, P., Kötz, R., and Wokaun, A. (2007) *Electrochim. Acta*, **53**, 1074–1082.
120. Hahn, M., Barbieri, O., Campana, F.P., Kötz, R., and Gallay, R. (2006) *Appl. Phys. A*, **82**, 633–638.
121. Sugo, N., Iwasaki, H., and Uehara, G. (2002) EP1176617 for Honda Motor and Kuraray Co.
122. Iwasaki, H., Sugo, N., Hitomi, M., Nishimura, S., Fujino, T., Oyama, S., and Kawabuchi, Y. (2004) WO2004011371 for Kuraray Chemical and Honda.
123. Zhong, L., Xi, X., Mitchell, P. (2008) US20080201925 for Maxwell Technologies.
124. Zhong, L., Xi, X., and Mitchell, P. (2008) WO2008106533 for Maxwell Technologies.
125. Morimoto, T., Hiratsuka, K., Sanada, Y., and Ariga, H. (1989) JP01241811 for Asahi Glass Co. and Elna.
126. Fujino, T., Oyama, S., Oki, N., Noguchi, M., Sato, K., Nishimura, S., Maeda, T., Kawabuchi, Y., and Haga, T. (2001) WO200113390 for Honda, Kuraray Chemical Co., Petoca.
127. Koyama, S., Iwaida, M., and Murakami, K. (2004) JP2004193569 for Kuraray Chemical and Honda.
128. Koyama, S., Iwaida, M., Murakami, K., Ozaki, K., Tsutsui, M., and Otsuka, K. (2004) JP2004189586 for Daido Metal Co., Honda and kuraray Chemical.
129. Tsuchiya, Y., Kurabayashi, K., and Morohoshi, H. (1990) US5136473 for Isuzu Motors.
130. Sarangapani, S., Tilak, B.V., and Chen, C.P. (1996) *J. Electrochem. Soc.*, **143**, 3791–3799.
131. Hsieh, C.T. and Teng, H. (2002) *Carbon*, **40**, 667–674.
132. Delahay, P. (1966) *J. Phys. Chem.*, **70**, 2373–2379.
133. Delahay, P. and Holub, K. (1968) *J. Electroanal. Chem.*, **16**, 131–136.
134. Schultze, J.W. and Koppitz, F.D. (1976) *Electrochim. Acta*, **21**, 327–336.
135. Schultze, J.W. and Koppitz, F.D. (1976) *Electrochim. Acta*, **21**, 337–343.
136. Sullivan, M.G., Kötz, R., and Haas, O. (2000) *J. Electrochem. Soc.*, **147**, 308–317.

137. Momma, T., Liu, X., Osaka, T., Ushio, Y., and Sawada, Y. (1996) *J. Power. Sources*, **60**, 249–253.

138. Qiao, W., Korai, Y., Mochida, I., Hori, Y., and Maeda, T. (2002) *Carbon*, **40**, 351–358.

139. Sullivan, M.G., Schnyder, B., Bärtsch, B., Alliata, D., Barbero, C., Imhof, R., and Kötz, R. (2000) *J. Electrochem. Soc.*, **147**, 2636–2643.

140. Nakamura, M., Nakanishi, M., and Yamamoto, K. (1996) *J. Power. Sources*, **60**, 225–231.

141. Mayer, S.T., Pekala, R.W., Kaschmitter, J.L. *et al.* (1993) *J. Electrochem. Soc.*, **140**, 446–451.

142. Pillay, B. and Newman, J. (1996) *J. Electrochem. Soc.*, **143**, 1806–1814.

143. Xu, K., Ding, M.S., and Jow, T.R. (2001) *Electrochim. Acta*, **46**, 1823–1827.

144. Yoshida, A., Tanahashi, I., and Nishino, A. (1990) *Carbon*, **28**, 611–615.

145. Conway, B.E., Pell, W.G., and Liu, T.C. (1997) *J. Power. Sources*, **65**, 53–59.

146. Ricketts, B.W. and Ton-That, C. (2000) *J. Power. Sources*, **89**, 64–69.

147. Haye, G. (1965) *Carbon*, **2**, 413–419.

148. Matsumura, Y., Hagiwara, S., and Takahashi, H. (1976) *Carbon*, **14**, 163–167.

149. Hagiwara, S., Tsutsumi, K., and Takahashi, H. (1978) *Carbon*, **16**, 89–93.

150. Frysz, C.A. and Chung, D.D.L. (1997) *Carbon*, **35**, 1111–1127.

151. Noh, J.S. and Schwarz, J.A. (1990) *Carbon*, **28**, 675–682.

152. Horita, K., Nishibori, Y., and Oshima, T. (1996) *Carbon*, **34**, 217–222.

153. Frysz, C.A., Shui, X., and Chung, D.D.L. (1994) *Carbon*, **32**, 1499–1505.

154. Strein, T.G. and Ewing, A.G. (1991) *Anal. Chem.*, **63**, 194–198.

155. Ishikawa, M., Sakamoto, A., Morita, M., Matsuda, Y., and Ishida, K. (1996) *J. Power. Sources*, **60**, 233–238.

156. Takada, T., Nakahara, N., Kumagai, H., and Sanada, Y. (1996) *Carbon*, **34**, 1087–1091.

157. Wightman, R.M., Deakin, M.R., Kovach, P.M., Kuhr, W.G., and Stutts, K.J. (1984) *J. Electrochem. Soc.*, **131**, 1578–1583.

158. Shui, X., Frysz, C.A., and Chung, D.D.L. (1995) *Carbon*, **33**, 1681–1698.

159. Firsich, D.W. (1999) US5993996 for Inorganic Specialists.

160. Ohsaki, T., Wakaizumi, A., Kigure, M., Nakamura, A., Marumo, S., Miyagawa, T., and Adachi, T. (1999) US5948329 for Nippon Sanso Corp.

161. Hirahara, S., Okuyama, K., Suzuki, M., and Matsuura, K. (1999) US6094338 for Mitsubishi Chemicals.

162. Oyana, S., Oki, N., and Noguchi, M. (1999) US5891822 for Honda Motor.

163. Azaïs, P. (2003) Recherche des causes du vieillissement de supercondensateurs carbone/carbone fonctionnant en milieu électrolyte organique. PhD thesis, University of Orléans, November 27 2003.

164. Takeuchi, M. (2002) EP1264797 for Advanced Capacitor Technologie and Jeol.

165. Watanabe, F., Oshida, T., Miki, Y., and Sugano, K. (2008) JP2008195559 for Mitsubishi Gas Chemical.

166. Igai, K., Ono, H., Fujii, M., Takeshita, K., Tano, T., and Oyama, T. (2007) JP2007302512 for Nippon Oil Corp.

167. Yamada, C., Hirose, E., Takamuku, Y., and Shimamoto, H. (2007) EP1918951 for Matsushita Electric Ind.

168. Hart, B.E. and Peekma, R.M. (1972) US3652902 for IBM.

169. Morimoto, T., Hiratsuka, K., Sanada, Y., and Aruga, H. (1988) US4725927 for Asahi Glass Co. and Elna Co.

170. Farahmandi, C.J. and Dispennette, J.M. (1997) US5621607 for Maxwell Technologies.

171. Andrieu, X. and Josset, L. (1996) WO9620504 for SAFT.

172. Bonnefoi, L., Laforgue, A., Simon, P., Fauvarque, J.F., Sarrazin, C., Lailler, P., and Sarrau, J.F. (1999) FR2793600 for Compagnie Européenne d'Accumulateurs.

173. Meguro, K., Sato, and H., Tada, Y. (2001) US6327136 for Kureha Chemical Ind.

174. Xi, X., Mitchell, P., Zhong, L., and Zou, B. (2007) US7295423 for Maxwell Technologies.

175. Ishikawa, T., Suhara, M., Kuroki, S., and Kanetoku, S. (2001) US6264707 for Asahi Glass Co.

176. Imoto, K. and Yoshida, A. (1991) US5150283 for Matsushita Electric Ind. Co.

177. Azaïs, P. (2003) Study of ageing mechanisms of organic electrolyte supercapacitors based on activated carbons, PhD thesis, University of Orléans.

178. Barusseau, S., Martin, F., and Simon, B. (1999) EP0907214 for SAFT.

179. Hiratsuka, K., Morimoto, T., Suhara, M., Kawasato, T., and Tsushima, M. (2000) US6402792 for Asahi Glass Co.

180. Nakao, K., Shimizu, K., and Yamaguchi, T. (2001) WO9858397 for Matsushita Electric Ind.

181. Takabayashi, S., Asada, S., Edamoto, T., and Sato, K. (2001) US6282081 for Hitachi Maxell.

182. Qu, D. (2002) *J. Power. Sources*, **109**, 403–411.

183. Penneau, J.F., Capitaine, F., and Le Goff, P. (1998) EP0960154 for Bolloré and Batscap.

184. Drevet, H., Rey, I., Le Gal, G., and Peillet, M. (2005) WO2005116122 for Batscap.

185. Drevet, H., Rey, I., Peillet, M., and Abribat, F. (2006) WO2006082172 for Batscap.

186. Nanjundiah, C., Braun, R.P., Christie, R.T.E., and Farahmandi, J.C. (2001) WO0188934 for Maxwell Tech.

187. Zykov, V.P., Panov, A.A., Prudnikov, P.A., Khlopin, M.I., and Shlyapnikov, A.D. (1972) US3675087.

188. Probst, N. (1993) in *Carbon Black: Science and Technology*, 2ndChapter 8 edn (eds J.-B. Donnet, R.C. Bansal, and M.-J. Wang), Marcel Dekker, New York, pp. 271–285.

189. Yoshida, H., Sato, T., Masuda, G., Kotani, M., and Izuka, S. (2005) EP1715496 for Nisshinbo Industries.

190. Zhu, M., Weber, C.J., Yang, Y., Konuma, M., Starke, U., Kern, K., and Bittner, A.M. (2008) *Carbon*, **46**, 1829–1840.

191. Green, M.C., Taylor, R., Moeser, G.D., Kyrlidis, A., and Sawka, R.M. (2009) US20090208751 for Cabot Corp.

192. Wissler, M. (2006) *J. Power. Sources*, **156**, 142–150.

193. Zhang, H., Zhang, W., Cheng, J., Cao, G., and Yang, Y. (2008) *Solid State Ionics*, **179**, 1946–1950.

194. Lust, E., Janes, A., and Arulepp, M. (2004) *J. Electroanal. Chem.*, **562**, 33–42.

195. Dahm, C.E. and Peters, G.D. (1996) *J. Electroanal. Chem.*, **402**, 91–96.

196. Simonet, J., Astier, Y., and Dano, C. (1998) *J. Electroanal. Chem.*, **451**, 5–9.

197. Ross, S.D., Finkelstein, M., and Petersen, R.C. (1970) *J. Am. Chem. Soc.*, **92**, 6003–6006.

198. Ross, S.D., Finkelstein, M., and Petersen, R.C. (1960) *J. Am. Chem. Soc.*, **82**, 1582–1585.

199. Simonet, J. and Lund, H. (1977) *J. Electroanal. Chem.*, **75**, 719–730.

200. Bernard, G. and Simonet, J. (1979) *J. Electroanal. Chem.*, **96**, 249–253.

201. Finkelsteinn, M., Petersen, R.C., and Ross, S.D. (1959) *J. Am. Chem. Soc.*, **81**, 2361–2364.

202. Finkelstein, M., Petersen, R.C., and Ross, S.D. (1965) *Electrochim. Acta*, **19**, 465–469.

203. Kawasata, T., Suhara, M., Hiratsuka, K., and Tsushima, M. (1999) US5969936 for Asahi Glass Co.

204. Ue, M., Ida, K., and Mori, S. (1994) *J. Electrochem. Soc.*, **141**, 2989–2996.

205. Farahmandi, C.J., Dispennette, J.M., Blank, E., and Crawford, R.W. (2001) US6233135 for Maxwell Tech.

206. Azaïs, P., Tertrais, F., Caumont, O., Depond, J.-M., and Lejosne, J. (2009) Ageing Study of Advanced Carbon/Carbon Ultracapacitor Cells Working in Various Organic Electrolytes. ISEE'Cap '09, Nantes.

207. Chiba, K. (2005) WO2005022571 for Japan Carlit Co.

208. Zheng, J.P. and Jow, T.R. (1997) *J. Electrochem. Soc.*, **144**, 2417–2420.

209. Farahmandi, C.J. and Dispennette, J.M. (1998) WO9611486 for Maxwell Tech.

210. Degen, H.-G., Ebel, K., Tiefensee, K., Schwake, A. (2006) DE102004037601 for EPCOS.

211. Aurbach, D., Daroux, M., Faguy, P., and Yeager, E. (1991) *J. Electroanal. Chem.*, **297**, 225–240.

212. Aurbach, D., Youngman, O., and Dan, P. (1990) *Electrochim. Acta*, **35**, 639–655.

213. Bruglachner, H. (2004) Neue Elektrolyte für Doppelschichtkondensatoren. PhD thesis, University of Regensburg.

214. Xu, K., Ding, S.P., and Jow, T.R. (1999) *J. Electrochem. Soc.*, **146**, 4172–4178.

215. Xu, K., Ding, M.S., and Jow, T.R. (2001) *J. Electrochem. Soc.*, **148**, A267–A274.

216. Aurbach, D. (1999) *Nonaqueous Electrochemistry* Chapter 4, CRC Press.

217. Cotton, F.A. and Wilkinson, G. (1966) *Advanced Inorganic Chemistry*, John Wiley & Sons, Inc., New York, p. 240.

218. Farahmandi, C.J., Dispennette, J.M., Blank, E., and Kolb, A.C. (1998) WO9815962 for Maxwell Tech.

219. Izutsu, K. (2009) *Electrochemistry in Nonaqueous Solutions*, Wiley-VCH Verlag GmbH, p. 105.

220. Pavlishchuk, V.V. and Addison, A.W. (2000) *Inorg. Chim. Acta*, **298**, 97–102.

221. Kang, X., Ding, M.S., and Jow, T.R. (2001) *J. Electrochem. Soc.*, **148**, A267–A274.

222. Noguchi, M., Oki, N., Iwaida, M., Aida, T., Nagai, A., and Ichikawa, Y. (2002) JP2001237149.

223. Farahmandi, C.J., Dispennette, J.M., Blank, E., and Kolb, A.C. (2000) US6094788 for Maxwell Tech.

224. Takeuchi, M., Koike, K., Mogami, A., and Maruyama, T. (2002) JP2002025867 for Advanced Capacitor Technologies and Jeol.

225. Jerabek, E.C. and Mansfield, S.F. (2000) US6084766 for General Electric.

226. Day, J., Shapiro, A.P., and Jerabek, E.C. (2000) US6110321 for General Electric.

227. Kimura, K., Kimura, F., and Kobayashi, T. (2001) JP3717782 for Japan Vilene Co.

228. Kimura, F., Kimura, K., Kobayashi, T., and Shimizu, M. (2001) JP2001185455 for Japan Vilene Co. and Power Systems Co.

229. Ufheil, J., Wursig, A., Schneider, O.D., and Novak, P. (2005) *Electrochem. Commun.*, **7**, 1380–1384.

230. Hahn, M., Baertschi, M., Barbieri, O., Sauter, J.C., and Kötz, R. (2004) *Elektrochem. Materialforschung*, **29**, 120–129.

231. Suhara, M. and Hiratsuka, K. (2002) WO0016354 for Asahi Glass Co. and Honda Motor.

232. Ishimoto, S., Asakawa, Y., Shinya, M., and Naoi, K. (2009) *J. Electrochem. Soc.*, **156**, A563–A571.

233. Kurzweil, P. and Chwistek, M. (2008) *J. Power. Sources*, **176**, 555–567.

234. Kanbe, Y. and Oya, M. (2000) JP2000216068 for NEC.

235. Schwake, A., Erhardt, W., and Goesmann, H. (2007) DE102005033476 for EPCOS.

236. Caumont, O., Depond, J.M., Jourdren, A., and Azaïs, P. (2009) WO2009112718 for Batscap.

237. Petersen, R.O'D., Kullberg, R.C., Toia, L., Rondena, S., and Mio, B.J. (2008) WO2008033560 for SAES Getters.

238. Beatty, T.R. (1984) CA1209201 for Union Carbide Corp.

239. Fujino, T. (2007) US7224274 for Honda Motor.

240. Fujino, T. (2007) US7457101 for Honda Motor.

241. Kawasato, T., Ikeda, K., Yoshida, N., and Hiratsuka, K. (2006) US7173807 for Asahi Glass Co.

242. Conway, B.E. (1999) *Electrochemical Supercapacitors: Scientific Fundamentals and Technological Applications*, Kluwer Academic Publishers/Plenum Publishers, New York.

243. Brandon, E.J., West, W.C., Smart, M.C., Whitcanack, L.D., and Plett, G.A. (2007) *J. Power. Sources*, **170**, 225–232.

244. Gualous, H., Bouquain, D., Berthon, A., and Kauffmann, J.M. (2003) *J. Power. Sources*, **123**, 86–93.

245. Kötz, R., Hahn, M., and Gallay, R. (2006) *J. Power. Sources*, **154**, 550–555.

246. Brandon, E.J., West, W.C., and Smart, M.C. (2008) US20080304207 for California Institut of Technology.

247. *CRC Handbook of Chemistry and Physics* (2006) 87th Edition, David R. Lide (Editor).

248. Jänes, A. and Lust, E. (2006) *J. Electroanal. Chem.*, **588**, 285–295.

249. Leblanc, F., Blais, R., and Letarte, A. (2000) *Bull. Info. Toxico.*, **16**, 5–6.

250. Arulepp, M., Permann, L., Leis, J., Perkson, A., Rumma, K., Jänes, A., and Lust, E. (2004) *J. Power. Sources*, **133**, 320–328.

251. Jow, T.R., Xu, K., and Ding, S.P. (1999) Work Performed Under Contract N° DE-AI07-96ID13451 by U.S. Army Research Laboratory for US Department of Energy, September 1999.

252. Ding, M.S., Xu, K., Zheng, J.P., and Jow, T.R. (2004) *J. Power. Sources*, **138**, 340–350.

253. Schwake, A. (2004) US20040218347 for EPCOS.

254. Suna, G.-H., Li, K.-X., and Sun, C.-G. (2006) *J. Power. Sources*, **162**, 1444–1450.

255. Nanbu, N., Ebina, T., Uno, H., Ishizawa, S., and Sasaki, Y. (2006) *Electrochim. Acta*, **52**, 1763–1770.

256. Morita, M., Murayama, I., Fukutake, T., Yoshimoto, N., Egashira, M., and Ishikawa, M. (2006) 210th ECS Meeting (Electrochemical Society Meeting), Abstract #136.

257. Mastragostino, M. and Soavi, F. (2007) *J. Power. Sources*, **174**, 89–93.

258. Suarez, P.A.Z., Selbach, V.M., Dullius, J.E.L., Einloft, S., Piatnicki, C.M.S., Azambuja, D.S., De Souza, R.F., and Depont, J. (1997) *Electrochim. Acta*, **42**, 2533–2535.

259. Balducci, A., Bardi, U., Caporali, S., Mastragostino, M., and Soavi, F. (2004) *Electrochem. Comm.*, **6**, 566–570.

260. Frackowiak, E., Lota, G., and Pernak, J. (2005) *Appl. Phys. Lett.*, **86**, 164104-1–164104-3.

261. François, Y. (2006) Utilisation de l'électrophorèse capillaire (EC) pour la caractérisation des liquides ioniques. (LI) et intérêt des LI comme nouveaux milieux de séparation en EC. PhD thesis, Université of Paris VI.

262. Zhou, Z.B., Takeda, M., and Ue, M. (2004) *J. Fluor. Chem.*, **125**, 471–476.

263. Muldoon, M.J., Gordon, C.M., and Dunkin, I.R. (2002) *J. Chem. Soc., Perkin Trans.*, **2**, 4339–4342.

264. Ania, C.O., Pernak, J., Raymundo-Pinero, E., and Béguin, F. (2006) *Carbon*, **44**, 3113–3148.

265. Balducci, A., Dugas, R., Taberna, P.-L., Simon, P., Plée, D., Mastragostino, M., and Passerini, S. (2007) *J. Power. Sources*, **165**, 922–927.

266. Kim, Y.-J., Matsuzawa, Y., Ozaki, S., Park, K.C., Kim, C., Endo, M., Yoshida, H., Masuda, G., Sato, T., and Dresselhaus, M.S. (2005) *J. Electrochem. Soc.*, **152**, A710–A715.

267. Frackowiak, E. (2006) *J. Braz. Chem. Soc.*, **17**, 1074–1082.

268. Herzig, T. (2007) Die Synthese und Charakterisierung neuer Elektrolyte für Tieftemperaturanwendungen in elektrochemischen Doppelschichtkondensatoren. PhD thesis, University of Regensburg.

269. Bruglachner, H. (2004) Neue elektrolyte für doppelschichtkondensatoren. PhD thesis, University of Regensburg.

270. *www.nisshinbo.co.jp/r_d/capacitor/index.html*. (2012).

271. *www.njrc.co.jp/*. (2012).

272. Sato, T., Masuda, G., and Takagi, K. (2004) *Electrochim. Acta*, **49**, 3603–3611.

273. Yang, C.-C., Hsu, S.-T., and Chien, W.-C. (2005) *J. Power. Sources*, **152**, 303–310.

274. Despotuli, A. and Andreeva, A. (2007) *Mod. Electron.*, **7**, 24–29(in Russian and in English).

275. Richner, R.P. (2001) Entwicklung neuartig gebundener Kohlenstoffmaterialien für elektrische Doppelschichtkondensatorelektroden. PhD thesis, Swiss Federal Institute of Technology Zürich, p. 176.

276. Kobayashi, S. and Shinohara, H. (1993) JP3160725 for Japan Radio Co.

277. Tanaka, Y., Ishii, N., Okuma, J., and Hara, R. (1999) JP10125560 for Honda Motor.

278. Suhara, M., Hiratsuka, K., and Kawasato, T. (2000) JP2000040641 for Asahi Glass Co.

279. Wei, C., Jerabek, E.C., and Leblanc O.H. Jr., (2001) WO0019464 for General Electric.

280. Tanaka, Y., Ishii, N., Okuma, J., and Hara, R. (2001) US6190501 for Honda Motor.

281. Tsukuda, T., Midorikawa, M., and Sato, T. (2007) WO2007061108, for Mitsubishi Paper Mills.

282. Inagawa, M. and Inoue, Y. (2000) JP11135369 for NEC.

283. Mizobuchi, T., Yanase, M., and Shinsenji, T. (2000) JP2000331663 for NKK.

284. Tsushima, M, Morimoto, T., Hiratsuka, K., Kawasato, T., and Suhara, M. (2000) US6072693 for Asahi Glass Co.

285. Kobayashi, T., and Kimura, N. (2003) JP2003229328 for Japan Vilene.

286. Ito, T., Tsuchiya, K., and Yabe, K. (1989) JP2569670 for Toray Industries.

287. Fisher, H.M. and Wensley, C.G. (1999) US6368742 for Celgard.

288. Cheon, S.D., Hwang, K.Y., Oh, H.J., and Park, S.E. (2000) KR20000051312 for SK Corp.

289. Imoto, H., Matsunami, T., and Matsunami, T. (2005) JP4425595 for Nippon Sheet Glass Co.

290. Kobayashi, T., Kawabe, M., Kimura, F., and Amagasa, M. (2007) US7616428 for Japan Vilene.

291. Kobayashi, T. and Kimura, N. (2006) JP2006144158 for Japan Vilene.

292. Oya, N., Asano, Y., and Yao, S. (2003) JP2003229329 for Ube Industries.

293. Tsukuda, T., and Midorikawa, M. (2003) JP2003309042 for Mitsubishi Paper Mills.

294. Tsukuda, T. (2007) JP2007150122 for Mitsubishi Paper Mills.

295. Wade, T.L. (2006) High Power Carbon – Based Supercapacitors, Chapters 3, 4, 5 and 6, University of Melbourne, March 2006, pp. 47–142.

296. EN and EP Series (2012) *http://industrial.panasonic.com/www-data/pdf/ABC0000/ABC0000TE3.pdf*, p. 11.

297. HW and HZ Series *http://industrial.panasonic.com/www-data/pdf/ABC0000/ABC0000TE3.pdf*, p. 13.

298. Thrap, G., Shelton, S., Schneuwly, A., Lauper, P., and Soliz, R. (2008) US2008013253 for Maxwell Technologies.

299. Caumont, O., Depond, J.-M., and Juventin, A.-C. EP2198472 for Batscap.

300. Goesmann, H. and Setz, M., DE102004039231 for EPCOS, 2006.

301. Caumont Olivier, O., Juventis-Mathes, A.-C., Le Bras, K., and Depond, J.-M. (2008) EP2145360 for Batscap.

302. Thrap, G., Borkenhagen, J.L., Wardas, M., and Maheronnaghsh, B. (2007) US2007054559 for Maxwell Technologies.

303. Caumont, O., Paillard, P., and Saindrenan, G. (2007) WO2007147978 for Batscap and Ecole Polytechnique de l'Université de Nantes.

304. Goesmann, H. (2005) DE102004030801 for EPCOS.

305. Ashino, K. JP3034505 for Nippon Chemicon, 1991.

306. Setz, M., Nowak, S., and Hoerger, A. (2006) WO2006005277 for EPCOS.

307. Goesmann, H., Vetter, J., Mayr, M., and Pint, S. (2009) US20090111009 for BMW.

308. Caumont, O., Juventin-Mathes, A.-C., Le Bras, K., and Depond, J.-M. (2008) WO2008141845 for Batscap.

309. Schiffer, J., Linzen, D., and Sauer, D.U. (2006) *J. Power. Sources*, **160**, 765–772.

310. Lee, D.H., Kim, U.S., Shin, C.B., Lee, B.H., Kim, B.W., and Kim, Y.-H. (2008) *J. Power. Sources*, **175**, 664–668.

311. Desprez, P., Barrailh, G., Rochard, D., Rael, S., Sharif, F., and Davat, B. (2002) EP1274105 for SAFT.

312. Okamura, M., Yamagishi, M., and Mogami, A. (2000) EP1033730 for Advanced Capacitor Technologies, Okamura Laboratory and Powersystems.

313. Horikoshi, R. and Asai, T. (2009) USD586749 for Meidensha Corp.

314. EDLC Brochure of Meidensha available on internet: EDLC Catalog-E-nov1808.pdf, 2009.

315. Weighall, M.J. (2009) *The Future of Ultracapacitors – Strategic Markets and Forecasts to 2014*, Pira International Ed.

第11章 超级电容器在电、热和老化限制条件下的模型尺寸和热管理

Hamid Gualous 和 Roland Gallay

11.1 引言

本章所提出的模型尺寸设计方法对所有的电化学能量存储系统都是有效的。制造商的尺寸参数不同，各个能量存储系统的尺寸参数也将有所不同。

电化学能量存储系统能分成以下三类：电池、超级电容器以及两者的混合类型。三者均展现出氧化还原特性和双电层电容特性。电池由两个参与氧化还原反应并伴有非常小的双电层贡献的电极组成。超级电容器仅有寄生的（parastic）氧化还原反应。混合类型包含一个超级电容器电极，一个电池电极，电池电极既可以被设为正极，也可以被设为负极。每一个类别中都有不同的技术。就超级电容器而言，例如，电解液就是很好的例子，它可以采用水、乙腈、碳酸丙烯脂电解液。

设计能量系统尺寸大小的第一步是选择技术。对于要求高功率、高循环或者是无需维护的应用来说，超级电容器是最佳选择。对于高能量密度的设备，则优选电池。混合型设备兼具超级电容器和电池的优点与缺点。

超级电容器的容量随着温度的增加而略微增加，随着施加电压的增加而大幅增加。当加上持续的电压，或者连续充放时，容量会不断减少。串联电阻也随着温度增加而减少，随着老化时间而增加。容量和串联电阻也会随着充放电电流的减小而减小，即跟频率与循环速度有关。

超级电容器模块的评估必须考虑到最恶劣的特殊条件，原则上，这些条件是低温，低压和寿命即将结束时。在电池和混合电池中通过这种技术使得电压最小化。在低于特殊电压条件下操作这些元件将破坏它们。对超级电容器而言，极化甚至可能被逆转（然而为了最优性能最好避免这种逆转情况），但是在功率电子方面的实际情况，元件是在标称电压和半标称电压的范围内操作的。不同的厂商对于超级电容器使用寿命的定义不同。通常以常规容量的80%为界限，初始值超过常规值的10%。容量损失成为一个问题，因为可用功率与能量都与容量成比例。

设计一个能量存储系统会面临模块发热的问题，可能是由于内部阻抗引起功率损失造成的。热量与有效电流的平方成正比，与模块体积成反比。在功率应用中，模块设计通常遵循10~20℃的最大加热量。在市场上也有专门为高功率设备而设计的不同种类的超级电容器。它们采用小或者宽的设计，应用薄的电极和低粘度的电解液。当应对大电流时，通常会集成水冷系统。在大多数情况下，通过风扇使空气循环来达到制冷效

果。因为热导率与电导率同样是物理性质，因此，给导体制冷是非常重要的。

基于以上观点，了解使用功率的类型是非常重要的。一方面，通过负载，功率可分为输出功率和接收功率，这取决于它是充当发电机还是电动机。另一方面，总功率是处于放电状态还是充电状态。对于一个给定的应用，负载中可用的功率值和能量值是非常重要的。由于储能元件的内部阻抗使得剩余功率（即总功率与负载功率的差值）将消耗剩余能量（即总存储能量与可用能量的差值）。

设计一个储能装置大小的重要参数是功率密度。Ragone 图能表现可用负载能量随负载功率的变化。最后，它也是一种效率图，效率定义为负载中可用能量与元件存储所有能量的比值。在低功率时，效率最优。在高功率时，当负载阻抗和内部阻抗一样小时，元件本身会消耗一半的能量。简单来说，当负载阻抗比内部阻抗小时，电流受内部阻抗的限制，功率和能量都会消耗在内部阻抗中，元件会发热。

11.2 电学特性

11.2.1 C 与 ESR 测试

11.2.1.1 时域中的容量和串联电阻特性

有不同的方法可以来测试时域中的容量与串联电阻。超级电容器的充放电过程可以在以下条件下执行：

1）恒定电流；

2）恒定功率；

3）恒定负载。

获得的值与测试条件有很大的关系。温度增加，容量提升，串联电阻减小。容量和串联电阻随充放电速度的增加而迅速下降，即随频率的增加而迅速下降。更高的电压下能获得更大的容量值。容量随运行时间的增加而下降，而串联电阻却不断增加，特别是在刚开始运行时。当静止过后能恢复一部分的容量。测量结果的解释也会有问题。例如，自放电通常被认为是电极绝缘性差导致的，但是也有可能是在测试过程中，电极区域充电不完全造成的。因此，确定极化时间与测试顺序是非常重要的。

11.2.1.2 频域中的容量和串联电阻特性

阻抗谱已被广泛用来测试碳、电极和电容特性[1-3]。从频率阻抗谱形状能理解所观察到的这些特性的物理起因，特别是不同因素对串联电阻的影响。

容量行为取决于电极可贡献的表面位置[4]。如果考虑到存在于多孔碳里面的界面，离子到达该表面的时间将延长，且比到达外表面更加困难。换句话说，在短的电子脉冲或者是高频的电流条件下，离子很难进入到深的内部区域。深的内部表面对容量的贡献与高的 RC 时间常数有关。因此，容量会随着信号频率的增加而快速减少。

双电层电容器的串联电阻也会随着频率的增加而迅速减少。在高频情况下，由于电解液中穿梭的离子没有足够的时间到达内部的碳表面，因此内部的碳表面无法利用。这将导致这部分离子既没有对电流传输起作用，也没有造成欧姆损失。德列维（de levie）

传输线模型是双电层的等效电路模型，能简单解释观测到的频率行为[5]。传输线末尾的平行符号对应内部碳的多孔表面，该表面存在着高的阻抗，阻止电流通过这些通道。最后，对比双电层电容器生产商出版的数据，根据经验判断直流串联电阻等同于两倍的高频串联电阻。

11.2.2　超级电容器性质、性能与特征

从电学的角度来看，双电层电容器是一个复杂的系统，这个系统是建立在那些为电池领域而开发的材料（碳材料，隔膜，集流体，电池壳，电池盖等）以及为电解电容器领域而开发的材料（集流体，容器壳，容器盖，电解液等）上的。然而，它有近似电容器的特性。除了它的机械功能，铝集流体也提高了整个系统的电子传输过程。隔膜有两个作用：电解液的离子传输功能以及电极间的电子绝缘功能。在碳电极上，碳颗粒的电子传导和碳颗粒周围电解液的离子传导构成了电荷传输过程[6]。

双电层电容器的性能与采用的测试方法密切相关。IEC（国际电化学委员会）为超级电容器的测试条件已经发布了 IEC62391 一系列的标准[7-9]。测试前超级电容器所处的状态是一个非常重要的参数，可能会导致结果上有大的差别。双电层电容器需要数小时来达到平衡状态，因为离子很难达到电极表面的一些区域。例如，在长时间的极化后，测得的容量和 ESR 将与未极化的值不同。甚至，测量效果将与由老化引起的容量衰减混淆在一起。因此，定义测试条件是非常重要的。

11.2.2.1　容量和 ESR 随电压的变化

在一些双电层电容器中，特别是在采用有机电解液和天然碳的情况下，容量随着外加电压的增加而增加。文献中有不同的理论来说明这种行为产生的原因。

当双电层中的电场增加时，离子间的库仑力也增加，导致溶剂层厚度减少。

如果介电常数仍然适用于这样的薄层，溶剂层的压缩引起溶剂介电常数的增加。微观麦克斯韦（Maxwell）方程的形式更加合适（微观麦克斯韦方程应用在宏观领域，与接近于单个原子尺寸的微观领域大不相同，当然只能在平均意义上确定材料的介电常数、渗透率、极化、感应电场的数值）。

碳孔隙壁上的电子密度随着电压增加而增加。Hahn 等[10]以溶于乙腈中浓度为 $1 mol dm^{-3}$（C_2H_5）NBF_4 为电解液，测得了活性炭电极的双电层电容和电子导电性。这两个数值均与零电位点电势（PZC）的电极电势有关。这种相关性表明电容类似于电导，本质上与固体的电子特性有关，而不是与双电层界面上溶液离子的特性有关。

Salitra 等[11]认为该发现与离子在纳米孔中的渗透有潜在的联系，并假设在零电势渗透性最小。

图 11.1 和图 11.2 分别为 2600 F、0.5mΩ 的 BCAP0010 超级电容器的谱图和不同极化电压下的串联电阻。有趣的是，当没有电压极化时，反而获得了更低的电容。应该研究这种现象与电极厚度的关系，如果离子的消耗是起因，那么厚电极应该展现出更为显著的效果。

低频时，ESR 的增加是由电极表面的电荷再分布造成的，看上去类似于并联阻抗的减少。自放电的情况下，在 2.5V 时的这种影响将是 1.25V 时的两倍，而且没有表现出

0V 的偏差。

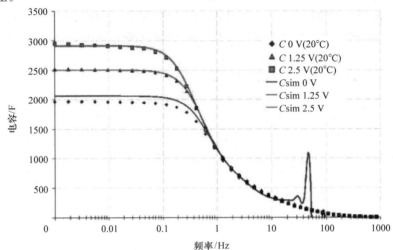

图 11.1　BCAP2600 常温下不同极化下的电容

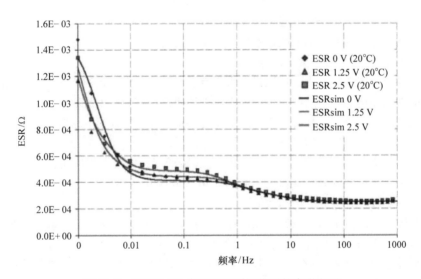

图 11.2　BCAP2600 常温下不同极化下的串联电阻

11.2.2.2　容量和 ESR 随温度的变化

在高频区时 ($f > 10Hz$)，串联电阻随温度变化可忽略。在低频区时，ESR 随着温度的减少而增加[12,13]。这是因为电解液的离子阻抗 R_T 易受温度影响。当温度高于 0℃ 时，R_T 随着温度缓慢变化。当温度低于 0℃ 时，温度的影响更加明显，特别是对串联电阻而言。这是由于低温时电解液的粘度迅速下降而导致的[14]。

乙腈为溶剂，$(C_2H_5)_4NBF_4$ 浓度为 $1mol\ dm^{-3}$ 的电解液，从实验结果发现了 R_T 与温度的关系，用下式表示：

$$R_T = R_{20} \frac{\{1 + \exp[-k_T(T - T_{20})]\}}{2} \tag{11.1}$$

式中，R_{20} 为 20℃时的阻抗；T 为环境温度；k_T 为温度系数，$k_T = 0.025℃^{-1}$。在超低频（$f < 0.1Hz$）区时，容量几乎不随温度变化而变化，这就意味着离子能够不受温度影响深入到电极的多孔通道中，因为离子有足够的时间到达电极表面。容量受温度的影响主要是在中频区（$0.1 \sim 10Hz$）。这段频率区间也是电容器的主要工作区间。在这种情况下，离子没有足够的时间到达甚至遍布整个电极表面。

温度的增加主要能减小电解液的粘度以及促使离子到达电极表面。由于离子在热溶剂中具有高的迁移性，这使得离子能够在短时间内深入到碳电极里面。增加面积导致双电层电容串联电阻减少，同时容量随着温度的增加而增加。图 11.3 与图 11.4 分别是 BCAP0010 双电层电容器不同温度下测量的和模拟的容量频率以及串联电阻频率。

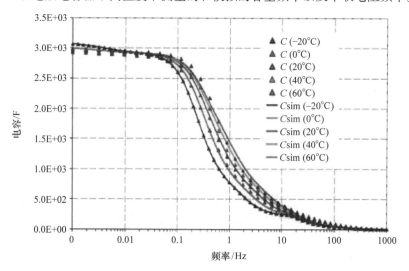

图 11.3　当极化电压为 2.5V 时，不同温度下的 BCAP2600 的容量频率

11.2.2.3　自放电与漏电流

在没有与导电网络相连时，自放电是一个非常重要的参数，因此需要保持充电状态。在这些用途中，这种设备能够输出功率，且不随时间衰减。停在机场停车场一周后汽车仍能启动就是个很典型的例子。因此，储能器件必须保持尽可能高的电荷量，因为有效功率与储存的能量随电压二次方的下降而下降。

随时间浮动模式下的荷电电容器的电压降可能是由不同放电机制造成的，如漏电流和电荷再分布。

电荷再分布是电荷从短时间容易到达的区域向长时间才能到达的区域转移。相比于自放电，电荷再分布可能会导致电容器终端电压的上升。在迅速放电后，电压可能会增加，这可能是因为前面到达的电荷会储存在慢的区域里。漏电流可能是由不需要的氧化还原反应、离子电荷扩散以及通过隔膜电子局部放电造成的。自放电率可以通过测量为

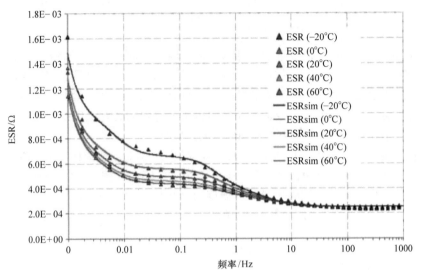

图 11.4 当极化电压为 2.5V 时，不同温度下的 BCAP2600 的串联电阻频率

保持常压的必要电流，或者是通过记录浮动电容器电压随时间的变化来决定。

自放电诊断可以按照电压时间关系来执行。如果电压以不想要的对数规律下降，$U(t)$ vs $\log t$（见图 11.5），可能受电荷的法拉第自放电或者杂质的氧化还原反应所控制。如果电压按时间的平方根关系下降，$U(t)$ vs $t^{1/2}$（见图 11.6），可能受扩散所控制。

不同的电容器均被证实有自放电行为，如麦克斯韦公司的商业化电容器产品 BCAP0008 和 BCAP0007。它们均展现出由扩散控制的自放电机制。BCAP 型电容器是一种杂质含量高，经受氧化还原反应的电容器。两条不同的曲线表明了自放电随时间函数线性下降。

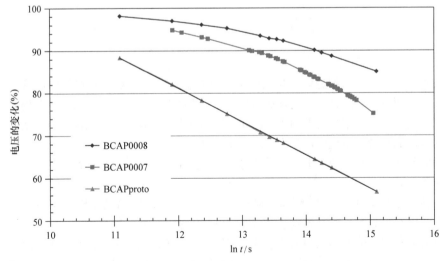

图 11.5 不同杂质浓度的电容器自放电随时间对数变化

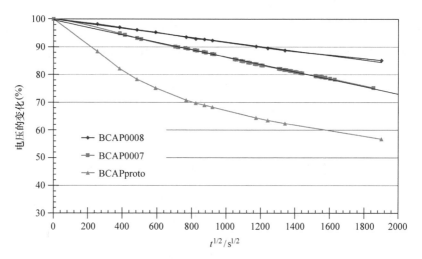

图 11.6　不同杂质浓度的电容器自放电随时间的平方根变化

双电层电容器的自放电行为是对功率容量折中的结果。生产商可以用厚的隔膜来提高电压保持率，但是这样同时会增加电容器的串联电阻。

11.2.3　Ragone 图理论

Ragone 图是基于这样的情况，储电系统充电和放电的电流必须经过内部阻抗、负载或发电机的阻抗。如图 11.7 所示，这两种阻抗是串联的。

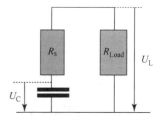

图 11.7　超级电容器的等效电路

由于电容器复杂的几何结构，R_s 为串并联电路的等效阻抗。电极非常宽，各个区域对阻抗的贡献方式也不相同。对所有的并联区域来说，电流路线的长度也不相同。对每一块电极区域，电流首先流经电极、集流体以及衔接处的欧姆阻抗，接着流经两个电极间电解液的离子阻抗。所有的阻抗值都是串联的。

U_C 为内部电压的理论值，无法进行测量。该值随着电极表面位置的不同而变化。U_L 为该存储设备的终端电压。这种简单的模型对电池、电容器、超级电容器同样有效，只是内部阻抗的振幅各不相同。电池的阻抗约为超级电容器的 10 多倍，而超级电容器的阻抗又是传统电容器的 10 多倍。

在大部分的功率应用中，串联电阻是储能设备尺寸限制的原因。一方面，电阻损耗产生的热使元件加热到不可接受的温度。另一方面，元件终端的电压降变得非常重要。

后续的发展是以提高储能电容器的效率为目的。第一步是计算该系统中的能量。这些值将以储能最大值和可用功率最大值来表示，并且在 Ragone 图表示出来。

假设电极表面的 U_C 是一致的，在非常低的频率下，C 和 R_s 与电流无关，即是与频率无关。在相当低的频率下（$f \ll 1/\tau_0$），结合下面这两个关系式 $U_L = R_L i$ 和 $U_L = u_c - R_s$，能得出

$$U_c = U_L \left(1 + \frac{R_S}{R_L} \right) \tag{11.2}$$

需要区分不同的能量形式。W_{max}是电子储能设备所能存储的最大能量。

$$W_{max} = \frac{1}{2} C U_{c\,max}^2 \tag{11.3}$$

W_L是负载提供的可用能量，阻抗为R_L：

$$W_L = R_L \int i^2 \mathrm{d}t \tag{11.4}$$

W_S为消耗在储能元件串联电阻的能量，即热量。

$$W_S = R_S \int i^2 \mathrm{d}t \tag{11.5}$$

从上面我们可以观察到W_L和W_S都取决于电流强度，但是两者的总和却并不取决于电流。

$$W_{max} = W_L + W_S = (R_L + R_S) \int i^2 \mathrm{d}t \tag{11.6}$$

$$W_L = \frac{R_L}{R_L + R_S} W_{max} \tag{11.7}$$

我们定义系数α，如下式：

$$\alpha = \frac{R_L + R_S}{R_S}, \alpha > 1 \tag{11.8}$$

则上面的关系式可以转化成

$$W_L = \frac{\alpha - 1}{\alpha} W_{max} \tag{11.9}$$

1）$\alpha \to 1$：$R_L \to 0$，电容器电流最大，功率最大；

2）$\alpha = 2$：匹配阻抗；

3）$\alpha \gg 2$：低电流，低功率。

11.2.3.1 匹配阻抗

在特殊的情况下，当$R_S = R_L$时，应用的可用功率P_m和损耗在内部阻抗上的功率P_S是相等的。

$$P_m = P_S = P_L = U_L i = U_L \frac{U_L}{R_L} = \frac{U_L^2}{R_S} \tag{11.10}$$

当电流非常小时，在纯容量时的电压是匹配阻抗时的电压的2倍。

$$U_c = \frac{U_L}{2} \tag{11.11}$$

因此，在匹配阻抗时的可用功率等于

$$P_m = \frac{U_E^2}{4R_S} \tag{11.12}$$

当$R_L = 0$时，P_m等于最大消耗功率的四分之一。电容器生产商经常把功率最大值和最小值搞混淆，过高的估计产品的功率容量。

在匹配阻抗时，可用能量等于最大存储能量的一半。

$$W_{\mathrm{m}} = \frac{W_{\max}}{2} \tag{11.13}$$

最后，我们能够发现最大可用功率与最大存储能量存在如下关系：

$$P_{\mathrm{m}} = \frac{U_{\mathrm{c}}^2}{4R_{\mathrm{S}}} = \frac{W_{\max}}{2R_{\mathrm{E}}C} = \frac{W_{\max}}{2\tau_0} \tag{11.14}$$

$T_0 = R_{\mathrm{S}}C$，T_0 为时间常数，或者说是在电压因素（e）下电容器放电所需时间的简写。从容量随频率变化图（见图 11.3）能发现该时间参数与截止频率（cutoff frequency）有直接的联系。

11.2.3.2　负载可用功率，Ragone 方程

在大多数情况下，尤其是实际操作情况下：

$$P_{\mathrm{L}} = \frac{U_{\mathrm{L}}^2}{R_{\mathrm{L}}} = \frac{U_{\mathrm{c}}^2}{R_{\mathrm{L}}} \left(\frac{R_{\mathrm{L}}}{R_{\mathrm{L}} + R_{\mathrm{S}}} \right)^2 = U_{\mathrm{c}}^2 \frac{R_{\mathrm{L}}}{(R_{\mathrm{L}} + R_{\mathrm{S}})^2} = \frac{U_{\mathrm{c}}^2}{4R_{\mathrm{S}}} \frac{4R_{\mathrm{S}}R_{\mathrm{L}}}{(R_{\mathrm{L}} + R_{\mathrm{S}})^2} = 4P_{\mathrm{m}} \frac{\alpha - 1}{\alpha^2} \tag{11.15}$$

我们引入一个参数 β，将其定义为负载可用能量与元件最大存储能量的比值。

$$\beta = \frac{W_{\mathrm{L}}}{W_{\max}} = \frac{\alpha - 1}{\alpha^2} \tag{11.16}$$

在匹配阻抗 P_{m} 时，负载可用功率随着最大可用功率按下式变化：

$$\frac{P_{\mathrm{L}}}{P_{\mathrm{m}}} = 4\beta(1 - \beta) \tag{11.17}$$

在匹配阻抗时，系数 β 等于 0.5。

有两种方法解出这个二次方程。第一个较好的方法对应于负载阻抗大于内部阻抗的情况（见图 11.8）。元件在功率机制下操作。W_{L} 随着负载可用功率 P_{L} 按以下关系式变化：

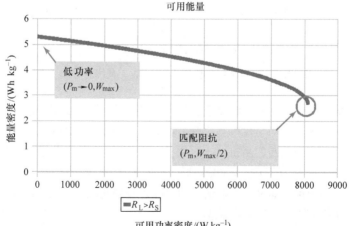

图 11.8　$R_{\mathrm{S}} < R_{\mathrm{L}}$ 时的 Ragone 图。在匹配阻抗时，可用能量等于最大存储能量的一半

$$W_L = \frac{W_{max}}{2}\left(1 \pm \sqrt{1 - \frac{P_L}{P_m}}\right) \tag{11.18}$$

此时
$$P_m = \frac{W_{max}}{2\tau_0} \tag{11.19}$$

同时
$$\tau_0 = R_s C \tag{11.20}$$

只有在小的电流下，所存储的能量才能高效率地传给负载。此时，元件内部阻抗消耗的焦耳热 W_s 才是最小。

在匹配阻抗时，几乎一半的能量消耗在内部阻抗上。

下图是基于典型的碳–有机电解液的超级电容器（300F，在 1Hz 时阻抗为 2mΩ）而获得的。典型的时间常数 $\tau_0 = 0.6s$。

负载阻抗小于内部阻抗的情况下（见图 11.9），可用第二种方法。可用能量 W_L 随可用负载功率 P_L 的变化关系与前者不同，不同之处在于在平方根前加了个负号。在这种情况下，几乎所有的能量都消耗在储能元件的内部阻抗中，导致元件迅速变热。一个极端的例子就是元件终端短路。

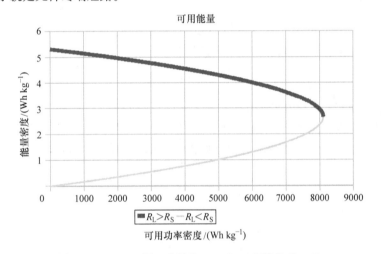

可用能量

图 11.9　Ragone 图：蓝线为 $R_s < R_L$，黄线为 $R_s > R_L$

给一个储能系统分级需要了解以下信息：可用能量，可用功率，消耗在元件内部阻抗中的功率。所有的功率均与效率参数有关。图 11.10 描绘了这些功率和总功率。

有趣的是能观察到在匹配阻抗时，可用负载功率 P_m 达到最大值。因此，获得上述值是没有意义的（此例中的 $P_{total} = 32kW~kg^{-1}$，$P_m = 16kW~kg^{-1}$）。

一种经典的图为可用能量的对数随总功率的对数变化图（见图 11.11 和图 11.12）。该图的缺点在于没有告知实际可用功率。

虚线代表储能系统有相同的时间常数。两条能量曲线的相交部分对应于匹配阻抗。在该点处，时间常数 $\tau_0 = 2\tau_0$（在本例中 $\tau_0 = 0.6s$）。能量消耗曲线表明在低功率区，效率与功率成反比。

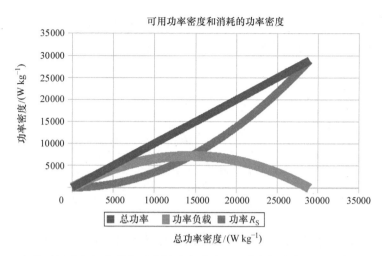

图 11.10　负载可用功率与串联电阻消耗功率随总可用功率与总串联电阻消耗功率而变化

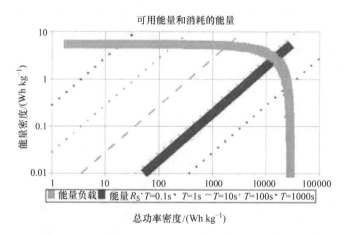

图 11.11　负载可用能量与串联电阻消耗能量随着总负载可用
功率和串联电阻总消耗功率而变化的 Ragone 图

　　第二步，我们必须考虑到电极面积的某些区域，这些区域并不和其他区域一样容易使离子到达。出于不同原因，电解液中当前的路径可能更长。电极的某些部分与对电极不是良好平行就是一种特殊情况。更通俗的说法即离子到达接近集流体表面电极区域的路线变长了。

　　考虑到频率对串联电阻与容量的影响，这个方面能够简化。两者均是随着频率的增加而下降，这是因为离子无法到达电极上更远的区域。只能到达小的时间常数区域，但这又导致了明显更小的时间常数。因此，我们可以预测到由于在高功率放电时电压衰减更快，Ragone 图将随着功率下降更加迅速。

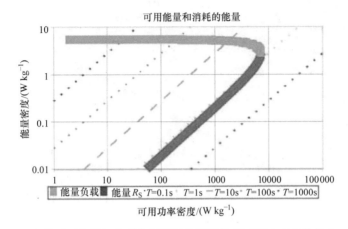

图 11.12 负载可用能量与串联电阻消耗能量随负载可用功率变化的 Ragone 图

11.2.4 能量性能和恒流放电

实验室中，恒流充/放电是使用最广泛的测试手段（见图 11.13），因为该测试手段最简单、最便宜。实际生产过程中，由此衍生出来的一些测试方法也被用来控制超级电容器的品质。测试步骤在 t_0 开始，以给定的电流进行外部输入，在充电过程中保持电流恒定。电流流经电容器串联电阻引起瞬时电压，该电压在 $U_0 \sim U_1$ 之间。当电容器电压达到标称电压 U_n 时，即 t_2 停止输入电流。

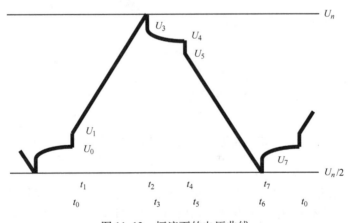

图 11-13 恒流下的电压曲线

由于电流的消失，电容器电压从 U_n 迅速下降到 U_3。当电容器在 $t_3 \sim t_4$ 时间段浮动时，由于自放电和电荷再分布，电压从 U_3 下降到 U_4。从 t_4 开始恒流放电，当电压达到标称电压的一半或者是规定的更低值时，停止放电即 t_7。电流强度在 IEC62391 标准中有规定，取决于双电层电容器的类型（功率，备用等）。

对于容量不随电压而变化的电容，平均电容 C_n 取决于在电压区间内恒流放电的时间，两者的关系如下式所示：

$$C = I \frac{\Delta t}{\Delta U} \tag{11.21}$$

IEC62391 标准适用于高的串联电阻的双电层电容器测试，该标准定义计算标称电压的 80% ~40% 内来计算容量平均值。

在一个实际的模型中，容量取决于电压。容量由常数部分 C_0，线性电压部分 $C_v = KU_c$，K 是一个取决于测试手段的常数。在电压 U_c 的情况下，总容量 C 等于 C_0 与 C_v 的和。

电流和电压的关系来自于电流。将 Q 替换为 C 与 U_c 的积，考虑到 C 与时间的间接关系，电流可用式（11.22）表示：

$$t(t) = \frac{dQ}{dt} = \frac{d(CU_c)}{dt} = (C_0 + 2KU_c) \frac{d(U_c)}{dt} \tag{11.22}$$

因此，恒定电流 I_0 下超级电容器充电或放电所需时间可用式（11.23）表示：

$$t_2 - t_1 = \left[\frac{C_0 U_c + K \times U_c^2}{I_0} \right]_1^2 \tag{11.23}$$

串联电阻可以通过电压降来计算，该电压降发生在标称电压下电流中断时，在时间范围 $t_2 \sim t_4$ 间，用式（11.24）表示。第一部分的电压降（$t_2 \sim t_3$ 之间）由串联电阻引起，第二部分的电压降（$t_3 \sim t_4$ 之间）由电荷重组和自放电引起。如果 $t_3 = t_4$，那么电压降将准确的反应串联电阻的值：

$$R_S = \frac{\Delta U_{23}}{I} \tag{11.24}$$

当然，由于实验装置带宽的限制，这个值是很难通过实验获得的。IEC62391 标准定义了用来测量串联电阻的方法。由漏电流或者是电荷再分布而引起的自放电导致了电压 R_p 的下降，相当于模拟电路中的并联阻抗。

在生产中，该方法适于可用时间的应变。它通常是将单元充电到较低的电压，以节省时间和电能，校准源于一个给定电流下的测量 $U(t)$ 的曲线中的系数因子。

11.2.5　恒功率下的能量性能与放电性能

恒功率条件下的充放电意味着最接近应用的部分。特别注意低压的情况，因为低压下电流很大。在这种情况下的焦耳热损失的比例较大，这导致更小的效率。

为了解释这些结果，我们有必要求解一个关于电容器电压 $U_c(t)$ 更加复杂的微分方程［超级电容器的电压 $U_L = U_c(t) + R_s i(t)$］。

超级电容器的电容随电压增加而增加。如果电容被定义为 $C = C_0 + KU_c$，在放电过程中的电流和电压的变化之间的关系由下式给出：

$$i = -(C_0 + 2KU_c) U'_c(t) \tag{11.25}$$

恒定功率时，电压随时间变化用下面的微分方程表示：

$$R_S (C_0 + 2KU_c) U'_c(t)^2 + U_c U'_c(t) - \frac{P_L}{C_0 + 2KU_c} = 0 \tag{11.26}$$

在分离变量和积分后得到了该方程的解，由下式给出：

$$t_2 - t_1 = \frac{C_0}{4P_L}\{ [U_c(U_c + \sqrt{U_c^2 + 4R_sP_L}) + 4R_sP_L\ln(U_c + \sqrt{U_c^2 + 4R_sP_L})]$$

$$+ \frac{K}{3P_L}[U_c^3 + (U_c^2 + 4R_sP_L)^{\frac{3}{2}}]\}_1^2 \tag{11.27}$$

对于典型的 1kg 的超级电容器而言，容量为 6000F，串联电阻 R_s 为 0.1mΩ，在功率 P_L 保持在 2000W 时，充放电电压曲线如图 11.14 所示。当电压下降时，会加速放电。这种现象也促进了容量的降低。

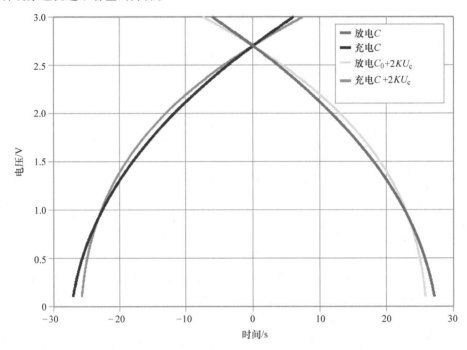

图 11.14 指定超级电容器的两千瓦级别的恒功率充放电曲线，质量为 1kg，电容为 6000F，串联电阻为 0.1mΩ（电压与容量呈线性关系和不呈线性关系）

在 Ragone 线中，恒定功率下的放电曲线用垂直线表示，Ragone 曲线从初始电压（标称电压等于 2.7V）开始，当电压等于初始电压的一半时结束。

在 $U_n \sim U_n/2$ 之间的放电过程中，要得到一个恒定功率，最大功率必须小于 P_m 的 1/4。在如图 11.15 所示的例子中，最大功率可能只有 1800W kg^{-1}。

对于一个给定的可用功率，在电压下降时，损耗会增加，为保持功率，增加电流以补偿较小的电压值。放电过程中效率随着电压而降低。

为了在两个相同的电压限制之间得到恒流放电，我们有必要将初始电压限制为终止电压的两倍。在本例中为 3600W kg^{-1}。

这个理论已经通过采用容量分别为 1500F 和 2600F 的超级电容器 BCAP1500_P 和 BCAP2600 进行了验证（见图 11.16 和图 11.17）。BCAP1500_P 是具有更薄的电极，以降低串联电阻的功率型电容器。这些电容器由美国 Maxwell 公司生产，由于电解液的低

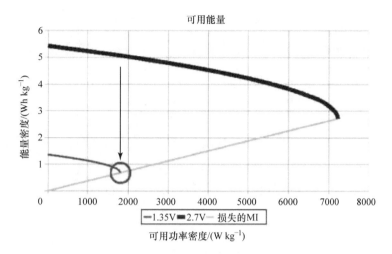

图 11.15　最大功率 P_m 随电压下降而线性下降

粘度，如本例中的 AN，当温度低至 –40℃时，我们依然可以获得一些功率。

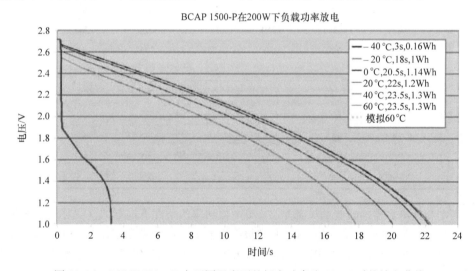

图 11.16　BCAP1500_ P 在不同温度下的恒定功率为 200W 时的放电曲线

　　放电结束时，电压下降得更快。这是由于在低电压时超级电容器的能量数较小。初始电压的阶跃是当接通电流时，由于串联电阻的电压降而引起的。在更小的超级电容器，温度为 –40℃时，这个步骤是非常重要的。这可能是由于电容器结构或实验设置步骤造成的内部问题而引起的。在任何情况下，我们都应使总串联电阻保持尽可能地低，以获得良好的超级电容器的功能。

　　电容和串联电阻参数由通过拟合实验获得的曲线理论上发展的关系所确定，如方程 11.27 所示，测量电压在 200W 的恒功率下放电时进行的（见表 11.1）。

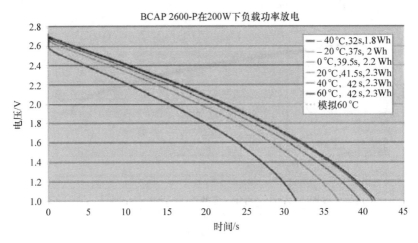

图 11.17　BCAP2600 不同温度下的 200W 恒功率放电

表 11.1　不同温度下的 200W 放电条件下 BCAP1500 和 BCAP2600 超级电容器用于拟合实验的参数

		$-40℃$	$-20℃$	$0℃$	$+20℃$	$+40℃$	$+60℃$
2600F	C_0/F	1010	1250	1430	1530	1530	1530
	K/FV^{-1}	280	280	275	275	275	275
	C_0/F	2144	2384	2544	2644	2644	2644
	$R_s/(m\Omega)$	2	1	0.6	0.5	0.3	0.3
1500F	C_0/F	500	650	750	820	850	850
	K/FV^{-1}	145	145	145	145	145	145
	C/F	1087	1237	1337	1407	1437	1437
	$R_s/m\Omega$	8	2	1.4	0.6	0.5	0.5

　　两个超级电容器的实验测试都是在 200W 恒功率的条件下进行的（见图 11.18 和图 11.19）。质量为 280g 的 BCAP1500_ P 超级电容器的放电功率密度比 500g 的 BCAP2600 还高，分别是 714Wkg^{-1} 和 400Wkg^{-1}。在低温下，在小的 1500F 超级电容器中，匹配阻抗被克服了。通过方程 11.18 获得了 Ragone 图，这个方程仅仅取决于 R_s 和 C，这些参数都应该是在低电流情况下测得的，与实际情况相差甚远，特别是对于 1500F 超级电容器来说。

11.2.6　恒负载下的能量性能和放电性能

　　在恒负载下的放电是一种无需用复杂材料来进行测量的测试方法。记录负载终端的电压能反应电容器电流和电压的振幅信息。

11.2.7　效率

　　效率是通过电容和串联电阻参数来计算的，而串联电阻参数是由放电曲线推导出的。当超级电容器终端电压达到 1V 时，曲线终止。放电到 1V 所需时间和实验曲线的

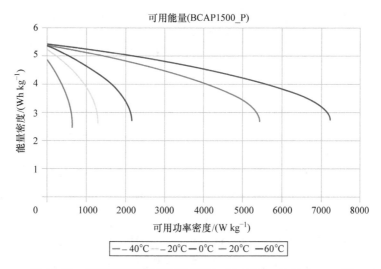

图 11.18 不同温度下的超级电容器 BCAP1500_ P 的 Ragone 图

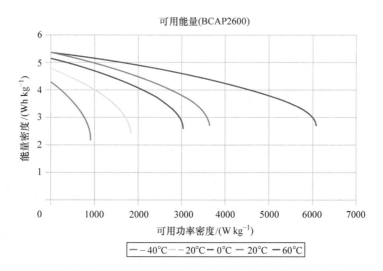

图 11.19 不同温度下的超级电容器 BCAP2600 的 Ragone 图

关联性好（见图 11.20 和图 11.21）。

从 BCAP1500_ P 线中，我们能明显的发现在 – 40℃ 时，超级电容器有串联电阻，而且该阻抗大于负载阻抗。该图也直接的指出放电过程中随着电压的下降，效率也在下降。当然，为了保持负载中恒定的功率，电流的增加，补偿了电压的下降。这就使得功率保持不变，但是能量损失随电流的平方增加而增加。

通过对放电时间内的能量损失进行积分，我们可能获得电容器在该时间段 t 内瞬时效率。此时，负载上的总功率等于产品的总功率。以下曲线为 BCAP2600 在不同温度下的时间为 t 时的瞬时效率图（见图 11.22 和图 11.23）。

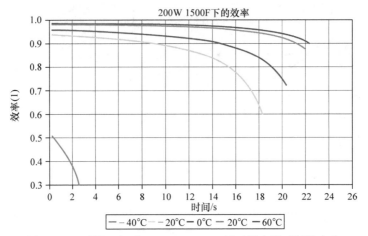

图 11.20　不同温度下，BCAP1500_ P 瞬时效率随时间的变化

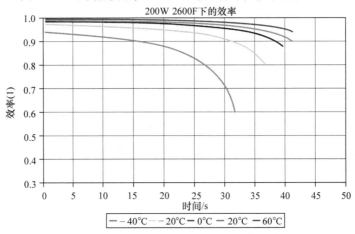

图 11.21　不同温度下，BCAP2600 瞬时效率随时间的变化

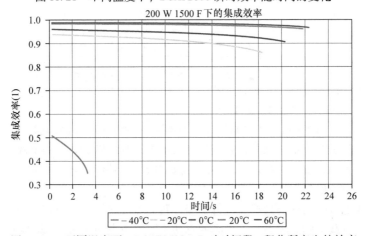

图 11.22　不同温度下，BCAP1500_ P 对时间段 t 积分所产生的效率

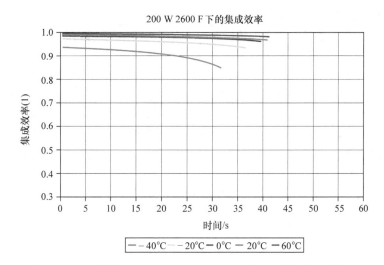

图 11.23　不同温度下，BCAP2600 对时间段 t 积分所产生的效率

11.3　热模型

超级电容器中热量的产生与焦耳热有关。超级电容器能支持 400A 的电流，或者更多地依赖于电容器的电容和所用的技术。对于 2600F 的超级电容器来说，即使串联电阻值低于 0.4mΩ，但反复地对超级电容器进行充放电会引起明显的发热。一些作者已经展现出了超级电容器的等效串联电阻值随温度的变化的关系[4]。在参考文献［16］中，作者们研究了温度和电压对超级电容器失效过程的影响。同时他们也建立了一个模型，使用该模型能分析由于提高电压和温度造成自加速衰减的影响因素。在参考文献［17］中，作者们研究并且模拟了温度对超级电容器自放电的影响。

温度的增加能够造成以下影响：

1）超级电容器性能的恶化，特别是等效串联电阻、自放电、寿命，这些都将影响电容器的可靠性和电学性能。

2）超级电容器内部压力的增加。

3）接触金属的过早老化，事实上，反复的加热和温度的明显增加能迅速恶化超级电容器的终端接触。

4）如果温度超过电解液的沸点 81.6℃，会造成电解液的蒸发和由此引起的超级电容器的破坏。

因此，了解并且理解超级电容器单元和模块的热行为是非常重要的。这将导致温度的时间 - 空间的估算。

本节是关于超级电容器热模拟和模块的热管理。该工作基准来自于制造过程中放置在超级电容器中的一系列热电偶。循环状态下的超级电容器模块也研究了冷却系统。

11.3.1 超级电容器的热模型

从物理学的观点而言，热量的传输起源于温度上的差别。这样，以热量形式的能量传输在存在温度差的任何时候都能进行，这种温度差可以是在一个系统，或者是在接触不同温度的两个系统。在固体中，热能量是可以通过两种机制传输的：晶格振动和自由电子。一般情况下，对电导体而言，大量的自由电子可以移动和传输电荷，因此，它们将热能从高温区域转移到低温区域。热扩散与电容器内部的几何形状和操作条件有关。

电容器任何位置的温度取决于三种热传输方法：热传导、热对流和热辐射。

11.3.2 热传导

热传导定义为能量从温度高的区域向温度低的区域传导。这一节利用热传导方程考察了电容器里面以及表面的瞬态温度分布[18]：

$$\nabla^2 T + \frac{P}{\lambda} = \frac{\rho C_p}{\lambda} \frac{\partial T}{\partial t} \qquad (11.28)$$

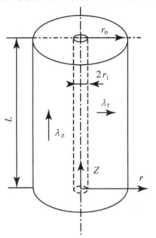

图 11.24　超级电容器的柱状结构

式中，∇^2 是拉普拉斯算子；r 是超级电容器的密度；l 为超级电容器的热导率；C_p是比热容；P 为体积密度。在此研究中，假定超级电容器的内部的热量是轴对称分布，并且热传导方程是用两个坐标方向，即径向和轴向方向。该物理模型是长度为 L 和直径为 D 的圆柱体，该圆柱体轴向的等效的热导率为 λ_z，沿径向方向的等效热导率为 λ_r（见图 11.24）。物理模型方程由式（11.29）给出：

$$\rho C_p \frac{\partial^2 T(r,z,t)}{\partial t} = \lambda_r \frac{\partial^2 T(r,z,t)}{\partial r^2} + \frac{\lambda_r}{r} \frac{\partial T(r,z,t)}{\partial r} + \lambda_z \frac{\partial^2 T(r,z,t)}{\partial z^2} + p \qquad (11.29)$$

式中，$r_i < r < r_o$；$0 \leqslant z \leqslant L$；$0 < t \leqslant t_f$；$r$ 为径向坐标；z 为轴向坐标；r_i和r_o分别为超级电容器的内径和外径。

导电率 λ_r和λ_z是通过超级电容器确定的，该超级电容器包含三层，分别是活性炭层，隔膜层，铝集流体层，如图 11.25 所示。电极的正极和负极由铝箔组成，被放置在两层活性炭层之间（见图 11.25a）。

假设每一层的热阻抗等于内径为 r_i，外径为 r_o，长度为 L 的长圆柱体的热阻抗，对各个层而言，长度远大于直径。热阻抗能写成：

$$R_{th} = \frac{\ln(r_o/r_i)}{2\pi\lambda L} \qquad (11.30)$$

热阻抗这个概念同样适用于多个圆柱体层。对于四层而言（见图 11.5），沿着径向上的等效热阻抗能写成：

$$R_{th} = \frac{1}{2\pi\lambda_c L}\ln\left(\frac{r_i + e_c}{r_i}\right) + \frac{1}{2\pi\lambda_s L}\ln\left(\frac{r_i + 2e_c + e_a + e_s}{r_i + 2e_c + e_a}\right) + \frac{1}{2\pi\lambda_c L}\ln\left(\frac{r_i + 2e_c + e_a}{r_i + e_c + e_a}\right) + \frac{1}{2\pi\lambda_a L}\ln\left(\frac{r_i + e_c + e_a}{r_i + e_c}\right)$$

$$(11.31)$$

式中，e_c 为活性炭层的厚度；e_a 为铝箔的厚度；e_s 为隔膜的厚度；λ_c 为活性炭层的电导率，λ_a 为铝箔的电导率，λ_s 为隔膜的电导率。假设 $e_a \ll e_c$，$e_s \ll e_c$，在这些条件下，等效热阻抗等于活性炭层的热阻抗。因此，径向的等效热导率等于活性炭电导率（$\lambda_r \approx \lambda_c$）。

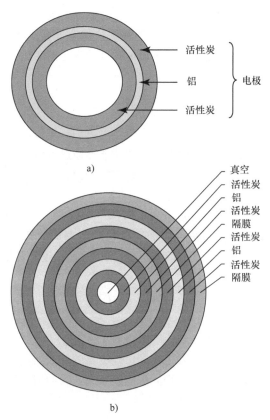

图 11.25　简化的超级电容器热模型结构：

a）电极结构；b）超级电容器第一层截面图

假设轴向上的热导率与铝电导率相同，电模拟用来表示超级电容器内部的热流，从电模拟获得了上述条件，并联阻抗用下式表示；

$$\frac{1}{R_{th}} = \sum_{n=1}^{N} \frac{1}{R_{th,n}} \tag{11.32}$$

式中，$R_{th,n}$ 为第 n 层的热阻抗；N 表示总的层数（碳层、铝层、隔膜）。铝层的热导率远高于碳层和隔膜的热导率。相比于铝层而言，碳层和隔膜的导热能力可以忽略。采用这种假设，轴向方向上的等效热阻抗能写成

$$\frac{1}{R_{th}} = \frac{1}{R_{th,a}} \tag{11.33}$$

轴向上的热导率能被认为等于铝的热导率，即 $\lambda_z \approx \lambda_a$。

11.3.3 热边界条件

用热边界条件来解热传导方程，热边界的定义如下：

在开始测试时（$t=0$），电容器内的温度被认为是一致的，且等于表面热交换测得的值。

$$T(r, z, 0) = T_0 \quad r_i \leqslant r \leqslant r_0, \ 0 \leqslant z \leqslant L$$

在超级电容器的内表面，直径为 r_i 的塑料圆柱体有非常低的热导电性，作为绝缘体。从傅里叶定律来定义热流。随着径向温度梯度的变化而变化，径向热导率能用下式表示：

$$\lambda_r \frac{\partial T}{\partial r}(0, z, t) = 0, 0 < t < t_f, \ 0 \leqslant z \leqslant L$$

在超级电容器的外表面，热能是通过空气热对流和环境温度（T_{amb}）下的热辐射来传输的。由于表面温度与环境温度的差别，热能能够通过电磁辐射进行转移。热辐射与绝对温度的四次方成正比，也与超级电容器热交换的面积成正比。单位面积上传导的热通量能用下式表示：

$$q_{rad} = \varepsilon \sigma (T^4 - T_{amb}^4) \tag{11.34}$$

式中，ε 为表面发射率，关系到灰色表面到理想黑色表面的辐射；σ 为 Stefan – Boltzmann（$\sigma = 5.669 \times 10^{-8} \mathrm{Wm^{-2}K^{-4}}$）；$T$ 和 T_{amb} 分别为表面温度和环境温度。在本研究中，将辐射热流写成以下关系的形式：

$$q_{rad} = h_{rad} (T - T_{amb}) \tag{11.35}$$

辐射热传输系数用下式表示：

$$h_{rad} = \varepsilon \sigma (T - T_{amb}) (T^2 + T_{amb}^2) \tag{11.36}$$

除了热辐射，热对流也被认为发生在超级电容器的外表面。在超级电容器周围的空气环境中，热传输速率和外部表面与房间温度差有关。我们用牛顿冷却定律来表示热对流对整个热交换表面的影响，如下所示：

$$q_{conv} = h_{conv} (T - T_{amb}) \tag{11.37}$$

式中，T 和 T_{amb} 分别为表面温度和环境温度；H_{conv} 为热对流系数；q_{conv} 为单位受热面积上所交换的热量。

在此研究中，热边界条件的定义考虑了整个外部表面的热辐射和热对流的热量传输系数。发生在空气层和热量交换表面界面上的热对流所传输的热能认为是等于超级电容器周围空气层所获得的热量。我们根据傅里叶原理定义了在热传导中消耗的热通量，同时加入负号以便满足热力学第二性原理。因此，在外半径上（$r=r_0$）

$$-\lambda_r \frac{\partial T}{\partial r}(r_0, z, t) = h_t [T(r_0, z, t) - T_{amb}] \quad 0 < t \leqslant t_f, \ 0 \leqslant z \leqslant L \tag{11.38}$$

在超级电容器的末端（$z=0$ 和 L），从轴向方向的热平衡来定义温度，用以下方程来定义：

$$-\lambda_z \frac{\partial T}{\partial z}(r, L, t) = h_t [T(r, L, t) - T_{amb}] \quad 0 < t \leqslant t_f, r_i \leqslant r \leqslant r_0, z = L \tag{11.39}$$

$$-\lambda_z \frac{\partial T}{\partial z}(r,\,0,\,t) = h_t \big[\, T(r,\,0,\,t) - T_{amb} \big] s \quad 0 < t \leqslant t_f, r_i \leqslant r \leqslant r_0, z = 0 \quad (11.40)$$

传热系数 h_t 为热对流传热系数和热辐射传热系数两者之和：

$$h_t = h_{rad} + h_{conv}$$

11.3.4　热对流传热系数

总体来说，当受热表面暴露在没有任何外加流动的环境气氛中时，电容器周围的气体会由于温差而流动，这种温差是由于热交换表面空气密度的不同而造成的。在此种情况下，热能通过自然对流传递到周围的空气中。使用风扇可能将灰尘和污染物带入到系统中，并且需要额外的功率，所以后者是电子元件最简单的冷却方法。

自然对流的传热系数与流体的密度、粘度、速度有关，同时还和流体的热性能有关，比如导电性、比热容。流体的粘度和热交换表面的几何形状对流体的截面速度有很大的影响。热传输系数由努赛尔（Nusselt）数推导而出，按下式定义：

$$Nu = \frac{h_{conv}D}{\lambda_{air}} \tag{11.41}$$

式中，D 为电容器的外径；λ_{air} 为周围空气的热导率。

对自然对流而言，无量纲的努赛尔数表示为一个与无量纲瑞利（Rayleigh）数（Ra）有关的函数。

$$Nu = ARa^m \tag{11.42}$$

式中，无量纲常数 A 和指数 m 均由实验数据而定。

瑞利数是由产品的无量纲普朗特（prandtl）数和无量纲格拉晓夫（Grash）数决定的。普朗特数取决于流体空气的性质，而格拉晓夫数取决于热交换面积的几何形状，由此，

$$Ra = Gr \times Pr \tag{11.43}$$

$$Pr = \frac{\mu_{air} C_{p,air}}{\lambda_{air}} \tag{11.44}$$

式中，μ_{air} 是空气的动态粘度；λ_{air} 为空气的热导率；$C_{p,air}$ 为空气的比热容。

$$Gr = \frac{\rho_{air}^2 g\beta(T - T_{amb})D^3}{\mu_{air}^2} \tag{11.45}$$

式中，g 为重力加速度；T 为表面温度；β 为体积膨胀系数，由表的性质所决定。对理想气体而言，可以通过下式计算得到：

$$\beta = \frac{1}{T_{amb}} \tag{11.46}$$

式中，T_{amb} 为空气的绝对温度。

对于卧式缸体周围的层流和湍流两种自然对流而言，努赛尔数用下式表示：

对层流对流而言（$10^3 < Ra < 10^9$）：

$Nu = 0.53Ra^{1/4}$

对湍流对流而言（$10^9 < Ra < 10^{13}$）：

$Nu = 0.10Ra^{1/3}$

11.3.5 求解过程

方程组的离散化是通过隐式的代换而获得的。对一个三维空间来说，采用隐式替换（implicit alternating）法，并且用了两个中间值 T^* 和 T^{**}。在每段时间区间 $t + \Delta t$，通过下面的方程来计算温度 T[19]：

$$\frac{T^* - T(r, z, \phi, t)}{\Delta t/2} = \frac{\partial^2 T^*}{\partial r^2} + \frac{1}{r} \frac{\partial T^*}{\partial r} \frac{1}{r^2} \frac{\partial^2 T(r, z, \phi, t)}{\partial \phi^2} + \frac{\partial^2 T(r, z, \phi, t)}{\partial z^2} \quad (11.47)$$

$$\frac{T^{**} - T(r, z, \phi, t)}{\Delta t/2} = \frac{\partial^2 T^*}{\partial r^2} + \frac{1}{r} \frac{\partial T^*}{\partial r^2} + \frac{1}{r^2} \frac{\partial^2 T^{**}(r, z, \phi, t)}{\partial \phi^2} + \frac{\partial^2 T(r, z, \phi, t)}{\partial z^2} \quad (11.48)$$

$$\frac{T(r, z, \phi, t + \Delta t) - T(r, z, \phi, t)}{\Delta t/2} = \frac{\partial^2 T^*}{\partial r^2} + \frac{1}{r} \frac{\partial T^*}{\partial r} + \frac{1}{r^2} \frac{\partial^2 T^{**}(r, z, \phi, t)}{\partial \phi^2} + \frac{\partial^2 T(r, z, \phi, t + \Delta t)}{\partial z^2} \quad (11.49)$$

式（11.47）是径向上的隐式方程，而式（11.48）是角方向的隐式方程，式（11.49）为轴向上的隐式方程。在每一个方程里都只有一个未知数，采用高斯消元法来解三元方程组。解式（11.47）得到第一中间值 T^*，将此值代入到第二个方程中，解第二个方程，得到第二个中间值 T^{**}，将此值代入第三个方程，这样就能解出整个时间间隔 Δt 内的解。

通过隐式有限差分法解出了这个方程组。每个方向上的范围都被分成很多微小的区域，在径向上为 Δr，在轴向上为 Δz，在角方向为 $\Delta \phi$，每一个计算面都用下标表示，用 i 表示径向的，用 j 表示角方向的，用 k 表示轴向的。就热边界条件而言，解方程是需要知道柱体末端和外部表面的每一个网格点的温度值。温度函数在轴向方向的导数通过后向差分来估计。推导的温度通过径向和角向的中央差值来评估。

$$\left. \frac{\partial T}{\partial r} \right|_{i, j, k} = \frac{T_{i+1, j, k} - T_{i-1, j, k}}{(r_{i+1, j, k} - r_{i-1, j, k})} \quad (11.50)$$

$$\left. \frac{\partial T}{\partial \phi} \right|_{i, j} = \frac{T_{i, j+1, k} \quad T_{i, j-1, k}}{(r_{i, j+1, k} - r_{i, j-1, k})} \quad (11.51)$$

$$\left. \frac{\partial T}{\partial z} \right|_{i, j, k} = \frac{-3T_{i, j, k} + 4T_{i, j, k-1} - T_{i, j, k-2}}{2\Delta z} \quad (11.52)$$

有限差分方程组形成了三对角矩阵，能够用托马斯（Thomas）算法来解。例如，如下所示的轴向上的线性方程：

$$A_{i, j, k} T_{i-1, j, k} + B_{i, j, k} T_{i, j, k} + C_{i, j, k} T_{i+1, j, k} = D_{i, j, k} \quad (11.53)$$

式中，T 是一个包含 j 的总矢量。在其他节点上，矩阵系数 $A_{i, j, k}$、$B_{i, j, k}$、$C_{i, j, k}$ 被定义为其他节点上随热物理性质和温度而变化的参数。

11.3.6 BCAP0350 实验结果

Maxwell 公司制造的 BCAP0350 超级电容器容量为 350F，额定电压为 2.5V。使用该电容器进行测试，测试结果如图 11.26 所示。通过 DC‑DC 变换器在不同恒电流下对超级电容器进行充电。电流是由滞后控制的。采用有源负载，对电容器进行恒电流放电。

图 11.27 表示的是在充放电过程中，超级电容的电流和电压随时间变化。超级电容器的电压在额定电压 2.5V 和半额定电压 1.25V 间变化。总体上来说，超级电容器在这两个电压间工作，因为在这种情况下，如果没有大的电学设计问题，超级电容器能存储和提供大约为其最大能量值的 75% 的能量。

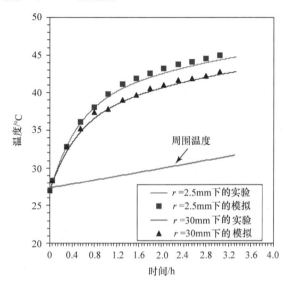

图 11.26 BCAP010 的实验温度与模拟温度的对比

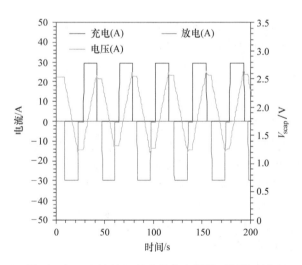

图 11.27 BCAP0350 的电流和电压随时间的变化

该电容器的外径为 33mm，长度为 61.5mm。我们假设超级电容器内部消耗的功率是一致的。在充放电电流为 30A 时，等于 2.88W。对于本实验而言，环境温度一直保持在 20℃。超级电容器是在自然对流的情况下，在缓慢流动的空气中慢慢冷却的。热

传输系数为 $12Wm^{-2}K$。径向的热导率为 $0.5Wm^{-1}K^{-1}$，轴向上的热导率等于 $210Wm^{-1}K^{-1}$。轴向上的热阻抗比径向上的热阻抗小很多。图 11.28 为实验结果与数据结果的对比。最初，我们认为超级电容器的温度是一致的，且等于20℃。超级电容器的温度随着时间增加呈指数级增加。实验结果与预测结果非常一致。在 $r = 2.5mm$ 时，测试结果与预测值有细微的差别，这是因为我们假设超级电容器在正极的温度等于 $r = 2.5mm$ 时的温度。就超级电容器 BCAP0010 而言，从 Maxwell 公司和保罗谢尔研究所（Paul Scherrer Institute）获得的实验数据证实了这个假设。图 11.29 就是一个例子，图为 BCAP0010 瞬时温度曲线和稳定状态下的温度曲线。该实验测试了超级电容器内部和正极前端的温度。两者间最大的差值只有2℃。这是因为轴向上的热阻抗非常的小。

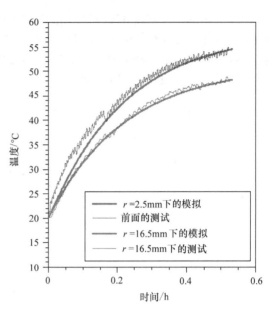

图 11.28　BCAP0350 在 30A 充放电条件下，模拟温度和实验温度的对比

超级电容器的热阻抗是通过先进的热模型来确定的。对 BCAP0350 而言，估计热阻抗等于 $10.66kW^{-1}$。

在同样的条件下，图 11.30 是 BCAP0350超级电容器径向温度随时间的变化曲线。结果表明径向温度沿着半径不断减小，在超级电容器的外表面对流热通量不断消耗。电容器内部的温度与表面的温度的差值随着时间的变化而不断增加。温度会随时间增加这是因为超级电容器在充放电过程中会不断地积累热量。而温度的不同是因为径向的热阻抗比轴向热阻抗高。在400s时，温度差为2℃，而3200s时，温度差为5℃。但是相较于初始状态的温度和稳定状态的温度而言，这种温度差可以忽略。从图 11.30 中可

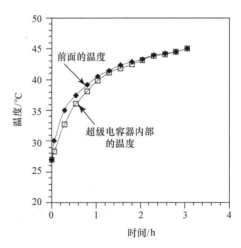

图 11.29　BCAP0010 内部测试温度和正极测试温度的对比

以看出，在初始温度为20℃时，稳定状态的温度达到了56℃。对于用在混合动力汽车里的超级电容器而言，环境温度更高，因此有必要为超级电容器模块设计一个冷却

系统。

图 11.31 表示的是超级电容器外表面热量损失随时间的变化。通过外径的热通量是由热对流产生的。我们可以采用牛顿（Newton）定律来计算，公式如下：

$$Q_w = hs(T_{r=r_o} - T_a) \quad (11.54)$$

热交换表面通过下式计算：

$$S = 2\pi r_o L \quad (11.55)$$

式中，D 为超级电容器的外径；L 为电容器的长度

这段时间内，由电容器内电流流动所消耗的热量（焦耳热）等于电容器外表面通过热对流引起的热通量和超级电容器内部积累的热量的总和。图 11.31 表明当外表面的对流热损失增加的时候，积累的热量会不断地减少。在实验过程中，在到达稳定状态

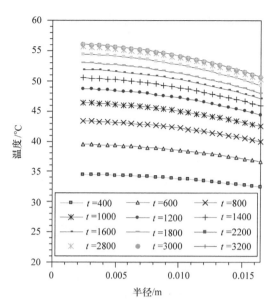

图 11.30 不同时间下，BCAP0350 超级电容器温度随直径的分布图

前，超级电容器的温度会不断地增加。在这种情况下，表面温度和环境温度间的差值会越来越大，由自然对流引起的热损失也会增加。在这段时间内，超级电容器所积累的热能则会减少，这是由超级电容器热容的变化导致的。更高的热容意味着固体能够积累更多的热量。

我们研究了超级电容器温度随着积累的电功率和外界提供的功率的变化规律。图 11.32 和图 11.33 分别是超级电容器内部温度随时间的变化图以及超级电容器表面热量损失随时间的变化图。初始温度为 20℃，超级电容器容量为 350F，在 2.5V ~ 1.25V 之间进行恒流充放电。对于每一次的恒流充放电，我们只考虑自然热对流。这些结果表明，在稳定状态下，当充放电流达到 35A 或者 40A 时，超级电容器的温度

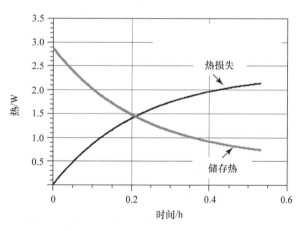

图 11.31 BCAP0350 热交换能量图

超过了其最高工作温度。厂商建议最高工作温度不超过 65℃。

例如，当超级电容器在 40A 的电流下进行恒流充放电时，12min 后，电容器内部温

度就超过了60℃。为了保持温度始终低于工作最高温度，我们有必要设计一个冷却系统。

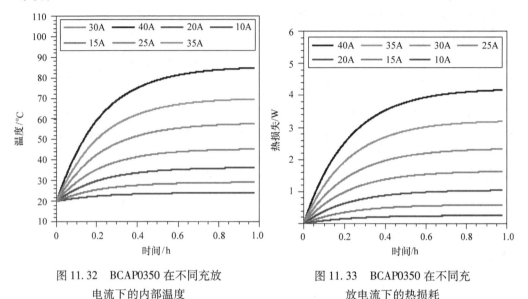

图 11.32　BCAP0350 在不同充放
电流下的内部温度

图 11.33　BCAP0350 在不同充
放电流下的热损耗

采用一个模型，我们计算了 BCAP0350 型电容器在不同电流充放电状态下的热阻抗。表11.2 给出了 BCAP0350 型电容器在 10A、15A、20A、25A、30A、35A、40A 充放时的热阻抗。结果表明它们间的差别非常小，差别不超过 1% 。

表 11.2　BCAP0350 热阻

I/A	R_{th}/kW^{-1}
10	10.670
15	10.734
20	10.755
25	10.764
30	10.665
35	10.775
40	10.777

超级电容器的冷却系统可以通过空气强制对流来实现。图 11.34 为超级电容器温度最高值随热对流传热系数变化而变化的图。模拟的情况是充放电电流恒定且等于 40A，环境温度分别为 20℃ 和 35℃ 。

20℃时，对流传热系数为 $16Wm^{-2}K$。温度为 35℃ 时，传热系数为 $26Wm^{-2}K$，结果表明超级电容器的最高温度超过了最高工作温度。在这种情况下，明显有必要为电容器安装冷却系统，使其温度低于 60℃ 。我们该给电容器安装由风扇或者是空气分布管道

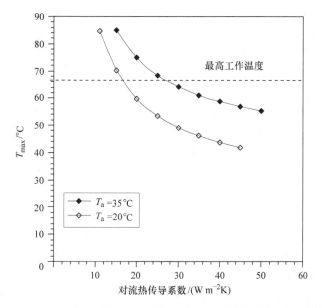

图 11.34　两个不同环境温度下的最高温度与对流热传导系数的关系

组成的冷却系统。冷却系统的选择取决于热传输系数的大小和工作温度的高低。为使电容器有较长的使用寿命，我们在选择冷却系统时，需选用能使电容器温度保持在一个可接受水平的冷却系统。

11.4　超级电容器的寿命

　　能量存储器件的寿命即器件失效所需的时间。失效即器件无法满足其特定的功能。其特征之一是无法达到规定的标准。例如，容量低于规定的最低值，阻抗高于规定的最高值，器件漏电或者是开口。威布尔（weibull）理论对使用寿命给出了最好的评价。关于威布尔失效统计理论的详细说明请参照文献［20］。

　　生存函数（survivor function），$F(t)$ 是大量统计样品的元素，这些在单位时间 t 内不会损坏，不会丧失功能，可以仍旧处于工作状态。

$$F(t) = \exp^{(-\lambda_e t)^{\nu}} \tag{11.56}$$

　　在故障图中给出了故障率，故障率即为在工作 $10^9 \mathrm{h}$ 后失效的数量。不能将 $\lambda(t)$ 和 λ_0 搞混淆。后者是一个常数，与时间无关，但是与温度和电压有关。与 63% 的样品失效所需时间的倒数有关。$\lambda(t)$ 为失效间隔平均时间（MTBF）的倒数。在磨损区域，$\lambda(t)$ 随着时间增加而增加。厂商规定了在使用寿命内的最大 $\lambda(t)$ 值：50 FIT 和 10 年的平均寿命。

11.4.1　失效模式

　　与超级电容器有关的几种失效模式：

1）众所周知的浴缸曲线反映了早期失效和磨损失效。在器件开始使用的阶段，故障率迅速下降。初期的故障在制造商和客户处由常规测试屏蔽掉了，这是因为在开发过程中的失效模式和原因分析过程中，设计上的缺陷没有检测出。更有可能是制造工序的变化或者是材料质量的变化造成的。生产工序上的变化可能是由刀具的磨损、操作的改变、形状缺陷造成的。因此，威布尔模型理论并没有考虑这些前期的失效模式。

2）单元内部压力过大，导致腔体裂开[21,22]。电压和温度使得单元内部产生气压，增加了工作时间。当电压达到界限时，机械保险丝通常是容器壁上的凹槽或者压力阀会缓慢打开，以防爆炸。但是超级电容器的电学功能仍然可以工作。容量的损失速度缓缓增加。少量电解液中的一些盐在这些孔洞中会发现。溶剂从器件中挥发出去。因此，要求超级电容器的模块必须是通风的。如果打开的话，则该器件必须替换掉。

3）就泄露而言[23]，与前面的情况类似，结果几乎是相同的。失效的原因可能是内部压力过大，密封性不好，焊接不牢，在电极接触过程中壁上破孔等。有时候很难检测到这种泄露。也有可能在生产过程中，残留的电解液吸附在某些难以到达的地方，在使用过程中变得非常明显。

4）当电容器的容量低于标称容量的80%时，循环过程中的有效碳表面和有效离子数减少了。

5）当串联电阻两倍于正常串联电阻时，电极对铝箔的粘附性就会随着时间和温度的增加减弱。可用的有效离子也会减少。

11.4.2 加速失效的因素——温度和电压

对每一个失效模式，我们必须开发出统计模型。而这个统计模型通常是通过加速失效实验获得的，如增加在稳定状态时的温度或电压，或者是增加在加速循环时的温度或电压。而这种循环实验也有缺陷，它需要大的功率，这限制了可测电容器的数量。

在某些特殊的领域要求可能不同，需要某些特殊的值，如容量的80%和串联电阻的200%。各个生产商间的值也不同。对比不同厂商的数据时，我们必须牢记这一点。

为了估计电极容量损失达到20%所需要的时间，我们必须确定不同工作温度和工作电压下的系数 λ_o 和 p。我们测定了一组离散值，然后，不同温度和电压下的系数 λ_o 和 p 可以通过下面的比例式进行计算：

$$\frac{t_1}{t_2} = \left(\frac{V_2}{V_1}\right)^n \exp\left[\frac{E_a}{k}\left(\frac{1}{T_{1abs}} - \frac{1}{T_{2abs}}\right)\right] \tag{11.57}$$

式中，t_1 为超级电容器在温度 T_1 和电压 V_1 下的使用寿命；t_2 为其在温度 T_2 和电压 V_2 下的使用寿命；E_a 为实验数据决定的化能；k 是玻耳兹曼常数；n 是一个由实验决定的常数。采用常规方法获得商业化电容器单元不同工作条件下的电容器可靠性，已经进行了深入研究[24]。阿伦尼乌斯（Arrhenius）定律使用温度的独立性，可逆功率定律用在电压的独立性。采用某些电学设备来监测电容器的温度和电压，进而原位估计其剩余使用寿命[25]。

值得注意的是，当电压接近电化学沉积电压时，特别是在高温区域，会造成加速衰减的现象。

大多数的设备都面临这样一个重大的挑战——出于节省开支以及提高可用容量的考虑，应使能量存储系统尺寸尽可能的小。为了优化尺寸保持精确，必须考虑到各个领域的适用于各种实际使用要求的所有可用数据。特别是持续时间、温度、电压强度必须单独估计。基于式（11.56）的比例，计算每个贡献的等效应力。综合所有可能的影响来估计使用寿命。

容量并不是直线下降的。实验结果表明容量的下降曲线能够被分成三阶段。

第一阶段为 1～12h，与温度和电压有关。事实上是受测试手段的影响。这个阶段是由对周围没有对电极的电极区域充电引起的。离子需要较长时间才能到达这些较远的区域。这导致了初始时在对电极上的电子朝孤对电极区域放电。

第二阶段，容量衰减过程是以指数形式衰减的。在图 11.17 的电压和温度条件下，时间常数的范围为 2000h。这个过程可能是由电压窗口的偏移以及不对称结构造成的老化共同引起的。

第三阶段，发生在容量下降近 15%～20% 之后。它是线性的，在长的时间常数下也可能是指数级的。但是在有限的实验时间内也很难发现。对于一个物理现象而言，第二阶段和第三阶段并不好界定。参考文献 [21] 试图将指数衰减和漏电流测试联系起来。

等效串联电阻是随时间线性增加的。在失效实验中，当温度为 50℃，电压为 2.5V 时，所测的值与斜率为 7.5×10^{-4} 的直线一致。

11.4.3 失效的物理因素

失效的物理原因可以归咎于不同的现象，比如说碳表面的氧化，孔道的闭塞，或者是电解液损失造成离子的缺失[26]。当双电层电容器被打开时，在大压力下老化周期后，我们能够观察到隔膜的氧化。我们能观察到隔膜的表面呈棕色，特别是暴露在正极的那一面[27]。

电解液也会经历不可逆的转换，且会因为电压和温度的原因而加剧。电解液的电化学沉积会产生气体，会造成双电层电容器压力过大（例如在使用 AN 电解液时会产生 H_2，而在使用 PC 电解液时会产生 CO_2）。

Hahn 等[28]首次揭示了在双电层电容器中会有气体产生，该电容器采用活性炭电极，溶剂为 PC，溶质为 $(C_2H_5)NBF_4$，浓度为 1mol/L。气体通过各种在线质谱分析微分电化学质谱（DEMS）测试手段监测。通过慢速伏安扫描检测到 CO_2、H_2，丙烯是主要的气体产物。丙烯和 H_2 可能产生于负极区域内溶剂的还原引起的。而 CO_2 是正极区域溶剂的氧化引起的。在电压低于 1V 时，能够检测到少量的丙烯。在电压为 1.6V 时，即半电池对锂电压为 2.1V 和 3.7V，能够明显地发现法拉第起始电流。

在电池电压为 3.4V 时（$E = 1.1V$ vs Li/Li^+），H_2 能首先检测到，但该电压远超过双电层电容器的工作电压限制（2.7V）。微量水的还原是在低于 2V vs Li/Li^+ 情况下发生的。然而，由于电解液中水含量非常低（低于 20ppm）。因此，我们认为大部分的 H_2 是由有机化合物还原产生的（如溶剂或者是含氢元素的碳表面基团）。在 2.7V 时，能

观察到 CO_2 信号（$m/z = 44$）有小幅的增强，恰好法拉第电流有明显的升高。相应的正极电势（$E_+ = 4.3V$ vs Li/Li^+）和出现 PC 氧化分解的其他报道的值相一致[29]。

Azaïs 等[30]研究了在有机电解液中超级电容器失效的起源。研究者们对比了在2.5V电压下循环 4000 ~ 7000h 后的活性炭电极与未循环的活性炭电极的差别。采用基于 ^{19}F、^{11}B 和 ^{23}Na 的 XPS 和 NMR 研究了失效后的正极与负极。失效后，能够在电极上发现沉积产物。产物的数量则取决于活性炭的种类和电极极性，这表明电解液和活性炭发生氧化还原反应。77K 下的氮气吸附实验表明在电极上由于吸附了沉积产物，可用孔道减少了。超级电容器性能随使用时间的增加而变化，主要表现在容量的下降，阻抗的增加，这是因为有机电解液在碳电极的活性区域内分解，形成的产物占据了部分的孔道。这些表面基团的浓度及其性质对超级电容器性能衰减有重要的影响。

Kötz 等[31]已经证明了当电压高于 2.5V 时，在高比表面积的碳电极相同和所用的电解质也相同时，气体的产生取决于超级电容器所用的溶剂。当使用 γ-丁内酯（GBL）为溶剂时，在各电压下，所产生的气体与漏电流均高于使用 PC 和 AN 为溶剂时。在电池电压为 3.25V 时，使用 PC 为溶剂时，所产生的气体是乙腈为溶剂时的 10 倍。但是其产生的漏电流却是乙腈为溶剂时的一半。由此也可得出，漏电流的大小并不能很好地衡量产生气体的数量。

Kuzweil 等[27]总结了（C_2H_5）$_4NBF_4$ 在 AN 中的热力学和电化学分解机制。实验结果明确地揭示了挥发性胺、中间氨基化合物、有机酸的羧酸盐阴离子以及含氟化合物的形成。

1）在超级电容器的顶部空间内，能够检测到大量 AN，水蒸气、二氧化碳、乙烯、少量的偏硼酸和烷基硼烷。

2）（C_2H_5）$_4NBF_4$ 在 AN 中的热分解需要活性炭电极催化活性。

3）乙腈能否分解为乙酰胺、醋酸、氟乙酸，也取决于电池的电压和电解液的湿度。

4）烷基铵阳离子在高温时，由于乙烯消除而遭到破坏。副产物三烷基胺能被氧化，无法检测到自由移动的铵离子。

5）四氟硼酸盐是氟化物，氟化氢和硼酸衍生物的来源。

6）沉积在爆裂的超级电容器上的褐色盐残留物由乙酰胺，有机酸，氟乙酸衍生物以及聚合物（聚酰胺）组成。类似的结晶生成物能够通过在 4V 下电解电解液再次生成。五氟代酸的形成则需要在 6V 下电解。酸性气体会溢出。

7）在液相中形成了杂环化合物，例如吡嗪。

8）即使是在常温下，活性炭电极也会失去环硅氧烷和芳香族污染物，主要是负极受到破坏。

9）位于刻蚀的铝材和活性炭碳层间的氧化物层易遭到氟化破坏。

10）氢气是由水的电解和羧酸的氟化产生的。水是由氨基羧基的缩合反应产生的。

Kötz 等[21]使用 Maxwell 公司生产的 BCAP0350 进行了充放电测试，观察到由于内部压力的增加，当超过预先设定的安全值时，电容器安全阀打开造成电容器的失效。阀门的打开总是发生在电容器的寿命快要结束时（容量损失达到20%）。在容量下降到初始值的80%之前，电容器能够在70℃、常压下工作1600h。在高电压（3.3V）下，老化的电容器的Nyquist图显示出了倾斜的低频分量。这些特征在高温（70℃）下的老化情况中没有观察到。

充放电会在电极内产生机械应力。施加电压会引起电极的可逆膨胀[32,33]。这种机械运动，特别是离子在电极中的反复脱嵌和嵌入，被认为是电池领域老化的起源。

11.4.4　测试

超级电容器的可靠性评估可以采用多种不同的电学测试手段，获得充足的数据来评估。生产商用了两种测试手段，分别是DC电压测试和电压循环测试。

在参考文献[34]中提到使用寿命测试。该测试起源于电池领域。单元在不同的放电状态和不同的温度下测试。单元的性能，如阻抗和容量，均是在非常明确的充放条件下定期测量的。在各个测量过程之间，单元是浮动的，它们并没有连到电源上。对超级电容器而言，这种测试方法易受到单元自放电的干扰，因为实验过程中的电压变化会造成实验结果难以解释。

11.4.5　直流电压测试

表征老化的测试手段对极化过程非常敏感。这个结论非常重要，尤其是对于初始参考电压下的首次测试而言。因为这是唯一的在初始无极化状态下进行的测试。与此相比，其他后续的测量值都是在常压极化状态下获得的。

在极化初始阶段，离子难以到达电极区域，例如很难对不成对电极区域充电，因为距离过长，离子难以到达该区域。从电路的角度而言，离子移动的路线长会造成串联电阻大，对应长的时间常数。在测试容量时，电流从充满电区域流向未充满电的区域。按照标准的要求而言，如果是在充电时进行测试，则会造成容量的增加，如果是在放电时测试，则会造成容量的下降。大约24~48h后，我们认为超级电容器达到了一个平稳的状态，变化变得平稳。

采用麦克斯韦公司高性能电容器——BCAP0310_ P在充放循环寿命测试中，对容量和等效串联电阻进行周期性测试（见图11.35）。在测试开始前，将超级电容器放置在65℃的烘箱中，并施加2.7V的外加电压。对电容器预先在65℃下极化24h。测得的初始容量为322F，初始ESR为2.1mΩ。随后每星期测试一次容量和ESR。在充电开始时（1.35V）和放电开始时（2.7V）进行ESR的测试。所用的测试都是在恒流（10A）下进行的。

如果测试中断很长时间，则能在测试中观察到容量的上升，且增加的幅度会随中断时间而呈指数级增加。当恢复测试时，容量会迅速下降到中断前的值。

11.4.6　电压循环测试

电压循环测试要求功率更高、更加昂贵的设备。这样就限制了研究样品的数量。这种测试方法的优势在于能在测试过程中不断测试电容器的容量和等效串联电阻。缺点在于难以控制整个电容器的温度，因为电容器的温度取决于电流和其热阻。

对小的电流而言，在以下条件下，电压循环下的失效与充放过程下的失效是等

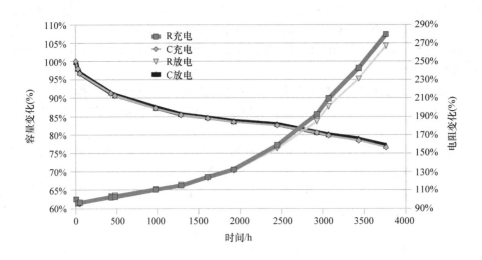

图 11.35　BCAP0310_ P 在 2.7V、65℃下充放循环测试中的容量与等效串联电阻

效的。

1）器件的内部温度是一致的；

2）在循环过程中，电压等级得到的平均电压和上述推导［式（11.57）］的是一致的。

图 11.13 描述的是电压循环的连续性。在本实验中，有必要考虑到由电阻消耗的热量引起电容器的温度增加。

从实际使用状况看，电流的增大使得单位时间内的循环次数增加，同时使得电容器内部温度增加。充放电间的静置时间增加了处于高压下的时间，降低了单位时间内的循环次数。

我们在室温下（20~25℃）获得了 BCAP0310_ P 的实验数据（见图 11.36）。该电

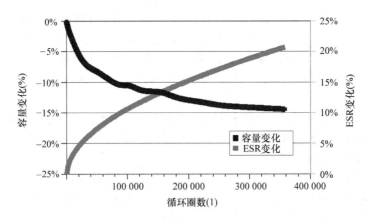

图 11.36　BCAP0310_ P 电容和 ESR 值，该超级电容器在 20A 电流下连续充放电

容器是由瑞士罗桑 Maxwell 公司制造。在 62A 的电流，1.25~2.5V 的电压区间内，进行无休息的循环。为了使电容器的温度达到 65℃，我们该选择合适的电流。在室温下，频率为 1Hz 时，正常容量为 310F，等效串联电阻为 1.7mΩ。

图 11.36 表示了等效串联电阻和容量随循环次数而变化的情况。阻抗是在 10Hz 频率下，采用阻抗测试仪测得的。初始容量为 319F，初始串联电阻为 2.9mΩ。

在实验过程中，等效串联电阻增加了 20%。容量比初始值下降了 15%。循环一次所需时间为 25s，实验持续了 1000h。通过简单的计算可知，电容器在 1.25~2.5V 间持续不静置循环等效于在 2.25V 下持续循环。在大电流放电（62A）下，电压会下降，由于 2mΩ 的串联电阻会造成 0.12V 的电压降，以至于电容器无法达到电压上界。在实验中发现的相对重要的老化现象可以用电流引起的老化现象来解释。

11.5　确定超级电容器模块尺寸的方法

超级电容器模块尺寸是根据要求的功率和释放该功率所需的时间而设计的。

图 11.37 说明了这种设计方法。这种方法包括下述步骤：

1）确定电流和电压的额定值；
2）确定超级电容器模块的总容量；
3）确定并联和串联的超级电容器的数量。

我们定义了以下参数：

1）P 为根据标准设定的功率；

2）Δt 为超级电容器模块输出功率（放电）的持续时间；

3）$U_{\max}$ 是超级电容器模块的最大电压；

4）$U_{\min}$ 是超级电容器模块的最小电压；

5）I 是超级电容器的平均放电电流；

6）C_t 是超级电容器模块的总容量；

7）R 是超级电容器模块的总等效串联电阻。

一般来说，$U_{\min} = U_{\max}/2$，因为电子转换效率下降的非常快。当超级电容器模块在 $U_{\max}$ 和 $U_{\max}/2$ 间的电压范围内放电时，能够放出 75% 的功率。

超级电容器模块的总容量和内部阻抗 R 能基于串联或并联的电容器数量进行计算。这两个参数可通过下式计算：

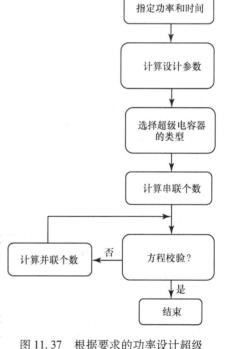

图 11.37　根据要求的功率设计超级电容器模块的算法图

$$C_t = C \frac{N_{\text{parallel}}}{N_{\text{series}}} \tag{11.58}$$

$$R = \text{ESR} \frac{N_{\text{series}}}{N_{\text{parallel}}} \tag{11.59}$$

式中，C 和 ESR 分别是用来建造模块超级电容器的容量和串联电阻；N_{series} 表示串联的超级电容器数；$N_{parallel}$ 表示并联的超级电容器数。

N_{series} 通过超级电容器模块的最大电压（U_{max}）和超级电容器标称电压的比值来计算。

对给定的温度和时间条件，超级电容器模块电压可以用下式表示：

$$U_{max} - U_{min} = I \frac{\Delta t}{C_t} + RI \tag{11.60}$$

通过下式来确定平均电流 I：

$$I_{max} = \frac{P}{U_{min}}, \quad I_{min} = \frac{P}{U_{max}}, \quad I = \frac{(I_{max} + I_{min})}{2} \tag{11.61}$$

超级电容器数据表指定了不同的电压值。主要的一个参数是工作电压（operating voltage），该电压在电容器使用寿命内（通常为 10000h）不会衰减。第二个为峰值电压（peak voltage），超过该值对电容器有危害。该值很少用到。然而，当超级电容器到达峰值电压时，电容器中有机电解液开始分解成气体产物。如果电容器持续保持高压，电容器的压力将持续上升，直到电容器打开为止。

在实际使用时，电容器经常是在不同温度、不同工作电压下使用的。使用寿命由各种失效因素共同决定。

对每个单元上的超级电容器行为的研究和分析表明，需要设计平衡电路来将电压平均分配到各个电容器上。因此，不同的生产商提高两种不同的平衡电路：无源电路和有源电路。

11.6 应用

混合动力汽车的能量管理取决于不同能量间的关联，同时也取决于不同类型的动力模式。燃料电池是通过富氢的燃料气体与氧化物（空气和氧气）间的电化学反应来提供电能的，主要的副产物是水、二氧化碳和热量。从电子学的角度看燃料电池与电池相似的地方，它们都是通过电化学氧化还原反应来对外提供直流电。然而，燃料电池也不像其他电池，它并不能释放所存储的能量，取而代之的是将氢气中的能量转换成电能。只要不断补充氢气，燃料电池就能持续工作。燃料电池甚至有足够的时间常数（几秒）来应对功率输出需求的增加或减少。在混合动力系统中，利用超级电容功率密度高，充电时间短的优点，将超级电容器与燃料电池或者电池并联，将其作为储能系统，能够提供或减少传输功率瞬时峰值，也能弥补燃料电池功率性能的缺陷。此外，超级电容器更容易受功率转换电子系统的控制。电源管理系统的目标在于增加里程，调节功率，减少污染气体（例如 NO_x）的数量，减少燃料消耗，保持电池在其使用寿命内的性能[35-41]。电源管理系统使用超级电容器来启动机动车（负载电流峰值），同时在刹车时，回收能量。系统管理也叫做 BMS（电池管理系统），需要考虑到系统不同部分的充电状态，制定出合适的策略[42-44]。对混合动力汽车来说，电源和能量管理的问题可以归结为减少消耗，通常以燃料的数量为例（例如热机所消耗的柴油和汽油、质子交换膜燃料电池消耗的氢气等）。这种优化必须考虑到能源的物理约束（受限制的时间常数、最高温度、最高电压、最大电流等）。可以采用以下一些方法来优化消耗函数，比如，预测控制[40,42]，最优控制[43,44]，甚至可以将模糊逻辑用在复杂的控制上，类似于计算热机与电动车间的最优扭矩[39]。

11.6.1 燃料电池汽车的电源管理

11.6.1.1 问题说明

本研究中的燃料电池汽车特征与由保罗谢勒研究所（Paul Scherrer Institute）开发的大众 Bora 混合动力汽车特征相同[45]。该车的电源系统由两个部分组成（燃料电池和超级电容器），通过同一条线路上的两个直流转换器与负载连接（见图 11.38）。第一个转换器仅仅是一个简单的升压变换器，而第二个为双向转换器，当超级电容器对负载提供电能时，它将处于升压模式，当电路对电容器充电时，它将处于降压模式。

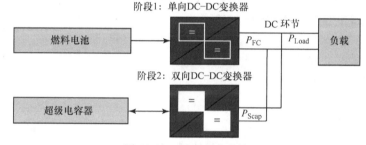

图 11.38　机车电力系统

燃料电池系统的功率为 48kW，由两组并联的电池包组成，每一个电池包包含 3 个串联的电池组，而每个电池组包含 125 个单元，提供功率 8kW。

超级电容器组必须得保证在 15s 内达到 50kW 的最大功率，有两个超级电容器包组成，每包由 141 个 1500F 的电容器串联而成，直流电压必须控制在 400V。

对燃料电池系统而言，电源管理的目标在于减少循环周期内燃料电池向负载提供的电能。

燃料电池的功率 P_{FC} 是受限制的。超级电容器的作用是提供功率差（$P_{Scap} = P_{Load} - P_{FC}$）。超级电容器在负载峰值功率阶段（加速阶段）提供功率，在刹车时，从负载获得能量来恢复。在每次驾驶完后，超级电容器的充电状态必须达到一个标准值。借鉴燃料电池汽车的电源管理研究来对电容器进行最优控制。

11.6.1.2 燃料电池模型

燃料电池的电压能够用下式表示：

$$U_{cell} = E - I_{cell}R_{cell} - A\ln\ (aI_{cell} + b) \tag{11.62}$$

式中，I_{cell} 为电池电流；R_{cell} 为单元的串联电阻；$R_{cell}I_{cell}^2$ 代表欧姆损失；a 和 b 是两个常数。

考虑到质子交换膜燃料电池的电压电流特征，R_{cell}、a、b 用表 11.3 中的数据进行计算。

质子交换燃料电池组提供的总电压可以用下式计算：

$$U_{FC} = 375 U_{cell} = 375 \left[E - \frac{1}{2} I_{FC} R_{cell} - A\ln\left(\frac{1}{2} a I_{FC} + b \right) \right] \tag{11.63}$$

式中，I_{FC} 是组的电流。

表 11.3　燃料电池参数

常数	值
E/V	1.2
R_{cell}/Ω	0.002
A/V	0.06
a/A^{-1}	21.273
b	96.297

11.6.1.3　超级电容器模型

超级电容器可用图 11.39 中简单电路表示，$C_{Scap} = 21.27F$，$R_{Scap} = 92m\Omega$。

Q_{Scap} 为超级电容器软包的电量，有

$$Q_{Scap} = C_{Scap} U_s \tag{11.64}$$

超级电容器软包电流用下式表示：

$$\frac{dQ_{Scap}}{dt} = -I_{Scap} \tag{11.65}$$

电压用下式表示：

$$U_{Scap} = U_s + R_{Scap} I_{Scap} \tag{11.66}$$

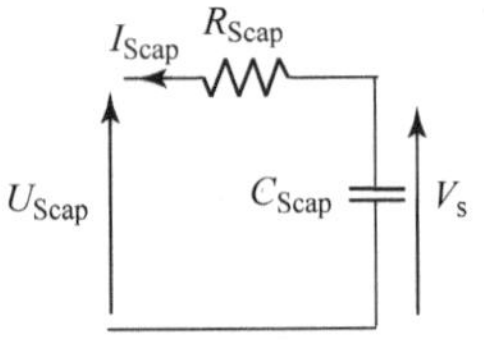

图 11.39　超级电容器的等效电路

11.6.2　优化控制下的燃料电池汽车的电源管理

在动态系统状态变化时，优化控制理论采用控制策略来减少消耗。最优控制是优化的静态延长（如找出代数函数的最大值和最小值的控制参数）。主要的问题是找出控制记录 $\mu(t)$，通过减小消耗函数来迫使系统的状态变量 $x(t)$ 遵循最优轨迹变化[46]。

11.6.2.1　无约束优化控制

动态系统的优化控制策略 $x = F(t, x, u)$ 表明初始状态 $x(t_0)$ 已经非常清楚。优化控制函数 $u^*(t)$，$t_0 \leqslant t \leqslant t_f$ 必须减少消耗函数 J。这里考虑的消耗函数由两部分组成：最终状态的标量代数函数 q_f，状态与控制的积分函数。

$$J = \int_{t_0}^{t_f} 1[s, x(s), u(s)]ds + q_f[t_f, x(t_f)] \tag{11.67}$$

11.6.2.2　汉密尔顿–雅可比–贝尔曼方程

在时间间隔 $[t_0, t_f]$ 内，控制是不受限制的，在该时间间隔内考虑消耗函数 J 的最小化。已知最优控制 $u(t) = u^*(t)$，$t_0 \leqslant t \leqslant t_f$，最优控制能用下式表示：

$$U(t, x) = \min_{u(s) \atop t \leqslant s \leqslant t_f} \int_{t_0}^{t_f} l[s, x(s), u(s)]ds + q_f[t_f, x(t_f)] \tag{11.68}$$

终止条件 $U[t_f, x(t_f)] = q_f[t_f, x(t_f)]$。

斯坦格尔[46]和希沙姆[47]给出的汉密尔顿–雅可比–贝尔曼方程如下：

$$-\frac{\partial U(t,x)}{\partial t} = \min_u \left[l(t,x,u) + \frac{\partial U}{\partial x}F(t,x,u) \right] \tag{11.69}$$

对于 u 的仿设方程：

$$\begin{cases} \dot{x} = F(t,x,u) = f(t,x,u) + g(t,x)u \\ l(t,x,u) = L(t,x) + u^{\mathrm{T}}R(t,x)u, \quad R = R^{\mathrm{T}} > 0 \end{cases}$$

使用固定条件，优化控制 $u^*(t)$，$t_0 \leq t \leq t_\mathrm{f}$，能够表示为

$$\Delta_u \left\{ l(t,x,u^*) + \frac{\partial U}{\partial x}F(t,x,u^*) \right\} = 0 \tag{11.70}$$

该条件能导出下式：

$$u^*(t,x) = -\frac{1}{2}R(t,x)^{-1}g(t,x)^{\mathrm{T}}\frac{\partial U(t,x)^{\mathrm{T}}}{\partial x} \tag{11.71}$$

汉密尔顿 - 雅可比 - 贝尔曼方程能写成下式：

$$-\frac{\partial U(t,x)}{\partial t} = L(t,x) - \frac{1}{4}\frac{\partial U(t,x)}{\partial x}g(t,x)R(t,x)^{-1}g(t,x)^{\mathrm{T}}\frac{\partial U(t,x)^{\mathrm{T}}}{\partial x} + \frac{\partial U(t,x)}{\partial x}f(t,x) \tag{11.72}$$

使用终止时的条件 $\qquad U[t_\mathrm{f},x(t_\mathrm{f})] = q_\mathrm{f}[t_\mathrm{f},x(t_\mathrm{f})]$

将最优控制应用到考虑的系统中，能写成以下形式：

$$\begin{cases} \dot{x} = F(t,x,u) = f(t,x) + g(t,x)u \\ l(t,x,u) = L(t,x) + u^{\mathrm{T}}R(t,x)u, R = R^{\mathrm{T}} > 0 \end{cases}$$

$$P_{\mathrm{FC}} = P_{\mathrm{Load}} - P_{\mathrm{Scap}} \tag{11.73}$$

超级电容器组的功率通过下式计算：

$$P_{\mathrm{Scap}} = U_{\mathrm{Scap}} \times I_{\mathrm{Scap}} = \frac{Q_{\mathrm{Scap}}}{C_{\mathrm{Scap}}}I_{\mathrm{Scap}} - R_{\mathrm{Scap}}I_{\mathrm{Scap}}^2 \tag{11.74}$$

用下式计算燃料电池的功率：

$$P_{\mathrm{FC}} = P_{\mathrm{Load}} - \frac{Q_{\mathrm{Scap}}}{C_{\mathrm{Scap}}}I_{\mathrm{Scap}} + R_{\mathrm{Scap}}I_{\mathrm{Scap}}^2 \tag{11.75}$$

在时间间隔 $[t_0,\ t_\mathrm{f}]$ 内，燃料电池组提供的能量为

$$\mathrm{Energy}_{\mathrm{FC}} = \int_{t_0}^{t_\mathrm{f}} \left(P_{\mathrm{Load}} - \frac{Q_{\mathrm{Scap}}}{C_{\mathrm{Scap}}}I_{\mathrm{Scap}} + R_{\mathrm{Scap}}I_{\mathrm{Scap}}^2 \right)\mathrm{d}s \tag{11.76}$$

接着

$$x = Q_{\mathrm{Scap}}$$

$$x_{\mathrm{ref}} = Q_{\mathrm{Scapref}} = 21.27 * 360 = 8660[C]$$

$$u = I_{\mathrm{Scap}} - \frac{Q_{\mathrm{Scap}}}{2R_{\mathrm{Scap}}C_{\mathrm{Scap}}}$$

$$l(x,u,t) = P_{\mathrm{FC}}$$

而且 $q_\mathrm{f}[t_\mathrm{f},x(t_\mathrm{f})] = [x(t_\mathrm{f}) - x_{\mathrm{ref}}]^2$

找出超级电容器参考电流轨迹能减少燃料电池提供给负载的能量。

$$\begin{cases} \dot{x} = -u - \dfrac{1}{2R_{Scap}C_{Scap}}x \\[2mm] l(t,u,x) = P_{Load} - \dfrac{1}{4R_{Scap}C_{Scap}^2}x^2 + R_{Scap}u^2 \\[2mm] q_f[t_f, x(t_f)] = [x(t_f) - x_{ref}]^2, \qquad t_0 \leqslant t \leqslant t_f \end{cases}$$

我们认为 P_{Load} 随时间变化，则能够将汉密尔顿－雅可比－贝尔曼方程写成

$$-\frac{\partial U(t,x)}{\partial t} = P_{Load} - \frac{1}{4R_{Scap}C_{Scap}^2}x^2 - \frac{1}{4R_{Scap}}\left(\frac{\partial U(t,x)}{\partial x}\right)^2 - \frac{x}{4R_{Scap}C_{Scap}}\frac{\partial U(t,x)}{\partial x} \qquad (11.77)$$

在终止时间，$U[t_f, x(t_f)] = [x(t_f) - x_{ref}]^2$

偏微分方程的解能够写成关于 x 的多项式，其中系数由时间来决定：

$$U_a(t,x) = a_0(t) + a_1(t)x + a_2(t)x^2 \qquad (11.78)$$

U_a 对时间的一阶导数为

$$\frac{\partial U_a(t,x)}{\partial x} = \dot{a}_0(t) + \dot{a}_1(t)x + \dot{a}_2(t)x^2 \qquad (11.79)$$

U_a 对 x 的一阶导数为

$$\frac{\partial U_a(t,x)}{\partial x} = a_1(t) + 2a_2(t)x \qquad (11.80)$$

U_a 对 x 的一阶导数的二次方变为

$$\left[\frac{\partial U_a(t,x)}{\partial x}\right]^2 = a_1^2(t) + 4a_2^2(t)x^2 + 4a_2(t)x \qquad (11.81)$$

将式（11.78）～式（11.80）带入式（11.77），得

$$\begin{cases} \dot{a}_0(t) = -P_{Load} + \dfrac{1}{4R_{Scap}}a_1^2(t) & \text{(i)} \\[2mm] \dot{a}_1(t) = \dfrac{1}{2R_{Scap}C_{Scap}}a_1(t) + \dfrac{1}{R_{Scap}}a_2(t) & \text{(ii)} \\[2mm] \dot{a}_2(t) = \dfrac{1}{4R_{Scap}C_{Scap}^2} + \dfrac{1}{R_{Scap}C_{Scap}}a_2(t) + \dfrac{1}{4R_{Scap}C_{Scap}^2}a_2^2(t) & \text{(iii)} \end{cases} \qquad (11.82)$$

为了解方程组（11.82），我们首先得解方程（11.82）（iii），然后再解方程（11.82）（i）：

$$a_2(t) = \frac{R_{Scap}}{-t + K_2 R_{Scap}} - \frac{1}{2C_{Scap}} \qquad (11.83)$$

$$a_1(t) = \frac{K_1}{-t + K_2 R_{Scap}} \qquad (11.84)$$

$$a_0(t) = -\int_0^t P_{Load}(s)\,\mathrm{d}s + \frac{K_1^2}{4R_{Scap}}\frac{1}{-t + K_2 R_{Scap}} + K_0 \qquad (11.85)$$

式中，K_0、K_1、K_2 为确定的实常数。

然而，我们已经有

$$U_a[t_f, x(t_f)] = a_0(t_f) + a_1(t_f)x(t_f) + a_2(t_f)x(t_f)^2 = [x(t_f) - x_{ref}]^2 \qquad (11.86)$$

通过鉴定，我们可以得到

$$\begin{cases} a_2(t_f) = 1 \\ a_1(t_f) = -2x_{ref} \\ a_0(t_f) = x_{ref}^2 \end{cases}$$

实常数 K_0、K_1、K_2 可以表示为

$$\begin{cases} K_2 = \dfrac{2C_{Scap}}{2C_{Scap}+1} + \dfrac{t_f}{R_{Scap}} \\ K_1 = -4\dfrac{R_{Scap}C_{Scap}}{2C_{Scap}+1}x_{ref} \\ K_0 = \dfrac{1}{2C_{Scap}+1}x_{ref}^2 + \displaystyle\int_0^{t_f} P_{Load}(s)\,ds \end{cases}$$

最优消耗可用下式表示：

$$U_a(t,x) = \int_t^{t_f} P_{Load}(s)\,ds + x_{ref}^2 \frac{(-t+t_f)+2R_{Scap}C_{Scap}}{(-t+t_f)(2C_{Scap}+1)+2R_{Scap}C_{Scap}}$$

$$-\frac{4R_{Scap}C_{Scap}x_{ref}}{2R_{Scap}C_{Scap}+(t_f-t)(2C_{Scap}+1)}x + \left(\frac{(2C_{Scap}+1)R_{Scap}}{2R_{Scap}C_{Scap}+(t_f-t)(2C_{Scap}+1)} - \frac{1}{2C_{Scap}}\right)x^2$$

$$(11.87)$$

最优控制用下式表示：

$$u^*(t,x) = -\frac{1}{2R_{Scap}}\frac{\partial U_a(t,x)}{\partial x} \tag{11.88}$$

接着替换为

$$u^*(t,x) = \frac{-2C_{Scap}x_{ref}+(2C_{Scap}+1)x}{-(t-t_f)(2C_{Scap}+1)+2R_{Scap}C_{Scap}} - \frac{x}{2R_{Scap}C_{Scap}} \tag{11.89}$$

超级电容器包的参考电流轨迹用下式表示：

$$I_{Scap}^*(t,Q_{Scap}) = u^*(t,Q_{Scap}) + \frac{Q_{Scap}}{2R_{Scap}C_{Scap}} \tag{11.90}$$

当 $t \leqslant t_f$ 时，通过简单的计算推导出

$$I_{Scap}(t,Q_{Scap}) = I_{Scap}^*(t,Q_{Scap}) = \frac{-2C_{Scap}Q_{Scap}+(2C_{Scap}+1)Q_{Scap}}{-(t-t_f)(2C_{Scap}+1)+2R_{Scap}C_{Scap}} \tag{11.91}$$

11.6.3　对燃料电池汽车功率与单位功率的非平衡优化控制

11.6.3.1　对燃料电池的功率限制

实际上，从物理学角度考虑，控制问题中遇到的状态和控制参数是受限的。对燃料电池而言，功率是受限制的：

$$P_{FC_{min}} \leqslant P_{FC} \leqslant P_{FC_{max}} \tag{11.92}$$

将式（11.74）带入到式（11.91）中，得到

$$P_{FC_{min}} \leqslant P_{Load} - \frac{1}{C_{Scap}}Q_{Scap}I_{Scap} + R_{Scap}I_{Scap} \leqslant P_{e1_{max}} \tag{11.93}$$

$$I_{\text{Scap}} = I_{\text{Scap}_{wc}}^{*} = \frac{-2C_{\text{Scapref}}Q_{\text{Scap}} + (2C_{\text{Scap}} + 1)Q_{\text{Scap}}}{-(t - t_{\text{f}})(2C_{\text{Scap}} + 1) + 2R_{\text{Scap}}C_{\text{Scap}}} \tag{11.94}$$

因此，如果式（11.91）表示的超级电容器的电流与式（11.93）不相同，则可以成最优的超级电容器电流策略。

如果 $P_{\text{Load}} - \dfrac{1}{C_{\text{Scap}}}Q_{\text{Scap}}I_{\text{Scap}}^{*} + R_{\text{Scap}}I_{\text{Scap}}^{*\,2} \geqslant P_{\text{FC}_{\text{max}}}$，$P_{\text{FC}}$ 将被替换为 $P_{\text{FC}_{\text{max}}}$，我们可以计算出新的 I_{Scap}：

$$I_{\text{Scap}} = I_{\text{Scap}_{wc}}^{*} = \frac{\dfrac{Q_{\text{Scap}}}{C_{\text{Scap}}} - \sqrt{\left(\dfrac{Q_{\text{Scap}}}{C_{\text{Scap}}}\right)^{2} - 4(P_{\text{Load}} - P_{\text{Fc}_{\text{max}}})R_{\text{Scap}}}}{2R_{\text{Scap}}} \tag{11.95}$$

而如果 $P_{\text{Load}} - \dfrac{1}{C_{\text{Scap}}}Q_{\text{Scap}}I_{\text{Scap}}^{*} + R_{\text{Scap}}I_{\text{Scap}}^{*\,2} \leqslant P_{\text{FC}_{\text{min}}}$，则 P_{FC} 替换为 $P_{\text{FC}_{\text{min}}}$，计算出新 I_{Scap}

$$I_{\text{Scap}} = I_{\text{Scap}_{wc}}^{*} = \frac{\dfrac{Q_{\text{Scap}}}{C_{\text{Scap}}} - \sqrt{\left(\dfrac{Q_{\text{Scap}}}{C_{\text{Scap}}}\right)^{2} - 4(P_{\text{Load}} - P_{\text{FC}_{\text{min}}})R_{\text{Scap}}}}{2R_{\text{Scap}}} \tag{11.96}$$

11.6.3.2 对燃料电池单位功率的限制

相较于其他能源体系来说，燃料电池的反应时间更长。因此，它将不能用来在长时间内提供重要的功率。质子交换膜功率变化率是有限制的，限制如下：

$$\frac{\mathrm{d}P_{\text{FC}}}{\mathrm{d}t} \leqslant c_{\text{WC}} \tag{11.97}$$

考虑到这种不平衡，电容器包的优化电流轨迹变为

当 $\dfrac{\mathrm{d}\left(P_{\text{Load}} - \dfrac{1}{C_{\text{Scap}}}Q_{\text{Scap}}I_{\text{Scap}_{wc}}^{*} + R_{\text{Scap}}I_{\text{Scap}_{wc}}^{*\,2}\right)}{\mathrm{d}t} > c_{\text{WC}}$ 时，

$$I_{\text{Scap}} = I_{\text{Scap}_{wcf}}^{*} = \frac{\dfrac{Q_{\text{Scap}}}{C_{\text{Scap}}} - \sqrt{\left(\dfrac{Q_{\text{Scap}}}{C_{\text{Scap}}}\right)^{2} - 4(P_{\text{Load}} - P_{\text{FClim}})R_{\text{Scap}}}}{2R_{\text{Scap}}}$$

当 $\dfrac{\mathrm{d}\left(P_{\text{Load}} - \dfrac{1}{C_{\text{Scap}}}Q_{\text{Scap}}I_{\text{Scap}_{wc}}^{*} + R_{\text{Scap}}I_{\text{Scap}}^{*\,2}\right)}{\mathrm{d}t} \leqslant c_{\text{WC}}$ 时，

$$I_{\text{Scap}} = I_{\text{Scap}_{wc}}^{*} \tag{11.98}$$

式中，P_{FClim} 是由式子 $\dfrac{\mathrm{d}P_{\text{FC}}}{\mathrm{d}t} = c_{\text{WC}}$ 计算得到。

最终，在燃料电池功率与单位功率的限制下，通过最优控制，燃料电池机动车电源管理能用下式表示：

$$\begin{cases} \dot{Q}_{\text{Scap}} = -I^*_{\text{Scapf}} \\ U_{\text{Scap}} = \dfrac{1}{C_{\text{Scap}}}Q_{\text{Scap}} - R_{\text{Scap}}I^*_{\text{Scapf}} \\ P_{\text{Scap}} = U_{\text{Scap}}I^*_{\text{Scapf}} \\ P_{\text{FC}} = P_{\text{Load}} - P_{\text{Scap}} \end{cases} \tag{11.99}$$

为了模拟这个系统，考虑欧洲速度周期新欧洲行驶循环标准（NEDC），如图 11.40 所示。

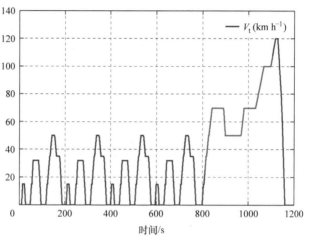

图 11.40　欧洲速度循环 NEDC

负载功率曲线 P_{Load} 由燃料电池汽车的机械性能计算出，如图 11.41 所示。

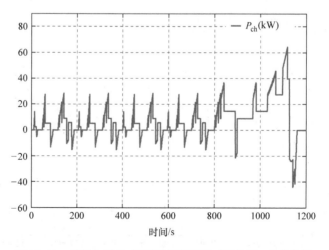

图 11.41　燃料电池汽车欧洲速度循环（NEDC）功率曲线

表 11.4 给出了这些模拟参数。

表 11.4   模拟参数

常数	值
$P_{FC_{min}}/kW$	1.2
$P_{FC_{max}}/kW$	40
t_f/s	1200
c_{wc}/Ws^{-1}	500

图 11.42 提及超级电容器包的功率、燃料电池的功率以及负载功率。

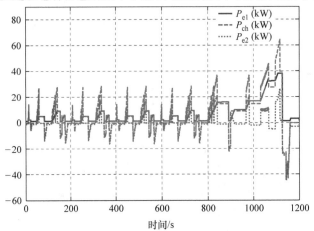

图 11.42   超级电容器包功率、燃料电池功率以及负载功率

我们发现燃料电池功率并没有超过 $P_{FC_{max}}$，单位功率也没有超过 c_{wc}。超级电容器包电压如图 11.43 所示。

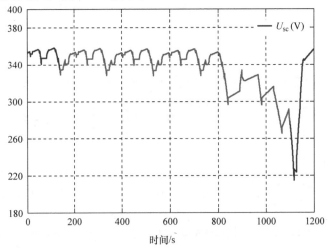

图 11.43   在 NEDC 线中，超级电容器包电压随时间的变化

我们能够看到在 1200s 时，超级电容器包电压稳定在 355.5V，与参考电荷数量对应。

11.6.4　通过优化相关联的滑模控制进行燃料电池汽车的电源管理

上个章节讨论的燃料电池汽车的电源管理可以计算相关超级电容器电流轨迹。电流是通过双向 DC - DC 变换器控制的。直流回路电压是通过单向 DC - DC 变换器进行调控（见图 11.44）。

在图 11.44 中，晶体管 T_1、T_2、T_3 的控制信号分别对应于电压 u_1、u_2、u_3。通过 u_1 控制信号来控制直流回路电压。当连接超级电容器的第二个变换器处于升压模式时，信号控制 u_2 处于打开状态，控制信号 u_3 处于关闭位置。当它处于降压模式时，控制信号 u_2 处于关闭状态，控制信号 u_3 处于打开状态。这些转换器是非线性的，需要强力的控制和快速的瞬间反应。这种控制必须适用于各种结构系统，且对负载电流波动进行稳定化。滑动模态（sliding mode）控制兼具这些优点。事实上，滑动模态控制（例如参考文献 [48]）可能系统遵循预期的轨迹变化。在此种情况下，这种控制应采用滑动控制，根据状态的变化和平衡值来表示。根据滑动表面积 δ 这个信号，控制信号 u_c 在 $u_{c_{\max}}$ 和 $u_{c_{\min}}$ 之间变化。

$$u_c = \begin{cases} u_{c_{\max}} & \delta < 0 \\ u_{c_{\min}} & \delta > 0 \end{cases} \tag{11.100}$$

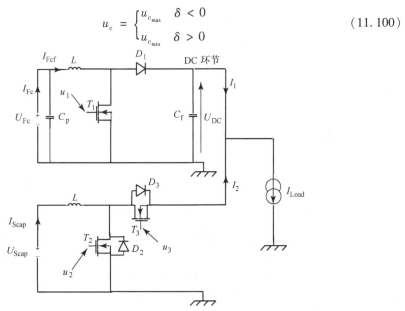

图 11.44　燃料电池汽车变换器

为了使用滑动模态控制，我们首先定义了每个变换器的滑动表面积。第一个滑动表面积与和燃料电池连接的升压变换器有关，用下式表示[49-51]：

$$\delta_1 = k_1(\overline{U}_{DC_e} - U_{DC}) + k_2(I_{FC_{fe}} - I_{FC_f}) + k_3\int(\overline{U}_{DC_e} - U_{DC})\mathrm{d}t \tag{11.101}$$

式中，k_1、k_2、k_3 为常数，由直流回路电压优化控制确定。电流 $I_{FC_{fe}}$ 用下式表示：

$$I_{FC_{fe}} = \frac{\left[I_{Load} \overline{U}_{DC_e} - \left(\dfrac{1}{C_{Scap}} Q_{Scap} - R_{Scap} I^*_{Scapf} \right) I^*_{Scapf} \right]}{U_{FC}}$$

(11. 102)

第二个滑动面积与处于升压模式的双向变换器相关（$I^*_{Scap} \geqslant 0$）。这个滑动面积（σ_2）取决于超级电容器的电流，用下式表示：

$$\sigma_2 = I^*_{Scapf} - I_{Scap}$$

(11. 103)

第三块滑动面积与处于降压模式的双向变换器有关（$I^*_{Scap} < 0$），则

$$\sigma_3 = - I^*_{Scapf} + I_{Scap}$$

(11. 104)

处于开关安全的原因，控制信号的频率固定在 15kHz。u_1 工作周期为

$$u_{1DC} = \begin{cases} 0.9, & \sigma_1 < 0 \\ 0.1, & \sigma_1 > 0 \end{cases}$$

(11. 105)

u_2 工作周期为

$$u_{2DC} = \begin{cases} 0.9, & \sigma_2 < 0 \\ 0.1, & \sigma_2 > 0 \end{cases}$$

(11. 106)

u_3 工作周期为

$$u_{3DC} = \begin{cases} 0.9, & \sigma_3 < 0 \\ 0.1, & \sigma_3 > 0 \end{cases}$$

(11. 107)

这部分由燃料电池汽车模拟电源管理组成，该电源管理通过最优控制实现，而这种最优控制在 MATLAB/SIMULINK 中与滑动模态控制有关。表 11.5 列出了所研究的转换器的参数。

表 11.5　转换器参数

参数	类型	值	单位
L	电感	3. 3	mH
C_f	电容	1. 66	mF
C_p	电容	1	mF

为了模拟，仅仅只考虑部分欧洲速度周期 NEDC（见图 11. 45）。

图 11. 46 列出了欧洲速度循环 NEDC 的负载电流曲线、燃料电池电流、超级电容器组电流。

图 11. 47 列出了直流回路电压，燃料电池电压和超级电容器组电压。

11. 6. 5　小结

我们建立了与滑动模态耦合的燃料电池汽车电源管理的最优控制。最优控制允许计算超级电容器参考功率，

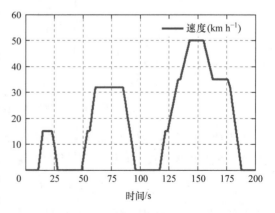

图 11. 45　部分欧洲速度循环 NEDC

进而从负载（动力设备与辅助设备）功率需求的角度减少燃料电池提供的能量。参考超级电容器组的电流轨迹是通过双向 DC – DC 变换器采用滑动模式来控制的。这种控制方法考虑了应用在系统上的各种约束。而这种约束与燃料电池的功率限制和动态响应有关。

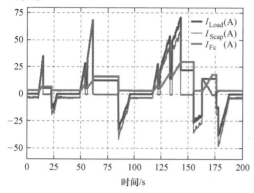

图 11.46　负载电流曲线、燃料电池电流、
　　　　　超级电容器电流

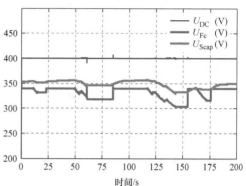

图 11.47　直流回路电压、燃料电池电压、
　　　　　超级电容器组电压

参 考 文 献

1. Kötz, R. and Carlen, M. (2000) Principles and applications of electrochemical capacitors. *Electrochim. Acta*, **45**, 2483–2498.

2. Taberna, P.L., Simon, P., and Fauvarque, J.F. (2003) Electrochemical characteristics and impedance spectroscopy studies of carbon-carbon supercapacitors. *J. Electrochem. Soc.*, **150** (3), A292–A300.

3. Kurzweil, P. and Fischle, H.J. (2004) A new monitoring method for electrochemical aggregates by impedance spectroscopy. *J. Power. Sources*, **127**, 331–340.

4. Rafik, F., Gualous, H., Gallay, R., Crausaz, A., and Berthon, A. (2007) Frequency, thermal and voltage supercapacitor characterization and modeling. *J. Power. Sources*, **165**, 928–934.

5. de Levie R. (1967) *Advances in Electrochemistry and Electrochemical Engineering*, ed. P. Delahay and C.T. Tobias, Interscience, New York, Vol. 6, pp. 329–397.

6. Verbrugge, M. and Liu, P. (2005) Microstructural analysis and mathematical modeling of electric double-layer supercapacitors. *J. Electrochem. Soc.*, **152** (5), D79–D87.

7. IEC (2006) 62391-1. *Fixed Electric Double Layer Capacitors for use in Electronic Equipment – Part 1: Generic Specification*, Ed. 1.

8. IEC (2006) 62391-2. *Fixed Electric Double Layer Capacitors for use in Electronic Equipment – Part 2: Sectional Specification – Electric Double Layer Capacitors for Power Application*, Ed. 1.

9. IEC (2006) 62391-2-1. *Fixed Electric Double Layer Capacitors for use in Electronic Equipment – Part 2-1: Blank Detail Specification – Electric Double Layer Capacitors for Power Application – Assessment Level EZ*, Ed. 1.

10. Hahn, M., Barbieri, O., Campana, P., Kötz, R., and Gallay, R. (2006) Carbon based double layer capacitors with aprotic electrolyte solutions: the possible

role of intercalation/insertion processes. *Appl. Phys. A*, **82**, 633–638.

11. Salitra, G., Soffer, A., Eliad, L., Cohen, Y., and Aurbach, D. (2000) Carbon electrodes for double-layer capacitors. *J. Electrochem. Soc.*, **147**, 2486–2493.

12. Kötz, R., Hahn, M., and Gallay, R. (2006) Temperature behaviour and impedance fundamentals of supercapacitors. *J. Power. Sources*, **154**, 550–555.

13. Alcicek, G., Gualous, H., Venet, P., Gallay, R., and Miraoui, A. (2007) Experimental Study of Temperature Effect on Ultracapacitor Ageing. European Conference on Power Electronics and Applications 2007, Vols 1–10, pp. 5123–5129.

14. Gualous, H., Bouquain, D., Berthon, A., and Kauffmann, J.M. (2003) Experimental study of supercapacitor serial resistance and capacitance variations with temperature. *J. Power. Sources*, **123**, 86–93.

15. Hermann, V., Schneuwly, A., and Gallay, R. (2001) High Power Double-Layer Capacitor Developments and Applications, ISE2001, San Francisco, CA.

16. Schiffer, J., Linzen, D., and Sauer, D.U. (2006) Heat generation in double layer capacitors. *J. Power. Sources*, **160**, 765–772.

17. Diab, Y., Venet, P., Gualous, H., and Rojat, G. (2009) Self-discharge characterization and modelling of supercapacitors used for power electronics applications. *IEEE Trans. Power Electron.*, **24** (2), 510–517.

18. Bejan, A. (1984) *Convection Heat Transfer*, John Wiley & Sons, Inc., New York, p. 492148 illustrations, 387 references.

19. Gualous, H., Louahlia-Gualous, H., and Gallay, R. (2009) Thermal modelling and experimental characterization of supercapacitor for hybrid vehicle applications. *IEEE Trans. Ind. Appl.*, **45** (3), 1035–1044.

20. Gallay R. and Gualous H. in *Carbons for Electrochemical Energy Storage and Conversion Systems*, Chapter 11, ed. F. Béguin and E. Frackowiak, CRC Press (2009), pp. 430–468.

21. Kötz, R., Ruch, P.W., and Cericola, D. (2010) Ageing and failure mode of electrochemical double layer capacitors during accelerated constant load tests. *J. Power. Sources*, **195**, 923–928.

22. Hahn, M., Kötz, R., Gallay, R., and Siggel, A. (2006) Pressure evolution in propylene carbonate based electrochemical double layer capacitors. *Electrochim. Acta*, **52**, 1709–1712.

23. Miller, J.R., Klementov, A., and Butler, S. (2006) Electrochemical Capacitor Reliability in Heavy Hybrid Vehicles. Proceedings of the 16th International Seminar On Double Layer Capacitors and Similar Energy Storage Devices, Deerfield Beach, FL, p. 218.

24. Goltser, I., Butler, S., and Miller, J.R. (2005) Reliability Assessment of Electrochemical Capacitors: Method Demonstration Using 1-F Commercial Components. Proceedings of the 15th International Seminar On Double Layer Capacitors and Similar Energy Storage Devices, Deerfield Beach, FL, p. 215.

25. Yurgil, J. (2006) Ultracapacitor useful life prediction. US Patent /2006/012378, General Motors Corporation.

26. Kurzweil, P. and Chwistek, M. (2008) Electrochemical stability of organic electrolyte in supercapacitors: spectroscopy and gas analysis of decomposition products. *J. Power. Sources*, **176**, 555–567.

27. Kurzweil, P., Frenzel, B., and Gallay, R. (2005) Capacitance Characterization Methods and Ageing behavior of Supercapacitors. Proceedings of the 15th International Seminar On Double Layer Capacitors, Deerfield Beach, USA, p. 14.

28. Hahn, M., Würsig, A., Gallay, R., Novák, P., and Kötz, R. (2005) Gas evolution in activated carbon/propylene carbonate based double-layer capacitors. *Electrochem. Commun.*, **7**, 925–930.

29. Xu, K. (2004) Nonaqueous liquid electrolytes for lithium-based rechargeable batteries. *Chem. Rev.*, **104**, 4303–4417.

30. Azaïs, P., Duclaux, L., Florian, P., Massiot, D., Lillo-Rodenas, M.A., Linares-Solano, A., Peres, J.P., Jehoulet, C., and Béguin, F. (2007) Causes of supercapacitors ageing in organic electrolyte. *J. Power. Sources*, **171**, 1046–1053.

31. Kötz, R., Hahn, M., Ruch, P., and Gallay, R. (2008) Comparison of pres-

sure evolution in supercapacitor devices using different aprotic solvents. *Electrochem. Commun.*, **10**, 359–362.

32. Hardwick, L., Hahn, M., Ruch, P., Holzapfel, M., Scheifele, W., Buqa, H., Krumeich, F., Novák, P., and Kötz, R. (2006) An in situ Raman study of the intercalation of supercapacitor-type electrolyte into microcrystalline graphite. *Electrochim. Acta*, **52**, 675–680.

33. Hahn, M., Barbieri, O., Gallay, R., and Kötz, R. (2006) A dilatometric study of the voltage limitation of carbonaceous electrodes in aprotic EDLC type electrolytes by charge-induced strain. *Carbon*, **44**, 2523–2533.

34. Mizutani, A.Y., Okamoto, T., Taguchi, T., Nakajima, K., and Tanaka, K. (2003) Life Expectancy and Degradation behavior of Electric Double Layer Capacitor. Proceedings of the 7th International Conference on Properties and Applications of Dielectric Materials, Nagoya, June 2003.

35. Lin, C.C., Peng, H., and Grizzle, J.W. (2002) Power Management Strategy for a Parallel Hybrid Electric Truck. Proceedings of the 2002 Mediterranean Control Conference, Lisbon, Portugal, July 2002.

36. Lin, C.C., Filipi, Z., Wang, Y., Louca, L., Peng, H., Assanis, D., and Stein, J. Integrated, Feed-Forward Hybrid Electric Vehicle Simulation in Simulink and its Use for Power Management Studies, SAE 2001-01-1334.

37. Assanis, D., Delagrammatikas, G., Fellini, R., Filipi, Z., Liedtke, J., Michelena, N., Papalambros, P., Reyes, D., Rosenbaum, D., Sales, A., and Sasena, M. (1999) An optimization approach to hybrid electric propulsion system design. *Mech. Struct. Mach.*, **27** (4), 393–421.

38. Kalan, B.A., Lovatt, H.C., Brothers, M., and Buriak, V. (2002) System Design and Development of Hybrid Electric Vehicles. Power Electronics Specialists Conference 2002, pp. 768–772.

39. Rajagopalan, A., Washington, G., Rizzoni, G., and Guezennec, Y. (2001) Development of Fuzzy Logic and Neural Network Control and Advanced Emissions Modeling for Parallel Hybrid Vehicles, Center for Automotive Research, Intelligent Structures and Systems Laboratory, The Ohio-State University, Columbus, OH, December 2001.

40. West, M.J., Bingham, C.M., and Schofield, N. (2003) Predictive Control for Energy Management in All/More Electric Vehicle with Multiple Energy Storage Units, EPE 2003-Toulouse.

41. Scordia, J. (2004) Approche systématique de l'optimisation du dimensionnement et de l'élaboration de lois de gestion d'énergie de véhicules hybrides. Thèse à l'université Henri Poincaré à Nancy 1, 10 Novembre 2004.

42. Vahidi A., Stefanopoulou A., Peng H. (2005) Recursive least squares with forgetting for online estimation of vehicle mass and road grade: theory and experiments, *Veh. Syst. Dyn.*, **43** (1), 31–55.

43. Dixon, J., Ortuzar, M., and Moreno, J. (2003) DSP Based Ultracapacitor System for Hybrid Electric Vehicles. Proceedings of 20th Electric Vehicle, 2003.

44. Moreno, J., Ortuzar, M., and Dixon, J. (2006) Energy management system for an electric vehicle, using ultracapacitors and neural networks. *IEEE Trans. Ind. Electron.*, **53**, 614–623.

45. Dietrich, P., Büchi, F., Tsukada, A., Bärtschi, M., Kötz, R., Scherer, G.G., Rodatz, P., Garcia, O., Ruge, M., Wollenberg, M., Lück, P., Wiartalla, A., Schönfelder, C., Schneuwly, A., and Barrade, P. (2003) Hy.Power—a technology platform combining a fuel cell system and a supercapacitor, in *Handbook of Fuel Cells – Fundamentals, Technology and Applications* ISBN, John Wiley & Sons, Ltd, Chichester. ISBN: 0-471-49926-9

46. Stengel, R.F. (1994) *Optimal Control and Estimation*, Dover Publications, New York.

47. Hisham, A.K. (2004) *La Commande Optimale des Systèmes Dynamiques*, Hermès Science Publication, Lavoisier.

48. Utkin, V.I. (1992) *Sliding Mode Control Optimization*, Springer-Verlag, Berlin.

49. Maker, H., Gualous, H., and Outbib, R. (2006) Sliding Mode Control with Integral of Boost Converter by Microcontroller. CCA Contributed, IEEE CCA/CACSD/ISIC, München, Germany,

2006.

50. Maker H., (2008) Optimisation et gestion d'énergie pour un système hybride: association Pile à Combustible et Supercondensateurs. Thèse soutenue à Belfort le 4 Novembre 2008.

51. Maker, H., Gualous, H., and Outbib, R. (2008) Power Management for an Electric Propulsion System Using Fuel Cells. Proceedings of the 9th WSEAS International Conference on AUTOMATION and INFORMATION (ICAI'08) Bucharest, Romania, June 24–26, 2008.

第 12 章　电化学电容器的测试

Andrew Burke

12. 1　引言

本章内容介绍的是关于对各种专门用于工业和车辆用途的大型和商用电化学电容器器件的测试。这些器件的测试通常采用直流测试程序，类似于电池的测试程序。大部分材料和小型实验室设备的测试则运用循环伏安法和交流阻抗测试法。在大多数情况下，这些测试方法利用的是小电流与有限的电压范围和/或交流频率，其主要目的是为了确定电容器中所使用的材料和电极的电化学特性。本章一开始主要讨论用于测试电化学电容器的直流测试程序的相关细节。后面的各部分，依次分别是关于碳/碳和混合（非对称）器件的测试，以及交流阻抗和直流测试之间的关系，还给出了各种不同类型器件的有关电容、电阻、能量密度、功率容量和循环寿命等方面的典型数据，讨论了解释测试结果中的不确定性，还特别对电化学电容器和高功率锂电池的功率容量的不确定性做了比较。

12. 2　DC 测试程序概述

在电化学电容器和高功率电池的测试程序方面，两者有相似的地方，也有不同的。通常的做法是对两种类型的器件进行恒定电流和恒定功率测试。恒定电流的测试可以确定器件的充电容量［静电容量（F）和 Ah］和电阻。恒定功率的测试，可以确定储能特性（能量密度 – 功率密度的 Ragone 曲线）。对测试中使用的电流和功率需加以选择，以便使正在测试的电容器能承受相应测试的充放电次数。就电容器而言，测试的放电时间范围通常为 5～60s，而对于电池和高功率电池而言，放电时间可以从数分钟到一小时左右。这些器件再充电时间的差异也很大。比如，电容器可以很容易地在 5～10s 内完全充电，但是对高功率电池来说，即使给其初始充电电流设置为一个最大值，其完全充电也至少需要 10～20min。电容器和电池，除了使用恒定电流和恒定功率测试，还可以使用充电/放电脉冲为 5～15s 对其进行测试。对于这些测试，电容器和高功率电池的电流和功率水平具有可比性（基于标准化的基础）。为了模拟器件在特定的应用程序中是如何运行的，使用由一系列的充放电脉冲（指定时间的功率密度）组成的测试周期[1,2]来测试电容器和电池。表 12. 1 和表 12. 2 中所归纳的结果，就是在电容器和电池上完成的测试结果。

表12.1　电化学电容器的性能

1	能量密度（Wh kg^{-1} 与 W kg^{-1}）
2	单元电压（V）和电容（F）
3	串联和并联电阻（Ω 和 Ω cm^{-2}）
4	效率为95%时充/放电的功率密度（W kg^{-1}）
5	低温下（-20℃或更低），电阻和电容与温度的关系
6	完全放电的循环寿命
7	不同电压和温度下的自放电
8	在额定电压和高温（40~60℃）下的使用寿命（h）

表12.2　电化学电容器的测试

1	恒流充/放电
	放电时间为60~5s的容量和电阻
2	确定电阻的脉冲测试
3	恒功率充/放电
	确定功率密度范围为100~1000W kg^{-1} 且电压为 V_{rated} 到 $1/2V_{rated}$ Ragone 曲线。
	测试增加功率密度，直到放电时间小于5s。常在恒电流下进行充电，充电时间至少30s。
4	连续的充/放电循环
	采用 PSFUDS 对循环进行测试，其最大的功率密度为500~1500W kg^{-1}。
5	测试的模块组至少要有15~20个电容器串联。

世界上有很多不同的机构根据其特殊的需要运用这些测试程序，只是应用的途径不同而已。有趣的是，可以稍微深入地探讨一下这些不同的测试方法，特别是探讨美国先进电池联盟（United states Advanced Battery Consortium，USABC），国际使用电化学委员会（International Electrochemical Commission，IEC），以及加州大学戴维斯分校（University of California Davis，UC Davis）所采用的测试程序，以及他们各自所提供的数据。

12.2.1　USABC 测试程序

USABC，即美国三大汽车公司联盟，包括福特、克莱斯勒和通用，它和美国能源局（Department of Energy，DOE）联合起来，开发和测试车辆用的先进电池和超级电容器。1994 年，美国能源部首次在参考文献［1］中提出了超级电容器的测试程序，随后又在参考文献［2］中作为 USABC/DOE 的测试程序予以发表。最初的测试程序仅作为表征相应超级电容器的一种手段而开发，对于车用超级电容器方面的应用则很少关注。后来的 USABC 测试程序，考虑到混合动力电动汽车应用的需要，因而其开发的目的，旨在说明是否有这样一种特别的超级电容技术，它能够满足 USABC 关于混合动力汽车的起停和动力辅助的设计要求。鉴于此，这些技术所涉及的测试程序，也很难用其他器件的一般表征测试用术语来解释和说明。尽管如此，这些器件的测试还是能提供一套数据，以确定该器件的完整特性。

　　USABC 测试手册[2]是一套完整的测试程序，涵盖表 12.2 中列出的所有类型的测试。该测试手册详细地说明了一系列用以表征超级电容器的恒定电流和恒定功率的测试，但测试中所使用的术语更适合用于电池而非超级电容器。因此，这就意味着放电速率是基于一个有效的 Ah 额定值的 nC，Ah $= C_{dev}$（$V_{max} - V_{min}$）/3600。额定电容 C_{dev} 在 5C 的倍率下测得，5C 的倍率对于电容器来说是相当低的倍率水平（放电时间 12min）。通常情况下，USABC 测试程序中针对电容器的恒定电流和恒定功率测试都集中在相对较低的倍率下进行，并且就放电次数而言不会达到器件性能的极限。然而，器件的电容值和电阻值可以通过 USABC 的试验数据计算出来。USABC 测试程序详细说明了自放电和循环寿命的测试。

　　如前所述，USABC 测试程序的目的是评测超级电容器在混合动力汽车方面的应用。出于这个原因，测试程序指定的一系列脉冲测试周期的条件是非常苛刻的。能效（能量效率）和寿命循环测试是在 100C 的电流下进行的，放电深度分别为 10%（UC10）和 50%（UC50），放电脉冲分别为 4s 和 8s。USABC 也有高倍率脉冲表征测试，它通过一系列放/充电脉冲对电容器进行放电。这些测试的目的，旨在确定器件用作充电状态（SOC）功能的电阻和充/放电循环的往返效率（round – trip efficiency）。加州大学 Davis 校区，通过使用 USABC 脉冲表征测试程序所获得的数据，如图 12.1 所示。

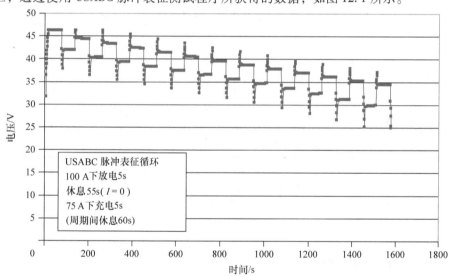

图 12.1　一个 46V（14 个电容器串联）模块的 USABC 脉冲性能测试

12.2.2　IEC 测试程序

　　IEC 开发了一个测试程序[3,4]，用来确定电化学电容器的电容值 C 和电阻值 R。这些程序似乎是以应用为目的而开发的，以获得特定器件的相应性能。最近，IEC 已成立了一个由来自欧洲、亚洲和美国代表组成的委员会，以更新他们的测试程序，使其应用范围扩展到车辆。IEC 此举的目标是相当有限的，因为它规定的是一个单项测试，以确定在单一电流下电容器的性能（其充电和放电效率为 95%）。假定要测试的电容器是电

容 C 和电阻 R 都是常数的理想双电层电容器，那么测试电流的关系如下：

$$I_{charge} = \frac{V_0}{38R}, \quad I_{discharge} = \frac{V_0}{40R}$$

V_0 为该设备的额定电压。

能量和功率从以下的理想化方程计算得来：

$$能量\ E = \frac{1}{2}CV_0^2, \quad 功率\ P = \frac{V_0^2}{4R}$$

电容从指定的电压区间（$0.9 \sim 0.7V_0$）所测量的功率计算得来，如下所示：

$$C = 2E_{meas.} / [\,(0.9V_0)^2(0.7V_0)^2\,]$$

电阻 R，在假定电压随时间呈线性变化的条件下，通过将放电 $I_{discharge}$ 初始化后电压降计算得来。IEC 程序规定，充电和放电结束后的静置时间为 300s。充电和放电过程在电压范围 $V_0 \sim V_0/2$ 之间进行。充/放电循环的能量效率是由其电压和电流的数据计算得来，并与 90% 的要求值相比较（每个充电/放电过程的值均为 95%）。

IEC 测试程序的测试范围相当有限。但如表 12.3 所示，如果可以精确地知道器件的电阻值，那么，它又可以成为表征器件的一种有效方法。否则，需要一个初始测试来测量电阻。

表 12.3　IEC 测试程序在不同超级电容器器件上的应用

	电容/F IEC①	电容/F 全电压②	效率 ③④	效率 ③⑤	$R/m\Omega$ ④	$R/m\Omega$ ⑤	平均电流 /A
LS Cable	3045	3071	83.5/0.91	85/0.92	0.37	0.44	194
MaxWell	3202	3168	88.4/0.94	89.2/0.94	0.44	0.45	157
Ness	3254	3285	86.9/0.92	88.6/0.93	0.47	0.45	147
Ness – term com	3253	3266	85/0.92	87/0.93	0.28	0.275	245
JSR	2070	1900	89.1/0.94	89.5/0.95	2.6	2.7	37

① 从 $0.9V_{max} \sim 0.7V_{max}$（$2.43 \sim 1.89$V）的电容。JSR 值为 $3.48 \sim 2.48$。

② 全电压指的是从额定电压到 1.35V 范围内放电。

③ $x/y-x$ = 往返效率，y = 充电或放电效率 = 往返效率的二次方根。

④ 假定电阻。

⑤ 测量电阻。

12.2.3　UC Davis 测试程序

本章所使用的大部分数据，来自 UC Davis 的混合汽车动力系统实验室所使用的测试程序。这些程序主要基于参考文献 [1] 的内容，因此，将它们用来评测各种尺寸大小器件的性能，以及商用器件和混合动力电动汽车用器件的发展现状是非常合适的。UC Davis 的测试，其测试的目的在表 12.1 予以了归纳，表 12.2 是对在该器件上所做的一系列测试的总结。

一种特定器件的测试条件是基于其电容、电阻和重量而设置的。这些值最初由需要做测试的器件开发商/制造商提供。测试的一般原则，是要在制造商所设置的电压和温度范围内，测试出器件相应的电流（A）和功率（W）的性能上限。该测试包括恒定电流和恒定功率充电和放电测试，以及脉冲电流和脉冲周期测试。表 12.4 归纳出了在 UC Davis 测试程序下，各种器件最近的测试结果[5-7]。

表 12.4　超级电容器器件性能特性的总结

器件	额定电压	C/F	R/mΩ	RC/s	能量密度 /(Wh kg⁻¹)①	功率密度 /(W kg⁻¹) (95%)②	功率密度 /(W kg⁻¹) (阻抗匹配下)	重量 /kg	体积 /l
Maxwell③	2.7	2885	0.375	1.08	4.2	994	8836	0.55	0.4
Maxwell	2.7	605	0.90	0.55	2.35	1139	9597	0.20	0.2
A PowerCap④	2.7	55	4	0.22	5.5	5695	50625	0.009	—
A Power Cap④	2.7	450	1.4	0.58	5.89	2569	24595	0.057	0.045
Ness	2.7	1800	0.55	1.00	3.6	975	8674	0.38	0.277
Ness	2.7	3640	0.30	1.10	4.2	928	8010	0.65	0.514
Ness（圆柱）	2.7	3160	0.4	1.26	4.4	982	8728	0.522	0.38
Carbon Tech 非乙腈	2.85	1600	1.0	1.6	5.8	1026	9106	0.223	
Asahi Glass（碳酸丙烯酯）	2.7	1375	2.5	3.4	4.9	390	3471	0.210（估计）	0.151
Panasonic（碳酸丙烯酯）	2.5	1200	1.0	1.2	2.3	514	4596	0.34	0.245
EPCOS	2.7	3400	0.45	1.5	4.3	760	6750	0.60	0.48
LS Cable	2.8	3200	0.25	0.80	3.7	1400	12400	0.63	0.47
BatScap	2.7	2680	0.20	0.54	4.2	2050	18225	0.50	0.572
Power Systems（活性炭，碳酸丙烯酯）④	2.7	1350	1.5	2.0	4.9	650	5785	0.21	0.151
Power Systems（石墨炭，碳酸丙烯酯）④	3.3	1800	3.0	5.4	8.0	486	4320	0.21	0.15
	3.3	1500	1.7	2.5	6.0	776	6903	0.23	0.15
Fuji Heavy Industry – hybrid（AC/石墨炭）④	3.8	1800	1.5	2.6	9.2	1025	10375	0.232	0.143
JSR Micro（AC/石墨炭）④	3.8	1000	4	4	11.2	900	7987	0.113	0.073
	3.8	2000	1.9	3.8	12.1	1038	9223	0.206	0.132

① 400W kg⁻¹恒功率下的能量密度，额定电压到一半额定电压。

② 基于 $P = 9/16 \times (1 - EF) \times V^2/R$ 的功率，EF 为放电效率。

③ 标注的除外，所有的器件使用乙腈作为电解液。

④ 除了④之外，所有器件为金属外壳进行封装，这些器件为叠层软包。

12.3　碳/碳基器件测试程序的应用

本节是将前一节所讨论的各种测试程序应用到碳/碳电容器中，以确定它们的电容、电阻、能量密度和功率性能。这些器件的两个电极都使用活性炭，而且几乎都使用的是有机电解质，使用的能量储存机理主要是电荷分离（双电层电容）。

12.3.1　电容

一个器件的电容可以直接通过恒定电流放电数据来确定。图12.2为碳/碳双层电容器的一个典型的电压 – 时间曲线。根据定义，

$$C = \frac{I}{dV/dt} \text{ 或 } C = I\left(\frac{t_2 - t_1}{V_1 - V_2}\right)$$

式中，公式下方的1和2指的放电期间的两个时间点。

由于电压曲线不完全呈线性，计算得出的 C 值在一定程度上取决于所使用的 V_1 和 V_2 值。如前所述，IEC 程序规定，$V_1 = 0.9V_0$ 和 $V_2 = 0.7V_0$。其他可选择的电压使用范围是 $V_0 \sim V_0/2$，以及 $V_0 \sim 0$。当使用 V_0 的时候，十分有必要将 IR 降考虑在内，以确定有效的 V_1 值。如表12.5所示，对于各种选定的电压区间，计算得出的电容 C 的值差异并不大。表12.5中的结果表明，测试程序对器件的电容测定的影响不大。

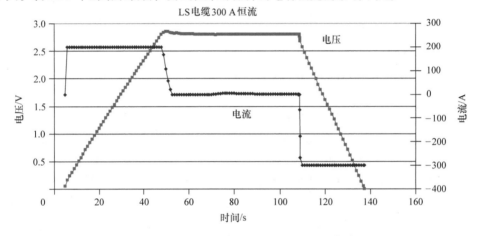

图 12.2　碳/碳超级电容器的电压 – 时间曲线

表 12.5　采用 UC Davis 和 IEC 测试程序计算电容时，电压范围和测试电流的影响

器件/厂商	$V_0 \sim 0V$				$V_0 \sim V_0/2$			
3000F/Maxwell	100A	2880F	200A	2893F	100A	3160F	200A	3223F
3000F/Nesscap	50A	3190F	200A	3149F	50A	3214F	200A	3238F
450F/APowerCap	20A	450F	40A	453F	20A	466F	40A	469F
	3.8 ~ 2.2V		—		3.8 ~ 2.6V		—	
2000F/JSR Micro	80A	1897F	200A	1817F	80A	1941F	200A	1938F

器件	电容/F	
	IEC 0.9V_0 ~ 0.7V_0	$V_0 \sim 0$
LS Cable	3045	3071
Maxwell	3202	3166
Ness	3254	3285
JSR	2070	1900（3.8 ~ 2.2V）

12.3.2　电阻

电容器或电池的电阻可以使用以下几种方法中的任何一种来确定：

1）恒定电流放电开始时的 *IR* 降；

2）指定充电状态下的电流脉冲（5~30s）

3）放电或充电电流受阻时的电压恢复；

4）在 1kHz 下的交流阻抗的测定。

IEC 和 USABC 测试程序规定的方法，以及 UC Davis 常采用的方法，需要对恒定电流放电开始时的 *IR* 降和电压的变化做分析。由于该器件的电阻和电容的原因而导致电压降低，这会使得确定电容器的电阻变得复杂起来。此外，由于该电极的多孔特性，电容器电阻会随时间而变化，一直到电极中的电流分布完全确定为止。这个问题已经用数学方法进行了分析[8,9]。分析结果如图 12.3 所示，这表明，稳态电阻 *R* 要等到 *RC* 时间常数进行放电。电阻 R_0 的初始值可低至 1/2 的稳态值。

固定碳上的电流以及多孔电极电解液中的离子电流的偏微分方程的求解。电压和电流是电极上位置和时间的函数。*V* 的求解为：

$$V = V_0 - I \times t / C_{cell} - I \times R_{ss} \{1 - (4/\pi^2 (2/3 + L_{sep} / L_{electrode})) \times A(t')\}^*$$

$$\text{式中}\quad A(t') = \sum_{n=0}^{\infty} 1/n^2 e^{-n^2 t'}, \ A(t' = \infty) = 0$$

$$t' = t/\tau, \quad \tau = 3/\pi^2 R_{ss} C_{cell}$$

* 假设单位体积上的电容以及电导率为恒定值。

$$R_{ss} = 2/3 \times L_{electrode} \times 电解液的有效电阻 + 接触电阻$$

$$R(t=0) = 接触电阻 + 2L_{electrode}/A_x(\sigma_{carbon} + \sigma_{electrolyte}) + L_{sep}/A_x \sigma_{electrolyte},$$
$$R_0 = 2L/A_x \sigma_{carbon}$$

图 12.3　超级电容器单元的电阻的瞬态解[8,9]

如图 12.4 所示，电压 - 时间曲线不会在一开始放电时就呈线性关系。这意味着，使用初始的 IR 降来计算电池电阻所得到的 *R* 值会明显小于所需要的稳态值。通过将电压 - 时间曲线的线性部分外推，让其回到 *t* = 0，并利用 IR 降值来计算得出 *R*，可以得到一个很好的稳态电阻的估值。

对超级电容器的很多应用来说，在计算其功率输出能力/电力损耗/发热等，稳态电阻才是最关联的电阻，而非 R_0 值。所以，要确定需要报告的是哪一种电阻值是最重要的。初始放电时，电阻对放电时间的依赖性如图 12.5 所示。

另一种确定电容器直流电阻的可靠方法是电流脉冲法，在该方法中，要将一个短脉冲（5~10s）应用于器件中。事实上，对于电池来说，这可能是通过采用大多数的电池测试仪来确定电阻值的唯一可靠方法。该脉冲可以是一个放电脉冲，也可以是充电脉冲。有效电阻（$R = \Delta V / I$）可通过脉冲而随时间变化，这取决于测试仪和/或器件机理。当然，如果前者可以忽略不计而只取决于后者，这是优选的情况。然而，不幸的是，往往并非如此。如图 12.6 所示，对一个 1600F 的器件，脉冲测试清楚地表明电阻从 R_0 到 R_{ss} 的变化。

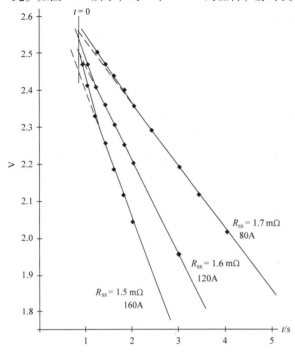

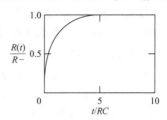

恒流循环过程中，获得稳态电阻所需的时间。在该时间点，电阻是稳定值的70%。

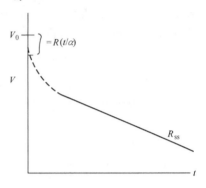

图 12.4　通过外推电压轨迹至 $t = 0$（APowerCap 450F 电容器）来确定稳态电阻的方法

图 12.5　电化学电容器放电开始时电阻随时间的变化[8]

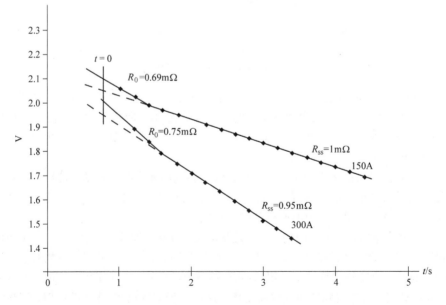

图 12.6　电流脉冲的电压和电阻（Carbon Skeleton Tech 公司 1600F 的器件）

　　一个电容器或电池的电阻，也可以通过电压的恢复推测而得，该电压恢复发生在电流被中断（$I=0$）时，即一个电流脉冲结束时。一些研究人员[10]更喜欢这种方法，而不喜欢涉及脉冲初始的方法，因为电流为零时，器件的电容对电压并没有什么影响。然而，当 $I=0$ 时，器件电荷随时间再分布将会对电压造成影响，这种对电压的影响显著且又不易理解。其结果是，在设定 $I=0$ 后，要读取电压，通过 $\Delta V/I$ 计算出 R，这会造成时间的不确定性。图 12.7 对这种影响进行了阐释。从图 12.6 和图 12.7 可以看出，利用起始电流法和中断法可以得到同样的电阻值 R_0 和 R_{ss}。电压恢复时间似乎相对较短——约等于测试器件的 RC 时间常数。两个电容器通过以上两种方法而得到稳态电阻的比较，如表 12.6 和表 12.7 所示。显然，这两种方法都可以用来测量电化学电容器的电阻，但在大多数情况下，电流中断法更容易实现。

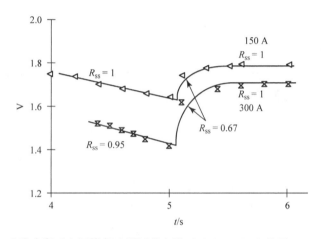

图 12.7　电流中断后电压恢复法测试的电阻（Skeleton Tech 公司 1600F 的器件）

表 **12.6**　使用起始电流和中断电流法测得的 **Skeleton Technologies**
公司 **1600F** 电容器的电阻

电流/A	中断时的电压	2.7V 起始电流时的电阻/mΩ	中断电流时的电阻/mΩ
60	2.3	1.2	1.3
	1.3	—	1.3
100	2.3	1.35	1.4
	1.3	—	1.2
150	2.3	1.38	1.3
	1.3	—	1.2

表 12.7　采用起始电流和中断电流法计算 Maxwell 公司 2800F 电容器的电阻

电流/A	中断时的电压	2.7V 起始电流时的电阻/mΩ	中断电流时的电阻/mΩ
200	2.3	0.36	0.4
	1.3	—	0.4
300	2.3	0.37	0.37
	1.3	—	0.37
400	2.3	0.4	0.35
	1.3	—	0.375

对于超级电容器，制造商普遍的做法是，列出在 1kHz 下交流阻抗测量仪测量的电阻。该电阻值总是显著低于直流时的值，通常因数约为 2。器件的功率容量不应该通过交流阻抗的电阻值计算得出。

12.3.3　能量密度

碳/碳电容器储存的总能量可以由 $E = 1/2CV_0^2$ 关系式计算出来。如果电容器的电压范围限制在 $V_0 \sim V_0/2$ 之间，那么，只有 75% 的储存能量可以使用。因此，可用的能量密度（Wh kg^{-1}）由下式给出：

$$能量密度 = \frac{3}{8}CV_0^2 / （器件重量）$$

这个简单的关系式经常用来计算超级电容器的能量密度。然而，确定器件中存储能量最可靠的方法，是测算出一系列的恒定功率密度（W kg^{-1}）用的存储量（Wh）。一般来说，应该在功率密度为 100 ~ 1000W kg^{-1} 范围内进行测试，或者，用更高的功率密度值对高功率器件进行测试。能量密度 – 功率密度曲线称为器件的 Ragone 曲线。可购买到 3000F 电容器的典型数据如 12.8 所示。要注意的是，能量密度随功率密度逐渐减小，这是所有的超级电容器都会遇到的问题。通常，器件制造商所提出的能量密度值，可以通过采用额定电压和特定电容下的能量与相对应的 $1/2CV_0^2$ 计算得到。但是，因为它不是可用的能量密度，并且与它相对应的是 100W·kg^{-1} 或更低的低功率密度，因而这个数值显得太高。正如表 12.8 所示，器件的有效电容值 C_{eff} 会随功率密度而显著降低，这常常与生产商提出相当低的功率密度时的值相一致。因此，结合可用能量因子（0.75）和有效电容降低系数（从表 12.8 得出的 0.9），用公式 $1/2CV_0^2$ 简单计算而得出能量密度，对器件的能量密度至少有 1/3 的过高估计。如表 12.9 所示，对于非常高的功率器件，功率密度接近 2000W·kg^{-1} 时，其有效电容可以保持恒定。

表 12.8　**Nesscap 公司 3000F 圆柱形器件的测试数据**

2.7V 恒流放电到 0V 的数据			
电流/A	时间/s	电容	电阻/mΩ
50	171	3190	—
100	84.3	3181	0.44（1）
200	41.3	3157	0.42
300	27	3140	0.37
400	20	3150	0.40

2.7V 恒功率放电到 1.35V 的数据					
功率/W	功率密度/（W kg^{-1}）[①]	时间/s	能量/Wh	能量密度/（Wh kg^{-1}）	C_{eff}/F
100	192	84.8	2.36	4.52	3107
200	383	41.8	2.32	4.44	3055
300	575	27.1	2.26	4.33	2976
400	766	19.7	2.19	4.20	2884
500	958	15.4	2.14	4.1	2818
700	1341	10.9	2.12	4.06	2792

① 器件重 0.522kg，器件的直径为 6cm，高度为 13.4cm，$C_{eff} = 2(Ws)/0.75(2.7)^2$。

表 12.9　**APowerCap 公司软包封装的器件的测试数据**

2.7V 恒流放电到 0V 的数据			
电流/A	时间/s	电容/F	电阻/mΩ
10	120.5	450	未计算
20	60.3	453	未计算
40	30	453	未计算
80	14.7	452	1.4
120	9.6	455	1.4
160	7.1	456	1.3

2.7V 恒功率放电到 1.35V 的数据					
功率/W	功率密度/（W kg^{-1}）[①]	时间/s	能量/Wh	能量密度/（Wh kg^{-1}）	C_{eff}/F
12.5	219	95.5	0.332	5.82	437
22	385	54.9	0.336	5.89	442
41.5	728	28.8	0.332	5.82	437
80.5	1412	14.6	0.326	5.72	429
120	2105	9.1	0.303	5.31	399

注：$C_{eff} = 2(W - s)/0.75(2.7)^2$。

① 测试器件的重量为 57g。

12.3.4 功率容量

在有关电化学电容器和电池功率性能的文献中，存在很多混乱的现象和不可靠的信息[11]。这种混乱的现象，很大程度上，来源于长久以来一直通过使用简单的公式 $P = V_0^2/4R$ 来计算电化学装置的最大功率容量。这个公式严重高估了最大功率，因为它所对应的是器件在匹配电阻时的运行状况，在这个匹配点，其放电能力一半表现为电力，另一半则表现为热能。这样，相应的效率为 50%，这使得其工作条件在几乎所有的应用程序中都无法使用。以脉冲效率（EF）的术语来表示器件的功率容量（power capability），则更为合理。对于超级电容器和电池可以使用下列关系式来表示：

$$\text{超级电容器:} \quad P = \frac{9}{16}(1 - EF)\frac{V_0^2}{R}$$

$$\text{电池:} \quad P = EF(1 - EF)\frac{V_{oc}^2}{D}$$

这些关系式均从参考文献 [11] 推导得出。它们适用于脉冲功率，而不适用于恒功率放电。对于超级电容器，功率脉冲发生在 $3/4V_0$ 的电压处，其目的是将存储在器件中相对较小的一部分能量移除。电池的关系式可以适用于任何 SOC 系统，其中，SOC 使用的是 V_{oc} 和 R。需要注意的是，来自匹配电阻和效率（EF）的功率，都与 V^2/R 成正比。因此，确定功率容量的关键参数为 R 和 V_0。高功率器件必须具有低电阻。因此，一旦得知器件的电阻，其功率容量就可直接得知。不幸的是，器件制造商通常不提供有关器件的电阻信息，这使得测量电阻的方法尤为重要，这在前一章已经做了讨论。

对于简单地利用电容器产生的功率脉冲，匹配电阻与有效功率的比例为 4/9/(1 − EF)。对于电池，该比率为 1/4/[EF(1 − EF)]。作为 EF 函数的比例在表 12.10 中给出。对于超级电容器，USABC 和 IEC 所规定的脉冲效率是 95%，这会导致可以使用的最大功率大约仅为匹配阻抗功率（$V^2/4R$）的 1/10。因此，在大多数电容器的应用中，尤其是在汽车上的应用，通过使用 $V^2/4R$ 公式来估算可用最大功率的电容器，并不能得到一个真实值。注：在表 12.4 中，匹配的阻抗和 EF = 95% 的功率密度都存在于各种不同的器件中。

表 12.10 效率与匹配阻抗的比率

效率（EF）	超级电容器	电池
0.5	1.0	1.0
0.6	0.9	0.96
0.7	0.68	0.84
0.8	0.45	0.64
0.9	0.22	0.36
0.95	0.11	0.19

USABC 有这样一个程序[2,12]，可用来计算超级电容器和电池的功率容量，这就是所说的最小/最大电压法。一个脉冲的预期起动电压为 $V_{nom.OC}$，结束电压为 V_{min}（放电脉

冲）或 V_{max}（充电脉冲）。计算脉冲功率的方程式如下所示：

1. USABC 方法（电池）

$$P_{ABC} = \frac{V_{min}(V_{nom. OC} - V_{min})}{R}（放电）$$

$$P_{ABC} = \frac{V_{max}(V_{max} - V_{nom. OC})}{R}（充电）$$

式中，$V_{nom. OC}$ 是中档 SOC 的开路电压；V_{min} 是电池处于放电操作时的最小电压；V_{max} 是电池处于充电操作（再生）时的最大电压；R 是 10s 脉冲时所测得的电池的有效脉冲电阻。

2. USABC 方法（超级电容器）

$$P_{ABC} = \frac{V_{min}(V_{nom. OC} - V_{min})}{R} = \frac{1/8 V_{rated}^2}{R}（放电）$$

$$P_{ABC} = \frac{V_{max}(V_{max} - V_{nom. OC})}{R} = \frac{1/4 V_{rated}^2}{R}（充电）$$

式中，$V_{nom. OC}$ 是中间电压（$3/4 V_R$）的开路电压；V_{min} 是电容器的最小放电电压（$1/2 V_R$）；V_{max} 是电容器的最大的再生电压（V_R）；R 是超级电容器的脉冲电阻。

USABC 方法适用于下列表格中的电容器和电池组，其计算得出的最大功率，与利用脉冲效率法计算得出的脉冲效率（EF）值相比较。

3. 超级电容器的例子

$V_{rated} = 2.7V$；$V_{min} = 1.35V$；$V_{max} = 2.7V$；$V_{nom} = 2.025V$

效率 EF	放电 $P_{EF}/P_{min/max}$	充电 $P_{EF}/P_{min/max}$
0.95	0.225	0.11
0.90	0.45	0.23
0.85	0.675	0.34
0.80	0.9	0.45

4. 锂离子电池 – 磷酸铁锂的例子

$V_{nom. OC} = 3.2V$；$V_{min} = 2V$；$V_{max} = 4.0V$

效率	EF（1 – EF）	放电 $P_{EF}/P_{min/max}$	充电 $P_{EF}/P_{min/max}$
0.95	0.0475	0.20	0.15
0.90	0.09	0.38	0.29
0.85	0.1275	0.54	0.41
0.80	0.16	0.68	0.51
0.75	0.1875	0.80	0.60
0.70	0.21	0.90	0.67

5. 锂离子电池－镍钴的例子

$V_{nom.OC} = 3.7V$；$V_{min} = 2.5V$；$V_{max} = 4.3V$

效率	EF（1－EF）	放电 $P_{EF}/P_{min/max}$	充电 $P_{EF}/P_{min/max}$
0.95	0.0475	0.22	0.25
0.90	0.09	0.41	0.48
0.85	0.1275	0.58	0.68
0.80	0.16	0.73	0.85
0.75	0.1875	0.86	1.0
0.70	0.21	0.96	1.0

表格中的结果表明，功率容量仅仅取决于 EF 效率，而且，最小/最大电压法得到的功率容量比脉冲法得到的高得多，直到在脉冲效率达到 75% ～80%。最小/最大值仅略低于简单的匹配阻抗的方法值。在比较各种电容器和电池的功率性能时，很重要一点是要知道采用什么样的电阻值和什么方法/公式。

12.3.5 脉冲循环测试

在很多的应用中，超级电容器会经常遇到暂态操作，因此，在评估它们的运行功能时，要将脉冲周期测试包括进来。脉冲周期，是指在规定的时间期限（次）里，一系列指定电流（A）或功率（W）的放电和充电脉冲。正如先前所讨论的（见图 12.1），USABC 已经给出了混合动力电动汽车用的脉冲周期的测试程序。另一个脉冲测试周期，即简单的脉冲 FUDS（PSFUDS），其定义还第一次出现在参考文献 [1] 中，已经在加州大学戴维斯分校广泛地应用于超级电容器和大功率电池的测试中。表 12.11 给出了这样的测试周期，用功率密度时间步长予以说明。它可以用来测试各种尺寸和性能的器件，方法是通过调整最大功率步骤（6，14，18）的功率密度和持续时间来实现。在使用 PSFUDS 周期时最有趣的数据，是其往返的效率，即循环中释放的能量和充放能量的比例。使用 PSFUDS 周期的典型数据，都显示在表 12.12 和表 12.13 中。在大多数情况下，电容器的往返效率大于 95%，即便是对 $1000 Wkg^{-1}$ 的峰值功率步骤也一样。

表 12.11　PSFUDS 测试寿命的功率步骤

步数	步长/s	充电（C）/放电（D）	P/P_{max}（$P_{max} = 500W\ kg^{-1}$）
1	8	D	0.20
2	12	D	0.40
3	12	D	0.10
4	50	C	0.10
5	12	D	0.20
6	12	D	1.0
7	8	D	0.40
8	50	C	0.30
9	12	D	0.20
10	12	D	0.40
11	18	D	0.10
12	50	C	0.20

（续）

步数	步长/s	充电（C）/放电（D）	P/P_{max}（$P_{max} = 500W\ kg^{-1}$）
13	8	D	0.20
14	12	D	1.0
15	12	D	0.10
16	50	C	0.30
17	8	D	0.20
18	12	D	1.0
19	38	C	0.25
20	12	D	0.40
21	12	D	0.40
22	> = 50	充电到 V_0	0.30

表 12.12　PSFUNS 上 Ness 公司 45V 模块的往返效率

循环[①]	输入能量/（Wh）	输出能量/（Wh）	效率(%)
1	102.84	97.94	95.2
2	101.92	97.94	96.1
3	101.67	97.94	96.3

① PSFUDS 功率图是基于 $500W\ kg^{-1}$ 的最大功率和只计算单元的重量。

表 12.13　多个超大容量电容器恒功率和脉冲功率放电下的功率容量

器件/容量	RC/s	能量密度（Wh kg^{-1}）[①]	能量密度（Wh kg^{-1}）(95%)	功率密度/（W kg^{-1}）$_{const.\ pw}$(%)[②]	循环效率（PSFUDS 500，1000W kg^{-1}）
Batscap/2700F	0.54	4.2	2050	1000, 90	0.98, 97
APowerCap/450F	0.63	5.8	2569	2105, 91	0.993, 0.989
Maxwell/2900F	1.1	4.3	981	900, 89	0.97, 0.94
Nesscap/3150F	1.3	4.5	982	1341/90	0.97, 0.94
JSR/1900F	3.6	12	1037	971, 90	0.97, 0.94

① $200W\ kg^{-1}$ 恒功率下的可用能量密度。

② 能量减少到基本能量密度的百分之几时的恒定功率。

12.4　混合电容器、赝电容器的测试

大部分用于测试的电化学电容器是正负极都使用活性炭并利用双电层进行储能的碳/碳超级电容器。在本节中，要讨论的是使用嵌入碳或其他类似电池（赝电容）材料的器件测试。这些器件通常被称为混合超级电容器。对于混合电容器，已经做了一些测试，测试碳/碳电容器和混合电容器器件之间的差异也变得越来越明显。本节对这些差异进行讨论，重点放在这些差异如何影响测试程序和数据分析上，其形式跟后面要讨论

的双电层电容器相似。

12.4.1 电容

对于碳/碳器件，其电容是根据恒定电流放电数据确定的。然而，如图 12.8 所示，混合电容器和碳/碳器件的电压－时间曲线是完全不同的。

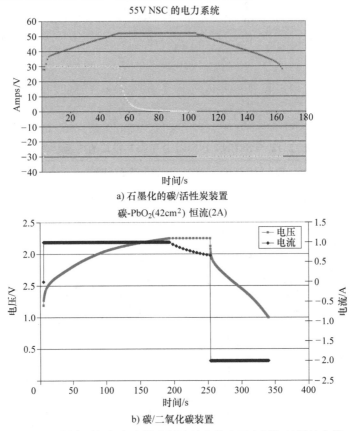

a) 石墨化的碳/活性炭装置

b) 碳/二氧化碳装置

图 12.8　混合型超级电容器在恒流放电状态下电压与时间的曲线

从图 12.8 中可以看出，它们的电压－时间曲线的重要区别，在于混合型超级电容器的曲线呈非线性，特别是在充电的时候，在设定好器件的额定电压下，器件的电容非常小。混合电容器，也可在一个或两个电极上使用不同金属氧化物组装而成。这些器件的电压—时间曲线跟图 12.8 的类似。不出所料的是，测试某一特定的混合型电容器时，必须考虑进电压－时间曲线特征。在混合碳器件（12a）的情况下，电压要限制在额定电压（3.8V）和平台电压（2.2V）的范围内。从表 12.14（JSR 微器件的测试数据）可明显看出，电压范围的选择，相对于碳/碳双电层电容器，对混合电容器电容的计算方法所产生的差异更大。最好的办法，是使用完整的额定电压和平台电压之间的范围来计算电容，但需要根据 IR 降对电容的初始电压（V_1）做相应的更正，这跟碳/碳器件的情况一样。对于混合型电容，在选择某种方法计算电容之前，有必要仔细地观察其电压 V 与时间 t 的曲线。未经任何修改就将 IEC 测试程序应用于所有类型的混合电容器器件，这看起来是不可能的。

12.4.2　电阻

　　用于碳/碳双电层的同样方法可以用于测定混合碳电容器的稳态电阻 R_{ss}。从图 12.9 可以看出，在几秒钟之内，混合碳电容器在恒流放电状态下的 $V-t$ 曲线呈线性，IR 降可以在外推回到 $t=0$ 时加以确定。因此，$R_{ss} = (\Delta V)_{t=0}/I$。在测试任何新的混合器件时，应先检查接近放电初始情况下 $V-t$ 曲线的线性关系，以此来确定简单的线性外推法是否适用。JSR 微器件脉冲测试测得的阻抗值和与使用线性外推得到结果比较一致。脉冲法是最广泛地应用于测定超级电容器和电池电阻的一种方法。JSR 微型 2000F 器件的测试数据见表 12.14。

表 12.14　**JSR Micro 公司 2000F 电容器的性能**

3.8V 恒流放电到 2.2V			
电流/A	时间/s	C/F	电阻/mΩ[①]
30	102.2	2004	——
50	58.1	1950	——
80	34.1	1908	——
130	19.1	1835	2.0
200	11.1	1850	1.9
250	8.2	1694	1.84

3.8V 恒功率放电到 2.2V						
功率/W	功率密度 (W kg^{-1})	时间/s	能量/Wh	能量密度 / (Wh kg^{-1})[②]	C_{eff}/F	能量密度 / (Wh l^{-1})[②]
102	495	88.3	2.5	12.1	1698	18.9
151	733	56	2.35	11.4	1596	17.8
200	971	40	2.22	10.8	1508	16.9
300	1456	24.6	2.05	10.0	1392	15.7
400	1942	17	1.89	9.2	1283	14.4
500	2427	12.5	1.74	8.5	1181	13.3

脉冲测试/5s 电流/A	电阻/mΩ	RC/s
100	2	3.8
200	1.9	3.5

　　注：单元重量 206g，132cm³。

　　　　$C_{eff} = 2 (Ws) / (3.8^2 \sim 2.2^2)$。

　　　　峰值脉冲功率，效率为 95%，$R = 1.9$mΩ。

　　　　$P = 9/16 \times 0.05 \times (3.8)^2/0.0019 = 214$W，1038W kg^{-1}。

　　① 从线性电压对时间的放电曲线计算的稳态值的电阻。

　　② 基于整个活性电位材料的重量和体积。

12.4.3　能量密度

假设电容 C_{eff} 值是一个常数，混合电容器中存储的能量以最简单的形式可表示为

$$E_{stored} = \frac{1}{2}C_{eff}(V_{rated}^2 - V_{min}^2)$$

在碳/碳双电层电容器的情况下，电压的最小值等于额定电压值的一半。在混合电容器的情况下，电压是该电容器储存的大量电荷中的最小值。从测试数据中计算来的电容 C_{eff} 值，碳/碳双电层电容器测试的数据参见表 12.11 和表 12.12，混合电容器的测试数据，如表 12.14 所示。很明显，通过比较表中的数据，可以知道电容 C_{eff} 的近似值，以及简单的 $1/2CV^2$ 关系，但这只对碳/碳双电层超级电容器在低能量密度下储存的能量是有效的，而不适用于混合型超级电容器。因此，混合型超级电容器的能量密度，应通过测试其在一定范围的功率密度来获得。如果用简单的 $1/2CV^2$ 关系来计算混合型超级电

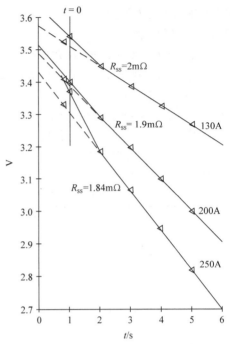

图 12.9　混合型超级电容器稳态下的阻抗（JSR Micro 公司 2000F 电容器单元）

容器储存的能量，得到的值会偏高。对于碳/碳双电层超级电容器，由于电阻对器件操作电压范围的影响，能量密度会随着功率密度的增加而降低。

12.4.4　功率特性和脉冲循环测试

基本上，同碳/碳双电层电容器一样，混合型超级电容器也可利用脉冲测试法来获得在 PSFUDS 上的阻抗和循环效率。如果已经知道额定电压 V_{rated} 和脉冲阻抗 R，那么与碳/碳双电层超级电容器一样，在计算混合型超级电容器的功率容量时，也可使用同样的关系式来进行计算。跟表 12.13 中所显示的数据一样，JSR2000F 器件 95% 的功率效率输出能力为 1038W kg^{-1}，这跟很多碳/碳双电层超级电容器的一样。因此，混合型超级电容器不用消耗其功率容量就可以增加其能量密度。

如表 12.13 所示，当功率的峰值分别为 500W kg^{-1} 和 1000W kg^{-1} 时，JSR2000F 器件在 PSFUDS 循环测试中得到的循环效率分别是 97% 和 94%。这些效率大小和已经测定的碳/碳双电层超级电容器的值基本相同。

12.5　交流阻抗和直流测试的关系

超级电容器是由具有微孔特性的活性炭材料的极片组装而成的。因此，电容和电能的存储发生在碳微孔中形成的双电层。根据图 12.10 所示的等效电路，可以非常方便地模拟出这个复杂的过程。如图所示，该电路包括多个连接呈阶梯状的电阻和电容元素，

这使得离子可以沿着微孔的长度（深度）输送进入双电层。

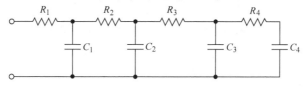

图 12.10 多个 *RC* 元素串联的等效电路

用于电化学电容器最简单的一个直流电路，是一个单一的 *RC* 元件，其充电和放电反应式可写为

充电：
$$\frac{V}{V_0} = 1 - \exp\left(\frac{-t}{RC}\right)$$

放电：
$$\frac{V}{V_0} = \exp\left(\frac{-t}{RC}\right)$$

式中，V_0 为额定电压；RC 为器件的时间常数。

对于简单的 *RC* 电路，电压的变化为 V_0 的 36.8%，相当于 $t = 4RC$ 式中的一次时间常数和约 98% 的额定电压。

有经验[13,14]显示，在功率需求在几个时间常数的应用时，单一的 *RC* 元件模型可以合理准确地预测出电化学器件的响应。对于其他涉及更快速的功率变化的应用程序，由多个 *RC* 元件组成的等效电路是必要的。该电路响应分析，会用到 AC 电路理论的复杂阻抗这一概念。这个阻抗 $Z(\omega)$ 被定义为

$$Z(\omega) = \frac{V(\omega)}{I(\omega)} = Z'(\omega) + jZ''(\omega) , \mid Z \mid = (Z'^2 + Z''^2)^{1/2}$$

其中

$$V(\omega) = v'(\omega) + jv''(\omega) , i(\omega) = i'(\omega) + ji''(\omega) \quad j = \sqrt{-1}$$

阻抗可视为类似于直流电路中的电阻。对于串联的电路元件：

$$Z = Z_1 + Z_2$$

对于那些并联元件：

$$\frac{1}{Z} = \frac{1}{Z_1} + \frac{1}{Z_2}$$

图 12.10 中的电路元件之间的关系，为电容 *C* 和电阻 *R*，其对应的阻抗关系为

$$Z_C = -\frac{j}{\omega C}$$

$$Z_R = R$$

一个电容和串联电阻的阻抗是

$$Z_{RC} = R - \frac{j}{\omega C} , \omega \gg 1 , Z = R$$

并联时为

$$\frac{1}{Z} = \frac{1}{R} + \frac{1}{-j/\omega C}$$

$$Z_P = \frac{R - jR^2 C\omega}{1 + R^2 C^2 \omega^2}$$

图 12.10 中所示的 *RC* 梯形电路的阻抗 Z_{ladder} 可通过 Z_{RC} 和 Z_P 形式的组合来表示。因此

$$Z_{ladder}(\omega) = F(\omega, R_1, R_2, \cdots, C_1, C_2, \cdots)$$

如果该器件是由一个简单的 *RC* 电路来模拟，那么 *R* 和 *C* 的值可以从直流恒定电流测试来获得。然而，如果该器件使用的是梯形电路作为模拟，那么，多个 *R* 和 *C* 值则通过交流阻抗测试[15,16]来确定。在此过程中，要将一交流电压施加到器件上，并测量其阻抗，用作频率的函数 ω。测试结果通常显示为 *Z″* 对 *Z′*，电容 *C* 对频率曲线，电阻 *R* 对频率曲线。100F 碳/碳双电层电容器的交流阻抗测试数据[17]如图 12.11 所示。软件[18]的使用，可以确定从交流阻抗数据直接得来的梯形等效电路的 *R* 值和 *C* 值。图 12.11 中的等效电路的结果表明，在大多数情况下，由两个元素组成的梯形等效电路，足以匹配大部分的超级电容器的交流阻抗特性。

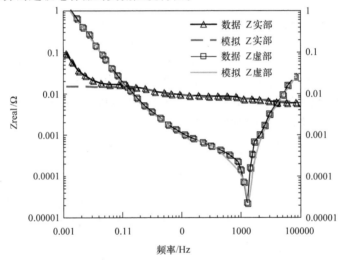

图 12.11 Maxwell 的 100F 电容器的交流阻抗数据及其等效电路（源于参考文献［17］）

接下来，将交流阻抗结果与用于高电流下的电化学/超级电容器的性能联系起来，很多情况下表现为 DC 特性。一种方法是频率 *f*（$\omega = 2\pi f$）与放电时间 t_{disch} 之间的简单关系，表现为 t_{disch}（s）$= 1/4f$。这是由于每个 AC 周期由四个充电或放电子循环组成。$t_{disch} = 1s$ 与 $f = 0.25Hz$ 相对应，$t_{disch} = 30s$ 与 $0.0083Hz$ 相对应。因此，在许多应用中，主要的兴趣集中在 AC 频率在 $0.01 \sim 1Hz$ 之间的超级电容器。在这个范围内，特定频率的电容 *C* 值和电阻 *R* 值，可以通过图 12.11 中 *Z″* 与 *Z′* 曲线读出。这些值可用来确定被测试器件相应的能量和功率容量，使用以下公式可得出 t_{disch}。以上来自参考文献［19］。

$$t_{disch} = \frac{1/2 CV_0^2}{P}\Big[(1 - K_1)^2 - \Big(\frac{V}{V_0}\Big)^2\Big] + RC\ln\Big[\frac{V/V_0}{(1 - K_1)}\Big] \tag{12.1}$$

$$K_1 = \frac{PR}{V_0^2} = \frac{I_0 R}{V_0}, \frac{V}{V_0} = 0.5 (典型放电时)$$

储存的能量则为 Pt_{disch}，相应的能量和功率密度分别为 Pt_{disch}/w_d 和 P/w_d，w_d 是该装置的重量。以麦克斯韦 100F 超级电容器为例，制造商规定的产品规格为 $C = 100F$，$R = 15m\Omega$，$w_d = 25g$。图 12.11 中，频率为 0.01Hz，$t_{disch} = 25s$，$C = 110F$ 和 $R = 17m\Omega$。在 $P = 7.5W$（$300Wkg^{-1}$）的放电量时，根据式（12.1）计算出的放电时间是 23s，与用在计算中使用的频率一致。因此，将交流阻抗结果与超级电容器器件的 DC 特性联系起来，似乎也是可能的。这一点，深入的比较参见文献 [10, 20, 21]。

交流阻抗的测试方法，使得其在双电层形成时所产生的碳微孔结构中，对依赖于时间变化过程的评估得以实现。一个 10F 的碳基材料电极的电容器[22,23]的交流阻抗数据，如图 12.12 所示。在孔隙中发生的过程依赖于孔的直径和深度。这些问题在参考文献中进行了分析[24,25]。

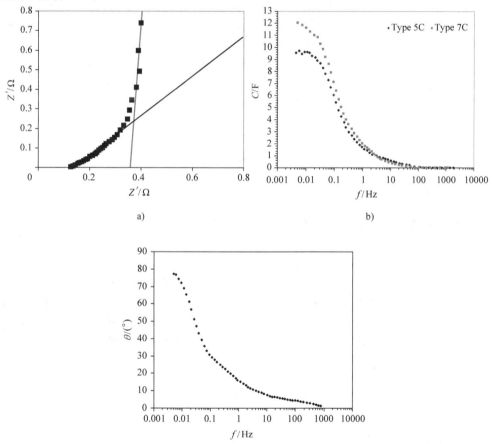

a)

b)

c)

图 12.12 碳基材料电极 10F 电容器的交流阻抗数据

结果发现，孔隙过程的阻抗为

$$Z_p = \left[\frac{1-j}{2\pi n (r_p^3 \kappa \omega C_{dl})^{1/2}}\right] \coth\left[l_p(\frac{\omega C_{dl}}{r_p \kappa})^{1/2}(1+j)\right] \qquad (12.2)$$

式中，n 是孔数（cm^{-3}）；r_p 为孔半径；l_p 孔长；C_{dl} 是孔电容（cm^{-2}）；κ 是电解质的离子电导率；ω 是频率。$\coth x = (e^x + e^{-x})/(e^x - e^{-x})$，$x \gg 1$，大 x 的 $\coth x$ 为趋近于 1；小 x 的 $\coth x$ 为趋于 $1/x$ 的。因此，对于这些限制频率，式（12.2）变为

$$\omega \gg 1(\text{高频}) \quad Z_p = \frac{1-j}{2\pi n (r_p^3 \kappa \omega C_{dl})^{1/2}}$$

$$\omega \ll 1(\text{低频}) \quad Z_p = -\frac{j}{2\pi n l_p r_p \omega C_{dl}} = \frac{-j}{\omega C_{total}}$$

$C_{total} = 2\pi n l_p r_p C_{dl}$ 是电极中所有孔的总电容。

在高频区，Z'' 对 Z 的曲线是一条 45° 的斜线，Z' 为轴线；在低频区，Z' 是一条轴直线。注意：从图 12.12 中可以看出，Z'' 与 Z' 的曲线与式（12.2）所预测的一致。假设充电统一都是在孔道中，就如同参考文献 [24] 中描述的与孔充电模型一致。然而，其实际过程可能要比这种简单的模型复杂得多。

当 $Z' = R$ 时，在高频区孔道阻抗为 0 的时候，45° 曲线与轴的交点是欧姆阻抗。孔道阻抗 R_p 就是两条线的交点 Z' 值与最小值 R_0 之间的差异。对于 10F 的电容器，R_0 是 0.22Ω，R_p 是 0.22Ω。交点的频率通过公式 $\omega = 1/Z''C$ 求得。利用如图 12.12 中电容 C 与频率 f 的曲线，可知电容 $C = 7.3F$，频率 $f = 0.1Hz$。

相应的充电/放电时间为 2.5s（1/4f）。10F 器件的 RC 时间常数是 $7.3 \times 0.34s = 2.5s$。这表明，该器件应该在基于交流阻抗数据基础上的一个时间常数内达到完全阻抗的状态，包括其孔电阻。这与前面所讨论的直流测试数据是一致的。

12.6　超级电容数据分析的不确定性

测试碳/碳和混合型超级电容器的各个方面的内容，在前面的章节中已经讨论过。测试目的是确定器件的高水平性能，并提供大范围器件操作条件的数据。然而，在考虑到当前的测试程序基础上，一些参考文献中数据的解释和/或制造商的器件规格数据的解释中，出现很多的不确定性。这些不确定性，源于测试程序的差异，以及对数据如何应用与估算器件性能的信息的不完整性。这些不确定性将在接下来的部分分别讨论。

1) 充电算法；
2) 电容；
3) 电阻；
4) 能量密度；
5) 功率容量；
6) 循环效率。

12.6.1　充电算法

前面的章节对测试中使用充电算法的讨论很少，这主要是因为，电容器的储存能量

基本上是独立于放电电流的，而且当充电达到额定电压时会被终止（电池的电流不会减弱）。UC Davis（加州大学戴维斯分校）常见的做法是，放电试验启动之前保持电压平台 60s。这可以使得电容器中的充电保持均衡，并确保放电开始前的电流只是放电电流中的一小部分。如果所有的电容器测试报告都说明充电是如何被终止的，那么这是有好处的。因为如果电压保持平稳的时间太短，对测试数据的影响是显著的。

12.6.2　电容

电容的不确定性相对较小。对于碳/碳双电层电容器，其电容只占百分之几，混合型超级电容器的电容可高达 10%。几乎所有的情况下，电容取决于恒定电流放电数据。电容不确定性的最大原因在于选择哪个电压范围来计算电容（$C = \Delta Q / \Delta V$）。然而，对数据的核查（见表 12.3 和表 12.5）进一步表明，不同电压范围的选择，对电容计算的影响很小。最好的方法是在器件可用的电压工作范围内来计算电容。对于碳/碳双电层电容器，其电压工作范围通常为额定电压到额定电压的一半。对于混合型超级电容器，把电容确定在额定电压和最小工作电压之间是合适的，其通过充放电过程中的电压曲线来设定。除了过低和过高的电流倍率以外，电容对放电电流的依赖是很小的。然而，当需要计算电容以确定 ΔV 差异值的时候，放电初始阶段的电压降是需要考虑进来的。对电容值相对应的放电电流或时间进行说明，是一个不错的办法。

12.6.3　电阻

了解器件的电阻是很重要的。然而，不幸的是，电阻的不确定性却相当大。这一方面是因为测量器件的低电阻（$< 1\text{m}\Omega$）本身就很困难，另一个原因在于用来测量电阻的方法多种多样。其困难的部分在于，放电起始阶段的电阻或脉冲在电极中的电流分布期间是不断变化的。根据 UC Davis 的报告，电阻值与电流分布完成以后的稳态电阻是一致的。这个电阻值比在放电或脉冲开始的短时间内测得的电阻值要高 2 个因子。因此，电阻值的不确定性可以高达 2 个因子。重要的是，当给出电阻值时，其测试的时间和方法需要说明清楚。器件制造商通常都会给出其在 1kHz 的交流阻抗计上测得的电阻值。这个电阻值大约比稳态值要低 2 个因子。

12.6.4　能量密度

确定电化学电容器储存的能量和能量密度的唯一可靠办法是将其放在一定的功率密度范围内进行测试，这对混合电容器尤其适用。这些测定应该在器件的可用工作电压范围内进行。其存储和释放的能量以及由此产生的能量密度，会随着放电倍率（Wkg^{-1}）的增加而降低。在报告能量和能量密度值的时候，它们应该是可以使用的值，并能表明测试时的放电倍率（Wkg^{-1}）。对于碳/碳装置来说，利用 $1/2\ CV^2$ 的关系式计算出的能量密度比可用的能量密度至少会高出 1/3，而对于混合器件来说，甚至会更高。

12.6.5　功率容量

正如前面的章节中所讨论的，有关电池和超级电容器的功率容量以及进一步讨论起相对的功率容量，存在相当多让人混淆的地方。这种混乱的现象，源于以下的综合因素，即器件电阻测量的不确定性以及 SOC 对器件的电阻和开路电压的影响。即使清晰地说明测定功率容量时的 SOC，测试器件的电阻仍存在着不确定性。评估超级电容器和电池的功率容量（输出能力）的可靠性时，重要的是，要知道该器件的电阻以及该电阻是如何确定的。没有电阻相关信息中有关功率容量的陈述，在大多数情况下都是不可靠且容易误导人。

功率计算所需的电阻值为器件的直流电阻。因而，在 1000Hz 下测得的电阻，不是其要求的合适电阻值。事实上，该电阻一直太低，大约低 2 个因子。通过器件的脉冲测试来确定其直流电阻，不失为一个好办法。脉冲可以为放电脉冲，也可以为充电脉冲。脉冲的持续时间应为 5～10s。通过脉冲测试计算而得的电阻，取决于脉冲开始后的电压下降或上升的时间。如果电压是在小于 1s 时读取的，那么计算出的电阻就会相当低。一般来说，由于电压的读取是在脉冲开始后更长的一段时间里，因而从脉冲测试推断而得的电阻就会更高。

表 12.15　不同器件使用不同计算方法而得的功率容量的比较

锂离子电池 60% SOC	匹配阻抗	USABC 最小/最大	有效脉冲 EF = 95%	有效脉冲 EF = 80%
Kokam NCM 30Ah	2893	2502	550	979
Enerdel HEVNCM 15Ah	5491	4750	1044	1858
Enerdel EV NCM 15Ah	2988	2584	568	1011
EIG NCM 20Ah	2688	2325	511	909
EIG FePhosphate 15Ah	2141	2035	407	725
Altairnano LiTiO 11Ah	1841	1750	350	623
Altairnano LiTiO 3.8Ah	4613	4385	877	1561
超级电容器 $V_0 = 3/4V_{rated}$	—	—	—	—
Maxwell 2890F	8836	4413	994	—
Nesscap 3100F	8730	4360	982	—
Batscap 2700F	18224	9102	2050	—
APowerCap 450F	22838	11406	2569	—
LS Cable 3200F	12446	4609	1038	—
JSR 2000F	9228	6216	1400	—

锂电池所测得的电阻，对 10s 的脉冲来说，在 2～3s 的时间以后会慢慢地发生变化。另一种确定直流电阻的方法是电流中断法，也就是在恒定电流放电或充电时将电流设置为零，在电压恢复过程读取电压，直到其回到开路电压状态。有研究表明这种方法对电池元件[19]和超级电容器（见表 12.6 和表 12.7）都很实用。推测而得的电阻上有部分兆欧的分布，这似乎是不可避免的。由这种方式确定的电阻计算而得的功率容量，认为是可靠的。

正如 12.3 节（功率容量）所讨论的，对于电池和超级电容器来说，其明显不同的功率容量，可以在精确知道其电阻和开路电压时再进行推测。用来确定器件功率容量的常用三种方法，分别是匹配阻抗功率法，USABC 的最小/最大方法，以及 UC Davis 的脉冲能量效率法。如表 12.15 中所示的多个电池和超级电容器，通过以上三种方法所获得的可用最大功率值（Wkg^{-1}）是不一样的。一般来说，在 EF = 90% ~ EF = 95% 之间时，使用能量效率法所得到的值，比运用另外两种方法所得到的值要低很多，所得到的值为相应的 70% ~ 75% 的效率。这些功率值是可以实现的，但器件的工作需要在接近最低电压时进行。在这种情况下，会产生大量的高热量和相应的高应力。有时，使用最小/最大法计算得出的功率要高一些，但这在器件的正常操作期间是不适用的。

12. 6. 6　循环效率

要说明循环效率的主要不确定性因素涉及测试循环效率的测试周期。测试周期中的一个关键因素，是最大功率（Wkg^{-1}）和最大电源步进的持续时间（数秒）。在比较电容器和电池的循环效率值时，重要的是要知道各自的测试周期。电容器测试中的功率步峰值，通常明显高于电池的。

12. 7　小结

本章回顾了电化学电容器的 DC 测试，重点是在 USABC、IEC 和 UC Davis（加州大学戴维斯分校）所使用的测试程序上。本章对测试程序中的差异加以识别，通过测试数据对影响各种碳/碳和混合动力（赝电容）电化学器件性能的差异进行评估。测试程序的效果，相对于碳/碳电容器，对混合动力装置的效果更好。

结果发现，测定过程中的差异对电容的影响较小（小于 10%），但对电阻和能量密度的影响较大。电阻的不确定性的可高达 2 个因子，这取决于脉冲持续时间和所使用的推断方法。器件的脉冲功率容量，可以从器件的额定电压和其已测得的稳态性而计算出来。计算出的功率值大大地取决于有关脉冲效率 EF 的假设（部分能量转化为电能）。一个器件基于匹配的阻抗值（$V^2/4R$）的器件功率容量，与 USABC 和 IEC 测试程序所要求的 95% 的效率相比，大约要高出 10 个因子。

参 考 文 献

1. (1994) Electric Vehicle Capacitor Test Procedures Manual. Report DOE/ID-10491, Idaho National Engineering Laboratory, October 1994.

2. (2004) FreedomCar Ultracapacitor Test Manual. Report DOE/NE-ID-11173, Idaho National Engineering Laboratory, September 21 2004.

3. IEC (2006) IEC 62391–1 *Fixed Electric Double-Layer Capacitors for Use in Electronic Equipment-Part 1: Generic Specification.*

4. IEC (2008) BS EN62576 :2010 *Electric Double-Layer Capacitors for Use in Hybrid Electric Vehicles-Test Methods for Electrical Characteristics, Finalized April 2008.*

5. Burke, A.F. and Miller, M. (2009) Electrochemical Capacitors as Energy Storage in Hybrid-Electric Vehicles: Present Status and Future Prospects. EVS-24, Stavanger, Norway, May 2009 (paper on the CD of the Meeting).

6. Burke, A.F. (2008) Considerations for Combinations of Batteries and Ultracapacitors for Vehicle Applications. Paper presented at the 18th International Seminar on Double-layer Capacitors and hybrid Energy Storage Devices, Deerfield Beach, Florida, December 2008.

7. Burke, A.F. (2009) Supercapacitors and Advanced Batteries: What is the Future of Supercapacitors as Battery Technology Continues to Advance? Paper presented at the Advanced Capacitor World Summit 2009, San Diego, California, March 2009.

8. Farahmandi, C.J. (1996) Analytical Solution to an Impedance Model for Electrochemical Capacitors. Advanced Capacitor World Summit 2007, San Diego, CA, June 2007, also Electrochemical Society Proceedings PV96-25.

9. Srinivasan, V. and Weidner, J.W. (1999) Mathematical modeling of electrochemical capacitors. *J. Electrochem. Soc.*, **146**, 1650–1658.

10. Chu, A. and Braatz, P. (2002) Comparison of commercial supercapacitors and high-power lithium-ion batteries for Power assist applications in hybrid electric vehicles: 1. Initial characterization. *J. Power. Sources*, **112**(1), 236–246.

11. Burke, A.F. (2010) The power capability of ultracapacitors and lithium batteries for electric and hybrid vehicle applications. *J. Power. Sources* **196**(1), 514–522, 2011 .

12. (2003) Freedom Car Battery Test Manual for Power-Assist Hybrid Electric Vehicles, DOE/ID-11069, October 2003.

13. Dougal, R.A., Gao, L., and Liu, S. (2004) Ultracapacitor model with automatic order selection and capacity scaling for dynamic system simulation. *J. Power. Sources*, **126** (1–2), 250–257.

14. Miller, J.M. *et al.* (2007) Carbon-Carbon Ultracapacitor Equivalent Circuit Model, Parameter Extraction, and Application. Ansoft First Pass Workshop, Maxwell Technologies Presentation, October 2007.

15. (2008) Basics of Electrochemical Impedance Spectroscopy (EIS), Applications Note AC-1, Princeton Applied Research.

16. Hammar, A. *et al.* (2006) Electrical Characterization and Modeling of Round Spiral Supercapacitors for High Power Applications (AC Impedance Testing). Paper presented at ESSCAP 2006, Lausanne, Switzerland.

17. Miller, J.R. and Butler, S.M. (2002) Development of Battery and Electrochemical Capacitor Equivalent Circuit Models for Power System Optimization. Paper presented at the 202nd Electrochemical Society Meeting, Salt Lake City, Utah, October 2002.

18. EIS300 Electrochemical Impedance Spectroscopy Software, Gamry Instruments, *www.gamry.com*.

19. Burke, A.F. (2010) Electrochemical capacitors, *Chapter in the Handbook of Batteries*, 4th edn, McGraw-Hill 2010.

20. Carlen, M., Christen, T., and Ohler, C. Energy-Power Relations for Supercaps from Impedance Spectroscopy Data. Proceedings of the 9th International Seminar on Double-Layer Capacitors and Similar Energy Storage Devices, Deerfield Beach, Florida, December 1999.

21. Arulepp, M. *et al.* (2006) The advanced carbide-derived carbon based supercapacitor. *J. Power. Sources*, **162** (2), 1460–1466.

22. Rafik, F., Gualous, H., Callay, R., Crausaz, A, and Berthon, A. (2006) Supercapacitors Characterization for Hybrid Vehicle Applications. Paper presented at ESSCAP 2006, Lausanne, Switzerland (available on web).

23. Gogotsi, Y. *et al.* (2003) Nanoporous carbide-derived carbon with tunable pore size. *Nat. Mater.*, **2**, 591–594.

24. DeLevie, R. (1967) Electrochemical response of porous and rough electrodes, in *Advances in Electrochemistry and Electrochemical Engineering*, Vol. 6 (ed. P. Delahay), Interscience Publishers.

25. Delnick, F.M., Jaeger, C.D., and Levy, S.C. (1985) AC impedance study of porous carbon collectors for Li/SO2 primary batteries. *Chem. Eng. Commun.*, **35**, 23–28.

第 13 章　电化学电容器的可靠性

John R. Miller

13.1　引言

目前，电化学电容器在各种需要高可靠性的应用领域里正得以广泛使用，比如作为一些重要工业流程中的备用电源。在这些应用领域中，电容器比其他电源更具吸引力。设计这些系统就是为了提供更高的可靠性。本章节简要介绍关于电化学电容器技术可靠性的基本概念，列举决定电容器产品可靠性的方法，并提出得到电容器系统的预期可靠性水平直接的工程方法。本章最后列举出一个实例，即工程上的电容器系统要满足操作性能规格和应用上的可靠性要求。

13.2　可靠性的基本知识

可靠性有一个非常精确的数学定义：可靠性是一个产品在某个指定的时间段和在规定的条件下执行其预定功能的概率。它涉及用同种方式处理大量相同的产品而得到的预期结果。一个产品的设计、使用方式和使用环境对其可靠性有强烈影响。同时，该产品的质量也对可靠性有重要的影响。

以一个汽车轮胎为例，它的可靠性取决于其设计：它是子午线轮胎还是斜交轮胎；它是安装在什么类型的车辆上，是一种小型的轻便型汽车还是重型用途车辆上；车辆是如何操作的——是在缓慢的城市交通中还是在赛车道上；车辆的操作路面如何——是在高温柏油路上行驶还是在低温的积雪路上行驶。轮胎设计的精准细节和它的使用方式对其保持可靠性的状态是十分必要的。

一些与电容器可靠性有关的细节也需要说明清楚，这样的问法有如：电容器封装是气密性结构还是聚合物密封？该电容器是独立使用还是作为系统的一部分使用？是在高温下使用还是在低温下使用，温度是恒定的还是波动的？在压力过重情况下有没有受到保护？许多因素都会影响到电化学电容器系统的可靠性，而且这些因素都是先在电容器单元级别上进行可靠性测试。

13.3　电容器单元的可靠性

一个产品的可靠性是用一种基于其累积寿命分布曲线的数学来表示的。可以用各种类型的数学模型来表述其寿命，包括指数、正态、对数正态和威布尔（weibull）分布。

虽然每个模型对一些部件类型来说可能有用，但是电容器中使用最广泛的寿命模型是威布尔寿命分布[1]。一般而言，这个分布可以反映电容器的实际情况——威布尔分布能准确确定短期、中期和长时间的寿命数据。

威布尔分布中，累积寿命分布（总体中的某一部分在时间 t 后失效）表示为

$$F(t) = 1 - \exp\left[-(t/\alpha)^\beta\right] \tag{13.1}$$

在这个分布中的两个参数，α 为特征寿命；β 为形状因子[⊖]。图13.1表明，这个方程（$\beta=4$）对归一化时间 t/α 作图。威布尔累积寿命分布 $F(t)$ 是一个时间的递增函数，在 $t=0$ 时，起始值为0，经过长时间的递增后为1（总体中的所有都失效后）。

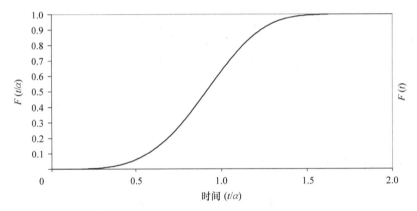

图13.1 形状系数为4的威布尔累积寿命分布 $F(t/\alpha)$ 对标准时间 t/α 的图（形状因子 $\beta=4$）

可靠性函数 $R(t)$ 是在时间 t 前总体中的并没有失效的那部分。它只跟 $F(t)$ 方程相关，图13.2为对归一化时间作的图。

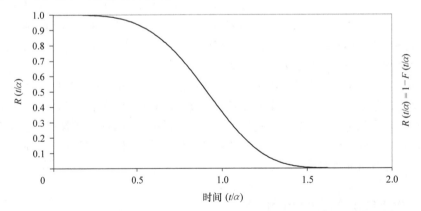

图13.2 形状系数为4的威布尔可靠性函数 $R(t/\alpha)$ 对标准时间 t/α 的图（形状因子 $\beta=4$）

⊖ 总体威布尔分布方程是与转移时间关联的第三个参数，在本章中不是重点介绍的，可以忽略。

$$R(t) = 1 - F(t) = \exp[-(t/\alpha)^{\beta}] \tag{13.2}$$

可靠性函数在非常短的时间内其数值为 1（100% 可靠，无一例外），并且它随时间增长而单一地减至 0（全部总体失效）。概率密度函数 $f(t)$ 是寿命分布函数对时间的导数，$f(t) \equiv \mathrm{d}F/\mathrm{d}t$。对应于时间的直方图，在 $\beta = 4$ 时如图 13.3 所示。这个曲线的峰值出现在 $t/\alpha = 1$ 附近。在这个 β 值中，寿命基本上延伸至 $0.3 < t/\alpha < 1.5$ 的范围，也就是说，很少有产品的寿命低于 0.3α，也很少有产品的寿命高于 1.5α。

在群体中的一部分 P 失效的时间 τ_{p} 可以用式（13.2）推导出来。该方程为

$$\tau_{\mathrm{p}} = a[-\ln(1-P)]^{1/\beta} \tag{13.3}$$

当 $P = 1 - 1/e = 0.632$ 时，对于任何 β 值都有 $\tau_{\mathrm{p}} = \alpha$。因此，对于威布尔分布来说，特征寿命是总体中 63.2% 失效的时间。

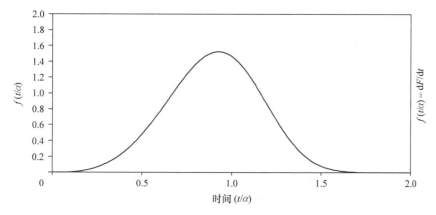

图 13.3 形状系数为 4 的威布尔可靠性密度函数 $f(t/\alpha) = \mathrm{d}F/\mathrm{d}t$
对标准时间 t/α 的图（形状因子 $\beta = 4$）

威布尔寿命分布是瑞典斯德哥尔摩皇家理工学院的 Wallodi Weibull 教授（1887—1979）提出的。在 20 世纪 50 年代初，它第一次在美国空军飞机金属疲劳的研究中引起广泛关注，尽管早在 20 世纪 20 年代有类似的方法提出。威布尔分布可以用来解释上升和下降的失效率（failure rate），还可以用来描述多种产品的寿命。它允许使用简单的图形解决方案，正因为这样，在软件得到广泛使用前，独特的威布尔文章使得手工绘制寿命数据成为了可能，从而直接获得了特征寿命和形状因子。

威布尔分布通过使用不同的形状因子 β 的值可以表示上升、恒定或下降的失效率。当 $\beta = 1$ 时，失效率是恒定的（呈指数分布）。如果 $\beta < 1$，失效率随时间而下降，即所谓的早期失效期。如果 $\beta > 1$，失效率随时间而增加。威布尔分布在不同形状参数 β 下的情况如图 13.4 所示，其中图 a 为部分产品在归一化时间 t/α 时失效，图 b 为概率密度函数。

注意，图 a 中，在 $t/\alpha = 1$ 处，即时间等于特征寿命时，可以看到所有线都相交于一点。此时，形状因子 β 值独立，总体中 63.2% 的部分已失效。

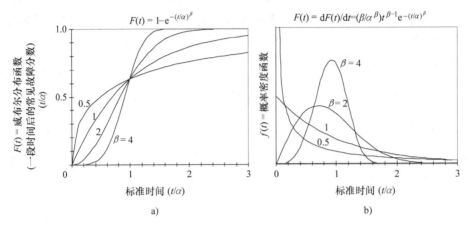

图 13.4　四个不同形状系数下的威布尔累积寿命分布（a）和可靠性密度函数（b）（时间为标准化特征寿命 α）

寿命分布具有不同的形状因素往往是结合教科书中的参考，并作为浴盆曲线（bathtub curve），如图 13.5 所示。可能是由于装配误差和 β 值小的特征，早期失效期从一开始就呈现出一条下降的曲线。长时间使用后会有磨损，用较大 β 值表示。结合这两个分布曲线形成一个浴缸曲线。虽然注意到了这一点，我们还是不用管它，而假设制造商的组装正确，有过烧组件，或以某种方式处理了那些造成早期失效的因素。本章其余部分假定只有耗尽失效，也就是说，一个上升的失效率是以形状系数远大于 1 的威布尔分布来表征。

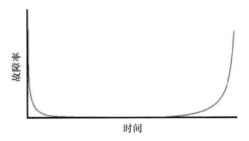

图 13.5　一个器件的失效速率，表明较短时间下速率较高（初期失效）和长时间下器件损坏。这个所谓的浴缸曲线可以作为两个分布的加和来处理，其中一个有渐降的失效速率，另一个有增加的失效速率

根据所研究中的产品，EC 电容器单元的 β 值，范围一般在 5～15 内。假设特征寿命 α = 1000h，当 β = 5、10 和 15 时，其威布尔寿命分布如图 13.6 所示。其差异是显而易见的：β 值较小的分布比形状系数更大的分布要宽很多。无一例外，63.2% 的总体到 1000 小时都会失效。当 β = 15，在 700h 前很少失效，绝大多数产品在大约 1300h 会失效。另一方面，当 β = 5 时，我们观察到产品在 400h 和在 1500h 容易失效。利用式（13.3），当 β = 5 时，1% 的单元在前 398h 内就失效了；而当 β = 15 时，要到 736h，1% 的产品才失效。

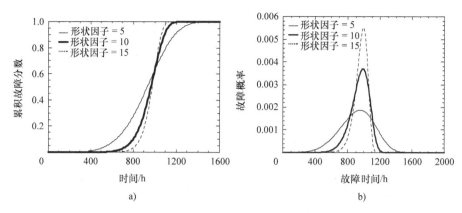

图 13.6 三种不同形状系数下（5、10、15）的威布尔累积寿命分布（a）和可靠性密度分布（b）

13.4 系统的可靠性

前面的分析是关于单个电容器可靠性。而许多应用是在较高的电压下运行的，这意味着要使用多个电容器单体电容器串联来满足电压要求。然而，当单体电容器以串联的形式连接时，单个电容器的失效会导致整条线（系统）的失效。这类似于链条中有一个环断裂后整个链条都会失效。可以简单地知道，假设环失效是以独立形式统计的，那么，链条越长或在整条链上的环越多，它的稳定性就越差。

考虑到电容器系统中包含 M 个相同的电容器，并以串联形式连接，在每一个瞬间所有电容器的电压和温度相同，也就是说每个电容器都处于同样的压力状态。（后来考虑了与实际情况更接近的处于不同温度和电压的系统。）假设这些电容器都是相同的，都处于相同的温度和充电状态，并且所有的失效都是统计独立的，从而 M 个电容器串联的可靠性函数 R_M，便是一个电容器的可靠性函数 R_1 的 M 次方。

$$R_M(t) = [R_1(t)]^M \tag{13.4}$$

串联的单元串和掷硬币的统计相类似。一次掷硬币正面朝上的概率为 50%，第二次掷硬币正面朝上的概率也是 50%。两次独立并连续掷硬币的结果，得到两次朝向同一面的概率为四分之一。那么要连续得到 100 个正面朝上的概率是多少呢？这种概率为 $1/2^{100}$，这是一个非常小的数字！多个单体电容器构成的系统的可靠性函数，也一样至关重要，因为这与一长串串联的电容器单体电容器相关。

M 个电容器串联的威布尔寿命分布可以通过将式（13.2）插入到式（13.4）这种直接的方式推导得到，方程式如下：

$$R_M(t) = [R_1(t)]^M = \{\exp[-(t/\alpha)^\beta]\}^M = \exp\{-(t/[\alpha/M^{(1/\beta)}])^\beta\} \tag{13.5}$$

因此，M 个单体电容器串联的分布也是一个威布尔分布，具有相同形状系数但其特征寿命为：

$$\alpha_M = \alpha/M^{(1/\beta)} \tag{13.6}$$

式中，M 为电容器的数量，在电容器串联系统中大于 1，系统的特征寿命将总是低于组成它的单个电容器的特征寿命。

　　在一个具体例子的研究中，有趣的是，对系统可靠性的影响是由长串的串联电容器组成的。在一个由 50 个电容器串联而成的系统中，这些电容器的寿命以 $\beta = 4$ 的威布尔寿命分布来表示。图 13.7 为单个电容器与 50 个串联所电容器组成的系统的可靠性函数和概率密度函数。该系统失效的平均时间远小于单个电容器失效的平均时间。单个电容器失效的群体密度的峰大约在 $t = \alpha$ 处，而系统的峰大约在 $t = \alpha/(50^{1/4}) \approx 0.4\alpha$。值得注意的是，在 50 个电容器组成的系统中，大部分的电容器在 $t/\alpha = 0.5$ 前就会失效。

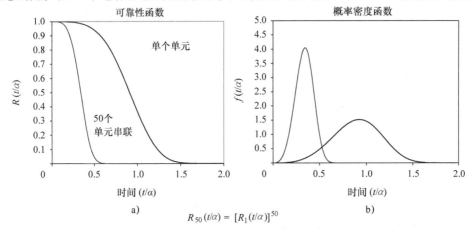

$$R_{50}(t/\alpha) = [R_1(t/\alpha)]^{50}$$

图 13.7　形状系数为 4 的电容器以及 50 个电容器单元组成的电容器
组的可靠性密度函数（a）和概率密度函数（b）

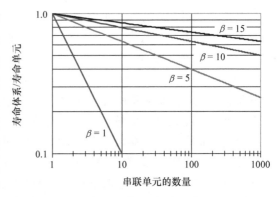

　　M 个电容器串联的系统的特征寿命 α_M 与单个电容器（与系统中电容器数 M 相对）的特征寿命的比值如图 13.8 所示，里面有几个形状系数值。假定电容器失效是独立统计的，并且对系统失效（string failure）的定义为 M 个电容器中有一个电容器失效。形状因子 $\beta = 1$ 已在图中给出，但在电化学电容器中这么小的值不易观察到。β 值对应恒定失效率（指数寿命分布），即一个新的电容器可能与前面的电容器一样失效。从图中我们可以确定，在这个形状因子下，由 10 个电容器串联系统的特征寿命是单个电容器寿命的十分之一。相比之

图 13.8　$\alpha_M/\alpha_1 = 1/M^{(1/\beta)}$ 时的曲线，即一串
M 个串联电容器 α_M 的特征寿命与单个电容器
特征寿命 α_1 的比值对串联电容器数量 M 作图。假定
电容器失效是统计学上独立的。如图所示，含有 10
个串联电容器的系统其特征寿命为其组成电容器的
寿命的 1/10，假设其形状系数 $\beta = 1$

下，当 $\beta = 15$ 时，10 个电容器串联而成的系统特征寿命是单个电容器特征寿命的 86%。

重型混合动力汽车的能源存储系统通常在高达 ~750V 的电压下运行。若使用额定电压为 2.5V 的电容器，存储系统将需要有 300 个或更多的电容器串联起来。在形状系数 $\beta = 5$ 时，300 个电容器串联的特征寿命约为单个电容器的 32%，$\beta = 10$ 时约为单个电容器的 56%，$\beta = 15$ 时约为单个电容器的 68%。结论很明显：在组装高电压系统时，以大的形状系数为特征的寿命分布显示出电容器有更好的使用寿命。大的 β 值呈一个狭窄的概率密度分布，意味着它有很强的耗尽表现[2]。电容器寿命分布的左侧尾部对这些电容器组成的系统影响最大，因为只要某一个电容器的短时间失效就会导致整个系统失效。

最后一个例子用来说明单个电容器和整个系统可靠性之间的关系。在这个例子中，假设①系统是由 200 个电容器串联而成，②电容器的寿命分布是用形状系数 $\beta = 4$ 的威布尔分布来表征，③电容器的生产商能保证其产品有 10 年的使用寿命。这样，这个由 200 个电容器串联而成的系统，其寿命是多少呢？

首先，电容器的寿命分布必须量化。制造商对其产品有十年使用寿命的保证完全不足以达到这个目的——是电容器只有 0.1% 会在 10 年内失效吗？或者，生产商指的是使用不同的平均失效水平，比如 <50% 的失效？采用式（13.3）可以推断出用生产商提出的不同假设所得到的特征寿命。当 $\beta = 4$，10 年内 0.1% 的失效，即是说特征寿命为 $\alpha = 56.5$ 年。10 年有 1% 的失效，即是指 $\alpha = 31.6$ 年。而且如果生产商声称其 10 年的寿命，是意味着 90% 的电容器可以运行 10 年（也就是说 10% 的电容器在 10 年的运行期间会失效），那么，这些电容器的特征寿命就为 $\alpha = 17.6$ 年。

在此示例中，最后一个步骤使用推导的电容器特征寿命［式（13.6）］来检查系统的可靠性，此时，形状系数 $\beta = 4$，系统的电容器数 $M = 200$。这些结果列于表 13.1 中。系统中超过 99% 的电容器将在每个电容器寿命预测的情况下运行至少一年，但在第二年会出现差异。根据测试，如果有特征寿命 $\alpha = 17.6$ 年（10 年有 10% 失效）的单体电容器，系统的失效率也更高。并且随着时间推移，可以看到更多的差别——$\alpha = 17.6$ 年的系统 5 年后仅有 27% 可以继续运行。10 年后，由 10 年中 0.1% 失效的电容器构成的系统，有 82% 仍可继续运行，而采用 10 年中 1% 失效的电容器构成的系统，只有 13% 可继续运行，而用 10 年中 10% 失效的电容器构成的系统，将不可能再继续运行。因此，以下两点是很清楚的：①需要对生产商关于寿命的声明有明确的理解，②具有小的形状系数的威布尔分布的电容器不适用于高电压系统。

表 13.1　单元的寿命特性，假设三个不同方式。用不同的构成 200 个单元系统。如果 10 年寿命意味着 99.9% 单元运行很长。特征寿命为 56.5 年。82% 的系统会运行 10 年以上。如果，10 年寿命意味着 90% 的单元能够运行 10 年，特征寿命 17.6 年，200 个电容器系统不会运行 10 年

10 年内单元故障的比例	系统操作的比例			
	1 年	2 年	5 年	10 年
0.1（$\alpha = 56.5$ 年）	99.99	99.97	98.7	82
1.0（$\alpha = 31.6$ 年）	99.98	99.7	88.2	13
10.0（$\alpha = 17.6$ 年）	99.79	96.7	27.1	0

13.5 单元可靠性的评估

只有极少数的研究报道过电化学电容器（EC）的可靠性评估。在 1992 年，Kobayashi[3]描述出了在额定电压和几个温度范围下电化学电容器模型的加速老化并推导出威布尔寿命模型。2005 年，Goltser 等[4]提出了一个有效的方法，以获取在某个温度范围和操作电压下的电容可靠性信息，并证明这个方法采用的是商业用的电化学电容器。在 2006 年，Miller 等[5]给出了有关 3000F 的商业电容器可靠性的研究结果。两年后，Butler 等[6]更新了这个关于长期老化的研究。最近，Kotz 等[7]对 350F 电容器的恒定负载老化做了测试，并确定了其失效模式。对于电化学电容器使用的历史数据，如美国军用电子元器件手册 MIL - HDBK - 217 中所使用的无源元件还从来没有过报道。最后，电化学电容器生产商一般只提供其产品的有限的可靠性信息。因此，技术用户在组装这些电容器以使其设计满足目标之前，通常必须对电容器的可靠性进行评估。

尽管其看似琐碎，但没有失效之前，寿命即是未知的说法是正确的，这跟对可靠性的理解也是一样的。只有在观察到失效后，才能够测量使用寿命。因此，零件的测试必须要持续到使用寿命的尽头，才能精确地确定其可靠性。要经常收集现场数据，将其用于分析无源元件的寿命分布。目前，更常见的是使用易控制的实验室测试方法而不是历史使用数据来导出元件寿命分布。

可靠性评估的一般方法是将相同的电容器放在不同的压力水平下，观察其老化程度，并测量每个独立电容器的压力随时间变化的反应情况。基于对失效（元件死亡）的定义和同样的条件，就可以确定单个电容器的寿命。此数据可用于推导每组电容器的寿命分布，该寿命分布可以用多种不同模型的数学方法来表示，例如，威布尔寿命分布。

通常情况下，一组电容器是在远超出它们正常使用的压力水平下（加速测试）进行老化测试的。这样做的目的是为了提高失效速率，从而更快地得到寿命信息。然后，通过分析来自可靠性评估获取的寿命数据信息的加速因子，从而更早地对现场作业条件下的电容器寿命做出预测。

回到轮胎的例子，可靠性测试可能涉及将多个轮胎置于各种负载（不同的汽车重量）、使用温度（作业环境）和旋转速率（行驶速度）的共同作用。轮胎失效，可以定义为轮胎拆装（爆胎）、放气（轮胎漏气）或积累性轮胎磨损。轮胎寿命是达到这些失效条件中的任何一个所需的时间（或行驶的距离）。

当然，更大的测试组确实可以提高统计数据，这样能更准确地描述电容器的寿命分布。但是，这通常需要付出更大的努力，花费较长的测试时间和更高的费用。我们必须在测试组的大小和完成整个评估所需要的预算之间加以权衡。测试组数的大小和寿命模型的可信水平之间的关系，可以很容易地通过使用标准统计方法而建立起来。

电容器的失效（寿命终结）可以表现为多种形式。它可以是功能完全彻底的失效，例如变为开路或完全短路。这可能是一个明显的问题，例如包装破裂致使电解液泄露。另外，失效可以定义为满足了性能下降的水平，例如，放电时间达到其起始值的 75%。

被定义了的失效，并不就意味着设备已停止工作，而是指其性能或属性被一些可量化的数量所改变。然后，用这个量化值构筑系统从而满足寿命要求。例如，如果电容器失效被定义为在传递能量过程中损失了 30% 的能量，而后，该系统将能提供高达 30% 的传递能量损失的功能。因此，当电容器刚好达到定义的失效时刻时，系统失效就发生了。

电化学电容器规格表通常包括"耐久性"声明，如在额定电压和最高额定温度下将连续运行 2000h，电容下降不到 30%，ESR 的上升不到 100%。正如前面讨论的，这些信息对完成电容器系统的可靠性测试还是不够的。然而，如果对持久条件下电容器老化的寿命分布有详细的了解，完成某些基本的可靠性测试还是可以的。

假设同一组中的每个电容器都在同一个持久条件即 70℃ 和 2.5V 下操作，正常连续运行超过 2000h 后会老化。而且假设电容器的最小容量变化为 11% 的衰减。那么，用 11% 的容量改变作为失效的定义，同一组中每个电容器经过 2000h 的测试后会达到定义的失效，这样得到测试组的寿命数据是完整的。这些数据符合一个寿命分布，例如威布尔分布，这虽然有用但其应用性却是有限的。

尽管湿度对某些产品也有重要影响，但对电化学电容器的操作性能影响最大的操作参数是电压和温度。电化学电容器不同于电池，电化学电容器的循环寿命一般不需要测量，尽管极高倍率的充/放电循环可能会增加其压力，这一点不应该被忽视。大致来说，电化学电容器符合 10° 规则，也就是温度每下降 10℃，电容器的寿命会增加一倍。此规则已被证明适用于大多数在其最大额定电压和温度下工作的非水系对称性电化学电容器。在电压下降 0.1V，电容器寿命增加一倍的情况下，电压规则也比较适合（对于在额定电压附近的采用非水系电解质的对称电化学电容器而言）。因此，一个关于电容器寿命 τ 对操作温度 T 和电压 V 的简单模型方程以归一化形式可以写为

$$\tau(T, V) / \tau(T_0, V_0) = 2^{[(T_0 - T)/10]} \times 2^{[(V_0 - V)/0.1]} \tag{13.7}$$

式中，寿命 τ (T_0, V_0) 是在一个已知 T_0、V_0 测试条件下的特征寿命，例如持久性测试条件下。这个方程以规范化的形式来表示，其图形如图 13.9 所示。

一个特定的电容器产品的寿命分布，在全部正常作业条件下具有相同的威布尔形状系数。低压作业下，特征寿命较长，而在高压作业特征寿命则较短，但它的形状系数却保持不变。在过大的压力条件下操作可以改变它的形状系数，这是因为引入一个或多个附加的失效模式。因此，通过对威布尔形状系数的比较，可以判断何时使用了过快老化的条件[3]。

回到前一个假设的例子，其中，将每个电容器在施加 70℃ 和 2.5V 条件下经过 2000h 运行后定义为失效（11% 的容量损失），对于在电压/温度条件附近作业的电容器可以进行寿命估算。假设特征寿命为 1800h，形状系数为 7.5 的威布尔分布可以代表耐久组的寿命数据，这种类型的电容器如果降低 10℃，即 60℃ 和 2.5V 的条件下作业，将会有两倍的寿命，即 3600h。它的形状系数将保持不变，仍为 7.5。而对于在 50℃ 和 2.3V 条件下的操作，据预测，其特征寿命为之前的 16 倍（4 倍是由于更低的电压，另外 4 倍是由于更低的温度）。它的形状系数保持不变。因此，据预测，在 2.3V 和 50℃ 下运行的电容器，经过 28800h 老化后表现出 11% 的容量损失。

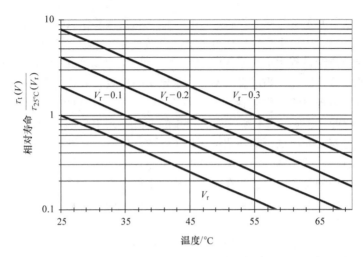

图13.9 电化学电容器寿命的相对值（相对于25℃，额定电压下的寿命），假设温度下降 D℃，或者电压下降0.1V，寿命翻倍。这是对称设计的有机电解质电化学电容器的典型行为

本实例的方法仅限于测定的耐久条件下预估寿命。使用不同于11%容量损失的失效定义的寿命，仍不得而知。当然，经过2000h后，老化可能还会继续，比如一直到每个电容器都损失了25%的容量，这也的确会提供其他的寿命信息。然而，可以使用另外一个不同的更有效的方法，更快地获得这些信息。这会涉及几个不同的电容器组，在不同的特定电压/温度条件下同时进行老化。这些条件应扩宽其使用范围，并做适当的选择以达到统计平衡。然后，对所有这些组的数据进行组合，进而创建一个总体寿命模型，该模型包括所有测试温度/电压条件。然后，可以使用这样一个模型对未来寿命性能提供可靠的预测。下面的例子就是用来解释说明这个通用方法的。

实验方法实例

由于进行可靠性评估中会耗费大量的时间和金钱，因而，得到最高质量的信息是很重要的，这意味着需要找到合适的测试样本。因此，任何研究的第一步，便是检测一个实验设计中的电容器组，看其是否适合做测试样本。它们应该跟后来可以找到的电容器和用于组装系统的电容器差不多，不好也不坏。这些重要性能的分布应该进行常态化检查。对诸如重量和尺寸的物理性能，以及诸如容量、等效串联电阻、漏电电流和放电能量等电性能，要测量并核查统计的数据。样本组中电容器的性能明显偏离正态分布的情况是不可信的，应该排除在本研究之外。可以利用离散曲线来辅助分配不同老化组的样本。我们的目标是对具有代表性电容器的每个老化组进行随机分组。

以图解的方式来解释的这个方法[8]，使用的是Panasonic的Al系列双电层电容器，它们是带有旋转缠绕设计的柱状单个组件。在额定的最大工作电压2.5V和最大工作温度70℃下，其电容为1.0F。串联电阻在频率为1kHz时测得，电容通过0.5A放电电流下所需的时间而推算得来。在确认电容器样品的性能符合正态分布后，将48个电容器分到9个单独的测试组（见图13.10），确保每组样本的性能覆盖所有的参数范围。如图所示，最高压力组包含3个电容器，而最低压力组有9个电容器。这种不均匀的分配,是用来预测不同应力水平下的失效率。还需要用电容失效来确定其寿命,因此,具有较低的预期失效率的大量样品也要包括进来。9 个电容器组中,有 4 个组处于高于电容器评定水平(阴影区)的操作条件下。这些条件,是用来增大应力水平,从而加速电容器的老化。选择图 13.10 中这些组的模式,是为了开发一个二阶寿命模型——一个温度–电压交叉项的模型。许多其他的设计也可以使用,一些设计所包含的电容器组还少些。对于任何一个好的设计来说,一个基本的特点就是,它广泛地涵盖了电容器可能涉及的参数空间。关于一个特定实验设计的更多细节,如图 13.10 所示,Goltser 等人对此进行了论述[4]。

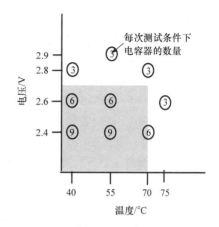

图 13.10　用于可靠性研究的实验设计,把 48 个电容器分为 9 组,老化测试在恒温恒压下进行的,阴影部分表示电压和温度的额定值

在室温和足够频率下对电容器性能进行定期测量,显示其性能的改变可以顺利进行。因而,可以通过插值法来确定失效的准确时间。图 13.11 为两个 70℃ 老化电容器组的电容和电阻。这些参数用每个电容器的起始值进行归一化。如图所示,电容随时间单调地下降,而等效串联电阻随时间单调地增加。2.4V 组的 6 个电容器,其电容量和电阻的变化速率相对于 2.8V 组的 3 个电容器,其变化率更小。这跟式(13.7)是相符的。通常,要观察电化学电容器的性能——这个技术和其他储能技术相比,通常会显示出连续的性能变化。例如二次电池,经常显示出毁灭性失效引起的步进式变化。因此,几乎所有的失效定义都适用于电化学电容器。产品说明书中通常出现的有关寿命终结的定义,包含 30% 的容量损失和 100% 的串联电阻增加。

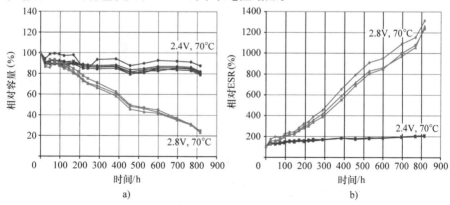

图 13.11　2.4V,70℃ 和 2.8V,70℃ 下的标称电容(a)和标称阻抗(b),注意容量的减少,串联阻抗的增加

　　使用这个常见的失效定义，通过引入包括失效时间在内的测试数据可以精确确定每个电容的寿命。图 13.12 显示了每个在 2.6V 和 55℃下老化的 6 个电容器的电阻数据推导出来的连续线模型。这里将失效定义为达到初始电阻值的两倍，发生在一个狭窄的约 250h 时间范围内，从 1017～1271h。用失效时间来推导每个组的威布尔寿命分布模型，如图 13.13 为 2.6V，55℃组。数据点落在一条单一的直线上，这意味着威布尔分布能很好地表示同一组中的电容器寿命分布。对于图 13.12 中的组，其特征寿命为 1183h 和形状系数是 15.7。所有在这个老化实验的 9 个电容组的威布尔参数已推导出来，并列于表 13.2 中。值得注意的是除了那些在最低压力的组（2.4V，40℃）所有达到定义失效的电容器没有一个是在 6000h 内失效的。

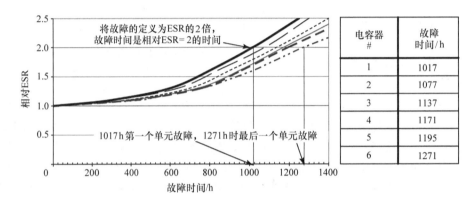

图 13.12　实线为 6 个电容器在 2.6V、55℃失效时的等效串联阻抗，失效时间通过内推获得，具体值列于右表中

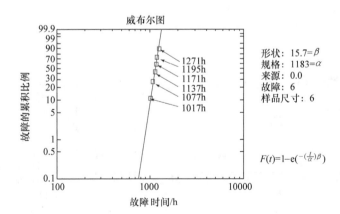

图 13.13　6 个 Panasonic 容量为 1F 在 2.6V 和 55℃失效时的威布尔寿命分布图，用串联阻抗翻倍定义失效，失效时间在一条直线上，与威布尔分布匹配

表 13.2   测试组，指定每个组的电容器数量、测试时间，电容器
的数量，6000h 失效后发生故障，威布尔分布参数

温度/℃	电压/V	故障数	形状因子	特征寿命/h
70	2.8	3 of 3	8	100
70	2.4	6 of 6	25	760
55	2.9	3 of 3	11	150
55	2.6	6 of 6	16	1180
55	2.4	6 of 6	11	3970
40	2.8	3 of 3	10	900
40	2.6	6 of 6	9	3145
40	2.4	0 of 9	——	——
75	2.6	3 of 3	36	245

在不同的温度/电压条件下老化的电容器仍应该具有相同的威布尔形状系数，假设寿命被一个普遍的失效机制所限制，例如不可逆化学反应，也就是杂质反应产生气体。其中一个例子为碳电极中吸附氧气并转化成 CO_2 气体。当然，该转化率（化学反应速率）受工作温度和施加电压强烈影响，并与电容器的寿命间接相关。

表 13.2 中列出了从 8 ~ 36 的形状系数，表明可能不止一个运行机制。然而，在这些形状系数的真实性具有很大的不确定性，因为只用少数的电容器被用于电容器组中。在 95% 的置信水平（confidence level）下，Abernethy 等给出了威布尔形状系数 β 的公差[1]：

$$\beta \exp\left(\frac{-0.78 \times 1.96}{\sqrt{n}}\right) \leq \beta \leq \beta \exp\left(\frac{0.78 \times 1.96}{\sqrt{n}}\right) \tag{13.8}$$

式中，n 是在一组电容器的数目。这意味着有 95% 的机会，将真值 β 置于由式（13.8）定义的时间间隔内。小的群尺寸规模会扩大该间隔。形状系数公差值为 15 的各个组列于表 13.2 中，这表明每个组（用于研究的实验老化条件）可能有相同的主要失效机制。

用式（13.7）求自然对数得到 Arrhenius - Eyring 寿命方程[9]：

$$\ln(\tau) = A + B/T + CV \tag{13.9}$$

式中，τ 为特征寿命；T 为以开氏绝对温度；V 为电压；A、B 和 C 为常数。恒压时，这个公式减少至一般的 Arrhenius 关系，而在恒温时，方程减少至电压和寿命间的 Eyring 关系。图 13.14 为表 13.2 中特征寿命数据对 8 组电容器的老化电压（最低压力组没有失效，因此没有定义其特征寿命）的关系图。如图所示，该半对数格式下每个温度的寿命数据，并像式（13.9）所预测的处于完全平行的线上，这表明温度 - 电压间会相互作用。图 13.15 所示为表 13.2 中特征寿命对绝对温度的倒数 $1/T$ 之间的关系，并再次显示出恒压下数据并不会形成平行线，也就是说，需要用电压 - 温度相互作用关系以更好地表示所观察到的行为。

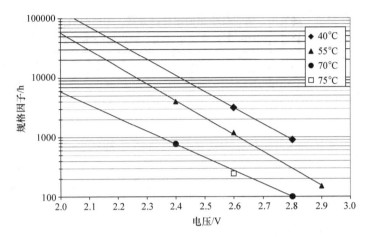

图 13.14　以等效串联阻抗翻倍定义失效，Panasonic 电容器特征寿命 – 操作电压图

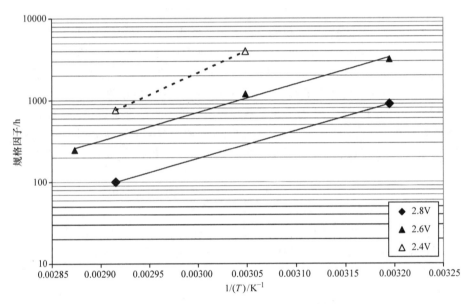

图 13.15　Panasonic 电容器特征寿命对 1/T 阿伦尼乌斯图，T 为绝对温度。
失效率的定义是串联电阻的双倍。如果电压与温度间不存在交互作用，线应该是平行的

　　式（13.10）描述了一种二次寿命模型中，温度和电压相互作用的关系以及二阶温度和电压的关系：

$$\log(\tau) = A + B/T + D \times V + E/T^2 + F \times V^2 + G \times V/T \qquad (13.10)$$

式中，A、B、D、E、F、G 是常数；τ 为电容的特征寿命；T 为绝对温度；V 是外加电压。在本例中，实验设计（见图 13.10）为特定的设计，以便允许寿命的二次反应发展。虽然在第一个 6000h 的老化测试中有一组没有失效，并导致其具有不确定的特征寿命，但是，从其他 8 组得到的数据已经足够推导出二次寿命方程（13.11）。在这个方程

中, T 的单位为开尔文温度,特征寿命 τ 的单位为小时 h。

$$\log(\tau) = -72.02 + 37080/T + 12.67V - 4482000/T^2 - 1.535V^2 - 2376V/T$$

$$(13.11)$$

特性寿命数据(见表 13.2)和二次模型的预测结果〔见式(13.11)〕如图 13.16 所示。实线是用式(13.11)预测的结果,并很好的应用于所有的数据点,比相互间无作用的模型更好。用相互间无交互作用的模型(见图 13.14)预测的结果和用有交互作用的模型预测的结果(见图 13.16)相比,在电压低于 2.4V 后有明显的差别,这是一个在本研究中不可测的领域。例如,在 2.0V 和 55℃ 条件下,用相互无作用的模型预测的特征寿命约为 50000h,而用交互作用的模型预测的特征寿命约为 12000h。类似地,在 2.0V 和 70℃ 条件下用相互无作用模型预测的特征寿命约为 6000h,而用交互作用模型预测的特征寿命约为 2100h。

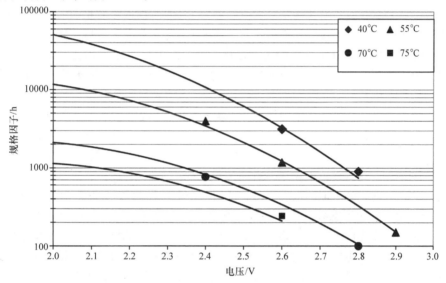

图 13.16　4 个测试温度下的电容器寿命交互模型预测曲线

特征寿命的相互作用模型〔式(13.11)〕,可以用来推导恒定特征寿命作为温度和电压函数的等值线,如图 13.17 所示。最右边的轮廓线,为 2000h 的特征寿命。这意味着,如果在这条曲线上的任何一个 T-V 点对一大组电容器进行老化,就会有 63.2% 的电容器,它们的串联电阻值在 2000h 后将会是其起始值的两倍。下一个轮廓线是特征寿命为 4000h 的特征寿命。同样的,在这曲线上任意一点进行老化的一组电容器,将有 63.2% 在经过 4000h 的老化后失效(串联电阻翻倍)。

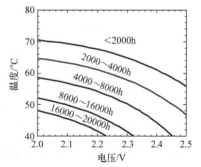

图 13.17　随温度和电压变化的恒定寿命曲线

如图 13.17 所示的投影,是仅在进行 6000h 的老化后绘制的。因此,可以相当准确地确定 2000h 和 4000h 的轮廓线的位置。这是因为，这些电容器组是在其曲线两边的条件下进行老化的。随着预测时间的增加，置信水平降低。8000h 的轮廓线位置不太确定，但是，这肯定会优于更简单的无交互作用模型，因为其预测过于乐观。16000h 的轮廓线，是在未来更长的时间内进行预测而绘制的，超过实际实验所测得的老化时间的 ~2.7 倍，因此它的确切位置更难确定。然而，所描述的交互作用模型，通过与来自 8 个不同测试条件得到的寿命数据相结合，可以绘制出最佳投影。置信水平随时间增加而下降。在 3 个或更多因素的某个时间的投影，常用于构建一个系统，这取于其预设的应用和风险程度。

13.6 实际系统的可靠性

对于这一点的讨论，是假定串联的电容器为①在任何时间都有相同的电压，并且②在任何时间都有相同的温度。然而，在实际系统中这个条件并不容易达到，尤其是那些由上百个电容器（位于几个独立的相互连接的模块组中）组成的系统，又是在一个不断变化的环境中进行动态操作，例如在混合动力电动城市公交的储能系统中有这样的情况。

不管是在有源还是无源的电容器电压平衡方案中，串联电容器电压的不均匀性会一直存在。这是因为任意一组名义上相同的产品都具有其固有的变异性。第二，在组成一个储能系统的这些电容器中，总会有温度的不均匀性，不管是使用有源还是无源的热管理方法。同样的，这也是由于任意一组都具有其固有的变异性。

将恒定电压应用到串联的电容器时，任何一个电容器的漏电流即可确立它的电压。电压平衡方案在这些稳态条件下最有效。这里，电容器电压的分布直接由平衡系统控制，比如使用一个无源电阻平衡系统时的电阻值分布。在瞬态操作中，一个电容器的等效阻抗建立起了它的电压。因此，等效阻抗将直接反映串联电容器的电压分布。在这两种情况下，对于由大量电容器组成的电容器组，其常见的电压分布为正态（高斯）分布。

任何储能系统的动态操作都会产生热量。如果热量不均匀消散，系统温度将无法保持均匀性。实际系统中的电容器，通常连接到有热调节器的散热器上。尽管如此，但由于每个电容器中热量产生和热量消散存在差异，在一定程度上仍存在温度的不均匀性。

13.6.1 单元电压的不均匀性

下面的例子说明了单元电压不均匀性对寿命的不利影响。设想一个由串联电容器组成的系统，可以用一个含平均值 V_0 和公差 $\Delta V = \pm 0.1V$ 的高斯分布来表示。而且，假设这个系统中有 99% 的电容器都满足这个公差限制。因此，只有百分之一的电容器将在 0.2V 宽的电压范围带外面。这个高斯分布的电容器电压的概率密度 $G(V)$，可以用数学方式表示为这样的式（13.12）：

$$G(V) = A \times \exp\left\{-1/2\left[(V - V_0)/0.039\right]^2\right\} \tag{13.12}$$

式中，V_0 是平均电压；A 是一个常数，这个方程绘制在图 13.18 中。对于这个示例，假设它还遵从 0.1V 寿命加倍规则：即单元寿命在电压下降 0.1V 时寿命翻倍或电压增加 0.1V 时单元寿命下降一半的规则。单元寿命在 V_0 下进行归一化，如图 13.18b 所示。

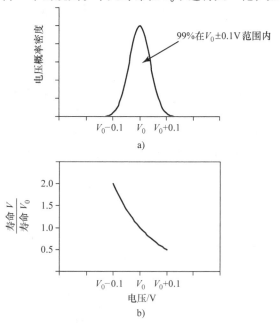

图 13.18　a）假定电容器组的电压可变性为 V_0 时的高斯（正态）分布。公差为 ±0.1V，总体的 99% 在这个公差范围内。b）特征寿命与使用 0.1V 寿命翻倍规则时的电压的关系

在这个例子中，很明显地，电压的不均匀性改变了寿命分布：单元在较高电压下操作将会缩短寿命，而单元在较低电压下工作寿命会更长。推导这两个随机变量（此例中为寿命和电压）之和的概率密度函数的数学方法，是对这两个分布进行卷积积分[10]。实际上，这个新分布可以认为是许多恒定电压分布的总和，每个分布都使用加倍规则推导的特征寿命和根据电压分布函数规定的重量这样的特征。图 13.19 以图形的方式，显示了卷积积分的三个元素——在 V_0、$V_0+0.1$ 和 V_0

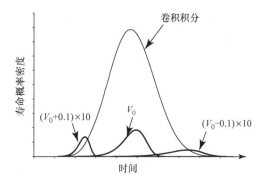

图 13.19　威布尔寿命分布，其高斯可变性包含电容器电压（卷积积分）。图中还表明了在 V_0 处的威布尔分布和在电压端（ +0.1V 和 −0.1V）处的两个限定的分布，它们都 10 倍的放大以便更好地显示其形状

−0.1V 时的单元寿命分布。（在这个图中，受两个电压公差限制，曲线高度已经乘以 10，以更好地表示它们的形状。）如图所示，有电压不均匀性的单元的平均寿命（卷积

积分）只是稍微改变，但是，以时间分布的寿命比在恒压 V_0 下绘制的单元寿命曲线更为宽广。

对于某些分布，卷积积分能够分解进行，但是，在实际操作中，对这样一种解决方案来说太过复杂，并且积分是以数字来表示的。威布尔分布和高斯分布的卷积积分在范例中以数值形式来进行。

举个具体例子，考虑有 100 个电容器组成的一个模块，在电压 V_0 下工作时，它的特征寿命可以用威布尔分布很好地表示。其中，形状系数 $\beta = 10$ 且特征寿命 $\alpha = 10000h$。假设这些单元有一个高斯电压分布，其中 99% 的单元落在一个在 V_0 附近的 0.1V 以内，然后进行卷积积分（见图 13.20），从而得到一个可以再表示为 $\beta = 4.8$ 而非 10 的寿命威布尔分布，同样的，$\alpha = 10000h$。从 ~2500h 的原始分布到 ~5000h 的合成分布中，峰宽在半高处翻倍。

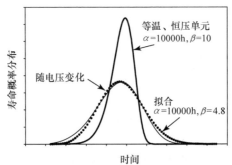

图 13.20　固定电压电容器的原始威布尔寿命分布（$\alpha = 10000h$，$\beta = 10$）（高的实线）
和电容器有电压高斯分布的温布尔寿命分布（虚线）。图中同样表明，有电压可变性的
分布可以由 $\alpha = 10000h$，$\beta = 4.8$ 的威布尔寿命分布很好来表示

这些新的威布尔参数可以代入到式（13.6）中，以推导指定电压变化下 100 个电容器模块的寿命分布，$\alpha_{100} = 10000/100^{(1/48)} = 3831h$。因此，在使用过程中，特征寿命为 10000h 的电容器组，其特征寿命为 3831h，或者在一个由 100 个电容器组成的模块的操作中，38% 的原始寿命可以用高斯分布来表示其电压分布，即 99% 的电容器的平均电压在 0.1V 范围内。

在这个例子中，当只是引进一个非常小的电压变化时，形状系数 β 减少到原始值的一半，这使得短期内单元失效的数量显著增加，并会对包含串联单元的系统寿命产生不利影响。底线指即使系统中很小程度的电容器电压不均匀，也会使其寿命显著降低。

13.6.2　单元温度的不均匀性

大型电容器储能系统中各电容器温度的不均匀性较为复杂，也总会有一些温度分布，这至少要归于电容器制造的可变性。10°规则［式（13.7）］大致适用于电容器技术，也就是说，温度每下降 10℃，电容器的寿命将会加倍，将代表电容器单元寿命的分布有效地转变为两倍的值。这个近似法提供一种方法来研究非均匀温度对一组构成模块的电容器的寿命的影响。因此，在一个模块热端的电容器的温度比在冷端的电容器高

10℃，其寿命是较冷电容器寿命的一半。串联系统的电容器中，这种情况很严重，因为事实上较热的单元决定了整个系统的寿命。

在一个电容器模块中，可能存在很多串联的电容器，并且我们假设它们全部都有相同的电压。在现实世界中，总是能遇到这种假设，因为高电压模块制造商通常包括电容器电压平衡，这是一个简单的并联电阻器或是一个有源的电压均衡电路。

模块设计也可能包含热管理的特性，尤其是在模块用于连续高速循环应用中时。此类设计通常仅是为了防止系统中的任何一个单元超过其最大的额定温度值——恒温操作通常并不是一个设计目标。由于单元性能的可变性加上热量在单元中的不均匀消散，热量的生成是不均匀的，故而电容器温度的不均匀性是确定的。这个不均匀性降低了系统的寿命，其大小取决于单元温度的概率密度。

作为第一个例子（1D），考虑组成一组电容器的模块固定在散热片中，如一个由 18 个电容器组成的模块如图 13.21 所示。空气沿着这些散热片的运动来进行冷却。这个设计将有一个温度剖面示意图，如图 13.22a 所示——从进气口到出气口温度单调上升。这 1D 例子中，电容器的温度在温度最大值和最小值之间均匀分布，从而除了电容器间隔尺寸，创建了一个恒定的电容器温度概率密度，如图 13.22b 所示。

图 13.21　包含 20 个电容器的电化学电容器模块组的图片，其中电容器固定在散热片上以提供冷却。气流方向为正视射入

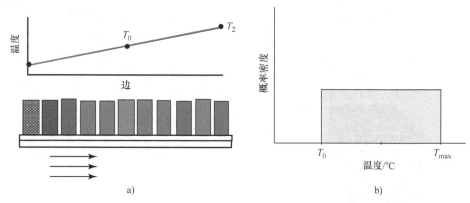

a)

b)

图 13.22　a）图 13.21 所示为在散热器上的一串电容，其冷却气流方向为从左至右。上方为所得温度曲线。b）从单一方向冷却的 1D 例子的温度概率密度。在 T_0 和 T_{max} 范围内的每个温度的电容器数目是不变的

作为第二个例子，采用二维热流，考虑安装在方形散热器上的一组电容器，冷却在方形散热器的周边，这样其边界总是能够维持在一个恒定温度[12]。这样的边界条件可以使用，例如，液体冷却。因此，假设每个单元都均匀受热（再次忽略单元间隔尺

寸），在方形的中心将会有一个圆形热点，有一个近同心等温圆环围绕这个点温度逐渐降低，并且相等的低温轮廓将由圆形变形为方形以满足边界条件。图 13.23a 为这个例子中的等温线。我们应该注意到对称性。在方形的边界附近温度梯度最大，并在每一边的中心最高。在这个 2D 例子中的温度概率密度如图 13.23b 所示。它对于高温下的电容器相对平坦，而对于低温下的单元有所上升，也就是说，在最低温度下的电容器比在最高温度下的电容器更多。从温度和寿命之间的关系我们可知，在电容器温度概率密度的高温端，小的下降将会加强在 1D 例子中早期测试的系统寿命。因此，从 1D 到 2D 的热量管理设计的改变减少了在上层温度范围的电容器数量，降低了系统的热应力。

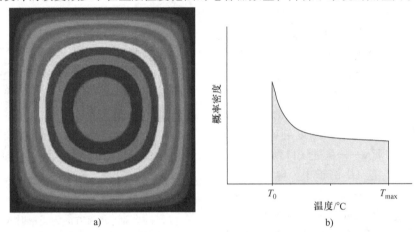

图 13.23　a）从方形的每个边缘进行冷却的方形模块组的恒温棱廓。热量在这个区域是均匀产生和传递的。最高温在方形中心（红色圆圈）。b）方形模块组的温度概率密度。最低温度下的电容器数量比高温（接近方形的中心）下电容器数量要大

举第三个例子，考虑一个立方体形状的模块其每一面冷却至相同的均匀温度（见图 13.24a）。同样的，液体冷却是达到这个边界条件的一个方法。忽略离散电容器的间隔尺寸，整个立方体都将均匀产生热量，在立方体中心产生最高温度。在靠近立方体中

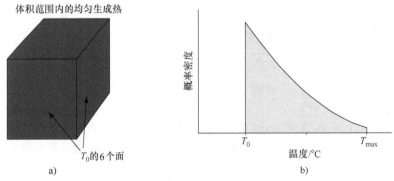

图 13.24　a）从六个面进行冷却的立方模块组，边界条件为每个面都置于同一个固定温度。b）在这个边界条件下，立方行的电容器模块组的温度概率密度。其中在最高温下电容器较少，最低温下电容器较多

间的等温轮廓将会是球形并且是同心的。穿过这个模块中心的一个横截面其平行于立方体的一个表面将有完全和那些 2D 例子所示一样的温度轮廓。注意到在每个立方体表面的中心温度梯度最陡,这表明最大的热流产生在这六个位置。比起前面两个例子,这个用 3D 冷却的例子产生了截然不同的温度概率密度(见图 13.24b)。

如图所示,相对于前面两个例子而言,这个用 3D 冷却的例子在高温下有更少的电容器且在低温下有更多的电容器。这并不奇怪,因为在 3D 几何冷却系统中从最大散热位置(每个立方体表面的中心)到最热的位置(立方体的中心)的距离比 1D 或 2D 冷却的同等体积的系统中的距离要小。第三个例子的几何形状对电容器的寿命产生了积极的影响——大幅减少热的电容器。下一个检查是模块中拥有这样温度的概率密度对寿命的影响。

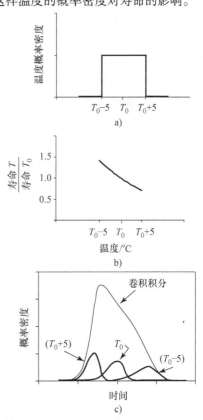

由多个单元组成的模块的寿命分布能够用一系列步骤推导得到,该模块在温度上并不均匀,包含了以串联方式连接的影响。这涉及电容器寿命分布(在等温条件下),采用温度和电容器寿命相关的 10° 规则,并和由模块设计决定的电容器温度概率密度一起,最终从它所包含的串联电容器的数量推导出模块的寿命。

这个序列是采用 1D 热量管理设计的 100 个电容器的模块为例循序渐进地进行解释。在这里,我们假设(为简单起见)电容器在温度超过一个 10℃ 范围是均匀分布的,并且他们可以用特征寿命为 1000h 和形状系数为 10 的威布尔分布来精确的表示。

图 13.25a 为温度概率密度,图 13.25b 表明了寿命和温度的关系。由于温度的可变性,电容器寿命分布的变化如下讨论——较低温度的电容器将有更长的特征寿命,而温度较高的电容器将有更短的特征寿命。因此,对于温度不均匀的电容器其寿命分布的宽度应该增大。用温度分布进行修改过的寿命分布可以通过对其进行卷积积分来推导,正如之前所讨论的。因为温度概率密度均匀,新分布等价于无数个恒温分布的总和,每个都有相同的重量和一个与图 13.25b 相应的寿命。图 13.25c 显示了当电容器温度在 ± 5℃

图 13.25   从一个方向冷却的模块组的置信度计算:a)假定电容器的温度跨度为 10℃ 的温度概率密度,b)按照式(13.7)得出的电容器标准化寿命,c)温度跨度为 10℃ 的电容器组的寿命概率密度(卷积积分)。积分的三个要素如图所示,最低温和最高温的寿命已经温度范围中点的寿命

范围内均匀分布时的寿命分布(卷积积分),卷积成分没有温度变量(在 T_0 时),并且卷积成分存在两个限制条件,分别为 $T_0 + 5$℃ 和 $T_0 - 5$℃。

存在±5℃温度变量的寿命分布的形状（见图13.25c）从原始恒温威布尔分布中严重变形。这个新分布的峰变得更窄，750~1000h，在短期内失效率增大。这样的行为是我们预期的——电容器在高于 T_0 的温度下，特征寿命值将低于原始等温寿命分布曲线的峰值。

在1D例子中存在±5℃温度公差的电容器寿命分布不能由一个威布尔分布很好地表示。因此式（13.6）不能使用。相反，对于一个电容器失效则整个组都失效的电容器组的可靠性的一般定义［式（13.4）］能够用来量化推导出含有100个电容器的模块结构的寿命，通过采用在最热和最冷的电容器间的温度差为10℃的电容器寿命分布。这些步骤包括计算累积失效（积分曲线），确定仍能工作的电容器，这相当于1减去累积失效率，直至100次幂来推导出仍能工作的电容器，并对1减去这个函数进行微分从而确定系统寿命分布，如图13.26b所示。用1D热量管理的100个单元模块的寿命分布如图13.26c所示。可以看到这个模块的寿命分布曲线的峰约出现在650h，低于在等温条件下原始单元分布的1000h这个值。这个底线是±5℃单元温度不均匀性能确实使寿命分布变为显著减少的时间。

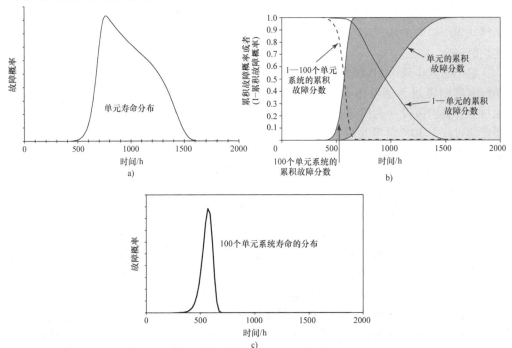

图13.26 100个电容器模块的寿命分布的推导。a）假定电容器寿命能够由威布尔分布很好地表示，其中威布尔分布的特征寿命为1000h，形状参数为10，10℃的温度跨度中每个温度的电容器数目相等（图13.25的结果）。b）推导模块的寿命分布所需的计算顺序。这包含计算累积失效（曲线的积分）；确定未失效的电容器，即等于1减去累积失效；将这个提高至第100次的功率以推导100个电容器串；不同于1减去这个函数以确定系统的寿命分布，如图c）所示。注意到系统曲线的峰约在650h，远低于电容器的值1000h

13. 7　提高系统的可靠性

电容器耐用性对于许多系统而言是一个基本的限制，从而必须要解决系统的可靠性这个问题。任何较高电压系统的可靠性总是低于组成的电容器的可靠性。在某些应用中，可靠性是至关重要的，例如在诸如载人航天飞行中。美国宇航局利用冗余（添加备用系统）来增加可靠性。第二个甚至第三个系统通常作为备用系统以防关键系统的失效。这是一个昂贵的方法，因为在大多数应用中一般不能提供大小、质量和成本相同的备用系统。其他成本更低的方法可用来增加电容器系统的可靠性。它们包括减少应用到单个电容器的应力，对一些部件进行烧焊，使用更少的串联电容器（更低的系统工作电压），使用寿命更长的电容器，增加计划维修次数并再次增加冗余。这些方法中的任何一种都有优点和缺点，这些都将在下面进行讨论。

13. 7. 1　减少单元压力

系统可靠性受电容器温度、电压以及系统中电容器温度和电压不均匀性的强烈影响。因此，增加系统可靠性的最明显的方法之一是降低压力水平，这包括提升热量管理系统以降低电容器平均温度或增加整体的温度均匀性。它还包括减少施加到每个电容器的平均电压。在实际系统中电容器通常在降低电压下工作从而满足寿命要求——在一个典型系统中单元的最大工作电压普遍低于额定值的 10% ~ 15%。当然，这样确实增加了串联单元串上满足电压要求的单元数量，但是这个方法通常导致系统的寿命大幅度增加。

13. 7. 2　单元的烧损

除了减少温度和电压应力，其中一种提高系统可靠性的最简单且最有效的方法是在一组电容器使用前进行烧损（burn - in）[13]。烧损通常包含使单元保持在指定时间处于特定的电压和温度条件下，通常为在额定电压和最大工作温度下，尽管在某些时候会使用轻微的过应力条件。因此所有早期失效（早期死亡）的电容器在一开始就可以正常使用。烧损同样有助于稳定单元的性能，因此可以用电容器的测量信息来选择最适合该系统的电容器，即那些最均匀并完全不存在任何奇异性的电容器。更严格的电容器性能分布能产生系统的寿命分布，即接近最大的可能值。经过烧焊的电容器的性能数据对鉴别制造的质量问题同样非常有用。

13. 7. 3　串联中使用较少的单元

图 13.8 展示了串联电容器对系统寿命的影响—较短的串联数通常提供较长的寿命。因此，重新配置一个系统使其在一个组中存在更少的电容器但将多个电容器组并联是有利的。电容器的总数量大致保持不变，但是系统的工作电压将降低。当然，在降低系统电压时需要很小心，从而不会因为在较高电流下工作产生多余的热量而引起温度不均匀问题。由具有较强磨损行为（$\beta \gg 1$）的电容器组成的系统对降低系统操作电压没有多大帮助，而那些具有小的形状系数（$\beta \sim 1$）的电容器系统将能最大地增加寿命。

13. 7. 4　使用长寿命单元

增加系统稳定性的一个策略是使用更高可靠性的电容器来构建系统。大多数商业化的电化学电容器在它们的包装过程中产生气体而最终失效，也就是通常和杂质反应有关的不必要的化学过程。较小的电容器比较大的电容器具有相对更多的死角并从而为气体累积提供了相对较大的体积。因此，在电容器产品系列中最小的电容器往往能提供最高的可靠性。

电容器单元设计强烈地影响电容器的可靠性。增加电容器可靠性的另一个策略是以牺牲其他一些特点（例如，能量密度和比能量）来重新设计电容器使其寿命更长。作为一个例子，由于水或其他杂质穿过密封材料而使寿命受到限制的电容器可以通过采用不同的密封设计或添加第二次密封使其受益。或者如果杂质是通过包装渗透到电容器内部的，使用一个较厚的包装壁则可能是有用的。该方法是为了减弱主要失效模式的重要性。

还有其他设计相关的因素影响系统的可靠性。一般来说，使用较小的包装，热量消散并因此产生的温度不均匀性更容易维持。因此，在高循环速率的操作中，采用更多小尺寸电容器的系统比采用更多的尺寸较大的系统更可靠。

振动敏感性和设计非常相关。较小、较低质量的电容器通常比大电容器更能承受冲击和振动。因此，振动是主要应力因素的情况下，几对并联的小电容器比大尺寸电容器更可靠。

总之，必须小心使用电容器使其很好地适用于其应用中。这要求对应用和电容器设计都有很好的认知。

13.7.5 实施维护

定期维护同样是提高可靠性的一种手段。这在军事上是一个常见的方法，例如，无论需要与否，常规服务或更换是一种方法。一个电化学电容器的性能确实取决于了它的运行状态，这在没有保持常规维护计划的情况下很有必要进行维护。最后，对电容器单元进行外观检查和对如腐蚀等恶化现象的检查可以防止系统失效。当然，这种方法涉及劳动力和成本，但它仍然被证明是一个能提高可靠性的方法。

13.7.6 增加冗余

尽管昂贵，增加冗余也许是提高可靠性最终的解决方案，而且在特定应用中确实合理的。美国宇航局（NASA）在很大程度上依赖于这种方法。通过采用 N 个并联的相同系统并只需一个在运行就行，工作冗余的数学模型可以很好的建立，可靠性描述为

$$R_p(t) = 1 - \prod_{i=1}^{N} [1 - R_i(t)] \tag{13.13}$$

式中，R_i 是单个系统的可靠性。如果有 N 个相同的系统并行并且需要 K 个在工作，可靠性可以描述为

$$R_p(t) = \sum_{j=k}^{N} \begin{bmatrix} N \\ j \end{bmatrix} [R(t)]^j [1 - R(t)]^{N-j}$$

其中

$$\begin{bmatrix} N \\ j \end{bmatrix} = \frac{N!}{(N-J)! \, j!}$$

工作冗余对于增加系统的寿命通常不能得到很大的收益，因为只有一个系统是需要的，而其余的系统是存在的，在工作中所有系统是同时在磨损。

比工作冗余更适合的是一个程序，其备用系统在第一个系统停止正常工作前并不工作。这种备用冗余更经济而且提供更多的收益。如果只要求一个系统工作而还有额外的一个系统，寿命会加倍。两个额外的系统可以提供三倍的寿命，等等。

总之，一个电容器系统的可靠性通常低于组成的电容器单个的可靠性。而电容器的耐用性是许多应用领域的基本限制，尤其是在高电压下，系统可靠性非常重要。需要一个详细的分析来决定最优的系统配置。

13.8　系统设计实例

13.8.1　问题说明

用一个混合柴油电动城市公交巴士作为例子来说明为使储能系统能满足功能和可靠性的要求需要进行的一系列步骤。在本例中，应用在这个储能系统的功率分布图如图13.27 所示，这由巴士的速度和质量所决定的。这个分布图中有巴士加速结束时放电90kW 峰和开始反馈制动时减速的 150kW 峰。在恒速行驶（10～25s）在在巴士停止的期间（30～45s）时，发动机以 5kW 对储能系统充电。这个三角形状的功率斜线表明在恒定加速度下速度会改变。不断地重复 45s 的功率曲线是储能系统性能要求的模型化。在这个例子中，公交车以 15mile/h 的平均时速运行（这在一些城市可能很高——据报道在曼哈顿的巴士平均速度只有 7.6mile/h）。

对于这个示例，假设巴士设计工程师指定该能量存储系统将在 300～600V 范围内工作并且其工作温度维持在 45℃ ±5℃。因此，系统中所有电容器都将在 40～50℃温度范围内工作。经济因素通常决定了热量管理系统的温度公差。

巴士的最低可靠性被指定为 50000mile 98% 和 200000mile 80%（12 年的运行）。这第二个长寿命条例来自政府交通资金支出的规定。因此，一个城市购买 100 辆公交车需要至少有 98 辆公交车能提供 50000mile 服务和至少 80 辆公交车提供 200000mile 服务。

公交车储能系统中使用的电容器的制造商指定它们在 65℃ 和 2.5V 条件下经过2000h 后容量损失少于 30% 和等效串联电阻增加低于 30%，并且有少于 1% 的电容器失效。正如先前测试所确定，电容器能够用一个串联 RC 电路（其中 $RC = 1.3s$）来进行建模。此外，这些电容器适用于形状系数 $\beta = 10$ 的威布尔寿命分布。假设电容器寿命服从标准规则——在工作温度下每降低 10℃ 或在工作电压下每降低 0.1V 寿命会翻倍。

13.8.2　系统分析

第一步是测量满足特定寿命性能要求的储能系统的大小。由于电容器在其寿命的尽头（定义）其 ESR 会增加 30% 并且容量会损失 30%，储能系统的尺寸必须有 30% 的过量，从而在达到这个性能减弱的程度时完全满足应用要求。系统的 ESR 用同样的方式处理。一个最佳电容器存储系统将跨越每个循环的整个电压窗口，因为在电压发生变化前，能量并不能通过电容器传递或者是储存。

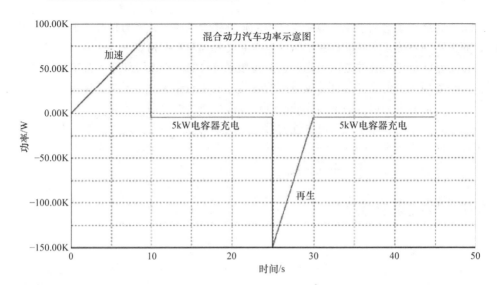

图 13.27 应用在混合动力汽车能源存储系统的功率曲线。汽车以恒定速率加速时其功率峰值为 90kW，以恒定速率制动时其峰值为 −150kW。在恒速行驶期间（10~25s）和制动时（30~45s），发动机在 5kW 处对存储系统进行充电。这个 45s 的功率曲线连续地重复并用于模拟存储系统的功率要求

图 13.28 显示了一个 4.6F 的电容器（ESR = 1.3/4.6 = 0.28）的响应从最初充电至 600V 并接着经过图 13.27 的功率分布图。当功率 0~90kW 形成一条斜线，电容器电压从 600V 降到允许的最小值 300V。然后在 25s 再次充电前，电容器在 5kW 处进行部分充

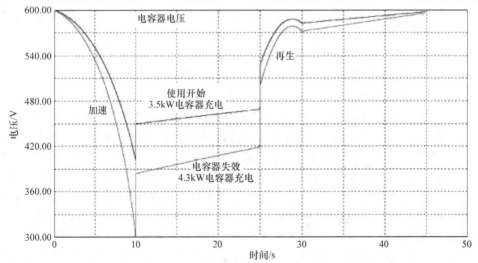

图 13.28 初始充电至 600V 并置于图 13.27 功率曲线的两个电容器的电压。电容器使用之初额定值为 6F，其 ESR 为 0.2Ω。电容器失效时，其跨越整个 600~300V 的工作电压窗口，拥有 30% 较低的电容（4.6F）和 30% 较高的 ESR（0.28Ω）

电，紧随着恒功率 5kW 充电至起始值。寿命的最初解决方案（电容器的尺寸增大了30%，有30%较低的 ESR：$C = 6.0F$ 并且 $ESR = 0.21$）同样在该图中显示。在这种情况下，最小的电压是 ～390V，远高于最小值，由于其过大的尺寸和对正常性能减弱的补偿。通过使用一个迭代程序计算电容器系统的大小，常见的电路分析软件能够使用。

注意到，根据图 13.28 所示电容器电压在时间的一半处大约为 575V，这是定义系统中压力的一个条件。电容器电压在其他时间显著降低，并且由于 0.1V 加倍规则其会提供可以忽略不计的压力。这个最大应力水平条件紧接着被用来决定满足可靠性规范的串联电容器组所需要的电容器数量。

由于公交车平均速度为 15mph，这两个指定的可靠性要求可以重新选择，并且在一半时间期间会施加压力。因此，在 $1/2 \times 50000/15 = 1667h$ 处公交车储能系统的 2% 允许失效，并且在 $1/2 \times 200000/15 = 6667h$ 处系统的 20% 允许失效。式（13.3）中当 $\beta = 10$ 时能够计算特征寿命值，对于 50000h 的要求，在 575V 处 $\alpha = 2463h$，对于 200000h 的要求，在 575V 处 $\alpha = 7746h$。第一个要求（在 575V 处，$\alpha = 2463h$）在第二个更严格的要求满足后会自动满足。然后储能系统的可靠性要求（$\beta = 10$）可以简化为：当电容器在575V 工作并维持在 45℃ ±5℃时，电容系统特征寿命 α 系统必须等于最小值 7746h。

电容器存储系统将需要大约 $600/2.4 = 250$ 个电容器串联来满足系统电压需求。式（13.6）是一个串联电容器组和串联的电容器的关系。因此，一个电容器单元的特征寿命必须是 $\alpha_1 = \alpha 250 \times (250)^{1/10} = 7746h \times 1.74 = 13500h$。注意，对于有很大形状系数的串联线中电容器的确切数量，乘数是相当不敏感的——对于 $M = 200$ 乘数为 1.70。

尽管在本例中并没有制定电容器温度分布，只有在 10° 宽的范围内所有单元会失效，这个不均匀性显著降低了系统寿命（见前面部分），在这个例子中形状系数估计为2。因此，用于这个系统的电容器必须有最小的特征寿命值 $\alpha_{cell} = 27000h$。

13.8.3　单元的可靠性

在这个应用中，电容器在 65℃ 和 2.5V 条件下经过 2000h 的老化后有低于 1% 失效。在这里，失效的定义是电容损失 30% 或 ESR 增加 30%。这些电容器已知是符合于威布尔寿命分布并且其形状系数为 $\beta = 10$。假设电容器寿命遵循标准规则——在工作温度下每下降 10℃ 或在操作电压下降 0.1V，寿命会加倍。

在式（13.3）中，选择的电容器其特征寿命为 $\alpha = 2000/(-\ln(0.99))^{0.1} = 3168h$。这是在 2.5V 和 65℃ 条件下。这个应用需要 $\alpha_{cell} = 27000h$ 在 45℃。在供需寿命之间存在8.5 倍的差异。式（13.6）和图 13.9 显示了温度和电压降低可以增加寿命。首先，把温度从 65℃ 降到 45℃ 增加 4 倍的寿命。其次，将电容器电压从 2.5V 降低到 2.29V 增加2.2 倍的寿命。这些操作一起更改能够增加 8.5 倍的电容器的寿命，从而满足这个应用的指定的可靠性。

使用 $600/2.29 = 262$ 个电容器，每个都在 2.29V 工作或较少电容器处于 45℃ ±5℃环境温度，满足这个应用实例的功能性和可靠性规范。完成设计，电容器储能系统在其寿命开始额定值为 6.0F 并且 ESR 值为 0.22Ω。每个电容器至少需要额定电容值 $262 \times 6 = 1572F$ 和最大额定 ESR 值 0.8mΩ。

如果这些电容器在他们的额定电压 2.5V 下工作，则所需数量是 240。只要通过添加 22 个电容器，约占总数的 10%，该系统就能够满足要求的 12 年 80% 的可靠性。将电容器操作额定电压从 2.5V 降到 2.29V 并降低平均温度至 45℃，则电容器的寿命和应用寿命会不匹配。结果，系统将更重并且更昂贵，但只有 ~10%。在 12 年年底，100 辆公交车中有 80 辆的储能系统应该能继续运行，因为该电容系统被设计能够达到这个性能水平。

参 考 文 献

1. Abernethy, R.B., Breneman, J.E., Medlin, C.H., and Reinman, G.L. (1983) Weibull Analysis Handbook. Wright-Patterson AFB Report AFWAL-TR-83-2079, Aero Propulsion Laboratory, November 1983, p. 110.

2. Miller, J.R. and Butler, S.M. (2002) Reliability of High-Voltage Electrochemical Capacitors: Predictions for Statistically Independent Cells from a Single Distribution. Proceedings of the 12th International Seminar on Double Layer Capacitors and Similar Energy Storage Devices, Deerfield Beach, FL, December, 2002.

3. Kobayashi, Y. (1992) Acceleration Coefficient for the Molded-Type Electric Double Layer Capacitor (EDLC), NEC Corporation, May 19.

4. Goltser, I., Miller, J.R., and Butler, S.M. (2005) Reliability Assessment of Electrochemical Capacitors: Method Demonstration Using 1-F Commercial Components. Proceedings of the 15th International Seminar on Double Layer Capacitors and Similar Energy Storage Devices, Deerfield Beach, FL, December, 2005.

5. Miller, J.R., Klementov, A., and Butler, S.M. (2006) Electrochemical Capacitor Reliability in Heavy Hybrid Vehicles. Proceedings of the 16th International Seminar on Double Layer Capacitors and Similar Energy Storage Devices, Deerfield Beach, FL, December, 2006.

6. Butler, S., Klementov, A., and Miller, J.R. (2008) Electrochemical Capacitor Life Predictions Using Accelerated Test Methods. Proceedings ESSCAP 2008, Rome, November, 2008.

7. Kotz, R., Ruch, P.W., and Cericola, D. (2010) Aging and failure mode of electrochemical capacitor during accelerated constant load tests. *J. Power. Sources*, **195**, 923–926.

8. Miller, J.R., Butler, S.M., and Goltser, I. (2006) Electrochemical Capacitor Life Predictions Using Accelerated Test Methods. Proceedings of the 42nd Power Sources Conference, Paper 24.6, Philadelphia, PA, June 2006.

9. Nelson, W. (1990) *Accelerated testing: statistical models, test plans, and data analysis*, in Models for Life Tests with Constant Stress Chapter 2, John Wiley & Sons, Inc..

10. Davenport, W.B. Jr., (1970) *Probability and random processes*, in Functions of Random Variables Chapter 6, McGraw-Hill Book Company, New York.

11. Miller, J.R. and Butler, S.M. (2006) in *Recent Advances in Supercapacitors* (ed. V. Gupta) Chapter 1, Transworld Research Network, Kerala.

12. This two-dimensional problem is often used as an example and solved in introductory text books on conductive heat transfer. See, for example Arpaci, V.S. (1966) *Conductive Heat Transfer* Chapter 4, Addison-Wesley Publishing, Reading, MA.

13. Whole books have been written on this subject. See, for instance Jensen, F. and Petersen, N.E. (1983) *Burn-in: An engineering Approach to the Design and Analysis of Burn-in Procedures*, John Wiley & Sons, Inc.

第 14 章　电化学电容器的市场及应用

John R. Miller

14.1　前言：原理与历史

电化学电容器（EC），通常指的是超级电容器或超大容量电容器。与其他类型的电容器一样，它也是物理存储电荷。但是，超级电容器的不同之处在于所存储的电荷远远大于其他电容器，这是因为其使用了高表面积的电极，并在电极表面上进行双电层电荷存储。将拥有极大面积的平板隔开，便可以生产出具备很大电容值的装置。当这种设备首次出现时，具备如此数值的电容人们还闻所未闻[1]。

物理的电荷存储并不依赖化学反应速率，比如电池的化学反应速率经常会限制其功率性能。因此，与其他电化学装置如电池相比，电化学电容器具有无限的循环寿命和极大的充放电功率特性，这一点很重要。此外，超级电容器所具备的零下 40℃ 下的低温性能，也是别的电容器所不具备的。最后一点，电化学电容器的老化缓慢而温和，在少有的情况下即便老化也不会带来灾难性的后果。因此，其可靠的寿命预测也不再是问题，这个特征使得电化学电容器在需要高可靠性的应用领域里显得尤为宝贵。

1957 年，通用电气公司首次注册了基于双电层电荷存储电容器的专利，但一直未将其投入商业化使用。接下来，日本电气公司（NEC 公司）引入俄亥俄标准石油公司（SOHIO）拥有专利的双电层电容器设计，并在 1978 年推出了商业化产品。他们商标化的超级电容器额定电压为 5.5V，电容值高达 1.0F。作为电池的替代品，这些约 $5cm^3$ 大小或更小尺寸的装置为不稳定的备用的金属氧化物半导体（CMOS）电脑储存器提供备用电源。目前，这些电化学电容器以及其他类型的电化学电容器产品，都可以从世界各地的制造商那里购得，其尺寸有大有小，小的如手掌大小，大的高达 9kF，甚至更大[2]。

过去，由于其特征和性能与传统的电容器有很大的不同，电化学电容器及其市场应用常常被视作独立于其他电容器之外的一个独特部分。电化学电容器的质量比容量或者体积比容量是其他技术无法比拟的，但是与传统电容器相比，它在高温下的使用寿命非常短。此外，电化学电容器充放电速度还不够快，无法应用于交流电线性滤波的使用[3]。然而，尽管如此，与目前销量好的高功率锂离子电池相比，电化学电容器的充放电速度还是要快很多。因此，双电层电容器常常用作电池的补充，应用到需要快速功率变换的领域，其在电动车和混合电动汽车上的应用就是典型例子。在某些应用中，它们甚至取代了电池的使用。

14.2 商业化设计：直流电源的应用

14.2.1 双极设计

电化学电容器器件的一般设计如图 14.1 所示，这是超级电容器单元的一个截面图。其中活性材料有两个部分，即两个电极，一般采用两个厚度相同的同质材料，在两者之间还有一个多孔隔膜，且两电极浸润在某种电解液中。将其压成三明治一样的结构，电极底部和顶部是集流体，在电极材料表面的双电层进行充/放电。非水电解质中，电极的一般厚度约为 $100\mu m$，在水系电解液中的厚度略厚一些。隔膜的典型厚度为 $25\mu m$，集流体的厚度通常约为 $50\mu m$。

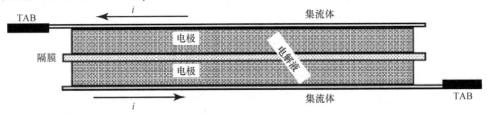

图 14.1　电化学电容器单元的截面示意图

1978 年，NEC 公司注册了采用 H_2SO_4 作为电解液的超级电容器商标，在 SOHIO 公司的授权许可下得以市场化。如前所述，主要用做 CMOS 存储备用电源，使其在电源中断以后能够用它完成存储。这种设计的产品如图 14.2 所示，它是一款额定电压为 5.5V，电容量为 1F 的电容器。图的左边为叠层的 8 个单元以串联的方式连接，从而使得该装置在一个额定电压下运行。如右图所示，该单元叠层被置于一个金属壳子里。这个 1F 的电容器采用的是 8 个单元

图 14.2　NEC 超级电容器

串联而得，因此，每个单元的电容为 8F。基于这个事实，每个单元中实际上为两个电容器串联，每个单元中电极的电容需要达到 16F 左右，因此这个 1F 的器件中有 256F 的电容量。这个器件能约在 $10cm^3$ 的体积中存储约 15J 的能量。

NEC 公司有几种不同的额定电压为 5.5V 水系电解液电化学电容器产品，每一种产品的不同性能都经过了优化处理，例如，低自放电速率、高能量密度或高功率密度等。这些早期生产的每个产品都是用双极结构进行构建的，也就是将一个单元堆叠在另一个单元上，从而使外部单元之间完全不需要连接。如图 14.2 左边所示，电流垂直流向八个堆叠的单元中的每一个单元。这些电化学电容器应用到那些放电几秒钟、几分钟、几小时、几天、有时甚至几个月的领域中，它们的唯一目的是提供直流电以维持不稳定的

存储器保持工作状态或者为时钟的芯片供给电源。在这些应用中，电化学电容器就是扣式电池的替代物。

　　从 NEC 产品出现的这些年以来，同样的双极设计也被其他电化学电容器制造商所使用。图 14.3 所显示的是两种水系电解质和一种有机电解质的电化学电容器产品。俄罗斯的 ECOND（直径为 9in）和 ELIT（直径为 11in）电容器，采用的是 KOH 而不是 H_2SO_4 作为电解液，优化的目的在于使其能在低温下释放高功率。在其他应用上，可用作起动柴油火车头和其他重型机车引擎，尤其是在寒冷的条件下急需的高的起动功率时，它的优势很明显。

　　图 14.3 中第三个双极设计的电化学电容器采用的是有机电解液，即将某种铵盐溶解在碳酸丙烯酯（PC）中而成。这个电化学电容器来自于日本明电公司（Meiden Corporation），目的是推广其更广泛的工业化应用，尤其是那些与功率质量有关的应用。此双极设计的一个引人注目的特征是它可以在小的封装内获得高电压。ECOND 电容器的额定电压为 64V，能够存储 60kJ 的能量。ELIT 电容器的额定电压为 24V，能够存储 50kJ 的能量，而 Meiden 电容器的额定电压为 160V，能存储 60kJ 的能量。这些产品都是为高倍率放电应用而开发的，且每种应用都采用了双极设计。

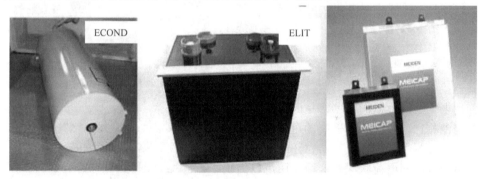

图 14.3　双极板设计的电化学电容器。ECOND 公司电容器的额定
电压为 64V，ELIT 公司为 24V，Meiden 公司为 160V

14. 2. 2　单元设计

　　目前最常用的设计是采用有机电解液的"单元"设计，即一个单独的利用有机电解液的包装单元。大型电化学电容器产品单元一般以 kF 计算，它是一个用来测算电化学电容器的常用单位。这些单元可以通过外部的串联从而提供更高的工作电压，或者通过并联的方式提供更高的电容。图 14.4 展示了具有此种单元设计产品的分类情况。Maxwell Technologies（美国）展示了此类产品，电容大小从 650F 到 3kF 之间不等，且额定电压全部为 2.7V。Batscap（法国）的单元产品，其额定电压为 2.7V，电容为 5kF，其他产品的电容量可达到 9kF。Nesscap（韩国）和 LS Mtron（韩国）以及 Ioxus（美国）也提供此类设计的单元，最常用的是包含乙腈溶剂的有机电解液。在日本其他的公司中，Nippon Chemi - Con 和 Nichicon 提供的单元是包含 PC 溶剂的有机电解液。这些单元通过外部串联来形成模块。在应用时，模块之间可以相互连接在一起，能够形成

300V、700V 或更高电压水平的系统，来满足应用需求。

图 14.4　使用有机电解液的电化学电容器单元。额定电压为 2.5 或者 2.7V，
取决于制造商的不同。单元进行串联为了提升电压

许多应用领域使用电化学电容器来提供直流电源。图 14.5 就是这样一个系统，一个能在几秒钟内提供约 2MW 功率的庞大系统[4]。如图所示，这个系统有 7444 个单元以串联和并联的形式连接在一起，以达到上述性能。在此情形下使用电化学电容器的目的，是因为与其他方法如电池相比，它们具有极高的可靠性，可以精确地了解单个电化学电容器在任何给定时间内的运行状况和电荷状况。这种应用可以为正在进行高价值工作的整个工厂提供短暂的备用电源，比如一个半导体制造厂，如果断电，即便只有一眨眼的功夫，都会带来极大的损失。

1400F/2.5V 7444 pcs/system

图 14.5　几秒钟放电的 MW 级电站的
电化学电容器系统

从这样的系统中得到的短期电源能够弥补大多数电网中断引起的电源不足，因为这些中断通常持续不到几秒钟时间。自然地，长期停电需要使用化学能源（配有备用发电机的液态燃料）来提供长时间的电源。具有高循环寿命和快速充电性能的电容器系统，在应对短期停电状况下的运行情况既便捷又有效。

14.2.3　非对称设计

20 世纪 90 年代早期，莫斯科的 ESMA 在电化学电容器技术上取得了一个重大的进步，成为非对称的电化学电容器设计的创造者[5]。在这个设计中，其中一个电极依靠双电层存储电荷，另外一个电极像电池中的电极一样，依靠法拉第反应存储电荷。法拉第电极的容量通常比双电层电荷存储电极的容量要大很多倍，这就是非对称这个名称的来源，也是其良好循环寿命和高功率性能的原因。这种设计可以极大地增加电化学电容器的能量密度，也可以大大减小自放电速率。ESMA 产品采用的是 NiOOH 作为正极，活性炭作为负极，KOH 作为电解液。取决于电极容量的比率，它能使比能量值能从几个 Wh kg^{-1} 上升到 >10Wh kg^{-1}。当然，电池电极容量与电容器电极容量的比值越高，循环寿命就越长，但是比能量和能量密度却越来越低。ESMA 电容器已使用几种不同的方法对其进行了优化。一种非常有趣的应用优化手段如图 14.6 所示，即一辆全电动大巴[6]。这辆巴士仅靠一堆可存储约 30MJ（8kWh）能量的非对称电化学电容器来提供动力，其行驶范围限制在 15km 以内。这辆巴士限定在莫斯科郊外的一个会展公园内较小的圆形路线上行驶，并在每圈结束后在不到 15min 时间内充满电，这是电化学电容器技术上的一个真正突破。目前，这种设计仍继续受到极大的关注[⊖]。

图 14.6　ESMA 公司非对称电化学电容器驱动的全电动公交车

2010 年，类似的运输方案在上海也得到了实施，成为引领电容器电动巴士的旗舰，这种巴士可以利用乘客在公交车站上下巴士的时间进行充电。图 14.7 为这样的巴士，它的充电臂可垂直地伸到公交车站[7]。其充电时间约为 20s，充电以后，巴士就可以像全电动车一样行进到下一个公交车站，再次进行充电。同时不需要传统的电动巴士和电车系统悬链电线，这不仅为巴士电源的输送开创了一个确实更具吸引力的解决办法，而且，在很多情况下也并不是很昂贵，因为只需要在整条线路的几个固定位置提供电源，而非整条路线。由于不需要悬链线路，路线的灵活性也增强了，这使得巴士完全可以根据其运行的需要选择充电站的位置，从而使其从一个充电站到其他不同的充电站成为了可能。相

图 14.7　电容器驱动的公交车（上海）

对于传统的 ESMA 循环路线配置，上海的这一种巴士车，是一个标志性的进步。

多年以来，电化学电容器在各种各样的其他直流电源中得到了广泛的应用。其中一个应用是在手电筒中为发光二极管（LED）提供电源。图 14.8 为两个这样的电化学电容器 – 电源装置的例子。在图 a 中的手电筒既可以用位于手电筒顶部的太阳能电池充电，也可以通过在电脑上面接通 USB 充电[8]。直接在太阳光下，用太阳能电池充电大约

⊖　使用锂盐的有机电解液的非对称超级电容器（又称锂离子电容器或者 LIC）在最近几年也得到快速发展。

要花1h，而通过 USB 接口充电只需要花几分钟。图 b 中的手电筒，是一个具有三个 LED 灯的工业级手电筒，它可以发出高达2h 的强光[9]。并且，它还可以继续充电仅90s 的时间后，再提供高达 2h 的强光。也许，最令人印象深刻的是，有人宣称这种手电筒循环的次数高达 50000 次，从而免去了维修的成本，显示出极低的循环寿命成本。目前，这种手电筒主要在消防和警察部门使用，比传统的原电池电源的手电筒要轻便很多，而且具有更高的可靠性，在其充电状态下可获得即时信息。在这些手电筒中的电容器电源也延伸到了低温操作领域。

a)   b)

图 14.8   电容器驱动的 LED 手电筒

直流电的另外一个有趣应用是用做科尔曼（Coleman）便携式螺钉枪的充电站，如图 14.9 所示，电化学电容器（没有电池）为一个电动马达驱动螺钉提供电源[10]。在再次充电前，其能够驱动螺钉的数量可能只有有限的几十个；然而，它充电仅需 1min，因此这种状况并不存在什么问题。这个工具尤其受房主的欢迎，因为其电容器电源几乎具有无限的保质期，也能够在使用前快速充电，避免了那些偶尔用电池而不用电容器驱动螺钉枪的用户的抱怨。

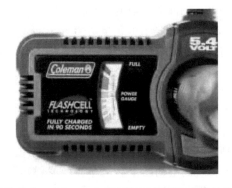

图 14.9   Coleman 电容器驱动的便携式螺丝枪

这些都是已经在原来的 CMOS 存储备份中得到成功应用的例子，也是首次将电化学电容器的应用带入市场。大到城市大巴，小到手电筒和手持型转头，所有这些都是不同大小的直流电源的应用。

14.3   能量储存与能量收集应用

下一组要讨论的商业应用是那些需要充电和放电的存储元件。目前市场上最突出的应用是需要进行能源储存的应用，即需要对废弃能源的收集和再利用的应用。目前，在许多工业应用中，如果有合适的储能介质，这样大量的能源可以自然地收集到，并再次利用。出于这样的目的，电化学电容器技术由于能快速而高效的充电，且具有高循环寿命以及长的操作寿命，很快成为此应用的首选介质。

14.3.1　运动和能量

　　为了清晰地认识到可用于回收的废弃能源的数量，考虑以不同速度移动的物块的动能，如图 14.10 所示。一个 5t 的物块以 30mile/h 的速度运行，产生的动能约等于500kJ，而一个 1t 的物块以 60mile/h 的速度运行，产生的动能约为 400kJ。如果我们从另一方面来看一个物块升到不同高度的势能，如图 14.11 所示，我们可以看到一个 5t 的物块升高 10m 时，其势能约为 500kJ。而一个 1t 的物块升高 30m 时，其势能约为300kJ。显然地，这其中所需要的动能或势能比预期的低得多。因此，在许多情况下，能量采集并不需要使用一个大型的存储系统，但却需要一个在能量可采集的时候能够高效存储能量的系统，例如，在像城市公交巴士一样的重型混合动力汽车的制动事件中，一般的制动要持续 5～10s，这段时间完全可用于动能的捕获或存储。

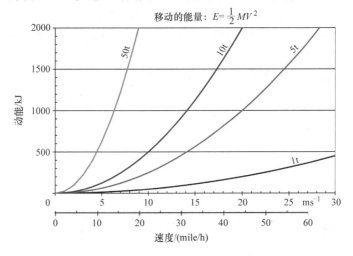

图 14.10　运动的物体不同速度下的动能

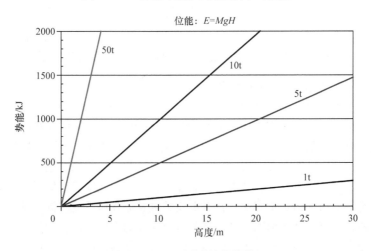

图 14.11　不同质量的势能

图 14.12 所示[11]是两种最先进的技术——锂离子电池和超级电容器，在再生的制动事件中捕获或存储能量的数量。这里，用直流电充电的时候，每种技术捕获能量的数量以及在充电过程中存储的能量的数量都对充电时间作图。存储的能量是为执行后续工作所捕获的能量。在上述比较中，充电到制造商建议的电压上限。电容器充电到额定电压的一半，而电池充电 10% 的状态。如图所示，当充电时间长于 10min（600s）时，电池所具有的比能量超过了电容器的 15 倍。然而，在较短的充电时间内，电池却具有较少的比能量，而电容器的比能量值却保持相对稳定。例如，在 100s 的充电时间内，电池捕获的能量（基于重量）比电容器的 5 倍还要多，而在 10s 的充电时间，两种技术捕获的比能量几乎相同，但是电容器能够释放出其捕获能量的约 95% 而电池仅能够释放其捕获能量的 50%。因此，实际上电容器在 10s 的再生能量捕获事件中具有的比能量是电池的 2 倍。当然，电池并不能在如此快速充电下反复使用，因为它承受不了急速的温度上升和高的应力水平，并且会降低其操作寿命，同时这也是出于电压安全性的考虑。电池尺寸必须要特大型的才能在如此短的充电时间中得到实际应用。实际上，超级尺寸的电池，增加了充电时间（见图 14.12 中曲线上的工作点向右移动），从而使两种技术的比能量令人惊讶的相似，且在很大程度上反驳了在典型的混合动力汽车应用中电池具有的比能量比电容器要高这种普遍的观点。

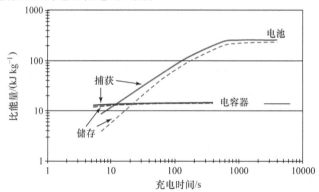

图 14.12　电化学电容器和锂离子电池能量捕获和储存的比较

14.3.2　混合化：能量捕获与再利用

谈到具体例子，1997 年由美国 NASA 牵头使用的首辆电化学电容器存储系统的气电混合汽车就是一个城市公交巴士示范工程[12]。这辆巴士能在一个 20F，400V 水系电解质的电化学电容器系统中存储 1.6MJ（444Wh）的能量。这个项目的目的是获悉电容器存储是否可以解决早期混合动力巴士电池存储系统的常见问题。这些问题包括不足的工作寿命，充放电过程中受限制的电流控制能力，难以准确知道存储系统中充电状态以及在某些情况下不确定的安全问题。具有电化学电容器存储系统的混合动力示范巴士达到了其建立的目标值，这明确表明了许多与电池相关的问题可以得到解决，从而这就成为大量城市公交巴士使用了具有电化学电容器能量存储系统的开始。据可靠消息，目前许多混合动力城市公交巴士采用了电容器存储系统，而非电池存储系统[13]。

电池和电容器系统，除了在操作性能上的差异以外，还有一个关乎经济且非常重要的维护差异[14]。以纽约城市公交巴士的维护需要为例，电池混合动力巴士需要两个维护工人以保证带电系统的正常运行：一个人观察，而另一个人全身穿上高压保护装置进行维护工作。另一方面，电容器混合动力巴士，在任何维护工作之前已使其存储系统完全放电，不会呈现出异常的电气危害。既不需要额外的人员，也不需要任何必需的高压防护装置。

柴油 – 电混合垃圾车的构造也使用了电化学电容器存储系统，这同样是在每天的操作中需要多次启动/停止循环操作的一种应用[15]。它是通过对每一次停车产生的制动能量的高效捕获和存储来节能。对于移动巴士而言，大量非常成功的项目表明，通过如此大的混合型汽车的使用，可以轻易实现能源节约。

小松（Komatsu）混合动力挖掘机是一个值得关注的能源节约的应用，如图 14.13所示[16]。其挖掘功能仍然为液压式但其回转台却为电气化，其为混合动力。其常规操作包括反复的约 90°铲斗旋转、铲斗倾卸以及铲斗回复到其原来的位置，在高速运作下，启动/停止工作循环是很浪费的。据报道，电动回转台与电容器存储系统的结合，在不同的操作方式下，可节省燃料 30% ~ 40%。不用说，这是在未来一种极受欢迎的节能方式的第一波。

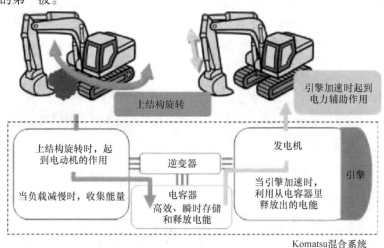

图 14.13　电化学电容器储能的混合动力系统的 Komatsu 挖掘机

另外一个应用如图 14.14 所示，为随车携带电化学电容器存储系统以储存再生的制动能量的轻轨电动火车[17]。如图所示，这个柴油 – 电混合动力车的车顶具有数量有限的电容存储器，但却可实现大量的能源节约。当然，节能的量取决于停止的频率，但是对于两个相隔 4km 的火车站而言节能可达约 30%。当两个火车站相隔 10km 时，据报道节能可达约 18%。

图 14.15 所示的是胶轮龙门起重机，可以在港口移动海运集装箱，包括分类、堆垛，以及当集装箱从船上卸下以后，把它们装运到火车或者卡车箱中。这类机械可以运

行相当长的距离，因此并不是很适合并网，用于卸载船只的大型固定起重机。在龙门起重机中，采用柴油发动机驱动电动发电机来为电动机的推动和集装箱的上升/下降提供动力。负载先上升然后下降，几乎每次移动都是相同的距离，这过程可完美地利用能量回收，从而形成一个可预测的周期，这比城市公交巴士一般地加速和减速这种非周期性的运作方式回收的能量多得多。如图所示，电容器储存系统位于起重机一个支柱上，虽说是一个很小的添加物，但是一个这样的添加装置可以节省约 40% 的燃料且排放物大大减少[18]。节省燃料来源于很多原因，首先，柴油发动机为发电机提供动力并不需要来匹配最大负载，因为动力的某些部分可来源于存储的能量，因此使用更小、更廉价和更省油的发动机成为了可能。其次，正常情况下，当负载回降到地面时，以热能的形式损失的能量可以再回收、存储，并为后续的提升操作提供能量。这样的龙门起重机广泛应用于远东地区的港口，且已经多次证明它们的优势。这种设计需要存储能量的量并不是那样大，且电容器系统可被设计成在每次循环中都完全充电和完全放电，从而使得这种设计不会对循环寿命有任何影响。

图 14.14　轻轨系统上配备的电容器储能　　　图 14.15　电化学电容器驱动的龙门起重机

14.3.3　节能与能量效率

在图 14.16 中，在电化学电容器模块中存储的能量可用来快速加热复印机的定影辊[19]。这种电容器可以避免机器因连续不断的空转而导致能量损失。因此，加热可以刚好在使用前完成，从而节约相当多的能量。从标准壁式插座上直接得到的电能有限，定影辊可以通过使用存储的能量得到快速加热，一般少于 1min，与一般加热方式需要的 5min 加热时间相比，时间大大减少。这种节能方式应用广泛，许多类似的例子显示，存储的能量能够帮助减少设备空转带来的能量浪费。

14.3.4　引擎起动

另外一类利用电容器的高功率的应用，尤其是在低温条件下的应用是内燃机的起动。历史上，俄罗斯曾专门用电化学电容器在低温下发动引擎。ECOND 宣称开发出能够有效起动高达 3000HP（马力）的柴油机车引擎的电容器。ELIT 也开发了用作引擎起动的电化学电容器，该公司在 20 世纪 90 年代早期就曾报道已经成功开发出一种适合这种应用的优化产品[20]。基于燃料储存和减少排放物的需要，引擎起动现在越发重要。美国的一些法律规定，要极大地限制引擎空转时间，无论是长途运输的卡车还是校车，都要将引擎空转减少到极短的时间内。更何况，这是一个不仅关乎节能也关乎空气质量的问题。为了保证引擎能够在一次停止以后再发动，可靠而强大的起动力是完全必要的。电化学电容器已经逐渐成了引擎起动的动力来源。同时，从各个方面来讨论采用电化学电容器作为引擎起动动力的参考文献也有很多[21-26]。

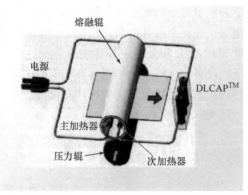

图 14.16　使用电化学电容器驱动的快速加热系统的 Ricoh 复印机的示意图

最近，Saft America 批准了美国可利用 ESMA 非对称电容器技术制造电容器以供引擎起动使用[27]。它所使用的非对称电容器的一个最突出的特征是其自放电速率是所有电化学存储技术中最低的。实际上，ESMA 开发的引擎电容器，其自放电速率比铅酸电池的自放电速率要小得多。它们经过充电后，即使在几个月后，仍然储存有足够的电能来起动一辆大型的柴油发动机。这在诸如游艇、私人飞机和军用车辆等不经常使用的应用中，是一个非常重要的特征。在这些不经常使用的用途中，出于安全的考虑，它也显得非常重要。

在商业上，随着起动/停止车辆的成功设计并很快首次出现在欧洲的道路上，引擎起动变得越来越重要。这样的应用中，当车辆不动时，引擎完全停止（绝对没有惯常的空转），当再踩下油门踏板时，引擎重新起动。对于这样的起动/停止的应用，有各种各样的存储方式可供选择。但是，电化学电容器因其高功率性能、快速充电和无限的循环寿命这些重要特点，成为其中最受欢迎的存储方式。引擎起动的使用有望在世界范围内得到实际应用，同时，电化学电容器也有望成为这种应用中首选的存储技术。

14.4　技术与应用的结合

电池/电容器结合的应用

很多将电容器和电池结合在一起的应用都大有好处，它可以为该应用提供一种更加优化的方案，比单独使用某种技术要好很多。一般来说，这样的解决方案能够同时满足能量和功率的特殊需要。引擎启动就是其中的一个例子。为了满足低温下曲柄循环的大功率需求，车辆上的电池尺寸必须超级大。尽管在一次启动操作中，实际使用的能量只有电池总能量的一小部分，但是为了提供启动所需的功率，超大尺寸电池是必要的。将一个较小的电池和一个电容器结合起来，就可以创造出这样的一种情形：在此情况下，一个更小、更轻的系统能够满足应用的需求。

从小的范围来讲，有很多种它们结合在一起使用的例子，从数码相机到笔记本电脑，再到无线通信设备，有许多将电池和电容器结合起来应用到便携式电子设备中的例子。这样的组合将功率和能量两个功能分开，把这两个部分结合在一起应用，以更好地满足应用需求。有报道称，在一个特殊的数码相机中将电容器和电池并联在一起，可以使该相机拍摄的照片数量增加约50%。从其性能来讲，这是一个非常重要的进步[28]。类似地，在一个无线通讯设备中，将一些小电容器和电池结合使用，其工作时间会增加好几倍。正是电容器的这种高功率性能和无限循环寿命的特点，使得它们可以与高能电池结合使用，从而才如此受欢迎。

14.5 电网应用

存储与公用电网

在美国和其他地方，提高电网的可靠性越来越受到重视。添加存储器是其中一种很好的解决方式，特别是对那些能源的获取途径不完全可靠的情况尤其如此，比如风能或太阳能，它们会随着天气情况而变动。存储的能量可以帮助其度过那些只有很少或者没有发电量的时间段，从而使得这种电量来源的途径变得尤为珍贵。

目前，就需要哪种能量存储的问题，已经开展了很多的研究。这些研究要考虑的问题包括持续时间、尺寸大小和价格成本，从而确定哪种储存最适合用于电力公共事业用途。2010年2月，美国能源部（DOE）发表的一个特别有趣的报道[29]，证实了在电网中大约有20种利用存储器优势的不同应用。考虑持续时间从几秒钟到分钟再到数小时。一个特别值得注意的地方是与白天/夜晚大容量存储器有关的负载转移。这种情况下，在晚上产生过量的电能而需求又低的时候，存储系统被填满。然后到第二天，当需求量达到最高的时候再使用。这也包括存储时间高达12h的情况。

这种应用中的一个重要度量标准是每个能量单位所需的存储成本。大多数的存储介质都太贵，例如，当铅酸电池用于此应用时，其储能成本约为0.30美元/（kWh^{-1}），锂离子电池的储能成本更高。另一个极端耗费成本的是抽水蓄能电站，它要在晚上将水抽到山顶的一个蓄水池，第二天又让它流回来来发电。这种方式存储成本大约为每个循环0.01美元/（kWh^{-1}）。美国能源部最近征集了提议，要开发出大容量存储器技术[30]，使其储能成本达到0.0250美元/（kWh^{-1}）的水平。

电化学电容器可以为大容量存储器提供一种解决方案，尤其是采用水系电解液的非对称电化学电容器[31]。这样的装置与对称型有机电解液电化学电容器的制造成本不同；例如，水系电解液的非对称电化学电容器，既不需要进行碳的干燥，也不需要密封的金属包装。此外，非对称电容器可设计成只满足所需要的循环需求，但不会超过它。假如每天只进行一次循环的话，那么已确定的约为 5000 次循环次数是适合白天/夜晚大容量存储器应用的必要次数。适合此应用的两个非对称的电化学电容器系统已经得以讨论，第一个是具有氧化铅正极和活性炭负极以及硫酸电解液，这个装置应当提供 2V 的操作电压且具有约 19Whkg^{-1} 的比能量[32]。根据所描述的情况，第二个是非对称电化学电容器系统具有钠插层的电极和双电层电荷存储电极以及中性 pH 的水系电解液[33]。这两个非对称的电化学电容器具有提供存储和提供经济可行的循环寿命的潜能。上述这些技术中，相对较低的循环寿命和很多别的限制因素，使它们并不适合许多非稳定性如混合动力汽车的应用，但是，在不过分考虑规模大小和质量等问题的稳定性应用中，非对称电容器技术有着巨大的前景。

14.6　小结

回顾本书，清晰可见的是，市场应用的多样化，在诸如消费电子、交通、节能、能量储存、能量获取、电能质量和公用电网等领域中，电化学电容器在塑造高品质的现代生活质量中发挥了极大的作用。这么多年来，电化学电容器技术经验已经得到了很好的积累和发展，而且还会继续向前发展。储能技术不仅在原理和概念上，而且在其最适合的不同于别的应用中，也都还有很大的不同。透过目前快速发展的市场领域的华丽外表，电化学电容器能够带到台面上的东西是其高功率性能、无限的循环寿命和近乎无懈可击的可靠性。

参 考 文 献

1. Conway, B.E. (1999) *Electrochemical Supercapacitors: Scientific Fundamentals and Technological Applications*, Kluwer Academic/Plenum Publishers, New York.

2. Additional information in: Miller, J.R. (2007) A Brief History of Supercapacitors. Battery + Energy Storage Technology (Autumn issue 2007), pp. 61–78.

3. Miller, J.R. (2009) Electrochemical Capacitor Technology Basics for the Traditional Component Engineer. Proceedings 2009 CARTS USA, Jacksonville, FL, March 30-April 2, 2009.

4. Furukawa, T. (2006) DLCAP Energy Storage System Multiple Application. Proceedings Advanced Capacitor World Summit 2006, Hilton San Diego Resort, San Diego, CA, July 17–19, 2006.

5. Razoumov, S., Klementov, A., Litvinenko, S., and Beliakov, A. (2001) Asymmetric electrochemical capacitor and method of making. US Patent 6,222,723, Apr. 24, 2001.

6. Varakin, I.N., Klementov, A.D., Litvienko, S.V., Starodubtsev, S.V., and Stepanov, A.B. (1997) Application of Ultracapacitors as Traction Energy Sources. Proceedings of the 7th International Seminar on Double Layer Capacitors and Similar Energy Storage Devices, Deerfield Beach, FL, December 8–10, 1997.

7. *http://www.sinautecus.com/*. (2012).

8. *www.solareyinc.com/index.htm* (2012).

9. *www.511tactical.com/html511/static/LFLDemo.html* (2011).

10. *www.flashcellscrewdriver.com* (2012).

11. Miller, J.R. and Klementov, A.D. (2007) Electrochemical Capacitor Performance Compared with the Performance of Advanced Lithium Ion Batteries. Proceedings of the 17th International Seminar on Double Layer Capacitors and Hybrid Energy Storage Devices, Deerfield Beach, Florida, December 10–12, 2007.

12. Viterna, L.A. (1997) Hybrid Electric Transit Bus. Proceedings SAE International Truck and Bus Meeting and Exposition, Paper 973202, Cleveland, OH, November 17–19, 1997.

13. Liedtke, M. (2010) New Markets for a Mature Product or Mature Markets for a New Product? Proceedings of the 10th International Advanced Battery and EC Capacitor Conference, Orlando, FL, May 19–21, 2010.

14. Hess, R. (2010) Application of Ultracapacitors for HEV Transit Buses. Proceedings of the 10th International Advanced Battery and EC Capacitor Conference, Orlando, FL, May 19–21, 2010.

15. Bolton, M. (2009) Energy Storage Systems for Severe Duty Truck Applications. Proceedings of the 9th International Advanced Automotive Battery and Ultracapacitor Conference and Symposia, Long Beach, CA, June 8–12, 2009.

16. www.komatsu.com/CompanyInfo/press/2008051315113604588.html (2012).

17. http://www.bombardier.com/en/transportation/sustainability/technology/primove-catenary-free-operation (2012).

18. Furukawa, T. (2006) DLCAP Energy Storage System Multiple Application. Proceedings of Advanced Capacitor World Summit 2006, Hilton San Diego Resort, San Diego, CA, July 17–19, 2006.

19. Uchi, H. (2005) Performance and Application—DLCAP. Proceedings of Advanced Capacitor World Summit 2005, Hilton San Diego Resort, San Diego, CA, July 11–13, 2005.

20. Beliakov, A.I. (1993) Russian Supercapacitors to Start Engines. Battery International (Apr. 1993), p. 102.

21. Beliakov, A.I. (1996) Investigation and Developing of Double Layer Capacitors for Start of Internal Combustion Engines and of Accelerating Systems of Hybrid Electric Drive. Proceedings of the 6th International Seminar on Double Layer Capacitors and Similar Energy Storage Devices, Deerfield Beach, FL, December 9–11, 1996.

22. Miller, J.R., Burgel, J., Catherino, H., Krestik, F., Monroe, J., and Stafford, J.R. (1998) Truck Starting Using Electrochemical Capacitors. International Truck and Bus Meeting and Exposition, Indianapolis, IN, November 16–18, 1998, SAE Technical Paper 982794.

23. Miller, J.R. (1999) Engineering Battery-Capacitor Combinations in High Power Applications: Diesel Engine Starting. Proceedings of the 9th International Seminar on Double Layer Capacitors and Similar Energy Storage Devices, Deerfield Beach, FL, December 6–8, 1999.

24. Ong, W. and Johnston, R. (2000) Electrochemical Capacitors and their Potential Application to Heavy Duty Vehicles. Truck and Bus Meeting and Exposition, Portland, OR, December 4–6, 2000, SAE Technical Paper 200-01-3495.

25. Miller, J.R. (2005) Standards for Engine-Starting Capacitors. Proceedings of the 15th International Seminar on Double Layer Capacitors and Hybrid Energy Storage Devices, Deerfield Beach, FL, December 5–7, 2005.

26. Furukawa, T. (2008) Proceedings of Advanced Capacitor World Summit 2008. Engine Cranking with Green Technology, Hilton San Diego Resort, San Diego, CA, July 14–16, 2008.

27. Hess, J. (2010) Saft – Domestic Production of Asymmetric Nickel Capacitors. Proceedings of the 10th International Advanced Battery and EC Capacitor Conference, Orlando, FL, May 19–21, 2010, www.saftbatteries.com/SAFT/UploadedFiles/PressOffice/2009/CP_22-09_en.pdf (2012)

28. Saiki, Y. (2004) New Developments for Portable Consumer Applications after 2 Years in Business. Proceedings of Advanced Capacitor World Summit 2004, Washington, DC, July 14–16, 2004.

29. Eyer, J. and Corey, G. (2010) Energy Storage for the Electricity Grid: Benefits and Market Assessment Guide. SANDIA Report SAND2010-0815, Sandia National Laboratory, February 2010.

30. US Deptment of Energy ARPA-E Funding Opportunity (2010) Grid-Scale Rampable Intermittent Dispatchable Storage, DE-FOA-0000290, March 2, 2010.

31. Gyuk, I. (2004) Supercapacitors for Electricity Storage, Scope & Projects. Proceedings of Advanced Capacitor World Summit 2004, Washington, DC, July 14–16, 2004.

32. Kazaryan, S. (2007) Characteristics of the PbO2|H2SO4|C ECs. Proceedings of Advanced Capacitor World Summit 2007, Hilton San Diego Resort, San Diego, CA, July 23–25, 2007.

33. *http://www.aquionenergy.com/* (2012).